普通高等教育“十二五”规划教材

普 通 物 理 学

第 2 版

梁　斌　董会宁　庹有康　陈希明　编著
王应宗　主审

机 械 工 业 出 版 社

本书是参照教育部最新《理工科类大学物理课程教学基本要求》(2010年版)，在凝结编者多年教学实践经验的基础上几经修改编写而成的.

本书内容依次是：力学（含刚体转动）、机械振动和机械波、热力学与统计物理学、波动光学、电磁学和近代物理学基础等，共17章. 本书除第17章外，各章每节后均有思考题，每章后有习题，书后有习题参考答案. 除带*号的选学内容和第17章的阅读材料外，讲授本书约需120~140学时. 阅读本书需要微积分和矢量运算的基本知识.

本书在编写中坚持了“四统一”的原则：在材料的取舍上注意了学科体系与一般教学需要的统一；在概念、思想的阐述上注意了逻辑顺序与历史顺序的统一；在行文叙述上注意了严谨性与可读性的统一，尤其注意了数学与物理的统一，目的是为读者奉献一部既有继承又有发展，比较系统又不庞杂，篇幅适度，便于教学和自学的新教材，以期有利于培养和提高学生的综合素质和数理分析能力.

本书为普通高等学校理工科类大学物理基础课程教材，也可作为高校物理教师、学生和相关技术人员的参考书.

图书在版编目(CIP)数据

普通物理学/梁斌等编著. —2版. —北京：机械工业出版社，2012.12(2018.6重印)

普通高等教育“十二五”规划教材

ISBN 978-7-111-40344-9

Ⅰ.①普… Ⅱ.①梁… Ⅲ.①普通物理学-高等学校-教材 Ⅳ.①O4

中国版本图书馆CIP数据核字(2012)第265603号

机械工业出版社(北京市百万庄大街22号 邮政编码100037)

策划编辑：李永联 责任编辑：李永联

版式设计：霍永明 责任校对：张 媛

封面设计：马精明 责任印制：常天培

北京机工印刷厂印刷

2018年6月第2版第3次印刷

184mm×260mm · 26.5印张 · 652千字

标准书号：ISBN 978-7-111-40344-9

定价：47.00元

凡购本书，如有缺页、倒页、脱页，由本社发行部调换

电话服务

服务咨询热线：010-88379833

读者购书热线：010-88379649

网络服务

机 工 官 网：www.cmpbook.com

机 工 官 博：weibo.com/cmp1952

教育服务网：www.cmpedu.com

金 书 网：www.golden-book.com

再版说明

本书第1版出版后受到了读者的欢迎，也收到了一些意见和建议，特此致谢．

与第1版相比，第2版主要是改写了部分章节和段落；增加了“力学量的守恒定律”一节(第16章－13节)；重新编排了各章的习题和参考答案．此外，还对第1版中的文字和符号差错进行了更正．

希望第2版能更有利于教学和自学．衷心欢迎各位读者和专家提出宝贵意见．

编　者

编者的话

众所周知，教材是教学之本．没有合适的教材，教学质量难以保障，教学水平难以提高．新中国成立以来，先后引进过一些国外出版的普通物理学教材，也出版了一些代表当时普通物理学教材建设成就的好教材．可以说，经过60多年的努力，一个有中国特色的普通物理学教材模式已基本形成．这些成就来之不易，应该予以认真的分析继承和改革发展，以期在此基础上编写出适应物理学教学发展需要的、反映技术进步和创新成果的新教材．同时必须看到，现有的国内外出版的普通物理学教材中也存在着不少需要改进之处．本书就是在这样的背景下，在编者多年从事物理学教学和研究的基础上，参考国内外教材，按照我国《理工科类大学物理课程教学基本要求》，增删修改数遍后编写而成的．

本书的内容依次是：力学(含刚体转动)、机械振动和机械波、热力学与统计物理学、波动光学、电磁学、近代物理学基础等，共17章．除第17章外，每节后有思考题，每章后有习题，书后有习题参考答案．除带*号的选学内容和第17章的阅读材料外，讲授本书约需要120~140课时．阅读本书需要微积分和矢量运算的基本知识．

本书在编写中坚持了“四统一”的原则：在材料的取舍上注意了学科体系与一般教学需要的统一；在概念、思想的阐述上注意了逻辑顺序与历史顺序的统一；在行文叙述上注意了严谨性与可读性的统一，尤其注意了数学与物理的统一，目的是为读者奉献一部既有继承又有发展、比较系统又不庞杂、篇幅适度、便于教学和自学的新教材．所谓“数学与物理的统一”，意指在阐述物理概念、物理命题时坚持定性与定量分析并重，既不刻意追求数学的严谨，也不回避数学的应用，而是把数学表示当做准确理解物理概念、物理命题的不可或缺的语言和有力的工具．简而言之，就是物理讲到什么程度，数学就讲到什么程度，以期有利于培养和提高读者的数理分析能力，为今后的学习和工作打下坚实的基础．

本书不同于一般物理学教材的突出特点是，除了直接概括基本原理(如牛顿定律)外，书中所有重要的定理、定律都给出了论证或推导，其中一些论证或推导是编者的研究成果．编者以为，教学的基本要求就是讲清楚要讲的论题，特别是基本概念、基本思想和基本方法．要实现这个教学目标，认真讲述定理、定律的论证或推导是不可缺少的教学环节，因为定理、定律的论证或推导不仅有利于加深对概念的理解，其中还包含着许多有用的方法和技巧．否则，培养和提高学生分析问题、解决问题的能力就会沦为一句空话，也就谈不上创新能力的培养．

本书由陕西师范大学王应宗教授主审，北京大学赵凯华教授非常关心和支持本书的编写与出版，梁春田先生为本书的编写提供了许多宝贵的经验和意见．本书的编写和出版得到了重庆邮电大学数理学院和物理教学部的关心支持，使用过本书讲义的重庆邮电大学光电工程学院、自动化学院和通信学院部分班级的师生提出了不少宝贵的意见，编者在此一并致以诚挚的谢意.

由于编者水平有限,本书的缺点在所难免,诚恳希望各位读者和专家提出宝贵意见,使本书的质量得到进一步提高.

编 者

2012年9月于重庆邮电大学

目　　录

（注：带 * 号的是选学内容）

绪　论

“物理”这个词在中文里可以追溯到西汉时淮南王刘安主持编写的《淮南子》一书：“耳目之察不足以辨是非，心意之伦不足以明物理”．这两句话与列宁说的“感觉到的东西不一定认识它，认识到的东西才能更深刻地感觉它”是一致的，强调的都是观察与分析在认识客观事物过程中的辩证关系．现代人认为，物理学是系统阐述物质运动的基本形式和普遍规律的一门自然科学．物理学和数学一起构成了其他一切科学（包括自然科学和社会科学）和工程技术的基础．物理学之所以具有这种地位，是因为人类生存的世界首先是一个物质的世界．在开始学习普通物理学的时候，有必要明确以下几个问题．

1. 为什么要开设普通物理学课？

普通物理学的理论体系由物理学各主要分支的基础理论组成，一般包括：力学、振动和波、热学、波动光学、电磁学、近代物理学基础等．世界各国高等院校的理工科类专业之所以把普通物理学作为一门普遍通用的基础课（这正是“普通物理学”一词的涵义），既是为了给后续课程准备必要和足够的教学基础，更是因为普通物理学讲授的包括机械运动、热运动、电磁运动在内的物质运动的基本形式和普遍规律都是理工科类大学生必需的知识．只有当这些学生系统地而不是支离破碎地、充分地而不是肤浅地受到运用这些普遍规律来分析问题的训练之后，他们才能具备现代科技人才必须具备的科学素质．所谓科学素质，其基本含义应当包含：以大量系统的物质运动知识为基础树立起来的牢固的唯物主义意识；独立思考、勇于探索、百折不挠追求真理的坚强意志；诚实认真、慎密细致的学习和工作作风．这种素质的培养不论对于研究生、本科生还是大专生，不论对于他们今后的学习还是工作，都是不可缺少的．我们知道，现代科技发展的一个显著特征是：研究课题的提出，众多的发现发明，愈来愈少地出于偶然，愈来愈多地成为大规模有意识探索的结果．今天，理论日益显示出对实践的巨大指导作用，鼓舞着人们去发现新的事实，提出新的观点，渴望着在实践中检验这些观点．因此，把物质运动的普遍规律与具体实践相结合来分析问题、解决问题已成为现代科技人才必须具备的基本素质．物理学作为一门系统完整地讲授人类在探索物质运动普遍规律方面的成就和方法的基础课，它的作用是其他课程不能代替的．国情和国际环境要求我们对基础科学的研究和教学必须长期予以足够的重视，否则，就会贻误后人，贻误国家．

2. 普通物理学的特点

物理学既是一门有较长历史的自然科学，也是蓬勃发展、多次酝酿和引起科学技术革命，在生产力发展中起着火车头作用的自然科学．就普通物理学来说，它既是比较成熟的，也是继续发展着的理论体系．普通物理学有以下主要特点．

首先，和整个物理学一样，普通物理学有其系统性．若从 17 世纪伽利略在帕多瓦大学执教的时候算起，物理学作为一门独立的自然科学学科至今已有三百多年的历史．在这三百多年中，物理学经历了三次大的突破，形成了经典物理学和近代物理学两大部分．这三次大的突破是：17～18 世纪牛顿力学和热力学的形成；19 世纪麦克斯韦电磁理论的提出；20 世纪初狭义相对论和量子力学的诞生. 纵观这三百多年的历史，可以说，经典物理学的发展史就是人们交替地从物质运动的粒子性和波动性两方面研究从低速运动到高速运动的历史. 当人们认识到物质运动具有波粒二象性、物质运动速度不能大于光速时，近代物理的大门就被打开了. 普通物理学在教材编写和教学实践中应该展示的就是这样一条历史的和逻辑的主线，这就是普通物理学的系统性.

第二，普通物理学还必须具有针对性. 这主要体现在对于不同的专业和不同的学生，在课程内容和深度上应有所侧重、有所区别；在教学实践中对一些问题进行针对性的深入讲解和学习；对一些比较困难的问题加强辅导和练习，等等.

普通物理学的教学之所以必须具备系统性和针对性，主要并非出于美学上的考虑和教学上的便利，而是由普通物理学的学科性质和课程开设目的决定的. 由前述可知，物理学的系统性是物质运动统一性的反映. 今天，人们一般认为，万千复杂的物质运动可以归纳为四种相互作用，即引力相互作用、电磁相互作用、强相互作用和弱相互作用. 而且，人们正在不懈地探索这四种相互作用的关系，希望能用一个统一的理论来描述这些作用. 这种努力会导致什么结果，今天还难以预料. 在这永无止境的对物质运动规律的探索中，人类不仅积累了大量的知识，更形成了具有丰富内容的从特殊到一般、从具体到抽象、从现象到本质、从实验到理论、从假设到推论再到实验验证等一系列科学研究的方法. 没有哪一门学科像物理学这样包含如此丰富的内容，把物质运动展现得如此多姿多彩、淋漓尽致. 没有哪一门学科像物理学这样在循序渐进中自然而然、具体细致地培养着人们的唯物主义世界观、辩证思维的方法论. 物理学是反对一切唯心主义和形而上学的有力武器，同时自身也在斗争中不断发展. 遗憾的是，物理学的这种天然优势有时被忽视了，没有很好地发挥.

第三，与中学物理相比，大学物理由于广泛应用了微积分和矢量运算而发展成了一个严谨系统的理论体系. 这就要求我们在学习中必须克服畏难情绪，坚持数学和物理的统一. 理解、掌握物理概念和物理规律，既要注意把握它的定性特征，也要注意把握它的定量特征，二者不可偏废. 论证问题(包括做练习)必须明确条件，既不能违背数学运算规则，也不能违背已被实验证明是正确的物理规律，否则就不可能得到正确的结果. 当然，即使是符合数学运算规则和物理规律的论证结果，其正确与否最终还要靠实验来检验.

总之，只有经过刻苦系统的学习，才能掌握科学的思维方法，具备基本的科学素质，实现普通物理学的教学目标.

3. 注意总结和改进学习方法，提倡研究式学习

学好物理学并非难事，一要刻苦，二要注意经常总结、改进学习方法. 学习方法是因人而异的，但也有普遍规律，这可以概括为“四个字一句话”. 四个字是：准、全、基、通. 所谓“准”，就是要准确领会每一个概念. 列宁说过，人们总是在事物的比较中认识事物的. 我们应当通过反复阅读、思考和做练习去体会每一个概念、定理的含义，准确地把握它. 所谓“全”，就是要全面理解和掌握教学计划规定的内容，用自己的辛勤努力争取好成绩. 所谓“基”和“通”，就是要通过反复练习，熟练掌握基本概念、基本公式和基本方法，努力做到熟能生巧，融会贯通. 一句话是：提倡研究式学习，就是不能满足于会做一般的习题，而是要经常想一想，课堂上书本里讲的对不对，什么问题讲清楚了，什么问题没讲清楚，应当怎样讲. 对于前人的成就和现有的理论体系，要尊重，但不能迷信，不能被它束缚了思想. 作为未来的科学技术人才，一定要有实事求是、独立思考的意识，养成独立思考的习惯和能力，否则，是难有作为的.

“世上无难事，只要肯登攀.”让我们以饱满的热情和实事求是的精神投入到大学物理的学习中去，培养、提高我们的科学素质，为攀登科学高峰打好科学知识的基础.

第1部分　力　　学

当我们将眼光投向丰富多彩的客观物质世界时，最直观、最常见的物质运动形式就是机械运动(mechanical motion). 所谓机械运动，就是物体在空间的移动. 研究机械运动的物理学分支叫做力学(mechanics). 普通物理学中的力学是整个力学学科的基础部分.

第1章　质点运动学

如同研究其他事物一样，要研究机械运动，首先要描述机械运动. 这一章描述的就是可以被看做质点(particle)的那些物体的机械运动，也就是说，质点运动学(particle kinematics)中的所有概念和方法都是为了描述质点的运动而引入的.

那么，什么是质点？什么物体可以被看做质点？所谓质点，就是具有一定质量的几何点. 我们知道，几何点是没有形状、没有大小的，因此，如果我们在研究物体的运动时可以不考虑物体的形状和大小，那么就可把这个物体看做质点. 例如，线膛炮发射的炮弹飞行时以其纵向中心线为轴自转. 人们在研究炮弹飞行时，若不考虑炮弹的自转，就可以把炮弹看做质点. 至于什么是质量，将在下一章中介绍.

1.1　位移和路程

1. 位矢

实践证明，即使是一个没有学过物理学的人，当他说明一个物体的位置时，也总是相对于另一个被选定的物体而言的. 这个被用来说明其他物体位置的物体叫做参考物(reference object)或参考系(reference frame). 当需要准确地确定物体的位置时，实际上总是相对于参考物上的某个点来说明物体的位置，这个点叫做参考点(refence point). 当我们观察物体时，我们的视线是一条从眼睛指向物体的有向直线段. 随着物体的运动，这条有向直线段的方向和长短也随之变化. 设想视线从参考点指向被观察物体，于是，我们有下面的定义：

由参考点指向质点位置的有向直线段叫做质点的位置矢量(position vector)，简称位矢，记为 $\boldsymbol{r}$. 矢量 $\boldsymbol{r}$ 的手写体为 $\vec{r}$，其他矢量亦仿此.

如图 1-1-1 所示，O 点是参考点，P 点是质点位置，由 O 点指向 P 点的有向直线段 $\overrightarrow{OP}$ 就是位矢 $\boldsymbol{r}$.

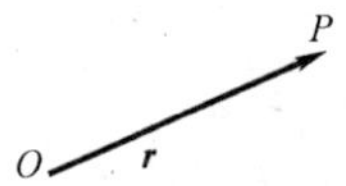

当质点相对于参考点运动时，位矢随时间变化，是时刻 t 的函数，记为

$$\boldsymbol{r}=\boldsymbol{r}(t) \tag{1-1-1}$$

P
O
r

图 1-1-1

式(1-1-1)叫做质点的运动函数(motion function)或运动方程(motion equation).

2. 位移

如图 1-1-2 所示，设运动质点 P 于 t_1 时刻过 A 点，于 t_2 时刻过 B 点.

定义：由质点初位置指向质点末位置的有向直线段叫做质点的位移(displacement).

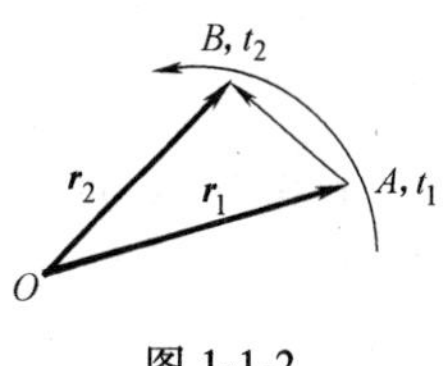

图 1-1-2

在图 1-1-2 中，质点在时间 $\Delta t = t_2 - t_1$ 的位移就是由初位置 A 指向末位置 B 的有向直线段 $\overrightarrow{AB}$. 按照矢量加法，有

$$\overrightarrow{AB} = \boldsymbol{r}_2 - \boldsymbol{r}_1$$

而矢量

$$\Delta \boldsymbol{r} = \boldsymbol{r}_2 - \boldsymbol{r}_1 \tag{1-1-2}$$

叫做位矢的增量(increment of position vector). 以后凡是说到某个物理量的增量，指的都是该物理量的末态值减去初态值的差. 由以上两式可知

$$\overrightarrow{AB} = \Delta \boldsymbol{r} \tag{1-1-3}$$

这表示位移等于位矢的增量. 以后，我们就常用 $\Delta \boldsymbol{r}$ 表示位移.

3. 路程

图 1-1-2 中的弧线表示质点运动的轨迹(locus). 选质点轨迹上一点作为测量轨迹弧长的原点，则称质点在任意后续时刻 t 的位置对应的轨迹弧长 $s(t)$ 为质点的轨迹弧函数. 轨迹弧函数 $s(t) \geqslant 0$.

定义：质点初、末位置之间的轨迹叫做质点的路程(path)，记作 Δs.

因此，路程 Δs 等于轨迹弧函数的增量，即

$$\Delta s = s_2 - s_1 \geqslant 0 \tag{1-1-4}$$

上式中，$s_1 = s(t_1)$ 和 $s_2 = s(t_2)$ 分别是质点初、末位置的轨迹弧函数值.

注意：

(1)位移是矢量，路程是非负的标量(scalar). 质点经过一段时间的运动回到初位置时其位移为零，路程不为零。

(2)位矢 $\boldsymbol{r}$ 的模写成 $r = |\boldsymbol{r}|$，位移的模只能写成 $|\Delta \boldsymbol{r}|$，而 $\Delta r = r_2 - r_1$ 是位矢模 r 的增量. 由图 1-1-2 可知，因为三角形两边之差小于第三边，故 $\Delta r \leqslant |\Delta \boldsymbol{r}|$. 推而广之，任意矢量模的增量不大于矢量增量的模.

4. 位矢和位移的平面直角坐标表示

若要具体地计算位矢和位移，需要根据质点运动情况选择建立适当的坐标系(coordinate system). 现设质点 P 在参考点 O 所在的某个平面上运动，以参考点 O 为坐标原点建立平面直角坐标系 Oxy，如图 1-1-3 所示。由图可见，位矢 $\boldsymbol{r}$ 在平面直角坐标系中的表示式是

$$\boldsymbol{r} = x\boldsymbol{i} + y\boldsymbol{j} \tag{1-1-5}$$

上式中的 $\boldsymbol{i}$ 和 $\boldsymbol{j}$ 分别是 x 轴和 y 轴的单位矢量，$x = r\cos\theta$，$y = r\sin\theta$. 位矢 $\boldsymbol{r}$ 的模

$$r = \sqrt{x^2 + y^2} \tag{1-1-6}$$

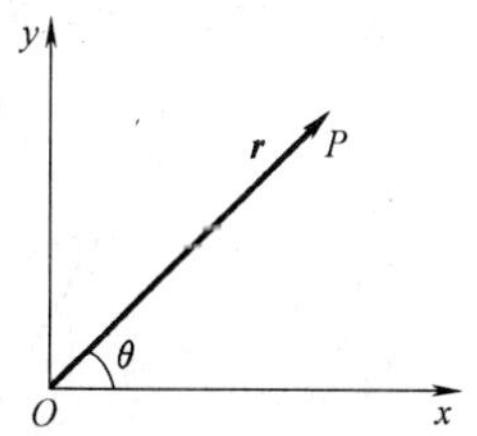

图 1-1-3

位矢 $\boldsymbol{r}$ 与 x 轴正方向的夹角叫做质点的角位置或方向角，记作

$$\theta = \arctan\left(\frac{y}{x}\right) \tag{1-1-7}$$

在国际单位制中，长度单位是米(m)，时间单位是秒(s)，角度单位是弧度(rad).

将式(1-1-5)代入式(1-1-2)，得位移 $\Delta\boldsymbol{r}$ 的平面直角坐标表示式：

$$\Delta\boldsymbol{r} = (x_2 - x_1)\boldsymbol{i} + (y_2 - y_1)\boldsymbol{j} = \Delta x\boldsymbol{i} + \Delta y\boldsymbol{j} \tag{1-1-8}$$

如图 1-1-4 所示. 位移的模为

$$|\Delta\boldsymbol{r}| = \sqrt{(\Delta x)^2 + (\Delta y)^2} \tag{1-1-9}$$

位移的方向角为

$$\varphi = \arctan\left(\frac{\Delta y}{\Delta x}\right) \tag{1-1-10}$$

与位移相对应，把角位置的增量 $\Delta\theta = \theta_2 - \theta_1$ 叫做角位移.

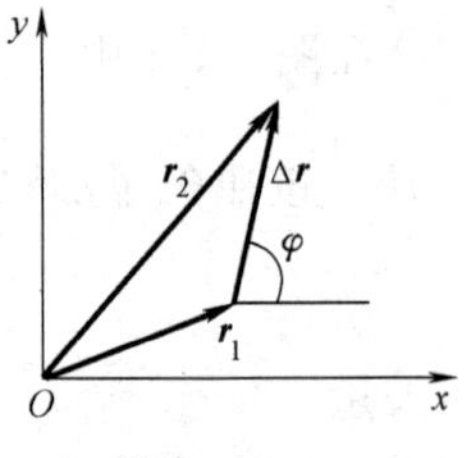

图 1-1-4

例题 1-1-1 一名探险队员开始时位于队部东面 2 km 处，北行 4 km,又东行 3 km. 求：(1)队员行走的路程和位移；(2)队员末位矢的大小和方向.

解： 以队部为原点 O 建立平面直角坐标系，东向为 x 轴正方向，北向为 y 轴正方向，如图 1-1-5 所示. 由图可见：

(1)路程 $\Delta s = 7\ \text{km}$

位移 $\Delta\boldsymbol{r} = \Delta x\boldsymbol{i} + \Delta y\boldsymbol{j} = 3\boldsymbol{i}\ \text{km} + 4\boldsymbol{j}\ \text{km}$

位移的模 $|\Delta\boldsymbol{r}| = \sqrt{(\Delta x)^2 + (\Delta y)^2} = 5\ \text{km}$

位移的方向角 $\varphi = \arctan\left(\dfrac{\Delta y}{\Delta x}\right) = \arctan\left(\dfrac{4}{3}\right) = 53.1°$

(2)初位矢 $\boldsymbol{r}_A = 2\boldsymbol{i}\ \text{km}$

末位矢 $\boldsymbol{r}_B = \boldsymbol{r}_A + \Delta\boldsymbol{r} = 5\boldsymbol{i}\ \text{km} + 4\boldsymbol{j}\ \text{km}$

末位矢的模 $r_B = \sqrt{x_B^2 + y_B^2} = 6.4\ \text{km}$

末位矢的方向角 $\theta = \arctan\left(\dfrac{y_B}{x_B}\right) = 38.7°$

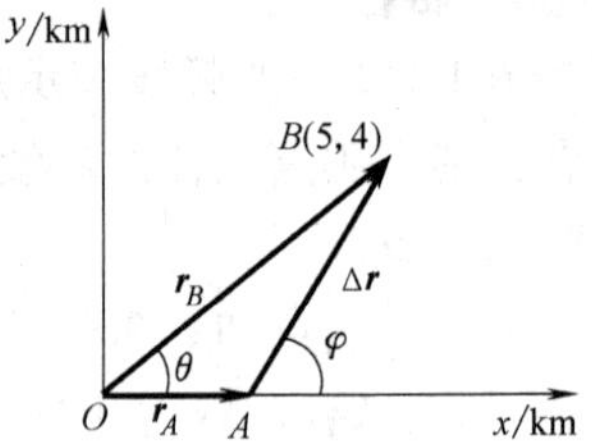

图 1-1-5

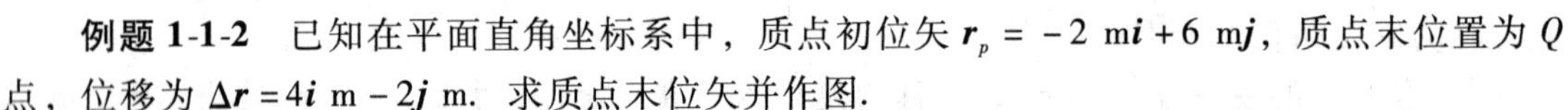

例题 1-1-2 已知在平面直角坐标系中，质点初位矢 $\boldsymbol{r}_p = -2\ \text{m}\boldsymbol{i} + 6\ \text{m}\boldsymbol{j}$，质点末位置为 Q 点，位移为 $\Delta\boldsymbol{r} = 4\boldsymbol{i}\ \text{m} - 2\boldsymbol{j}\ \text{m}$. 求质点末位矢并作图.

解： 因为 $\Delta\boldsymbol{r} = \boldsymbol{r}_Q - \boldsymbol{r}_p$

所以 $\boldsymbol{r}_Q = \boldsymbol{r}_p + \Delta\boldsymbol{r} = 2\boldsymbol{i}\ \text{m} + 4\boldsymbol{j}\ \text{m}$

如图 1-1-6 所示.

例题 1-1-3 已知质点运动参数方程 $x = 3t$，$y = 9t^2 - 1$，求质点的位矢函数和轨迹方程.

解： 位矢 $\boldsymbol{r} = x\boldsymbol{i} + y\boldsymbol{j} = 3t\boldsymbol{i} + (9t^2 - 1)\boldsymbol{j}$

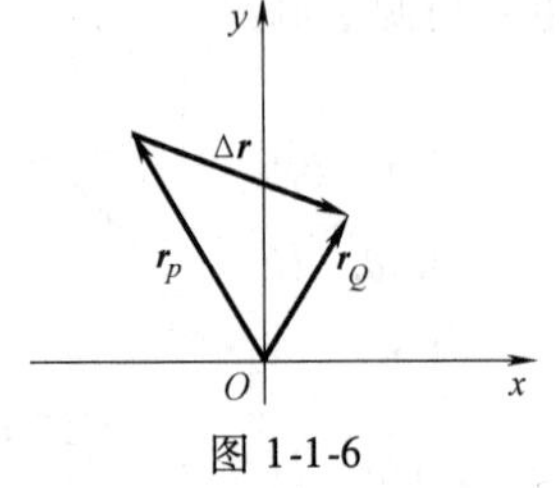

图 1-1-6

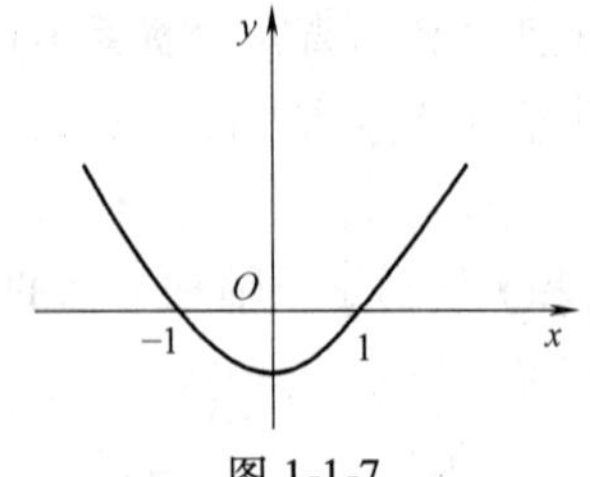

图 1-1-7

由参数方程组 $x=3t$，$y=9t^2-1$ 中消去参数 t，得轨迹方程

$$y = x^2 - 1$$

轨迹曲线为抛物线，如图 1-1-7 所示.

思考题 1.1

1. 坐在船舱里看报纸的旅客想知道船开了没有，往往向船外看看. 为什么？
2. 两列客车并排停在火车站内. 一会儿，坐在车里的一个小孩说："我们的车开了！"坐在旁边的另一个小孩说："我们的车没开."如何评判谁正确？
3. 同一物体在同一段时间相对于两个相互运动的参考物的位移是否相等？
4. 质点的运动路程是否一定非负？为什么？

1.2　速度和速率

1. 平均速度和瞬时速度

如前所说，位矢是表示质点位置的物理量，位移是表示质点位置变化的物理量. 为了描述质点运动的方向和快慢，需要引入新的物理量.

定义：质点位移与经历时间的比叫做质点在这段时间的平均速度(average velocity)，记作

$$\bar{\boldsymbol{v}} = \frac{\Delta \boldsymbol{r}}{\Delta t} \tag{1-2-1}$$

其中 $\Delta t = t' - t$，t，t'分别是质点过初、末位置的时刻，如图 1-2-1 所示. (1-2-1)式说明，平均速度是与位移同方向的矢量. 平均速度的模(大小)是

$$|\bar{\boldsymbol{v}}| = \frac{|\Delta \boldsymbol{r}|}{\Delta t} \tag{1-2-2}$$

不难看出，平均速度只是粗略地描述了质点运动的方向和快慢. 要精确地描述质点在某时刻的运动方向和快慢，必须使观测的时间 $\Delta t = t' - t$ 趋于零. 于是我们有下面的定义：

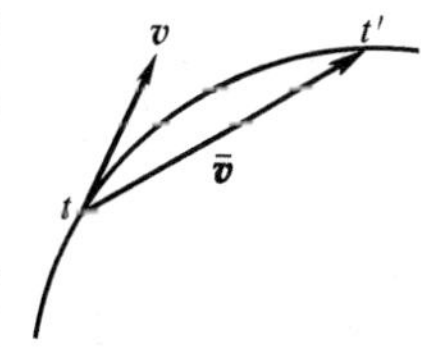

图 1-2-1

质点在时刻 t 附近 Δt 时间段的平均速度当 Δt 趋于零时的极限叫做质点在时刻 t 的瞬时速度 (instantaneous velocity)，简称速度 (velocity)，记作

$$\boldsymbol{v} = \lim_{\Delta t \to 0} \frac{\Delta \boldsymbol{r}}{\Delta t} = \frac{\mathrm{d}\boldsymbol{r}}{\mathrm{d}t} \tag{1-2-3}$$

上式说明，速度等于位矢函数对时间的一阶导数. 速度是矢量，方向沿轨迹曲线的切线方向. 当速度随时间变化时，称之为速度函数. 平均速度和速度的单位都是米/秒(m/s).

注意：不能说平均速度是速度的平均值. 因为，从逻辑关系上说，先有平均速度的概念，后有速度的概念. 从理论与实验的关系上说，实际测得的总是平均速度而非速度，速度不能测准. 一般地说，在物理学中，只有当一个物理量可以测准(至少原则上可以测准)时，才能说这个物理量有确定值. 因此，速度没有确定值. 但在经典力学中，正如狄拉克所指出的，假设速度及其他物理量都有确定值.

将式(1-1-5)代入式(1-2-3)，得速度的平面直角坐标表示式

$$\boldsymbol{v} = \frac{\mathrm{d}x}{\mathrm{d}t}\boldsymbol{i} + \frac{\mathrm{d}y}{\mathrm{d}t}\boldsymbol{j} = v_x\boldsymbol{i} + v_y\boldsymbol{j} \tag{1-2-4}$$

式中的 $v_x = \frac{\mathrm{d}x}{\mathrm{d}t}$，$v_y = \frac{\mathrm{d}y}{\mathrm{d}t}$分别是速度在 x 轴和 y 轴上的分量. 速度的模

$$|\boldsymbol{v}| = \sqrt{v_x^2 + v_y^2}$$

速度的方向角

$$\theta = \arctan\left(\frac{v_y}{v_x}\right)$$

由于

$$v_x = |\boldsymbol{v}|\cos\theta, \quad v_y = |\boldsymbol{v}|\sin\theta$$

速度的平面直角坐标表示式可以写为

$$\boldsymbol{v} = |\boldsymbol{v}|(\cos\theta\boldsymbol{i} + \sin\theta\boldsymbol{j}) \tag{1-2-5}$$

2. 平均速率和瞬时速率

质点运动的路程与经历时间的比叫做质点在此时间段的平均速率（average speed），记为

$$\bar{v} = \frac{\Delta s}{\Delta t} \tag{1-2-6}$$

定义：质点在时刻 t 附近 Δt 时间段的平均速率当 Δt 趋于零时的极限叫做质点在时刻 t 的瞬时速率(instantaneous speed)，简称速率(speed)，记做

$$v = \lim_{\Delta t \to 0}\frac{\Delta s}{\Delta t} = \frac{\mathrm{d}s}{\mathrm{d}t} \tag{1-2-7}$$

这表明，速率是质点的轨迹弧函数 $s(t)$ 对时间的一阶导数. 由于路程随时间增加，即轨迹弧函数 $s(t)$ 随时间增加，故总有 $v \geqslant 0$. 平均速率和速率的单位与速度的单位相同.

注意：

(1) 如图 1-2-2 所示，设质点由 a 点运动到 b 点，路程为 Δs，位移为 $\Delta\boldsymbol{r}$. 由于一般地有 $\Delta s \neq |\Delta\boldsymbol{r}|$，故平均速率一般不等于平均速度的模，即 $\bar{v} \neq |\bar{\boldsymbol{v}}|$. 只有当质点作方向不变的直线运动时才有 $\Delta s = |\Delta\boldsymbol{r}|$、$\bar{v} = |\bar{\boldsymbol{v}}|$.

(2) 当 b 无限趋近于 a 时，即当 Δt 趋于零时，由于

$$\lim_{\Delta t \to 0}\Delta s = \lim_{\Delta t \to 0}|\Delta\boldsymbol{r}|$$

速率才等于速度的模，即 $v = |\boldsymbol{v}|$.

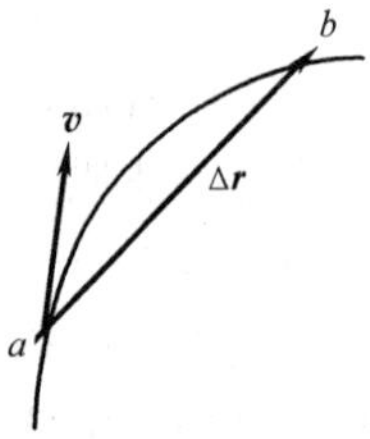

图 1-2-2

3. 线速率和角速率

设 Δs 为一段圆弧，其所张的圆心角为 $\Delta\theta$，则有

$$\Delta s = R\Delta\theta \tag{1-2-8}$$

其中 R 是圆半径. 将上式代入式(1-2-7)，得

$$v = R\frac{\mathrm{d}\theta}{\mathrm{d}t} = R\omega \tag{1-2-9}$$

式中，$\omega = \frac{\mathrm{d}\theta}{\mathrm{d}t}$叫做角速率(angular speed)，单位是弧度/秒(rad/s). 与角速率对应，v 叫做线速率(linear speed).

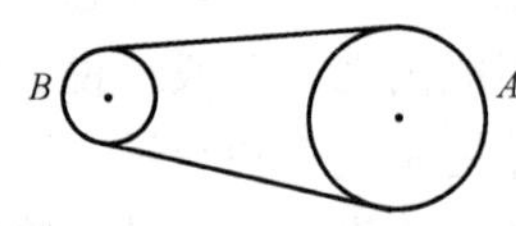

图 1-2-3

例题 1-2-1 如图 1-2-3 所示，两个带轮的半径分别是 $R_A = 0.40\mathrm{m}$、$R_B = 0.20\mathrm{m}$，A 轮每分钟转 180 圈，问：B 轮每分钟转多少圈？假设带与轮子之间无滑动.

解：由于轮子与带之间无滑动，两个轮子边缘的线速率相等，即

$$v_B = v_A$$

$$R_B\omega_B = R_A\omega_A$$

所以
$$\omega_B = \frac{R_A\omega_A}{R_B} = 360\ \text{r/min(圈/分钟)}$$

例题 1-2-2　已知质点运动方程是

$$\boldsymbol{r} = R\cos\omega t\boldsymbol{i} + R\sin\omega t\boldsymbol{j}$$

式中 R，ω 均为常数．试判断质点作什么运动？

解：由题可知，质点轨迹方程是

$$x^2 + y^2 = R^2$$

这是一个半径为 R 的圆．质点的速度

$$\boldsymbol{v} = \frac{\mathrm{d}\boldsymbol{r}}{\mathrm{d}t} = -R\omega\sin\omega t\boldsymbol{i} + R\omega\cos\omega t\boldsymbol{j}$$

速率
$$v = |\boldsymbol{v}| = \sqrt{v_x^2 + v_y^2} = R\omega$$

可见，质点速率是不变的常数，质点作匀速圆周运动(uniform circular motion)，角速率为 ω.

例题 1-2-3　质点作半径 $R=3$ m 的匀速圆运动，周期 $T=6$s. 问：(1)质点的平均速度和速度各沿什么方向？(2)质点在任意一秒内的平均速率和平均速度的大小是否相等？

解：(1)平均速度沿弦线由初位置指向末位置，速度沿切线方向，如图 1-2-4 所示．(2)质点在任意一秒的角位移

$$\Delta\theta = \frac{2\pi}{T} = \frac{\pi}{3}$$

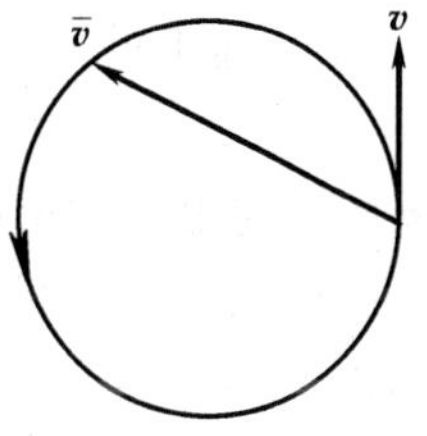

图 1-2-4

位移的模
$$|\Delta\boldsymbol{r}| = R = 3\ \text{m}$$

平均速度的大小
$$|\bar{\boldsymbol{v}}| = \left|\frac{\Delta\boldsymbol{r}}{\Delta t}\right| = 3\ \text{m/s}$$

平均速率
$$\bar{v} = \frac{2\pi R}{T} = \pi\ \text{m/s}$$

可见，平均速度与平均速率大小不相等.

例题 1-2-4　路灯灯泡 M 高于地面 H，身高 h 的人在平路上背对路灯前行．当人行速率为 v_0 时，人头在地面的影子的移动速率多大？

解：如图 1-2-5 所示，M 为路灯灯泡，A 点为人头的位置，C 点为人头影的位置．设 t 时刻人离开路灯杆距离为 $x_0 = OB$，人头影距灯杆距离为 $x = OC$．因为 $\triangle MDA \backsim \triangle MOC$，有

$$x = \frac{H}{H-h}x_0$$

人头影运动速度
$$v = \frac{\mathrm{d}x}{\mathrm{d}t} = \frac{H}{H-h}v_0$$

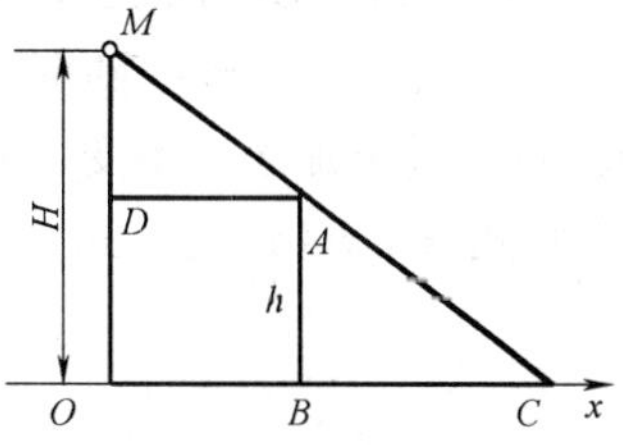

图 1-2-5

由于 $v > v_0$，人影随人行进变长，与实际相符.

思考题 1.2

1. 判断下面的说法正确与否，并说出理由：

(1)平均速度是速度的平均值.(2)速率就是速度的模(大小).

2. 判断下列各式正确与否：

(1)$\boldsymbol{v}=\frac{\mathrm{d}r}{\mathrm{d}t}$；(2)$\boldsymbol{v}=\frac{\mathrm{d}\boldsymbol{r}}{\mathrm{d}\boldsymbol{t}}$；(3)$\boldsymbol{v}=\frac{\mathrm{d}s}{\mathrm{d}t}$；(4)$v=\sqrt{(\mathrm{d}x/\mathrm{d}t)^2+(\mathrm{d}y/\mathrm{d}t)^2}$.

3. 质点在 A，B 两点之间完成一次往返直线运动. 从 A 点出发时速度为$\boldsymbol{v}_1$，到 B 点时速度为零，接着返回 A 点，到 A 点时速度为$\boldsymbol{v}_2$，$\boldsymbol{v}_2=-\boldsymbol{v}_1$. 若往返时间为 Δt、两点相距为 a，判断下列各式正确与否：

(1) 平均速度$\bar{\boldsymbol{v}}=\frac{1}{2}(\boldsymbol{v}_1+\boldsymbol{v}_2)=0$；(2) 平均速度$\bar{\boldsymbol{v}}=\frac{\Delta\boldsymbol{r}}{\Delta t}=0$；

(3) 平均速率$\bar{v}=\frac{1}{2}(v_1-v_2)=0$；(4) 平均速率$\bar{v}=\frac{2a}{\Delta t}=0$.

1.3 加速度

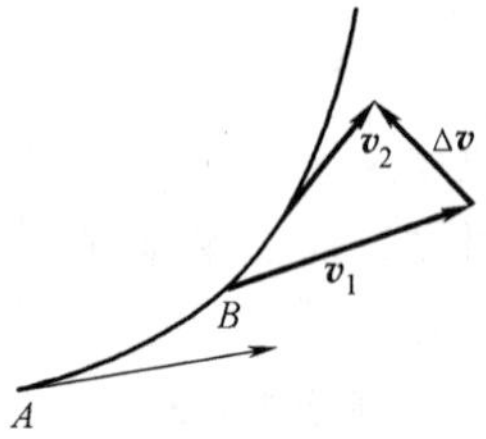

图 1-3-1

一般来说，质点运动的速度是随时间而变的. 如图 1-3-1 所示，质点于 t_1 时刻过 A 点，速度为$\boldsymbol{v}_1$；于 t_2 时刻过 B 点，速度为$\boldsymbol{v}_2$. 在此过程中，速度的增量为

$$\Delta\boldsymbol{v}=\boldsymbol{v}_2-\boldsymbol{v}_1$$

$\Delta\boldsymbol{v}$ 的方向由$\boldsymbol{v}_1$ 的末端指向$\boldsymbol{v}_2$ 的末端. 为描述质点速度的变化，我们把质点速度的增量与所经历的时间的比叫做质点在此时间段的平均加速度（average acceleration），记为

$$\bar{\boldsymbol{a}}=\frac{\Delta\boldsymbol{v}}{\Delta t} \tag{1-3-1}$$

可见，平均加速度就是单位时间速度的平均增加量，其方向就是速度增量 $\Delta\boldsymbol{v}$ 的方向，模 $\bar{a}=|\bar{\boldsymbol{a}}|=|\Delta\boldsymbol{v}/\Delta t|$，单位是米/秒^2（$\mathrm{m/s^2}$）.

容易看出，平均加速度只是粗略地描述了质点速度的变化. 要精确地描述速度的变化，须令时间 Δt 趋于零.

定义：质点在时刻 t 附近 Δt 时间段的平均加速度当 Δt 趋于零时的极限叫做质点在时刻 t 的瞬时加速度（instantaneous acceleration），简称加速度（acceleration），记为

$$\boldsymbol{a}=\lim_{\Delta t\to 0}\frac{\Delta\boldsymbol{v}}{\Delta t}=\frac{\mathrm{d}\boldsymbol{v}}{\mathrm{d}t} \tag{1-3-2}$$

上式表明，加速度就是速度函数对时间的一阶导数，单位与平均加速度相同.

一般地说，加速度随时间变化. 加速度不变的运动叫做匀变速运动（uniform variable motion）. 所谓加速度不变，是指其大小和方向都不变.

将式（1-2-4）代入式（1-3-2），得加速度在平面直角坐标系中的表示式

$$\boldsymbol{a}=\frac{\mathrm{d}v_x}{\mathrm{d}t}\boldsymbol{i}+\frac{\mathrm{d}v_y}{\mathrm{d}t}\boldsymbol{j}=a_x\boldsymbol{i}+a_y\boldsymbol{j} \tag{1-3-3}$$

加速度的模 $$a=\sqrt{a_x^2+a_y^2}$$

加速度的方向角 $$\gamma=\arctan(a_y/a_x)$$

例题 1-3-1　质点运动方程为 $x=3t$，$y=-0.5gt^2$，试判断质点作什么运动，并画出轨迹曲线。

解：位矢　$\boldsymbol{r}=3t\boldsymbol{i}-0.5gt^2\boldsymbol{j}$

速度　$\boldsymbol{v}=\dfrac{\mathrm{d}\boldsymbol{r}}{\mathrm{d}t}=3\boldsymbol{i}-gt\boldsymbol{j}$

初速度　$\boldsymbol{v}_0=3\boldsymbol{i}\ \mathrm{m/s}$

加速度　$\boldsymbol{a}=\dfrac{\mathrm{d}\boldsymbol{v}}{\mathrm{d}t}=-g\boldsymbol{j}$

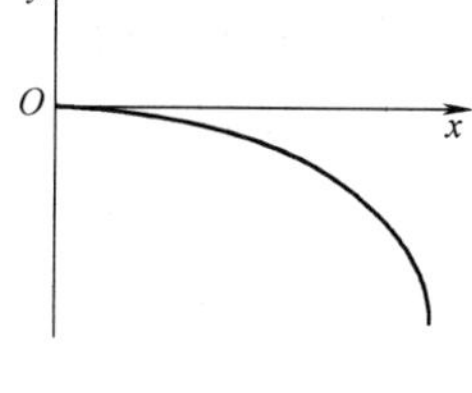

图 1-3-2

可见，质点作平抛运动，轨迹方程为

$$y=-\frac{1}{18}gx^2$$

如图 1-3-2 所示.

例题 1-3-2　质点作半径为 R 的匀速圆周运动，速率为 v，求证：（1）质点平均加速度的大小 $\overline{a}=2v^2\dfrac{\sin\left(\dfrac{\Delta\theta}{2}\right)}{R\cdot\Delta\theta}$，$\Delta\theta$ 是任意一段圆弧所对圆心角；（2）质点加速度的大小为 $a=\dfrac{v^2}{R}$.

证：如图 1-3-3 所示，设 A，B 为圆上两点，质点过两点的速度分别为 $\boldsymbol{v}_A$，$\boldsymbol{v}_B$，将 $\boldsymbol{v}_B$ 平移到 A 点，则有

$$\angle CAD=\angle AOB=\Delta\theta$$

这表明质点通过的圆弧所张圆心角与同一时间质点速度矢量掠过的角度相等. 连接 A，B，则有

$$\angle CAB=\frac{1}{2}\angle CAD=\frac{1}{2}\Delta\theta$$

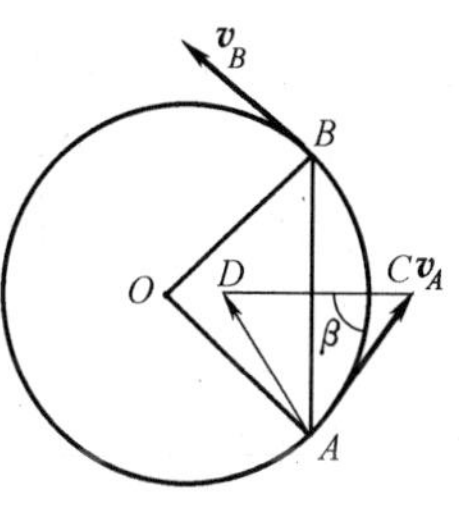

图 1-3-3

所以　$|\Delta\boldsymbol{v}|=CD=2v\sin(\Delta\theta/2)$

而 $\Delta t=R\Delta\theta/v$，于是，平均加速度的大小为

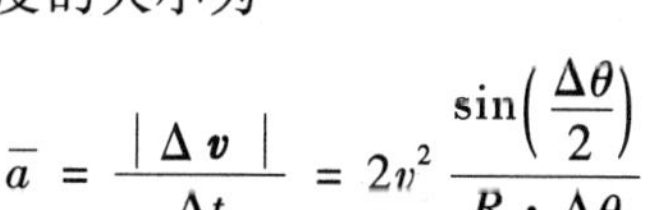

$$\overline{a}=\frac{|\Delta\boldsymbol{v}|}{\Delta t}=2v^2\frac{\sin\left(\dfrac{\Delta\theta}{2}\right)}{R\cdot\Delta\theta}$$

瞬时加速度的大小　$a=\lim\limits_{\Delta t\to 0}\overline{a}=\dfrac{v^2}{R}\lim\limits_{\Delta t\to 0}\dfrac{\sin(\Delta\theta/2)}{\Delta\theta/2}=\dfrac{v^2}{R}.$

速度增量 $\Delta\boldsymbol{v}$ 与速度 $\boldsymbol{v}_A$ 的夹角 $\beta=(\pi-\Delta\theta)/2$，于是有

$$\lim_{\Delta t\to 0}\beta=\lim_{\Delta t\to 0}(\pi-\Delta\theta)/2=\pi/2$$

所以，加速度 $\boldsymbol{a}$ 的方向指向圆心 O 点，叫做向心加速度（centripetal acceleration）.

思考题 1.3

试判断下列说法正确与否：

（1）平均加速度就是加速度的平均值；

（2）速度大的质点加速度大，速度小的质点加速度小；

（3）质点速率不变时，其加速度为零；

（4）匀变速运动必是直线运动；

（5）匀速圆周运动的加速度的大小不变，方向始终指向圆心，故匀速圆周运动是匀变速运动.

1.4 切向加速度和法向加速度

这一节对加速度作进一步的分析，以加深对质点一般曲线运动的认识.

我们已经知道，速度的平面直角坐标表示式［即式（1-2-5）］是

$$\boldsymbol{v} = v(\cos\theta \boldsymbol{i} + \sin\theta \boldsymbol{j}) \tag{1-4-1}$$

上式括号内是速度的单位矢量：

$$\boldsymbol{e} = \cos\theta \boldsymbol{i} + \sin\theta \boldsymbol{j} \tag{1-4-2}$$

因此，式（1-4-1）可写成

$$\boldsymbol{v} = v\boldsymbol{e} \tag{1-4-3}$$

事实上，任意一个矢量都可以写成如上式这样的矢量模与其单位矢量的乘积的形式.

如图 1-4-1 所示，弧$\overset{\frown}{ab}$为质点运动轨迹，P 为轨迹上一点. 质点过 P 点的速度$\boldsymbol{v}$ 沿 P 点处的切线方向，角 θ 是速度$\boldsymbol{v}$ 与 x 轴正方向的夹角. 与轨迹弧相切于 P 点的圆 O'叫做轨迹在 P 点的曲率圆，圆的半径 ρ 叫做轨迹在 P 点的曲率半径. 一般地说，速度是时间的函数，它的模和单位矢量都随时间变化，模随时间变化表示速度的大小随时间变化，单位矢量随时间变化表示速度的方向随时间变化. 由上式得

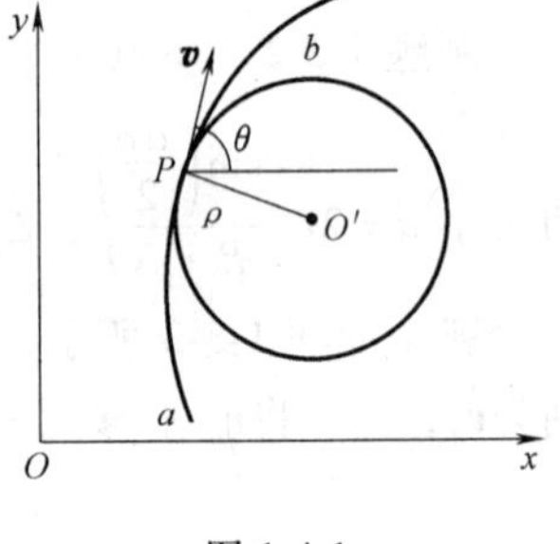

图 1-4-1

$$\boldsymbol{a} = \frac{\mathrm{d}v}{\mathrm{d}t}\boldsymbol{e} + v\frac{\mathrm{d}\boldsymbol{e}}{\mathrm{d}t} \tag{1-4-4}$$

上式等号右边两项的物理意义是什么呢？

1. 切向加速度

如前所说，速度的方向即单位矢量 $\boldsymbol{e}$ 的方向，沿着轨迹的切线方向，因此，式（1-4-4）等号右边第一项是加速度沿切线方向的分量，叫做切向加速度（tangential acceleration），记作

$$\boldsymbol{a}_t = \frac{\mathrm{d}v}{\mathrm{d}t}\boldsymbol{e} \tag{1-4-5}$$

或

$$a_t = \frac{\mathrm{d}v}{\mathrm{d}t} \tag{1-4-6}$$

上式说明，切向加速度描述速度模的变化，即速度大小的变化. 当$\frac{\mathrm{d}v}{\mathrm{d}t}>0$ 时，切向加速度 $\boldsymbol{a}_t$ 与速度$\boldsymbol{v}$ 同方向，速度增大；当$\frac{\mathrm{d}v}{\mathrm{d}t}<0$ 时，切向加速度 $\boldsymbol{a}_t$ 与速度$\boldsymbol{v}$ 反方向，速度减小. 用式（1-4-6）求切向加速度，必须先求得速率 v，即速度的模 $|\boldsymbol{v}|$.

2. 法向加速度

对式

$$\boldsymbol{e}\cdot\boldsymbol{e}=1 \tag{1-4-7}$$

两边求关于时间 t 的导数，得

$$\boldsymbol{e}\cdot\frac{\mathrm{d}\boldsymbol{e}}{\mathrm{d}t} = 0 \tag{1-4-8}$$

这表示，矢量$\frac{\mathrm{d}\boldsymbol{e}}{\mathrm{d}t}$与 $\boldsymbol{e}$ 相互垂直. 注意到在图 1-4-1 中 P 点处$\frac{\mathrm{d}\theta}{\mathrm{d}t}<0$，由式（1-4-2）得

$$\frac{d\boldsymbol{e}}{dt}=(-\sin\theta\boldsymbol{i}+\cos\theta\boldsymbol{j})\frac{d\theta}{dt}=(\sin\theta\boldsymbol{i}-\cos\theta\boldsymbol{j})\left|\frac{d\theta}{dt}\right| \tag{1-4-9}$$

所以，式（1-4-4）等号右边第二项 $v\frac{d\boldsymbol{e}}{dt}$ 垂直于轨迹切线而指向曲率圆圆心 O'，叫做法向（或径向）加速度（normal or radial acceleration），记为

$$\boldsymbol{a}_n=v\frac{d\boldsymbol{e}}{dt} \tag{1-4-10}$$

显然，法向加速度描述速度方向的变化.

当质点过 P 点附近无穷小圆弧时，质点的线速率 $v=\rho\omega$，$\omega=\frac{d\theta'}{dt}$ 是质点相对于圆心 O' 的角速率. 由于质点经过的圆弧所张的圆心角总是等于质点速度矢量在同一时间掠过的角度，质点相对于圆心 O' 的角速率 $\omega=\frac{d\theta'}{dt}=\left|\frac{d\theta}{dt}\right|$，法向加速度的大小可写为

$$a_n=v\left|\frac{d\theta}{dt}\right|=\rho\omega^2 \tag{1-4-11}$$

或

$$a_n=\frac{v^2}{\rho} \tag{1-4-12}$$

将 $v=\rho\omega$ 代入式（1-4-6），得

$$a_t=\rho\frac{d\omega}{dt}=\rho\beta \tag{1-4-13}$$

式中 $\beta=\frac{d\omega}{dt}$ 叫做角加速度，单位是弧度/秒^2（rad/s^2）.

由以上分析可知，加速度可写成

$$\boldsymbol{a}=\boldsymbol{a}_t+\boldsymbol{a}_n \tag{1-4-14}$$

加速度的模

$$a=|\boldsymbol{a}|=\sqrt{a_n^2+a_t^2} \tag{1-4-15}$$

加速度与轨迹切线的夹角

$$\phi=\arctan\left(\frac{a_n}{a_t}\right) \tag{1-4-16}$$

当 $a_t=0$，$a_n\neq0$ 时，质点作匀速圆运动；当 $a_t\neq0$、$a_n=0$ 时，质点作变速直线运动；当二者都等于零时，质点静止或作匀速直线运动.

在式（1-4-4）中，按照求导法则，等号右边第一项表示速度的方向不变大小变，即质点在 P 点附近作无穷短暂的变速直线运动；等号右边第二项表示速度的大小不变方向变，即质点在 P 点附近作无穷短暂的匀速圆运动. 所以，任意的质点曲线运动是由无限多个无穷短暂的直线运动和匀速圆运动叠加生成的. 这里，我们看到的是唯物辩证法的核心——对立统一规律的一个活生生的例证，而且是对立统一规律普遍存在于物质运动中的例证. 统一体的两个矛盾方面——质点运动的切向加速度和法向加速度的变化决定着质点运动轨迹的发展. 只要我们留意，就会看到辩证法无处不在.

例题 1-4-1　已知质点位矢 $\boldsymbol{r}=3t\boldsymbol{i}+2t^2\boldsymbol{j}$，求 $t=2$ s 时质点的切向加速度和法向加速度.

解：

$$\boldsymbol{v}=\frac{d\boldsymbol{r}}{dt}=3\boldsymbol{i}+4t\boldsymbol{j}$$

$$v = \sqrt{v_x^2 + v_y^2} = \sqrt{9 + 16t^2}$$

$$\boldsymbol{a} = \frac{\mathrm{d}\boldsymbol{v}}{\mathrm{d}t} = 4\boldsymbol{j}\mathrm{m/s^2}$$

当 $t=2$ s 时，有
$$a_t = \frac{\mathrm{d}v}{\mathrm{d}t} = \frac{16t}{\sqrt{9+16t^2}} = 3.75\ \mathrm{m/s^2}$$

$$a_n = \sqrt{a^2 - a_t^2} = 1.39\ \mathrm{m/s^2}$$

例题 1-4-2 一小球被从水平面上以仰角 θ 抛出，初速率为 v_0，求：(1) 小球抛出后任意时刻的切向加速度和法向加速度；(2) 什么时候小球的切向加速度为零?

解：小球作斜抛运动时，在水平方向上作匀速直线运动，在竖直方向上作匀变速运动. 据此，建立平面直角坐标系，如图 1-4-2 所示。小球的速度函数是

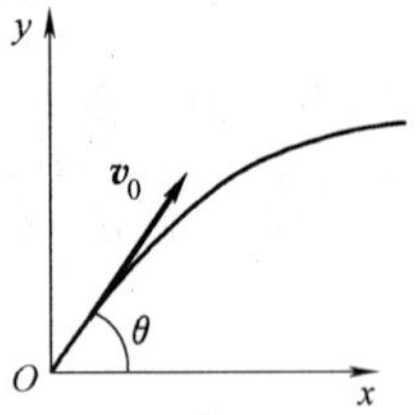

$$\boldsymbol{v} = v_0\cos\theta\boldsymbol{i} + (v_0\sin\theta - gt)\boldsymbol{j}$$

图 1-4-2

速度的模
$$v = \sqrt{v_0^2\cos^2\theta + (v_0\sin\theta - gt)^2}$$

所以
$$a_t = \frac{\mathrm{d}v}{\mathrm{d}t} = \frac{-g(v_0\sin\theta - gt)}{\sqrt{v_0^2\cos^2\theta + (v_0\sin\theta - gt)^2}}$$

$$a_n = \sqrt{g^2 - a_t^2} = \frac{gv_0\cos\theta}{\sqrt{v_0^2\cos^2\theta + (v_0\sin\theta - gt)}}$$

令 $a_t = 0$，得
$$t = \frac{v_0}{g}\sin\theta$$

此时，小球的竖直分速度为零，即当小球过轨迹最高点时切向加速度为零.

例题 1-4-3 飞轮转动时边缘一点的曲线坐标函数是 $s(t) = v_0t - \frac{1}{2}bt^2$. 问：切向加速度 a_t 是多少? 并简要说明飞轮的转动过程.

解：由
$$s(t) = v_0t - \frac{1}{2}bt^2$$

得速度
$$v = \frac{\mathrm{d}s}{\mathrm{d}t} = v_0 - bt$$

速率
$$|v| = \sqrt{(v_0 - bt)^2}$$

所以，
$$a_t = \frac{\mathrm{d}|v|}{\mathrm{d}t} = \frac{-b(v_0 - bt)}{\sqrt{(v_0 - bt)^2}} = \pm b$$

当 $t < \frac{v_0}{b}$时，$a_t = -b$，飞轮作匀减速转动；当 $t = \frac{v_0}{b}$时，$v = 0$，飞轮瞬间静止；当 $t > \frac{v_0}{b}$时，$a_t = b$，飞轮作与原来转动方向相反的匀加速转动.

注意，本题的曲线坐标函数 $s(t)$ 不是轨迹弧函数.

思考题 1.4

1. 如图 1-4-3 所示，质点沿曲线作匀速率运动，问质点过 A、B、C 三点中哪点时加速度最大?
2. 有人说，质点作圆运动时，加速度总是指向圆心. 这种说法正确否? 为什么?

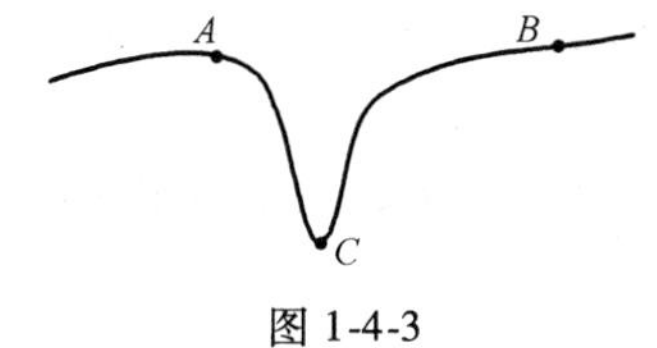

图 1-4-3

1.5　运动叠加原理　相对运动

1. 运动叠加原理

上节说过，任意质点曲线运动可以看做无限多个无穷短暂的直线运动和匀速圆运动的叠加. 这种把质点运动看做若干个分运动的叠加的方法叫做运动叠加原理（superposition principle of motion）. 例如，我们知道，斜抛运动可以看做水平匀速直线运动与竖直匀变速运动的叠加，即

$$\boldsymbol{v} = v_0\cos\theta\boldsymbol{i} + (v_0\sin\theta - gt)\boldsymbol{j} \tag{1-5-1}$$

可见，当角 $\theta = 0$ 时，质点作平抛运动；$\theta = \pi/2$ 时，质点作竖直上抛运动；$\theta = \pi$ 时，质点作竖直下抛运动. 显然，式（1-5-1）是下式的一种具体情况

$$\boldsymbol{v} = v_x\boldsymbol{i} + v_y\boldsymbol{j} \tag{1-5-2}$$

值得注意的是，以上两式中的运动分量都是相互垂直的，这种运动分解方式叫做正交分解. 不过，运动叠加原理的表示式不一定都是正交的. 例如，如图 1-5-1 所示，一条渡船将船头对准对岸的 A 点从 O 点开出. 若河水静止，船将沿 OA 到达 A 点，位移为 $\Delta\boldsymbol{r}_1$；但河水流动，船沿着 OB 到达了下游的 B 点，船相对于 O 点的位移是

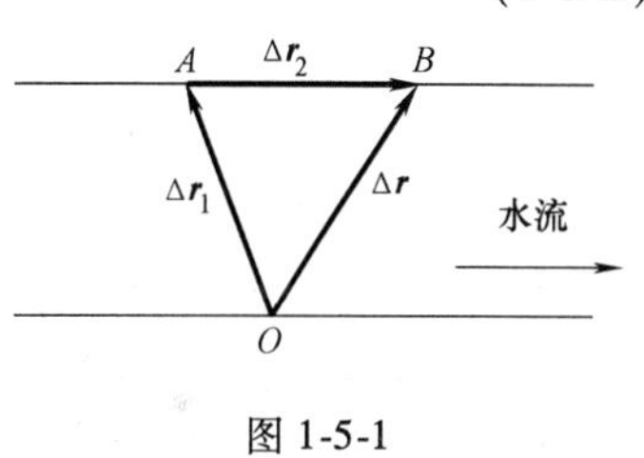

图 1-5-1

$$\Delta\boldsymbol{r} = \Delta\boldsymbol{r}_1 + \Delta\boldsymbol{r}_2 \tag{1-5-3}$$

式中 $\Delta\boldsymbol{r}_2 = \overrightarrow{\boldsymbol{AB}}$是船随水漂流的位移. 可见，位移 $\Delta\boldsymbol{r}$ 可以看做 $\Delta\boldsymbol{r}_1$ 和 $\Delta\boldsymbol{r}_2$ 的叠加，但 $\Delta\boldsymbol{r}_1$ 和 $\Delta\boldsymbol{r}_2$ 并不相互垂直. 用 Δt 除上式的两边并令 Δt 趋于零，得

$$\boldsymbol{v} = \boldsymbol{v}_1 + \boldsymbol{v}_2 \tag{1-5-4}$$

显然，$\boldsymbol{v}_1$ 和$\boldsymbol{v}_2$ 不相互垂直.

2. 相对运动

如图 1-5-2 所示，设质点 P 相对于参考点 O'的位矢是 $\boldsymbol{r}_{PO'}$，而 O'点相对于另一个参考点 O 的位矢是 $\boldsymbol{r}_{O'O}$，则质点 P 相对于参考点 O 的位矢

$$\boldsymbol{r}_{PO} = \boldsymbol{r}_{PO'} + \boldsymbol{r}_{O'O} \tag{1-5-5}$$

上式两边对时间 t 求一阶导数，得

$$\boldsymbol{v}_{PO} = \boldsymbol{v}_{PO'} + \boldsymbol{v}_{O'O} \tag{1-5-6}$$

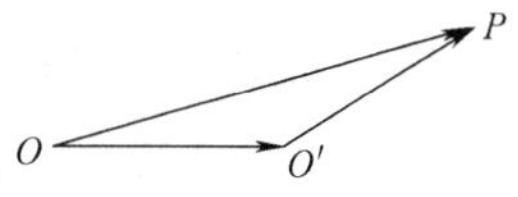

图 1-5-2

式中，$\boldsymbol{v}_{PO}$是质点 P 相对于 O 点的速度，$\boldsymbol{v}_{PO'}$和$\boldsymbol{v}_{O'O}$分别是 P 点相对于 O'点和 O'点相对于 O 点的速度. 再对上式两边求时间 t 的一阶导数，得

$$\boldsymbol{a}_{PO} = \boldsymbol{a}_{PO'} + \boldsymbol{a}_{O'O} \tag{1-5-7}$$

其中，$\boldsymbol{a}_{PO}$是质点 P 相对于 O 点的加速度，$\boldsymbol{a}_{PO'}$和 $\boldsymbol{a}_{O'O}$分别是 P 点相对于 O'点和 O'点相对于

O 点的加速度. 当 O'点相对于 O 点作匀速直线运动时, $\boldsymbol{a}_{O'O}$等于零, 则

$$\boldsymbol{a}_{PO} = \boldsymbol{a}_{PO'} \tag{1-5-8}$$

从上述分析不难看出, 研究相对运动 (relative motion) 的基本方法是运动叠加原理. 概括起来, 运动叠加原理可以表述如下:

(1) 质点相对于某个参考点的运动可以看做质点相对于同一个参考点的几个分运动的叠加.

(2) 质点相对于参考点 A 的运动可以看做质点相对于参考点 B 的运动与参考点 B 相对于参考点 A 的运动的叠加.

式 (1-5-1) ~式 (1-5-6) 说明, 运动叠加的数学表示式是同种矢量的和. 书写相对运动叠加式时, 要注意矢量脚标表示的矢量相互次序.

3. 伽利略变换

如图 1-5-3 所示, 两个平面直角坐标系 Oxy 和 $O'x'y'$的对应坐标轴相互平行, O'系沿 x 轴正方向以速度 u 相对于 O 系作匀速直线运动. 当 $t=0$ 时, O'点与 O 点重合. 这样, 质点 P 在两个坐标系中的坐标 (x, y) 和 (x', y') 的变换关系式是

$$x = x' + ut, y = y' \tag{1-5-9}$$

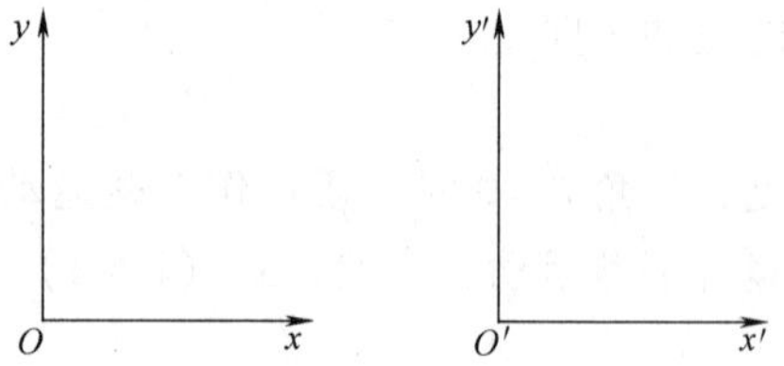

图 1-5-3

对以上两式求时间 t 的导数, 得速度变换关系式

$$v_x = v_{x'} + u, v_y = v_{y'} \tag{1-5-10}$$

式 (1-5-9) 和式 (1-5-10) 合称为伽利略 (Galileo · Galiei, 1564—1642) 变换 (Galilean transformation).

例题 1-5-1 一列客车在无风的雨天以 20 m/s 的速率行驶。坐在车上的人看见雨滴沿着偏离垂直线向后 30°的方向下落. 求雨滴相对地垂直下落的速率.

解: 设雨滴相对地垂直下落的速度为$\boldsymbol{v}_0$, 地对车的速度为$\boldsymbol{v}_1$, 雨滴对车的速度为$\boldsymbol{v}_2$. 按照运动叠加原理, 有

$$\boldsymbol{v}_2 = \boldsymbol{v}_1 + \boldsymbol{v}_0$$

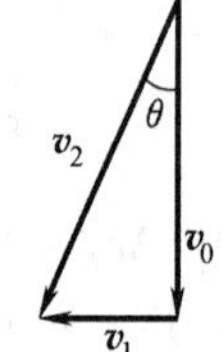

图 1-5-4

如图 1-5-4 所示, 所以, 雨滴垂直下落的速率

$$v_0 = v_1 \cot\theta = 20\sqrt{3} \text{ m/s}$$

例题 1-5-2 物体相对于观察者 O 的运动方程是 $x=vt$, $y=-\frac{1}{2}gt^2$. 另一位观察者 O'相对于 O 以速率 v 沿 x 轴正方向运动, 如图 1-5-3 所示. 求此物体相对于 O'的运动方程. 物体相对于两个观察者的轨迹各是什么形状?

解: 如图 1-5-3 所示, 两坐标系 O 和 O'的坐标变换关系是

$$x = x' + vt, \quad y = y'$$

所以, 物体在 O'系中的运动方程是

$$x' = x - vt = 0, \quad y' = y = -\frac{1}{2}gt^2$$

物体在 O'系中的轨迹是沿 y'轴的直线, $t=0$ 时, 物体位于 O'点. 物体在 O 系中的轨迹是过 O 点的一条抛物线, 即

$$y = -\frac{1}{2}g\frac{x^2}{v^2}$$

可见，物体相对于两个观察者的运动轨迹不相同.

思考题 1.5

1. 什么是运动叠加原理？
2. 伽利略变换式是否体现了运动叠加原理？式（1-5-3）是否体现了运动叠加原理？二者有什么不同？

1.6 用积分法求速度和位矢

这一节研究的中心问题是：（1）已知加速度和初速度，如何求出任意时刻的速度；（2）已知速度和初位矢，如何求出任意时刻的位矢．前面几节的数学方法主要是微分，这一节的数学方法主要是积分.

1. 用积分法求速度

由于加速度
$$\boldsymbol{a} = \frac{\mathrm{d}\boldsymbol{v}}{\mathrm{d}t}$$

所以
$$\mathrm{d}\boldsymbol{v} = \boldsymbol{a}\mathrm{d}t \tag{1-6-1}$$

上式表示：不论加速度是否随时间变化，在微小时间段 $\mathrm{d}t$ 内都可以看成不变，故质点在此微小时间段的速度增量 $\mathrm{d}\boldsymbol{v}$ 等于乘积 $\boldsymbol{a}\mathrm{d}t$．设质点在初始时刻 t_0 的速度为$\boldsymbol{v}_0$，任意末时刻 t 的速度为$\boldsymbol{v}$，则速度的增量

$$\Delta\boldsymbol{v} = \boldsymbol{v} - \boldsymbol{v}_0 = \int_{t_0}^{t}\boldsymbol{a}\mathrm{d}t \tag{1-6-2}$$

即
$$\boldsymbol{v} = \int_{t_0}^{t}\boldsymbol{a}\mathrm{d}t + \boldsymbol{v}_0 \tag{1-6-3}$$

可见，若已知加速度 $\boldsymbol{a}$ 和初速度$\boldsymbol{v}_0$，质点任意末时刻的速度$\boldsymbol{v}$ 由上式确定.

如果质点作匀变速运动，即加速度 $\boldsymbol{a}$（包括其大小和方向）不变，由式（1-6-3）得

$$\boldsymbol{v} = (t - t_0)\boldsymbol{a} + \boldsymbol{v}_0 \tag{1-6-4}$$

如果质点作匀变速直线运动，就取此直线为 x 轴，则

$$\boldsymbol{v} = v\boldsymbol{i},\quad \boldsymbol{v}_0 = v_0\boldsymbol{i},\quad \boldsymbol{a} = a\boldsymbol{i}$$

代入式（1-6-4），得

$$v = a(t - t_0) + v_0 \tag{1-6-5}$$

若取 $t_0 = 0$，则 $v = at + v_0$，这是我们早已熟悉的.

2. 用积分法求位矢

由于速度
$$\boldsymbol{v} = \frac{\mathrm{d}\boldsymbol{r}}{\mathrm{d}t}$$

所以
$$\mathrm{d}\boldsymbol{r} = \boldsymbol{v}\,\mathrm{d}t \tag{1-6-6}$$

上式表示：不论速度是否随时间变化，在微小时间段 $\mathrm{d}t$ 内都可以看成不变，故质点在此微小时间的位移 $\mathrm{d}\boldsymbol{r}$ 等于乘积$\boldsymbol{v}\,\mathrm{d}t$．设质点在初始时刻 t_0 的位矢为 $\boldsymbol{r}_0$，任意末时刻 t 的位矢为 $\boldsymbol{r}$，则位移

$$\Delta\boldsymbol{r} = \boldsymbol{r} - \boldsymbol{r}_0 = \int_{t_0}^{t}\boldsymbol{v}\,\mathrm{d}t \tag{1-6-7}$$

位矢
$$\boldsymbol{r} = \int_{t_0}^{t} \boldsymbol{v}\,\mathrm{d}t + \boldsymbol{r}_0 \tag{1-6-8}$$
可见，若已知速度$\boldsymbol{v}$和初位矢$\boldsymbol{r}_0$，质点任意末时刻的位矢由上式确定，即质点的运动轨迹由上式确定. 按照式（1-6-3）和式（1-6-8），如果已知质点的初态（$\boldsymbol{r}_0$，$\boldsymbol{v}_0$），质点的任意末态（$\boldsymbol{r}$，$\boldsymbol{v}$）即已确定，这种方法叫做决定论方法. 整个牛顿力学都贯穿着这种决定论方法.

如果质点作直线运动，我们就选此直线为 x 轴，令$\boldsymbol{v} = v\boldsymbol{i}$，$\boldsymbol{r} = x\boldsymbol{i}$，$\boldsymbol{r}_0 = x_0\boldsymbol{i}$，得
$$x = \int_{t_0}^{t} v\mathrm{d}t + x_0 \tag{1-6-9}$$

如果质点作匀变速直线运动，取式（1-6-9）中的 $v = a(t - t_0) + v_0$，得
$$x = \frac{1}{2}a(t - t_0)^2 + v_0(t - t_0) + x_0 \tag{1-6-10}$$

若取 $t_0 = 0$，则
$$x = \frac{1}{2}at^2 + v_0t + x_0$$
这也是我们早已熟悉的.

3. 用积分法求角速度和角位置

质点作圆运动时，角加速度
$$\beta = \frac{\mathrm{d}\omega}{\mathrm{d}t}$$
所以
$$\mathrm{d}\omega = \beta\mathrm{d}t \tag{1-6-11}$$

上式表示：不论质点的角加速度β是否随时间变化，在微小时间段 $\mathrm{d}t$ 内都可看成不变，故质点在此微小时间段的角速率增量 $\mathrm{d}\omega$ 等于乘积 $\beta\mathrm{d}t$. 设质点在初始时刻 t_0 时的角速率为 ω_0，在任意末时刻 t 时的角速度为 ω，则角速度的增量
$$\Delta\omega = \omega - \omega_0 = \int_{t_0}^{t} \beta\mathrm{d}t$$

末角速度
$$\omega = \int_{t_0}^{t} \beta\mathrm{d}t + \omega_0 \tag{1-6-12}$$

同理，由于 $\omega = \frac{\mathrm{d}\omega}{\mathrm{d}t}$，任意末时刻 t 的角位置
$$\theta = \int_{t_0}^{t} \omega\mathrm{d}t + \theta_0 \tag{1-6-13}$$
式中，θ_0 是初始时刻 t_0 的角位置.

例题 1-6-1 已知质点加速度 $\boldsymbol{a} = -\omega^2$（$a\cos\omega t\boldsymbol{i} + b\sin\omega t\boldsymbol{j}$），且当 $t = 0$ 时，$\boldsymbol{v}_0 = b\omega\boldsymbol{j}$，$\boldsymbol{r}_0 = a\boldsymbol{i}$，其中 a，b，ω 均为常数，求质点的位矢. 质点作什么运动？

解： 速度
$$\begin{aligned}\boldsymbol{v} &= \int_0^t \boldsymbol{a}\mathrm{d}t + \boldsymbol{v}_0 \\ &= -\omega^2\int_0^t (a\cos\omega t\boldsymbol{i} + b\sin\omega t\boldsymbol{j})\mathrm{d}t + b\omega\boldsymbol{j} \\ &= -a\omega\sin\omega t\boldsymbol{i} + b\omega\cos\omega t\boldsymbol{j}\end{aligned}$$

位矢
$$\begin{aligned}\boldsymbol{r} &= \int_0^t \boldsymbol{v}\,\mathrm{d}t + \boldsymbol{r}_0 \\ &= \int_0^t (-a\omega\sin\omega t\boldsymbol{i} + b\omega\cos\omega t\boldsymbol{j})\mathrm{d}t + a\boldsymbol{i} \\ &= a\cos\omega t\boldsymbol{i} + b\sin\omega t\boldsymbol{j}\end{aligned}$$

轨迹方程是

$$\frac{x^2}{a^2}+\frac{y^2}{b^2}=1$$

质点作椭圆运动.

总之，用积分法求解变量问题的基本作法是将过程无限划分再累积求和，即将过程无限划分成一个个微小过程，在一个微小过程中变量被看成不变，微小过程中变量的增量等于变量与微小区间长度的乘积，求出所有这些乘积的和（即积分），就是所求的变量增量. 若给定变量的初值，变量任意末态值即可确定.

思考题1.6

1. 牛顿力学贯穿着什么方法？
2. 怎样用积分法求解变量问题？

习　题　1

1-1　P 点的位矢 $\boldsymbol{r}_p=(-2\boldsymbol{i}+6\boldsymbol{j})$ m，P 点到 Q 点的位移 $\Delta\boldsymbol{r}=(4\boldsymbol{i}-2\boldsymbol{j})$ m，求 Q 点相对于原点的位矢并画图.

1-2　一质点作直线运动，它的运动方程是 $x=bt-ct^2$，b，c 是常数.（1）求此质点的速度和加速度函数；（2）作出 $x-t$，$v-t$ 和 $a-t$ 图.

1-3　一质点在平面内以原点为圆心，逆时针作匀速圆周运动，（1）试用半径 r、角速度 ω 和单位矢量 $\boldsymbol{i}$、$\boldsymbol{j}$ 表示 t 时刻的位置矢量；（2）导出速度 v 与加速度 $\boldsymbol{a}$ 的矢量表示式；（3）试证加速度指向圆心.

1-4　物体按照 $x=4.9t^2$ 的规律运动，x 的单位为 m，t 的单位为 s.（1）计算下列各时间段内的平均速度：1 s 到 1.1 s、1 s 到 1.01 s、1 s 到 1.001 s；（2）求 1 s 末的瞬时速度；（3）解释上述结果.

1-5　一质点以 10 m/s 的恒定速率向东运动. 当它刚到达距出发点为 d 的一点时，立即以 20 m/s 的恒定速率返回原处. 问：质点在全过程中的平均速度和平均速率为多少？

1-6　矿井里的升降机由井底从静止开始匀加速上升，经过 3 s 速度达到 3 m/s，然后以这个速度匀速上升 6 s，最后减速上升经过 3 s 后到达井口时刚好停止.（1）求矿井深度；（2）作出 $x-t$，$v-t$ 和 $a-t$ 图.

1-7　湖中有一小船，岸上有人用一根跨过定滑轮的绳子拉船靠岸（题1-7图）。若人以匀速 v 拉绳，船运动的速度 v' 为多少？设滑轮距水面高度为 h，滑轮到船初位置的绳长为 l_0.

1-8　如题1-8图所示，一身高 h 的人用绳子拉着雪橇匀速奔跑，雪橇在距地面高度为 H 的平台上无摩擦地滑行. 若人的速度为 v_0，求雪橇的速度和加速度.

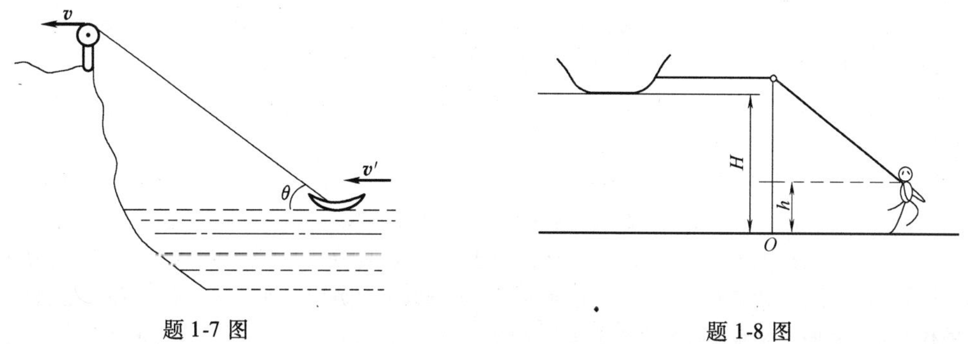

题1-7图　　　　题1-8图

1-9　一火箭以 20 m/s 的常速度从距地面高度为 50 m 的悬崖边上垂直向上起飞，7 s 后燃料耗尽. 求从发射到火箭落地的时间.

1-10 两个物体 A 和 B 同时从同一位置出发同向运动，物体 A 作速度为 10 m/s 的匀速直线运动，物体 B 作初速度为零的匀加速直线运动，加速度为 1 m/s^2.

（1）当物体 B 追上物体 A 时，它们距离出发位置多远？

（2）此前，它们什么时候相距最远？

1-11 一电梯以加速度 1.22 m/s^2 上升. 当电梯速度为 2.44 m/s 时，一个螺钉从电梯天花板落下，天花板到地板的高度为 2.74 m. 求螺钉从天花板落到地板的时间和它相对于电梯外柱子的位移.

1-12 一质点以初速率 v_0 和相对于地面为 α 的仰角斜上抛出. 忽略空气阻力，试证明质点到达最高位置的时间和高度分别为 $t = v_0 \sin\alpha / g$，$h = v_0^2 \sin^2\alpha / 2g$，而水平最大位移为 $R = v_0^2 \sin 2\alpha / g$.

1-13 一小球以相对于地面为 α 的仰角斜上抛出. 小球在最高位置的速度为 12.25 m/s，落地点到抛出点的距离为 38.2 m. 忽略空气阻力，求小球的初速率和达到的最大高度.

1-14 跳伞运动员的速度为 $v = \beta \dfrac{1 - e^{-qt}}{1 + e^{-qt}}$，其中$\boldsymbol{v}$竖直向下，$\beta$，$q$ 为正常量，求其加速度，并讨论当时间足够长时（$t \to \infty$），速度和加速度的变化趋势.

1-15 一小球以 10 m/s 的初速率从距地面高度为 50 m 的悬崖边上水平抛出. 求：（1）小球落地时飞行的时间；（2）落地位置；（3）小球飞行中任意时刻的速度.

1-16 在一竖直平面内的同一水平线上 A，B 两点分别以 30°、60°为发射角同时抛出两小球，欲使两小球相遇时都在自己的轨道最高点，求 A，B 两点间的距离. 已知小球在 A 点的发射速率 $v_A = 9.8$ m/s.

1-17 一列火车以 70 km/h 的速率奔跑，车上一个信号灯挂在距地面高度为 4.9 m 的位置，当灯过地面某处时开始落下.（1）当灯落地时，求灯与车之间的距离以及灯的落地点与开始下落处的距离.（2）求灯相对于车和相对于地的运动轨迹.

1-18 地面上一根旗杆高 20.0 m，中午时太阳正位于旗杆上方. 下午 2 点时旗杆影子的运动速度多大？什么时候旗杆影子的长度等于 20.0 m？

1-19 一质点的加速度为 $\boldsymbol{a} = (6\boldsymbol{i} + 4\boldsymbol{j})$ m/s^2，$t = 0$ 时质点速度等于零，位矢为 $\boldsymbol{r}_0 = 10\boldsymbol{i}$ m. 求：（1）质点在任意时刻的速度和位矢.（2）质点在 x-y 平面内的轨迹方程并画出轨迹示意图.

1-20 一质点的运动方程（SI）为

$$x = -10t + 30t^2, y = 15t - 20t^2$$

求：（1）质点初速度的大小和方向；（2）质点加速度的大小和方向.

1-21 已知质点位矢随时间变化的函数形式为 $\boldsymbol{r} = t^2\boldsymbol{i} + 2t\boldsymbol{j}$，式中 $\boldsymbol{r}$ 的单位为 m，t 的单位为 s. 求：（1）任一时刻的速度和加速度；（2）任一时刻的切向加速度和法向加速度.

1-22 一小球以 30 m/s 的初速率水平抛出. 求小球抛出后 5 s 时的切向加速度和法向加速度. 取重力加速度 $g = 10$ m/s^2.

1-23 一质点作半径 $R = 18$ m 的圆周运动，若质点角位置 $\theta = \pi / (4 + \pi t + \pi t^2/3)$，求质点在任意时刻 t 的角速度、角加速度、切向加速度和法向加速度.

1-24 一质点作圆周运动的角速度与角位置的关系为 $\omega = -k\theta$，其中 k 为一正常量，求任意时刻 t 质点的角加速度、角速度和角位置.

1-25 一质点沿半径为 R 的圆周运动，角速度 $\omega = kt^2$，其中 k 为一正常量. 设 $t = 0$ 时质点角位置 $\theta = 0$，求任意时刻 t 质点的角位置、角加速度、切向加速度和法向加速度.

1-26 一人在静水中的划船速度为 1.1 m/s，他现在想划船渡过一宽为 4000 m、水流速度为 0.55 m/s 的河.（1）如果他想到达正对岸的位置，应对准什么方向划船？渡河时间多长？（2）如果他想尽快渡河，应对准什么方向划船？沿河方向上的位移是多少？

1-27 一条船沿着平行于海岸的直线航行，到海岸的距离为 D，航速为 v_1. 为拦截这条船，一快艇以速率 v_2 从港口 A 驶出，如题 1-27 图所示. 已知 $v_1 > v_2$.

（1）试证快艇必须在船到达距离港口为 x 处之前开出，$x=\frac{D\sqrt{v_1^2-v_2^2}}{v_2}$；（2）若快艇尽可能晚开出，它在什么位置和什么时间拦截到这条船？

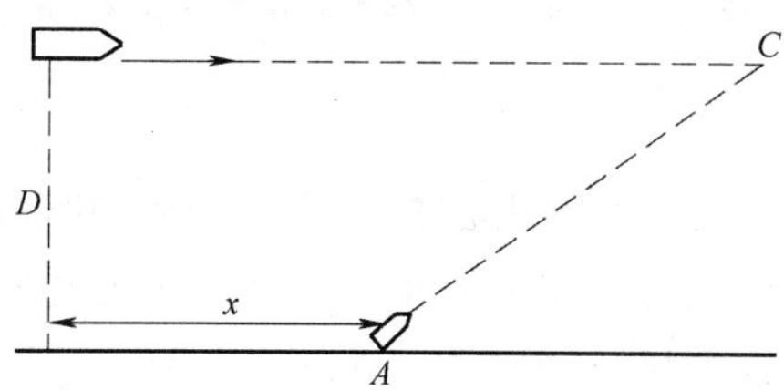

题 1-27 图

1-28　一架飞机从甲地向南飞到乙地又返回甲地，甲、乙两地的距离为 l. 若飞机相对于空气的速率为 v，空气相对于地面的速率为 u，且飞机相对于空气的速率保持不变，试证明：

（1）若空气静止，即 $u=0$，则飞机往返时间为 $t_0=\frac{2l}{v}$；

（2）若刮北风，则飞机往返时间为 $t_1=\frac{t_0}{1-\frac{u^2}{v^2}}$；

（3）若刮西风，则飞机往返时间为 $t_2=\frac{t_0}{\sqrt{1-\frac{u^2}{v^2}}}$.

第2章 质点动力学

在上一章中，我们引入了位矢和速度来描述质点的运动状态，引入了加速度来描述质点运动状态的变化. 那么，是什么使质点的运动状态发生了变化呢？其中有些什么规律呢？要回答这些问题，首先需要了解牛顿运动定律（Newton's laws of motion）.

2.1 牛顿运动定律

1. 牛顿运动定律

1687年，英国物理学家伊萨克·牛顿（Isaac · Newton，1642-1727）出版了他的代表著作《自然哲学的数学原理》. 在这本书中，牛顿提出了三条运动定律和万有引力定律（universal gravitation law），奠定了经典力学的理论基础. 牛顿运动定律是在伽利略等牛顿以前的物理学家工作的基础上提出来的，是对大量自然现象进行观察、实验的概括和总结. 牛顿运动定律提出后，许多物理学工作者对此作了大量研究. 牛顿运动定律可以表述如下.

牛顿第一定律（Newton's first law）：任何物体都保持静止或匀速直线运动状态，直到其他物体的作用迫使其运动状态改变为止.

例如，在长长的水平桌面上运动的小玻璃球的运动速度会越来越慢，是因为小球受到了阻碍. 如果没有阻碍，小球的运动速度不会变慢，也不会改变运动方向.

牛顿第一定律告诉我们：（1）任何物体都有保持自身运动状态不变的性质，这种性质叫做惯性（inertia）. 物体不同，改变其运动状态的难易程度不同，即惯性的大小不同. 惯性的大小叫做质量（mass）.（2）一个物体施加在另一个物体上的能改变其机械运动状态的作用叫做力（force）. 力不是维持物体运动状态的原因（运动状态无需维持）而是改变运动状态的原因，因而牛顿第一定律也叫做惯性定律.

牛顿第二定律（Newton's second law）：物体运动加速度的大小反比于物体质量，正比于物体所受合力（net force），方向与合力方向相同.

按照牛顿第二定律，质点的加速度为

$$\boldsymbol{a} = k\frac{\boldsymbol{F}}{m} \tag{2-1-1}$$

式中，$\boldsymbol{F} = \sum_i \boldsymbol{F}_i$ 是质点所受合力；m 是质点的质量；k 是有待实验确定的比例常数. 在国际单位制（SI）中，质量的单位是千克（kg），力的单位是牛顿（N），常数 $k=1$. 因而，在SI制中，牛顿第二定律的数学表示式通常写做

$$\boldsymbol{F} = m\boldsymbol{a} \tag{2-1-2}$$

上式是质点动力学的基本方程，只适用于可看成质点的物体. 按照上式，加速度 $\boldsymbol{a}$ 与合力 $\boldsymbol{F}$ 方向相同. 在三维直角坐标系中，牛顿第二定律的分量式是

$$F_x = ma_x,\quad F_y = ma_y,\quad F_z = ma_z \tag{2-1-3}$$

式中，F_x，F_y，F_z分别是x，y，z方向上质点所受合力.

牛顿第三定律（Newton's third law）：作用力（action force）和反作用力（reaction force）大小相等，方向相反，沿着两个物体的联线同时分别作用于两个物体上.

牛顿第三定律告诉我们：一物体对另一物体施力的同时必然受到另一物体施加的反作用力，两个力大小相等. 也许会有人问：以卵击石，卵破石不破，怎说石击卵之力等于卵击石之力？答曰：正因为二力大小相等，石坚于卵，故卵破而石不破. 倘若二力大小不等，则有可能石破卵不破，岂不大谬.

学习牛顿第三定律还要注意一对作用力和反作用力与一对平衡力的区别. 一对平衡力也是大小相等、方向相反的，但作用在同一物体上.

关于牛顿运动定律，有以下两点需要注意：

(1) 牛顿三定律是在概括大量事实的基础上提出的原理性结论，不是也不能从其他命题推导出来.

(2) 牛顿三定律既相互独立又相互统一. 所谓独立，是说不能从一个定律推出另一个定律. 虽然根据牛顿第二定律，合力为零时加速度为零，质点速度不变，但不能据此认为牛顿第一定律是牛顿第二定律的推论. 因为若不是牛顿第一定律给出了质量和力的概念，牛顿第二定律是无从谈起的. 所谓统一，是说三条定律是互洽的，从未出现过一个定律适用而另一个定律不适用的情形. 牛顿三定律从定性和定量两方面说明了质量、加速度、力这些概念以及这些概念之间的关系. 牛顿三定律在其适用范围内的正确性已被三百多年来科学研究与生产活动的伟大实践所证明.

2. 惯性系与非惯性系

上一章说过，描述物体运动必须选定参考系. 参考系有两种：惯性系（inertial system）和非惯性系（non-inertial system）.

定义：在某参考系中，若实际观测说明牛顿运动定律成立，这个参考系就叫做惯性系；否则，叫做非惯性系.

天文观测说明，太阳是惯性系. 那么，地球是不是惯性系呢？

在沿着水平直轨道匀速前进的列车里，光滑水平桌面上有一静止玻璃球. 所谓光滑，意指摩擦足够小，可以忽略. 实际观测表明，如果除了作用在小球上的重力和与之平衡的桌面支持力以外，若没有其他力作用在小球上，小球保持静止；若有其他力作用在小球上时，小球不再保持静止. 可见，小球的运动符合牛顿运动定律. 所以，在平直轨道上匀速前进的列车是一个惯性系. 但当列车速度变化时，如驶入弯道或刹车时，虽然没有其他力作用在小球上，小球也不再保持静止，小球的加速度不为零，这与牛顿运动定律相矛盾. 所以，速度变化时的列车是非惯性系. 之所以发生这种情况，是因为列车速度变化时，小球因惯性而保持原来运动状态，使小球相对于车有了加速度. 物体由于惯性而非由于受力具有的相对于参考系的加速度叫做惯性加速度. 物体质量与其惯性加速度的乘积叫做惯性力，惯性力没有施力体.

按照式（1-5-8），质点相对于相互作匀速直线运动的两个参考系的加速度相同. 因此，如果其中一个参考系对于质点是惯性系，则另一个参考系也是惯性系. 这就是说，相对于惯性系作匀速直线运动的参考系是惯性系. 但是，需要注意的是，“相对于惯性系作匀速直线运动”是判别一个参考系是否是惯性系的充分条件而不是必要条件，也就是说，相对于惯性系作匀速直线运动的参考系一定是否是惯性系，但不能说作为惯性系的物体一定作匀速直线运动，也不能说相对于惯性系作变速运动的物体一定不是惯性系. 例如，我们不能因为太阳是惯性系就断言太阳在宇宙空间作匀速直线运动，那是非常荒谬的. 我们也不能因为地球围绕太阳公转同时自转而说地球对于地球上的物体是非惯性系，因为这种说法不符合事实. 事实是，地球上物体的运动服从牛顿运动定律. 问题是，速度变化时的列车是非惯性系，而地球在公转，同时在自转，其相对于太阳的加速度并不为零，为什么对于地面上和地面附近上空的物体来说却是惯性系呢？原来，和太阳一样，地球的巨大质量使之具有巨大的引力，这巨大的引力足以带动地球上及地球附近的一切物体随之一起加速，不会由于地球作加速运动而使地球上的物体由于惯性而产生相对于地的惯性加速度. 也就是说，地球引力抵消了地球上物体的惯性力. 有谁见过静止于地面上的物体自行升上了天，或者说，物体被转动着的地球甩上了天？从来没有. 与地球不同，列车的引力远不能抵消物体的惯性力，所以加速运动的列车是非惯性系. 可见，一个物体对于另一个物体来说是不是惯性系决定于它们之间引力的大小是否足以抵消可能有的惯性力. 引力要足够大，作用距离必然是有限的. 因此，惯性系必然是局域的. 这样，我们就得到了与爱因斯坦广义相对论一致的结论. 按照广义相对论，引力与惯性力局域等效，在引力场中自由运动的物体是一个局域惯性系. 因此，不论是从经典力学的观点还是从广义相对论的观点看，地球对于地球上的物体是一个局域惯性系. 自然，太阳也是一个局域惯性系.

一般地说，判断一个参考系是不是惯性系，不仅要看运动学特性，而且要看动力学特性，正是动力学特性决定了一个物体是否是惯性系. 一个物体是不是惯性系，最终要通过实际观测来说明.

在非惯性系中，若把惯性力作为一个虚拟的力考虑进来，也可以利用牛顿运动定律研究物体运动.

若无特别说明，本书中涉及的参考系都是惯性系.

3. 力学量的单位和量纲

如前所说，在国际单位制（SI）中，质量的单位是千克（kg），长度的单位是米（m），时间的单位是秒（s）。质量、长度、时间这三个物理量叫做基本物理量，其单位叫做基本单位，其他物理量的单位由基本单位导出，故叫做导出单位.

若用符号 M，L，T 分别表示基本物理量质量、长度、时间，则由 M，L，T 组成的式子叫做物理量的量纲. 于是，速度或速率的量纲记做 $[v] = \mathrm{LT^{-1}}$，加速度的量纲记做 $[a] = \mathrm{LT^{-2}}$，力的量纲记作 $[F] = \mathrm{MLT^{-2}}$，等等. 一个正确的物理学方程的等号两边各项的量纲必定相同，这个性质可用来作为判断物理学方程是否成立的必要条件，但不是充分条件. 量纲分析和数量级估计是常用的两种分析问题的方法.

例题 2-1-1 已知质量 $m=1\ \mathrm{kg}$ 的物体在惯性系 O 系中的加速度 $a=9.8\ \mathrm{m/s^2}$，求：在相对于 O 系作匀速直线运动的 O'系中，物体所受合力多大？

解： 在相互作匀速直线运动的两个惯性系 O 系和 O'系中，同一物体的加速度相同，所以，所受合力也相同，合力的大小是

$$F = ma = 9.8\ \mathrm{N}$$

例题 2-1-2 沿着平直轨道匀速前进的小平板车上有一小物块处于静止状态．当小车以

原速率沿水平面上圆轨道开始作匀速圆运动时，试分析短时间内物块在以下两种情况下相对于车或地的运动：(1) 物块与车之间无摩擦；(2) 物块与车面之间的最大静摩擦力大于物块相对于小车的惯性力.

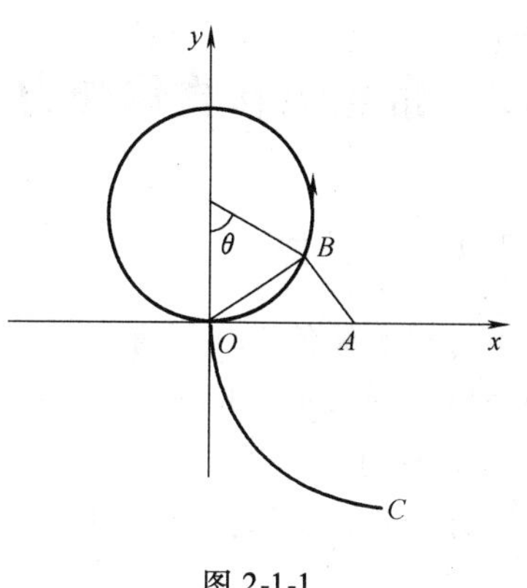

图 2-1-1

解：(1) 若物块与车之间无摩擦，物块因惯性保持原来运动速度，因此，物块相对于地面作匀速直线运动. 物块相对于小车的运动可说明如下：

如图 2-1-1 所示，设 $t_0=0$ 时小车过 O 点并开始作速率为 v_0 的逆时针匀速圆运动. 时刻 t 时小车过 B 点，物块过 A 点，图中 $\theta=v_0t/R$，$OA=v_0t$，所以，物块相对于车的位矢

$$\begin{aligned}\boldsymbol{r}&=\boldsymbol{r}_A-\boldsymbol{r}_B=v_0t\boldsymbol{i}-[R\sin\theta\boldsymbol{i}+R(1-\cos\theta)\boldsymbol{j}]\\&=(v_0t-R\sin\theta)\boldsymbol{i}-R(1-\cos\theta)\boldsymbol{j}\end{aligned}$$

其中
$$x=v_0t-R\sin\theta,\quad y=-R(1-\cos\theta)$$

轨迹方程是
$$\left[x-R\cos^{-1}\left(\frac{y+R}{R}\right)\right]^2+(y+R)^2=R^2$$

利用 $v_0=R\dfrac{\mathrm{d}\theta}{\mathrm{d}t}$，得轨迹曲线在 O 点的斜率

$$k=\left.\frac{\mathrm{d}y}{\mathrm{d}x}\right|_{t=0}=-\left.\frac{\cos(\theta/2)}{\sin(\theta/2)}\right|_{\theta=0}=-\infty$$

所以，物块相对于车的轨迹曲线如图中弧线 OC 所示. 物块相对于车的速度是

$$\boldsymbol{v}=\frac{\mathrm{d}\boldsymbol{r}}{\mathrm{d}t}=v_0(1-\cos\theta)\boldsymbol{i}-v_0\sin\theta\boldsymbol{j}$$

上式也可用速度叠加直接得到

$$\boldsymbol{v}=v_0\boldsymbol{i}-v_0(\cos\theta\boldsymbol{i}+\sin\theta\boldsymbol{j})=v_0(1-\cos\theta)\boldsymbol{i}-v_0\sin\theta\boldsymbol{j}$$

上式中第一个等号右边第一项是物块对地速度，第二项是小车过 B 点时对地的速度. 物块相对于车的加速度是

$$\boldsymbol{a}=\frac{\mathrm{d}\boldsymbol{v}}{\mathrm{d}t}=\frac{v_0^2}{R}(\sin\theta\boldsymbol{i}-\cos\theta\boldsymbol{j})$$

若用加速度叠加直接得到加速度后积分，也可得到速度 $\boldsymbol{v}$ 和位矢 $\boldsymbol{r}$.

(2) 若物块与车之间的最大静摩擦力大于物块相对于车的惯性力，物块将继续静止于车上，因此，物块相对于地面作匀速圆运动，相对于车保持静止.

思考题 2.1

1. 有人说：(1) 只有作匀速直线运动的参考系才是惯性系，而要判断该参考系是否作匀速直线运动，必须先选定一个惯性系作参考系，所以，惯性系无法定义. (2) 又有人说，惯性系就是不受外力的物体在其中保持静止或作匀速直线运动的参考系，而要知道是否有外力作用在物体上，要看物体在惯性系中是否保持静止或作匀速直线运动. 所以，惯性系无法定义. 这两种说法正确否？为什么？

2. 对于升降机里的人来说，在什么情况下，升降机是惯性系或非惯性系？

3. 大地、太阳为什么是惯性系？银河系中的恒星是否是惯性系？为什么？

2.2 常见力和物体受力分析

2.2.1 常见力

力有各种各样. 所谓常见力（ordinary forces）包括重力（gravity）、弹力（elastic force）和摩擦力（friction force）.

1. 重力

万有引力定律：两个相距为 r、质量分别为 m_1 和 m_2 的质点相互吸引力的大小为

$$F = G\frac{m_1 m_2}{r^2} \tag{2-2-1}$$

式中，G 为引力常数，$G=6.67\times10^{-11}\text{N}\cdot\text{m}^2/\text{kg}$.

下面说明：重力来自地球对物体的引力，但不等于地球引力.

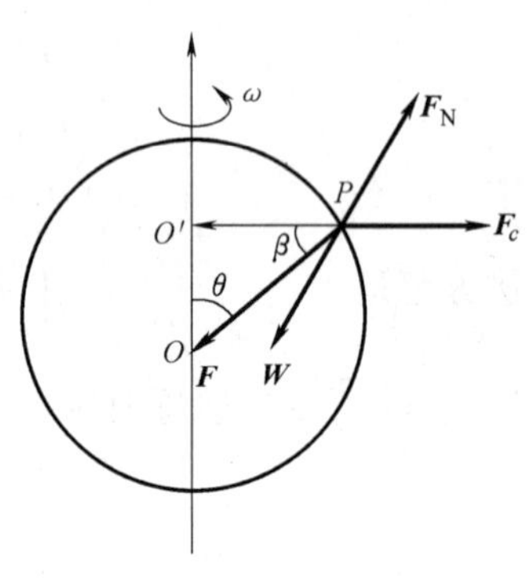

图 2-2-1

设地球是一个质量为 m_E 的球体，如图 2-2-1 所示，O 点为球心，自转角速率为 ω. 质量为 m 的物体对地静止在距离地心为 r 的 P 点。随着地球自转，物体作以 O'点为中心、以 $\xi=r\sin\theta$ 为半径的与地同步的匀速圆运动，向心加速度 $a_n=\xi\omega^2$，向心力 $F_c=m\xi\omega^2$ 是地球引力 $\boldsymbol{F}$ 和物体所受的支持力 $\boldsymbol{F}_N$ 的合力，或者说地心引力 $\boldsymbol{F}$ 的一个分力充当向心力，第二个分力与支持力 $\boldsymbol{F}_N$ 相平衡，这第二个分力就是重力 $\boldsymbol{W}$. 由图可见，重力 $\boldsymbol{W}$ 的方向并不严格指向地心 O，其大小

$$W = \sqrt{F^2 + F_c^2 - 2FF_c\cos\beta}$$

$$= m\sqrt{(Gm_E/r^2)^2 - (2Gm_E/r^2 - r\omega^2)r\omega^2\sin^2\theta} \tag{2-2-2}$$

通常将重力写为

$$W = mg \tag{2-2-3}$$

式中的

$$g = \sqrt{(Gm_E/r^2)^2 - (2Gm_E/r^2 - r\omega^2)r\omega^2\sin^2\theta} \tag{2-2-4}$$

叫做重力加速度. 式（2-2-4）表明，重力加速度的大小随物体到地心的距离 r 和纬度 θ 变化. $\theta=0$ 或 $\theta=\pi$ 时，物体位于地球北极或南极，$g=G\dfrac{m_E}{r^2}$，重力加速度最大；$\theta=\pi/2$ 时，物体位于赤道，$g=G\dfrac{m_E}{r^2}-r\omega^2$，重力加速度最小. 通常取 $g=9.8\ \text{m/s}^2$，从而使一个给定的物体所受重力的大小被看成了常量，同时，重力的方向在不大的空间范围内被认为垂直于水平面.

2. 摩擦力

物体都是由分子、分子团组成的，因此，绝对平滑的表面事实上是不存在的. 看上去光洁似镜的表面若用高精度仪器观测，总是凹凸不平的. 况且，分子之间的作用力随着它们之间距离变小迅速增大. 所以，当两个物体沿接触面有相对运动或即将有相对运动时，其中一个物体会受到另一个物体施加的沿着接触面阻碍相对运动的力，这个力叫做摩擦力.

两个物体沿接触面即将发生但尚未发生相对运动时的摩擦力叫做静摩擦力（static

friction force）. 如图 2-2-2 所示，物体 A 受到水平向右的力 $\boldsymbol{F}$ 的作用，但仍静止在水平桌面上. 根据牛顿第二定律，必有桌面施于物体上的与力 $\boldsymbol{F}$ 等大反向的力 $\boldsymbol{F}_f$ 同时作用在物体上，以使物体 A 所受合力为零. 这个力就是静摩擦力，且有 $\boldsymbol{F}_f = -\boldsymbol{F}$. 可见，在保持物体 A 静止的条件下，随着力 $\boldsymbol{F}$ 增大，静摩擦力 $\boldsymbol{F}_f$ 也同时增大，直到物体 A 的加速度不为零时为止. 这就是说，静摩擦力可变，且有一个最大值，这个最大值叫做最大静摩擦力（greatest static friction）. 实验表明，最大静摩擦力的大小

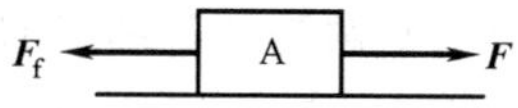

图 2-2-2

$$F_{fm} = \mu_s F_N \tag{2-2-5}$$

式中，μ_s 是静摩擦因数（static friction coefficient），由接触面的性质决定；F_N 是物体 A 对接触面的垂直压力，通常称为正压力.

两个物体沿接触面相对滑动时的摩擦力叫做滑动摩擦力（slide friction）. 实验表明，滑动摩擦力的大小与正压力的大小的关系是

$$F_k = \mu F_N \tag{2-2-6}$$

式中，μ 是动摩擦因数（sliding friction coefficient），也由接触面的性质决定. 一般说来，同一对接触面的动摩擦因数略小于静摩擦因数.

注意：摩擦力总是阻碍相对运动的，但不能说摩擦力总是阻碍运动. 例如，正是由于与地面之间的摩擦力，人才得以行走. 又例如，传送带上的物体正是因为传送带与箱子之间的摩擦力才得以随着传送带运动.

3. 弹力

物体受力时发生形变是一种常见现象. 若当力撤去时物体恢复原状，就说物体的形变在弹性限度内. 物体在弹性限度内发生形变时抵抗形变的力叫做弹力.

如图 2-2-3 所示，弹簧左端固定，右端自由，取其静止位置 O 点为 x 轴原点. 实验表明，当自由端由于弹簧被压缩或被拉长而发生位移 $\boldsymbol{x}$ 时，弹簧弹力为

图 2-2-3

$$\boldsymbol{F} = -k\boldsymbol{x} \tag{2-2-7}$$

上式叫做胡克（Robert Hooke. 1635—1703）定律，其中 k 是弹簧劲度系数，负号表示弹力 $\boldsymbol{F}$ 与位移 $\boldsymbol{x}$ 总是方向相反. 经验告诉我们：同种材料同样形状的弹簧，长弹簧比短弹簧容易压缩或拉长，即长弹簧的劲度系数比短弹簧的小.

若无特别说明，本书中所说的轻弹簧及细绳指不计质量的弹簧和绳子.

2.2.2　物体受力分析

正确分析物体受力情况，画出物体受力图，是求解力学问题的基本方法. 所谓受力图，就是如图 2-2-2 那样，用带箭头的线段表示物体所受力的示意图. 图中箭头所指方向表示力的方向，线段的起点表示力的作用点，较长的线段表示力较大，较短的线段表示力较小.

画出物体受力图，分析物体受力情况的理论原则是牛顿运动定律，具体方法是隔离体法. 所谓隔离体法就是逐个地画各个物体的受力图，画一个物体的受力图时不管别的物体的受力情况. 画一个物体的受力图时只画该物体所受的力，不多画，不少画，不错画.

例题 2-2-1　画出下列各个物体的受力图：

（1）如图 2-2-4a 所示，质量为 m 的物块在压力 $\boldsymbol{F}$ 作用下静止于竖直墙面上. 试画出物

块的受力图．物块所受摩擦力多大？

（2）如图 2-2-4b 所示，A，B 两物体用细绳相连，在拉力 $\boldsymbol{F}$ 作用下沿斜面向上滑动．画出 A，B 两物体和细绳的受力图．

（3）如图 2-2-4c 所示，细绳跨过定滑轮连着质量为 m_1 和 m_2 的两物体 A，B，系统处于静止状态，画出两物体的受力图．若不计滑轮质量，物体 A 所受摩擦力多大？

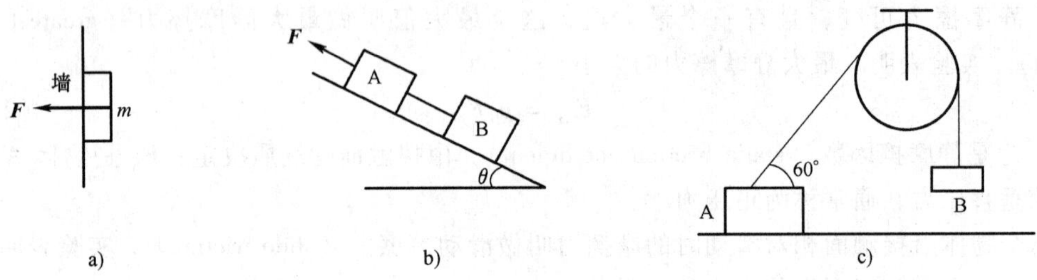

图 2-2-4

解：

（1）如图 2-2-5a 所示，物块共受 4 个力，即压力 $\boldsymbol{F}$、支持力 $\boldsymbol{F}_N$、重力 $\boldsymbol{W}$ 和摩擦力 $\boldsymbol{F}_f$，摩擦力的大小 $F_f = mg$.

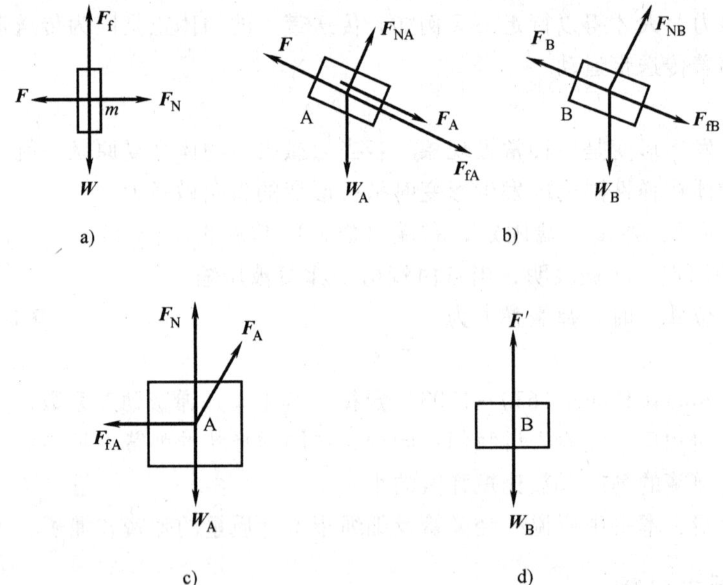

图 2-2-5

（2）所谓细绳，即忽略绳子质量，因此绳子上张力的大小处处相等．物体 A 共受 5 个力，即拉力 $\boldsymbol{F}$、支持力 $\boldsymbol{F}_{NA}$、重力 $\boldsymbol{W}_A$、绳子的拉力 $\boldsymbol{F}_A$ 和摩擦力 $\boldsymbol{F}_{fA}$．物块 B 共受 4 个力，即绳子拉力 $\boldsymbol{F}_B$、重力 $\boldsymbol{W}_B$ 和支持力 $\boldsymbol{F}_{NB}$、摩擦力 $\boldsymbol{F}_{fB}$，$\boldsymbol{F}_A = \boldsymbol{F}_B$，如图 2-2-5b 所示.

（3）物块 A 共受 4 个力，即重力 $\boldsymbol{W}_A$、支持力 $\boldsymbol{F}_N$、绳子拉力 $\boldsymbol{F}_A$、摩擦力 $\boldsymbol{F}_f$. 如图 2-2-5c 所示．物块 B 共受 2 个力，即重力 $\boldsymbol{W}_B$ 和拉力 $\boldsymbol{F}'$，如图 2-2-5d 所示．若不计定滑轮质量，物块 A 所受拉力 $F_A = mg$，静摩擦力

$$F_f = F_A\cos 60° = mg/2$$

思考题 2.2

1. 一人单腿站立，双手向上拔站在地上的那条腿，但无论用多大的力都没有把自己拔离地面．试用牛顿运动定律解释之.

2. 有人说，按照牛顿第三定律，马拉车时，车也拉马，用力大小相等方向相反，马车本不能走，但实际上马车却向前走了，可见牛顿第三定律不符合实际．这种说法正确否？为什么？

3. 一人站在磅秤上不动时磅秤的指针读数为 60 kg．当他下蹲时，读数变不变？变大还是变小？当他蹲着不动时读数是多少？当他站起时又怎样？

4. 重量为 G 的物体放在电梯地板上．问：电梯作何运动时，物体对地板的压力等于 G、大于 G、小于 G？

5. 火箭竖直上升的加速度等于地球表面重力加速度的二分之一时，舱内弹簧秤的读数等于弹簧秤下悬挂物体静止在地球表面时的重量．问：此时火箭距地球表面多高？已知地球半径为 6 400 km.

2.3　牛顿运动定律的应用

作为经典力学的理论基础，牛顿运动定律的应用是十分广泛的．这一节通过一些比较典型的例题，介绍应用牛顿运动定律分析解决问题的一些基本方法．牛顿运动定律的熟练掌握要通过较长时间的学习和实践才能达到.

例题 2-3-1　如图 2-3-1 所示，质量为 3 t 的汽车以速率 $v=18$ km/h 驶过拱桥．若拱桥最高处附近路面为半径 $R=20$ m 的圆弧，求车过桥最高处时对桥面的压力.

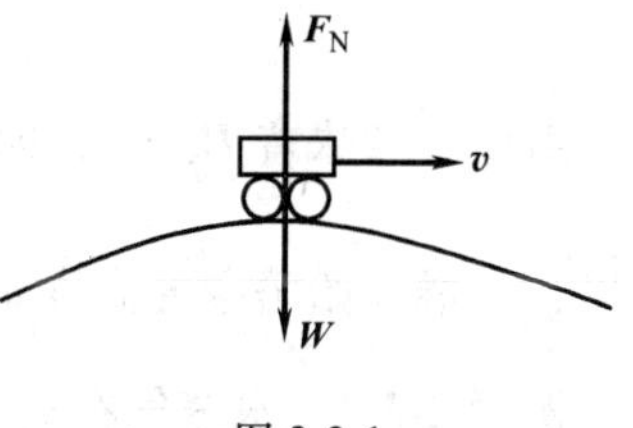

图 2-3-1

解： 如图 2-3-1 所示，车过桥最高处时受到的力是重力 $\boldsymbol{W}$ 和桥面的支持力 $\boldsymbol{F}_N$．按照牛顿第二定律，有

$$m\frac{v^2}{R}=W-F_N$$

式中 $W=mg$．按照牛顿第三定律，车对桥面的压力 $\boldsymbol{F}$ 与桥面对车的支持力 $\boldsymbol{F}_N$ 大小相等，即

$$F=F_N=mg-m\frac{v^2}{R}=25.7\times10^3\ \text{N}$$

可见，桥面受到的压力小于汽车的重量，这正是桥建成拱形的好处.

例题 2-3-2　如图 2-3-2 所示，两物体的质量分别是 $m_1=0.30$ kg，$m_2=0.20$ kg，物体与桌平面之间的动摩擦因数 $\mu=0.20$．在水平拉力 $F=0.40$ N 牵引下，系统从静止开始运动．不计滑轮和绳子质量，求物体 m_2 运动的加速度.

解： 根据牛顿第二定律和第三定律，对于 m_1 有

$$F-F_1-\mu m_1g=m_1a_1$$

对于 m_2 有

$$F_2-\mu m_2g=m_2a_2$$

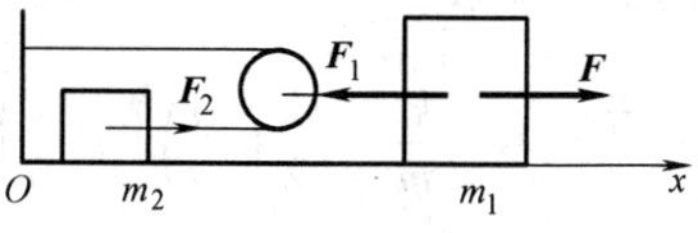

图 2-3-2

且

$$F_1=2F_2,\ x_1=\frac{1}{2}a_1t^2,\ x_2=\frac{1}{2}a_2t^2,\ x_2=2x_1$$

由以上各式得

$$a_2=\frac{F-\mu(2m_2+m_1)g}{4m_2+m_1}=2.39\ \text{m/s}^2$$

例题 2-3-3　如图 2-3-3 所示，小孩乘雪撬从半球形雪山顶点 A 由静止状态开始下滑. 若不计摩擦，小孩和雪撬在距地面多高处脱离雪山腾空？雪山半径为 R.

解：设图示位置为雪撬下滑过程中任一位置，对应的圆心角为 θ，小孩和雪撬总质量为 m，下滑线速率为 v，由题可知：

$$mg\cos\theta - F_N = m\frac{v^2}{R} \quad ①$$

$$mg\sin\theta = m\frac{\mathrm{d}v}{\mathrm{d}t} \quad ②$$

$$v = R\frac{\mathrm{d}\theta}{\mathrm{d}t} \quad ③$$

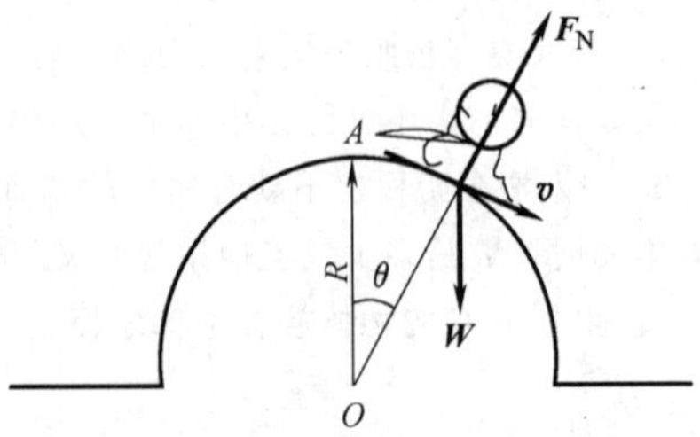

图 2-3-3

对式①两边求导，得

$$-mg\sin\theta\frac{\mathrm{d}\theta}{\mathrm{d}t} - \frac{\mathrm{d}F_N}{\mathrm{d}t} = 2m\frac{v}{R}\frac{\mathrm{d}v}{\mathrm{d}t} \quad ④$$

将式②、式③代入式④，整理得

$$\mathrm{d}F_N = -3vmg\sin\theta\frac{\mathrm{d}t}{R} = -3mg\sin\theta\mathrm{d}\theta$$

积分上式，得　$F_N = 3mg\cos\theta + c$

$\theta = 0$ 时，$F_N = mg$，所以　$c = -2mg$

则　$F_N = 3mg\cos\theta - 2mg$

脱离雪山，意味着 $F_N = 0$，即　$\cos\theta = \frac{2}{3}$

所以，雪撬开始腾空的高度是　$h = R\cos\theta = \frac{2}{3}R.$

例题 2-3-4　水蒸气在高空遇到冷空气凝结成雨. 若雨滴从静止开始下降，5 s 下降了 108 m，且空气阻力与其速度大小成正比. 求雨滴的最大速度.

解：设雨滴质量为 m，下降速率为 v，阻力大小为 kv，由题意有

$$m\frac{\mathrm{d}v}{\mathrm{d}t} = mg - kv$$

分离变量，得　$\frac{\mathrm{d}v}{mg - kv} = \frac{\mathrm{d}t}{m}$

积分，由于 $t = 0$ 时 $v = 0$，所以　$v = \frac{mg}{k}(1 - \mathrm{e}^{-\frac{kt}{m}})$

雨滴下落高度　$h = \int_0^t v\mathrm{d}t = \frac{mg}{k}\left[t + \frac{m}{k}(\mathrm{e}^{-\frac{kt}{m}} - 1)\right]$

将 $\mathrm{e}^{-\frac{kt}{m}} = 1 - \frac{kt}{m} + \frac{1}{2}\left(\frac{kt}{m}\right)^2 - \frac{1}{6}\left(\frac{kt}{m}\right)^3 + \cdots$ 代入上式，取前两项，得

$$h = \frac{1}{2}gt^2 - \frac{1}{6}\frac{k}{m}gt^3$$

因为 $h = 108$ m，$t = 5$ s，由上式得 $\frac{k}{m} \approx 0.07$，所以，雨滴的最大速度

$$v_m = \lim_{t\to\infty} v = \frac{mg}{k} \approx 140 \text{ m/s}$$

例题 2-3-5　如图 2-3-4 所示，在水平光滑平面 P 上有一个质量为 m' 的三棱柱，图示为其横截面，斜面倾角为 θ. 将一质量为 m 的滑块轻轻放在棱柱的光滑斜面上，求：(1) 三棱柱相对于平面 P 的加速度；(2) 滑块相对于平面 P 的加速度；(3) 滑块对棱柱斜面的压力.

解：如图 2-3-4 所示，滑块对棱柱的压力 $\boldsymbol{F}_{\mathrm{N}}$ 的水平分力使棱柱产生相对平面 P 的加速度 a_1，由牛顿第二定律有

$$F_{\mathrm{N}}\sin\theta = m'a_1$$

滑块重力沿斜面的分力使滑块产生相对于平面 P 的沿斜面的加速度 a_2，由牛顿第二定律有

$$mg\sin\theta = ma_2$$

在垂直斜面方向，滑块相对于平面 P 的加速度是 $a_1\sin\theta$，故有关系式

$$mg\cos\theta - F'_{\mathrm{N}} = ma_1\sin\theta$$

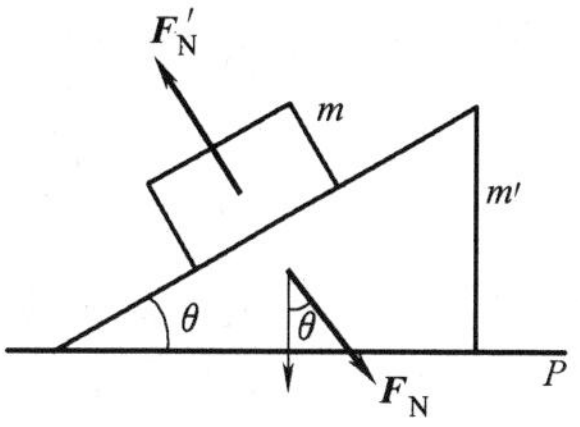

图 2-3-4

上式中的 $\boldsymbol{F}'_{\mathrm{N}}$ 是棱柱对滑块的支持力. 按照牛顿第三定律，有

$$F'_{\mathrm{N}} = F_{\mathrm{N}}$$

联立以上四式，解得

$$F_{\mathrm{N}} = \frac{m'mg\cos\theta}{m' + m\sin^2\theta}$$

$$a_1 = \frac{mg\sin\theta\cos\theta}{m' + m\sin^2\theta}$$

$$a_2 = g\sin\theta$$

滑块相对于平面 P 的加速度是

$$a = \sqrt{a_1^2\sin^2\theta + a_2^2}$$

加速度与斜面的夹角

$$\beta = \arctan\left(\frac{a_1\sin\theta}{a_2}\right) = \arctan\left[\frac{m\sin\theta\cos\theta}{m' + m\sin^2\theta}\right]$$

思考题 2.3

试从上节和本节所举的例题归纳应用牛顿定律求解力学问题的一般方法，谈谈自己的体会.

习　题　2

2-1　如题 2-1 图所示，水平桌面上有两个紧靠着的物体，水平力 $\boldsymbol{F}$ 作用在左边物体上，试求两物体间的作用力. 已知 $m_1 = 2.0$ kg，$m_2 = 1.0$ kg，$F = 15$ N，两物体与桌面的摩擦因数为 0.20.

2-2　一质量为 50 kg 的货物，放在与水平面成 30° 的斜面上，货物与斜面的摩擦因数为 0.20. 要使货物以 5.0 m/s² 的加速度沿斜面上升，需用多大的水平推力？

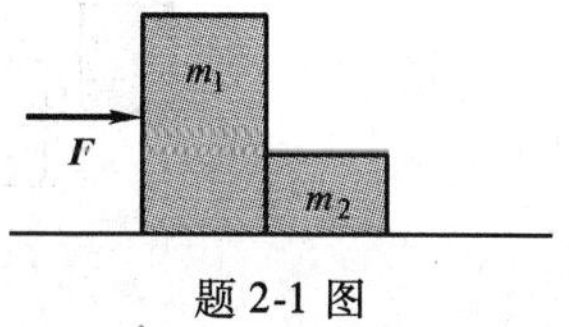

题 2-1 图

2-3　如题 2-3 图所示，一个质量为 m_2，夹角为 θ 的三角形木块放在光滑的水平面上，另一质量为 m_1 的木块放在斜面上，如果接触面的摩擦可忽略，求两木块的加速度.

2-4　如题 2-4 图所示，一个斜面与水平面的夹角为 30°，A 和 B 两物体的质量都是 0.20 kg，物体 A 与

斜面的摩擦因数为 0.40．求两物体运动时的加速度，以及绳对物体的拉力．绳与滑轮之间的摩擦力以及绳与滑轮的质量均忽略不计．

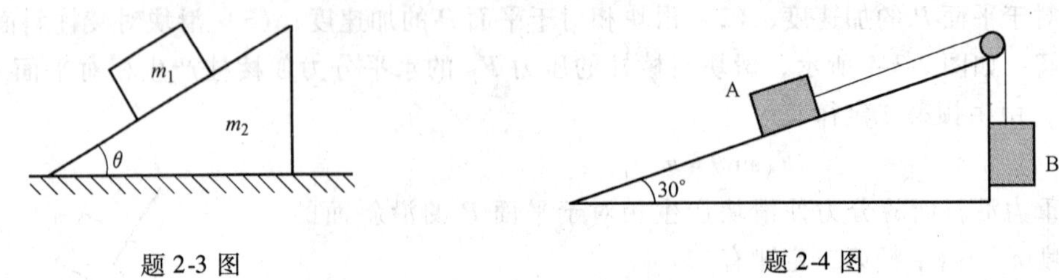

题 2-3 图　　　　题 2-4 图

2-5　一木块能在与水平面成 α 角的斜面上以匀速滑下．若使它以速率 v_0 沿此斜面向上滑动，试证明它沿该斜面向上滑动的距离为 $v_0/4g\sin\alpha$．

2-6　如题 2-6 图所示，将质量为 10 kg 的小球挂在倾角 $\alpha=30°$ 光滑斜面上．问：(1) 当斜面以 $a=g/3$ 的加速度水平向右运动时，绳中的张力及小球对斜面的正压力为多大？(2) 当斜面的加速度至少多大时，小球对斜面的正压力为零．

2-7　如题 2-7 图所示，在水平桌面的一端固定着一只轻定滑轮．一根细绳跨过定滑轮系在质量为 1.0 kg 的物体 A 上，另一端系在质量为 0.50 kg 的物体 B 上．设物体 A 与桌面间的摩擦因数为 0.20，求物体 A，B的加速度．绳与滑轮间的摩擦力以及绳与滑轮的质量均忽略不计．

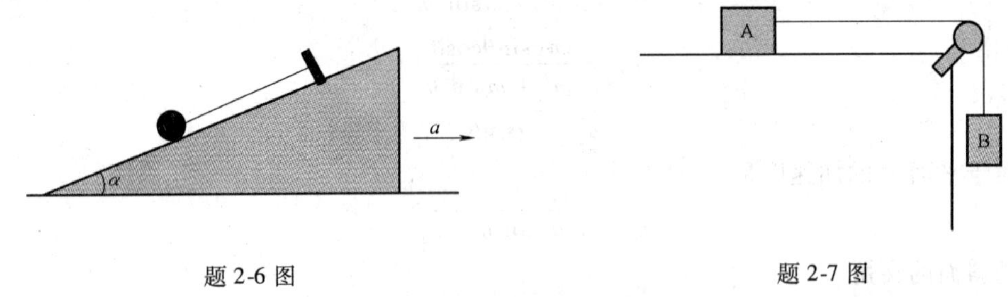

题 2-6 图　　　　题 2-7 图

2-8　如题 2-8 图所示，一根细绳跨过一光滑的定滑轮，绳两端分别悬挂着质量为 m_1 和 m_2 的物体，$m_1>m_2$．求物体的加速度及绳对物体的拉力．绳与滑轮间的摩擦力可以略去不计，绳不伸长，滑轮和绳的质量也可忽略不计．

2-9　如题 2-9 图所示，重量为 Q_1 和 Q_2 的两物体用跨过定滑轮的细绳连接，$Q_1>Q_2$．如开始时两物体的高度差为 h，求由静止释放后，两物体达到相同高度所需的时间．不计滑轮和绳的质量及摩擦．

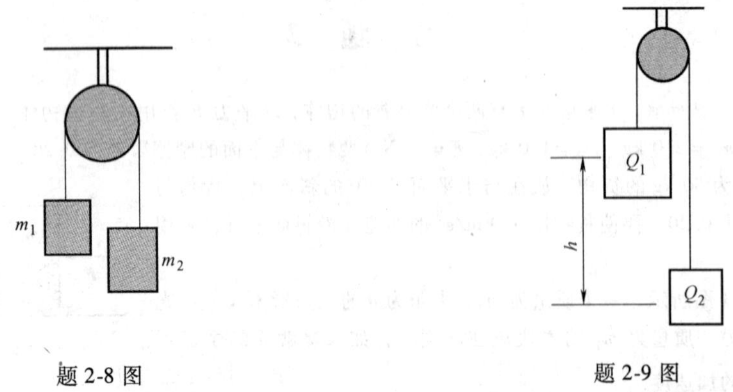

题 2-8 图　　　　题 2-9 图

2-10　有两块混凝土预制板块放在木板上（题 2-10 图），甲块质量 200 kg，乙块质量 100 kg. 木板被起重机吊起送到高空．试求在下述两种情况中，木板所受的压力及乙块对甲块的作用力：(1) 匀速上升；(2) 以 1 m/s^2 的加速度上升．

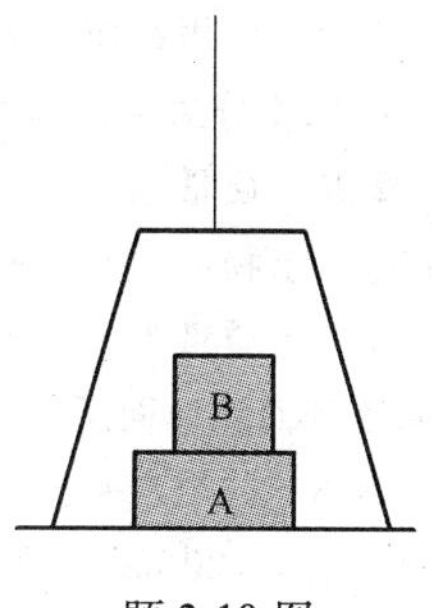

题 2-10 图

2-11　一质量为 60 kg 的人乘电梯上楼．电梯先以 0.40 m/s^2 的加速度上升，速率达到 1.0 m/s 后匀速上升．试求在上述两过程中，人对电梯地板的作用力．

2-12　半径为 R 的半球形碗内有一粒质量为 m 的小钢球．若小钢球以角速度 ω 在水平面内沿碗内壁作匀速圆周运动时，它距碗底有多高？

2-13　一根柔软而均匀的链条，长为 l，单位长度的质量为 λ．将此链条跨过一无摩擦的轻而小的定滑轮，一边的长度为 x（$\leqslant l/2$），另一边的长度为 $l-x$．现将链条由静止释放，试证明链条的加速度为 $a=\frac{2x-l}{l}g$．

2-14　气球及载荷的总质量为 m，以加速度 a 向上升，问气球的载荷增加多少，才能使它以相同的加速度向下降落．

2-15　长为 l 的细绳一端系一质量为 m 的小球，使小球从悬挂着的位置以初速度为 v_0 在铅直平面内绕细绳的另一端开始作圆周运动．用牛顿运动定律求小球在任意位置时的线速度和绳的张力（不计空气阻力）．

2-16　一个圆锥摆的摆锤悬挂在长 1.0 m 细线的下端，质量为 1.5 kg．它在水平面内作匀速圆周运动，使悬线扫过一个圆锥面．已知细线与竖直方向夹角 θ 为 60°．(1) 求摆锤的周期．(2) 三个不同的摆以相同的角速度绕竖直方向转动，试分析三个摆锤所在平面的高低．

2-17　大雨点与小雨点相比，在空气中哪个降落得比较快？已知空气阻力为 $F_{阻}=csv^2$，式中 $s=\pi r^2$，r 为雨点的半径，v 为它的速度，c 为比例常数．

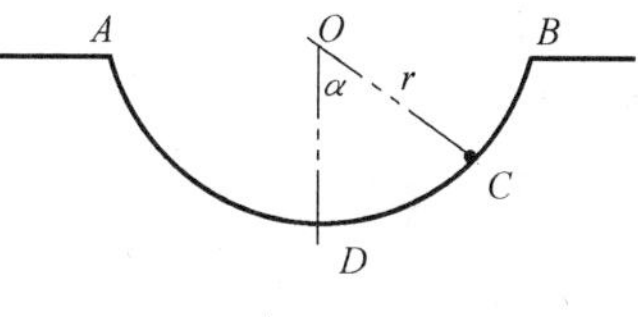

题 2-18 图

2-18　一质量为 m 的小球最初位于如题 2-18 图所示的 A 点，然后沿半径为 r 的光滑圆弧的内表面 $ADCB$ 下滑．试求小球过 C 点的角速度和对圆弧表面的作用力．

2-19　质量为 m 的物体以初速度 v_0 沿水平方向抛出．试求在任意时刻作用在物体上的切向力和法向力．

2-20　一质量为 10 kg 的质点在力 $F=(120t+40)$ (N) 作用下沿 x 轴作直线运动．在 $t=0$ 时，质点位于 $x_0=5.0$m，初速度 $v_0=6.0$ m/s．求质点在任意时刻的速度和位置．

2-21　一艘 2 000 t 的船正沿着坡度为 1/20 的光滑轨道由静止缓缓下水．还未接触到水面时，突然出于紧急原因需要制止船在轨道上滑动．根据牛顿定律，问需用多大力拉住船？如果将拉船的绳索迅速系在坡道边的圆柱形固定桩上，并绕 5 圈，再用手去拉绳的另一端，那么需要多大力拉住船？（已知绳拉船的张力 F 与人拉绳的张力 F' 的关系为：$F=F'e^{-\mu\theta}$，其中 θ 为绳与圆柱形桩相接触的角度，μ 为绳与圆柱形桩的摩擦因数 0.25）．

2-22　如题 2-22 图所示，一斜面的底边长 $l=2.1$ m，倾角为 α．一个质量为 m 的物体从斜面顶端由静止开始下滑，摩擦因数为 $\mu=0.14$．问：倾角 α 多大时物体从斜面顶端滑到底端的时间最短，这个时间是多少？

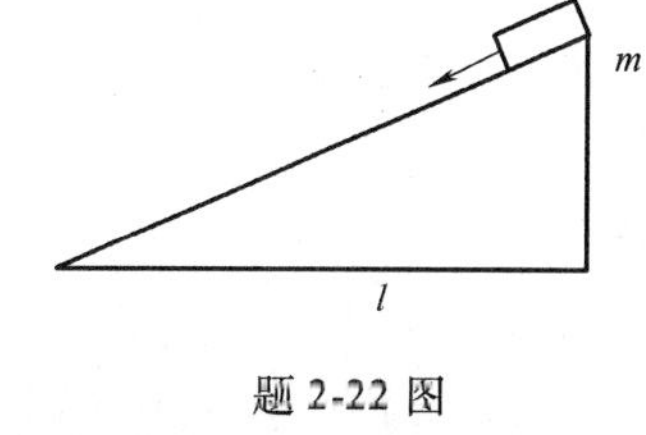

题 2-22 图

2-23　一质量为 m 的物体，最初静止于 x_0 处．在力 $F=-\frac{k}{x^2}$ 的作用下沿直线运动，试证它在 x 处的速度为 $v=\sqrt{\frac{2k}{m}\left(\frac{1}{x}-\frac{1}{x_0}\right)}$．

2-24　初速度为 v_0、质量为 m 的物体在水平面内运动，所受阻力的大小正比于质点速率的平方根，求物体从开始运动到停止所需的时间．

2-25 作用在质量为 m 的物体上的合力是 $F=F_0-kt$，其中 F_0 和 k 都是恒量，t 是时间，求物体的加速度，并用积分法求出速度和位置方程. 已知 $t_0=0$ 时，$v_0=0$，$x_0=0$.

2-26 质量 $m=45.0$ kg 的物体以初速度 $v_0=60.0$ m/s 由地面竖直上抛，空气阻力 $F=kv$，$k=0.03$N/(m/s). 求物体上升的最大高度和所用的时间.

2-27 质量为 m 的物体以初速度 v_0 由地面竖直上抛，空气阻力 $F=kmv^2$，k 是常数. 求物体上升的最大高度和回到地面所用的时间.

2-28 一个水平的木制圆盘绕其中心竖直轴匀速转动，见题 2-28 图. 在盘上离中心 $r=20$ cm 处放一小铁块. 如果铁块与木盘间的静摩擦因数为 $\mu=0.4$，问圆盘转速增大到多少（以每分钟的转数表示）时，铁块开始在圆盘上移动?

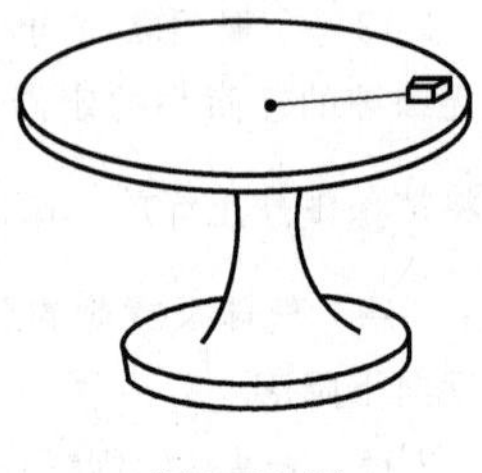

题 2-28 图

2-29 一个半径为 R 的圆环固定在水平桌面上，一个物体紧贴着圆环内表面运动，滑动摩擦因数为 μ. 若物体初速率为 v_0，问：(1) t 时刻物体的速率是多少? (2) 什么时候物体的速率等于 $\frac{v_0}{2}$? 此时的路程是多少?

2-30 一个箱子静止在卡车上，箱子到前面挡板的距离为 $l=2$ m，与车之间的摩擦因数为 $\mu=0.5$. 若刹车时车的加速度为 $a=7.0$ m/s^2，箱子碰到挡板时的速度是多少?

2-31 一个电梯以加速度 a 由地面开始上升，两个质量为 m_1 和 m_2 的物体用一根细绳连着跨过固定在电梯天花板上的一个定滑轮，$m_1>m_2$. 忽略滑轮质量及其与细绳之间的摩擦，求两个物体相对于地的加速度和绳子的张力.

第 3 章　功　和　能

这一章继续研究质点的动力学问题．如上一章所说，在牛顿第二定律 $\boldsymbol{F}=m\boldsymbol{a}$ 中，力 $\boldsymbol{F}$ 和加速度 $\boldsymbol{a}$ 的关系是瞬时关系．但是，实际的力对物体的作用总是或长或短的持续过程：或是在时间上持续，或是在时间、空间上都持续．因此，必须研究力的时间和空间的累积作用．本章研究力在空间中的累积作用，下一章研究力在时间中的累积作用．

3.1　功

1．功的概念

如图 3-1-1 所示，设质量为 m 的质点在由 a 点运动到 b 点的过程中受到力 $\boldsymbol{F}$ 的作用．一般来说，力 $\boldsymbol{F}$ 是变力，它可以是质点所受的合力，也可以是质点所受的一个分力．

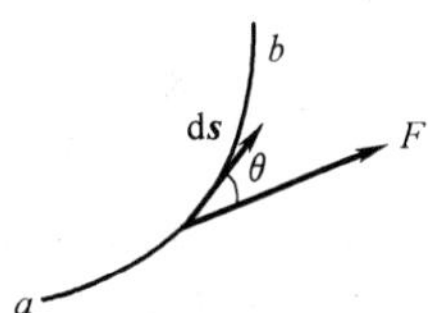

图 3-1-1

定义：积分

$$A_F=\int_a^b \boldsymbol{F}\cdot \mathrm{d}\boldsymbol{s}=\int_a^b F\mathrm{d}s\cos\theta \qquad (3\text{-}1\text{-}1)$$

为由 a 点到 b 点过程中力 $\boldsymbol{F}$ 对质点所做的功（work）．上式中，$\mathrm{d}A=\boldsymbol{F}\cdot\mathrm{d}\boldsymbol{s}=F\mathrm{d}s\cos\theta$ 是力 $\boldsymbol{F}$ 在位移元 $\mathrm{d}\boldsymbol{s}$ 上做的功，叫做功元（work element），F，$\mathrm{d}s$ 分别是力 $\boldsymbol{F}$ 和位移元 $\mathrm{d}\boldsymbol{s}$ 的模，θ 是力 $\boldsymbol{F}$ 和位移元 $\mathrm{d}\boldsymbol{s}$ 的夹角．功的单位是焦耳（J），1 J = 1 N · m.

由功的定义可知，功总是与力联系在一起的．功是过程量，即功总是某个运动过程的结果．

方向与位移元垂直的力叫做法向力（normal foce），方向与位移元共线的力叫做切向力（tangential force）．由功的定义可知，功有下列性质：

（1）功的定义式可以写成

$$A_F=\int_a^b F\cos\theta\mathrm{d}s=\int_a^b F_{\mathrm{t}}\mathrm{d}s \qquad (3\text{-}1\text{-}2)$$

式中 $F_{\mathrm{t}}=F\cos\theta$ 是力 $\boldsymbol{F}$ 的切向分力．上式说明：切向力做功，法向力不做功，或者说，力 $\boldsymbol{F}$ 的功实际上是其切向分力的功．

（2）由于质点所受合力等于质点所受各个分力的矢量和，即 $\boldsymbol{F}=\sum \boldsymbol{F}_i$，有

$$A=\int_a^b \boldsymbol{F}\cdot\mathrm{d}\boldsymbol{s}=\sum_i\int_a^b \boldsymbol{F}_i\cdot\mathrm{d}\boldsymbol{s}=\sum_i A_i \qquad (3\text{-}1\text{-}3)$$

这说明：质点所受合力的功等于质点所受各个分力功的代数和．

大小、方向都不变的力叫做恒力．如图 3-1-2 所示，力 $\boldsymbol{F}$ 是一个指向 x 轴正方向的恒力，由功的定义式（3-1-1）得

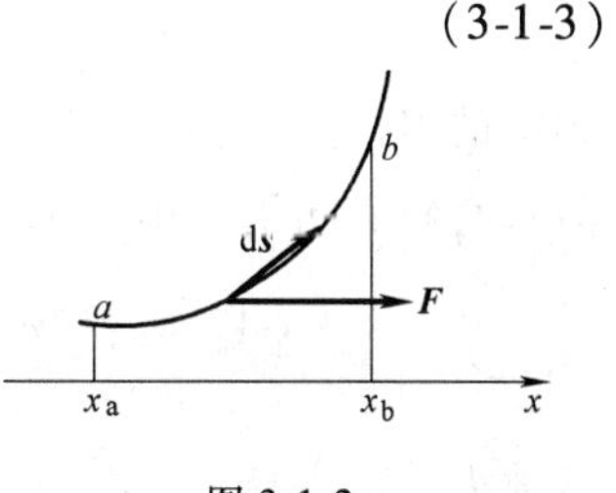

图 3-1-2

$$A_F=F\int_a^b \mathrm{d}s\cos\theta=F\int_{x_a}^{x_b}\mathrm{d}x=F(x_b-x_a) \qquad (3\text{-}1\text{-}4)$$

上式是式（3-1-1）的特例.

2. 功的几何意义

功的定义式

$$A = \int_a^b F_t \mathrm{d}s$$

的几何意义如图 3-1-3 所示. 图中纵坐标轴为 F_t 轴，横坐标轴为 s 轴，s 是质点的轨迹弧长. 曲线 $F_t(s)$、直线 $s=a$、直线 $s=b$ 与 s 轴所围面积的代数和表示积分 $\int F_t \mathrm{d}s$，即力 $\boldsymbol{F}$ 的功 . s 轴上方的面积表示正功，下方的面积表示负功.

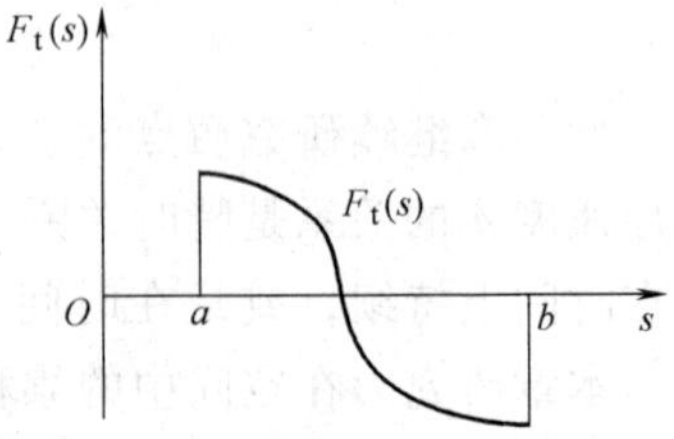

图 3-1-3

3. 功率

在许多实际问题中，需要知道力做功的快慢，即需要知道力在单位时间做了多少功.

定义：设力在时间段 $\Delta t = t' - t$ 做功 ΔA，功 ΔA 与所用时间的比叫做力在此时间段的平均功率（average power），记为

$$\overline{P} = \frac{\Delta A}{\Delta t} \tag{3-1-5}$$

定义：力在时刻 t 附近时间段 Δt 的平均功率当 Δt 趋于零时的极限叫做力在时刻 t 的瞬时功率，简称功率（power），记为

$$P = \lim_{\Delta t \to 0} \frac{\Delta A}{\Delta t} = \frac{\mathrm{d}A}{\mathrm{d}t} \tag{3-1-6}$$

平均功率和瞬时功率的单位都是瓦特（W），1 W = 1 J/s.

将功元 $\mathrm{d}A = \boldsymbol{F} \cdot \mathrm{d}\boldsymbol{s}$ 代入上式，得

$$P = \boldsymbol{F} \cdot \frac{\mathrm{d}\boldsymbol{s}}{\mathrm{d}t} = \boldsymbol{F} \cdot \boldsymbol{v} \tag{3-1-7}$$

上式表明，功率等于力与受力体速度的点积. 由此可以理解，当发动机以某个额定功率工作时，转速越大，牵引力越小. 汽车上坡需要较大的牵引力，所以将高速挡换成低速挡.

例题 3-1-1　如图 3-1-4 所示，在水平恒力 $\boldsymbol{F}$ 作用下，质量为 m 的木箱沿倾角为 θ 的斜面上滑了 L 长距离. 已知木箱与斜面之间的动摩擦因数为 μ，求：在此过程中，力 $\boldsymbol{F}$、重力、摩擦力以及斜面对木箱的支持力各做多少功？

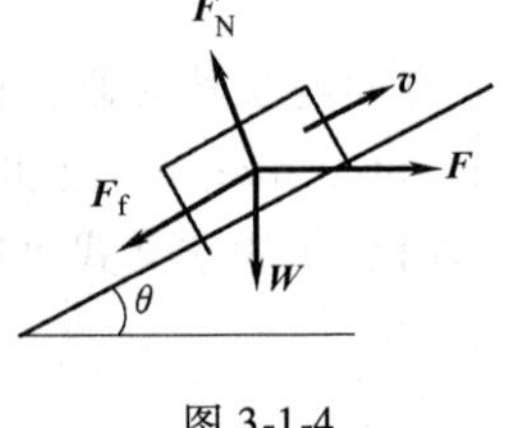

图 3-1-4

解：力 $\boldsymbol{F}$ 的功

$$A_F = \int_L \boldsymbol{F} \cdot \mathrm{d}\boldsymbol{s} = FL\cos\theta$$

令

$$\boldsymbol{W} = \boldsymbol{W}_t + \boldsymbol{W}_n$$

其中的 $\boldsymbol{W}_t$ 是重力的切向分力，方向沿斜面向下，$W_t = mg\sin\theta$；$\boldsymbol{W}_n$ 是重力的法向分力，方向垂直斜面向下，$W_n = mg\cos\theta$. 重力的功

$$A_W = \int_L (\boldsymbol{W}_t + \boldsymbol{W}_n) \cdot \mathrm{d}\boldsymbol{s} = -\int_L W_t \mathrm{d}s = -mg\sin\theta \int_L \mathrm{d}s = -mgL\sin\theta$$

摩擦力的功

$$A_f = \int_L \boldsymbol{F}_f \cdot \mathrm{d}\boldsymbol{s} = -\int_L F_f \mathrm{d}s = -\mu(mg\cos\theta + F\sin\theta)L$$

支持力的功
$$A_N = \int_L \boldsymbol{F}_N \cdot d\boldsymbol{s} = 0$$

例题 3-1-2 水井中水面到井口的高度 $H = 10$ m. 水桶装满水时的总质量 $m = 10$ kg，每上升 1 m 漏掉 0.2 kg 的水. 问：把装满水的桶从水面提到井口至少要做多少功？

解：水桶极其缓慢地匀速上升时，做功最少. 在此过程中的任一高度 y 处，提桶的力与桶的重力大小相等，提力的大小

$$F = (m - 0.2y)g$$

所以，把水桶从水面提到井口至少要做的功是

$$A = \int_0^H F\mathrm{d}y = \int_0^H (m - 0.2y)g\mathrm{d}y = mgH - 0.1gH^2 = 882 \text{ J}$$

例题 3-1-3 一块质量为 m、质地均匀的直角三角形薄钢板平放在地上，直角边分别长 30 cm 和 40 cm. 以哪一条直角边为底边把钢板直立起来做功最少？

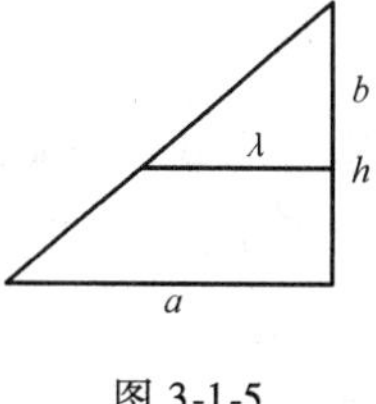

图 3-1-5

解：如图 3-1-5 所示，设以长为 a 的直角边为底边把三角形钢板立起来做功最少. 三角形钢板可以看成是无穷多条平行的细条从下到上摞起来的，图中的一细条长为 λ、距底边高度为 h、宽为 $\mathrm{d}h$、质量面密度 $\sigma = 2m/ab$、重量是 $\sigma\lambda g\mathrm{d}h$. 把这个细条从地面升到 h 高度至少要做功

$$\sigma\lambda g h\mathrm{d}h$$

由于 $\lambda = a(b - h)/b$，把钢板立起来要做的功是

$$A = \sigma g\int_0^b \lambda h\mathrm{d}h = \frac{\sigma a g}{b}\int_0^b (b - h)h\mathrm{d}h = \frac{1}{3}mgb$$

所以，当底边 $a = 40$cm 时做功最少.

例题 3-1-4 汽车启动时，牵引力 F 的变化如图 3-1-6 中曲线 OAB 所示，OA 为 1/4 圆周，AB 为直线. 求车从静止开始，行驶 10 m 时牵引力的功.

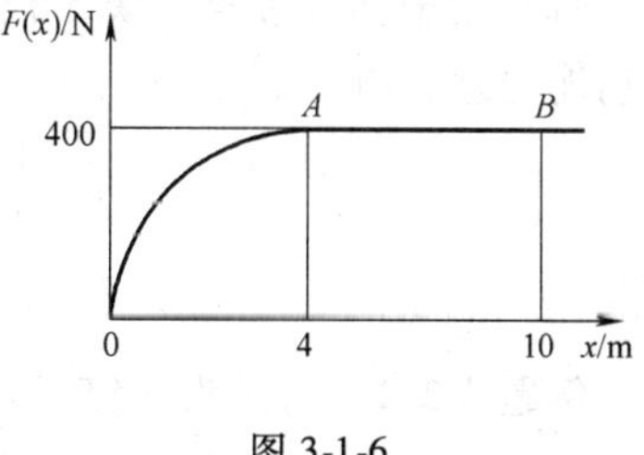

图 3-1-6

解：由题可知，曲线 OAB 与 x 轴所围面积表示牵引力的功. 所以，牵引力的功是

$$A_F = \left(100 \times \frac{\pi R^2}{4} + 400 \times 6\right) \text{ J} = 3656 \text{ J}$$

思考题 3.1

1. 人手提一物行走. 问：什么情况下人对物体做功？什么情况下不做功？什么情况下做正功？什么情况下做负功？

2. 判断下列说法是否正确：

(1) 若力对物体不做功，物体必作直线运动.

(2) 物体所受合力的功必大于分力的功.

3. 一力作用于物体上. 问：相对于不同的参考系，此力对物体所做的功是否相同？试举例说明.

3.2 动能定理

1. 质点动能定理

上节说过，功的定义式（3-1-1）中的力 $\boldsymbol{F}$ 可以是质点所受合力，也可以是分力．那么，若力 $\boldsymbol{F}$ 是合力，从式（3-1-1）会得到什么结果呢？

设质点质量为 m，所受合力为 $\boldsymbol{F}$．根据牛顿第二定律，有

$$\boldsymbol{F} = m\frac{\mathrm{d}\boldsymbol{v}}{\mathrm{d}t}$$

质点位移 $\mathrm{d}\boldsymbol{s} = \boldsymbol{v}\mathrm{d}t$，故当质点由初位置 a 运动到末位置 b 时，合力的功

$$A = \int_a^b \boldsymbol{F}\cdot\mathrm{d}\boldsymbol{s} = m\int_a^b \boldsymbol{v}\cdot\mathrm{d}\boldsymbol{v} = \frac{1}{2}m\int_a^b \mathrm{d}(\boldsymbol{v}\cdot\boldsymbol{v}) = \frac{1}{2}m\int_a^b \mathrm{d}v^2$$

即

$$A = \frac{1}{2}mv_b^2 - \frac{1}{2}mv_a^2 \tag{3-2-1}$$

定义

$$E_k = \frac{1}{2}mv^2 \tag{3-2-2}$$

为质点的动能（kinetic energy of particle）．由式（3-2-1）可知，动能的单位与功的单位相同．于是得

$$A = E_k(b) - E_k(a) = \Delta E_k \tag{3-2-3}$$

上式表明，质点所受合力的功等于质点动能的增量．这个结论叫做质点动能定理（kinetic energy theorem of particle）．

如果质点的位置和速度是已知的，就称质点的运动状态是已知的．也就是说，一组确定的值（$\boldsymbol{r}$，$\boldsymbol{v}$）表示质点的一个运动状态．质点动能定理告诉我们，质点所受合力的功由质点的初、末运动状态决定，与中间状态无关．

例题 3-2-1 速率为 $v_1 = 700$ m/s 的子弹，水平穿过第一块木板后速率降为 $v_2 = 500$ m/s．若子弹接着穿过同样的第二块木板，速率降为多少？

解：设子弹穿过第二块木板时速率为 v_3．由于两块板中的阻力对子弹做功相同，根据质点动能定理，有

$$\frac{1}{2}mv_3^2 - \frac{1}{2}mv_2^2 = \frac{1}{2}mv_2^2 - \frac{1}{2}mv_1^2$$

得

$$v_3 = \sqrt{2v_2^2 - v_1^2} = 100 \text{ m/s}$$

例题 3-2-2 用锄头把钉子水平敲进木板，木板对钉子的阻力与钉子进入木板的深度成正比．如果第一次敲进 1 cm，第二次敲击的力量与第一次相同，问第二次敲进多深？

解：由题可知，钉子两次运动的动能的增量相等，即阻力对钉子两次做功相等．设阻力 $F = kx$，则有

$$\int_0^1 kx\mathrm{d}x = \int_1^{x_0} kx\mathrm{d}x$$

即

$$\frac{1}{2} = \frac{1}{2}x_0^2 - \frac{1}{2}$$

解得

$$x_0 = \sqrt{2}\text{ cm}$$

所以，第二次进入的深度是 $\Delta x = x_0 - 1 = 0.41$cm．

2. 系统动能定理

设有一个由 N 个质点组成的系统．当系统中每个质点的运动状态确定时，就称系统的运动状态是确定的．当系统状态由初始状态 a 变为末状态 b 时，根据质点动能定理，系统中第 i 个质点所受合力的功 A_i 等于该质点的动能 E_{ki} 的增量，即

$$A_i = E_{ki}(b) - E_{ki}(a) \tag{3-2-4}$$

上式两边对系统中所有质点求和，得

$$\sum_{i=1}^{N} A_i = \sum_{i=1}^{N} E_{ki}(b) - \sum_{i=1}^{N} E_{ki}(a) \tag{3-2-5}$$

定义：系统内所有质点动能的和叫做系统的动能（kinetic energy of system），记为

$$E_k = \sum_{i=1}^{N} E_{ki} \tag{3-2-6}$$

于是得

$$\sum_{i=1}^{N} A_i = E_k(b) - E_k(a) = \Delta E_k \tag{3-2-7}$$

上式表明：系统内各质点所受合力功的代数和等于系统动能的增量. 这个结论叫做系统动能定理（kinetic energy theorem of system）. 质点动能定理显然是系统动能定理的特例.

定义：系统外的物体施加在系统内物体上的力叫做系统的外力（external force），系统内的物体相互施加的力叫做系统的内力（internal force）.

对于单个质点，无所谓内、外力之分. 对于多个质点组成的系统，每个质点所受的合力一般说来既包括系统的外力，也包括系统的内力. 因此，系统内质点各自所受合力的功一般说来既包括外力的功，也包括内力的功. 这就是说，根据系统动能定理，内力做功也改变系统的动能. 例如，两只小船并排停于平静的湖面上，其动能之和为零. 一只船上的人用桨推另一只船，使两船离开，这时两船的动能之和不为零. 显然，两船组成的系统（包括船上的人）的动能增加是内力做功的结果. 所以，不能把系统动能定理说成：系统所受合外力的功等于系统动能的增量. 事实上，对于多个质点组成的系统，一般来说，不存在所谓系统所受合外力，因为多个外力一般不是共点力.

思考题 3.2

1. 一部汽车从甲地出发，翻山越岭到乙地停下. 在此过程中，汽车所受合力做了多少功?
2. 判断下列说法正确与否，并说明理由：

（1）同一物体速度不同时动能不同，动能不同时速度不同.

（2）对于不同的参考系，同一物体的动能不同，但不可能为负.

（3）系统所受合外力的功等于系统动能的增量.

3.3 势能定理

1. 保守力

按照力做功的性质，可以把力分成两类：保守力（conservative force）和非保守力（non-conservative force）.

定义：沿任意闭合路径做功为零的力，即满足式子

$$\oint \boldsymbol{F} \cdot d\boldsymbol{s} = 0 \tag{3-3-1}$$

的力，叫做保守力.

上式可以写成

$$\int_{a(l)}^{b} \boldsymbol{F} \cdot d\boldsymbol{s} + \int_{b(l')}^{a} \boldsymbol{F} \cdot d\boldsymbol{s} = 0$$

积分路径如图 3-3-1 所示．移项，得 $\int_{a(l)}^{b} \boldsymbol{F} \cdot \mathrm{d}\boldsymbol{s} = \int_{a(l')}^{b} \boldsymbol{F} \cdot \mathrm{d}\boldsymbol{s}$ （3-3-2）

式（3-3-2）表明，保守力的功由质点运动的初、末位置决定，与具体的中间路径无关．所以，如果某个力的功由质点初、末位置决定，与中间路径无关，这个力就叫做保守力．否则，就叫做非保守力．

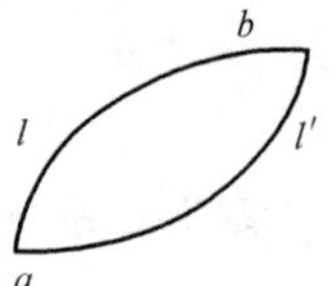

图 3-3-1

例题 3-3-1 试分别判断重力、弹力、摩擦力是否是保守力．

解：（1）如图 3-3-2 所示，质量为 m 的质点沿图示路径从 a 点运动到 b 点．为简便起见，设此路径在竖直平面内，$\mathrm{d}\boldsymbol{s}$ 为此路径上一任意位移元，令

$$\mathrm{d}\boldsymbol{s} = \mathrm{d}x\boldsymbol{i} + \mathrm{d}y\boldsymbol{j} \tag{3-3-3}$$

于是，重力的功

$$A_W = \int_a^b \boldsymbol{W} \cdot \mathrm{d}\boldsymbol{s} = \int_a^b \boldsymbol{W} \cdot (\mathrm{d}x\boldsymbol{i} + \mathrm{d}y\boldsymbol{j}) = -mg\int_a^b \mathrm{d}y = -(mgh_b - mgh_a) \tag{3-3-4}$$

上式表明，重力的功由质点的初、末位置决定，与中间路径无关．所以，重力是保守力．

（2）如图 3-3-3 所示，劲度系数为 k 的轻弹簧左端固定，右端连着质量为 m 的物块，置于水平光滑平面上。在弹簧弹力 $\boldsymbol{F} = -k\boldsymbol{x}$ 作用下，物块由位置 a 运动到位置 b，弹力的功

$$A_F = \int_a^b \boldsymbol{F} \cdot \boldsymbol{i}\mathrm{d}x = -k\int_a^b x\mathrm{d}x = -\left(\frac{1}{2}kx_b^2 - \frac{1}{2}kx_a^2\right) \tag{3-3-5}$$

可见，弹簧弹力是保守力．

（3）设质量为 m 的物块在水平平面上滑动，摩擦因数为 μ．当物块沿长度为 s 的路径从 a 点运动到 b 点时，摩擦力 $\boldsymbol{F}_\mathrm{f}$ 的功

$$\boldsymbol{A}_\mathrm{f} = \int_a^b \boldsymbol{F}_\mathrm{f} \cdot \mathrm{d}\boldsymbol{s} = -\mu mgs$$

上式表明，摩擦力的功与路径长度有关．因此，摩擦力是非保守力．

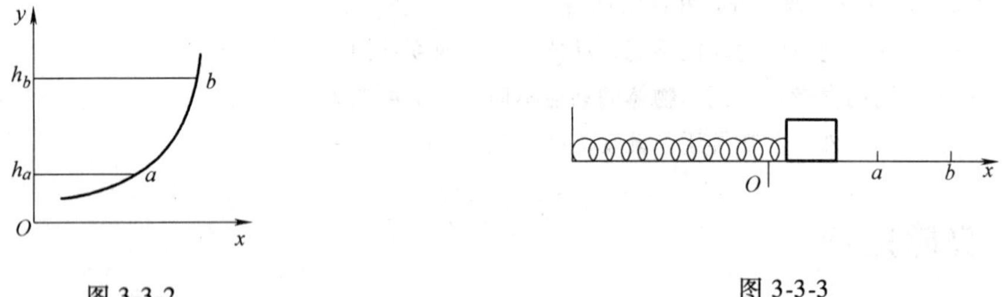

图 3-3-2　　图 3-3-3

例题 3-3-2 试判断万有引力是否是保守力．

解：如图 3-3-4 所示，质量为 m_1 的质点位于参考点 O 点，质量为 m_2 的质点沿图示任意路径从 a 点运动到 b 点，路径上某一点的位矢为 $\boldsymbol{r}$，此点处的位移元 $\mathrm{d}\boldsymbol{s}$ 与位矢 $\boldsymbol{r}$ 的夹角为 θ．令位矢

$$\boldsymbol{r}' = \boldsymbol{r} + \mathrm{d}\boldsymbol{s}$$

r'相对于 r 的微小增量　　$\mathrm{d}r = \mathrm{d}s\cos\theta$

在质点 m 从 a 运动到 b 的过程中，m_1 对 m_2 的引力的功

$$A_p = \int_a^b \boldsymbol{F} \cdot d\boldsymbol{s} = -Gm_1m_2\int_a^b \frac{\cos\theta}{r^2}ds = -Gm_1m_2\int_a^b \frac{dr}{r^2}$$

$$= -\left[\left(-\frac{Gm_1m_2}{r_b}\right) - \left(-\frac{Gm_1m_2}{r_a}\right)\right] \qquad (3\text{-}3\text{-}6)$$

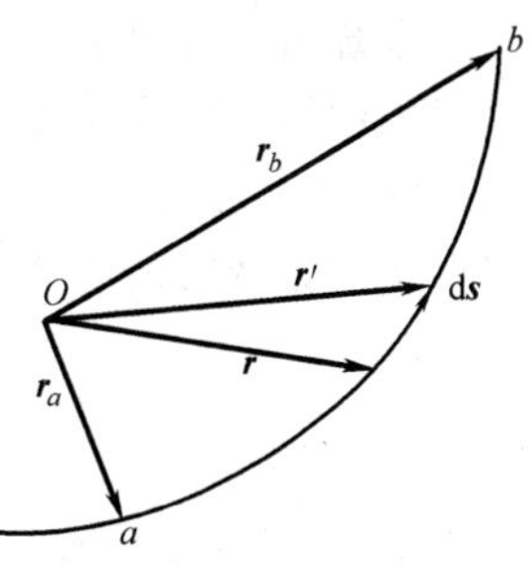

图 3-3-4

可见，万有引力是保守力. 上式小括号里的负号表示引力势能是束缚能.

2. 质点势能定理

由式（3-3-4)、式（3-3-5）和式（3-3-6）我们看到，它们的共同点是：保守力的功等于某个位置函数增量的负值. 这个位置函数叫做势能（potential energy）或位能，记为 E_p. 对于重力，势能 $E_p = mgh$；对于弹簧弹力，势能 $E_p = \frac{1}{2}kx^2$；对于万有引力，势能 $E_p = -G\frac{Mm}{r}$. 于是，这三个式子可以合并为一个式子，即

$$A_p = -[E_p(b) - E_p(a)] = -\Delta E_p \qquad (3\text{-}3\text{-}7)$$

这表明，保守力的功等于势能增量的负值．这个结论叫做质点势能定理（potential energy theorem of particle）．势能的单位与功的单位相同．显而易见，保守力的功取决于质点初、末势能的差而非势能的值，也就是说，若函数 E_p 满足上式，则 $E_p + C$ 也满足上式，C 是任意常数．势能值的这种不确定性叫做势能的相对性．由上式得

$$E_p(b) - E_p(a) = -\int_a^b \boldsymbol{F} \cdot d\boldsymbol{s}$$

因此，相距为 $d\boldsymbol{s}$ 的两点间的质点势能差为

$$dE_p = -\boldsymbol{F} \cdot d\boldsymbol{s}$$

由于

$$dE_p = \frac{\partial E_p}{\partial x}dx + \frac{\partial E_p}{\partial y}dy + \frac{\partial E_p}{\partial z}dz = \nabla E_p \cdot d\boldsymbol{s}$$

所以

$$\boldsymbol{F} = -\nabla E_p \qquad (3\text{-}3\text{-}8)$$

这表明,保守力 $\boldsymbol{F}$ 是势能函数 $E_p(\boldsymbol{r})$ 的负梯度．若已知势能函数 $E_p(\boldsymbol{r})$,可由上式求得保守力 $\boldsymbol{F}$. 不难验证,重力、弹簧弹力、万有引力和相应的势能函数都满足上式．上式的分量式为

$$F_x = -\frac{\partial E_p}{\partial x}, F_y = -\frac{\partial E_p}{\partial y}, F_x = -\frac{\partial E_p}{\partial z} \qquad (3\text{-}3\text{-}9)$$

由式(3-3-7)还可得

$$E_p(a) = \int_a^b \boldsymbol{F} \cdot d\boldsymbol{s} + E_p(b)$$

这说明,若已知保守力 $\boldsymbol{F}$,只要给定质点在 b 点的势能 $E_p(b)$,质点在任意 a 点的势能就可以确定．因此,b 点叫做势能参考点,$E_p(b)$ 叫做参考点势能．为简便起见,通常令势能 $E_p(b) = 0$,而点 b 叫做势能零点．于是得

$$E_p(a) = \int_a^b \boldsymbol{F} \cdot d\boldsymbol{s} \qquad (3\text{-}3\text{-}10)$$

上式表明，欲求质点在任意点 a 处的势能，只要从该点到势能零点对保守力 $\boldsymbol{F}$ 积分即可．一般可以取任意位置为势能零点．不过，弹力势能的零点常选在弹簧自由伸长位置，引力势能的零点常选在无限远处，

3. 系统势能定理

设系统由 N 个质点组成. 当系统状态由初状态 a 变化到末状态 b 时，根据质点势能定理，系统中第 i 个质点所受保守力的功 A_{pi} 等于质点势能的增量，即

$$A_{pi} = -[E_{pi}(b) - E_{pi}(a)]$$

上式两边对系统中所有质点求和，得

$$\sum_{i=1}^{N} A_{pi} = -\left[\sum_{i=1}^{N} E_{pi}(b) - \sum_{i=1}^{N} E_{pi}(a)\right] \tag{3-3-11}$$

上式中的 $\sum_{i=1}^{N} A_{pi}$ 是系统内所有质点各自所受保守力的功的代数和.

定义： 系统内所有质点势能的代数和叫做系统的势能，记为

$$E_p = \sum_{i=1}^{N} E_{pi} \tag{3-3-12}$$

于是得

$$\sum_{i=1}^{N} A_{pi} = -[E_p(b) - E_p(a)] \tag{3-3-13}$$

上式表明：系统内所有质点所受保守力功的代数和等于系统势能增量的负值. 这个结论叫做系统势能定理. 质点势能定理显然是系统势能定理的特例.

4. 动能和势能的区别

由质点动能的表示式可知，一个质量给定的质点的动能取决于质点的速率，与质点在同一时刻的受力情况无关，故称动能为自由能. 质点的势能总与相应的保守力相联系，故称势能为相互作用能. 势能总是属于相互有保守力作用的物体组成的系统，而不属于单个物体. 所以，保守力实际上总是内力，不存在保守外力的概念. 例如，某物体所受的重力是地球与该物体组成的系统的内力，该物体的重力势能属于这个系统.

思考题 3.3

1. 什么叫做系统势能定理?
2. 为什么说保守力总是内力?

3.4 机械能守恒定律

1. 机械能定理

如前所说，力分为保守力和非保守力. 设有一系统由 N 个质点组成. 在系统内各质点所受合力的功中，一般来说，既有保守力的功，又有非保守力的功，因此，可将式（3-2-7）写成

$$\sum_{i=1}^{N} A_{pi} + \sum_{i=1}^{N} A_{ui} = E_k(b) - E_k(a) \tag{3-4-1}$$

式中的 A_{pi} 和 A_{ui} 分别是系统中第 i 个质点所受保守力的功与非保守力的功. 将式（3-3-13）代入上式，得

$$\sum_{i=1}^{N} A_{ui} = [E_k(b) + E_p(b)] - [E_k(a) + E_p(a)] \tag{3-4-2}$$

定义： 系统的动能与势能之和叫做系统的机械能（mechanical energy），记为

$$E = E_k + E_p$$

将上式代入式（3-4-2），得

$$\sum_{i=1}^{N} A_{ui} = E(b) - E(a) = \Delta E \tag{3-4-3}$$

这表明：系统内各质点所受非保守力功的代数和等于系统机械能的增量．这个结论叫做机械能定理（theorem of mechanical energy）或功能原理．

机械能定理告诉我们：非保守力的功是机械能与其他形式的能量（如热能、电磁能、化学能）相互转换的量度．例如，摩擦生热是摩擦力做功把机械能转换成了热能，汽缸中的蒸汽推动活塞是把热能转换成了机械能．

2. 机械能转换与守恒定律

由式（3-4-3）可知，若 $\sum_{i=1}^{N} A_{ui}=0$，则有

$$\Delta E = 0 \tag{3-4-4}$$

或

$$\Delta E_k = -\Delta E_p \tag{3-4-5}$$

这表明：若系统内各质点所受非保守力功的代数和等于零，则系统初、末态的机械能相等，或者说系统动能的增加量等于系统势能的减少量，反之亦然．这个结论叫做机械能转换与守恒定律．

机械能转换与守恒定律告诉我们，保守力做功不改变系统的机械能，这正是“保守力”一词的含义．保守力的功是系统动能与势能相互转换的量度．

不论是保守力的功还是非保守力的功，都是能量转换的量度．

3. 能量守恒定律

人类从长期的生产实践和大量的科学实验中认识到，一个不与外界交换能量的系统（如不与外界相互做功，不相互传热，不相互交换物质），虽然系统内部的能量可以从一种形式转换成另一种形式，但系统的总能量不变．这个结论叫做能量守恒定律（conservation law of energy）．这里说的能量不仅包括机械能，还包括所有其他形式的能量，如热能、电磁能、化学能等．能量守恒定律是自然界的基本定律之一，它告诉我们：能量不会消失，也不能创生，只能从一种形式转换为另一种形式．

例题 3-4-1 如图 3-4-1 所示，质量为 m 的小物块自竖直轻弹簧上方 h 处由静止开始自由下落．弹簧劲度系数为 k．求物块下落过程中的最大动能．

解： 物块下落接触弹簧后，既受重力作用，又受弹力作用．只要弹力小于重力，物块速度继续增大，直到弹力与重力大小相等时，加速度为零，速度达到极大，动能也达到极大．取弹簧上端自由伸长位置 O 点为坐标原点，如图 3-4-1 所示．设弹簧被压缩到 y 点时，弹力与重力大小相等，即

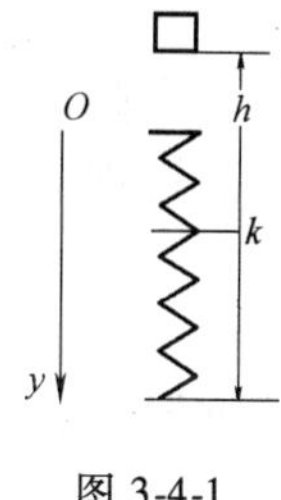

图 3-4-1

$$ky = mg$$

取 y 处为重力势能零点．在物块下落过程中，没有非保守力做功，因此，物块与弹簧组成的系统的机械能守恒，即

$$E_k(y) + \frac{1}{2}ky^2 = mg(h+y)$$

上式等号左边是系统末态机械能，右边是系统初态机械能．由以上两式得物块下落过程中的最大动能

$$E_k = mg(h+y) - \frac{1}{2}ky^2 = mgh + \frac{1}{2k}(mg)^2$$

例题 3-4-2 如图 3-4-2 所示，质量为 m 的滑块从 A 点由静止开始沿轨道下滑，在 B 点抛出. 在从 A 到 B 的过程中，摩擦力对滑块做功 A_f. 滑块在 B 点抛出时的水平速率为 u. 求 A 点与抛物线最高点 C 的高度差.

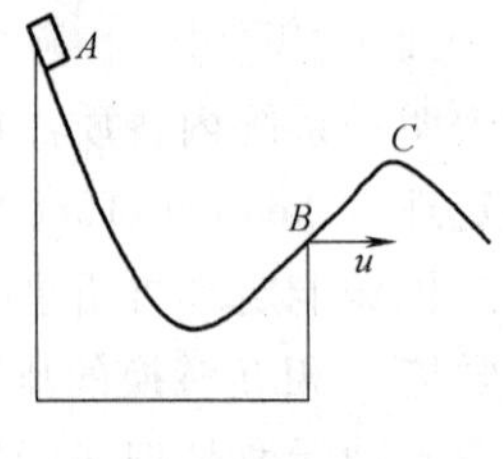

图 3-4-2

解：设 A，C 两点高度差为 h，C 点为重力势能零点，如图 3-4-2 所示. 滑块在 A 点的机械能是 mgh，在 C 点的机械能是 $\frac{1}{2}mu^2$. 根据机械能定理有

$$A_f = \frac{1}{2}mu^2 - mgh$$

所以

$$h = \frac{\frac{1}{2}mu^2 - A_f}{mg}$$

例题 3-4-3 如图 3-4-3 所示，轻弹簧上下两端各连一块木板，质量分别为 m_1，m_2. 问：给上边的木板至少加多大的压力，才能在此力撤去后，上边木板弹起时恰能将下边的木板提起？

解：

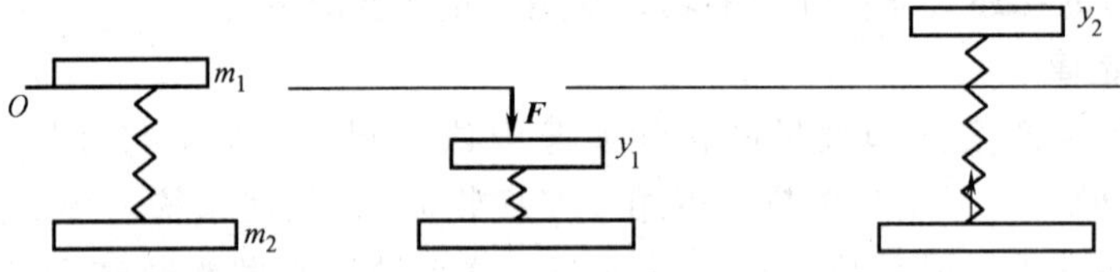

图 3-4-3

如图 3-4-3 所示，设在上板加压力 F，弹簧从自由伸长位置 O 向下压缩了 y_1 且上板静止，则

$$m_1g + F = ky_1 \tag{3-4-6}$$

设压力 F 撤去后，上板在弹力和重力共同作用下上升到最高处 y_2 时，下板恰能被提起. 在此上升过程中，两板和弹簧组成的系统的机械能守恒. 取 y_1 点为重力势能的零点，则有

$$\frac{1}{2}ky_2^2 + m_1g(y_1 + y_2) = \frac{1}{2}ky_1^2 \tag{3-4-7}$$

由于此时下板恰被提起，应有

$$ky_2 \geqslant m_2g \tag{3-4-8}$$

由式（3-4-7）得

$$\frac{1}{2}k(y_1^2 - y_2^2) = mg(y_1 + y_2)$$

$$k(y_1 - y_2) = 2m_1g$$

$$y_1 = y_2 + 2\frac{m_1g}{k}$$

将上式代入式（3-4-6），得

$$F = ky_1 - m_1g = ky_2 + m_1g \geqslant (m_1 + m_2)g$$

最后一步用到了式 (3-4-8).

例题 3-4-4 如图 3-4-4 所示，质量为 m 的物块自 A 点由静止开始沿四分之一圆轨道下滑，过 B 点时速率为 v_B. 圆轨道半径为 R. 试分别用：(1) 功的定义，(2) 动能定理和势能定理，(3) 机械能定理三种方法求摩擦力对滑块所做的功.

解：(1) 用功的定义 $A_f = \int_A^B \boldsymbol{F}_f \cdot d\boldsymbol{s}$ 求摩擦力的功，需要知道摩擦力 $\boldsymbol{F}_f$ 的表示式. 如图 3-4-4 所示，物块下滑时，作用于物块上的切向合力

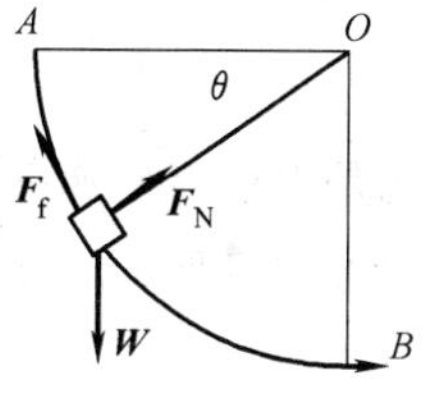

图 3-4-4

$$m\frac{dv}{dt} = mg\cos\theta - F_f$$

所以，摩擦力
$$F_f = mg\cos\theta - m\frac{dv}{dt}$$

摩擦力的功
$$A_f = -\int_A^B F_f ds = \int_A^B \left(m\frac{dv}{dt} - mg\cos\theta\right) ds$$

因为 $ds = vdt = Rd\theta$，得

$$A_f = m\int_0^{v_B} vdv - mgR\int_0^{\pi/2}\cos\theta d\theta = \frac{1}{2}mv_B^2 - mgR$$

(2) 取图 3-4-4 中的 B 点为重力势能零点，根据动能定理，有

$$A_f + A_W = \frac{1}{2}mv_B^2$$

根据势能定理，重力的功
$$A_W = -\Delta E_p = mgR$$

所以，摩擦力的功
$$A_f = \frac{1}{2}mv_B^2 - mgR$$

(3) 根据机械能定理，$A_u = \Delta E$，取 B 点为重力势能的零点，摩擦力的功为

$$A_f = \frac{1}{2}mv_B^2 - mgR$$

4. * 宇宙速度

作为机械能转换与守恒定律的应用，下面来讨论宇宙速度 (cosmic velocity).

(1) 第一宇宙速度

设地球的质量和半径分别是 m_1 和 R，地面上一个质量为 m_2 的物体以初速率 v_1 被竖直上抛. 当此物体到达距地面 h 高度时开始以速率 u 作匀速圆运动，从而成为人造地球卫星. 那么，为使这个物体成为人造地球卫星，它离地的初速率 v_1 至少要多大呢？

如果忽略空气阻力，卫星和地球组成的系统的机械能守恒. 于是有

$$\frac{1}{2}m_2v_1^2 - G\frac{m_1m_2}{R} = \frac{1}{2}m_2u^2 - G\frac{m_1m_2}{R+h}$$

即
$$v_1^2 = u^2 + 2Gm_1\left(\frac{1}{R} - \frac{1}{R+h}\right) \tag{3-4-9}$$

由于卫星环绕地球作匀速圆运动，有

$$m_2\frac{u^2}{R+h} = G\frac{m_1m_2}{(R+h)^2}$$

故得
$$u^2 = G\frac{m_1}{R+h} \tag{3-4-10}$$

将上式代入式（3-4-9）并利用 $g = G\frac{m_1}{R^2}$，得

$$v_1 = \sqrt{gR\left(2 - \frac{R}{R+h}\right)}$$

这就是卫星离地速率 v_1 与卫星高度 h 的关系式，高度越高，需要的离地速率越大. 对于地面附近的卫星，$h << R$，利用 $R = 6.37 \times 10^6$ m 和 $g = 9.8$ m/s^2，得

$$v_1 = \sqrt{gR} = 7.9 \times 10^3 \text{ m/s} \tag{3-4-11}$$

这就是发射卫星需要的最小离地速率 v_1，通常叫做第一宇宙速度. 由于 $h << R$，从式（3-4-9）可得 $u \approx v_1$. 因此，第一宇宙速度也就是地球卫星的最小环绕速度（smallest encircle velocity）.

（2）第二宇宙速度

利用式（3-4-10）可得卫星环绕地球的机械能

$$E = -\frac{1}{2}G\frac{m_1 m_2}{R+h} = -\frac{1}{2}G\frac{m_1 m_2}{r} < 0$$

若 $r \to \infty$，则卫星机械能 $E \to 0$. 这时，我们就说卫星已逃离了地球的引力范围而成了太阳系的一个人造行星. 那么，要使卫星逃离地球的引力范围，它的离地初速率至少要多大呢？为简便起见，忽略空气阻力和其他天体的引力，设卫星离地的初速率是 v_2，则地球和卫星组成的系统的机械能至少等于零，即

$$E = \frac{1}{2}m_2 v_2^2 - G\frac{m_1 m_2}{R} = 0$$

于是得

$$v_2 = \sqrt{\frac{2Gm_1}{R}} = \sqrt{2}v_1 = 11.2 \times 10^3 \text{m/s} \tag{3-4-12}$$

这叫做第二宇宙速度. 只要卫星离地的初速率不小于第二宇宙速度，它就可以逃离地球的引力范围而成为太阳系的一个人造行星.

（3）第三宇宙速度

如果进一步增大卫星的初速率，它就可能逃离太阳的引力范围. 设卫星离开的初速率是 v_3，逃离地球的引力后相对地球的速率是 v'，根据机械能守恒定律，有

$$\frac{1}{2}m_1 v'^2 = \frac{1}{2}m_1 v_3^2 - G\frac{m_1 m_2}{R} \tag{3-4-13}$$

显而易见，要求得 v_3 先要求得 v'.

假设卫星相对太阳的速率是 v'_3，根据速度叠加原理，有

$$\boldsymbol{v}'_3 = \boldsymbol{v}' + \boldsymbol{v}_0$$

式中 $\boldsymbol{v}_0$ 是地球相对太阳的速度. 当 $\boldsymbol{v}'$ 的方向与 $\boldsymbol{v}_0$ 相同时，$\boldsymbol{v}'_3$ 最大，即

$$v'_3 = v' + v_0 \tag{3-4-14}$$

设卫星相对于太阳的距离是 R_s. 若要卫星逃离太阳的引力范围，它相对于太阳的机械能至少应满足下面的条件

$$\frac{1}{2}m_2v_3'^2 - G\frac{m_sm_2}{R_s} = 0$$

即

$$v'_3 = \sqrt{\frac{2Gm_s}{R_s}}$$

将上式代入式（3-4-14），得

$$v' = \sqrt{\frac{2Gm_s}{R_s}} - v_0 \tag{3-4-15}$$

为简便起见，设地球环绕太阳的轨道半径近似为 R_s，则有

$$G\frac{m_sm_1}{R_s^2} = m_1\frac{v_0^2}{R_s}$$

即

$$v_0 = \sqrt{G\frac{m_s}{R_s}}$$

将上式代入式（3-4-15），得

$$v' = (\sqrt{2}-1)\sqrt{G\frac{m_s}{R_s}} = 12.3\times10^3\ \text{m/s}$$

再将上式代入式（3-4-13），得

$$v_3 = \sqrt{v'^2 + 2G\frac{m_1}{R}} = 16.4\times10^3\ \text{m/s} \tag{3-4-16}$$

这就是第三宇宙速度.

思考题 3.4

1. 比较例题 3-4-4 的三种解法，谈谈你的感想.

2. 试判断下列说法是否正确：

（1）非保守力的功总是负功。

（2）速率不为零的物体的机械能一定大于零.

习　题　3

3-1　一质点作圆周运动，有一力 $\boldsymbol{F} = F_0(x\boldsymbol{i}+y\boldsymbol{j})$ 作用于质点．在质点由原点至 P（0，$2R$）点过程中，力 $\boldsymbol{F}$ 做的功多少？

3-2　如题 3-2 图所示，质量 $m=2$ kg 的物体从静止开始，沿 1/4 圆弧从 A 滑到 B，在 B 处速度的大小为 $\boldsymbol{v}=6$ m/s. 已知圆的半径 $R=4$ m，求物体从 A 到 B 过程中：（1）重力对它所做的功；（2）摩擦力对它所做的功．

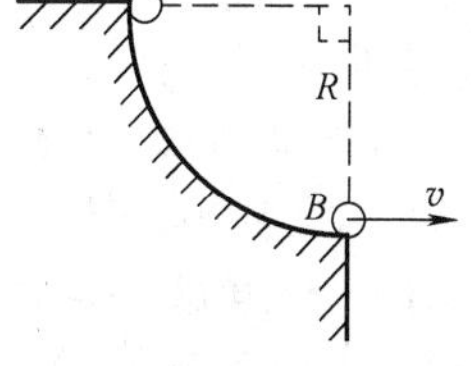

题 3-2 图

3-3　已知地面上的石块质量为 20 kg，用力推石块，力的方向平行于地面. 当石块运动时，推力随位移的增加而线性增加，即 $F=6x$（SI）. 试求石块由 $x_1=16$ m 移动到 $x_2=20$ m 的过程中推力所做的功.

3-4　如题 3-4 图所示，一细绳跨过无摩擦的定滑轮，系在质量为 1.0 kg 的物体上，起初物体静止在无摩擦的水平面上. 若用 5.0 N 的恒力拉绳索的另一端，使物体向右作加速运动，当系在物体上的绳索从与水平面成 30°角变为 37°角时，力对物体做多少功？已知滑轮与水平面的距离为1 m.

3-5　一物体按规律 $x=ct^3$ 在某介质中作直线运动. 设该介质对物体的阻力正比于速度的平方，试求物

体由 $x_0=0$ 运动到 $x=l$ 时阻力所做的功，已知阻力系数为 K.

3-6 一根质量为 m、长为 l 的柔软链条，4/5 长度在光滑桌面上，其余 1/5 自由悬挂在桌子边缘. 试证将此链条悬挂部分拉回桌面至少需要做功 $mgl/50$.

3-7 电子质量为 9.1×10^{-28} g，速率为 3×10^{7} m/s. 问：电子的动能是多少？电子从静止到获得这样大的动能需要对它做多少功？

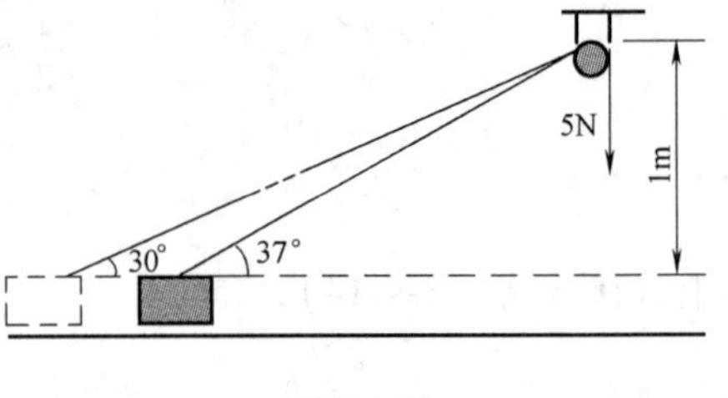

题 3-4 图

3-8 一质量为 0.20 kg 的球，系在长为 2 m 的绳索上，绳索的另一端系在天花板上. 把小球移开，使绳索与铅直方向成 30°角，然后从静止放开. 求：(1) 在绳索从 30°角到 0°角的过程中，重力和张力所做的功. (2) 物体在最低位置时的动能和速率. (3) 在最低位置时绳子上的拉力.

3-9 在题 3-9 图中，一质量为 m，长为 l 的柔绳放在水平桌面上，绳与桌面间的静摩擦因数和动摩擦因数分别为 μ_s 和 μ_k. (1) 问绳的下垂长度 l_0 至少要多大才能开始滑动？(2) 求从下垂长度为 l_0 开始滑动后，绳全部离开桌面时的速度.

3-10 如果有一条表示 E_p-x 关系的势能曲线，例如表示势能与分子间距离 x 关系的分子势能曲线，如题 3-10 图所示. 问怎样根据曲线确定保守力的方向？怎样比较不同 x 处保守力的大小？

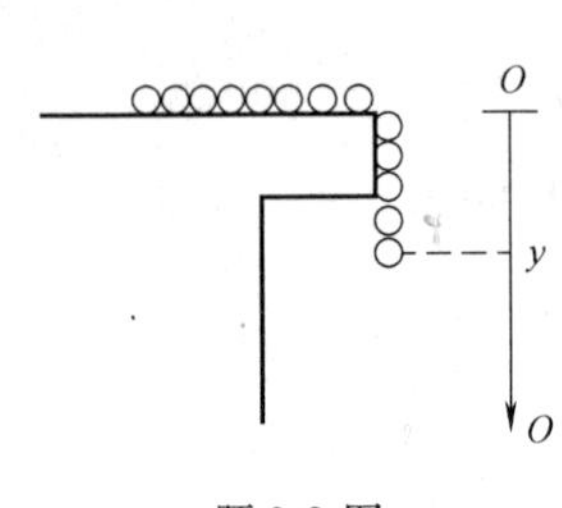

题 3-9 图

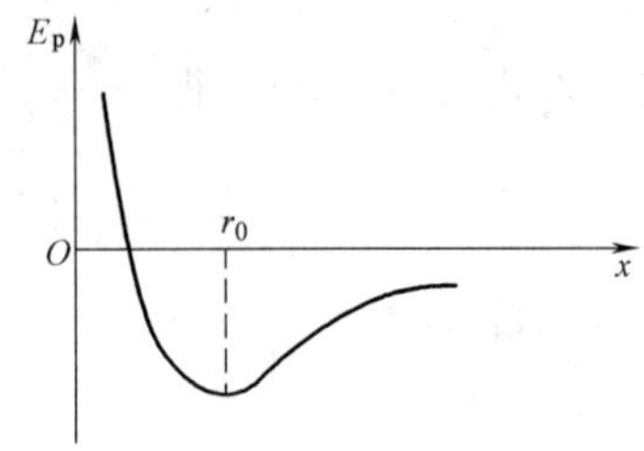

题 3-10 图

3-11 质量为 m 的人造地球卫星沿一圆形轨道运动，离开地面的高度等于地球半径的二倍（即 $2R$）. 试以 m、R、引力常量 G、地球质量 m_E 表示出：(1) 卫星的动能；(2) 卫星在地球引力场中的引力势能；(3) 卫星的总机械能.

3-12 球自高于桌面 70 cm 处自由下落，落至桌面后又跳起 50 cm 高，如果球的质量为 2.5 g，试计算在此过程中它损失的机械能.

3-13 劲度系数为 100 N/m 的弹簧垂直地放在地板上，一个 25 g 的物体放在弹簧的顶端，但没有系在弹簧上. 若把弹簧压缩 5.0 cm，然后物体从静止被释放出来，问此物体抛出的高度比原弹簧高多少？

3-14 设两个粒子之间的相互作用力是排斥力，大小是 $F=k/r^2$，k 为常数. 设力为零的地方，势能为零，试求两粒子相互作用的势能函数.

3-15 如果一物体从高为 h 处静止下落. 试以 (1) 时间为自变量，(2) 高度为自变量，画出它的动能和势能图线. 并证明两曲线中动能和势能之和相等.

3-16 设质点在力 $\boldsymbol{F}=(4\boldsymbol{i}+3\boldsymbol{j})$ N 的作用下，由原点运动到 $x=8$ m，$y=6$ m 处. (1) 如果质点是沿直线从原点运动到终了位置，问力做多少功？(2) 如果质点先沿x轴从原点运动到 $x=8$ m，$y=0$ 处，然后再沿平行于 y 轴的路径运动到终了位置，问力在每段路程上所做的功以及总功为多少？(3) 如果质点先沿 y 轴运动到 $x=0$，$y=6$ m 处，然后再沿平行于 x 轴的路径运动到终了位置，问力在每段路程上所做的功以及总功为多少？比较上述结果，说明这个力是保守力还是非保守力.

3-17 一轻弹簧的原长 l_0 等于光滑圆环的半径 R. 当弹簧下端悬挂质量为 m 的小环时，伸长量也是 R. 现将弹簧一端系于竖直放置的光滑圆环上端 A 点，另一端连接小环使其静止地套在圆环的 B 点，AB 长 $1.6R$，如题 3-17 图所示. 然后放手后任小环滑动，求小环滑到最低 C 点时，小环的加速度和它对圆环的正压力．

3-18　在实验室内观察到相距很远的一个质子（质量为 m_p）和一个氦核（质量为 $4m_p$）沿一直线相向运动，速率都是 $\boldsymbol{v}_0$．考虑质子与氦核的静电势为 $k2e^2/r$，求二者相距最近时的速率．

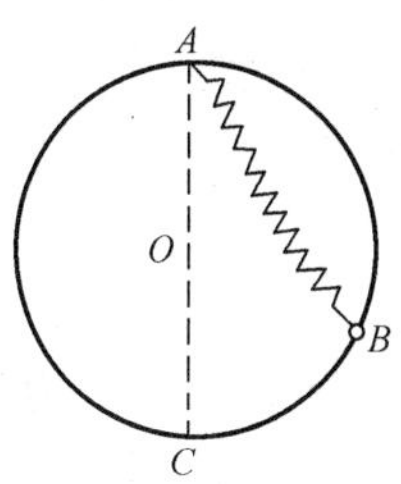

题 3-17 图

3-19　题 3-19 图所示为一斜面高 1.0 m，长为 2.0 m．把一质量为 10 kg 的物体放在斜面上，物体与斜面间的摩擦因数为 0.1．若物体在斜面最低点时的速率为零，在最高点时的速率为 0.2 m/s，问沿斜面需用多大的力推物体才行？

3-20　如题 3-20 图所示，一质量为 m 的物体，在与水平面成 α 角的光滑斜面上系于劲度系数为 k 的弹簧一端，弹簧另一端固定．设物体在弹簧未伸长时的动能为 E_{k1}，弹簧的质量可以忽略不计，试证物体在弹簧伸长为 x 时的速度可由下式得到：

$$\frac{1}{2}mv^2 = E_{k1} + mgx\sin\alpha - \frac{1}{2}kx^2$$

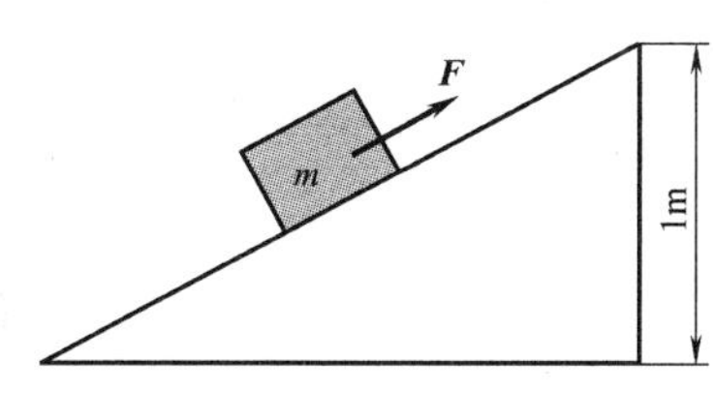

题 3-19 图

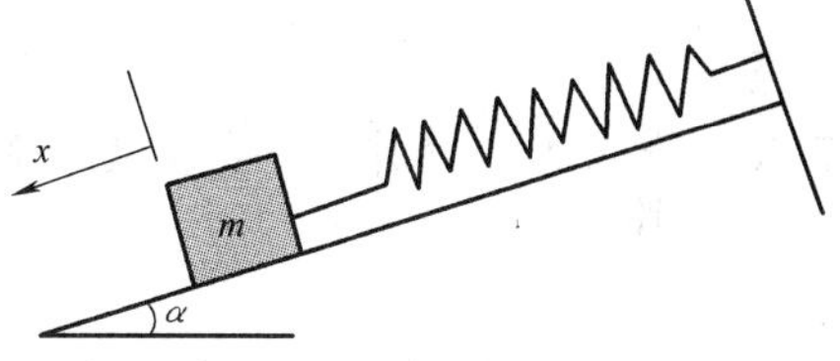

题 3-20 图

3-21　如题 3-21 图所示，质量为 0.1 kg 的木块，在一个水平面上和一个劲度系数为 20.0 N/m 的轻弹簧碰撞，木块将弹簧由静止位置压缩 0.4 m．假设木块与水平面间的摩擦因数为 0.25．问在开始碰撞时木块的速率为多少？

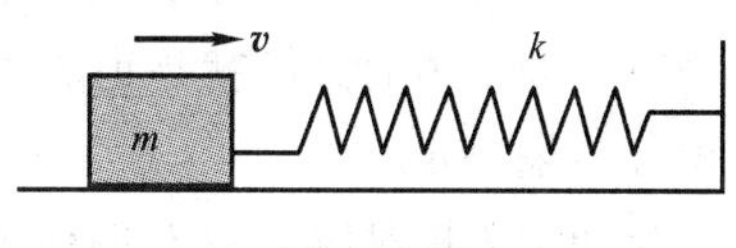

题 3-21 图

3-22　有一物体与斜面之间的摩擦因数为 0.2，斜面的倾角为 45°．设物体以 10 m/s 的速率沿斜面上滑，求物体能达到的高度．当该物体返回最低点时，其速率又为多少？

3-23　如题 3-23 图所示，自动卸货矿车满载时的质量为 m'，斜面倾角为 $\alpha = 30°$，斜面对车的阻力为车重的 1/4．当车下滑距离为 l 时，车压弹簧一起向下运动，到达最大压缩量时自动卸货，然后借助弹簧作用回到初位置重新装货．问：要完成这个过程，空载时车的质量为多大？

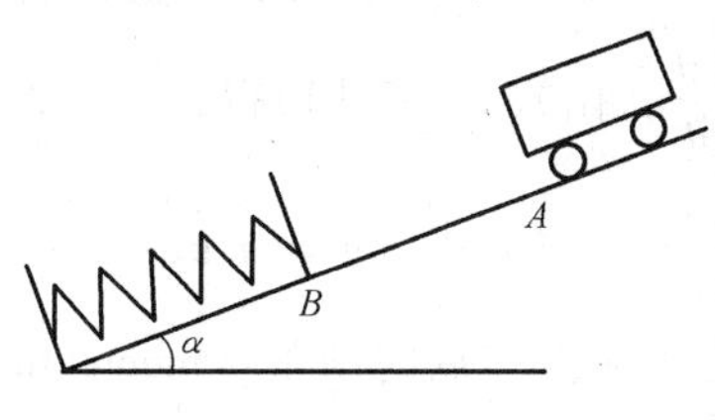

题 3-23 图

第4章 冲量和动量

这一章研究力的时间累积作用，中心概念是冲量、动量和动量守恒定律.

4.1 冲量和动量 动量守恒定律

1. 冲量

我们已经知道，力的空间累积作用$\int_a^b \boldsymbol{F}\cdot \mathrm{d}\boldsymbol{s}$叫做功. 那么，力的时间累积作用$\int_{t_1}^{t_2}\boldsymbol{F}\mathrm{d}t$叫做什么呢？

定义：设力$\boldsymbol{F}$持续作用于某质点. 积分

$$\boldsymbol{I} = \int_{t_1}^{t_2}\boldsymbol{F}\mathrm{d}t \tag{4-1-1}$$

叫做力$\boldsymbol{F}$从时刻t_1到时刻t_2对质点的冲量（impulse）.

冲量$\boldsymbol{I}$是矢量，单位是牛·秒（N·s）或千克·米/秒（kg·m/s）。当力$\boldsymbol{F}$的方向保持不变时，冲量$\boldsymbol{I}$的方向就是力$\boldsymbol{F}$的方向；当力$\boldsymbol{F}$的方向变化时，冲量$\boldsymbol{I}$的方向由式（4-1-1）的积分结果决定.

与冲量$\boldsymbol{I}$相对应，力$\boldsymbol{F}$叫做冲力. 在一些短促的现象如碰撞中，冲力的变化往往非常剧烈. 在描述这些短促进行的现象时，常常用到平均冲力的概念.

定义：冲量的时间平均值叫做平均冲力，记为

$$\overline{\boldsymbol{F}} = \frac{\boldsymbol{I}}{\Delta t} = \frac{1}{\Delta t}\int_{t_1}^{t_2}\boldsymbol{F}\mathrm{d}t \tag{4-1-2}$$

2. 质点动量定理

在冲量的定义式（4-1-1）中，力$\boldsymbol{F}$可以是质点所受的合力，也可以是一个分力. 如果力$\boldsymbol{F}$是合力，则因合力$\boldsymbol{F}=m\dfrac{\mathrm{d}\boldsymbol{v}}{\mathrm{d}t}$，由式（4-1-1）得合力的冲量

$$\int_{t_1}^{t_2}\boldsymbol{F}\mathrm{d}t = m\int_{t_1}^{t_2}\mathrm{d}\boldsymbol{v} = m\boldsymbol{v}_2 - m\boldsymbol{v}_1 \tag{4-1-3}$$

定义：质点的质量与速度之积叫做质点的动量（momentum），记为

$$\boldsymbol{p} = m\boldsymbol{v} \tag{4-1-4}$$

显而易见，动量是矢量，其方向就是速度的方向，单位是千克·米/秒（kg·m/s）. 将上式代入式（4-1-3），得

$$\boldsymbol{I} = \int_{t_1}^{t_2}\boldsymbol{F}\mathrm{d}t = \boldsymbol{p}_2 - \boldsymbol{p}_1 \tag{4-1-5}$$

上式表明：质点所受合力的冲量等于动量的增量. 这个结论叫做质点动量定理（momentum theorem of particle）.

在平面直角坐标系中，可以将上式写成分量式

$$I_x = p_{2x} - p_{1x}, \quad I_y = p_{2y} - p_{1y} \tag{4-1-6}$$

这就是说，质点在某个方向的合力的冲量等于该方向质点动量的增量.

对 $\boldsymbol{p} = m\boldsymbol{v}$ 求关于时间的导数得

$$\frac{\mathrm{d}\boldsymbol{p}}{\mathrm{d}t} = m\frac{\mathrm{d}\boldsymbol{v}}{\mathrm{d}t} + \frac{\mathrm{d}m}{\mathrm{d}t}\boldsymbol{v}$$

由于在经典力学中质点的质量 m 是一个常数，有

$$\boldsymbol{F} = \frac{\mathrm{d}\boldsymbol{p}}{\mathrm{d}t} \tag{4-1-7}$$

这说明在经典力学中，力等于质点动量的时间变化率，也就是说，力引起了质点动量的变化.

3. 系统动量定理

设有一个由 N 个质点组成的系统. 如前所说，系统中质点 i 所受的合力既包括系统的外力也包括系统的内力，所以，质点 i 所受合力的冲量

$$\int_{t_1}^{t_2}(\boldsymbol{F}_{\mathrm{in}} + \boldsymbol{F}_{\mathrm{ie}})\mathrm{d}t = \boldsymbol{p}_{i2} - \boldsymbol{p}_{i1} \tag{4-1-8}$$

式中，$\boldsymbol{F}_{\mathrm{in}}$，$\boldsymbol{F}_{\mathrm{ie}}$是质点 i 所受的合内力和合外力. 上式两边对系统所有质点求和，得

$$\sum_{i=1}\int_{t_1}^{t_2}(\boldsymbol{F}_{\mathrm{in}} + \boldsymbol{F}_{\mathrm{ie}})\mathrm{d}t = \sum_{i=1}\boldsymbol{p}_{i2} - \sum_{i=1}\boldsymbol{p}_{i1} \tag{4-1-9}$$

根据牛顿第三定律，系统的内力是成对存在的，因此，上式等号左边括号内第一项的矢量和为零. 于是得

$$\sum_{i=1}\int_{t_1}^{t_2}\boldsymbol{F}_{\mathrm{ie}}\mathrm{d}t = \sum_{i=1}\boldsymbol{p}_{i2} - \sum_{i=1}\boldsymbol{p}_{i1} \tag{4-1-10}$$

定义：系统中所有质点动量的矢量和叫做系统的动量，记为

$$\boldsymbol{p} = \sum_{i=1}\boldsymbol{p}_i \tag{4-1-11}$$

将式（4-1-11）代入式（4-1-10），得

$$\sum_{i=1}\int_{t_1}^{t_2}\boldsymbol{F}_{\mathrm{ie}}\mathrm{d}t = \boldsymbol{p}_2 - \boldsymbol{p}_1 \tag{4-1-12}$$

上式表明，系统所受各个外力的合冲量等于系统动量的增量这个结论叫做系统动量定理(momentum theorem of system). 系统动量定理告诉我们：系统动量的变化取决于系统的外力，与系统的内力无关. 质点动量定理显然是系统动量定理的特例.

由系统动量定理可知：若在某个过程中系统外力的合冲量为零，则系统初、末态的动量相等，即

$$\boldsymbol{p}_2 = \boldsymbol{p}_1 \tag{4-1-13}$$

这个结论叫做动量守恒定律.

注意：虽然系统的内力不改变系统的动量，但内力可以使动量在系统内的质点之间传递，即改变系统内质点的动量.

在平面直角坐标系中，式（4-1-13）可以写成分量式

$$p_{2x} = p_{1x}, \quad p_{2y} = p_{1y} \tag{4-1-14}$$

这表明：在相互独立的方向上，哪个方向上系统所受合外力的冲量为零，哪个方向上系统初、末态的动量就相等.

例题 4-1-1　质量为 m 的小球以仰角 θ 从水平地面上抛出，初速率为 v_0. 求小球落到地面时的动量，并画出初、末动量和动量增量的矢量图.

解：如图 4-1-1a 所示，小球运动的时间是 $t=2v_0\sin\theta/g$，动量的增量是

$$\Delta\boldsymbol{p} = \boldsymbol{I} = -mgt\,\boldsymbol{j} = -2mv_0\sin\theta\boldsymbol{j}$$

注意到抛出时的动量 $\boldsymbol{p}_1 = mv_0(\cos\theta\boldsymbol{i}+\sin\theta\boldsymbol{j})$，得落地时的动量

$$\boldsymbol{p}_2 = \boldsymbol{p}_1 + \Delta\boldsymbol{p} = mv_0(\cos\theta\boldsymbol{i}-\sin\theta\boldsymbol{j})$$

矢量图如图 4-1-1b 所示.

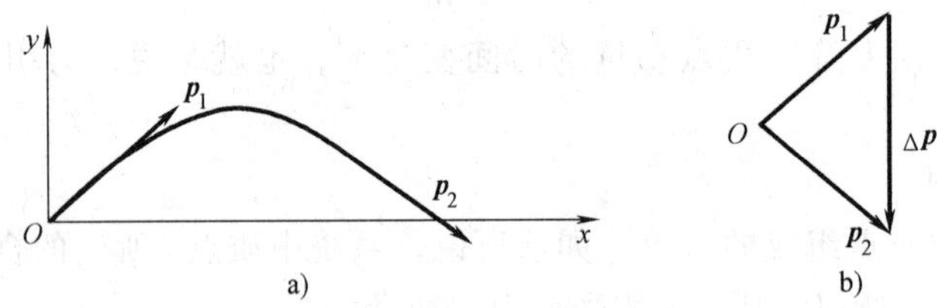

图 4-1-1

例题 4-1-2　质量为 m 的小球做半径为 R 的匀速圆运动，角速率为 ω，求小球运动半圆周过程中向心力对小球的冲量.

解：如图 4-1-2 所示，向心力在小球由 A 点到 B 点的半圆周过程中对小球的冲量

$$\boldsymbol{I} = \int_A^B \boldsymbol{F}\mathrm{d}t = -mR\omega\int_0^{\pi}(\cos\theta\boldsymbol{i}+\sin\theta\boldsymbol{j})\mathrm{d}\theta$$

$$= -2mR\omega\boldsymbol{j}$$

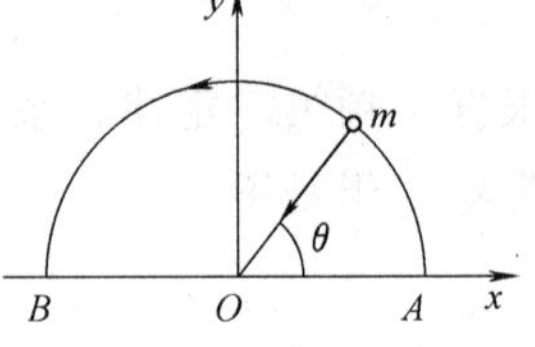

图 4-1-2

可见，向心力冲量的大小为 $2mR\omega$，方向沿 y 轴负方向指向圆心.

例题 4-1-3　手提长度为 L、质量为 m 的匀质柔软链条的上端，使下端恰好触及地面，放手，让链条自由下落. 试证明：上端下落 h 高度时，链条对地作用力的大小为$\dfrac{3mgh}{L}$.

证：把链条看成无穷多个小段，链条下落时，这些小段连续撞击地面. 由于链条均匀，长度为 $\mathrm{d}h$ 的小段的质量为 $\mathrm{d}m=m\mathrm{d}h/L$。当链条上端下落高度为 h 时，撞击地面的是原来距地面高 h 的那个小段. 此小段即将撞击地面前的下落速率为 $v=\sqrt{2gh}$，撞击地面后静止，动量的增量为 $v\mathrm{d}m$. 设地面对小段的冲力为 F，则有

$$(F-g\mathrm{d}m)\mathrm{d}t = v\mathrm{d}m$$

忽略上式左边的二阶小量，得

$$F\mathrm{d}t = v\mathrm{d}m$$

所以，小段对地面的冲力为

$$F' = F = v\frac{\mathrm{d}m}{\mathrm{d}t} = v\frac{m}{L}\frac{\mathrm{d}h}{\mathrm{d}t} = m\frac{v^2}{L} = \frac{2mgh}{L}$$

又因为上端下落 h 时，长度为 h 的一段链条已在地面上，它对地面的压力是$\dfrac{mgh}{L}$，故链条对地面的作用力为$\dfrac{3mgh}{L}$.

思考题 4.1

1. 为什么篮球运动员接球时手往回收一下？为什么人们用比较软的、有弹性的材料作为防止撞击或减震的材料？为什么汽锤、锤子、撞针这些东西必须用硬度高的材料制作？

2. 判断下列说法正确与否：

（1）物体动量不变时其动能也不变.

（2）物体动能不变时其动量也不变.

（3）物体动量守恒时其机械能也守恒.

4.2 碰撞

这一节通过一些具体例子研究两个物体的碰撞（collision）. 碰撞可以分为三种：

（1）碰撞前后两个物体动能之和不变的碰撞叫做弹性碰撞（elastic collision）. 与实际的碰撞相比，弹性碰撞是理想模型. 因为，伴随着实际碰撞的发生，常常发声、发光和发热，动能损失不可避免.

（2）碰撞中两个物体的动能有损失的碰撞叫做非弹性碰撞（inelastic collision）.

（3）碰撞后两个物体以相同速度运动的碰撞叫做完全非弹性碰撞（perfectly inelastic collision）.

例题 4-2-1　如图 4-2-1 所示，质量为 m_1 和 m_2 的两个小球作相向对心弹性碰撞，速率为 v_1，v_2. 若两球碰撞时不受外力作用，求碰撞后两球的速率.

图 4-2-1

解：所谓“对心”指碰前两球运动速度方向沿着两球球心的连线，如图 4-2-1 所示. 由于碰撞时无外力作用，碰撞前后两球组成的系统动量守恒，即

$$m_1v_1' + m_2v_2' = m_1v_1 - m_2v_2 \tag{4-2-1}$$

亦即

$$m_1(v_1 - v_1') = m_2(v_2 + v_2') \tag{4-2-2}$$

由于碰撞是弹性的，有

$$\frac{1}{2}m_1v_1'^2 + \frac{1}{2}m_2v_2'^2 = \frac{1}{2}m_1v_1^2 + \frac{1}{2}m_2v_2^2$$

即

$$m_1(v_1^2 - v_1'^2) = m_2(v_2'^2 - v_2^2) \tag{4-2-3}$$

式(4-2-3) ÷ 式(4-2-2)，则有

$$v_1 + v_1' = v_2' - v_2$$

和

$$m_1v_1' - m_1v_2' = -m_1v_1 - m_1v_2 \tag{4-2-4}$$

式(4-2-1) − 式(4-2-4)，得

$$v_2' = \frac{2m_1v_1 + (m_1 - m_2)v_2}{m_1 + m_2} \tag{4-2-5}$$

和

$$v_1' = \frac{-2m_2v_2 + (m_1 - m_2)v_1}{m_1 + m_2} \tag{4-2-6}$$

讨论：

（1）若 $m_1 = m_2$，则 $v_1' = -v_2$，$v_2' = v_1$，这表明质量相等的两小球作对心弹性碰撞后互换速度.

(2) 若 $m_1 \gg m_2$ 且 $v_2=0$，则 $v_1' \approx v_1$，$v_2' \approx 2v_1$，这表明运动大球与静止小球作对心弹性碰撞后大球速度近似不变，小球以近似于大球 2 倍的速度同向运动.

(3) 若 $m_1 \ll m_2$，且 $v_2=0$，则 $v_1' \approx -v_1$，$v_2' \approx 0$，这表明运动小球与静止大球作对心弹性碰撞后大球近似不动，小球以近似不变的速率反弹回去.

例题 4-2-2 质量相等的两个小球在一球静止时发生非对心弹性碰撞，试证明碰后两球运动方向相互垂直.

证：如图 4-2-2 所示，设 B 球静止，取两球连心线为 x 轴. 碰撞前，两个小球的速度分别是

$$\boldsymbol{v}_1 = v_1(\cos\theta \boldsymbol{i} + \sin\theta \boldsymbol{j}), \quad \boldsymbol{v}_2 = 0$$

碰撞后，在 x 方向两球互换速度，故有

$$v_{1x}' = v_{2x} = 0, \quad v_{2x}' = v_{1x} = v_1\cos\theta$$

在 y 方向没有碰撞，故有

$$v_{1y}' = v_{1y} = v_1\sin\theta$$
$$v_{2y}' = v_{2y} = 0$$

所以，碰后两球的速度分别是

$$\boldsymbol{v}_1' = v_1\sin\theta \boldsymbol{j}, \quad \boldsymbol{v}_2' = v_1\cos\theta \boldsymbol{i}$$

这表明碰后两球运动方向相互垂直.

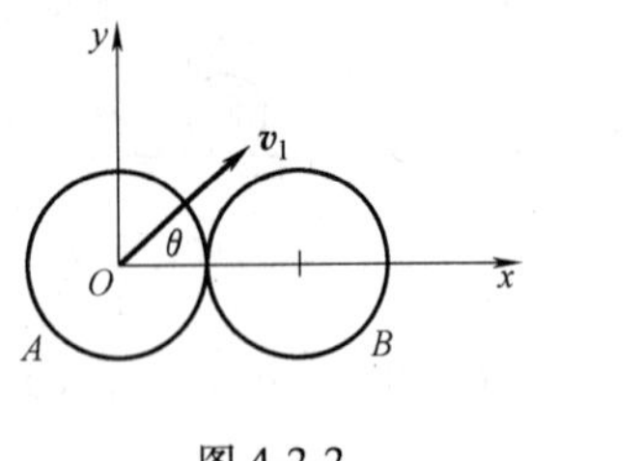

图 4-2-2

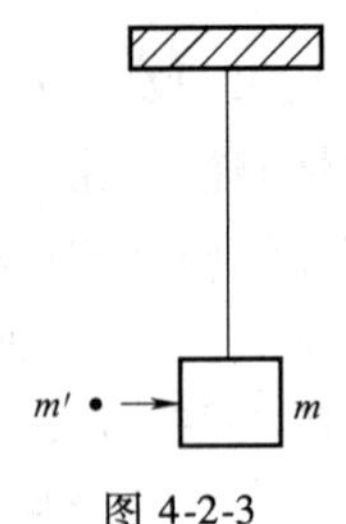

图 4-2-3

例题 4-2-3 用一条结实的细绳把一个装满细沙的箱子悬挂起来，就做成了一个可以用来测量子弹速率的装置，叫做冲击摆，如图 4-2-3 所示. 已知沙箱质量为 m，子弹质量为 m'，子弹沿水平方向射入沙箱并与沙箱一起上摆了 h 高度. 求子弹进入沙箱时的初速率.

解：子弹进入沙箱和沙箱上摆是同时进行的，但为了便于分析，可把这个实际过程看做两个先后进行的过程：先是子弹进入沙箱，沙箱保持静止，然后沙箱带着子弹以某个共同初速度开始上摆.

第一个过程是子弹与沙箱发生完全非弹性碰撞，系统动量守恒. 设子弹进入沙箱的初速率为 v_0，沙箱上摆的初速率为 v，有

$$(m + m')v = m'v_0$$

在第二个过程中，只有重力做功，系统机械能守恒. 取沙箱初位置为重力势能零点，有

$$(m + m')gh = \frac{1}{2}(m + m')v^2$$

联立以上两式，解得
$$v_0 = \frac{m + m'}{m'}\sqrt{2gh}$$

思考题 4.2

有人说：只有碰撞是弹性碰撞时系统的动量才守恒．这种说法对否？为什么？

4.3* 经典力学的适用范围和火箭飞行原理

1. 经典力学的适用范围

本章从牛顿第二定律出发，引入了动量和动量定理．但是，科学发展证明，动量概念的适用范围比牛顿运动定律的适用范围广泛得多．和能量守恒定律一样，动量守恒定律也是自然界的基本定律之一．无论在宏观领域还是在微观领域，无论在低速领域还是在高速领域，能量守恒定律和动量守恒定律都是严格成立的，而牛顿运动定律只适用于宏观低速领域．所谓宏观，指的是远大于原子、分子的尺度；所谓低速，指的是远小于光速（约为 3×10^8 m/s）的速度．例如，从日常生活的角度看，子弹的初速（约为几百米每秒）是很高的了，但与光速比是很低的．

从式（4-1-7）我们已经知道，由于在经典力学中质点的质量 m 是一个常数，有

$$\boldsymbol{F}=\frac{\mathrm{d}\boldsymbol{p}}{\mathrm{d}t} \tag{4-3-1}$$

这表明：在经典力学中，力等于物体动量的时间变化率，或者说，力是物体动量变化的原因．但是，相对论（见第 15 章）告诉我们，凡是静止质量不为零的物体，其质量随运动速率增大而增大．当物体速率可与光速相比时，质量的增大是非常显著的．所以，经典力学不适用于高速运动．其次，由于经典力学的方法是决定论方法，也不适用于分子、原子等微观粒子的运动．描述和研究微观粒子运动的理论是量子力学（见第 16 章）．关于经典力学的适用范围，本书的第 15 章还要作进一步的讨论．

2. 火箭飞行原理

如上所说，经典力学不适用于运动速度增大引起的质量增大问题．对于系统总质量保持不变、系统内质量发生迁移这种变质量问题，经典力学还是适用的．下面以火箭飞行为例来说明．

火箭由于喷射燃料质量减少，同时速度增大．但如果把火箭和喷射出去的燃料看做一个系统，系统的质量是不变的．以太阳作为惯性参考系，设在某时刻 t，火箭的质量为 m_0，速度为$\boldsymbol{v}$，则系统动量为 $\boldsymbol{p}=m_0\boldsymbol{v}$．设 t 时刻后的 Δt 时间内，火箭喷出的燃料质量为 Δm，燃料喷出速度为 $\boldsymbol{u}$，与此同时，火箭速度由$\boldsymbol{v}$变为$\boldsymbol{v}+\Delta\boldsymbol{v}$，此时，系统动量为

$$\boldsymbol{p}'=(m_0-\Delta m)(\boldsymbol{v}+\Delta\boldsymbol{v})+\Delta m\boldsymbol{u}$$

所以，系统动量的增量为

$$\Delta\boldsymbol{p}=\boldsymbol{p}'-\boldsymbol{p}=m_0\Delta\boldsymbol{v}+\Delta m\boldsymbol{u}_{\mathrm{q}}$$

其中的 $\boldsymbol{u}_{\mathrm{q}}=\boldsymbol{u}-(\boldsymbol{v}+\Delta\boldsymbol{v})$ 是喷出的燃料相对于箭体的速度，是一个常量．由上式得

$$\boldsymbol{F}=\frac{\mathrm{d}\boldsymbol{p}}{\mathrm{d}\boldsymbol{t}}=m_0\frac{\mathrm{d}\boldsymbol{v}}{\mathrm{d}\boldsymbol{t}}+\boldsymbol{u}_{\mathrm{q}}\frac{\mathrm{d}m}{\mathrm{d}t}$$

由于系统质量不变，有$\dfrac{\mathrm{d}m}{\mathrm{d}t}=-\dfrac{\mathrm{d}m_0}{\mathrm{d}t}$，则由上式得

$$m_0 \frac{\mathrm{d}\boldsymbol{v}}{\mathrm{d}t} = \boldsymbol{F} + \boldsymbol{u}_q \frac{\mathrm{d}m_0}{\mathrm{d}t} \tag{4-3-2}$$

这就是火箭运动的基本方程，其中的$\boldsymbol{F}$是作用在火箭上的外力（如地球引力），而$\boldsymbol{u}_q \frac{\mathrm{d}m_0}{\mathrm{d}t}$是作用在火箭上的推力.

火箭在太空飞行时，可令式（4-3-2）中的$\boldsymbol{F}=0$，而燃气相对于箭体的喷射速度$\boldsymbol{u}_q$总是与火箭速度$\boldsymbol{v}$相反，于是有

$$\mathrm{d}v = -u_q \frac{\mathrm{d}m_0}{m_0}$$

积分上式，得

$$v = u_q \ln \frac{m_0'}{m_0} \tag{4-3-3}$$

上式中的m_0'是火箭的初始质量，m_0'/m_0叫做质量比. 质量比越大，火箭的速度越大. 为了获得较大的质量比，采用了多级火箭技术.

思考题 4.3

1. 有人说，速度越大的物体的运动状态越难以改变. 正确否？为什么？
2. 为什么经典力学只适用于低速宏观运动？

习 题 4

4-1 一质量为m、速率为v的球与一平面垂直碰撞，碰撞后小球以原先的速率沿反方向运动. 设球与平面碰撞时间为t，问球与平面碰撞时，球对平面作用的平均冲力为多少？

4-2 对于质量为50 g、以速率20 m/s沿直线飞行的小鸟来说，它的动量大小是多少？如果它在飞行的过程中受到一个为常数0.03 N的空气阻力作用，那么10 s之后它的动量大小又是多少？

4-3 质量约为6.0×10^{24} kg的地球近似地绕太阳作匀速圆周运动，其周期约为3.18×10^{7} s（即一年）. 已知地球与太阳之间的距离为1.5×10^{11} m，求半年里太阳引力对地球所做的功和地球所受的冲量.

4-4 一圆锥摆的摆球在水平面上作半径为R的匀速圆周运动. 已知摆球质量为m，速率为v，当摆球在轨道上运动一周时，求作用在摆球上重力冲量的大小.

4-5 如题4-5图所示，一质量为m_1的平板车从传输砂子的漏斗下面经过，单位时间内有$\mathrm{d}m/\mathrm{d}t$的砂子落在平板车上. 若使平板车维持恒定的速率v，应给平板车多大的拉力？设平板车与水平面的摩擦可以忽略不计.

4-6 如题4-6图所示，一个质量为0.14 kg、以39 m/s的速率沿着水平方向飞行的棒球被球棒击打后，以45 m/s的速率沿着与水平成30°角的方向离开球棒. 求：（1）作用在棒球上的冲量；（2）如果球棒与棒球的接触时间是1.2 ms，那么作用在棒球上的平均冲力是多少.

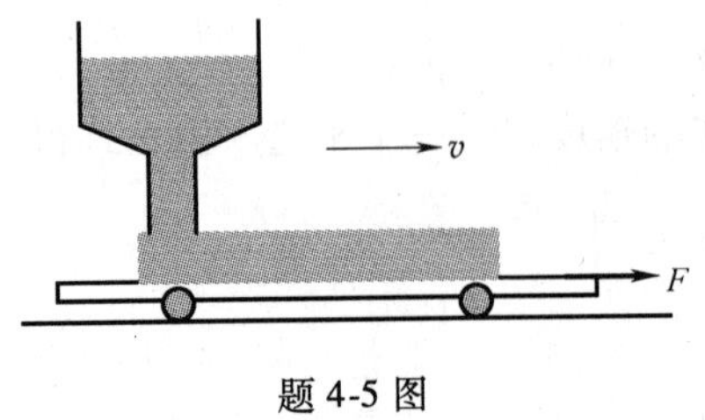

题4-5图

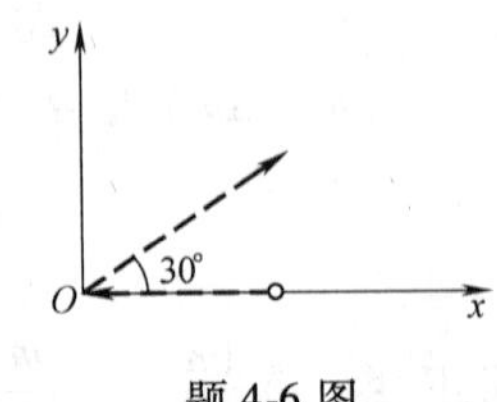

题4-6图

4-7　质量为 5.6 g 的子弹水平射入一静止在水平面上、质量为 2 kg 的木块内，木块和平面间的摩擦因数为 0.2. 子弹射入木块后，木块向前移动了 50 cm，求子弹的初速.

4-8　在冲击摆实验中，质量为 9.6 g 的子弹射入质量为 5 kg 的砂箱，砂箱摆高 10 cm，求子弹的初速.

4-9　质量为 m 的物体，以速率 v_0 沿 x 轴正向运动，运动中突然射出一块物体，其质量为$\frac{1}{3}m$，并以速率 $2v_0$ 沿 y 轴正向运动，求余下部分的速度.

4-10　如题 4-10 图所示，质量为 2.0 kg 的木块系在一弹簧的末端，静止在光滑的平面上，弹簧的劲度系数为 200 N/m，如题 4-5 图所示. 一质量为 10 g 的子弹射进木块后，木块把弹簧压缩了 5 cm，求子弹的速率.

4-11　如题 4-11 图所示，一长为 0.80 m 的轻质细绳一端固定，另一端系着质量为 1.0 kg 的钢球. 把绳拉到水平位置后，再把球由静止释放，球在最低点与质量为 5.0 kg 的钢块发生完全弹性碰撞，问碰撞后钢球能达到多高？

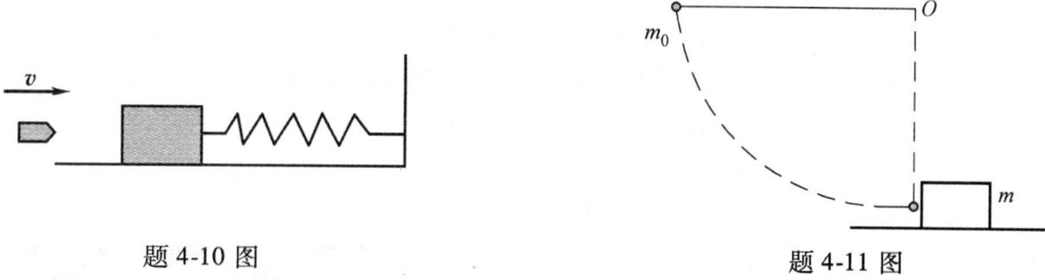

题 4-10 图　　题 4-11 图

4-12　两个质量不同的球 A 与 B 相互碰撞，A 球原来静止，B 球速率为 v. 碰撞后，B 球速率为 $v/2$，方向与原来路线垂直，求碰撞后 A 球的运动方向.

4-13　在光滑的水平桌面上，有一劲度系数为 k 的轻弹簧，一端固定于 O 点，另一端连结一质量为 m' 的木块处于静止状态．一质量为 m 的子弹，以速度$\boldsymbol{v}_0$ 沿与弹簧垂直的方向射入木块，与之一起运动，如题 4-13 图所示．设木块由最初的 A 点运动到 B 点时，弹簧的长度由原长 l_0 变为 l，求 B 点处木块速度$\boldsymbol{v}$ 的大小和方位角 θ.

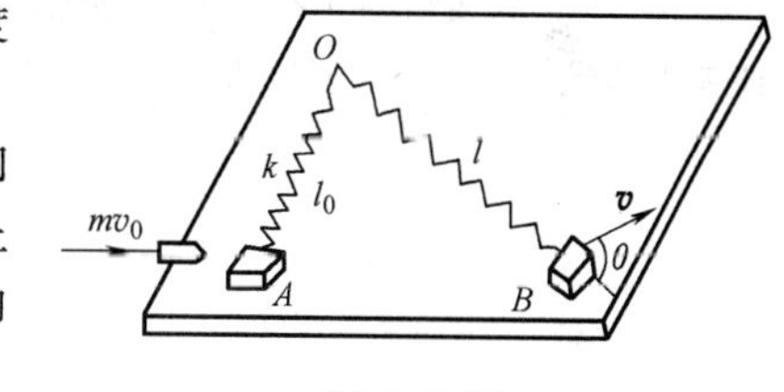

题 4-13 图

4-14　在一质量为 m_1 的气球上连接一绳梯，在绳梯的中间站着一个质量为 m_2 的人. 开始时，气球与人均相对于地球静止不动. 如果人以速率 v 相对于绳梯往上爬，气球将向哪个方向运动，其速率多大？

4-15　质量为 m_1 的人手里拿着一个质量为 m_2 的物体. 此人以与水平面成 α 角的速率 v_0 向前跳去. 当他达到最高点时，他将物体以相对于自己为 u 的水平速率向后抛出. 问：由于人抛出物体，他跳的距离增加了多少？假设人可视为质点.

4-16　一作斜抛运动的物体在最高点炸裂为质量相等的两块，最高点距离地面为 19.6 m. 爆炸后 1 s，第一块落到爆炸点正下方的地面上，此处距抛出点距离为 100 m. 第二块落在距抛出点多远的地面上？不计空气阻力.

4-17　上题中，若爆炸后第一块沿原来的轨道返回出发点，问：（1）第二块将沿怎样的方向飞行？（2）到达地面时的速率是多少？（3）第一和第二两块能否同时到达地面？

4-18　一静止的物体爆炸成三块，其中两块具有相同的质量，且以相同的速率 $v_1 = v_2 = 20$ m/s 沿相互垂直的方向飞开．若第三块的质量等于这两块质量之和，求第三块的速度．

4-19　如题 4-19 图所示，一个带孔的质量为 m'木块静止于无摩擦的水平面上，孔里是一个劲度系数为 k 的轻弹簧. 一质量为 m 的钢球以水平速度$\boldsymbol{v}$ 射入小孔中，求弹簧的最大压缩量.

4-20　如题 4-20 图所示，在无摩擦的水平面上有一个质量为 m'的容器，其内壁为半径为 R 的光滑半球面，一质量为 m 的小球从内壁边缘 A 点处滑下. 开始时容器与小球都静止，当小球滑过容器内最低点 B 时所受支持力多大？

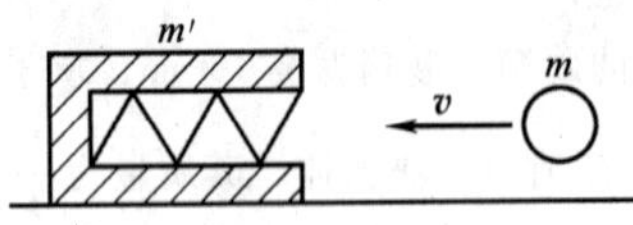

题 4-19 图

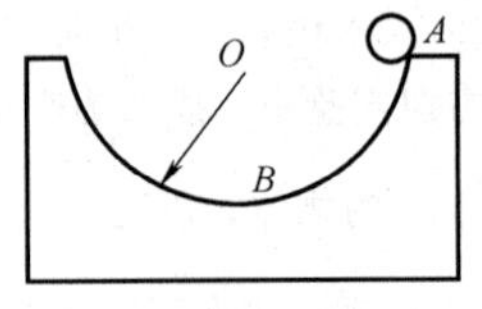

题 4-20 图

4-21　炮车以仰角 α 发射一炮弹．若炮车和炮弹的质量分别为 m' 和 m，炮弹出口速度的大小为 v，不计炮车与地面之间的摩擦，试求炮车的反冲速度 v' 及炮弹出口后其速度与水平面的夹角．

4-22　静水中停放着两条质量均为 m' 的小船，当第一条船中一个质量为 m 的人以水平速度 $\boldsymbol{v}$（相对于地面）跳上第二条船后，两船的运动速度各为多少？忽略水对船的阻力．

4-23　已知质量为 m'、长为 L 的船上有一个质量为 m 的人．若人从船尾走到船首，忽略水的阻力，试求船相对于岸的位移．

4-24　如题 4-24 图所示，一个重量为 W(N) 的平板车可以在水平直轨道上无摩擦地滚动．初始时刻，一个重量为 W'(N) 的人站在平板车上，跟随车子以速率 v_0 向左侧运动．如果人以相对于平板车速率 v_1 跑向车子右侧，求平板车速度的变化．

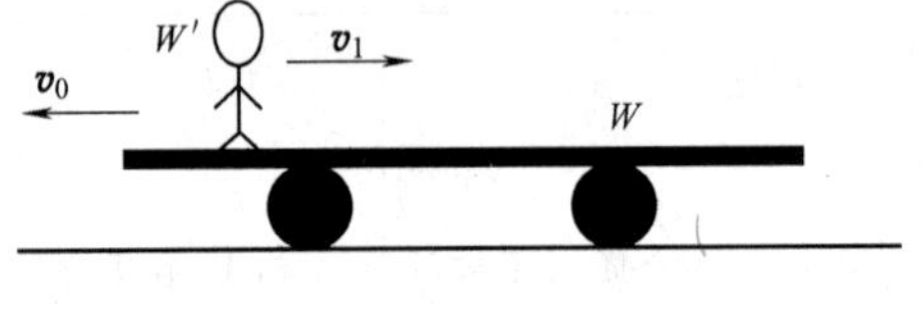

题 4-24 图

4-25　已知人与船总质量均为 m' 的 A，B 两船以速度 $\boldsymbol{v}$ 一前一后（A 前 B 后）同向而行，若 A 船上的人以相对船的速度 $\boldsymbol{u}$ 将一质量为 m 的铅球扔给 B 船上的人，试求铅球抛出后 A 船的速度以及 B 船接到铅球后的速度．

4-26　一个火箭在竖直向上发射的过程中每秒钟排出的气体质量恒为 $5\times10^{-2}m_0$（kg），其中 m_0 是火箭最初的质量．若火箭排出的气体相对于火箭的速率为 5×10^3 m/s，求发射 10 s 后火箭的速度和高度．

4-27　一个初质量为 5×10^5 kg 的火箭喷出气体的速度为 2.0×10^3 m/s. 求：(1) 每秒喷出多少气体，才能使火箭最初的向上加速度为 4.9 m/s^{-2}？(2) 若火箭的质量比为 6，求火箭的最后速率．

第 5 章　刚体的定轴转动

在前面几章中，物体被看成了没有形状、没有大小的质点．然而，实际的物体总是有其形状和大小的，而且常常发生形变．作为一种理想模型，我们把形状和大小不变的物体叫做刚体（rigid body）．刚体上质点之间的距离在刚体运动时保持不变．那么，刚体运动有些什么规律呢？

5.1　刚体运动的基本形式和定轴转动

1. 刚体运动的基本形式

刚体运动有两种基本形式：平动（translation）和定轴转动（rotation around a fixed axis）．

（1）平动

刚体上任意两点的连线保持平行的运动叫做刚体的平动，如图 5-1-1 所示．图中是一个矩形刚体在作曲线平动．不难看出，刚体上各点的轨迹曲线的形状相同，各点的速度也相同．因此，只要弄清楚了刚体上任意一点的运动过程，也就弄清楚了整个刚体的运动过程．这就是说，刚体的平动可以用刚体上任意一个质点的运动来代表．

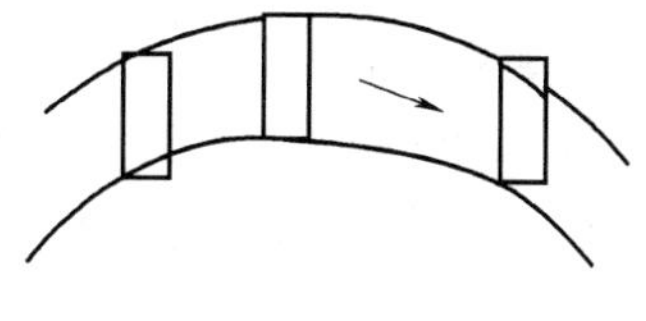
图 5-1-1

（2）定轴转动

若刚体上的所有质点围绕同一直线作圆运动，则称这种运动为刚体转动，该直线叫做刚体的转轴．转轴可以穿过刚体，也可以不穿过刚体．转轴静止的刚体转动叫做刚体定轴转动．例如，门的转动是定轴转动，车辆行驶时车轮的转动是动轴转动．

刚体定轴转动时，刚体上任意质点的轨迹圆所在的平面叫做转动平面．刚体的各个转动平面相互平行，都垂直于转轴．

刚体的任意运动可以看成平动与定轴转动的合成．

2. 刚体的定轴转动

如同研究质点运动一样，研究刚体定轴转动也是从引入描述这种运动的物理量开始的．

如图 5-1-2 所示，Oxy 平面为刚体的一个转动平面，转轴过 O 点与转动平面垂直．设 A 和 B 为该转动平面内的任意两个质点，其位矢分别是 $\boldsymbol{r}_A$ 和 $\boldsymbol{r}_B$，角位置分别为 θ_A 和 θ_B．显然，刚体转动时，两个位矢转过的角度总是相等的，即

$$\Delta\theta_A = \Delta\theta_B = \Delta\theta \qquad (5\text{-}1\text{-}1)$$

$\Delta\theta$ 叫做刚体的角位移．

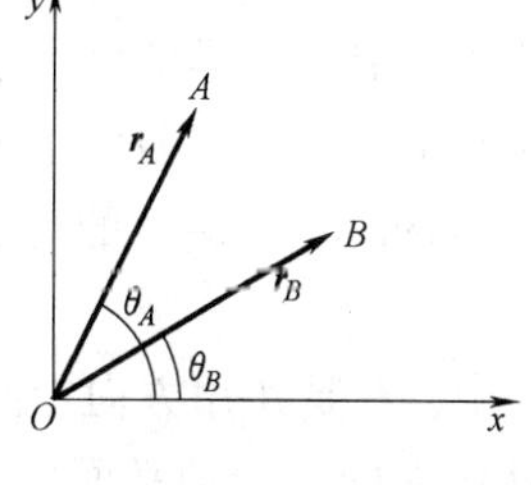

图 5-1-2

刚体转动的角速度

$$\omega = \frac{d\theta}{dt} \tag{5-1-2}$$

角加速度

$$\beta = \frac{d\omega}{dt} \tag{5-1-3}$$

所以，若已知角加速度 β 和初角速度 ω_0，则刚体转动的角速度

$$\omega = \int_{t_0}^{t} \beta dt + \omega_0 \tag{5-1-4}$$

若已知角速度 ω 和初角位置 θ_0，则刚体的角位置

$$\theta = \int_{t_0}^{t} \omega dt + \theta_0 \tag{5-1-5}$$

设刚体上某点到转轴的距离为 r，则该点的线速率

$$v = r\omega \tag{5-1-6}$$

切向加速度

$$a_t = r\beta \tag{5-1-7}$$

法向加速度

$$a_n = r\omega^2 \tag{5-1-8}$$

由以上三式可知，刚体上到转轴距离不相等的点的线量不相等. 所以，描述刚体定轴转动时多用角量.

刚体定轴转动的角速度可以看做矢量，记为 $\boldsymbol{\omega}$，其方向依照右手法则确定：右手四指弯曲指向刚体转动方向时，拇指所指方向即为角速度 $\boldsymbol{\omega}$ 的方向. 角加速度也可看做矢量，记做 $\boldsymbol{\beta}$. $\beta>0$ 时，$\boldsymbol{\beta}$ 与 $\boldsymbol{\omega}$ 同向；$\beta<0$ 时，$\boldsymbol{\beta}$ 与 $\boldsymbol{\omega}$ 反向.

思考题 5.1

1. 有人说，刚体的平动一定是直线运动. 对吗？
2. 刚体的转轴是否一定穿过刚体？举例说明. 为什么描述刚体定轴转动时多用角量？
3. 本节引入了哪些角量来描述刚体定轴转动？
4. 刚体定轴转动的矢量 $\boldsymbol{\omega}$ 和 $\boldsymbol{\beta}$ 有几个可能的方向？

5.2 转动定律

上一节讨论的是刚体定轴转动运动学，这一节讨论刚体定轴转动动力学.

1. 力矩

经验告诉我们，开门、关门时，用力的方向应在门的转动平面内，作用点到门轴的距离远一点省力. 如果力的作用方向垂直于门的转动平面，或者在转动平面内但穿过门轴，则无论如何用力，门是不动的. 诸如此类的例子说明，刚体定轴转动运动状态的改变不仅与力的大小有关，而且与力的作用方向和作用点有关. 于是我们有力矩（moment of force）的定义：

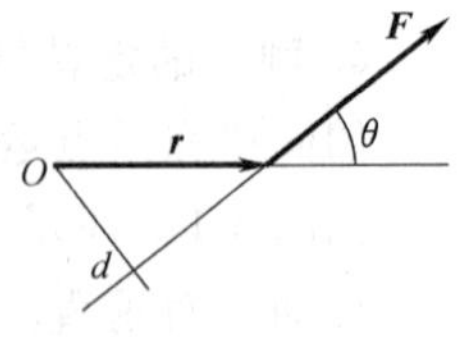

图 5-2-1

$$\boldsymbol{M} = \boldsymbol{r} \times \boldsymbol{F} \tag{5-2-1}$$

式中，$\boldsymbol{F}$ 是作用方向在刚体转动平面内的力；$\boldsymbol{r}$ 是 $\boldsymbol{F}$ 的作用点相对于刚体转轴的位矢，$\boldsymbol{r}$ 与力 $\boldsymbol{F}$ 在同一转动平面内，如图 5-2-1 所示. 力矩 $\boldsymbol{M}$ 的方向按照右手法则确定，力矩的大小

$$M = rF\sin\theta = Fd$$

式中，θ 是位矢 $\boldsymbol{r}$ 与力 $\boldsymbol{F}$ 的夹角，$d=r\sin\theta$ 叫做力臂.

图 5-2-1 中的力 $\boldsymbol{F}$ 可以分解为

$$\boldsymbol{F}=\boldsymbol{F}_t+\boldsymbol{F}_n \tag{5-2-2}$$

式中，$\boldsymbol{F}_t$ 是力 $\boldsymbol{F}$ 垂直于位矢 $\boldsymbol{r}$ 的分力，叫做切向分力，其大小 $F_t=F\sin\theta$；$\boldsymbol{F}_n$ 是力 $\boldsymbol{F}$ 平行于位矢 $\boldsymbol{r}$ 的分力，叫做法向分力，其大小 $F_n=F\cos\theta$. 将式（5-2-2）代入式（5-2-1），得

$$\boldsymbol{M}=\boldsymbol{r}\times\boldsymbol{F}_t \tag{5-2-3}$$

这表明只有方向在转动平面内的切向力对力矩有贡献.

2. 转动定律

由上述可知，研究刚体所受力矩时，只需考虑作用于刚体上的方向在转动平面内的切向力. 设刚体上质点 i 的质量为 Δm_i，作用在此质点上的切向合力为 $\boldsymbol{F}_i$（为简便起见，略去了脚标 t)，相应的力矩是

$$\boldsymbol{M}_i=\boldsymbol{r}_i\times\boldsymbol{F}_i$$

$\boldsymbol{F}_i$ 包括作用于质点 i 的刚体质点系统的内力和外力，故可将上式写为

$$\boldsymbol{M}_i=\boldsymbol{r}_i\times(\boldsymbol{F}_{in}+\boldsymbol{F}_{ie})=\boldsymbol{M}_{in}+\boldsymbol{M}_{ie}$$

式中，$\boldsymbol{M}_{in}$，$\boldsymbol{M}_{ie}$分别是质点 i 所受切向合内力的力矩和切向合外力的力矩. 将上式对刚体上所有质点求矢量和，得刚体所受合力矩

$$\boldsymbol{M}=\sum_i\boldsymbol{M}_i=\sum_i\boldsymbol{M}_{in}+\sum_i\boldsymbol{M}_{ie}$$

由于系统内力总是成对的作用力和反作用力，且一对力有共同的力臂，故内力矩也总是成对的，等大且反向，所以，上式中的 $\sum\limits_{i=1}\boldsymbol{M}_{in}=0$，于是有

$$\boldsymbol{M}=\sum_{i=1}\boldsymbol{M}_{ie} \tag{5-2-4}$$

这表明刚体所受合力矩等于刚体所受各外力矩的矢量和，与内力矩无关.

另一方面，质点 i 所受切向合力 $\boldsymbol{F}_i$ 的大小 $F_i=\Delta m_ia_{it}=\Delta m_ir_i\beta$，所以，力矩 $\boldsymbol{M}_i$ 的大小 $M_i=r_iF_i=\Delta m_ir_i^2\beta$，合力矩的大小

$$M=\sum_{i=1}M_i=\beta\sum_{i=1}\Delta m_ir_i^2$$

上式可以写成矢量式

$$\boldsymbol{M}=\boldsymbol{\beta}\sum_{i=1}\Delta m_ir_i^2 \tag{5-2-5}$$

质量为 Δm_i 的质点相对于给定转轴的**转动惯量**（moment of inertia）定义为

$$J_i=\Delta m_ir_i^2 \tag{5-2-6}$$

由若干个质点组成的刚体相对于给定转轴的转动惯量定义为

$$J=\sum_{i=1}J_i=\sum_{i=1}\Delta m_ir_i^2 \tag{5-2-7}$$

质量连续分布的刚体相对于给定转轴的转动惯量是

$$J=\int_\Omega r^2\mathrm{d}m \tag{5-2-8}$$

积分遍及整个刚体.

如同质量是物体平动惯性大小的量度一样，转动惯量是刚体转动惯性大小的量度. 但须注意的是，由以上定义可知，刚体转动惯量与刚体质量相对于转轴的分布（距离）有关. 因此，同一刚体对于不同的转轴有不同的转动惯量. 将式（5-2-7）代入式（5-2-5），得

$$M = J\beta \tag{5-2-9}$$

这叫做定轴刚体转动定律，简称**转动定律**（rotation law），其物理意义是：刚体转动的角加速度的方向与合力矩方向相同，大小与合力矩成正比，与转动惯量成反比.

例题 5-2-1 求下列刚体的转动惯量：（1）图 5-2-2（a）中，质量为 m 的小球用长度为 R 的刚性细杆连于转轴 OP，细杆与转轴的夹角为 30°；（2）图 5-3-2（b）中，质量分别为 m_1，m_2，m_3 的三个小球分别位于用刚性细杆连成的等边三角形的三个顶点，三角形每边长为 a，转轴于三角形中心 O 点垂直穿过三角形所在平面.

解：（1）$J = \frac{1}{4}mR^2$

（2）$J = \frac{1}{3}(m_1 + m_2 + m_3)a^2$

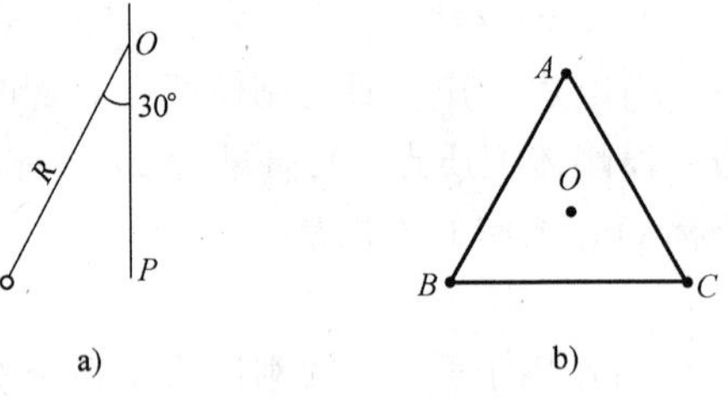

图 5-2-2

例题 5-2-2 求下列刚体的转动惯量：（1）长度为 L，质量为 m 的匀质细杆，转轴垂直过杆的端点；（2）半径为 R、质量为 m、高度为 b 的匀质圆柱体，转轴为圆柱体的纵中心轴；（3）半径为 R、质量为 m 的匀质球体相对于直径轴的转动惯量.

解：（1）如图 5-2-3a 所示，细杆 x 处长度为 $\mathrm{d}x$ 的一段杆的质量是 $\mathrm{d}m = \frac{m}{L}\mathrm{d}x$，转动惯量是 $\mathrm{d}J = x^2\mathrm{d}m$，所以，整条细杆的转动惯量

$$J = \int_0^L x^2\mathrm{d}m = \frac{m}{L}\int_0^L x^2\mathrm{d}x = \frac{1}{3}mL^2$$

（2）图 5-2-3b 为圆柱体的横截面. 圆柱体可以看做无穷多个共轴薄圆筒的集合. 设其中一个薄圆筒半径为 r、厚度为 $\mathrm{d}r$，则其质量为

$$\mathrm{d}m = \frac{m}{\pi R^2 b}2\pi rb\mathrm{d}r$$

转动惯量为
$$\mathrm{d}J = r^2\mathrm{d}m = \frac{2m}{R^2}r^3\mathrm{d}r$$

所以，圆柱体的转动惯量为

$$J = \frac{2m}{R^2}\int_0^R r^3\mathrm{d}r = \frac{1}{2}mR^2$$

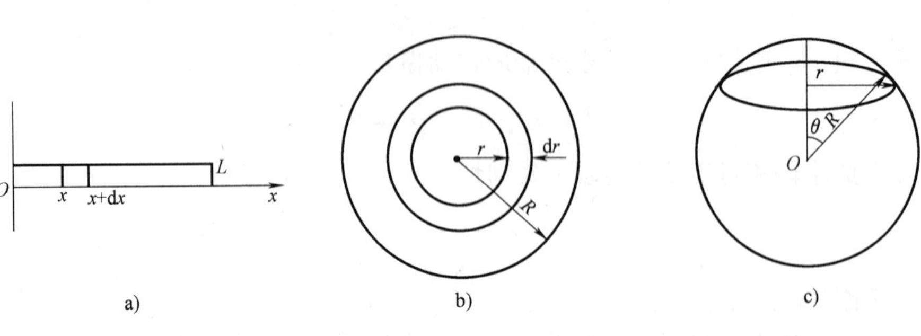

图 5-2-3

（3）球体可以看做垂直于同一直径的无穷多个半径不等的薄圆盘的集合. 设其中一个薄

圆盘半径 $r=R\sin\theta$，厚度为 $\mathrm{d}h$，如图 5-2-3c 所示，则其质量为 $\mathrm{d}m=\dfrac{m}{V}\pi r^2\mathrm{d}h$，其中球体积 $V=\dfrac{4}{3}\pi R^3$，圆盘厚度 $\mathrm{d}h=\mathrm{d}(R-R\cos\theta)=R\sin\theta\mathrm{d}\theta$，

圆盘转动惯量为
$$\mathrm{d}J=\frac{1}{2}r^2\mathrm{d}m=\frac{3}{8}mR^2\sin^5\theta\mathrm{d}\theta$$

球体的转动惯量为
$$J=\frac{3mR^2}{8}\int_0^{\pi}\sin^5\theta\mathrm{d}\theta=\frac{2}{5}mR^2$$

例题 5-2-3　如图 5-2-4 所示，一条细绳跨过定滑轮，两端各连一个重物．已知：重物质量各为 m_1、m_2，$m_1>m_2$；滑轮质量为 m'、半径为 R，细绳不伸长，不打滑．求绳上张力和重物运动加速度．

解：设重物 m_1、m_2 所受绳子拉力的大小分别为 F_{T1}、F_{T2}，加速度为 a，根据牛顿运动定律和刚体转动定律，有
$$m_1g-F_{\mathrm{T1}}=m_1a$$
$$F_{\mathrm{T2}}-m_2g=m_2a$$
$$F_{\mathrm{T1}}R-F_{\mathrm{T2}}R=J\beta$$

图 5-2-4

其中 $J=\dfrac{1}{2}m'R^2$ 是定滑轮的转动惯量；$a=R\beta$，β 是定滑轮转动的角加速度．联立以上三式，解得重物的加速度
$$a=\frac{m_1-m_2}{m_1+m_2+\dfrac{m'}{2}}g$$

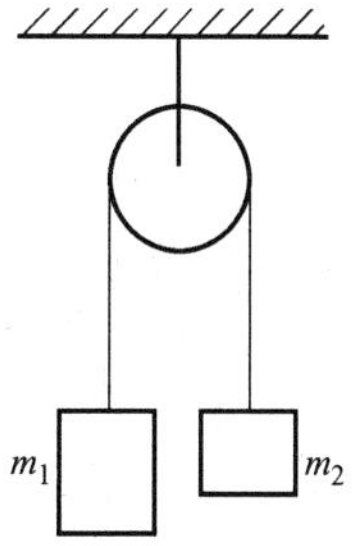

绳子两端的张力
$$F_{\mathrm{T1}}=\frac{2m_2+\dfrac{m'}{2}}{m_1+m_2+\dfrac{m'}{2}}m_1g$$
$$F_{\mathrm{T2}}=\frac{2m_1+\dfrac{m'}{2}}{m_1+m_2+\dfrac{m'}{2}}m_2g$$

例题 5-2-4　如图 5-2-5 所示，半径为 R、质量为 m 的匀质薄圆盘在水平桌面上绕垂直过盘心的轴转动．已知圆盘与桌面之间的摩擦因数为 μ，圆盘转动的初角速率为 ω_0，求：

（1）圆盘所受的摩擦力矩；

（2）圆盘角速率降为 $\dfrac{1}{2}\omega_0$ 所需的时间．

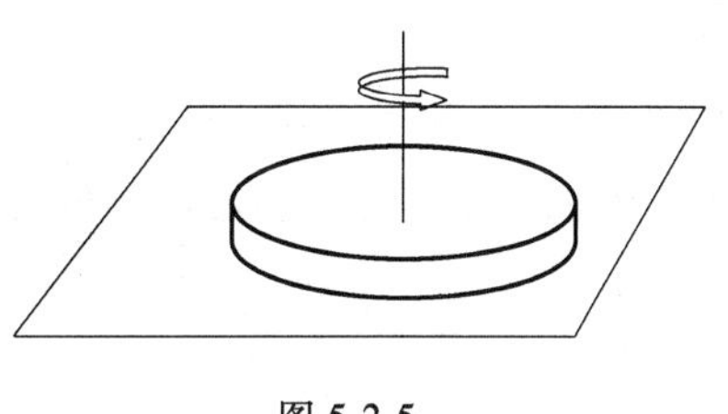
图 5-2-5

解：圆盘可以看做无穷多个半径不等的共中心细圆环的集合．设其中一个圆环的半径为 r、宽度为 $\mathrm{d}r$，则其质量为 $\mathrm{d}m=\dfrac{m}{\pi R^2}2\pi r\mathrm{d}r$．此细环与桌面之间的摩擦力矩为 $\mathrm{d}M=\mu gr\mathrm{d}m$，所以，整个圆盘所受的摩擦力矩是

$$M = \frac{2\mu mg}{R^2}\int_0^R r^2 \mathrm{d}r = \frac{2}{3}\mu mgR$$

由于 $M = J\beta$，$J = \frac{1}{2}mR^2$，$\beta = \frac{\mathrm{d}\omega}{\mathrm{d}t}$，所以有

$$\frac{1}{2}mR^2\frac{\mathrm{d}\omega}{\mathrm{d}t} = -\frac{2}{3}\mu mgR$$

上式等号右边的负号表示摩擦力矩是阻力矩．由上式得

$$\mathrm{d}t = -\frac{3R}{4\mu g}\mathrm{d}\omega$$

积分上式，所求的时间为

$$\Delta t = \int_{\omega_0}^{\omega_0/2}\mathrm{d}t = -\frac{3R}{4\mu g}\int_{\omega_0}^{\omega_0/2}\mathrm{d}\omega = \frac{3R\omega_0}{8\mu g}$$

思考题 5.2

1. 使鸡蛋在玻璃板上旋转，用手指轻触鸡蛋使之停止旋转并立即收回手指，观察鸡蛋是否继续旋转即可知鸡蛋是生还是熟．请说说其中的道理．
2. 机器上的飞轮为什么常常做成中间比较薄边缘比较厚？
3. 请说说质量与转动惯量这两个概念的同异．
4. 有人说，刚体所受合力矩就是刚体所受合外力的力矩．对否？为什么？

5.3* 质心运动定理和平行轴定理

1. 质心

如果所研究的问题允许把刚体的质量看作集中在某一点，这一点就叫做刚体的质心(center of mass)．有的刚体的质心在刚体内，有的刚体的质心在刚体外．形状规则、质量分布均匀的刚体的质心在其几何中心，如均匀细棒的质心在棒的中点，均匀球体的质心在球心．那么，一般刚体的质心应该如何确定呢？

如图 5-3-1 所示，质量为 m 的刚体可以绕过左端点 O 的水平轴线在竖直面内自由地转动．不论刚体质量是否均匀分布，其重力力矩是

图 5-3-1

$$M = g\int_L x\mathrm{d}m$$

另一方面，若刚体的质心在 x 轴的位置是 x_C 点，则其重力力矩可以写为

$$M = mgx_C$$

于是得

$$x_C = \frac{1}{m}\int_{L_x} x\mathrm{d}m \tag{5-3-1}$$

同理，得

$$y_C = \frac{1}{m}\int_{L_y} y\mathrm{d}m \quad 和 \quad z_C = \frac{1}{m}\int_{L_z} z\mathrm{d}m$$

以上三式可以合写成矢量式

$$\boldsymbol{R}_C = \frac{1}{m}\int_L \boldsymbol{r}\mathrm{d}m \tag{5-3-2}$$

这就是确定刚体质心坐标的一般公式.

当刚体由若干分离的质点组成时，质心坐标是

$$x_C = \frac{1}{m}\sum_i m_i x_i,\quad y_C = \frac{1}{m}\sum_i m_i y_i,\quad z_C = \frac{1}{m}\sum_i m_i z_i \tag{5-3-3}$$

式中 $m = \sum_i m_i$ 是刚体的总质量. 以上三式也可以合写成矢量式

$$\boldsymbol{R}_C = \frac{1}{m}\sum_i m_i \boldsymbol{r}_i \tag{5-3-4}$$

若取质心为参考点，$\boldsymbol{R}_C = 0$，由上式得

$$\sum_i m_i \boldsymbol{r}_i = 0 \tag{5-3-5}$$

上式中的 $\boldsymbol{r}_i$ 是质量为 m_i 的质点相对于刚体质心的位矢.

对式（5-3-4）两边求时间的一阶导数，得

$$m\,\boldsymbol{v}_C = \sum_i m_i\,\boldsymbol{v}_i \tag{5-3-6}$$

这表明，刚体质心的动量等于刚体中各质点动量的矢量和. 当刚体动量不变时，质心静止或作匀速直线运动.

对式（5-3-6）两边求时间的一阶导数，得

$$m\frac{\mathrm{d}\,\boldsymbol{v}_C}{\mathrm{d}t} = \sum_i m_i\frac{\mathrm{d}\,\boldsymbol{v}_i}{\mathrm{d}t} = \sum_i \boldsymbol{F}_i$$

式中，$\boldsymbol{F}_i = m_i\dfrac{\mathrm{d}\,\boldsymbol{v}_i}{\mathrm{d}t}$是刚体内第 i 个质点所受的合力．注意到系统内力的矢量和等于零，由上式得

$$\boldsymbol{F}_C = \sum_i \boldsymbol{F}_{ie} \tag{5-3-7}$$

式中的 $\boldsymbol{F}_C = m\dfrac{\mathrm{d}\,\boldsymbol{v}_C}{\mathrm{d}t}$是质心所受合力，而 $\boldsymbol{F}_{ie}$是第 i 个质点所受的合外力．上式表明，质心所受合力等于刚体所受外力的矢量和．这个结论叫做**刚体质心运动定理，**常用于研究刚体的受力和运动情况（参见例题 5-4-1）.

若刚体的物质是连续分布的，对式（5-3-2）两边求关于时间的二阶导数，得

$$\boldsymbol{F}_C = \int_\Omega \mathrm{d}\boldsymbol{F} \tag{5-3-8}$$

上式的物理意义与式（5-3-7）相同．

2. 平行轴定理

如图 5-3-2 所示，Z_C 是过刚体质心 C 点的转轴，Z_O 是过 O 点的转轴，C 点与 O 点相距为 a，P 点为刚体上任意一点，P 相对于 O 点和 C 点的距离分别是 r 和 r_C. 由图可知：

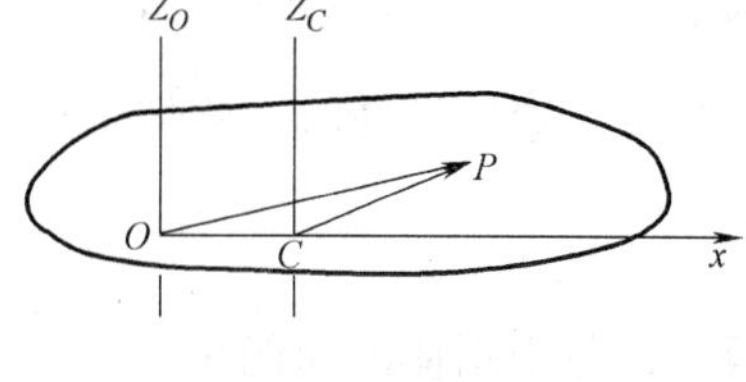

图 5-3-2

$$r^2 = r_C^2 + a^2 - 2ar_C\cos\theta$$

设 P 点处质点的质量为 $\mathrm{d}m$，则有

$$\int r^2\mathrm{d}m = \int r_C^2\mathrm{d}m + a^2\int\mathrm{d}m + 2a\int r_C\cos\beta\mathrm{d}m$$

积分遍及整个刚体．上式右边第3项积分

$$\int r_C \cos\beta \mathrm{d}m = \int x' \mathrm{d}m = m x_C$$

上式最后一步利用了式（5-3-1）．若取 C 点为 x 轴的坐标原点，则 $x_C = 0$，于是有

$$J_O = J_C + ma^2 \tag{5-3-9}$$

其中的 J_O、J_C 分别是刚体相对于转轴 Z_O 和 Z_C 的转动惯量．上式叫做平行轴定理（parallel axis theorem）．

思考题 5.3

1. 刚体的质心是否一定在刚体内？
2. 有人说，对于几个平行轴而言，刚体相对于过质心的转轴的转动惯量最小．正确否？为什么？

5.4 转动能定理

我们已经知道，力矩对刚体的作用本质上是力对物体的作用，只不过必须把物体的形状和大小考虑进来罢了．我们还知道，功和冲量描述力对质点的持续作用．那么，什么物理量描述力矩对刚体的持续作用呢？这一节，我们把功和动能的概念推广到刚体定轴转动，看看其中有些什么规律．

设刚体上质点 i 的质量为 Δm_i，与转轴相距 r_i，$\boldsymbol{F}_i$ 是作用在此质点上的切向合力（切向合力的概念见5-2节）．当质点 Δm_i 由于刚体转动发生位移 $\mathrm{d}\boldsymbol{s}_i$ 时，力 $\boldsymbol{F}_i$ 的功是

$$\boldsymbol{F}_i \cdot \mathrm{d}\boldsymbol{s}_i = \pm F_i \mathrm{d}S_i = \pm F_i r_i \mathrm{d}\theta = \boldsymbol{M}_i \cdot \mathrm{d}\boldsymbol{\theta}$$

其中的 $\boldsymbol{M}_i$ 是力 $\boldsymbol{F}_i$ 的力矩．将上式对整个刚体求和，得

$$\mathrm{d}A = \sum_{i=1} \boldsymbol{M}_i \cdot \mathrm{d}\boldsymbol{\theta} = \boldsymbol{M} \cdot \mathrm{d}\boldsymbol{\theta} \tag{5-4-1}$$

式中，$\boldsymbol{M} = \sum\limits_{i=1} \boldsymbol{M}_i$ 是刚体所受合力矩；$\mathrm{d}A$ 是刚体转过角度 $\mathrm{d}\boldsymbol{\theta}$ 时合力矩 $\boldsymbol{M}$ 所做的功．当刚体的角位移是 $\Delta\theta = \theta_2 - \theta_1$ 时，合力矩的功是

$$A = \int_{\theta_1}^{\theta_2} \boldsymbol{M} \cdot \mathrm{d}\boldsymbol{\theta} = J \int_{t_1}^{t_2} \frac{\mathrm{d}\boldsymbol{\omega}}{\mathrm{d}t} \cdot \boldsymbol{\omega} \mathrm{d}t = J \int_{\omega_1}^{\omega_2} \boldsymbol{\omega} \cdot \mathrm{d}\boldsymbol{\omega} = \frac{1}{2} J \int_{\omega_1}^{\omega_2} \mathrm{d}\omega^2$$

即

$$A = \int_{\theta_1}^{\theta_2} \boldsymbol{M} \cdot \mathrm{d}\boldsymbol{\theta} = \frac{1}{2} J \omega_2^2 - \frac{1}{2} J \omega_1^2 \tag{5-4-2}$$

式中的 ω_1、ω_2 分别是刚体的初角速率和末角速率．那么，$\frac{1}{2}J\omega^2$ 的物理意义是什么呢？我们知道，刚体转动时，刚体上质点 i 的动能是

$$E_{ki} = \frac{1}{2} \Delta m_i v_i^2 = \frac{1}{2} \Delta m_i r_i^2 \omega^2 = \frac{1}{2} J_i \omega^2$$

因此，整个刚体的动能是

$$E_k = \sum_i E_{ki} = \frac{1}{2} \sum_i J_i \omega^2 = \frac{1}{2} J \omega^2 \tag{5-4-3}$$

这个动能叫做定轴转动刚体的转动能（rotation energy）．所以，式（5-4-2）中的 $\frac{1}{2}J\omega_1^2$ 和

$\frac{1}{2}J\omega_2^2$ 是刚体的初态转动能和末态转动能. 式（5-4-2）表明：定轴转动刚体所受合力矩的功等于刚体转动能的增量. 这个结论叫做定轴转动刚体的转动能定理（theorem of rotation energy of rigid body around a fixed axis）. 不难看出，这个定理是质点动能定理在刚体定轴转动情形的推广.

例题 5-4-1　长度为 L、质量为 m 的均匀细棒，可绕过棒的一端的水平轴在竖直面内自由转动. 将棒置于水平位置，放手，试证明：（1）棒向下转动过程中其机械能守恒；（2）棒向下转动过程中轴对棒的支持力的大小是

$$F_N = m\frac{L}{2}\sqrt{\omega^4 + \beta^2 + \frac{4g}{L}\left(\frac{g}{L} + \omega^2\sin\theta - \beta\cos\theta\right)} \tag{5-4-4}$$

并说明其物理意义，其中的 θ 是棒相对于其初位置的角度，$\omega = \frac{d\theta}{dt}$，$\beta = \frac{d\omega}{dt}$.

证：（1）如图 5-4-1 所示，设转轴垂直纸面过 O 点，A 点为棒的中点，即棒的质心. 重力矩就是棒所受的合力矩，所以，重力矩的功等于合力矩的功，等于转动能的增量，即

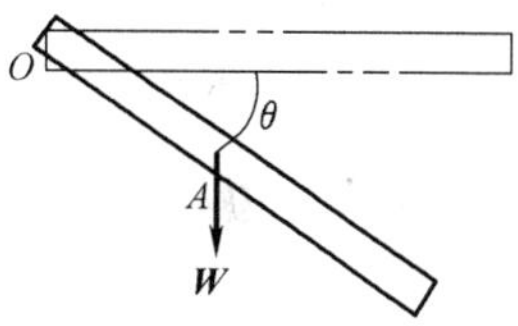

$$A = \frac{1}{2}J\omega_2^2 - \frac{1}{2}J\omega_1^2$$

图 5-4-1

同时，重力矩的功又等于重力的功，等于细棒质心重力势能增量的负值，即

$$A = \int_0^\theta \boldsymbol{M}\cdot d\boldsymbol{\theta} = \frac{1}{2}mgL\int_0^\theta \cos\theta d\theta = \frac{1}{2}mgL\sin\theta = -(E_{p2} - E_{p1})$$

由以上两式得

$$\frac{1}{2}J\omega_2^2 - \frac{1}{2}J\omega_1^2 = -(E_{p2} - E_{p1})$$

即

$$\frac{1}{2}J\omega_2^? + E_{p2} = \frac{1}{2}J\omega_1^? + E_{p1}$$

刚体的转动能和质心势能之和就是刚体的机械能，所以上式表明，细棒在转动过程中机械能守恒.

推而广之，当非保守力矩的功为零时，定轴转动刚体的机械能守恒.

（2）根据式（5-3-7），细棒质心所受合力等于重力和轴对棒的支持力 $\boldsymbol{F}_N$ 的矢量和，即

$$\boldsymbol{F}_C = m\boldsymbol{a}_C = -mg\boldsymbol{j} + \boldsymbol{F}_N$$

即

$$\boldsymbol{F}_N = m\boldsymbol{a}_C + mg\boldsymbol{j} \tag{5-4-5}$$

可见，只要求得细棒质心运动的加速度 $\boldsymbol{a}_C$，就可得到支持力 $\boldsymbol{F}_N$.

在棒向下的转动过程中质心作圆运动，其相对于 O 点的位矢是

$$\boldsymbol{r}_C = \frac{L}{2}\cos\theta\boldsymbol{i} - \frac{L}{2}\sin\theta\boldsymbol{j}$$

对上式两边求关于时间的二阶导数，得

$$\boldsymbol{a}_C = -\frac{L}{2}(\omega^2\cos\theta + \beta\sin\theta)\boldsymbol{i} + \frac{L}{2}(\omega^2\sin\theta - \beta\cos\theta)\boldsymbol{j}$$

将上式代入式（5-4-5）整理，得支持力

$$\boldsymbol{F}_N = -m\frac{L}{2}(\omega^2\cos\theta + \beta\sin\theta)\boldsymbol{i} + m\frac{L}{2}(\omega^2\sin\theta - \beta\cos\theta + \frac{2g}{L})\boldsymbol{j} \tag{5-4-6}$$

由上式求支持力的模，即得式（5-4-4）.

式（5-4-4）表明，细棒转动过程中轴对棒的支持力的大小随方向变化．由此可知，任何轴承在使用较长时间后都会由于磨损而不再是规则的圆柱形．如果细棒在一个水平光滑平面上匀速转动，应令式（5-4-4）中的$\beta=0$，$g=0$，则$\boldsymbol{F}_{\mathrm{N}}=m\dfrac{L}{2}\omega^{2}$，这正是细棒质心所受的向心力．

例题 5-4-2 如图 5-4-2 所示，半径为 r、质量为 m 的小球由 A 点从静止状态沿光滑轨道向下滚动. 已知圆轨道半径为 R，要使小球通过圆轨道最高点 C，A 点至少要比最低点 B 高多少?

解：由于小球向下滚动过程中只有重力做功，所以小球机械能守恒。取小球过 B 点时的球心位置为重力势能零点，设 A 点比 B 点高 h，有

$$mgh=\frac{1}{2}J\omega_{C}^{2}+\frac{1}{2}mv_{C}^{2}+mg(2R-2r)$$

上式等号左边是小球在 A 点的机械能，右边是小球过 C 点的机械能，其中转动惯量 $J=\dfrac{2}{5}mr^{2}$，线速率 $v_{C}=r\omega_{C}$. 小球过 C 点时作用于球心的向心力

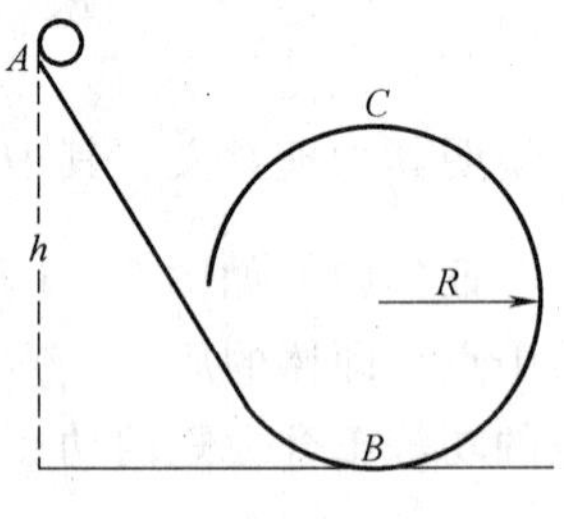

图 5-4-2

$$F=m\frac{v_{C}^{2}}{R-r}\geqslant mg$$

由以上两式得

$$h\geqslant 2.7(R-r)$$

思考题 5.4

有人说：对于质点，动能$\frac{1}{2}J\omega^{2}=\frac{1}{2}mr^{2}\omega^{2}=\frac{1}{2}mv^{2}$，对于刚体，也有$\frac{1}{2}J\omega^{2}=\frac{1}{2}mv^{2}$. 对否？为什么？

5.5 角动量

刚体作定轴转动时，刚体上每个质点都有自己的动量，由此可以引入质点角动量和刚体角动量的概念.

1. 质点角动量

设质量为 m 的质点在通过位矢为 $\boldsymbol{r}$ 的一点时动量 $\boldsymbol{p}=m\boldsymbol{v}$，如图 5-5-1所示. 我们把矢量积（也称叉积）

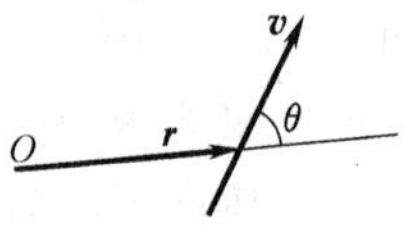

$$\boldsymbol{L}=\boldsymbol{r}\times\boldsymbol{p} \tag{5-5-1}$$

图 5-5-1

叫做质点相对于所选参考点 O 的角动量或动量矩，简称质点角动量或动量矩. 角动量 $\boldsymbol{L}$ 的方向按照右手法则确定，其值 $L=rmv\sin\theta$，θ 是 $\boldsymbol{r}$ 与 $\boldsymbol{v}$ 的夹角. 角动量的单位是千克 · 米/秒（kg · m/s）。

由于线速率 $v\sin\theta=r\omega$，ω 是质点角速率，质点的角动量也可写成

$$\boldsymbol{L}=\boldsymbol{r}\times m\boldsymbol{v}=J\boldsymbol{\omega} \tag{5-5-2}$$

其中的 $J=mr^{2}$ 是质点相对于所选参考点的转动惯量，简称质点的转动惯量，角动量 $\boldsymbol{L}$ 的方

向与角速度 $\boldsymbol{\omega}$ 的方向相同.

2. 定轴转动刚体的角动量

设定轴转动刚体上质点 i 的质量为 Δm_i，转动半径为 r_i，线速率为 v_i，由式（5-5-2）可知，质点 i 的角动量

$$\boldsymbol{L}_i = \boldsymbol{r}_i \times \Delta m_i \boldsymbol{v}_i = J_i \boldsymbol{\omega}$$

其中，$J_i = r_i^2 \Delta m_i$ 是质点 i 的转动惯量；$\boldsymbol{\omega}$ 是质点的角速度，也是定轴转动刚体的角速度，如图 5-5-2 所示. 将上式对整个刚体求和，得

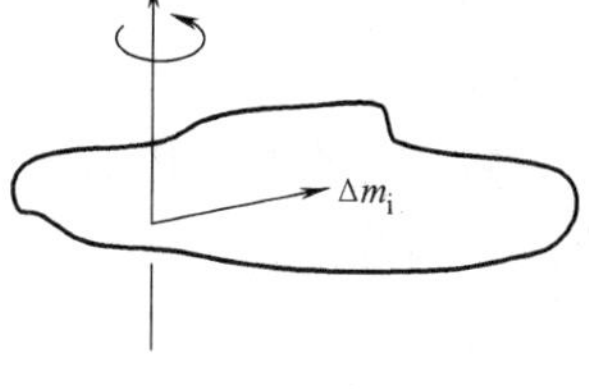

图 5-5-2

$$\sum_{i=1} \boldsymbol{L}_i = \left(\sum_{I=1} J_i\right)\boldsymbol{\omega}$$

上式左边是刚体所有质点角动量之和，叫做刚体的角动量，记为 $\boldsymbol{L} = \sum_{i=1} \boldsymbol{L}_i$，刚体的转动惯量 $J = \sum_{i=1} J_i$，故有

$$\boldsymbol{L} = J\boldsymbol{\omega} \tag{5-5-3}$$

可见，定轴转动刚体角动量的方向与角速度方向相同.

3. 角动量定理和角动量守恒定律

对式（5-5-3）求时间的导数，得

$$\frac{\mathrm{d}\boldsymbol{L}}{\mathrm{d}t} = J\boldsymbol{\beta} = \boldsymbol{M} \tag{5-5-4}$$

其中 $\boldsymbol{M}$ 是刚体所受合力矩. 由上式得

$$\int_{t_1}^{t_2} \boldsymbol{M}\mathrm{d}t = \boldsymbol{L}_2 - \boldsymbol{L}_1 \tag{5-5-5}$$

上式左边的积分叫做合力矩对定轴转动刚体的角冲量，$\boldsymbol{L}_1$、$\boldsymbol{L}_2$ 是刚体初、末态的角动量. 上式表明：定轴转动刚体所受合力矩的角冲量等于刚体角动量的增量. 这个结论叫做定轴转动刚体的角动量定埋.

由角动量定理式（5-5-5）可知：

若定轴转动刚体一段时间所受合力矩的角冲量等于零，则刚体初、末态的角动量相等. 这个结论叫做定轴转动刚体的角动量守恒定律.

如果几个定轴转动刚体的转轴在一条直线上，则称这几个定轴转动刚体组成一个共轴刚体系统. 由于系统中的每个刚体是共轴刚体系统这个大刚体的一部分，所以，上述定轴转动刚体的角动量定理和角动量守恒定律对共轴刚体系统也适用.

理论和实践证明，与动量概念一样，角动量概念是物理学的基本概念之一，角动量守恒定律是自然界的普遍规律之一，无论对于宏观世界还是微观世界都是严格成立的.

例题 5-5-1　地球沿椭圆轨道围绕太阳运动. 忽略太阳以外的其他天体对地球的引力，试证：地球近日速率大于地球远日速率.

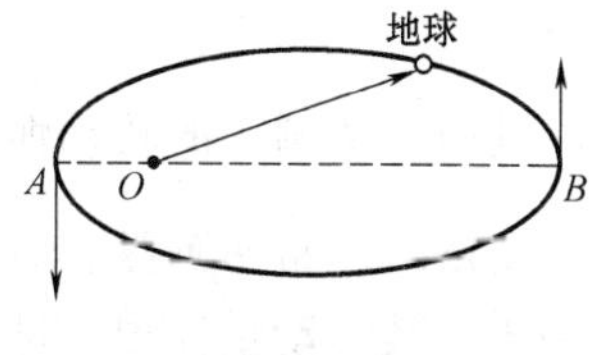

图 5-5-3

证：如图 5-5-3 所示，设图中椭圆的一个焦点 O 点为太阳位置，A 点为近日点，B 点为远日点. 当地球只受太阳引力作用时，由于引力 $\boldsymbol{F}$ 与位矢 $\boldsymbol{r}$ 共线，地球所受合力矩为零. 因此，地球的轨道角动量不变. 设地球过近日点的速率为 v_A，过远日点的速率为 v_B，则有

$$mr_Av_A = mr_Bv_B$$

因为 $r_A < r_B$，所以 $$v_A > v_B$$

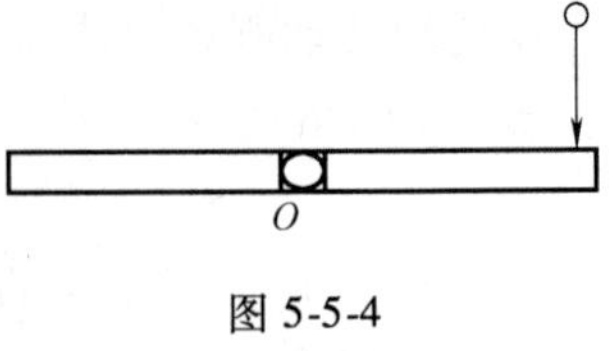

图 5-5-4

例题 5-5-2 如图 5-5-4 所示，长度为 1 m、质量为 12 kg 的匀质细棒可绕棒的中点轴在竖直面内自由转动. 开始时，棒水平静止，质量为 4 kg 的小球自棒右端上方高 0.5 m 处从静止态自由落下. 若球与棒的碰撞是弹性的，求碰撞后小球的运动速度和杆的角速度. 碰撞后小球作什么运动？

解：设小球与棒的转动惯量分别是 J_1、J_2，碰撞后的角速率分别是 ω_1、ω_2，虽然碰撞过程中系统受到小球重力矩作用，但碰撞过程的时间很短，故碰撞前后可近似看成角动量守恒，即

$$J_2\omega_2 + J_1\omega_1 = \frac{1}{2}mv$$

又由于碰撞是弹性的，系统初、末态动能相等，有

$$\frac{1}{2}J_2\omega_2^2 + \frac{1}{2}J_1\omega_1^2 = \frac{1}{2}mv^2$$

因为 $$J_1 = \frac{1}{4}ml^2 = 1\text{kg}\cdot\text{m}^2,\ J_2 = \frac{1}{12}m'l^2 = 1\text{kg}\cdot\text{m}^2,\ v = \sqrt{2gh} = \sqrt{g},$$

得

$$\omega_2 - \omega_1 = 2\sqrt{g}$$

$$\omega_2^2 + \omega_1^2 = 4g$$

解此方程组，得 $$\omega_2\omega_1 = 0$$

由于 $\omega_2 \neq 0$，得 $\omega_1 = 0$，$\omega_2 = 2\sqrt{g}$，所以，碰撞后小球作自由落体运动.

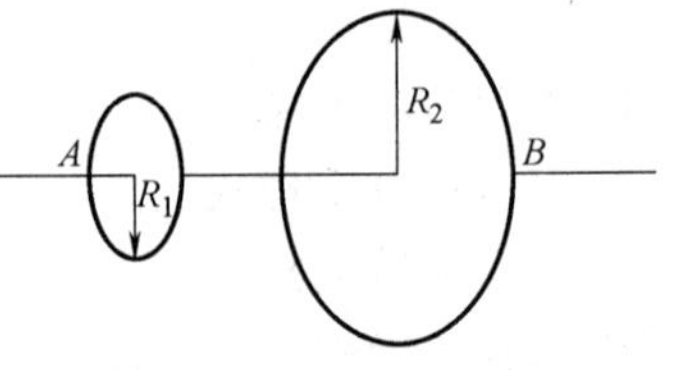

图 5-5-5

例题 5-5-3 如图 5-5-5 所示，半径分别为 R_1、R_2，质量分别为 m_1、m_2 的两个匀质圆盘 A、B 的中心轴在一条直线上. 开始时，A 的角速率为 ω_0，B 静止. 使 A、B 靠紧，由于摩擦，B 被 A 带动. 若轴上无摩擦，求两圆盘转动达到稳定态时两圆盘的角速率.

解法一：两圆盘转动达到稳定态时两圆盘有共同的角速率 ω. 设两圆盘之间的摩擦力矩为 M，按照角动量定理，对 A 有

$$-M\cdot\Delta t = J_1\omega - J\omega_0$$

对 B 有 $$M\cdot\Delta t = J_2\omega$$

故可解得 $$\omega = \frac{J_1\omega_0}{J_1 + J_2}$$

其中，两圆盘的转动惯量分别为 $J_1 = \frac{1}{2}m_1R_1^2$ 和 $J_2 = \frac{1}{2}m_2R_2^2$.

解法二：将两圆盘看成一个系统，它们之间的摩擦力矩是系统的内力矩，系统的合外力矩为零，其角动量守恒，即

$$J_1\omega + J_2\omega = j_1\omega_0$$

所以 $$\omega = \frac{J_1\omega_0}{J_1 + J_2}$$

例题 5-5-4　如图 5-5-6 所示，半径分别为 R_1，R_2，质量分别为 m_1，m_2 的两个圆柱体 A 与 B 的纵轴相互平行，且各自以纵轴为转动轴．开始时，A 的角速率为 ω_0，B 静止．使两柱体靠紧，由于摩擦，B 被 A 带动．求两柱体转动达到稳定态时的角速率．

解：设在两柱体转动达到稳定态的过程中，两柱体之间的摩擦力的大小为 F_f．根据角动量定理，对于圆柱体 A，有

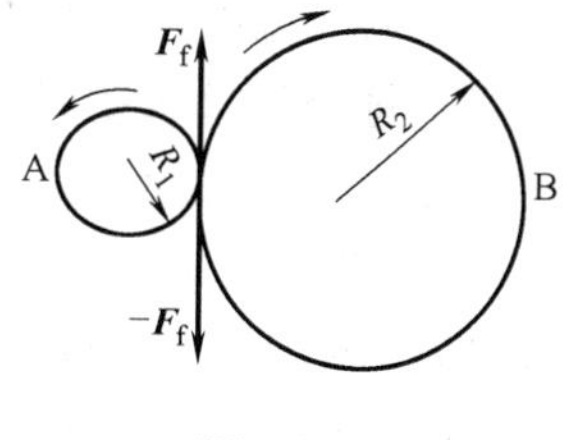

图 5-5-6

$$-R_1\int_0^t F_f\mathrm{d}t = J_1\omega_1 - J_1\omega_0$$

对于圆柱体 B，有　$$R_2\int_0^t F_f\mathrm{d}t = J_2\omega_2$$

由以上两式得

$$\frac{1}{R_1}J_1(\omega_0 - \omega_1) = \frac{1}{R_2}J_2\omega_2$$

将 $J_1 = \frac{1}{2}m_1R_1^2$，$J_2 = \frac{1}{2}m_2R_2^2$ 代入上式，注意到两柱体边缘的线速率相等，即

$$R_1\omega_1 = R_2\omega_2$$

得　$$\omega_1 = \frac{m_1}{m_1 + m_2}\omega_0,\quad \omega_2 = \frac{m_1R_1}{(m_1 + m_2)R_2}\omega_0$$

试讨论：在解此题时，可否如例题 5-5-3 的解法二那样，将 A，B 看成一个系统，认为其角动量守恒？为什么？

答：不能将 A，B 看成一个系统认为其角动量守恒，因为它们没有公共转轴，而**角动量守恒定律只适用于共轴刚体系统**．实际上，从本题解的结果可知系统角动量不守恒．所以，非共轴刚体系统即使在系统不受外力矩作用时系统角动量也不一定守恒．

此外，由例题 5-5-3 和例题 5-5-4 的结果可知：系统初、末态的转动能不相等．这说明系统内力矩做功也可以改变系统的转动能．

思考题 5.5

1. 动量保持不变的质点的角动量是否不变？为什么？
2. 角动量保持不变的质点的动量是否不变？为什么？
3. 点的角动量可否写作 $J\boldsymbol{\omega}$？刚体的角动量可否写作 $\boldsymbol{r}\times\boldsymbol{P}$？为什么？
4. 有人说：若质点的角动量守恒，则质点的运动轨迹必在同一平面内．这种说法正确否？为什么？

5.6* 开普勒定律

历史告诉我们，天文学的形成是一个漫长的过程．到 17 世纪初，随着望远镜制造技术的逐步发展，天文学家积累了大量的观测数据，已经知道太阳系中包括地球在内的 6 个行星、地球的卫星月亮和其他许多星体．按照到太阳的距离，6 个行星由近至远是：水星、金星、地球、火星、木星、土星．丹麦天文学家第谷·布拉赫（Tycho，Brahe，1546—1601）进行了长期的天文观测．曾经做过第谷助手的德国天文学家开普勒（Kepler，Johannes，1571—1630）对第谷得到的大量观测数据和数千张星象图进行了数年之久的分析计算，于 1609 年和 1618 年发表了描述太阳系行星运行的三条结论，史称开普勒定律．开普勒定律是

对波兰天文学家哥白尼（Copernius，Nikolaus，1473—1543）日心说的重大发展，是对地心说的毁灭性打击. 这三条开普勒定律（Kepler's laws）是：

1）每个行星各自在一个椭圆轨道上运动，太阳位于椭圆的一个焦点.

2）从太阳指向行星的位矢在相等的时间内扫过的面积相等.

3）每个行星运动周期的平方与其椭圆轨道长半轴的立方成正比.

前两条定律分两次发表于 1609 年，第三条定律发表于 1618 年.

物理学史料表明，牛顿早在 1665 年或 1666 年就开始研究引力，但直到 1687 年才在《自然哲学的数学原理》这本书中发表万有引力定律，其中一个要解决的重要问题就是能否从平方反比的万有引力公式导出开普勒定律. 这个问题对于万有引力公式的确立具有决定性的意义. 要从平方反比的万有引力公式导出开普勒定律，需要做许多开创性的工作，包括微积分计算. 1685 年，牛顿完成了这些工作. 下面就来介绍如何从万有引力公式导出开普勒定律.

1. 开普勒第一定律

由于行星到太阳的距离远大于行星半径，所以行星相对于太阳可看成质点. 例如，地球半径是 6.38×10^3 km，而地球到太阳的近日距离是 1.47×10^8 km，远日距离是 1.52×10^8 km. 设太阳质量为 m，某行星的质量为 m'，它与太阳之间的引力是

$$\boldsymbol{F} = -G\frac{mm'}{r^3}\boldsymbol{r} \tag{5-6-1}$$

其中的 $\boldsymbol{r}$ 是行星相对于太阳的位矢. 由于引力是保守力，故行星的机械能守恒. 又由于太阳引力总是沿着行星位矢的反方向，故引力力矩为零，行星的轨道角动量守恒. 显然，轨道角动量守恒和机械能守恒是只受太阳引力作用的所有星体的普遍性质. 行星的轨道角动量守恒，即

$$\boldsymbol{L} = \boldsymbol{r}\times m'\boldsymbol{v} \tag{5-6-2}$$

是常矢量，因而，行星的轨道始终在垂直于角动量的一个平面内，而角动量的值

$$L = m'rv\sin\varphi = m'r^2\frac{\mathrm{d}\theta}{\mathrm{d}t} \tag{5-6-3}$$

是常量，其中，$v\sin\varphi = r\dfrac{\mathrm{d}\theta}{\mathrm{d}t}$是行星速度在垂直于位矢方向上的分速度，叫做横向速度；$\dfrac{\mathrm{d}\theta}{\mathrm{d}t}$是与横向速度相联系的角速度；$\theta$ 是行星的角位置，如图 5-6-1 所示. 令行星位矢

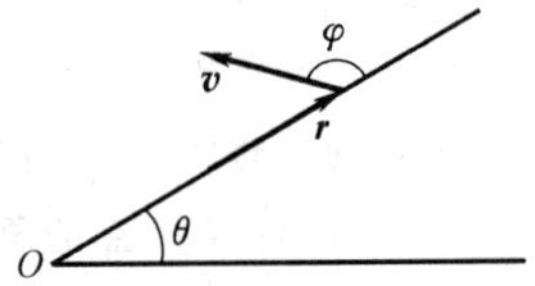

图 5-6-1

$$\boldsymbol{r} = r\boldsymbol{e}_r \tag{5-6-4}$$

式中，$\boldsymbol{e}_r$ 是位矢 $\boldsymbol{r}$ 的单位矢量. 行星速度

$$\boldsymbol{v} = \frac{\mathrm{d}r}{\mathrm{d}t}\boldsymbol{e}_r + r\frac{\mathrm{d}\boldsymbol{e}_r}{\mathrm{d}t} \tag{5-6-5}$$

上式右边第一项沿着矢径，叫做径向速度. 由于 $\boldsymbol{e}_r\cdot\boldsymbol{e}_r=1$，$\boldsymbol{e}_r\cdot\dfrac{\mathrm{d}\boldsymbol{e}_r}{\mathrm{d}t}=0$，第二项沿着垂直于位矢的方向，是横向速度，因而有 $r\dfrac{\mathrm{d}\boldsymbol{e}_r}{\mathrm{d}t}=r\dfrac{\mathrm{d}\theta}{\mathrm{d}t}\boldsymbol{e}_\theta$. 所以，得

$$v^2 = \left(\frac{dr}{dt}\right)^2 + \left(r\frac{d\theta}{dt}\right)^2 \tag{5-6-6}$$

行星的机械能

$$E = \frac{1}{2}mv^2 - G\frac{mm'}{r} \tag{5-6-7}$$

为常量. 将式（5-6-6）代入式（5-6-7），整理，得

$$\left(\frac{dr}{dt}\right)^2 + \left(r\frac{d\theta}{dt}\right)^2 - \frac{2Gm}{r} = \frac{2E}{m'}$$

$$\frac{dr}{dt} = \pm\sqrt{\frac{2E}{m'} + \frac{2Gm}{r} - r^2\left(\frac{d\theta}{dt}\right)^2} = \pm\sqrt{\frac{2E}{m'} + \frac{2Gm}{r} - \frac{L^2}{m'^2r^2}}$$

上式最后一步用到了式（5-6-3）. 于是有

$$\frac{d\theta}{dt} = \frac{d\theta}{dr}\frac{dr}{dt} = \pm\frac{d\theta}{dr}\sqrt{\frac{2E}{m'} + \frac{2Gm}{r} - \frac{L^2}{m'^2r^2}}$$

将式（5-6-3）代入上式左边，得

$$\frac{L}{m'r^2} = \pm\frac{d\theta}{dr}\sqrt{\frac{2E}{m'} + \frac{2Gm}{r} - \frac{L^2}{m'^2r^2}}$$

即

$$d\theta = \pm\frac{d\left(\frac{L}{r}\right)}{\sqrt{2m'E + \left(\frac{Gmm'^2}{L}\right)^2 - \left(\frac{L}{r} - \frac{Gmm'^2}{L}\right)^2}}$$

积分，得

$$\theta - \theta_0 = \pm\int\frac{d\left(\frac{L}{r}\right)}{\sqrt{2mE + \left(\frac{GMm^2}{L}\right)^2 - \left(\frac{L}{r} - \frac{Gmm'^2}{L}\right)^2}} = \pm\arccos\left(\frac{\frac{L}{r} - \frac{Gmm'^2}{L}}{\sqrt{2m'E + \left(\frac{Gmm'^2}{L}\right)^2}}\right)$$

上式最后一步用到了积分公式 $\int\frac{dx}{\sqrt{a^2 - x^2}} = -\arccos\left(\frac{x}{a}\right)$. 取 $\theta_0 = 0$，整理，得

$$r = \frac{\frac{L^2}{Gmm'^2}}{1 + \sqrt{1 + 2m'\left(\frac{L}{Gmm'^2}\right)^2 E}\cdot\cos\theta} \tag{5-6-8}$$

令

$$P = \frac{L^2}{Gmm'^2},\ e = \sqrt{1 + 2m'\left(\frac{L}{Gmm'^2}\right)^2 E} \tag{5-6-9}$$

得

$$r = \frac{P}{1 + e\cos\theta} \tag{5-6-10}$$

这是一个典型二次曲线方程. 由于 $r > 0$，$P > 0$，必有 $1 + e\cos\theta > 0$. 注意到行星绕太阳运动的轨道为一闭合曲线，故轨道上必有一点使 $\theta = \pi$，从而有

$$0 < e < 1 \tag{5-6-11}$$

所以，式（5-6-10）表示一个椭圆，太阳位于椭圆的一个焦点. 这就是开普勒第一定律. 其实，当 $e \neq 0$ 时，在式（5-6-10）表示的三种典型二次曲线——椭圆、抛物线、双曲线中，只有椭圆为一闭合曲线，故行星绕太阳运动的轨道必为椭圆.

由式（5-6-10）可知，$\theta=0$ 时，$r=\dfrac{P}{1+e}$为位矢最小值，此时行星过近日点；$\theta=\pi$ 时，$r=\dfrac{P}{1-e}$为位矢最大值，此时行星过远日点.

2. 星体的机械能

由式（5-6-9）第二式可知，$e<1$ 时行星的机械能 $E<0$. 这就是说，凡是被太阳引力束缚而绕太阳运动的星体的机械能都是负值. 作为一种近似，如果令 $e=0$，即把行星绕太阳的运动看成圆运动，则可由式（5-6-9）第二式和圆运动轨道角动量 $L=mrv$ 得行星的机械能

$$E=-\frac{1}{2m'}\left(\frac{Gmm'^2}{L}\right)=-\frac{1}{2m'}\left(\frac{Gmm'}{rv}\right)^2=-\frac{Gmm'}{2r}<0 \qquad (5\text{-}6\text{-}12)$$

上式最后一步利用了圆运动向心力的关系式

$$m'\frac{v^2}{r}=\frac{Gmm'}{r^2} \qquad (5\text{-}6\text{-}13)$$

式（5-6-12）的结果与将式（5-6-13）代入式（5-6-7）计算的结果相同.

由式（5-6-9）第二式还可知，当 $e=1$，即当星体沿着抛物线运动时，$E=0$；而当 $e>1$，即当星体沿着双曲线运动时，$E>0$. 可见，只受引力作用的星体的机械能虽然守恒，但不一定为负. 只有当星体为引力束缚而绕太阳运动时，星体的机械能才是负值.

3. 开普勒第二定律

由式（5-6-3）可知

$$\frac{L}{2m'}=\frac{1}{2}rv\sin\varphi \qquad (5\text{-}6\text{-}14)$$

是一个常量，而且是行星绕太阳运动时位矢在单位时间内扫过的面积. 这就是说，行星绕太阳做椭圆运动时，相等时间内位矢扫过的面积相等. 这就是开普勒第二定律.

4. 开普勒第三定律

行星绕太阳运动一周的时间叫做行星的运动周期. 设某行星的运动周期为 T，椭圆轨道的长、短半轴是 a、b，则有

$$\frac{1}{2}\frac{L}{m'}=\frac{\pi ab}{T} \qquad (5\text{-}6\text{-}15)$$

由式（5-6-9）第一式得 $P=\dfrac{1}{Gm}\left(\dfrac{L}{m'}\right)^2=\dfrac{1}{Gm}\left(\dfrac{2\pi ab}{T}\right)^2$，且 $P=\dfrac{b^2}{a}$，故有

$$T^2=\frac{4\pi^2}{Gm}a^3 \qquad (5\text{-}6\text{-}16)$$

这表明，行星运动周期的平方与椭圆轨道长半轴的立方成正比. 这就是开普勒第三定律.

思考题 5.6

有人在论证开普勒第一定律时说：行星始终在太阳引力场中运动，取无限远处的引力势能为零，故其机械能 $E<0$，由式（5-6-9）第二式得 $e<1$，所以，式（5-6-10）表示椭圆. 这种说法正确否？为什么？

习　题　5

5-1　已知一飞轮绕定轴转动时其角坐标与时间的关系为 $q=at+bt^2$，其中 a 与 b 均为常量. 求：(1) 飞轮定轴转动时的角速度和角加速度；(2) 距转轴 r 处质点的切向加速度和法向加速度.

5-2　一初始角速度为 ω_0 的飞轮受到摩擦力矩的减速作用，其角加速度 β 的大小与角速度 ω 满足关系 $\beta=-c\omega$，其中 c 为一正常量．试写出飞轮的角速度与时间的函数关系．

5-3　一汽车发动机曲轴的转速在 12 s 内由 1200 r/min 均匀地增加到 7200 r/min，求：(1) 曲轴转动的角加速度；(2) 在此时间内曲轴转了多少转？

5-4　一辆汽车以 16.67 m/s 的速度行驶，其车轮直径为 0.76 m．(1) 求车轮绕轴转动的角速度；(2) 如果使车轮在 30 转内匀减速地停止下来，角加速度多大？(3) 在制动期间，汽车前进了多远？

5-5　一质点在半径为 r 的圆周上运动，在某一时刻其角加速度为 β，角速度为 ω．试证明该时刻的线加速度为 $a=r(\omega^4+\beta^2)^{\frac{1}{2}}$.

5-6　一刚体由静止开始，绕一固定轴作匀角加速转动．由实验可测得刚体上某点的切向加速度为 a_t，法向加速度为 a_n，试证明 $a_n/a_t=2\theta$，θ 为任意时间内转过的角度.

5-7　设某机器上的飞轮的转动惯量为 63.6 kg·m²，角速度为 31.4/ s，在制动力矩的作用下，飞轮经过 20 s 匀速停止转动，求角加速度和制动力矩.

5-8　如题 5-8 图所示，A 和 B 两飞轮的轴杆在同一中心线上．设两轮的转动惯量分别为 J_1 和 J_2，开始时，A 轮转速为 n_0，B 轮静止．C 为摩擦啮合器，其转动惯量可忽略不计．A 和 B 分别与 C 的左、右两个组件相连，当 C 的左右组件啮合时，B 轮得到加速而 A 轮减速，直到两轮的转速相等为止．假设轴光滑，求：(1) 两轮啮合后的转速 n；(2) 两轮各自所受的冲量矩．

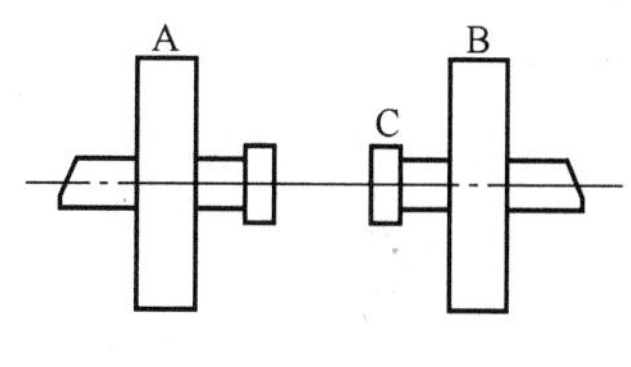

题 5-8 图

5-9　一飞轮由一直径为 30 cm、厚度为 2.0 cm 的圆盘和两个直径为 10 cm、长为 8.0 cm 的圆柱体组成，设飞轮的密度为 7.8×10^3 kg/m³，求飞轮对转轴的转动惯量.

5-10　如题 5-10 图所示，圆盘的质量为 m、半径为 R. 轴 $O'O'$ 过盘的边缘并平行于过盘心的转轴 OO. 求圆盘对 $O'O'$ 轴的转动惯量.

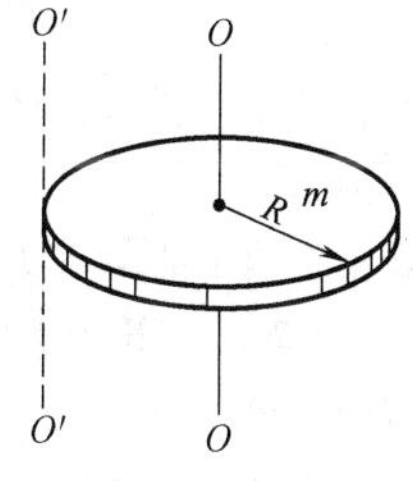

题 5-10 图

5-11　试证明质量为 m、半径为 R 的均匀球体对直径的转动惯量为 $\frac{2}{5}mR^2$. 如果以和球体相切的直线为轴，其转动惯量又为多少？

5-12　均匀矩形板的质量密度为 σ，试证矩形板相对于垂直过板面几何中心的转轴的转动惯量为 $\frac{\sigma ab}{12}(a^2+b^2)$，其中 a 为矩形板的长，b 为它的宽.

5-13　如题 5-13 图所示，一质量为 m 的物体悬于一条轻绳的一端，绳另一端绕在一轮轴的轴上．轴水平且垂直于轮轴面，其半径为 r，整个装置架在光滑的固定轴承之上．当物体从静止释放后，在时间 t 内下降了一段距离 s. 试求整个轮轴的转动惯量．

5-14　如题 5-14 图所示，$m_1=10$ kg 和 $m_2=6$ kg 的两个小球用质量可略去不计的刚性细杆相连接．开始时它们静止在 xOy 平面上，若它们受到外力 $\boldsymbol{F}_1=8\boldsymbol{i}$N 和 $\boldsymbol{F}_2=6\boldsymbol{j}$N 的作用，试求：(1) 它们质心的坐标与时间的函数；(2) 系统总动量与时间的函数．

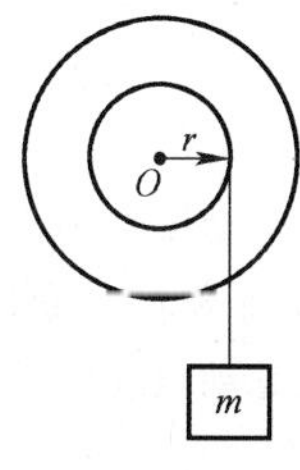

题 5-13 图

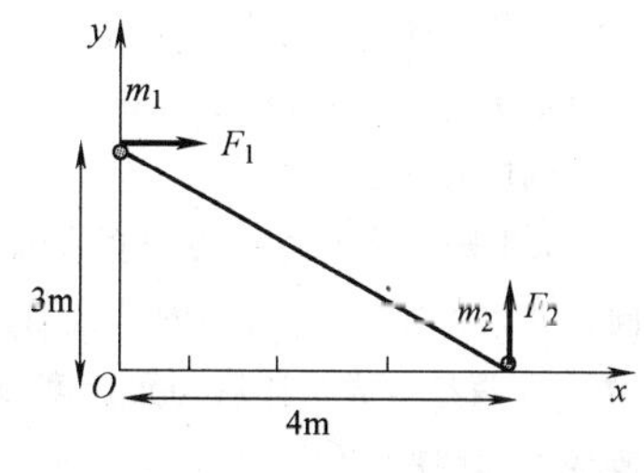

题 5-14

5-15　如题 5-15 图所示，半径 $r=15$ cm，质量 $m_1=16$ kg 的实心圆柱体可绕其固定水平轴转动，阻力忽略不计. 一条轻质细绳绕在圆柱体上，其另一端系一质量 $m_2=8.0$ kg 的物体. 在忽略阻力的情况下，求：(1) 由静开始过 1.0 s 后，物体 m_2 下降的距离；(2) 绳的张力.

5-16　如题 5-16 图所示为阿脱伍德（Atwood）机. 一细绳跨过一定滑轮，绳的两端分别悬有质量为 m_1 和 m_2 的物体，$m_1>m_2$. 设定滑轮是一质量为 m'、半径为 r 的圆盘，绳与滑轮无相对滑动. 试求物体的加速度和绳的张力. 如果略去滑轮的运动，将会得到什么结果？

5-17　质量为 m_1 和 m_2 的两物体分别悬挂在如题 5-17 图所示的组合轮两端. 两轮的半径分别为 R 和 r，转动惯量分别为 J_1 与 J_2，轮与轴承间、细绳与轮间的摩擦均忽略不计，试求两物体的加速度和绳的张力.

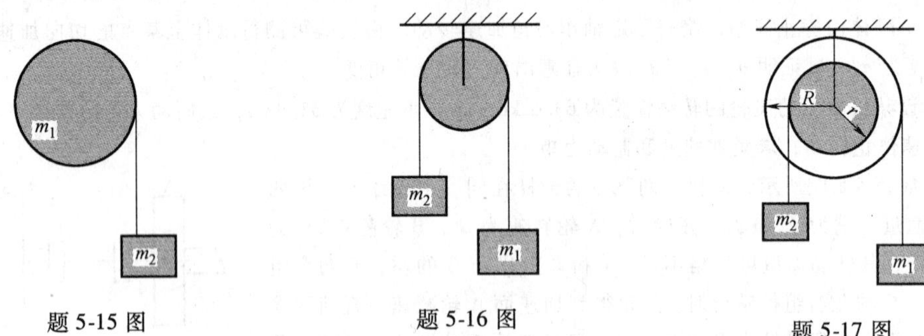

题 5-15 图　　题 5-16 图　　题 5-17 图

5-18　如题 5-18 图所示，一劲度系数为 1.0×10^3 N/m 的轻弹簧右端固定，左端连一轻绳. 绳子绕过一半径为 20 cm、转动惯量为 0.5 kg·m^2 的定滑轮后连接一质量为 50 kg 的物体. 滑轮可看做匀质圆盘且轴视为光滑. 先用手托住物体使弹簧为自然长度，然后松手使其下落，求物体下落 40 cm 时的速度.

5-19　一个质量为 m、半径为 R 的均匀薄圆盘在水平桌面上绕中心轴转动，若初始时刻圆盘的角速度为 ω_0，当圆盘与桌面的摩擦因数为 μ 时，求：(1) 圆盘转动过程中受到的摩擦力力矩；(2) 圆盘转动过程中的角速度；(3) 圆盘停下来所需的时间.

5-20　一长为 l 可绕其中点在竖直平面内转动的轻质细杆两端附着质量分别为 m_1 和 m_2 两个小球（$m_1>m_2$）. 先把杆放置在水平位置，然后由静止释放，求：(1) 开始运动时杆的角加速度；(2) 杆经过竖直位置时的角速度. 不计细杆质量.

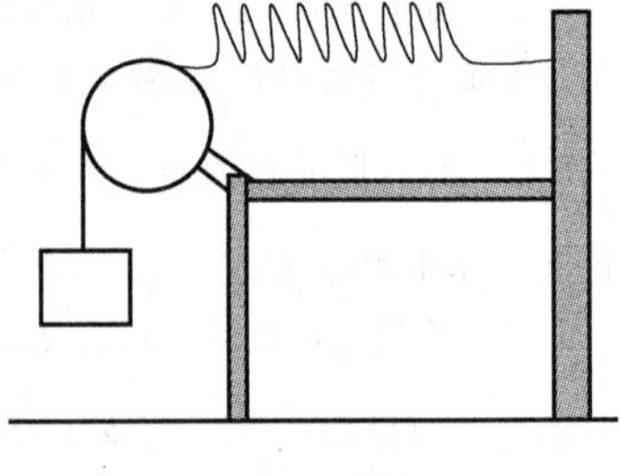

题 5-18 图

5-21　一质量为 1.12 kg、长 1.0 m 的均匀细棒，支点在棒的上端点. 开始时棒静止于竖直位置. 若以 100 N 的力击其下端点、打击时间为 1/50 s，求击打前后其角动量的变化和棒的最大偏转角.

5-22　一半径为 R、质量为 m_1 的匀质圆盘可绕过盘心且垂直于盘面的轴在水平面上自由转动. 初始时刻，一质量为 m_2 的人站在盘心，圆盘转动的角速度为 ω_0，后来人由盘心走到盘边缘站住，求此时圆盘的角速度. 随后，人开始沿盘边缘走动以使圆盘相对于地面静止，问此时人运动的速率应为多大？

5-23　在光滑的水平面上有一木杆，其质量为 $m_1=1.0$ kg、长 $l=40$ cm，可绕过其中点并与之垂直的轴转动. 一质量为 $m_2=10$ g 的子弹以 $v=200$ m/s 的速度射入杆端，其方向与杆及轴正交. 若子弹陷入杆中，试求所得到的角速度.

5-24　一水平圆盘绕通过中心的竖直轴旋转，角速度为 ω_1，它对轴的转动惯量为 J_1. 现在其上有一转动方向相同，并以角速度 ω_2 转动的平行圆盘，这圆盘对同一转轴的转动惯量为 J_2. 现使上盘落下，两盘合成一体. (1) 求两盘合成一体后的角速度 ω；(2) 第二盘落下后，两盘的总动能改变了多少？(3) 两圆盘总动能的改变怎样解释？

5-25　光滑水平面上一个质量为 m、长度为 L 的均匀细杆以角速度 ω 绕其中点自由转动. 如果细杆的转轴突然平行地从过中点变为过一个端点，求新角速度和转动能的变化量.

5-26　如题 5-26 图所示，一个质量为 m、连着细绳的小球在光滑水平面上以角速度 ω_0 做半径为 r_0 的匀速圆运动. 向下拉细绳直到小球的运动半径变为 $r_0/2$，求新的角速度和拉力的功.

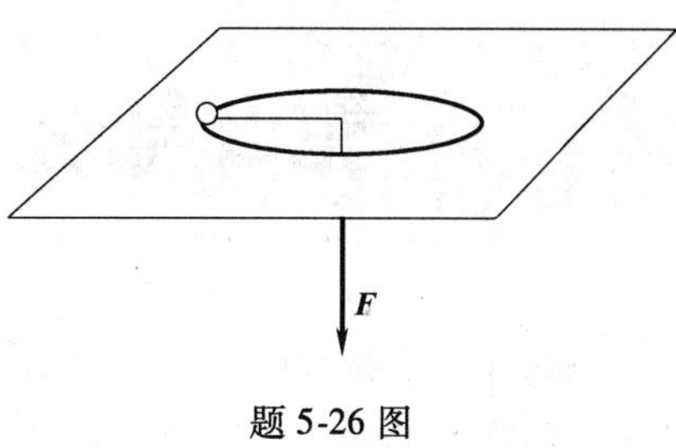

题 5-26 图

5-27　一长为 1.0 m、质量为 0.1 kg 的细杆在光滑水平面上以速度 0.5 m/s 沿与杆垂直的方向平动. 在杆与垂直水平面的 O 轴相撞后会绕该轴转动. 若两者碰撞的位置距杆一端为 1/3 m，求杆绕 O 轴转动时的角速度.

第2部分 机械振动和机械波

物体在某个位置附近的往复运动叫做机械振动（mechanical vibration）. 机械振动有各种各样，如弹簧的振动、琴弦的振动、机器运转时的振动等. 机械振动很常见，是物质运动的普遍形式之一.

在像空气、水、钢轨等连续分布的介质中，一块微小的介质叫做介质元（medium element）. 连续介质中某处的介质元振动时，必然带动相邻的介质元随之振动，并由近及远传播开去，形成机械波（mechanical wave）. 例如，向平静的水面投下一粒石子儿，就会形成水面波. 可见，机械波就是机械振动在连续介质中的传播. 产生机械波的条件是存在波源（wave source）和连续介质（continuous medium）.

机械振动和机械波理论是进一步研究光波、电磁波和粒子波的基础，是人们对物质运动认识的重要发展阶段，在工程技术领域有着极其广泛的应用.

第6章 机 械 振 动

作机械振动的物体若能被看做质点，则称为振子（vibrator）. 振子所受合力为零的位置叫做振子的平衡位置（equilibrium position）. 振子相对于平衡位置的位移是时间的余弦（或正弦）函数的机械振动叫做谐振动（harmonic vibration）. 所谓“谐”，是“和谐、悦耳”之意，源自乐器振动发出的声音多为和谐、悦耳之音. 在振动学中，振动系统所受外界施加的摩擦力、介质黏滞力（如空气阻力）等统称为阻尼（damping）. 谐振动分为两类：无阻尼谐振动叫做简单谐振动或简谐振动（simple harmonic vibration）. 另一类谐振动是稳定受迫振动（steady driven vibration）. 本章主要研究简谐振动及其叠加，并简要介绍阻尼振动（damping vibration）、受迫振动和共振（resonance）.

6.1 简谐振动

1. 简谐振动的概念

让我们从观察分析几种振动模型开始.

（1）水平弹簧振子

如图6-1-1所示，劲度系数为 k 的一根轻弹簧（“轻弹簧”意指不计弹簧质量）一端固定，另一端连着质量为 m 的物体（振子），被置于水平光滑面上. 这个振动模型叫做水平弹簧振子（level spring vibrator）. 取振子运动方向为 x 轴，弹簧自由伸长时振子的位置 O 点为 x 轴的坐标原点. 振子左右运动时，不计振子所受摩擦

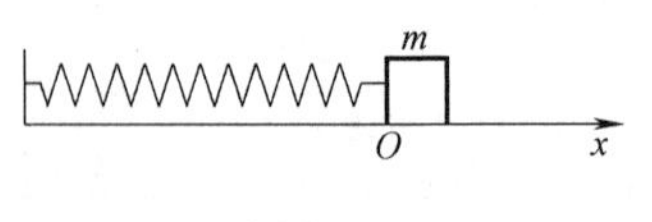

图6-1-1

力及空气阻力，根据胡克定律，振子所受合力（亦称恢复力）是

$$F = -kx \tag{6-1-1}$$

其中 x 是振子相对于平衡位置 O 点的位移，负号表示力 F 的方向总是与位移 x 的方向相反.

（2）竖直弹簧振子

将弹簧振子悬挂起来，就构成一个竖直弹簧振子（vertical spring vibrator），如图 6-1-2 所示. 图中 O'点是弹簧自由（弹簧不受任何力）伸长时振子的位置，O 点是振子的平衡位置. 取向下为 x 轴正方向. 若不计空气阻力，振子上下振动时所受合力是

$$F = -k(x_0 + x) + mg$$

式中，x_0 是振子静止于 O 位置时弹簧的伸长量；x 是振子振动时相对于平衡位置 O 的位移. 振子静止于 O 位置时 $mg - kx_0 = 0$，故有

$$F = -kx \tag{6-1-2}$$

（3）单摆

如图 6-1-3 所示，长为 l 的细线下端系着质量为 m 的小球，上端固定，小球静止位置 O 就是小球的平衡位置. 若小球左右摆动时细线（摆线）偏离垂直位置的角度 $\theta \leqslant 5°$，这种装置就叫做单摆（simple pendulum）. 若不计空气阻力，小球（摆锤）左右摆动时所受切向合力的大小为

$$F = mg\sin\theta$$

由于 $\theta \leqslant 5°$，所以 $\sin\theta \approx \theta = \frac{x}{l}$. x 本为弧线长度，但由于 θ 很小，x 可看成摆锤相对于平衡位置 O 的直线位移，于是，切向合力 F 就是摆锤所受的合力并可写为

$$F = -kx \tag{6-1-3}$$

其中 $k = \frac{mg}{l}$叫做准劲度系数. 作为一个振动系统，单摆包括地球.

图 6-1-2　　图 6-1-3

为了证明地球的自转，法国人傅科（J. L. Foucault，1819—1868）于 1851 年把一个摆线长 67 m、摆球重 28 kg 的单摆悬挂在了巴黎一个大建筑物的穹形天花板上，这个单摆被后人称为傅科摆. 由于采取了特殊设计，挂点处的摩擦很小，可忽略不计. 实际观察发现，傅科摆在摆动时其摆动面缓慢地顺时针转动. 由于傅科摆在垂直于摆动面的方向上没有受到任何作用力，摆动面的方向不变，所以，人们看到的摆动面顺时针转动是地球逆时针转动的结果. 这样，傅科令人信服地证明了地球的自转. 摆动面在北半球顺时针转动，在南半球逆时针转动. 纬度越高，摆动面转动越快，在赤道上几乎不转动. 由于地球每小时转过的角度是

15°，摆动面转过的角度可以用式子 $\varphi = 15° t \sin\theta$ 计算，θ 是单摆所在位置的纬度，t 是观测的时间.

（4）复摆

如图 6-1-4 所示，使一个刚体（如一块木板）绕过自身某非质心点的水平轴左右自由摆动，这个装置就叫做物理摆（physical pendulum）或复摆（complex pendulum）. 刚体左右摆动时，所受重力力矩是

$$M = -mgr\sin\theta$$

式中，r 是质心到转轴的距离；θ 是刚体质心偏离平衡位置的角位移. 取 $\theta \leqslant 5°$，上式可写成

$$M = -k\theta \tag{6-1-4}$$

其中，准劲度系数 $k = mgr$. 作为一个振动系统，复摆包括地球.

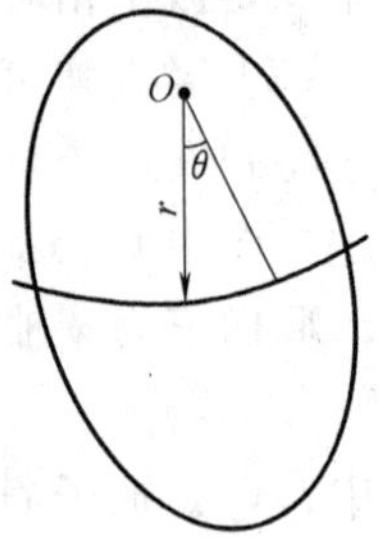

图 6-1-4

从上述几个振动模型（还可以举出一些，见习题）可以看出，若不计阻尼，看似不同的振动系统的振子所受合力都可以归结为式（6-1-1）或式（6-1-4）的形式. 据此，引入简谐振动的定义：

振子所受合力（或合力矩）与位移（或角位移）成正比且反向的振动叫做简谐振动.

需要注意的是，简谐振子的劲度系数或准劲度系数由系统的固有性质决定.

2. 谐振函数

根据牛顿第二定律，振子所受合力

$$F = ma = m\frac{\mathrm{d}^2x}{\mathrm{d}t^2} \tag{6-1-5}$$

将上式代入式（6-1-1），令 $\omega^2 = \frac{k}{m}$，得

$$\frac{\mathrm{d}^2x}{\mathrm{d}t^2} + \omega^2 x = 0 \tag{6-1-6}$$

此方程的一个解是

$$x = A\cos(\omega t + \varphi) \tag{6-1-7}$$

与上式相似，式（6-1-4）的解是

$$\theta = \theta_0\cos(\tilde{\omega} t + \varphi) \tag{6-1-8}$$

式中，$\tilde{\omega} = \sqrt{\frac{k}{J}}$；$J$ 是刚体相对水平转轴的转动惯量. 式（6-1-7）或式（6-1-8）叫做简谐振动的谐振函数，它描述振子位移（或角位移）随时间的变化. 谐振函数曲线是余弦曲线，叫做谐振曲线，如图 6-2-1 所示.

3. 振幅、周期、频率

由于式（6-1-8）与式（6-1-7）形式相同，下面只讨论式（6-1-7）.

谐振函数式（6-1-7）中的积分常数 A 是振子的最大位移，叫做振幅（amplitude）. 简谐振动的振幅由振子振动的初始条件决定.

当振子完成一次往返回到原来状态，即位置和速度都恢复到原来的值时，称振子完成了一次全振动. 振子完成一次全振动的时间叫做周期（period），记为 T. 单位时间内振子完成全振动的次数叫做振动的频率（frequency），记为 ν. 周期与频率的关系是

$$T = \frac{1}{\nu} \tag{6-1-9}$$

由周期的定义可知，谐振函数式（6-1-7）满足条件

$$\cos[\omega(t+T)+\varphi] = \cos(\omega t+\varphi+2\pi)$$

所以

$$\omega = \frac{2\pi}{T} = 2\pi\nu \tag{6-1-10}$$

常数 ω 因此叫做圆频率或角频率. 由上式可知，弹簧振子的频率

$$\nu = \frac{1}{2\pi}\sqrt{\frac{k}{m}} \tag{6-1-11}$$

而单摆的频率

$$\nu = \frac{1}{2\pi}\sqrt{\frac{g}{l}} \tag{6-1-12}$$

如前所说，简谐振动系统的（准）劲度系数 k 由系统的固有性质决定，因此，频率由系统的固有性质决定，称为固有频率（natural frequency）. 当然，周期也是系统固有的. 频率和周期为振动系统所固有是简谐振动的重要性质.

例题 6-1-1　将劲度系数为 k_1、k_2 的两个轻弹簧与质量为 m 的小球串连起来做成水平弹簧振子，有两种串连方式，如图 6-1-5 所示. 不计阻尼，求两种振动系统的固有频率.

解：第一种连接法如图 6-1-5a 所示. 小球左右振动时所受合力为

$$F = -(k_1+k_2)x = -kx$$

固有频率为

$$\nu = \frac{1}{2\pi}\sqrt{\frac{k}{m}} = \frac{1}{2\pi}\sqrt{\frac{k_1+k_2}{m}}$$

第二种连接法如图 6-1-5b 所示. 设两个弹簧连接后的等效劲度系数为 k，小球所受合力为 $F=-kx$，两个弹簧上的张力分别是 $F_1=-k_1x_1$，$F_2=-k_2x_2$. 因为 $x=x_1+x_2$，得

$$\frac{F}{k} = \frac{F_1}{k_1} + \frac{F_2}{k_2}$$

由于不计弹簧质量，连接起来的弹簧上张力大小处处相等，即 $F=F_1=F_2$，所以

$$k = \frac{k_1k_2}{k_1+k_2}$$

固有频率为

$$\nu = \frac{1}{2\pi}\sqrt{\frac{k}{m}} = \frac{1}{2\pi}\sqrt{\frac{k_1k_2}{m(k_1+k_2)}}$$

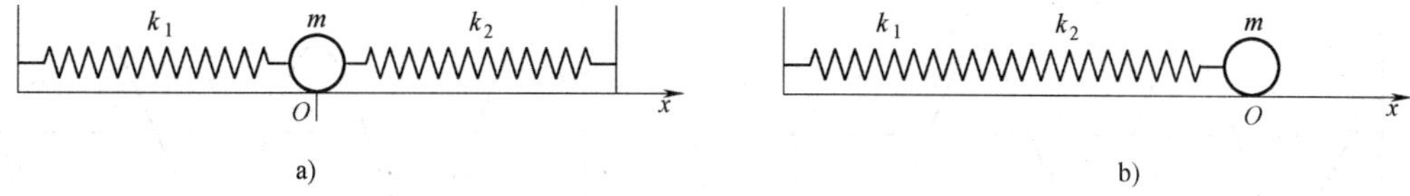

图 6-1-5

4. 谐振子的能量

谐振子所受合力 $F=-kx$ 与弹簧弹力表示式相同，是保守力，因此，谐振子在振动中机械能守恒. 这可验证如下：

振子运动速度

$$v = \frac{dx}{dt} = -A\omega\sin(\omega t + \varphi) \qquad (6\text{-}1\text{-}13)$$

振子动能

$$E_k = \frac{1}{2}mv^2 = \frac{1}{2}mA^2\omega^2\sin^2(\omega t + \varphi)$$

振子势能

$$E_p = \frac{1}{2}kx^2 = \frac{1}{2}kA^2\cos^2(\omega t + \varphi)$$

注意到 $\omega^2 = \frac{k}{m}$，得振子机械能

$$E = E_k + E_P = \frac{1}{2}kA^2 \qquad (6\text{-}1\text{-}14)$$

这表明谐振子机械能由初始条件给定并保持不变，或者说简谐振动系统是一个与外界没有能量交换的孤立系统.

由式（6-1-7）和式（6-1-13）可得到一个有用的关系式

$$x^2 + \frac{v^2}{\omega^2} = A^2 \qquad (6\text{-}1\text{-}15)$$

思考题 6.1

1. 小孩拍皮球. 若皮球每次上升到同样高度，皮球的振动是否是简谐振动?
2. 两根轻弹簧除长度不同其余性质都相同. 用两个同样的小球连在这两根弹簧上做成两个振子，哪个振子的频率高?
3. 简谐振子的运动是否是匀速运动? 是否是匀加速运动?
4. 有人说：速度大的振子频率高. 正确否? 为什么?

6.2 相位和旋转矢量

谐振函数 $x = A\cos(\omega t + \varphi)$ 中的量 $\omega t + \varphi$ 叫做相位（phase），记为

$$\Phi(t) = \omega t + \varphi \qquad (6\text{-}2\text{-}1)$$

显而易见，相位 $\Phi(t)$ 是时间 t 的单值增函数，积分常数 φ 就是 $t=0$ 时的相位，叫做初相（initial phase）. 初相不同的谐振函数的谐振曲线不同，如图 6-2-1 所示.

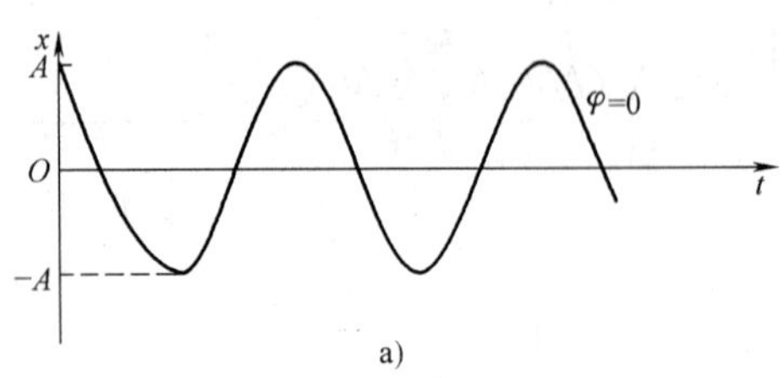

a)

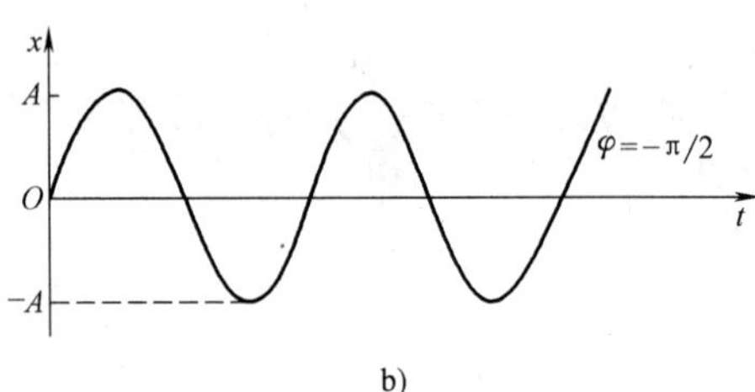

b)

图 6-2-1

相位的物理意义可以用旋转矢量说明.

如图 6-2-2 所示，谐振子沿 x 轴往返运动，x 轴叫做振动轴，O 点为谐振子的平衡位置. 以 O 点为圆心、以振幅 A 为模作一矢量 $\boldsymbol{A}$，并令矢量 $\boldsymbol{A}$ 以 ω 为角速率作逆时针转动，矢量 $\boldsymbol{A}$ 就叫做旋转矢量. 从图 6-2-2 可以看出，相位 $\Phi(t)$ 就是时刻 t 旋转矢量与振动轴正方向的夹角，而振子的位移 $x(t)$ 就是旋转矢量在 x 轴上的投影，即

$$x(t) = A\cos\Phi(t)$$

之所以引入相位，是因为相位是时间 t 的单值增函数. 有了相位，位移和速度相同但属于不同次全振动的那些振子状态就有了各自的相位值，就可以区分开了. 相位是振动和波动理论特有的核心概念.

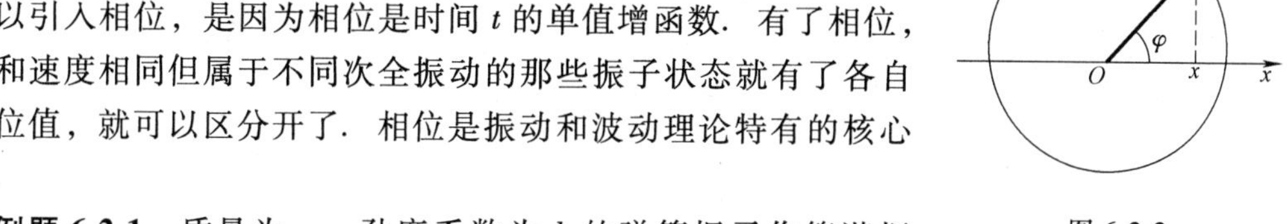

图 6-2-2

例题 6-2-1　质量为 m、劲度系数为 k 的弹簧振子作简谐振动，振幅为 A. 若 $t=0$ 时，振子分别处于下列状态：(a) 过平衡位置向 x 轴正方向运动；(b) 过 $x=A$ 点向平衡位置运动；(c) 过平衡位置向 x 轴负方向运动；(d) 过 $x=-A$ 点向平衡位置运动. 试填出下表中各物理量的值.

状态	φ	F	a	v	E_k	E_p
a						
b						
c						
d						

解：

状态	φ	F	a	v	E_k	E_p
a	$-\pi/2$	0	0	$A\sqrt{k/m}$	$kA^2/2$	0
b	0	$-kA$	$-kA/m$	0	0	$kA^2/2$
c	$\pi/2$	0	0	$-A\sqrt{k/m}$	$kA^2/2$	0
d	π	kA	kA/m	0	0	$kA^2/2$

例题 6-2-2　竖直弹簧振子的劲度系数 $k=100$ N/m，振子质量 $m=1$ kg. 试分别写出与下列初态对应的谐振函数并画出谐振曲线：(1) 将振子从平衡位置向下拉 5 cm，由静止放手；(2) 轻击振子，使振子从平衡位置以初速 $v_0=0.5$ m/s 向上运动.

解：参照图 6-1-2，设向下为振动轴正方向.

(1) 由题意可知，振幅 $A=5$ cm，初相 $\varphi=0$，角频率 $\omega=\sqrt{\dfrac{k}{m}}=10$ rad/s，谐振函数是

$$x = 5\cos(10t)\,(\text{cm})$$

谐振曲线如图 6-2-3 所示.

(2) 振幅 $A=\dfrac{v_0}{\omega}=5$ cm，初相 $\varphi=\dfrac{\pi}{2}$，谐振函数

$$x = 5\cos\left(10t + \frac{\pi}{2}\right)(\text{cm})$$

谐振曲线如图 6-2-4 所示.

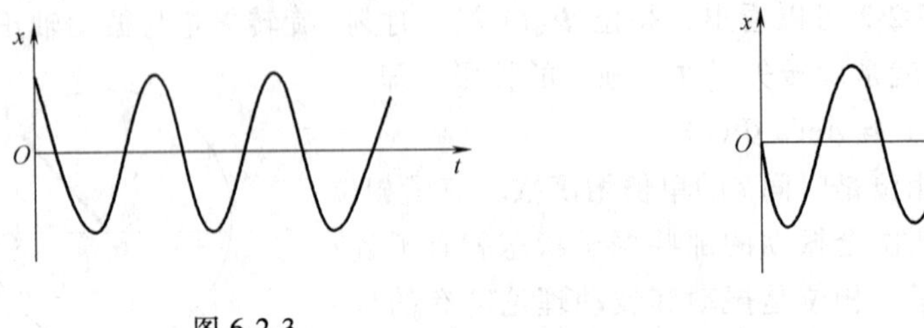

图 6-2-3　　　　图 6-2-4

思考题 6.2

一个劲度系数为 k、质量为 m 的水平弹簧振子作振幅为 A 的简谐振动. 若取向右为振动轴正方向，试问：当分别以下列状态为初态时，振子的初相是多少？谐振函数是什么？画出相应的谐振曲线.

（1）振子过 $x=\frac{1}{2}A$ 点向右运动；（2）振子过 $x=-\frac{1}{2}A$ 向左运动.

6.3* 阻尼振动

作为无阻尼谐振动，简谐振动显然是一种理想模型. 实际的机械振动总是有阻尼的，叫做阻尼振动. 常见的阻尼有两种：一种是摩擦阻尼，如水平弹簧振子与支持平面之间的摩擦力以及空气的黏滞力；另一种是辐射阻尼，如音叉振动时要克服周围空气的压力做功，从而把自身的机械能传（辐射）给了空气，引起空气振动. 本节所说的阻尼指的是摩擦阻尼.

1. 阻尼振动

在一般情况下，振子的阻尼是变量. 通常，振子的运动速度越大，阻尼越大. 设振子的阻尼 F' 与振子的速度 v 成正比而反向，即

$$F' = -zv \tag{6-3-1}$$

式中，比例常数 z 叫做摩擦阻力系数，负号表示阻尼与速度方向相反.

设无阻尼时振子所受合力为 $F=-kx$，于是，有阻尼振子的牛顿方程为

$$m\frac{\mathrm{d}^2x}{\mathrm{d}t^2} + z\frac{\mathrm{d}x}{\mathrm{d}t} + kx = 0 \tag{6-3-2}$$

令 $2\beta=\frac{z}{m}$，$\omega_0^2=\frac{k}{m}$，上式可写为

$$\frac{\mathrm{d}^2x}{\mathrm{d}t^2} + 2\beta\frac{\mathrm{d}x}{\mathrm{d}t} + \omega_0^2x = 0 \tag{6-3-3}$$

式中，β 叫做阻尼系数；ω_0 是系统的固有角频率.

当振子所受阻尼较小，即 $\beta<\omega_0$ 时，振子作阻尼振动，式（6-3-3）叫做摩擦阻尼振动方程，其解是

$$x = A\mathrm{e}^{-\beta t}\cos(\omega t + \varphi) \tag{6-3-4}$$

这个解表示频率为 $\omega=\sqrt{\omega_0^2-\beta^2}$、振幅为 $A\mathrm{e}^{-\beta t}$ 的振动，即振幅随时间延续而衰减的振动，

如图 6-3-1 所示. 振动的周期是

$$T = \frac{2\pi}{\omega} = \frac{2\pi}{\sqrt{\omega_0^2 - \beta^2}} \quad (6\text{-}3\text{-}5)$$

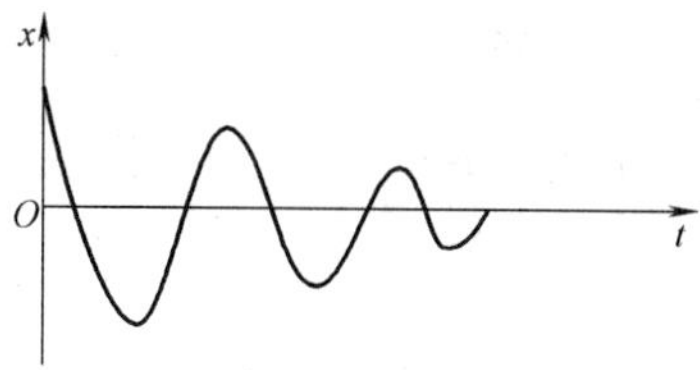

图 6-3-1

可见，对于同一个振动系统，阻尼振动的周期比固有周期长.

$\beta = \omega_0$ 时的阻尼叫做临界阻尼，这时周期 $T \to \infty$，振子实际上不能往返振动；$\beta > \omega_0$ 时的阻尼叫做过阻尼，这时的振子实际上到不了平衡位置，如图 6-3-2 所示. 若将一个劲度系数足够小、振子质量足够大的弹簧振子置于黏度适当的油中，就会发生临界阻尼或过阻尼现象. 对于过阻尼，式（6-3-4）不适用，需另行求解式(6-3-2)，本书不再讨论.

在工程技术问题中，有时需要尽量减少阻尼，但有时需要增大阻尼，如阻尼天平、灵敏电流计都是利用大阻尼以消除振动.

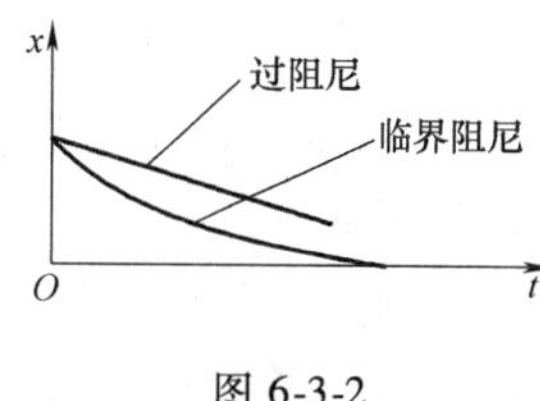

图 6-3-2

2. 受迫振动

许多时候，振动物体在受到阻尼作用的同时还受到周期性驱动力的作用. 受周期性驱动力作用的振动叫做受迫振动. 例如，列车通过时，铁轨、桥梁、房屋的振动就是受迫振动，荡秋千也是受迫振动.

设周期性驱动力

$$Q = Q_0 \cos pt \quad (6\text{-}3\text{-}6)$$

式中，Q_0 是驱动力最大值；p 是驱动力角频率. 考虑了驱动力后，式（6-3-3）变为

$$\frac{d^2x}{dt^2} + 2\beta\frac{dx}{dx} + \omega_0^2 x = q_0 \cos pt \quad (6\text{-}3\text{-}7)$$

上式叫做受迫振动方程，其中的 $q_0 = Q_0/m$. 一般来说，受迫振动的初始阶段情况比较复杂，总的说来，振幅增大. 经过一段时间后，振幅不再变化，受迫振动达到稳定状态. 方程式(6-3-7) 的解

$$x = A\cos(pt + \psi) \quad (6\text{-}3\text{-}8)$$

描述稳定受迫振动的振子位移随时间的变化，其中的振幅

$$A = \frac{q_0}{\sqrt{(\omega_0^2 - p^2)^2 + 4\beta^2 p^2}} \quad (6\text{-}3\text{-}9)$$

是一个常数. 以上两式表明，稳定受迫振动是谐振动，但其频率是驱动力的频率而非固有频率，振幅与驱动力、阻尼、固有频率都有关而不是由初始条件决定.

荡秋千运动就是一个典型的受迫振动. 初始阶段，随着人一次次用力，秋千的振幅一次次增大，运动速度也一次次增大，空气阻力也在增大. 到某个时候，驱动力与阻力在一次全振动中所做功的代数和为零，秋千的振幅不再增大，振动达到了稳定状态. 处于稳定受迫振动状态的秋千的能量呈现周期性的变化：当人用力时，驱动力的功大于阻力的功，秋千的能量增大；人不用力时，阻力做功，秋千的能量减少；一次全振动完成时，秋千的能量恢复到原值. 可见，同是谐振动，稳定受迫振动的振子能量守恒是一个周期内能量输入与输出平衡的结果，并非如简谐振子那样能量始终不变.

3. 共振

从式（6-3-9）可知，稳定受迫振动的振幅与驱动力的角频率有关. 令$\frac{dA}{dp}=0$，得

$$p = \sqrt{\omega_0^2 - 2\beta^2} \tag{6-3-10}$$

这表明驱动力角频率趋近于上式的值时，振幅 A 趋于极大值. 这种现象叫做共振. 事实上，由于许多时候阻尼系数 β 明显小于固有角频率 ω_0，共振往往发生在驱动力角频率接近于固有角频率值的时候.

共振现象可以用如图 6-3-3 所示的共振演示仪演示. 图中绷紧的水平细线上悬挂着 4 个形如单摆的振子，其中 a、c 两个振子的悬线相等或近似相等，b，d 两个振子的悬线各与 a 振子相差较大. 当 a 摆动时，通过水平线给 b，c，d 以周期性的驱动力使之随着振动. 由于 c 的悬线长度与 a 相近，c 与 a 共振，而 b，d 不与 a 共振.

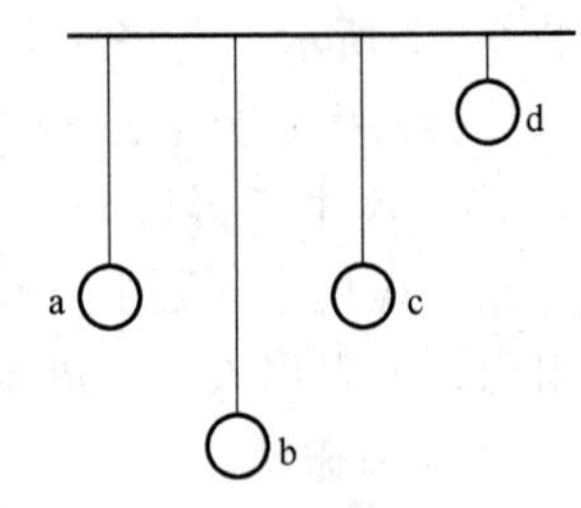

图 6-3-3

共振有时可以被利用，如各种乐器、电话、广播等都利用了共振；有时必须避免，如设计厂房时要注意避免机器与厂房发生共振使厂房损毁. 英国历史上曾发生过一队士兵齐步过桥使桥共振导致坍塌的事.

思考题 6.3

1. 稳定受迫振动与简谐振动有何异同？
2. 共振发生的条件是什么？

6.4 谐振动的叠加

振动也可以叠加. 实践和理论证明，任何振动都可以表示为不同频率、不同振幅的谐振动的叠加. 反之，若干个谐振动叠加的结果是否属于谐振动要视叠加的方式而定. 本节主要讨论几种比较简单的谐振动的叠加. 需要说明的是，本节讨论的是谐振动的叠加，而不仅仅是简谐振动的叠加，虽然为简便起见，本节使用了与 6.1 节讨论简谐振动时使用的同样符号.

1. 振动轴相同频率相同的谐振动的叠加

(1) 两个谐振动的叠加

设振子同时参与两个振动轴相同、频率相同的谐振动. 这两个谐振动的谐振函数是

$$x_1 = A_1\cos(\omega t + \varphi_1),\ x_2 = A_2\cos(\omega t + \varphi_2) \tag{6-4-1}$$

那么，这两个谐振动叠加的结果是什么呢？我们先用旋转矢量法来讨论这个问题.

如图 6-4-1 所示，设在任意时刻 t，上述两个谐振动的旋转矢量 $\boldsymbol{A}_1$ 和 $\boldsymbol{A}_2$ 位于图示位置，它们之间的夹角就是两个谐振动的相位差，即

$$\Delta\Phi = \Phi_2 - \Phi_1 = \varphi_2 - \varphi_1 \tag{6-4-2}$$

而两个矢量的合矢量 $\boldsymbol{A}$ 的模

$$A = \sqrt{A_1^2 + A_2^2 + 2A_1A_2\cos\Delta\Phi} \tag{6-4-3}$$

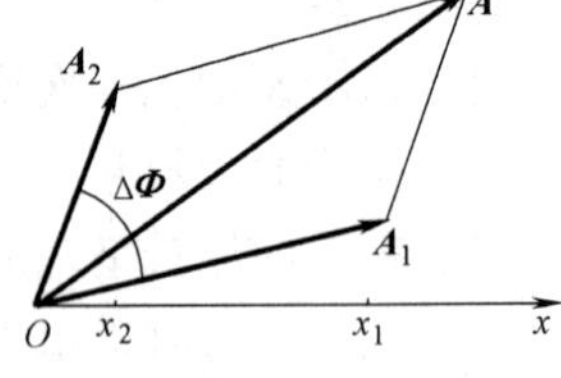

图 6-4-1

当 $t=0$ 时，合矢量 $\boldsymbol{A}$ 与 x 轴正向的夹角即 $\boldsymbol{A}$ 的初相

$$\varphi = \arctan\left[\frac{A_1\sin\varphi_1 + A_2\sin\varphi_2}{A_1\cos\varphi_1 + A_2\cos\varphi_2}\right] \tag{6-4-4}$$

由于 $\boldsymbol{A}_1$，$\boldsymbol{A}_2$ 以同样的角速率 ω 逆时针旋转，它们的合矢量 $\boldsymbol{A}$ 也以角速率 ω 逆时针旋转. 在任意时刻 t，$\boldsymbol{A}$ 与 x 轴正向的夹角即 $\boldsymbol{A}$ 的相位

$$\Phi(t) = \omega t + \varphi \tag{6-4-5}$$

所以，合矢量 $\boldsymbol{A}$ 在 x 轴上的投影是

$$x = A\cos(\omega t + \varphi) \tag{6-4-6}$$

上式表示一个谐振动，其振幅和初相由式（6-4-3）和式（6-4-4）给出. 由图（6-4-1）易见

$$x = x_1 + x_2 \tag{6-4-7}$$

上式说明，式（6-4-6）所表示的谐振动是式（6-4-1）给定的两个谐振动的叠加，故称 A 为合振动振幅，称 φ 为合振动初相. 与合振动式（6-4-6）相对应，式（6-4-1）的两个振动被称为分振动.

式（6-4-6）也可用下面的三角函数变换得到.

令

$$x = x_1 + x_2$$

则

$$\begin{aligned} x &= x_1 + x_2 = A_1\cos(\omega t + \varphi_1) + A_2\cos(\omega t + \varphi_2) \\ &= A_1(\cos\omega t\cos\varphi_1 - \sin\omega t\sin\varphi_i) + A_2(\cos\omega t\cos\varphi_2 - \sin\omega t\sin\varphi_2) \\ &= (A_1\cos\varphi_1 + A_2\cos\varphi_2)\cos\omega t - (A_1\sin\varphi_1 + A_2\sin\varphi_2)\sin\omega t \end{aligned}$$

令

$$A = \sqrt{A_1^2 + A_2^2 + 2A_1A_2\cos\Delta\Phi}, \quad \Delta\Phi = \Phi_2 - \Phi_1 = \varphi_2 - \varphi_1$$

$$\varphi = \arctan\left[\frac{A_1\sin\varphi_1 + A_2\sin\varphi_2}{A_1\cos\varphi_1 + A_2\cos\varphi_2}\right]$$

得

$$\begin{aligned} x &= A\left[\frac{A_1\cos\varphi_1 + A_2\cos\varphi_2}{A}\cos\omega t - \frac{A_1\sin\varphi_1 + A_2\sin\varphi_2}{A}\sin\omega t\right] \\ &= A(\cos\varphi\cos\omega t - \sin\varphi\sin\omega t) \\ &= A\cos(\omega t + \varphi) \end{aligned}$$

按照式（6-4-3），当两个分振动的相位差（即初相差）

$$\Delta\Phi = \begin{cases} 2k\pi, \\ (2k+1)\pi \end{cases} \quad (k = 0, \pm 1, \pm 2, \cdots) \tag{6-4-8}$$

时，合振幅

$$A = \begin{cases} A_1 + A_2, \\ |A_1 - A_2| \end{cases} \quad (k = 0, \pm 1, \pm 2, \cdots) \tag{6-4-9}$$

若相位差 $\Delta\Phi = 2k\pi$，两个分振动叫做同相振动；若相位差 $\Delta\Phi = (2k+1)\pi$，两个分振动叫做反相振动. 上式表明：两个分振动同相时，合振幅最大，称分振动相互加强；两个分振动

反相时，合振幅最小，称分振动相互减弱. 特别当分振动振幅相等时，反相分振动的合振幅为零，振子静止.

例题 6-4-1 已知两个谐振动

$$x_1 = 3\cos(0.5\pi t)(\text{cm}), x_2 = 4\cos\left(0.5\pi t - \frac{1}{4}\pi\right)(\text{cm})$$

求合振动.

解：由题可知，两个谐振动的振动轴相同，频率相同，故合振幅

$$A = \sqrt{A_1^2 + A_2^2 + 2A_1A_2\cos\Delta\Phi} = \sqrt{9 + 16 + 24\cos45°}\text{cm} \approx 6.5\text{ cm}$$

合初相

$$\varphi = \arctan\left[\frac{A_1\sin\varphi_1 + A_2\sin\varphi_2}{A_1\cos\varphi_1 + A_2\cos\varphi_2}\right] = \arctan\left[-\frac{2\sqrt{2}}{3 + 2\sqrt{2}}\right] \approx -25.8°$$

φ 的另一个值 154.2°不符合题意，已经舍去. 所以，合振动是

$$x = 6.5\cos(0.5\pi t - 25.8°)(\text{cm})$$

(2) 多个谐振动的叠加

设振子同时参与 N 个振动轴相同频率相同的谐振动. 这 N 个谐振动的谐振函数为

$$x_i = A_i\cos(\omega t + \varphi_i), i = 1,2,3,\cdots,N \tag{6-4-10}$$

由旋转矢量图（图 6-4-2）（图中只画出了三个分振动的旋转矢量）可知：

合振幅

$$A = \sqrt{(A_1\cos\varphi_1 + A_2\cos\varphi_2 + \cdots)^2 + (A_1\sin\varphi_1 + A_2\sin\varphi_2 + \cdots)^2}$$

$$= \sqrt{A_1^2 + A_2^2 + A_3^2 + \cdots 2A_1A_2\cos(\varphi_2 - \varphi_1) + 2A_1A_3\cos(\varphi_3 - \varphi_1) + \cdots},$$

即

$$A = \sqrt{\sum_{i=1}^{N} A_i^2 + 2\sum_{j>i=1}^{N} A_iA_j\cos(\varphi_j - \varphi_i)} \tag{6-4-11}$$

合初相

$$\varphi = \arctan\left[\frac{\sum_i^N A_i\sin\varphi_i}{\sum_i^N A_i\cos\varphi_i}\right] \tag{6-4-12}$$

例题 6-4-2 有三个振动轴相同、频率相同、振幅相同的谐振动，两两初相差为 120°，求合振动函数.

解：由旋转矢量法可知，合振幅 $A=0$，如图 6-4-3 所示.

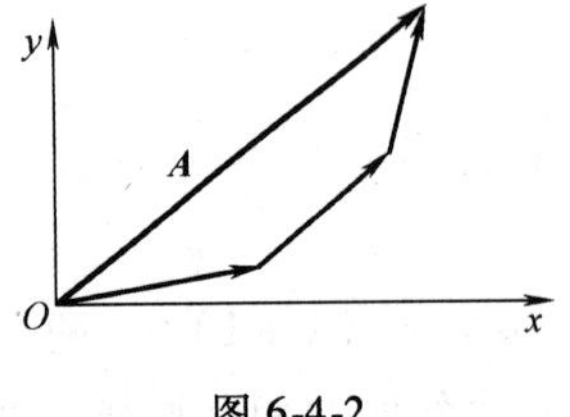

图 6-4-2

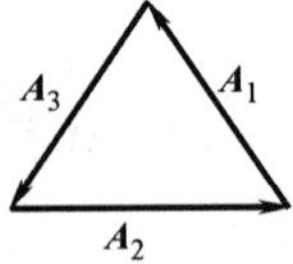

图 6-4-3

或者，由式（6-4-11）和式（6-4-12）得

$$A = \sqrt{3A_0^2 + 6A_0^2\cos 120°} = 0$$

$$\varphi = \arctan\left[\frac{\sin0 + \sin120° + \sin240°}{\cos0 + \cos120° + \cos240°}\right] = 0$$

所以，合振动函数

$$x = 0$$

2. 振动轴相同频率不同的两个谐振动的叠加

设振子同时参与两个振动轴相同、频率不同的谐振动，谐振函数是 $x_1 = A_1\cos(\omega_1 t + \varphi_1)$，$x_2 = A_2\cos(\omega_2 t + \varphi_2)$. 设在时刻 t，旋转矢量图如图 6-4-4 所示，则合振幅

$$A = \sqrt{A_1^2 + A_2^2 + 2A_1A_2\cos\Delta\Phi} \tag{6-4-13}$$

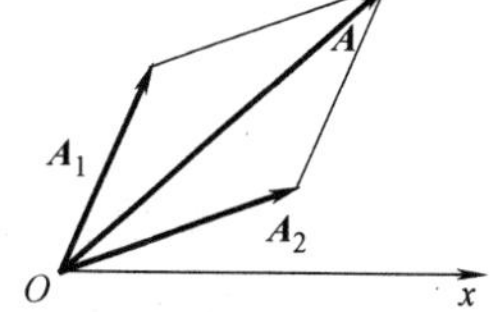

图 6-4-4

式中，相位差 $\Delta\Phi = (\omega_2 - \omega_1)t + \varphi_2 - \varphi_1$. 上式表明，合振幅是时间的函数.

由式（6-4-13）可知，当位相差 $\Delta\Phi = 2k\pi$ 时，两个分振动同相，合振幅 $A = A_1 + A_2$，振动加强；当相位差 $\Delta\Phi = (2k+1)\pi$ 时，两个分振动反相，合振幅 $A = |A_1 - A_2|$，振动减弱. 这种合振幅随时间变化时而加强、时而减弱的现象叫做拍. 两个频率相差不大的音叉同时振动时，可以听到声音时而大时而小.

下面讨论两个分振幅相等时的情况.

令 $A_1 = A_2 = A_0$，由式（6-4-13）得

$$A = A_0\sqrt{2(1+\cos\Delta\Phi)} = 2A_0\left|\cos\frac{(\omega_2 - \omega_1)t + \varphi_2 - \varphi_1}{2}\right|$$

这就是合振动的振幅. 因为余弦函数绝对值的周期 $T = \pi$，由上式得

$$\frac{(\omega_2 - \omega_1)T}{2} = \pi$$

所以，合振幅变化的频率即拍频是

$$\nu = \frac{1}{T} = \frac{\omega_2 - \omega_1}{2\pi} = \nu_2 - \nu_1$$

设合振动的相位为 $\omega t + \varphi$，由图 6-4-4 可知：

$$\cos(\omega t + \varphi) = \frac{x_1 + x_2}{A} = \frac{\cos(\omega_1 t + \varphi_1)\cos(\omega_2 t + \varphi_2)}{2\cos\dfrac{(\omega_2 - \omega_1)t + \varphi_2 - \varphi_1}{2}} = \cos\frac{(\omega_2 + \omega_1)t + \varphi_2 + \varphi_1}{2}$$

这表明：合振动角频率 $\omega = \dfrac{\omega_2 + \omega_1}{2}$，初相 $\varphi = \dfrac{\varphi_2 + \varphi_1}{2}$. 所以，合振动函数是

$$x = 2A_0\left|\cos\frac{(\omega_2 - \omega_1)t + \varphi_2 - \varphi_1}{2}\right|\cos\frac{(\omega_2 + \omega_1)t + \varphi_2 + \varphi_1}{2} \tag{6-4-14}$$

可见：若两个分振动的频率相差很小，则合振动频率接近分振动频率，合振幅缓慢地周期变化.

式(6-4-14) 也可利用三角函数变换得到

$$x_1 + x_2 = A_0\cos(\omega_1 t + \varphi_1) + A_0\cos(\omega_2 t + \varphi_2)$$

$$=2A_0\cos\frac{(\omega_2-\omega_1)t+\varphi_2-\varphi_1}{2}\cos\frac{(\omega_2+\omega_1)t+\varphi_2+\varphi_1}{2}$$

即

$$x=2A_0\left|\cos\frac{(\omega_2-\omega_1)t+\varphi_2-\varphi_1}{2}\right|\cos\frac{(\omega_2+\omega_1)t+\varphi_2+\varphi_1}{2}$$

3. 振动轴相互垂直频率相同的两个谐振动的叠加

设振子同时参与两个振动轴相互垂直频率相同的谐振动，即

$$x=A_1\cos(\omega t+\varphi_1),\quad y=A_2\cos(\omega t+\varphi_2) \tag{6-4-15}$$

（1）若相位差 $\Delta\Phi=\varphi_2-\varphi_1=0$，由式（6-4-15）得

$$y=\frac{A_2}{A_1}x \tag{6-4-16}$$

这说明振子的振动轴过平衡位置 O 在第一和第三象限，如图 6-4-5 所示. 合振幅 $A=\sqrt{A_1^2+A_2^2}$，振动位移

$$r=\sqrt{x^2+y^2}=A\cos(\omega t+\varphi) \tag{6-4-17}$$

可见，合振动仍为谐振动，且频率没有改变.

（2）同理，当相位差 $\Delta\Phi=\varphi_2-\varphi_1=\pm\pi$ 时，合振动仍为谐振动，不同的是振动轴在第二和第四象限.

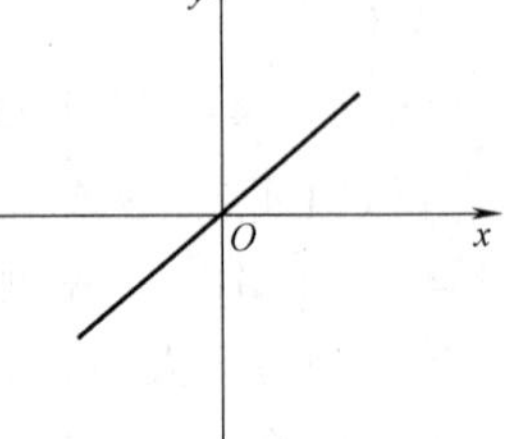

图 6-4-5

（3）若相位差 $\Delta\Phi=\varphi_2-\varphi_1=\pm\frac{\pi}{2}$，由式（6-4-15）得

$$\frac{x^2}{A_1^2}+\frac{y^2}{A_2^2}=1 \tag{6-4-18}$$

这表明振子的运动轨迹是椭圆，如图 6-4-6 所示. 当 $\Delta\Phi=\frac{\pi}{2}$时，振子沿顺时针旋转方向运动；当 $\Delta\Phi=-\frac{\pi}{2}$时，振子沿逆时针旋转方向运动.

（4）若相位差 $\Delta\Phi=\pm\frac{\pi}{4}$，则不论分振幅 A_1，A_2 是否相等，振子轨迹都是半轴不与 x、y 轴重合的所谓斜椭圆，如图 6-4-7 所示.

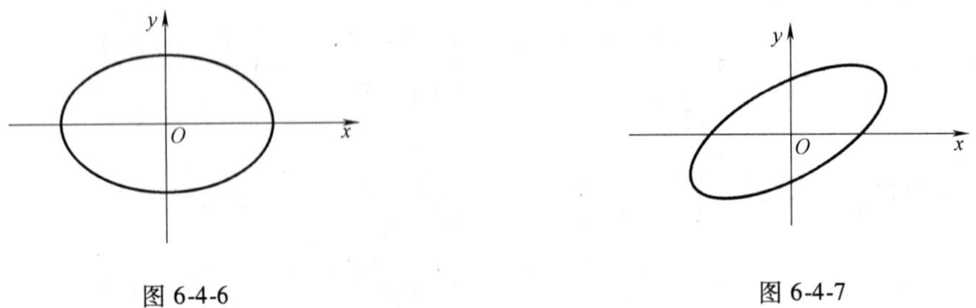

图 6-4-6　　图 6-4-7

4. 振动轴垂直频率不同的两个谐振动的叠加

振动轴垂直、频率不同的两个谐振动的叠加结果多种多样，是比较复杂的. 图 6-4-8 中是几种特殊情况下叠加的振子的运动轨迹. 这些图形叫做李萨如（J. A. Lissajous，1822—1880）图形. 图中两个分振动角频率的比为 $\omega_1:\omega_2=2:1$.

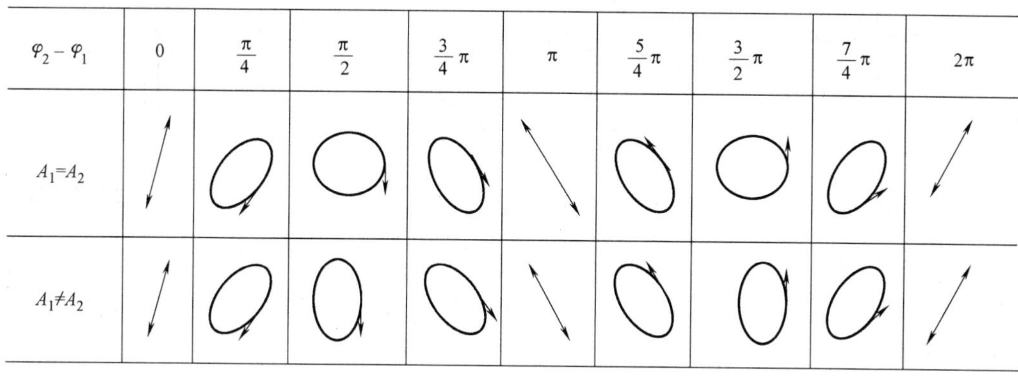

图 6-4-8　几种特殊情况下的李萨如图形

思考题 6.4

1. 两个谐振动的叠加结果是否一定是谐振动？

2. 振动轴相同、频率相同的两个谐振动的合振幅在什么条件下最大？什么条件下最小？什么条件下振子静止？

习　题　6

6-1　弹簧振子的振幅为 1×10^{-2} m，频率为 1 Hz，初相为 $4\pi/5$. 试写出它的振动方程，并画出 x-t 图、v-t 图和 a-t 图.

6-2　小球与轻质弹簧组成的系统按照 $x=0.5\cos\left(20\pi t-\pi/4\right)$（m）的规律振动，其中时间 t 的单位为 s. 求：（1）振动的振幅、频率、角频率、周期和初相；（2）$t=1$ s 时的相位、位移、速度和加速度.

6-3　已知一振子的简谐振动曲线（余弦形式）如题 6-3 图所示，求解该振子的简谐振动方程.

6-4　一立方体木块浮于静水中，其浸入部分的高度为 a. 今用手指沿竖直方向将其慢慢压下，使其浸入部分的高度为 b，然后放手任其运动. 若不计水对木块的黏滞阻力，试证明木块的运动是谐振动，并求出振动的周期和振幅.

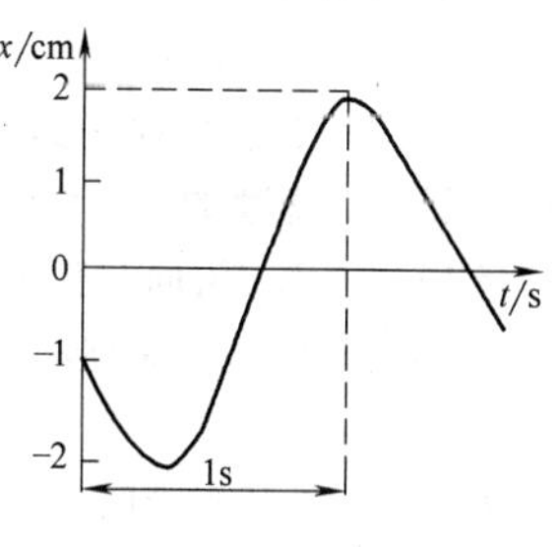

题 6-3 图

6-5　如题 6-5 图所示，在竖直放置、粗细均匀且截面积为 S 的 U 形管中注入水银，其密度为 ρ，高度为 l. 今使水银上下振动，不计水银与管壁的摩擦，求振动的周期.

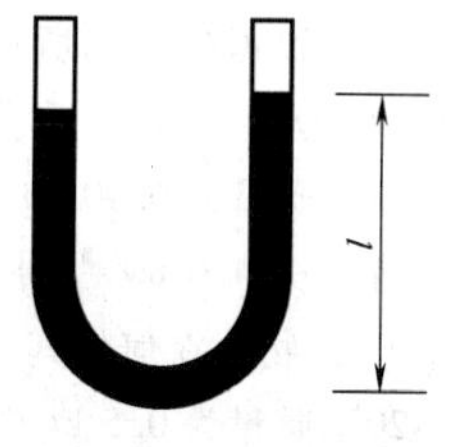

题 6-5 图

6-6　如题 6-6 图所示，质量为 m 的物体连接在两个平行的竖直弹簧一端作自由振动. 假设两个弹簧的劲度系数分别为 k_1 和 k_2，求解系统振动的频率.

6-7　如题 6-7 图所示，轻质弹簧的一端固定，另一端系一轻绳. 轻绳绕过一个定滑轮连接质量为 m 的物体. 已知弹簧的劲度系数为 k，滑轮的半径为 R，滑轮的转动惯量为 J，绳在轮上不打滑，求解当物体上下作自由振动时系统的振动频率.

6-8　如题 6-8 图所示，由两个密度均匀的金属米尺构成的 T 形尺可在竖直平面内绕过上端点的水平轴 O 左右自由摆动. 若摆角足够小，求摆动的周期.

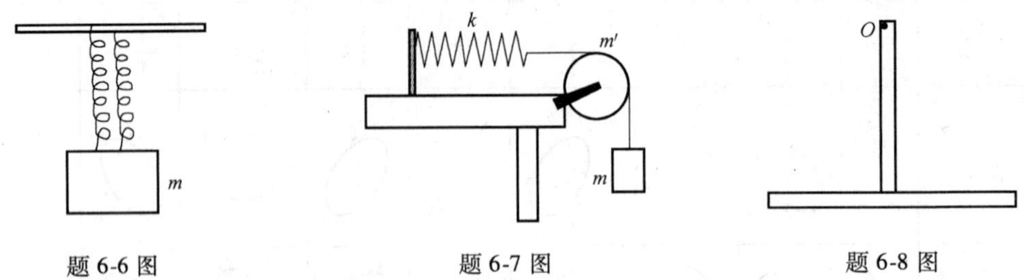

题 6-6 图　　　　题 6-7 图　　　　题 6-8 图

6-9　原长为 0.50 m 的弹簧上端固定，下端挂一质量为 0.10 kg 的砝码．当砝码静止时，弹簧的长度为 0.60 m．若将砝码向上推，使弹簧缩回到原长，然后放手，砝码上下运动．（1）证明砝码的上下运动为谐振动；（2）求此谐振动的振幅、角频率和频率；（3）若从放手时开始计算时间，求此谐振动的运动方程（正向向下）．

6-10　光滑水平面上一轻质弹簧一端固定在墙上，另一端连接一质量为 0.064 kg 的物体．现将弹簧拉长 0.10 m 后放手任其自由振动，试求此系统振动的周期、最大速度和最大加速度．已知该轻质弹簧在受到 1 N 的作用力时伸长 5.0×10^{-2} m.

6-11　一质量为 1.0×10^{-2} kg 的物体作谐振动，其振幅为 2.4×10^{-2} m，周期为 4.0 s，当 $t=0$ 时位移为 2.4×10^{-2} m．求：（1）在 $t=0.50$ s 时物体所在的位置和物体所受的力；（2）由起始位置运动到 $x=-1.2\times10^{-2}$ m 处所需的最短时间．

6-12　作简谐振动的物体，由平衡位置向 x 轴正方向运动，试问经过下列路程所需的时间各为周期的几分之几？（1）由平衡位置到最大位移处；（2）由平衡位置到二分之一最大位移处；（3）由二分之一最大位移处到最大位移处．

6-13　将一质量为 1.0 kg 的物体放置在下方装有弹簧的平板上．现使平板沿竖直方向作周期为 0.5 s、振幅为 2 cm 的简谐振动，求：（1）当平板到达最低点时物体对平板的压力；（2）若保持频率不变，振幅多大时可使物体恰好离开平板？（3）保持振幅不变，频率多大时可使物体恰好离开平板？

6-14　将一物体放置在沿水平方向作简谐振动的平板上．已知振动频率为 2 Hz，物体与板面的最大静摩擦系数为 0.5，那么要使物体在板上不发生滑动，简谐振动的最大振幅是多少？

6-15　如题 6-15 图所示为提升重物的运输设备．已经重物的质量为 m，当重物以速度 $\boldsymbol{v}$ 匀速下降时，机器的钢丝绳突然被卡住．此时钢丝绳可以认为是劲度系数为 k 的弹簧．求此时因重物的振动而引起的钢丝绳内的最大张力．

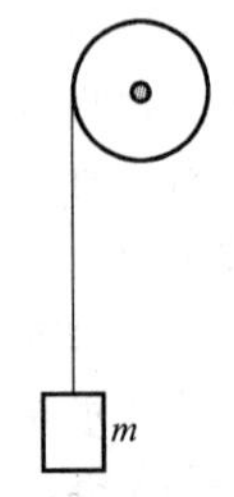

题 6-15 图

6-16　两质点沿同一直线作同振幅、同频率的简谐振动，并在经过振幅一半的地方相遇，但是此时两质点的运动方向相反．试求两质点振动的相位差，并用旋转矢量的方法表示．

6-17　两个质点沿同一直线作同频率、同振幅的简谐振动，第一个质点的振动方程为 $x_1=A\cos(\omega t+\varphi)$．当第一个质点自振动正方向回到平衡位置时，第二个质点恰在振动正方向的端点，求第二个质点的振动方程．

6-18　如题 6-18 图所示，质量为 10 g 的子弹以 1000 m/s 的速度射入木块并嵌在木块中，使弹簧压缩从而作简谐振动．若木块质量为 4.99 kg，弹簧劲度系数为 8×10^{3} N/m，求振幅．

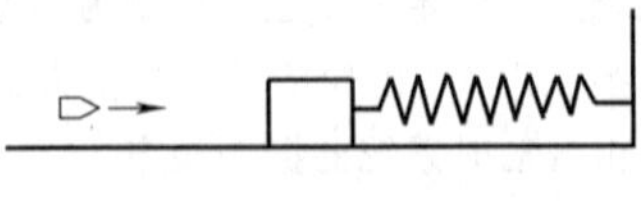

6-19　质量为 0.10 kg 的物体作振幅为 1.0×10^{-2} m 的谐振动，其最大加速度为 4.0 m/s^2．求（1）振动的周期；（2）通过平衡位置时的动能；（3）物体在何处其动能与势能相等？

题 6-18 图

6-20　质量为 0.5 kg 的物块连接在一个劲度系数为 30.0 N/m 的水平轻质弹簧上，并在水平无阻力的空气轨道上振动．如果物块振动的振幅为 4.00 cm，求：（1）系统总的能量与物块的最大速率；（2）物块相对平衡位置的位移为 3.00 cm 时的速率以及此时系统的动能和势能．

6-21 已知两个同方向、同频率的简谐振动的振动方程分别为

$$x_1 = 5\cos(10t + 0.75\pi)(\mathrm{cm}), x_2 = 6\cos(10t + 0.25\pi)(\mathrm{cm})$$

求：（1）合振动的振幅及初相；（2）若另有一同方向、同频率的简谐振动方程为 $x_3 = 7\cos(10t + \varphi_3)(\mathrm{cm})$，则 φ_3 为多少时，$x_1 + x_3$ 的振幅最大？又 φ_3 为多少时，$x_2 + x_3$ 的振幅最小？

6-22 有两个同方向、同频率的谐振动，其合振动的振幅为 20 cm，合振动的相位与第一个振动的相位之差为 30°，若第一个振动的振幅为 17.3 cm，求第二个振动的振幅和两个简谐振动的相位差.

6-23 两个同方向、不同频率且初相均为零的简谐振动合成一个表达式为

$$x = A\cos 1.1t\cos 50.0t$$

的振动，其中 t 以 s 为单位．试求各分振动的频率与合振动的拍的周期．

6-24 为了测量未知音叉的频率，可将它与固有频率为 265 Hz 标准音叉的振动进行合成. 已知通过实验测得合振动的拍频为 2 Hz，且在待测音叉的一端上加上一小块物体后合振动的拍频将减小，求待测音叉的固有频率．

6-25 示波管中的电子束受到两个互相垂直的电场作用，若电子在两个方向上的位移分别为 $x = A\cos\omega t$ 和 $y = A\cos(\omega t + \varphi)$，分别求解 $\varphi = 0$、$\varphi = 30°$、$\varphi = 90°$情况下，电子在荧光屏上的轨迹方程．

6-26 质量为 0.1 kg 的质点同时参与互相垂直的两个振动，其振动表达式分别为

$$x = 0.02\cos\left(\frac{\pi}{3}t + \frac{\pi}{3}\right)(\mathrm{m}), \ y = 0.01\cos\left(\frac{\pi}{3}t - \frac{\pi}{6}\right)(\mathrm{m})$$

求解质点的运动轨迹及在任一位置所受的作用力．

6-27 一个由质量 $m = 1.0$ kg 的振子和劲度系数 $k = 900$ N/m 的轻质弹簧构成的系统在振动时受到阻尼系数 $\gamma = 10.0$ /s 的阻尼作用. （1）当振子在周期性外力 $F = 100\cos 30t$（N）的作用下达到稳定受迫振动的状态时，求解系统的角频率；（2）如果外力的角频率可以改变，那么它为多少时系统会出现共振现象．

第7章　机　械　波

如前所说，机械波就是机械振动在连续介质中的传播．机械波有各种各样．研究表明，各种机械波中最简单、最基本的就是谐振动在连续介质中的等幅传播，叫做机械谐波，简称谐波（harmonic wave）．本章主要研究谐波．我们知道，简谐振子是孤立系统，简谐振动不可能形成机械波．因此，谐波的定义应当这样理解：谐波所到之处的介质元作稳定受迫振动而不是简谐振动．

7.1　谐波函数

不言而喻，波源就是先振动的振子或介质元．这个看上去平淡无奇的定义包含着这样的意义：波传到之处的介质元都是新的（子）波源，这其实是惠更斯（Christian Huygens，1629—1695）原理的一部分．7.3节中将对惠更斯原理作进一步的说明．

1. 相位递减原理

设谐波波源的角频率为ω．由于作稳定受迫振动的介质元的频率等于驱动力的频率，因此，谐波中后一个介质元的振动频率等于前一个介质元的振动频率，都等于波源的频率．注意到谐波传到之处的介质元都有自己的旋转矢量，不难想到：在同一时刻，顺着波的传播方向看，各个介质元的相位逐点减少．这个结论叫做波的相位递减原理（principle of successive phase decrease），它是我们建立谐波理论的出发点．

2. 波长、周期和频率

表示波传播方向的直线叫做波线．波线上相位差等于2π的两点的距离叫做波长（wavelength），记为λ．若A、B是波线上相距一个波长的两点，B点在时刻t'的相位等于A点在时刻t的相位，$t<t'$，则称时间$\Delta t=t'-t$为波的周期（period），记为T．可见，波的周期就是某个相位值（即某个振动状态）传播一个波长所用的时间，即某个介质元的相位增加2π所用的时间，因此，波的周期与介质元的振动周期相等．周期的倒数，即单位时间内波前进的波长数叫做波的频率（frequency），记为ν．于是有

$$\nu = \frac{1}{T} \tag{7-1-1}$$

显然，如上所说，波的频率等于介质元的振动频率，都等于波源的振动频率．

3. 谐波函数和波速

取波源介质元的平衡位置为波线x轴的原点，如图7-1-1a所示．根据波的相位递减原理，若已知波源介质元的谐振函数

$$y_0 = A\cos(\omega t + \varphi) \tag{7-1-2}$$

则当谐波沿x轴正方向传播时，与波源相距x的一点处介质元的谐振函数是

$$y = A\cos\left(\omega t + \varphi - 2\pi\frac{x}{\lambda}\right) \tag{7-1-3}$$

上式叫做正向谐波函数，y_0 和 y 表示介质元相对于各自平衡位置的位移.

当谐波沿 x 轴负方向传播时，如图 7-1-1b 所示，根据波的相位递减原理，x 处介质元的谐振函数是

$$y = A\cos\left(\omega t + \varphi + 2\pi \frac{x}{\lambda}\right) \tag{7-1-4}$$

上式叫做负向谐波函数.

显而易见，不论 $x>0$，或 $x<0$，式（7-1-3）和式（7-1-4）都符合波的相位递减原理. 以上两式可以合写成一个式子：

$$y = A\cos\left(\omega t + \varphi \mp 2\pi \frac{x}{\lambda}\right) \tag{7-1-5}$$

其中坐标 x 的绝对值 $|x|$ 是波传播的路程，叫做波程（wave path）.

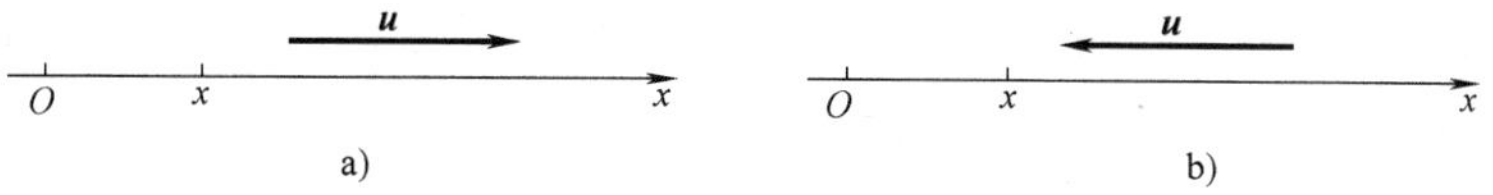

a) b)

图 7-1-1

谐波函数 $y=y(x, t)$ 是二元函数，表示波线上 x 处介质元在 t 时刻的振动位移. 振动轴垂直于波线的波叫做横波（transversal wave），振动轴平行于波线的波叫做纵波（longitudinal wave）. 固体能传播横波也能传播纵波，流体一般只能传播纵波. 不过，严格地说，水面波既非纵波也非横波. 水面波传播时，水分子团的振动轨迹是椭圆（ellipse）.

如前所说，谐波就是谐振动在连续介质中的等幅传播. 这意味着在时刻 t_1 出现在 x_1 处的振动位移 y 在下一时刻 t_2 出现在 x_2，也就是介质元的振动位移在传播过程中保持不变，即应有

$$\frac{\mathrm{d}y}{\mathrm{d}t} = 0 \tag{7-1-6}$$

也就是

$$\frac{\mathrm{d}\Phi(t)}{\mathrm{d}t} = 0 \tag{7-1-7}$$

这表示与某个振动位移对应的相位值在传播过程中保持不变.

定义：振动状态在单位时间内传播的距离叫做波速（wave velocity），记为

$$u = \frac{\mathrm{d}x}{\mathrm{d}t} \tag{7-1-8}$$

利用相位表示式 $\Phi(t) = \omega t + \varphi - 2\pi \frac{x}{\lambda}$，由以上两式得

$$\frac{\mathrm{d}\Phi(t)}{\mathrm{d}t} = \omega - \frac{2\pi}{\lambda}u = 0 \tag{7-1-9}$$

由于 $\omega = 2\pi\nu$，有

$$u = \nu\lambda \tag{7-1-10}$$

下一节中将证明，波速决定于介质性质. 因此，上式表明，波长与波源和介质都有关.

不难验证，式（7-1-3）和式（7-1-4）都满足下面的方程

$$\frac{\partial^2 y}{\partial x^2}-\frac{1}{u^2}\frac{\partial^2 y}{\partial t^2}=0 \tag{7-1-11}$$

这叫做一维波动方程（one-dimensional wave equation）.

4. 波形图

在谐波函数 $y=y(x,\ t)$ 中，若给定 x 值，谐波函数就变为 x 处介质元的谐振函数，相应的函数曲线就是前面说过的谐振曲线. 若给定 t，谐波函数就只是 x 的函数，叫做波形（wave shape）函数，相应的函数曲线叫做波形曲线或波形图，如图 7-1-2 所示. 图中已取 $t=0$，波源介质元的初相 $\varphi=0$. 波形函数和波形图描述同一时刻波线上介质元位移随位置的变化，而式（7-1-6）表示波形在传播中不变.

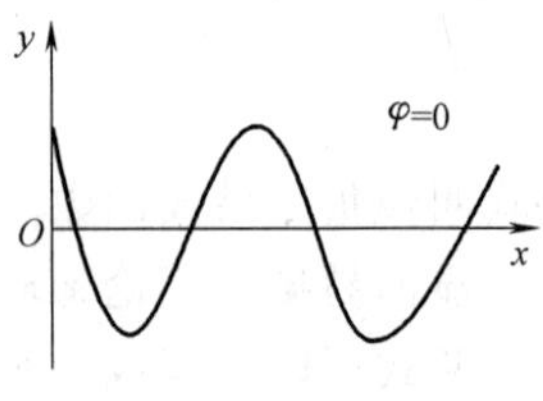

图 7-1-2

例题 7-1-1 波长 $\lambda=0.04$ m 的谐波沿 x 轴正向传播，波速 $u=1$ m/s，振幅 $A=0.03$ m. 当 x 轴原点处介质元过平衡位置向振动轴负向运动时开始计时，求：（1）谐波函数；（2）$x_a=0.05$ m 处的介质元的振动函数和该点的初相.

解：（1）由题可知，原点处介质元的谐振函数是

$$y_o=0.03\cos\left(50\pi t+\frac{\pi}{2}\right)(\mathrm{m})$$

所以，谐波函数是

$$y=0.03\cos\left(50\pi t+\frac{\pi}{2}-50\pi x\right)(\mathrm{m})$$

（2）$x_a=0.05$ m 处介质元的谐振函数是

$$y_a=0.03\cos(50\pi t-2\pi)(\mathrm{m})$$

该点的初相是 $\varphi=-2\pi$.

例题 7-1-2 一纵谐波振幅为 1 cm，波长为 4 cm. 设此波为正向波，试画出：（1）O 点介质元位于正向最大位移点时的波形图；（2）上述时刻后四分之三周期时的波形图.

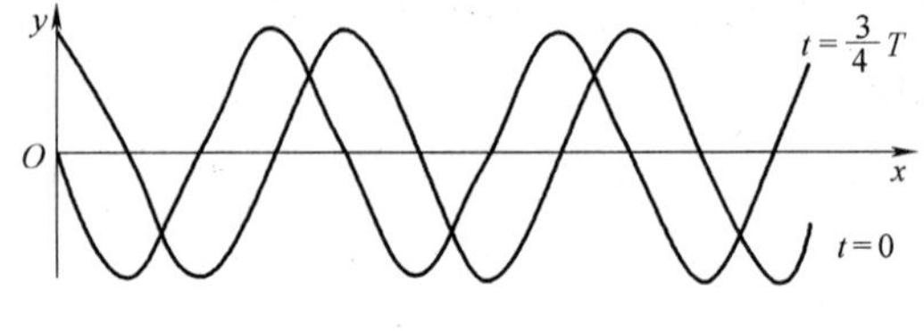

图 7-1-3

解：取 O 点介质元位于正向最大位移的时刻 $t=0$，则波源介质元的振动初相 $\varphi=0$，波形图如图 7-1-3 所示.

思考题 7.1

1. 写出谐振函数和谐波函数的一般表示式并说出其物理意义. 图 7-1-4 为正向波波形图，试标出介质元 A、B、C、D 的运动方向.

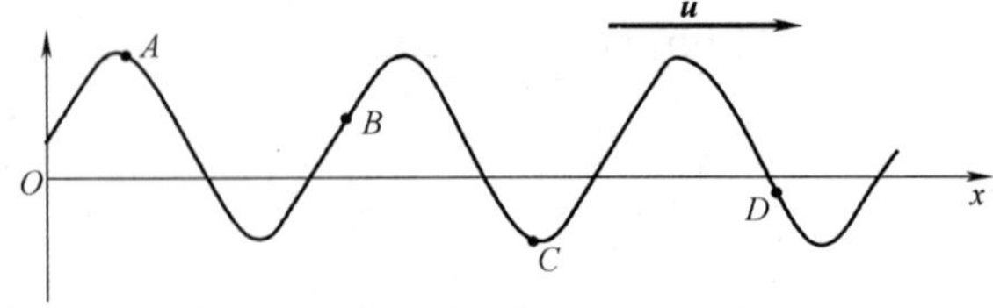

图 7-1-4

2. 图 7-1-5 为正向谐波的波线，A、B 间距离为波长 λ，B、C 间距离为 $\lambda/2$，波振幅为 A_0，角频率为 ω.（1）以 A 为波源，初相 $\varphi_A=0$，写出 B，C 两介质元的谐振函数；（2）以 B 为波源，写出 A，C 两介质元的谐振函数；（3）以 C 为波源，写出 A，B 两介质元的谐振函数.

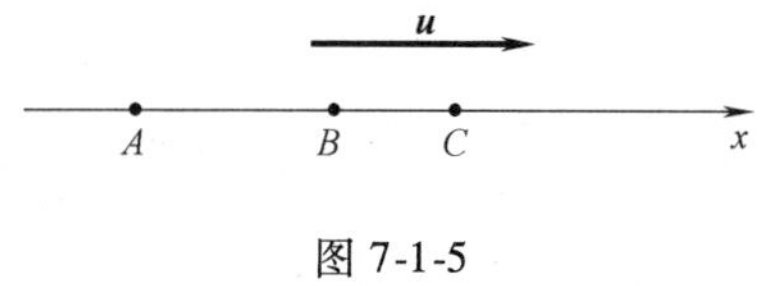

图 7-1-5

7.2 谐波能量

1. 介质元之间的相互作用

谐波传播时，先振动的介质元带动相邻介质元随之振动，介质元之间存在相互作用力. 为便于说明，设有一横波沿一根柔软的质地均匀的无限长细绳向右传播，如图 7-2-1 所示. 图中 x 轴上各点为绳子各段介质元的平衡位置. 由图可见，波谷 A 和波峰 C 处的介质元相对平衡位置的位移最大，但介质元自身的形变最小；过平衡位置 B 的介质元的位移为零，但自身形变最大. 由 B 到 C，各个介质元的位移增大，但自身形变变小. 图 7-2-2 是图 7-2-1 中 B，C 之间的一块介质元 Q，它受到左右介质元施加的沿着绳子横截面的切向力 $\boldsymbol{F}_1$ 和 $\boldsymbol{F}_2$ 的作用. 此刻，介质元 Q 正在向着平衡位置运动，故力 $\boldsymbol{F}_1$ 对介质元 Q 做正功，把 Q 左边介质元的能量传给 Q；力 $\boldsymbol{F}_2$ 对介质元 Q 做负功，把 Q 的能量传给右边介质元. 由于 Q 左边介质元的形变比右边介质元的形变大，$F_1>F_2$，Q 在向平衡位置运动的过程中动能增大，到平衡位置时其动能达到最大值. 同时，由于 Q 过平衡位置时自身形变最大，因形变具有的弹性势能也达到最大值. 所以，介质元过平衡位置时机械能最大，而位移最大时机械能最小，其能量呈周期性变化.

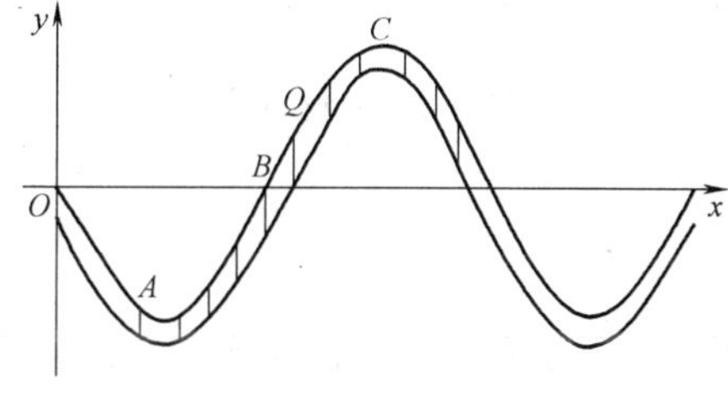

图 7-2-1

2. 波速与介质的关系

为了得到谐波介质元因自身形变具有的弹性势能的表示式，需要知道谐波波速由哪些因素决定.

实验表明，横截面积为 S 的一段均匀介质发生切向形变时，某横截面两侧的介质沿着横截面的切向相互作用力的大小是

$$F = GS\frac{\partial y}{\partial x} \tag{7-2-1}$$

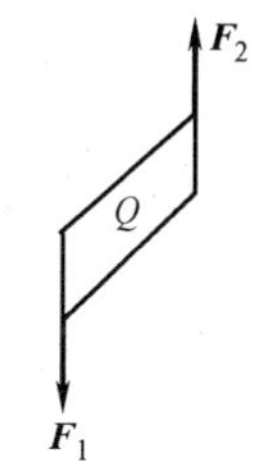

图 7-2-2

上式中的比例常数 G 叫做切变模量（shear modulus），介质切向形变长度 $\mathrm{d}y$ 与该横截面附近介质的轴向长度 $\mathrm{d}x$ 的比$\frac{\partial y}{\partial x}$叫做该横截面处的介质相对形变. 可见，切变模量就是相对形变为 1 时单位横截面积所受切向力.

由上式可知，图 7-2-2 的介质元 Q 所受的切向合力的大小为

$$F_Q = F_1 - F_2 = GS\left[\left(\frac{\partial y}{\partial x}\right)_1 - \left(\frac{\partial y}{\partial x}\right)_2\right] \tag{7-2-2}$$

式中的$\left(\frac{\partial y}{\partial x}\right)_1$和$\left(\frac{\partial y}{\partial x}\right)_2$分别是介质元 Q 左侧面和右侧面的介质相对形变. 设介质元 Q 的轴向长度 Δx 足够小，上式可以写为

$$F_Q = GS\frac{\partial}{\partial x}\left(\frac{\partial y}{\partial x}\right)\Delta x = GS\Delta x\frac{\partial^2 y}{\partial x^2} \tag{7-2-3}$$

设介质元 Q 的质量为 $\Delta m = \rho S\Delta x$，$\rho$ 是介质质量密度，根据牛顿运动定律，合力

$$F_Q = \Delta m\left(\frac{\partial^2 y}{\partial t^2}\right) = \rho S\Delta x\left(\frac{\partial^2 y}{\partial t^2}\right) \tag{7-2-4}$$

由以上两式得

$$\rho\left(\frac{\partial^2 y}{\partial t^2}\right) = G\frac{\partial^2 y}{\partial x^2} \tag{7-2-5}$$

将式（7-1-11）代入上式，得

$$u = \sqrt{\frac{G}{\rho}} \tag{7-2-6}$$

这表明，波速由介质性质决定.

注意到 $u = \frac{\mathrm{d}x}{\mathrm{d}t}$，我们有

$$\frac{\partial y}{\partial x} = \frac{\partial y}{\partial t}\frac{\mathrm{d}t}{\mathrm{d}x} = \frac{1}{u}\frac{\partial y}{\partial t} = \frac{v}{u} \tag{7-2-7}$$

式中 $v = \frac{\partial y}{\partial t}$是介质元的振动速度. 由上式可知，若波速 u 给定，介质元的振动速度越大，介质元的相对形变越大，这与前面的分析相符. 由式（7-2-1）和式（7-2-7）可得

$$v = u\frac{\partial y}{\partial x} = u\frac{F}{GS} = \frac{\tau}{\rho u}$$

式中 $\tau = F/S$ 是单位横截面上的切向力. 定义 $Z = \rho u$ 为介质的波阻抗（wave impedance)，于是得

$$v = \frac{\tau}{Z} \tag{7-2-8}$$

这表明，介质元的振动速度与单位横截面上的切向力成正比，与波的阻抗成反比. 上式对横波和纵波都成立，但对纵波，τ 是单位横截面上的压力.

类似地，对于固体中的纵波有下面的实验结果：

$$F = ES\frac{\partial z}{\partial x}$$

同样可以证明，纵波波速

$$u = \sqrt{\frac{E}{\rho}} \tag{7-2-9}$$

式中的常数 E 叫做（纵变）弹性模量，它等于纵向相对形变$\frac{\partial z}{\partial x} = 1$ 时单位横截面积所受的纵向力.

实验表明，当流体介质元的体积由 V 变为 $V+\Delta V$ 时，介质元所受压强的增量是

$$dp = -B\frac{dV}{V} \tag{7-2-10}$$

式中的 B 叫做容变模量，它等于相对容变$\frac{dV}{V}=1$ 时介质元所受压强的负增量，式中的负号表示压强的变化与介质元体积的变化相反．由上式可以证明，流体中的波速满足下式

$$u = \sqrt{\frac{B}{\rho}} \tag{7-2-11}$$

式（7-2-6）、式（7-2-9）和式（7-2-11）都表明波速由介质性质决定．切变模量、纵变模量和容变模量统称为形变模量（deformation modulus）.

3. 谐波能量

由谐波函数

$$y(x,t) = A\cos\left(\omega t + \varphi - 2\pi\frac{x}{\lambda}\right) \tag{7-2-12}$$

可得介质元振动速度

$$v = \frac{\partial y}{\partial t} = -A\omega\sin\left(\omega t + \varphi - 2\pi\frac{x}{\lambda}\right) \tag{7-2-13}$$

和介质元动能

$$\Delta E_k = \frac{1}{2}\Delta m v^2 = \frac{1}{2}\Delta m A^2\omega^2\sin^2\left(\omega t + \varphi - 2\pi\frac{x}{\lambda}\right) \tag{7-2-14}$$

由于图 7-2-2 中的介质元 Q 所受切向合力是弹性力，可将其写为

$$F_Q = k\cdot dy \tag{7-2-15}$$

式中，k 是劲度系数；dy 是切向形变长度．于是，利用上式和式（7-2-1）、式（7-2-6）、式（7-2-7）可得介质元形变弹性势能

$$\Delta E_p = \frac{1}{2}k(dy)^2 = \frac{1}{2}GS\left(\frac{\partial y}{\partial x}\right)^2\Delta x - \frac{1}{2}\frac{G}{\rho}\Delta m\frac{v^2}{u^2} = \frac{1}{2}\Delta m v^2 \tag{7-2-16}$$

这表明介质元弹性势能与其动能相等．所以，介质元机械能

$$\Delta E = \Delta E_k + \Delta E_p = \Delta m A^2\omega^2\sin^2\left(\omega t + \varphi - 2\pi\frac{x}{\lambda}\right) \tag{7-2-17}$$

设介质元体积为 ΔV，由上式得谐波能量密度

$$w = \frac{\Delta E}{\Delta V} = \rho A^2\omega^2\sin^2\left(\omega t + \varphi - 2\pi\frac{x}{\lambda}\right) \tag{7-2-18}$$

能量密度的周期平均值叫做平均能量密度，即

$$\overline{w} = \frac{1}{T}\int_0^T w\,dt = \frac{1}{2}\rho A^2\omega^2 \tag{7-2-19}$$

可见，若谐波的振幅、频率及介质密度不变，谐波的平均能量密度也不变.

单位时间穿过单位横截面积的平均能量叫做波的平均能流密度，记作 I，即

$$I = u\cdot\overline{w} = \frac{1}{2}u\rho\omega^2 A^2 \tag{7-2-20}$$

平均能流密度也叫做波强，单位是 W/m^2.

思考题 7.2

1. 谐波中的介质元与简谐振子有哪些不同？
2. 有人说，谐波是振动的传播，也是相位和能量的传播．正确否？试说明之．

7.3 平面波和球面波　惠更斯原理

1. 平面波和球面波

在谐波传播区域内，同一时刻相位相同的那些点的集合叫做波面（wave surface）．例如，沿细线传播的波的波面是一个点；水面波的波面是弧线，有时是圆；声波的波面一般是球面．相位最小的波面在波的最前面，叫做波前（wave front）．

波面是平面的波叫做平面波（planar wave），波面是球面的波叫做球面波（spherical wave）．

图 7-3-1 中的 x 轴表示在均匀介质中传播的平面波的波线，S_1，S_2 是面积相等的两个横截面面积．由式（7-2-20）可知，穿过这两个横截面的平均能流分别是

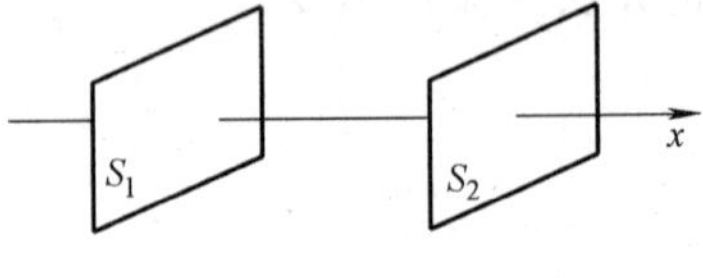

图 7-3-1

$$J_1 = I_1S_1 = \frac{1}{2}u\rho A^2\omega^2S_1, \quad J_2 = I_2S_2 = \frac{1}{2}u\rho A^2\omega^2S_2$$

即

$$J_1 = J_2$$

这表明，穿过第一个横截面的能量全部穿过了第二个横截面，即介质没有吸收波的能量，或者说介质没有耗散波的能量．之所以能有这个结果，是因为假设了谐波的振幅不变．反之，若介质不耗散波的能量，平面波的振幅必保持不变．

对于球面波，即使介质不耗散能量，波的振幅也是变化的．图 7-3-2 中的 R_1，R_2 分别是两个同心球面的半径．若介质不耗散波的能量，穿过第一个球面的能量全部穿过第二个球面．设球面波传到处介质元也作余弦振动，有

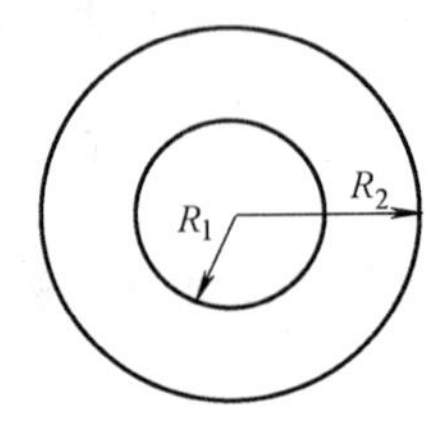

图 7-3-2

$$\frac{1}{2}u\rho A_1^2\omega^2 \cdot 4\pi R_1^2 = \frac{1}{2}u\rho A_1^2\omega^2 \cdot 4\pi R_2^2$$

即

$$A_1R_1 = A_2R_2$$

所以

$$A_2 = \frac{R_1}{R_2}A_1$$

若令 $A_1 = a$，$R_1 = 1$，$R_2 = r$，则可将球面余弦波的波函数写做

$$y = \frac{a}{r}\cos\left(\omega t + \varphi - 2\pi\frac{r}{\lambda}\right) \tag{7-3-1}$$

式中，a 是 $r = 1\text{m}$ 处球面波的振幅．

由以上讨论可知，谐波作为等幅余弦波，“等幅”既意味着介质不耗散能量，又意味着波面是平面．所以，谐波实质上是在不耗散能量的介质中传播的平面余弦（正弦）波．这显然是理想状况．球面波虽然不是谐波，但在较小范围内，球面波可近似看做平面波．若介质（如空气）耗散的能量很小，此近似平面波也就近似是谐波．由于任何波都可以看做各

种不同谐波的叠加，所以谐波是研究各种实际波的理论基础.

2. 惠更斯原理

如果已知波在某时刻的波前，如何求得以后某一时刻的波前呢？惠更斯在观察总结大量事实的基础上于 1690 年提出了解决这个问题的方法，后人称之为惠更斯原理（Huygens principle）：

波传到的各点都是新的子波源，这些子波源发出的子波在任一时刻的波面的公切面就是新的波前.

公切面也叫做包迹或包络.

图 7-3-3a 中的 AB 为平面波在时刻 t_1 的波前. 若波速为 u，时刻 t_2 的波前 CD 可根据惠更斯原理画出，两个平面之间的距离是 $d=u(t_2-t_1)$. 图 7-3-3b 中半径为 R_1 的球面是球面波在 t_1 时刻的波前，半径为 R_2 的球面是 t_2 时刻的波前，两球面之间的那些子球面的半径 $r=u(t_2-t_1)$. 如果平面波在传播途中遇到障碍物，可以按照惠更斯原理画出波在障碍物后面各个时刻的波前，如图 7-3-3c 所示. 由图可见，波通过缺口绕到了障碍物的后面. 波绕过障碍物的传播叫做波的衍射（diffraction of wave）. 以上例子表明，由于介质性质决定波速，也就决定子波半径，因此，在各向同性的均匀介质中，波的传播方向和波前的形状保持不变. 在非均匀（如有障碍物）或各向异性的介质中，波的传播方向和波前的形状一般会改变.

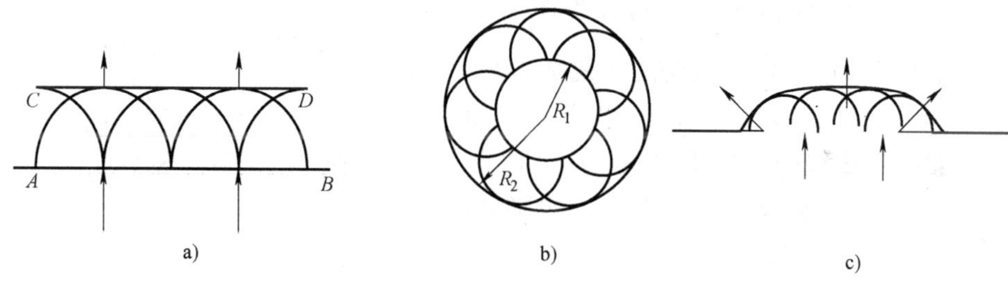

图 7-3-3

3. 波线与波面的关系

由图 7-3-3 可以看出，波线与波面处处相互垂直. 这可以证明如下.

取波的某个波线作为 x 轴，令 $k=\dfrac{2\pi}{\lambda}$，矢量 $\boldsymbol{k}=k\boldsymbol{i}$ 叫做波矢（wave vector），它的方向就是波的传播方向. 于是，可得相位的梯度

$$\nabla\Phi=-\frac{2\pi}{\lambda}\boldsymbol{i}=-\boldsymbol{k} \tag{7-3-2}$$

这就是相位递减原理的表示式. 设 l 是波面上的任意线段，由于同一个波面上各点相位相等，下面的积分显然成立：

$$\int_l \boldsymbol{k}\cdot \mathrm{d}\boldsymbol{l}=-\int_l \nabla\Phi\cdot \mathrm{d}\boldsymbol{l}=-\Delta\Phi=0$$

如果线段 l 足够短，则有

$$\boldsymbol{k}\cdot\boldsymbol{l}=0 \tag{7-3-3}$$

这表明，波线与波面处处相互垂直.

4. 波的反射和折射

下面利用惠更斯原理说明波的反射（reflection）和折射（refraction）.

实际观测表明，机械波传到两种介质的界面上时，波的一部分被界面挡回，叫做反射波，另一部分穿过界面，叫做折射波或透射波. 入射波波线与界面法线的夹角叫做入射角，记为 i. 反射波波线与界面法线的夹角叫做反射角，记为 i'. 折射波波线与界面法线的夹角叫做折射角，记为 γ，如图 7-3-4 所示.

（1）波的反射

实验表明：反射波线在入射波线与界面法线确定的平面内，反射角等于入射角. 这个结论叫做波的反射定律. 下面，根据惠更斯原理导出反射定律.

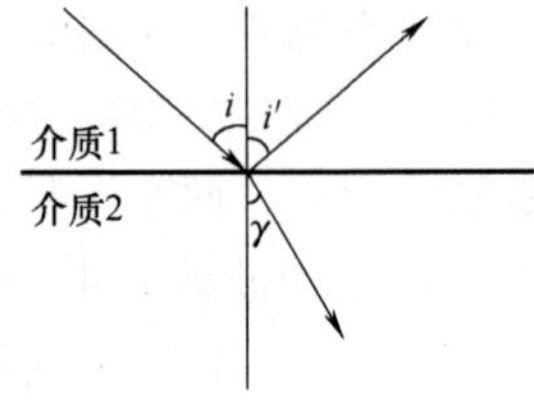

图 7-3-4

如图 7-3-5 所示，设 t_0 时刻入射波的波面与纸面的交线是 AA_3，A 点在界面上. 此后，A_1，A_2，A_3 相继到达界面上的 B_1、B_2，B_3，设 A_3 到 B_3 的时刻为 $t_0+\Delta t$. 不失一般性，可令 $AA_1=A_1A_2=A_2A_3$，则 $AB_1=B_1B_2=B_2B_3$. 若波速为 u，则 $A_3B_3=u\Delta t$. 于是，在时刻 $t_0+\Delta t$，A 点发出的子波波面的半径是 $r=u\cdot\Delta t$，B_1 点发出的子波波面的半径是 $\frac{2}{3}r$，B_2 点发出的子波波面的半径是 $\frac{1}{3}r$. 这些子波面都是中心在界面上的半球面，它们的公切面（包络）与纸面的交线是 CB_3，C_1，C_2 在此交线上. 所以，如图示，反射线 AC，B_1C_1，B_2C_2 都在入射线与法线确定的平面内，即纸面内. 因为 $AC=A_3B_3=r$，AB_3 是公共边，直角三角形 $\triangle ACB_3$ 与 $\triangle AA_3B_3$ 全等，即反射角 i' 与入射角 i 相等.

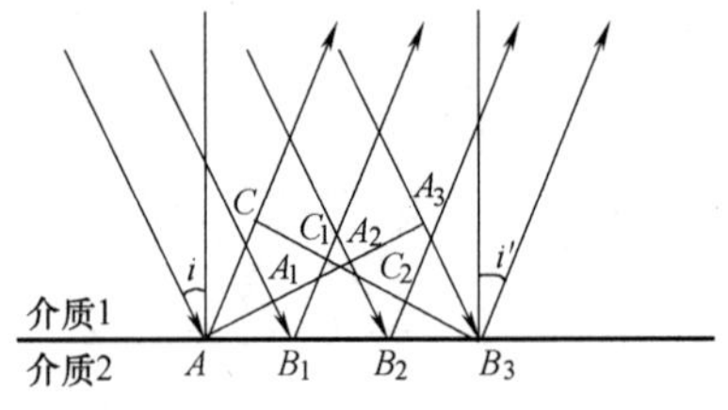

图 7-3-5

（2）波的折射

实验表明：折射波波线在入射线与界面法线确定的平面内，入射角的正弦比折射角的正弦等于入射介质中的波速比折射介质中的波速，即

$$\frac{\sin i}{\sin\gamma}=\frac{u_1}{u_2} \tag{7-3-4}$$

上述结论叫做波的折射定律. 下面，根据惠更斯原理导出折射定律.

如图 7-3-6 所示，t_0 时刻入射波波面与纸面的交线是 AA_3，A 点在界面上. 此后，A_1，A_2，A_3 相继到达 B_1，B_2，B_3，A_3 到 B_3 的时刻是 $t_0+\Delta t$. 令 $AA_1=A_1A_2=A_2A_3$，则 $AB_1=B_1B_2=B_2B_3$. 设介质 1 中的波速为 u_1，介质 2 中的波速为 u_2，则有 $A_3B_3=u_1\cdot\Delta t$，而在时刻 $t_0+\Delta t$，从 A，B_1，B_2 发出的各子波波面的半径分别为 $r=u_2\cdot\Delta t$，$\frac{2}{3}r$ 和 $\frac{1}{3}r$. 这些子波的波面是中心在界面上的半径不同的半球面，它们的包络与纸面的交线是 B_3C，C_1，C_2 在此交线上. 所以，折射线 AB，B_1C_1，B_2C_2 都在纸面内，即在入射线和

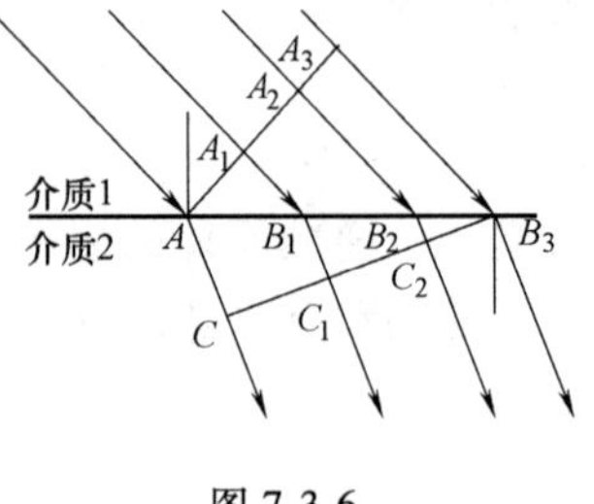

图 7-3-6

法线确定的平面内. 因为$\frac{AB}{\sin\gamma}=AA_3=\frac{A_3B_3}{\sin i}$，所以有

$$\frac{\sin i}{\sin\gamma}=\frac{u_1}{u_2}$$

思考题7.3

1. 谐波一定是平面波吗？为什么？
2. 什么是惠更斯原理？其意义是什么？

7.4 波的叠加与干涉

应该指出的是，惠更斯原理是一个几何方法，它可以解决波的传播方向问题，但不能解决波的叠加问题. 这一节就来讨论波的叠加问题.

许多人都有这样的经验：几种声音即使同时传来时，人们也能分辨出来，并且能判定声音来自何方. 从机械波是机械振动在连续介质中的传播的观点看，这些经验表明：(1) 两列波相遇后仍然各自保持原来的方向和频率不变；(2) 波相遇区域内的介质元的振动是多个振动的叠加. 这两条结论叫做波的独立传播原理或叠加原理.

实验还表明：两列波叠加时，若两个波源满足下面的三个条件，则在叠加区域出现一些地方振动加强，另一些地方振动减弱的稳定分布现象，这种现象叫做波的干涉 (interference of waves). 这三个条件叫做波的相干条件 (coherent condition)，它们是：(1) 振动轴平行；(2) 频率相同；(3) 初相差恒定. 满足相干条件的波源叫做相干波源，相干波源发出的波叫做相干波 (coherent wave).

设两个相干波源 S_1 和 S_2 的振动是谐振动，其谐振函数分别是

$$y_{10}=A_1\cos(\omega t+\varphi_1),\quad y_{20}=A_2\cos(\omega t+\varphi_2) \tag{7-4-1}$$

且从 S_1 和 S_2 到相干区域内一点 P 的距离分别是 r_1 和 r_2. 按照波的相位递减原理，两列波在 P 点引起的两个谐振动的谐振函数分别是

$$y_1=A_1\cos\left(\omega t+\varphi_1-2\pi\frac{r_1}{\lambda}\right),\quad y_2=A_2\cos\left(\omega t+\varphi_2-2\pi\frac{r_2}{\lambda}\right) \tag{7-4-2}$$

而 P 点处介质元的合振动函数是

$$y=A\cos(\omega t+\varphi) \tag{7-4-3}$$

式中合振幅

$$A=\sqrt{A_1^2+A_2^2+2A_1A_2\cos\Delta\Phi}$$

相位差

$$\Delta\Phi=\varphi_2-\varphi_1-2\pi\left(\frac{r_2-r_1}{\lambda}\right) \tag{7-4-4}$$

合初相

$$\varphi=\arctan\left[\frac{A_1\sin\left(\varphi_1-2\pi\frac{r_1}{\lambda}\right)+A_2\sin\left(\varphi_2-2\pi\frac{r_2}{\lambda}\right)}{A_1\cos\left(\varphi_1-2\pi\frac{r_1}{\lambda}\right)+A_2\cos\left(\varphi_2-2\pi\frac{r_2}{\lambda}\right)}\right]$$

当 $\Delta\Phi=2k\pi$ 时，$A=A_1+A_2$，叫做干涉加强；$\Delta\Phi=(2k+1)\pi$ 时，$A=|A_1-A_2|$，叫做干涉减弱，$k=0,\ \pm1,\ \pm2,\ \cdots$.

令 $\delta=r_2-r_1$，δ 叫做波程差. 如果 $\varphi_2=\varphi_1$，式（7-4-4）可写成

$$\delta=\begin{cases}k\lambda, \text{加强}\\ \left(k+\dfrac{1}{2}\right)\lambda, \text{减弱}\end{cases} \tag{7-4-5}$$

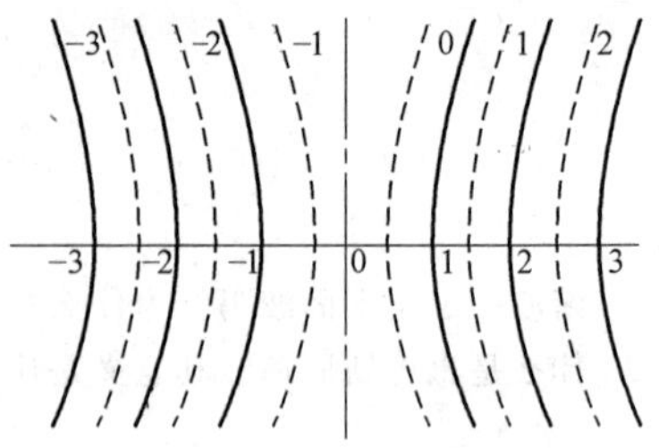

图 7-4-1

上式给出的干涉图像是以 S_1 和 S_2 为焦点的一族双曲面，如图 7-4-1 所示. 图中画出的是平面图，实线上各点振动加强，虚线上各点振动减弱. 注意这个图像表示两个分振动初相相等条件下的干涉，并非所有的干涉图像都像这样是强弱相间分布的.

干涉是波独具的实验特征. 不仅机械波有干涉现象，电磁波、物质波都有各自的干涉现象. 干涉对于经典物理学（特别是对于近代物理学和现代物理学）的发展具有重大意义.

例题 7-4-1 已知两相干谐波波源相距四分之一波长，初相差为 $\varphi_2-\varphi_1=\dfrac{\pi}{2}$，振幅相等. 求两波源连线左右延长线上各点的合振幅.

解：由题意可设两波源的振动函数为

$$y_{10}=A_0\cos(\omega t+\varphi_1)$$
$$y_{20}=A_0\cos(\omega t+\varphi_2)$$

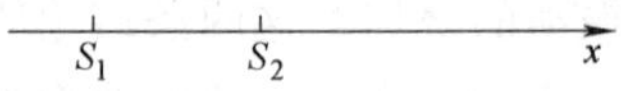

图 7-4-2

如图 7-4-2 所示，取 S_1 所在位置为 x 轴原点，对于 $x\geqslant\dfrac{\lambda}{4}$（即对于 S_2 右侧各点），有

$$y_1=A_0\cos\left(\omega t+\varphi_1-2\pi\frac{x}{\lambda}\right),\quad y_2=A_0\cos\left(\omega t+\varphi_2-2\pi\frac{x-\dfrac{\lambda}{4}}{\lambda}\right)$$

相位差

$$\Delta\Phi=\Phi_2-\Phi_1=\varphi_2-\varphi_1+\frac{\pi}{2}=\pi$$

合振幅

$$A=0$$

即 S_2 右侧各点静止.

对于 $x\leqslant0$（即对于 S_1 左侧各点），有

$$y_1=A_0\cos\left(\omega t+\varphi_1+2\pi\frac{x}{\lambda}\right),\quad y_2=A_0\cos\left(\omega t+\varphi_2+2\pi\frac{x-\dfrac{\lambda}{4}}{\lambda}\right)$$

相位差

$$\Delta\Phi=\Phi_2-\Phi_1=\varphi_2-\varphi_1-\frac{\pi}{2}=0$$

合振幅

$$A=2A_0$$

即 S_1 左侧各点振动加强.

思考题 7.4

1. 若两个波的振动轴平行，波源初相差为零，但频率不同，可否产生干涉现象？为什么？
2. 试分析例题 7-4-1 两波源之间连线上哪些点振动加强，哪些点振动减弱.

7.5 驻波

上一节介绍了波干涉的基本概念，这一节讨论一种重要的波干涉——驻波（standing wave）. 所谓驻波，就是两个同幅相干波相向传播时的干涉. 下面分三种情形讨论.

1. 无限长弦线

无限长弦线实际上是不存在的. 作为物理模型，无限长弦线的意义在于不考虑端点，或者说不考虑边界. 这样，可以在开始研究时使问题得以简化.

如图 7-5-1 所示，两个同幅相干波沿 x 轴相向传播. 不失一般性，总可以选两个波在 x 轴上某点同时出现波峰的时刻作为初始时刻，该点就选为 x 轴的原点 O. 于是，以 O 点为波源，初相为零的正向波函数为

$$y_1 = A_0\cos\left(\omega t - 2\pi\frac{x}{\lambda}\right) \tag{7-5-1}$$

图 7-5-1

负向波函数为

$$y_2 = A_0\cos\left(\omega t + 2\pi\frac{x}{\lambda}\right) \tag{7-5-2}$$

由式（7-5-1）和式（7-5-2）得 x 处的合振动函数

$$y(x,t) = y_1 + y_2 = A_0\left[\cos\left(\omega t - 2\pi\frac{x}{\lambda}\right) + \cos\left(\omega t + 2\pi\frac{x}{\lambda}\right)\right]$$

应用三角函数公式 $\cos\theta + \cos\beta = 2\cos\left(\frac{\theta+\beta}{2}\right)\cos\left(\frac{\theta-\beta}{2}\right)$，得

$$y(x,t) = 2A_0\cos\frac{2\pi x}{\lambda}\cos\omega t \tag{7-5-3}$$

上式叫做驻波函数或驻波方程. 由于合振幅

$$A = \sqrt{2A_0^2 + 2A_0^2\cos\left(2\cdot\frac{2\pi x}{\lambda}\right)} = \left|2A_0\cos\frac{2\pi x}{\lambda}\right|$$

式（7-5-3）等号右边的因子

$$f(x) = 2A_0\cos\frac{2\pi x}{\lambda} \tag{7-5-4}$$

叫做振幅因子.

当 $\cos\frac{2\pi x}{\lambda} = 0$ 时，$x = \left(k+\frac{1}{2}\right)\frac{\lambda}{2}$，$(k = 0,\ \pm1,\ \pm2,\ \cdots)$，这就是说，凡是满足条件

$$x = \left(k+\frac{1}{2}\right)\frac{\lambda}{2} \tag{7-5-5}$$

的弦线上的点处的合振幅 $A = 0$，即这些点处的介质元不振动，或者说弦线是分段振动的. 这些不振动的点叫做节点（node），上式就是节点条件. 相邻的两个节点的距离是

$$\Delta x = x_{k+1} - x_k = \frac{\lambda}{2} \tag{7-5-6}$$

可见，节点是等距分布在弦线上的，相邻两个节点的距离是半波长.

当 $\cos\frac{2\pi x}{\lambda} = \pm 1$ 时，$x = k\frac{\lambda}{2}$，$(k = 0,\ \pm 1,\ \pm 2,\ \cdots)$，这就是说，凡满足条件

$$x = k\frac{\lambda}{2} \tag{7-5-7}$$

的弦线上的点处的合振幅 $A = 2A_0$，即合振幅最大. 振幅最大的点叫做腹点（anti-node），上式就是腹点条件. 相邻两个腹点的距离也是半波长.

若对于第 k 个腹点 x_k，振幅因子 $f(x_k) = 2A_0$，则对于相邻的腹点 x_{k+1} 必有 $f(x_{k+1}) = -2A_0$. 由于振幅因子是 x 的连续函数，故在两个相邻腹点之间必有一节点. 也就是说，节点和腹点在弦线上相间等距分布，在一个节点两侧，振幅因子反号.

由式（7-5-3）可知，对于使振幅因子 $f(x) > 0$ 的那些点，介质元的相位是 ωt，而对于使振幅因子 $f(x) < 0$ 的那些点，因为振幅非负，式（7-5-3）应写为

$$y(x,t) = -\left|2A_0\cos\frac{2\pi x}{\lambda}\right|\cos(\omega t) = \left|2A_0\cos\frac{2\pi x}{\lambda}\right|\cos(\omega t \pm \pi) \tag{7-5-8}$$

这就是说，由于在一个节点两侧振幅因子反号，节点两侧的介质元相位相差 π，或者说反相；而在相邻的两个节点之间，介质元同相.

综上所述，可以画出无限长弦线上驻波的波形图，如图 7-5-2 所示. 根据腹点条件和节点条件可知，图中坐标原点 O 为腹点，与 O 点相距四分之一波长的 A、B 两点为节点，其余类推. 由于节点静止，看上去波形不沿弦线而行，只是分段振动，故称之为驻波. 与驻波相区别，称波形沿波线行走的波为行波.

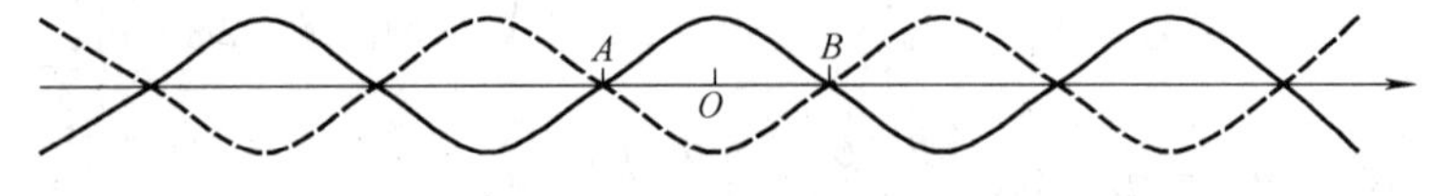

图 7-5-2

2. 一端自由的有限长弦线

如图 7-5-3 所示，长度为 l 的弦线 B 端自由，O 端连在音叉上. 设音叉振动时发出谐波，波传到 B 端后反向传播. 由 O 端传向 B 端的波称为入射波，由 B 端传向 O 端的波称为反射波. 入射波波函数是

$$y_1 = A_0\cos\left(\omega t + \varphi - 2\pi\frac{x}{\lambda}\right) \tag{7-5-9}$$

反射波波函数是

$$y_2 = A_0\cos\left(\omega t + \varphi - 2\pi\frac{2l - x}{\lambda}\right) \tag{7-5-10}$$

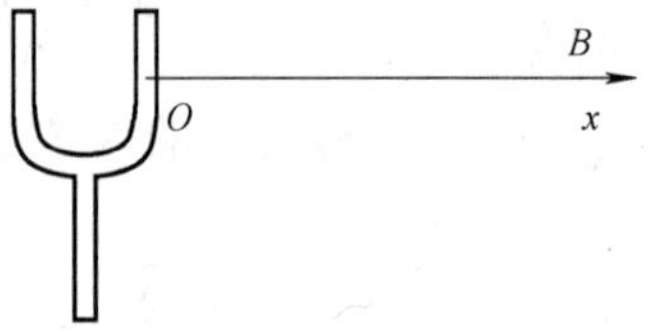

图 7-5-3

由以上两式得合振幅

$$A = \left|2A_0\cos\left(2\pi\frac{l - x}{\lambda}\right)\right| \tag{7-5-11}$$

节点条件

$$l - x = \left(k + \frac{1}{2}\right)\frac{\lambda}{2} \tag{7-5-12}$$

腹点条件

$$l - x = k\frac{\lambda}{2} \tag{7-5-13}$$

式中，$k=0$，1，2，….

不难看出，$x_B = l$ 只满足腹点条件而不满足节点条件．因此，不论波长为何值，自由端 B 总是腹点，这与实际相符．同时，波源 O 也总是腹点，所以，弦线长度 l 和波长 λ 必须满足条件 $l = k\frac{\lambda}{2}$，即只有当弦线长度是半波长的整数倍时才会在弦线上形成驻波.

3. 一端固定的有限长弦线

若将图 7-5-3 中的 B 端固定，则 B 端总是节点．当由 O 端发出的入射波在 B 端反射时，反射波的相位在 B 点发生 $-\pi$ 的突变，负号表示相位递减．设入射波波函数如式（7-5-9）所示，反射波波函数是

$$y_2 = A_0\cos\left(\omega t + \varphi - 2\pi\frac{2l - x}{\lambda} - \pi\right) = A_0\cos\left(\omega t + \varphi - 2\pi\frac{2l - x + \lambda/2}{\lambda}\right) \tag{7-5-14}$$

将上式的相位与式（7-5-10）比较，可知波在节点 B 端反射时相位突减了 π，相当于波多走了半波长的路程，但实际上并没有走，故称波在节点 B 端反射时发生了半波损失（half wave loss）.

由上式和式（7-5-9）可得合振幅

$$A = \left|2A_0\cos\left(2\pi\frac{l - x}{\lambda} + \frac{\pi}{2}\right)\right| \tag{7-5-15}$$

节点条件

$$l - x = k\frac{\lambda}{2} \tag{7-5-16}$$

腹点条件

$$l - x = \left(k + \frac{1}{2}\right)\frac{\lambda}{2} \tag{7-5-17}$$

式中，$k=0$，1，2，…．显然，B 端满足节点条件不满足腹点条件，而且，弦线长度和波长必须满足条件 $l = \left(k + \frac{1}{2}\right)\frac{\lambda}{2}$，即当弦线长度等于半波长的整数倍加四分之一波长时弦线上才会形成驻波.

如果弦线两端都固定，即两端都是节点，则只有当弦线长度和波长满足条件

$$l = k\frac{\lambda}{2} \tag{7-5-18}$$

时，才能在弦线上形成驻波.

4. 半波损失发生的条件

如上所说，图 7-5-3 中弦线 B 端自由时反射波［见式（7-5-10）］不发生半波损失，而当 B 端固定时 B 端是节点，反射波在 B 端发生半波损失．实际上，所谓“自由”并非完全自由，不过是空气的阻滞作用不足以使 B 端的振幅远小于弦线上其他介质元的振幅罢了．所谓“固定”也不是绝对固定，不过是 B 端的振幅远小于弦线上其他介质元的振幅罢了．实践告诉我们，要固定弦线的 B 端，即要使 B 的振幅远小于弦线上与 B 邻近的介质元的振

幅，必须使 B 端与另一种阻滞作用足够大的介质牢固相连，即与质量密度和形变模量的综合效果远大于弦线的介质牢固相连．从 7.2 节我们知道，波阻抗等于介质质量密度与形变模量乘积的平方根．例如，对于纵波，由式（7-2-11）得

$$Z = u\rho = \sqrt{Y\rho} \tag{7-5-19}$$

我们把波阻抗较大的介质叫做波密介质（denser medium），把波阻抗较小的介质叫做波疏介质（sparser medium），从而得到结论：波从波疏介质射向波密介质时反射波发生半波损失．半波损失是波在不同介质中传播时常发生的现象．

应该注意的是，波疏与波密介质的区分是比较而言的．水与空气相比是波密介质，与钢相比却是波疏介质，参见表 7-1.

表 7-1 常见介质的阻抗值 单位：kg/（s · m²）

物质种类	空气（0℃）	水（20℃）	硼硅酸玻璃（棒内纵波）	高温轧钢
Z	4.29×10^{2}	1.48×10^{6}	1.19×10^{7}	4.02×10^{7}

思考题 7.5

1. 驻波是什么波？其主要特点有哪些？
2. 在有限长弦线上形成驻波的条件是什么？
3. 半波损失发生在什么情况下？
4. 有人说：因为驻波波节两侧相位相差 π，所以入射波与反射波在波节处的相位相反，反射波在节点处相位突变 π．你对这种说法有何评论？

7.6 声波 多普勒效应

1. 声波

介质中传播的纵波叫做声波．声波的波强叫做声强．声强在 $1\times10^{-12}\sim1\ \text{W/m}^2$ 数量级、频率在 20 ~ 2000 Hz 范围内的声波能够引起人的听觉，叫做可闻声波．频率低于 20 Hz 的声波叫做次声波，高于 2000 Hz 的声波叫做超声波．次声波和超声波的声强不论多大，都不能引起人的听觉．

当声波在气体中传播时，气体形变（压缩和膨胀）非常迅速，可以看做绝热过程（关于绝热过程参见 8.5 节）．按照式（8-5-3），绝热过程中气体压强和体积的关系是

$$\frac{\mathrm{d}p}{\mathrm{d}V} = -\gamma\frac{p}{V} \tag{7-6-1}$$

其中 p 和 V 分别是气体的压强和体积；$\gamma = c_p/c_V$ 是质量定压热容和质量定容热容的比，$\gamma >1$. 同时，按照式（7-2-10），有

$$\mathrm{d}p = -B\frac{\mathrm{d}V}{V} \tag{7-6-2}$$

比较以上两式，得

$$B = \gamma p \tag{7-6-3}$$

所以，由式（7-2-11）得气体中的声速

$$u = \sqrt{\frac{B}{\rho}} = \sqrt{\frac{\gamma p}{\rho}} \tag{7-6-4}$$

上式表明，声速由气体的性质和状态决定，与声波的特性无关，即各种声波在同样气体中的速度相同. 空气处于标准状况时，压强 $p=1.013\times10^5$ Pa，质量密度 $\rho=1.293$ kg/m^3，热容比 $\gamma=1.4$，声速 $u=331.18$ m/s.

可闻声波可以是人或动物发出的，也可以是乐器或其他物体发出的. 频率近似稳定的可闻声波或由少数几个频率不同的分波叠加成的可闻声波都可使人有愉悦的感觉，叫做乐音. 噪声之所以使人厌恶，是因为它的频率不稳定，或其中频率不同的分波太多了.

人对于声波的感觉不仅与声波的频率有关，还与声强有关. 如前所说，声强低于 10^{-12} W/m^{2}数量级的声波人听不见；高于 1 W/m^2 数量级的声波会引起人的痛觉而不会引起听觉. 由于可闻声波的声强变化范围大，给声强规定了级别. 声强为 I 的可闻声波的声强级定义为声强 I 与标准声强 I_0 的比的对数，即

$$L=\lg\frac{I}{I_0} \tag{7-6-5}$$

式中 $I_0=1\times10^{-12}$ W/m^2 是可闻声强最小值，叫做标准声强. 声强级 L 的单位是贝尔（B）. 由于1B 显大，通常用分贝（dB）作为声强级的单位，1 dB = 0.1 B. 于是，通常将声强级定义式写作

$$L=10\lg\frac{I}{I_0} \tag{7-6-6}$$

上式的单位是 dB. 人平常的说话声约为 60 dB，繁忙大街上的噪音约为 70 dB.

次声波一般是由巨大物体振动发出的，如地震、海啸、大气湍流、雷暴、磁暴等. 次声波的突出特点是频率低，波长长，传播距离远，在介质中引起的形变比较缓慢而且范围较大. 例如，1883 年印度尼西亚一座火山喷发时发出的次声波绕地球 3 圈，持续了 108 h. 频率为 1 Hz 的次声波在标准状况的空气中的波长是 331.18 m. 据测定，次声波是平面波. 次声波具有的这些特点使次声波在传感技术领域有广阔的应用前景.

超声波可以用某些专门器件发出，如石英晶体在交变电场作用下发生共振时就发出频率为 6×10^8 Hz 的超声波. 超声波的突出特点是能量密度高，方向性好，有很强的透射性，这是由于超声波可使波传到处的介质元发生剧烈的受迫形变，短时间在介质内形成局部高温、高压区域. 所以，超声波在工农业生产和科学技术研究中有广泛的应用，如焊接、钻孔、除尘、除去液体中的汽泡、探测金属内的缺陷等.

2. 多普勒效应

很多人都有这样的经验：疾驰而来的火车的笛声听起来音调比较高，疾驰而去的火车的笛声听起来音调比较低. 这种由于波源与观测者存在相对运动而使波的观测频率不同于波频率的现象叫做多普勒（Doppler，1803—1853）效应（Doppler effect）.

为简便起见，设空气静止，声波波源与观测者在同一条直线上作相对运动.

（1）如图 7-6-1 所示，波源 S 静止，观测者 G 以速率 v 向波源运动. 这时，在观测者看来，波速 $u=u_0+v$，u_0 为空气中的波速. 观测频率

$$\nu=\frac{u}{\lambda}=\nu_0+\frac{v}{\lambda}=\nu_0\left(1+\frac{v}{u_0}\right) \tag{7-6-7}$$

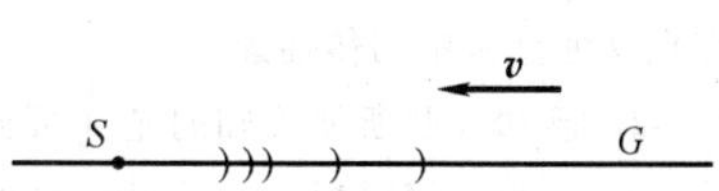

图 7-6-1

上式中的 ν_0 是波的频率.

同理，当观测者 G 以速率 v 离波源 S 而去时，观测

频率

$$\nu = \nu_0\left(1 - \frac{v}{u_0}\right) \tag{7-6-8}$$

以上两式可以合写为

$$\nu = \nu_0\left(1 \pm \frac{v}{u_0}\right) \tag{7-6-9}$$

（2）如图 7-6-2 所示，观测者 G 静止，波源 S 以速率 v_s 向着观测者运动．这时，在观测者看来，波的周期（即两个同样的振动状态间隔的最短时间）是

$$T = T_0 - \frac{v_s T_0}{u_0} = T_0\left(1 - \frac{v_s}{u_0}\right) \tag{7-6-10}$$

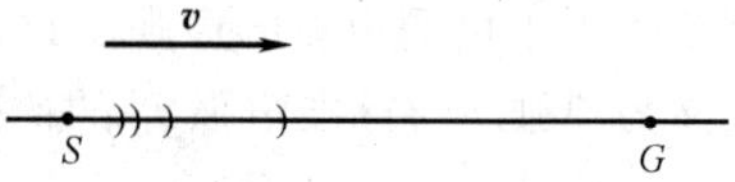

图 7-6-2

观测频率

$$\nu = \frac{1}{T} = \nu_0\left(\frac{u_0}{u_0 - v_s}\right) \tag{7-6-11}$$

同理，当波源 S 以速率 v_s 远离观测者 G 而去时，观测频率

$$\nu = \nu_0\left(\frac{u_0}{u_0 + v_s}\right) \tag{7-6-12}$$

以上两式可以合写为

$$\nu = \nu_0\left(\frac{u_0}{u_0 \mp v_s}\right) \tag{7-6-13}$$

与上式相联系的观测波长

$$\lambda = \frac{u_0}{\nu} = \frac{u_0 + v_s}{\nu_0} \tag{7-6-14}$$

（3）所以，当观测者和波源都相对介质运动时，观测频率是

$$\nu = \frac{u_0 \pm v}{\lambda} = \nu_0\left(\frac{u_0 \pm v}{u_0 \mp v_s}\right) \tag{7-6-15}$$

上式表明：观测者和波源在接近，观测频率高于波频率；观测者和波源在远离，观测频率低于波频率.

思考题 7.6

1. 什么叫做超声波、次声波？
2. 什么情况下发生多普勒效应？

习　题　7

7-1　一声波在空气中的波长是 0.25 m，速度是 340 m/s．当它进入另一介质时，波长变成了 0.79 m，求它在这种介质中的传播速度.

7-2　已知人眼所能感知的光（可见光）的波长范围为 400 nm 至 760 nm，求可见光的频率范围.

7-3　波源作简谐振动，其振动方程为 $y = 4 \times 10^{-2}\cos 240\pi t$（m），它所形成的波以 30 $\mathrm{m \cdot s^{-1}}$ 的速度沿一直线传播．（1）求波的周期及波长；（2）写出波动方程.

7-4 已知一横波沿绳子传播时的波动方程为 $y = 0.01\cos(2pt - 3px)$，其中 x、y 的单位为 m，t 的单位为 s. 求：(1) 此波的振幅、波速、频率和波长；(2) 绳子上各质点振动的速度和加速度；(3) 绳子上各质点振动的最大速度和最大加速度；(4) $x = 0.5$ m 处的质点在 $t = 1$ s 时的相位；(5) 画出 $t = 0.25$ s、0.5 s、0.75 s、1 s 各时刻的波形.

7-5 平面简谐纵波沿线圈弹簧传播，已知波沿着 x 轴正向传播，弹簧中某圈的最大位移为 3.0 cm，振动频率为 2.5 Hz，弹簧中相邻两疏部中心的距离为 24 cm. 当 $t = 0$ 时，在 $x = 0$ 处质元的位移为零，并向 x 轴正向运动. 试写出该平面简谐纵波的波动方程.

7-6 一平面简谐波沿着 x 轴负方向传播. 已知振幅 $A = 1$ cm，频率为 $n = 5$ Hz，波长 $\lambda = 200$ cm. 当 $t = 0$ 时，$x = -50$ cm 处的质点位移为零并向 y 轴负方向运动. 求该平面简谐波的方程.

7-7 一平面简谐波沿着 x 轴正向传播，已知振幅 $A = 10$ cm，周期为 $T = 0.1$ s. 当 $t = 1.0$ s 时，$x = 10$ cm处质点 a 的位移为零，并向 y 轴负方向运动，而此时 $x = 20$ cm 处的质点 b 的位移为 5.0 cm，且向 y 轴正方向运动，求该平面简谐波的方程.

7-8 波源作简谐振动，周期为 1/100 s. 若此振动以 $u = 400$ m/s 的速度沿直线传播，并取波源处的质点经平衡位置向正方向运动时为时间起点. 求：(1) 距波源为 800 cm 处质点的振动方程和初相；(2) 距波源为 990 cm 和 1000 cm 处两质点之间的相位差.

7-9 一平面波在介质中以速度 $u = 20$ m/s 沿 x 轴的负方向传播. 已知在传播路径上某点 A 的振动方程为 $y = 3\cos 4\pi t$ (cm). (1) 以 A 点为坐标原点，写出波动方程；(2) 以距 A 点 5 m 处的 B 点为坐标原点，写出波动方程；(3) 写出传播方向上 B 点、C 点、D 点的振动方程（各点间的距离参看题 7-9 图）.

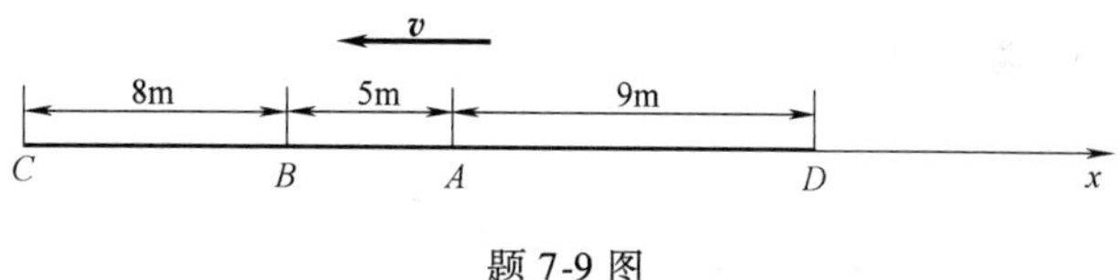

题 7-9 图

7-10 题 7-10 图所示为坐标原点处波源的振动曲线. 假设波速为 2 m/s，简谐波沿着 x 轴的正方向传播. 求：(1) 波源的振动方程；(2) 简谐波的波动方程.

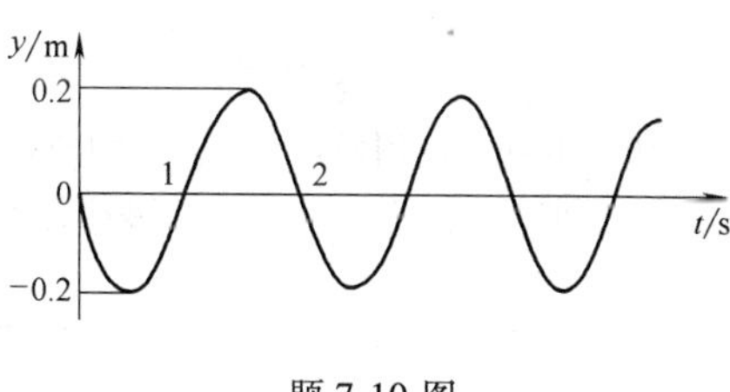

题 7-10 图

7-11 已知周期为 2 s 的一平面余弦波沿着 x 轴正方向传播，题 7-11 图给出了该平面波在 $t = 1/3$ s 时的波形图，求：(1) 坐标原点和 P 点的振动方程；(2) 平面波的波动方程；(3) Q 点的坐标.

7-12 已知一平面余弦波的振幅、角频率与波速分别为 A，ω 和 u. 试从题 7-12 图即 $t = 0$ s 的波形图出发求：(1) 分别以 O 点和 P 点为坐标原点写出波动方程；(2) 写出 $t = 0$ s 时，$\lambda/8$ 与 $3\lambda/8$ 处的速度大小和方向.

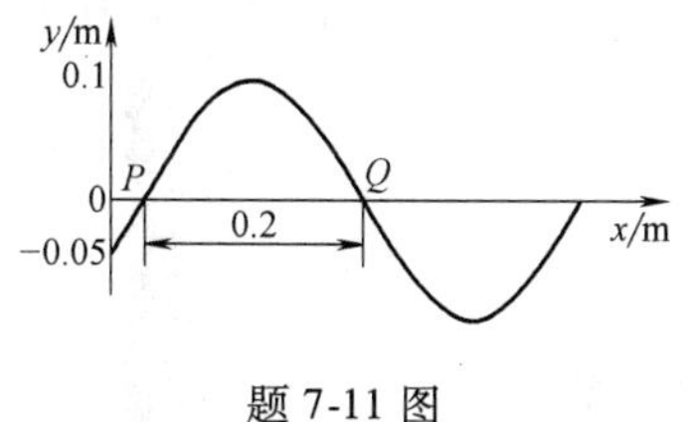

题 7-11 图

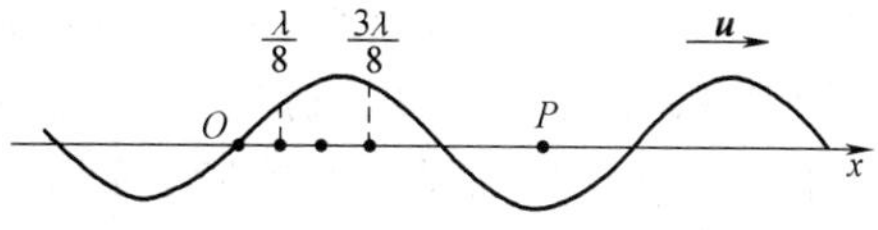

题 7-12 图

7-13 题 7-13 图所示为一列沿 x 轴正方向传播的简谐波分别在 $t_1 = 0$ s 与 $t_2 = 2$ s 时的波形图，已知该简谐波的周期大于 2 s，求该简谐波的波动方程.

7-14 有一波在介质中传播，其波速 $u = 10^3$ m/s，振幅 $A = 1.0 \times 10^{-4}$ m，频率 $\nu = 10^3$ Hz. 若介质的密度为 800 kg/m^3，求：(1) 该波的能流密度；(2) 1 min 内垂直通过一面积 $S = 4 \times 10^{-4}$ m^2 的总能量.

7-15　一谐波在直径为 0.14 m 的圆柱形管内的空气中传播，波的能流密度为 9×10^{-3} W/m³，频率为 300 Hz，波速为 $u=300$ m/s. 问：(1) 波的平均能量密度和最大能量密度各是多少？(2) 平均来说，每两个相邻的同相面之间有多少能量？

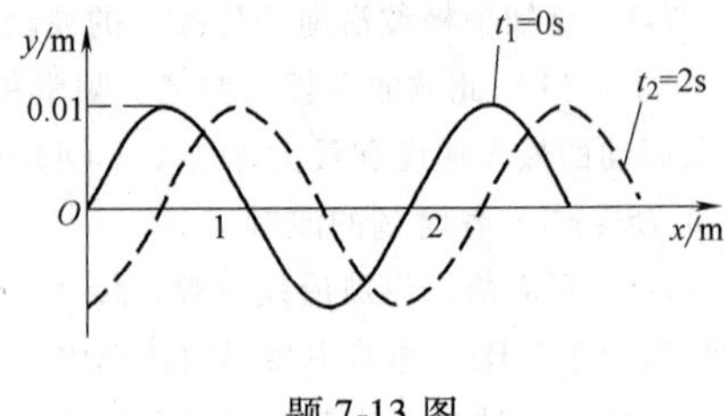

题 7-13 图

7-16　一平面谐波的频率为 500 Hz，在质量密度 $\rho=1.3\times10^{-3}$ g/cm³ 的空气中以 $u=340$ m/s 的速度传播，到达人耳时，振幅 $A=10^{-4}$ cm. 求耳接收到的该声波的平均能量密度和声强.

7-17　假设介质不吸收波的能量，证明：(1) 平面波的振幅为常量；(2) 球面波的振幅反比于场点到波源的距离.

7-18　如题 7-18 图所示，两振幅相同、初相均为零的平面简谐波的波源分别位于 A、B 两处，若它们相距 0.07 m，振动方向相同，且频率均为 30 Hz，波速为 0.5 m/s，求在与 AB 连线成 30°夹角的直线上距 A 为 3 m 的 P 点处两列波的相位差与 P 点的初相.

7-19　如题 7-19 图所示，两相干波源分别在 P，Q 两点处，相距 $3\lambda/2$. 由 P，Q 发出初相、频率、波长相同的两列相干波，R 为 PQ 连线的上的一点. 求：(1) 自 P、Q 发出的两列波在 R 处的相位差；(2) 两波在 R 处干涉时的合振幅.

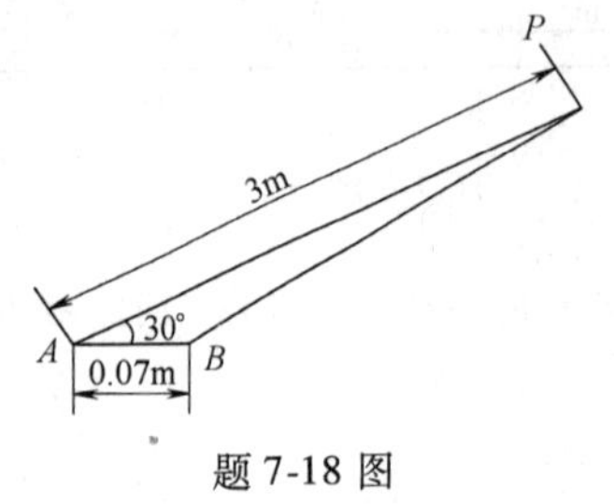

题 7-18 图

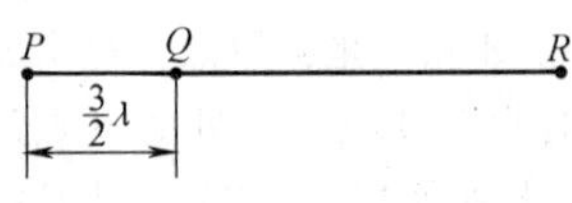

题 7-19 图

7-20　如题 7-20 图所示，S_1，S_2 为两相干波源，相距 $\lambda/4$，其振幅分别为 A_1 与 A_2. S_1 较 S_2 的相位超前 $\pi/2$. 问在 S_1、S_2 的连线上、S_1 外侧各点的合振幅如何？又在 S_2 外侧各点的合振幅如何？

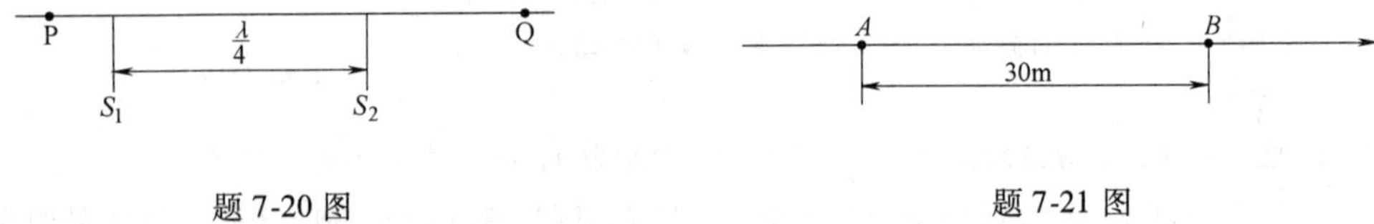

题 7-20 图　　题 7-21 图

7-21　两相干波源位于同一介质中的 A，B 两点（题 7-21 图），其振幅相等，频率皆为 100 Hz，B 比 A 的相位超前 π. 若 A，B 相距 30 m，波速为 400 m/s，试求 AB 连线上因干涉而静止的各点的位置.

7-22　有一平面波波动方程为 $y=5\cos300p(t-x/200)$ (SI). 当此波传到隔板两个相距 1 m 的小孔 A，B 上时，从 B 传出的子波到达 P 点时恰好相消，且 A 和 P 之间没有其他的相消点，如题 7-22 图所示. 若 $PA<AB$，求 P 点到 A 点的距离.

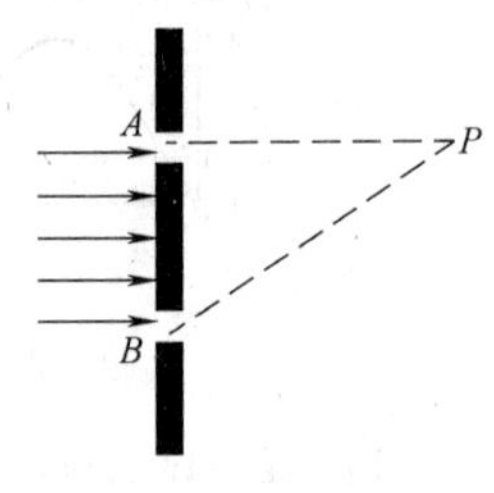

题 7-22 图

7-23　两列波在一根弦线上相向传播形成驻波，已知驻波的方程为

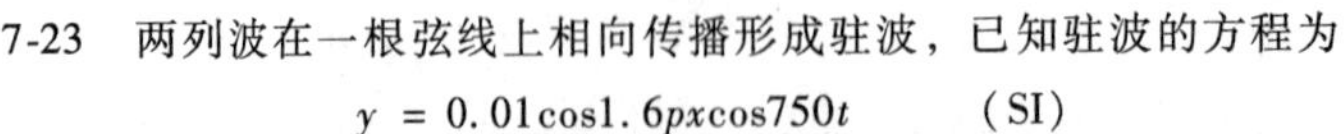

$$y=0.01\cos1.6px\cos750t \qquad \text{(SI)}$$

求：(1) 形成驻波的两列波的振幅与波速；(2) 相邻节点间的距离；(3) 弦上各质点的速度与加速度.

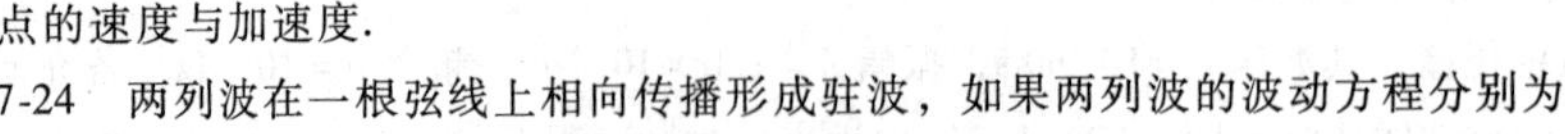

7-24　两列波在一根弦线上相向传播形成驻波，如果两列波的波动方程分别为

$$y_1 = 0.04\sin(3.0x - 2.0t) \quad \text{(SI)}$$

$$y_2 = 0.04\sin(3.0x + 2.0t) \quad \text{(SI)}$$

求：(1) 驻波方程；(2) $x = 230$ cm 处质点作简谐振动的振幅；(3) 如果弦的一端为 $x = 0$，写出波腹和波节的位置.

7-25　题7-25图所示为驻波的演示实验. 已知电动音叉的频率为400 Hz，波在弦线上的传播速度为320 m/s，且弦线 AB 上形成了7个振幅为0.1 cm 的波腹，求：(1) 弦线的长度；(2) 以弦线的中点为坐标原点，写出驻波方程.

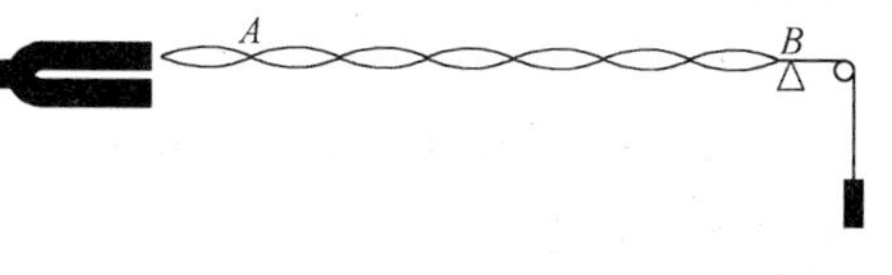

题7-25图

7-26　在弦线上有一列沿 x 轴传播的简谐波，其波动方程为

$$y = A\cos\left(\omega t + \frac{2\pi}{\lambda}x + \varphi\right)$$

波传播到固定端 x_0 处时被全部反射. 试写出：(1) 反射波的波动方程；(2) x 轴上所有波腹和波节的坐标.

7-27　一列火车以20 m/s 的速度在静止的空气中行驶，若火车汽笛的频率为500 Hz，问：(1) 一静止听者在火车前和火车后所听到的声波的频率各为多少？(2) 设在另一列火车上有一乘客，当该列车以10 m/s的速度驶近和驶离第一列火车时，乘客听到的声波的频率各为多少（已知声波在静止空气中的速度为340 m/s)？

7-28　一固定的超声波探测器在海水中发出一束频率为 3.0×10^4 Hz 的超声波，超声波被一艘驶近的潜艇反射回来时频率变化了200 Hz. 已知超声波在海水中的波速为 1.50×10^3 m/s，求潜艇的速率.

7-29　如题7-29图所示，一个物体系在一质量线密度为 $\mu = 0.0020$ kg/m 的细绳上，细绳跨过一个轻滑轮，左端连在一个频率不变的振子P上，P与滑轮之间的绳长度是 $L = 2.00$ m. 已知当物体质量等于16.0 kg 或25.0 kg 时，绳上出现驻波（物体质量介于16.0 kg 和25.0 kg 之间时不出现驻波)，问：振子P的频率是多少？可使绳上出现驻波的物体最大质量是多少？

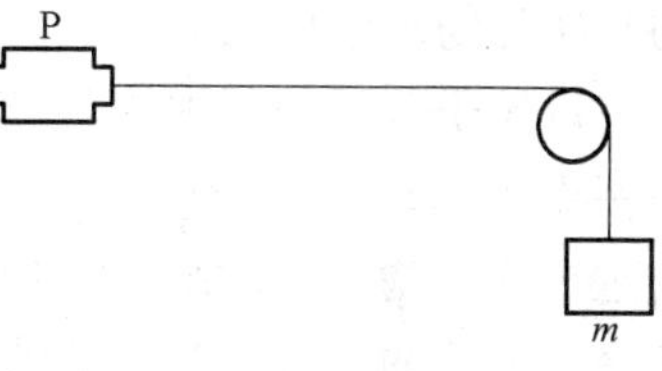

题7-29图

第3部分　热力学与统计物理学

大量原子分子的无规则机械运动叫做热运动（thermal phenomenon）．热运动是物质运动的基本形式之一．

以热运动的实验定律为基础，运用归纳、演绎等方法研究热现象的理论体系叫做热力学（thermodynamics）．热力学是关于热现象的宏观理论，分为平衡态热力学和非平衡态热力学，前者已是系统的成熟理论，后者自20世纪60年代以来有了长足的进展．热力学的基本定律是自然界的普适定律，它的研究方法对于任何宏观系统，不论是天文的、化学的、生物的，不论这个系统涉及力学现象还是电磁现象，只要与热运动有关，热力学基本定律总是适用和可靠的．爱因斯坦总是以绝对信赖的心情寄希望于热力学，遇到难以克服的困难时常求助于热力学．他在晚年时曾经说过：“一个理论，如果它的前提越简单，能说明的各种类型的问题越多，适用的范围越广，它给人的印象就越深刻．因此，经典热力学给我留下了深刻的印象．经典热力学是具有普遍内容的唯一的物理理论．我深信，在其基本概念适用的范围内是绝对不会被推翻的．”当然，和其他物理理论一样，热力学也有其局限性．这主要表现在它只能说明热现象应该是什么样的而不能解释为什么是这样的．解释热现象为什么是这样的是统计物理学的任务．

以原子分子的假说为基础，运用统计方法研究热现象的理论体系叫做统计物理学（statistical physics）．统计物理学（统计力学）是关于热现象的微观理论．所谓统计方法，就是通过求微观物理量的统计平均值求出相应的宏观物理量的方法．统计方法是研究大量原子分子聚合系统的有效方法，是统计规律的体现．

统计物理学由假说出发推出的结论被热力学的实验结果所证实，热力学的实验结果因统计物理学的分析被揭示出微观实质，两方面的研究相互印证，深化了人们对热现象的认识．如果说在本书的第1部分和第2部分中研究的着眼点主要是单个物体、单个质点，那么，在第3部分中，研究的着眼点则是由大量原子分子聚合成的系统．这种研究对象和研究方式的转变标志着经典物理学的发展进入了第二个历史阶段，其重大成果之一就是热力学第二定律（second law of thermodynamics），从而说明了时间为什么是不可逆的，并为后来非平衡态热力学和非平衡态统计物理学的诞生埋下了思想的种子．

第8章　热力学基本原理

热力学的研究对象叫做热力学系统，简称系统．热力学系统都是由大量原子分子聚合成的，并且是有限大的．系统之外的环境叫做外界．例如，若把一定质量的气体作为研究的系统，则容器及容器以外的一切称为外界．

与外界没有能量交换也没有物质交换的系统叫做孤立系统（isolated system），与外界有能量交换但没有物质交换的系统叫做封闭系统（closed system），与外界有能量交换也有物质交换的系统叫做开放系统（open system）. 这一章以封闭的理想气体（ideal gas）为主要研究对象介绍热力学的基本原理.

8.1　理想气体状态方程

1. 平衡态和平衡过程

我们已经知道，在质点力学中，质点的运动状态用一组值（$\boldsymbol{r}$，$\boldsymbol{v}$）表示，不同的组值表示不同的状态. 对于大量分子聚合成的气体，如何表示其状态呢？

在对大量现象进行观测和分析的基础上，人们认识到：一个质量确定的孤立气体系统，在内部不发生化学反应的条件下，不论其初始状态如何，在经过一段时间后，系统的宏观性质（即整体性质，如温度、体积、压强等）不再随时间变化. 这种系统在不受外界影响且内部不发生化学反应条件下达到的不变态叫做平衡态（equilibrium state）. 一定质量的气体的平衡态用一组值（p，V，T）表示，其中，p 是压强，压强的单位是帕斯卡（Pascal），简称帕（Pa），$1\text{Pa}=1\text{N/m}^2$；V 是体积，单位是立方米（m^3）；T 是热力学温度，单位是开尔文（Kelvin），简称开（K）. 热力学温度 T 与摄氏温度 t 的关系是

$$T = t + 273.15 \tag{8-1-1}$$

压强 p、体积 V、温度 T 统称为状态参量（state parameter）.

注意，不能简单地把平衡态理解为不随时间变化的状态. 必须明确，平衡态是在不受外界影响、内部不发生化学反应的条件下，一定质量的气体必然到达的那种不变态. 要知道，稳定非平衡态也是不随时间变化的状态. 这两种不变态的区别是：平衡态具有整体均匀性，即系统内部的压强、温度、密度处处相同，而非平衡态不具有整体均匀性. 例如，如图 8-1-1 所示，两端封闭的较长玻璃管放在温度为 40 ℃热水中. 经过一段时间后，管中上下各部分空气的温度不再变化，但并不均匀. 这时，管中空气处于稳定非平衡态而不是平衡态. 之所以如此，原因在于管中气体与外界在不断地交换能量，或者说管中气体受着外界的影响.

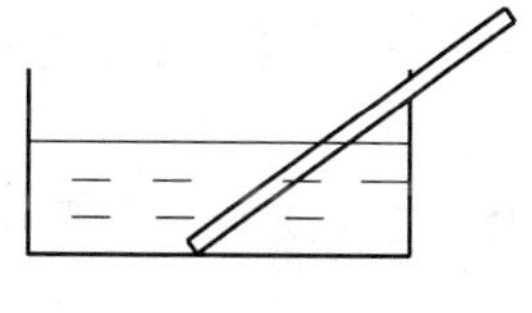

图 8-1-1

一定质量的气体由非平衡态变化到平衡态的过程叫做弛豫过程（relaxation process）. 弛豫过程的时间叫做弛豫时间，弛豫时间一般不长.

如果使一定质量的气体经历一个极为缓慢的状态变化过程，由于气体的弛豫过程远快于其状态变化过程，则在这个极为缓慢的状态变化过程中的任一时刻，气体的状态都近似于平衡态. 这种由一系列近似平衡态延续而成的极为缓慢的状态变化过程叫做平衡过程（equilibrium process）或准静态过程（quasi-static process）. 从理论上说，平衡过程可以无限缓慢，气体的中间状态都是平衡态. 不难理解，平衡态、平衡过程都是理想模型.

由于系统处于平衡态时具有整体均匀性，其状态参量中的温度、压强等物理量必然处处相等. 注意到一个系统总可以划分为若干子系统，由此不难理解：

若两个系统同时与第三个系统处于热平衡状态，则这两个系统必然处于热平衡状态.

这个结论叫做热力学第零定律或热平衡定律.

2. 理想气体状态方程

等温过程（isothermal process）、等压过程（isobaric process）和等容过程（isochoric process）是三种典型的平衡过程. 在温度不太低、压强不太大的条件下，与这三种平衡过程相对应，有三个实验结论：玻意耳（Boyle）定律、查理（Charles）定律和盖-吕萨克（Gay-Lussac）定律.

玻意耳定律：温度不变时，一定质量的某种气体的压强与体积成反比，即

$$pV = C_1(T) \tag{8-1-2}$$

$C_1(T)$ 是与温度有关的常数.

盖-吕萨克定律：压强不变时，一定质量的某种气体的体积与温度成正比，即

$$V = C_2(P)T \tag{8-1-3}$$

$C_2(p)$ 是与压强有关的常数.

查理定律：体积不变时，一定质量的某种气体的压强与温度成正比，即

$$p = C_3(V)T \tag{8-1-4}$$

$C_3(V)$ 是与体积有关的常数.

定义：遵守玻意耳定律、盖吕萨克定律和查理定律的气体叫做理想气体.

在温度不太低、压强不太大的条件下，实际气体遵守以上三条实验定律，可以看作理想气体.

将式（8-1-3）代入式（8-1-2），得

$$pV = C_2(p)pT = CT$$

或将式（8-1-4）代入式（8-1-2），得

$$pV = C_3(V)VT = CT$$

总之，三个实验定律表示式可以合写成一个式子

$$\frac{pV}{T} = C \tag{8-1-5}$$

对于一定质量的某种理想气体，C 是一个确定的常数.

式（8-1-5）叫做理想气体状态方程（state equation of ideal gas）. 由理想气体状态方程可知，理想气体的三个状态参量 p、V、T 中只有两个是独立的.

按照理想气体状态方程，一定质量的理想气体的两个平衡态（p_1，V_1，T_1）和（p_2，V_2，T_2）的关系为

$$\frac{p_1V_1}{T_1} = \frac{p_2V_2}{T_2} \tag{8-1-6}$$

上式叫做克拉珀龙（Clapeyron）方程，是理想气体状态方程的一种常见形式.

实验表明，在温度为 0 ℃、压强为 1 atm 的所谓标准状况下，质量为 1 mol 的任何一种气体的体积都是 $V_0 = 22.4\times10^{-3}\ \text{m}^3$. 将 $T_0 = 273.15$ K、$p_0 = 1\ \text{atm} = 1.013\times10^5$ Pa 和 V_0 代入式（8-1-5），得到的常数叫做摩尔气体常数，记为

$$R = \frac{p_0V_0}{T_0} = 8.31[\text{J/(mol}\cdot\text{K)}] \tag{8-1-7}$$

于是，由式（8-1-5）可知，1 mol 的任何一种理想气体的状态方程是

$$\frac{pV}{T} = R$$

而质量为 m、摩尔质量为 M 的理想气体的状态方程为

$$pV = \frac{m}{M}RT \tag{8-1-8}$$

上式是理想气体状态方程的另一种常见形式.

令 $R = kN_A$，其中 $N_A = 6.023 \times 10^{23}/\text{mol}$ 是阿伏加德罗常数，$k = 1.38 \times 10^{-23}$ J/K 是玻耳兹曼常数，由式（8-1-8）得

$$p = nkT \tag{8-1-9}$$

这是理想气体状态方程的又一种常见形式，其中，$n = \frac{N}{V}$是气体的平均分子数密度，而 $N = \frac{m}{M}N_A$ 是质量为 m 的理想气体的总分子数．由上式得

$$n = \frac{p}{kT} \tag{8-1-10}$$

可见，理想气体的平均分子数密度由压强和温度决定，与气体种类无关.

3. 气体分子平均间距和分子的大小

由式（8-1-10）可知，标准状况下的气体平均分子数密度是

$$n_0 = \frac{p}{kT} = 2.687 \times 10^{19}/\text{cm}^3 \tag{8-1-11}$$

n_0 被称为罗施密特常数（Loschmidt constant），它表明在 1 cm^3 内平均有数千亿亿个分子，可见气体的平均分子数密度是很大的.

气体平均分子数密度如此之大，气体中的分子是不是挤成一团了呢？不是，分子的间距还是相当大的，因为分子实在太小了．例如，标准状况下的平均分子间距

$$l_0 = (n_0)^{-\frac{1}{3}} \approx 3.34 \times 10^{-9}\ \text{m}. \tag{8-1-12}$$

我们知道，液体几乎是不可压缩的．因此，可以认为液体体积近似等于液体中的分子体积之和．在常温下，1 mol 的水的体积是 18 cm^3，每个水分子的体积近似等于

$$V_0 \approx 2.99 \times 10^{-29}\ \text{cm}^3 \tag{8-1-13}$$

若把水分子看做球形，其半径近似为

$$r_0 \approx 2 \times 10^{-10}\ \text{m}. \tag{8-1-14}$$

可见，标准状况下的气体平均分子间距约为分子大小的 10 倍.

思考题 8.1

1. 理想气体的状态参量是哪几个？有几个是独立的？
2. 夏天和冬天的大气压相差不大，可认为相同．问：夏天的空气密度大还是冬天的空气密度大？

8.2　系统压力的功

1. 系统压力的功

如图 8-2-1 所示，气缸中装有一定质量的理想气体，气缸活塞面积为 S．设活塞匀速缓慢移动，于是，气缸中气体的状态变化过程为一平衡过程，过程中任意时刻活塞上所受压强等于气体的压强．当活塞由位置 x_1 移动到位置 x_2 时，气体压力所做的功为

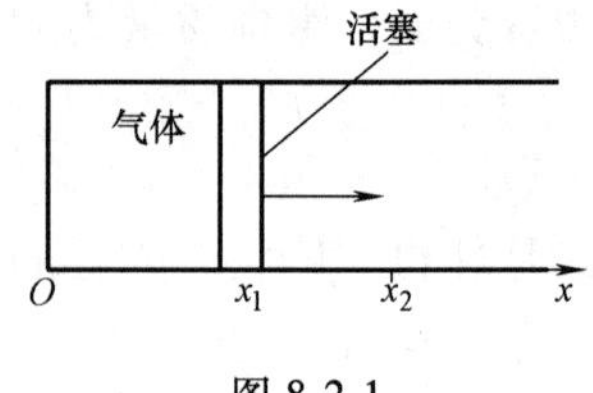

图 8-2-1

$$A = \int_{x_1}^{x_2} \boldsymbol{F} \cdot \mathrm{d}\boldsymbol{x} = \int_{x_1}^{x_2} pS\mathrm{d}x = \int_{V_1}^{V_2} p\mathrm{d}V \qquad (8\text{-}2\text{-}1)$$

式中，$\mathrm{d}V = S\mathrm{d}x$ 是气体体积的微小增量；V_1 和 V_2 是气体的初态体积和末态体积.

在上述平衡过程中，活塞对气体的压力与气体对活塞的压力总是大小相等、方向相反，外界（即活塞）对气体所做的功

$$A' = -\int_{x_1}^{x_2} \boldsymbol{F} \cdot \mathrm{d}\boldsymbol{x} = -A \qquad (8\text{-}2\text{-}2)$$

这说明系统（即上面所说的气体）对外界所做的功与外界对系统所做的功反号.

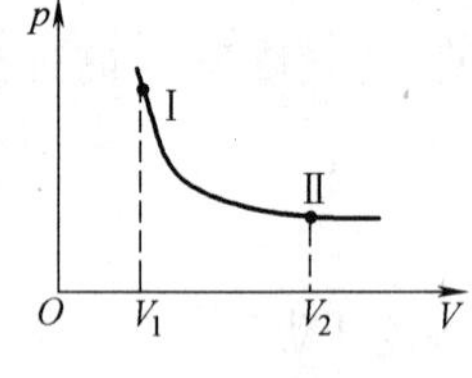

图 8-2-2

如图 8-2-2 所示，横坐标表示系统的体积 V、纵坐标表示系统的压强 p 的直角坐标系叫做系统的 p-V 图. 图上的一个点表示系统的一个平衡态，一条有向线段表示系统经历的一个平衡过程. 图中有向线段 Ⅰ ~ Ⅱ 下的面积表示系统压力的功. 由图可见，系统压力的功不仅与系统的初、末态有关，而且与中间状态有关. 给定初、末态，若中间状态不同，即 p-V 图上的路径不同时，功值不同.

2. 等值过程中理想气体压力的功

（1）等压过程

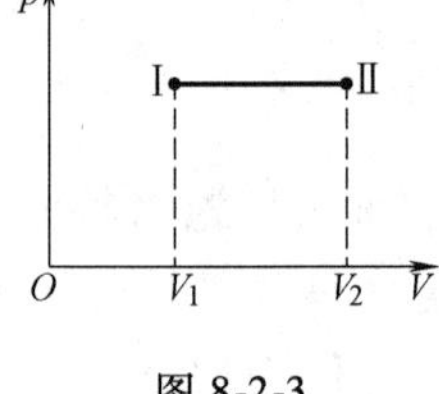

图 8-2-3

系统压强不变的过程叫做等压过程. 等压过程在 p-V 图上用一条平行于 V 轴的有向直线段表示. 图 8-2-3 中的直线段 Ⅰ ~ Ⅱ 表示一个等压膨胀过程. 由式（8-2-1）可知，等压过程中系统压力的功

$$A = \int_{V_1}^{V_2} p\mathrm{d}V = p(V_2 - V_1) = p\Delta V \qquad (8\text{-}2\text{-}3)$$

当 $V_2 > V_1$ 时，$A > 0$，系统压力做正功；当 $V_2 < V_1$，时，$A < 0$，系统压力做负功. 将理想气体状态方程代入上式，得

$$A = \frac{m}{M}R(T_2 - T_1) = \frac{m}{M}R\Delta T \qquad (8\text{-}2\text{-}4)$$

（2）等温过程

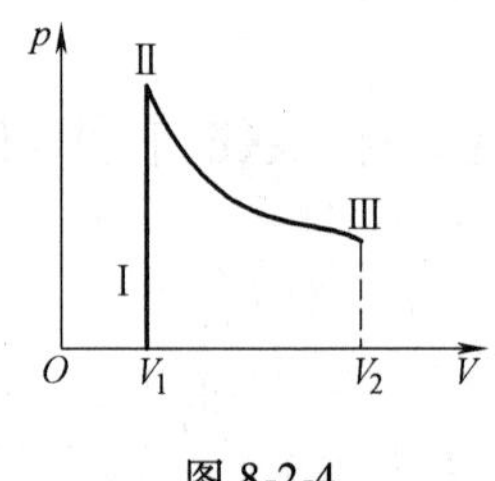

图 8-2-4

系统温度不变的过程叫做等温过程. 由理想气体状态方程可知，理想气体等温过程在 p-V 图上用双曲线的一支表示，图 8-2-4 中的有向线段 Ⅰ ~ Ⅱ 表示一个等温膨胀过程. 在等温过程中，理想气体压力的功

$$A = \int_{V_1}^{V_2} p\mathrm{d}V = \frac{m}{M}RT\int_{V_1}^{V_2} \frac{\mathrm{d}V}{V} = \frac{m}{M}RT\ln\frac{V_2}{V_1} \qquad (8\text{-}2\text{-}5)$$

（3）等容过程

系统体积不变的过程叫做等容过程. 等容过程在 P—V 图上用一条平行于 p 轴的有向直线段表示，图 8-2-4 中的有向直线段 Ⅲ ~ Ⅰ 表示一个等容升压过程. 显然，在等容过程中，系统压力不做功.

例题 8-2-1 如图 8-2-5 所示，竖立着的气缸的活塞面积 $S = 2.5 \times 10^{-2}\ \mathrm{m}^2$，缸内氮气质量 $m = 0.01\ \mathrm{kg}$，活塞及活塞上的重物的质量 $m = 10\ \mathrm{kg}$，大气压强 $p_0 = 1\ \mathrm{atm} = 1.013 \times 10^5\mathrm{Pa}$. 现把氮气由温度 $T_1 = 300\ \mathrm{K}$ 加热到温度 $T_2 = 800\ \mathrm{K}$. 在此过程中，氮气做多少功？氮气体积

增加多少?

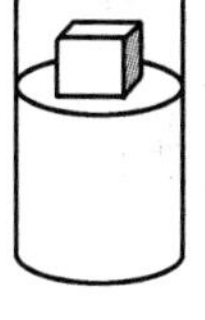

图 8-2-5

解：氮气升温过程可以看做理想气体等压膨胀过程，氮气压强

$$p=p_0+\frac{mg}{S}$$

氮气所做的功　$A=p(V_2-V_1)=\frac{m}{M}R(T_2-T_1)=1483.9\ \text{J}$

其中，氮气的摩尔质量 $M=28\times10^{-3}$ kg/mol. 氮气体积的增量

$$\Delta V=V_2-V_1=\frac{m}{M}R\frac{T_2-T_1}{p}=0.014\ \text{m}^3$$

思考题 8.2

1. 两个气缸中的同种等量气体从相同状态开始，一个作极其缓慢的膨胀，另一个作迅猛膨胀，问：哪个过程是平衡过程？哪个过程是非平衡过程？若末态体积相同，两个过程中气体做功是否相等？哪个做功大?

2. 两个同质量的同种理想气体从相同状态开始作等温缓慢膨胀，甲气体膨胀到原来体积的两倍，乙气体膨胀到原来压强的一半，两气体做功相等否?

3. 一容器被隔板分为左右两半，左边充有一定质量的气体，右边为真空. 将隔板抽去，气体向右边扩散. 扩散过程中气体做功否?

8.3　热力学能　热力学第一定律

我们已经知道，在力学中，保守力的功与物体运动的中间状态无关而由物体的初、末状态（位置）决定，因此存在一个与保守力相对应的状态（位置）函数——势能. 那么，对于热力学系统来说，是否也存在某个状态函数呢?

如 3.4 节中所说，能量守恒定律是经过长期探索才发现的. 在探索能量守恒定律的过程中，德国的迈耶（Robert Mayer，1814—1878）和英国的焦耳（James Prescott Joule，1818—1889）等人经过长期实验研究发现：

1. 向系统传热或对系统做功都可使系统状态发生变化. 向系统传递 1 cal 的热量相当于对系统做 4.18 J 的功，即

$$1\ \text{cal}=4.18\ \text{J}\tag{8-3-1}$$

所谓 1 cal 的热量就是 1 g 纯水在 1 atm 下通过传热使温度升高 1 ℃吸收的能量. 上式叫做热功当量.

2. 给定系统的初、末态，虽然对系统传递的热量和做的功随中间过程的不同而改变，但二者之和是一个由初、末态决定而与中间过程无关的定值.

根据上述发现可以认为，对于热力学系统存在一个状态函数——热力学能（也叫内能）(thermodynamic energy or internal energy) U，热力学能的增量 ΔU 等于系统状态变化过程中向系统传热与做功之和. 尽管现在还未给出热力学能 U 的表示式，但它是存在的. 设系统初、末态的热力学能分别为 U_1 和 U_2，则热力学能的增量 $\Delta U=U_2-U_1$ 等于外界向系统传递的热量 ΔQ 与对系统做的功 A'之和，即

$$\Delta U=\Delta Q+A'\tag{8-3-2}$$

由于系统所做功 $A = -A'$，上式可写为

$$\Delta Q = \Delta U + A \tag{8-3-3}$$

上式的物理意义是：向系统传递热量的一部分增加了系统的热力学能，另一部分对外做了功.

式（8-3-2）和式（8-3-3）都叫做热力学第一定律（first law of thermodynamics），是有热现象时的能量守恒定律，或者说是能量守恒定律在热力学中的表示式. 在这两个式子中，规定当系统从外界实际吸收热时，$\Delta Q>0$；当系统向外界放热时，$\Delta Q \leqslant 0$. 对于短暂过程，热力学第一定律的表示式为

$$\delta Q = \mathrm{d}U + p\mathrm{d}V \tag{8-3-4}$$

上式中的 $\mathrm{d}U$ 是一个微分，而 δQ 是一个微小量，一般不是微分.

9.4 节中将说明，理想气体的热力学能 U 是热力学温度 T 的线性增函数，其表示式为

$$U = \frac{m}{M}\frac{1}{2}iRT \tag{8-3-5}$$

式中的 i 是气体分子自由度数的和.

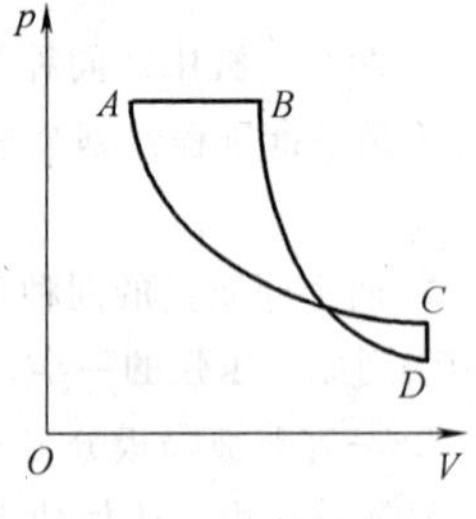

图 8-3-1

例题 8-3-1 图 8-3-1 中的 AB 为等压过程，BC 为绝热过程（即无热量传递的过程），CD 为等容过程，DA 为等温过程. 一定质量的理想气体做 $ABCDA$ 循环，试确定各个过程中的 p、V、T 的增量及 A、ΔQ、ΔE 各量为正、为负还是为零？列表表示.

解：

过程	Δp	ΔV	ΔT	ΔQ	ΔU	A
AB	0	+	+	+	+	+
BC	–	+	–	0	–	+
CD	+	0	+	+	+	0
DA	+	–	0	–	0	–
$ABCDA$	0	0	0	+	0	+

思考题 8.3

1. 热力学第一定律对初、末两态是平衡态的非平衡过程是否成立？
2. 热力学第一定律对初、末两态是非平衡态的过程是否成立？
3. 如图 8-3-2 所示，一定质量的理想气体分别经历 4 个过程：（1）等压过程 AB；（2）等温过程 AC；（3）绝热过程 AE；（4）等容过程 AF 和等压过程 FE. 问：（1）哪个过程中气体做功最多？哪个过程中气体做功最少？（2）哪个过程中气体热力学能增加最多？哪个过程中气体热力学能增加最少？（3）哪个过程中气体吸热最多？哪个过程中气体吸热最少？

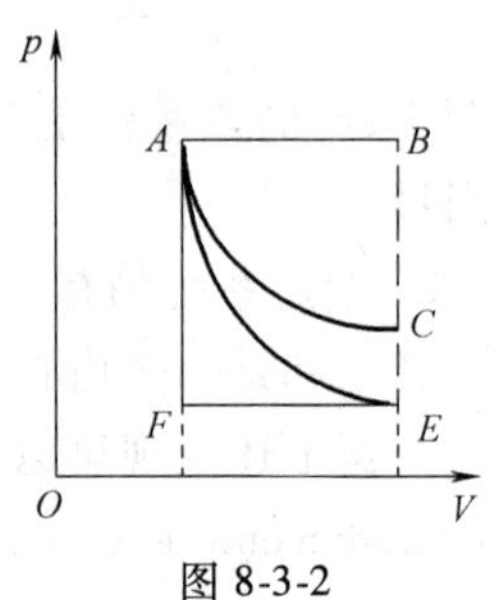

图 8-3-2

8.4 理想气体的摩尔热容

定义： 1 mol 的某种物质在某种过程中吸收的热量与物质温度增量的比叫做这种物质在

这种过程中的摩尔热容（molar heat capacity），记为

$$C_{\mathrm{m}} = \frac{\Delta Q}{\Delta T} \tag{8-4-1}$$

由上述定义可知，不同物质在不同过程中的摩尔热容一般是不同的．严格说来，实际物质的摩尔热容与温度有关，应表示为

$$C_{\mathrm{m}} = \lim_{\Delta T \to 0} \frac{\Delta Q}{\Delta T} \tag{8-4-2}$$

1 mol 理想气体在等容过程中，功 $A=0$，气体吸收的热量 $\Delta Q = \Delta U$，所以，理想气体的摩尔定容热容是

$$C_{V,\mathrm{m}} = \left(\frac{\Delta Q}{\Delta T}\right)_V = \frac{\Delta U}{\Delta T} \tag{8-4-3}$$

式中脚标 V，m 表示等容过程，最后去掉脚标是因为热力学能的增量由初、末态决定，与过程无关．上式表明，只要知道热力学能的表示式，即可知道理想气体摩尔定容热容．将式（8-3-5）代入上式，得

$$C_{V,\mathrm{m}} = \frac{i}{2}R \tag{8-4-4}$$

这表明理想气体的摩尔定容热容与温度无关．

1 mol 理想气体在等压过程中，$A = p\Delta V = R\Delta T$，$\delta Q = \Delta U + A$，所以，理想气体的摩尔定压热容

$$C_{p,\mathrm{m}} = \left(\frac{\Delta Q}{\Delta T}\right)_p = \frac{\Delta U + A}{\Delta T} = C_{V,\mathrm{m}} + R$$

即

$$C_{V,\mathrm{m}} = C_{p,\mathrm{m}} - R \tag{8-4-5}$$

上式叫做迈耶（Mayer）公式．

思考题 8.4

1. 迈耶公式说明 $C_{p,\mathrm{m}} > C_{V,\mathrm{m}}$，这个关系式包含的物理意义是什么？

2. 试写出 $\frac{m}{M}$ mol 理想气体等容热容和等压热容的表示式．

8.5　绝热过程

系统与外界没有热交换的过程叫做绝热过程（adiabatic process）．根据热力学第一定律，在绝热过程中系统对外所做的功等于系统热力学能增量的负值，即

$$A = -\Delta U \tag{8-5-1}$$

对于理想气体，由式（8-3-4）可知

$$\Delta U = \frac{m}{M}\frac{1}{2}iR\Delta T = \frac{m}{M}C_{V,\mathrm{m}}\Delta T$$

若绝热过程无限短，则

$$\mathrm{d}A = -\mathrm{d}U = -\frac{m}{M}C_{V,\mathrm{m}}\mathrm{d}T$$

所以

$$\frac{m}{M}\mathrm{d}T = -\frac{\mathrm{d}A}{C_{V,\mathrm{m}}} = -p\frac{\mathrm{d}V}{C_{V,\mathrm{m}}} \tag{8-5-2}$$

对理想气体状态方程式（8-1-8）两边取微分，得

$$p\mathrm{d}V + V\mathrm{d}p = \frac{m}{M}R\mathrm{d}T$$

将式（8-5-2）代入上式，并利用迈耶公式，得

$$\frac{\mathrm{d}p}{\mathrm{d}V} = -\gamma\frac{p}{V} \tag{8-5-3}$$

式中 $\gamma = C_{p,\mathrm{m}}/C_{V,\mathrm{m}}$ 叫做热容比，$\gamma > 1$. 对上式分离变量，积分，得

$$pV^{\gamma} = C \tag{8-5-4}$$

C 为常数. 上式也可写成

$$p_1V_1^{\gamma} = p_2V_2^{\gamma} \tag{8-5-5}$$

利用式（8-1-8）可以将上式写成

$$T_1V_1^{\gamma-1} = T_2V_2^{\gamma-1} \tag{8-5-6}$$

以上三式都叫做理想气体绝热过程方程.

我们知道，理想气体等温线为双曲线的一支。对 $pV = \text{constant}$ 两边微分，得

$$\left(\frac{\mathrm{d}p}{\mathrm{d}V}\right)_{\mathrm{T}} = -\frac{p}{V} \tag{8-5-7}$$

$(\mathrm{d}p/\mathrm{d}V)_{\mathrm{T}}$ 叫做理想气体等温线的斜率. 将上式与式（8-5-3）比较，可知理想气体绝热线的斜率 $(\mathrm{d}p/\mathrm{d}V)_{\mathrm{S}}$ 小于等温线的斜率，即

$$\left(\frac{\mathrm{d}p}{\mathrm{d}V}\right)_{\mathrm{S}} < \left(\frac{\mathrm{d}p}{\mathrm{d}V}\right)_{\mathrm{T}} \tag{8-5-8}$$

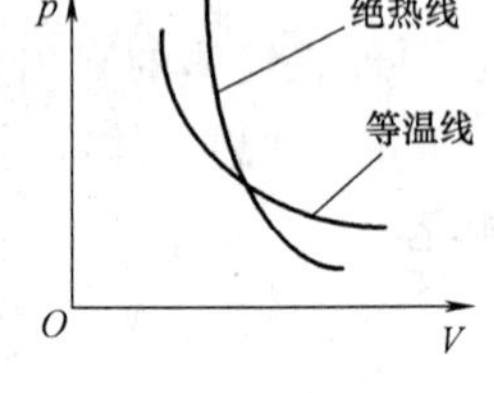

图 8-5-1

按照上式，P-V 图上绝热线比等温线下降得陡，如图 8-5-1 所示. 这表明理想气体绝热膨胀时压强下降比等温膨胀时快.

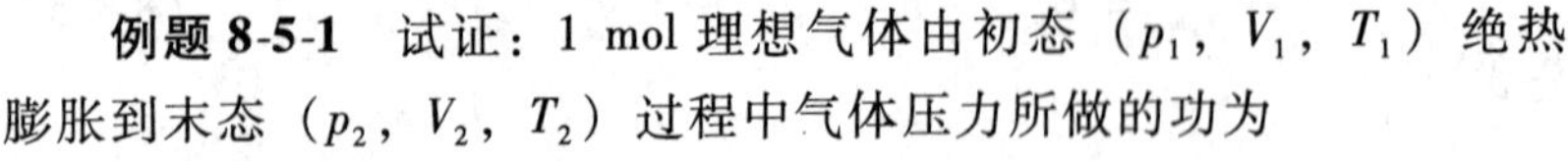

例题 8-5-1 试证：1 mol 理想气体由初态（p_1，V_1，T_1）绝热膨胀到末态（p_2，V_2，T_2）过程中气体压力所做的功为

$$A = R\frac{T_1}{\gamma - 1}\left[1 - \left(\frac{V_1}{V_2}\right)^{\gamma-1}\right]$$

证： 因为 $A = -\Delta U = -C_{V,\mathrm{m}}(T_2 - T_1)$，$T_1V_1^{\gamma-1} = T_2V_2^{\gamma-1}$，$C_{V,\mathrm{m}} = \dfrac{R}{\gamma - 1}$，

所以

$$A = \frac{RT_1}{\gamma - 1}\left[1 - \left(\frac{V_1}{V_2}\right)^{\gamma-1}\right]$$

例题 8-5-2 如图 8-5-2 所示，AB、CD 是绝热过程，DA 是等温过程. 曲边三角形 ABE 的面积是 20 J，ECD 的面积是 40 J，系统在 DA 过程中放热 80 J. 问：在 BC 过程中理想气体系统吸热还是放热？热量是多少？

解： 因为 $T_C > T_B$，$A_{BC} > 0$，BC 过程吸热，当系统完成过程 $ABCDA$ 时，$\Delta U = 0$，$\Delta Q = A$，即

$$\Delta Q_{BC} + \Delta Q_{DA} = A_{ABE} + A_{ECD}$$

得

$$\Delta Q_{BC} = 100\ \mathrm{J}$$

例题 8-5-3 如图 8-5-3 所示，ab 是等温过程，ad 是绝热过程. 理想气体在 ac 和 ae 过程中的热容是正是负？

解： 在 ac 过程中 $\Delta Q_{ac} = A_{ac} + U_c - U_a$ ①

在 ad 过程中 $0 = A_{ad} + U_d - U_a$ ②

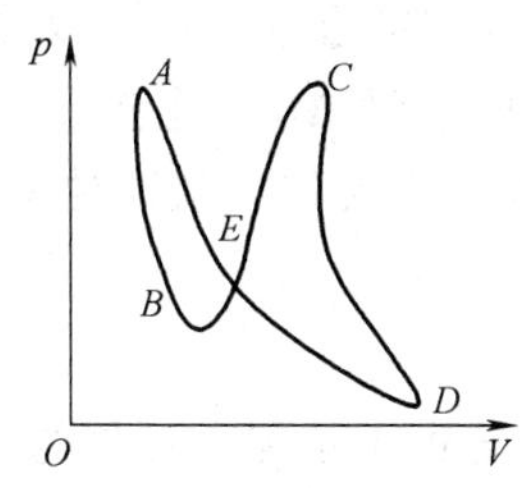

图 8-5-2

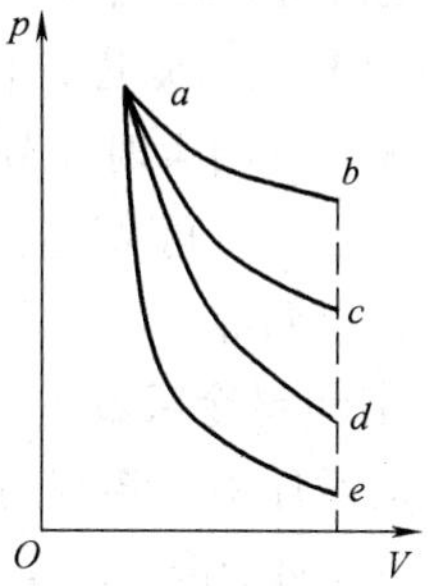

图 8-5-3

在 ae 过程中 $$\Delta Q_{ae}=A_{ae}+U_e-U_a \qquad ③$$

式① - 式②得 $$\Delta Q_{ac}=A_{ac}-A_{ad}+U_c-U_d>0$$

且 $$T_c-T_a=T_c-T_b<0$$

所以 $$C_{ac}=\frac{\Delta Q_{ac}}{T_c-T_a}<0$$

式③ - 式②得 $$\Delta Q_{ae}=A_{ae}-A_{ad}+U_e-U_a<0$$

且 $$T_e-T_a=T_e-T_b<0$$

所以 $$C_{ae}=\frac{\Delta Q_{ae}}{T_e-T_a}>0$$

思考题 8.2

1. 有人说：在 p-V 图上，过给定的系统状态的绝热线、等容线或等温线只能有一条. 对否？为什么？

2. 有人说：对于给定的系统初、末态，单纯向系统传热或做功，其值随过程不同而不同，但若既传热又做功，则传递的热量与做的功之和由系统的初、末态决定，与中间过程无关，这种说法正确否？为什么？

8.6 卡诺循环

1. 循环的基本概念

系统经历一系列中间状态后回到原状态的过程叫做循环（cycle）. 根据热力学第一定律，系统完成循环时，由于 $\Delta U=0$，有

$$\Delta Q = A \tag{8-6-1}$$

这表明，循环完成时，系统在循环各阶段从外界吸热和放热的代数和等于系统与外界相互做功的代数和.

在 p-V 图上，循环用有向闭曲线表示. 闭曲线方向沿顺时针方向的循环叫做正循环，闭曲线方向沿逆时针方向的循环叫做负循环. 图 8-6-1 所示为一正循环. 由图可见，正循环系统对外界做功的代数和 $A>0$，若为负循环，则 $A<0$.

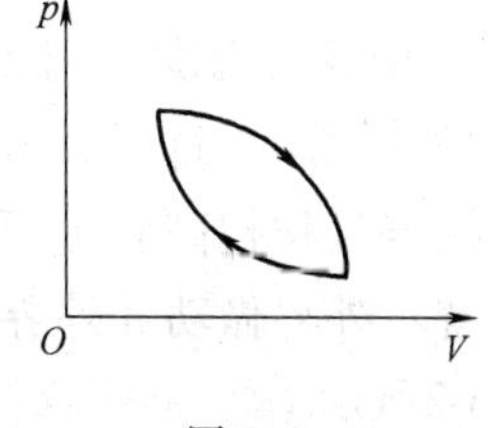

图 8-6-1

由式（8-6-1）可知，正循环的 $\Delta Q=A>0$，这表示系统循环结束时从外界吸收了热量 ΔQ，并把与 ΔQ 同样多的能量 A 通过做功传给了外界. 能够进行正循环的装置叫做热机. 热机可以把热能转换

为机械能，如蒸汽机、内燃机.

由式（8-6-1）也可知道，负循环的 $\Delta Q = A < 0$，这表示外界通过对系统做功把能量 A 传给了系统，系统循环结束时向外界放出了与 A 同样多能量的热量 ΔQ. 能够进行负循环的装置叫做制冷机. 制冷机可以把其他形式的能量转换为热能传给大气，从而使某物体温度降低，如电冰箱、空调等.

2. 热机效率和制冷系数

定义：在正循环中，系统对外界做功的代数和 A 与系统从外界实际吸收的热量 Q_1 的比叫做热机效率（heat efficiency），记为

$$\eta = \frac{A}{Q_1} \tag{8-6-2}$$

由于 $A = \Delta Q = Q_1 - |Q_2|$，$Q_2$ 为循环中系统实际放出的热量，于是有

$$\eta = 1 - \frac{|Q_2|}{Q_1} < 1 \tag{8-6-3}$$

定义：在负循环中，系统从外界实际吸收的热量 Q_1' 与外界对系统所做功的代数和 A' 的比叫做制冷系数（refrigerating coefficient），记为

$$\xi = \frac{Q_1'}{A'} \tag{8-6-4}$$

3. 卡诺循环

由两个等温过程和两个绝热过程组成的循环叫做卡诺循环（Carnot cycle），如图 8-6-2 所示. 图中 Ⅰ ~ Ⅱ 为等温膨胀过程，Ⅱ ~ Ⅲ 为绝热膨胀过程，Ⅲ ~ Ⅳ 为等温压缩过程，Ⅳ ~ Ⅰ 为绝热压缩过程.

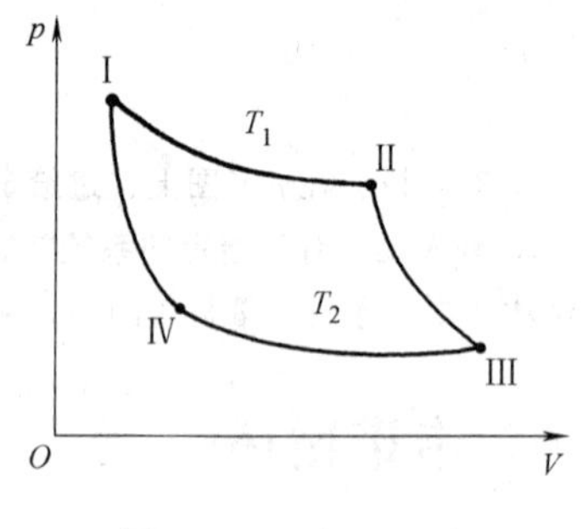

图 8-6-2　（$T_1 > T_2$）

我们知道，实际热机（如蒸汽机）的循环工作过程是：通往大气的排汽阀关闭，高温高压蒸汽通过进汽阀进入汽缸，推动活塞，膨胀做功，同时，蒸汽的温度和压强下降. 活塞返回，进汽阀关闭，排汽阀打开，膨胀做功后的蒸汽被排出汽缸. 所以，实际热机工作时，蒸汽进入汽缸与吸热、对外界做功是同时进行的；排出蒸汽与外界对系统做功、放热是同时进行的. 但是，热力学理论中的热机循环是一个不与外界进行物质交换的系统的循环，热量的吸收与排放是通过想象中的热传导进行的. 这样，就需要对实际热机的工作过程予以如下的抽象，以便去掉次要因素，集中注意力研究有热现象发生时的能量转换过程. 这种抽象是：（1）假设热机循环过程中汽缸不进气不排气，汽缸中的理想气体构成一个质量不变的封闭系统；（2）用较高温度 T_1 下的等温膨胀过程表示系统的实际吸热和对外界做功过程，较低温度 T_2 下的等温压缩过程表示系统的实际放热和外界对系统做功过程；（3）用绝热膨胀过程和绝热压缩过程把高温 T_1 下的等温膨胀过程与低温 T_2 下的等温压缩过程连接起来，并分别表示系统对外界做功和外界对系统做功过程. 这样，就得到了卡诺正循环，即卡诺热机，如图 8-6-2所示.

经过上述抽象得到的卡诺热机保留了所有实际热机的共同本质特征：热机在两个不同单一温度的热源之间工作，如图 8-6-3 所示.

卡诺热机的循环过程如图 8-6-2 和图 8-6-3 所示. 开始时，系统与高温热源接触，由状态Ⅰ到状态Ⅱ作温度为 T_1 的等温膨胀，同时从高温热源吸收热量 Q_1 并对外界做功；继而，系统与高温热源脱离，由状态Ⅱ到状态Ⅲ作绝热膨胀并对外做功；接着，系统与低温热源接触，由状态Ⅲ到状态Ⅳ作温度为 T_2 的等温压缩，同时向低温热源放出热量 Q_2，外界对系统做功（系统对外界做负功）；最后，系统与低温热源脱离，由状态Ⅳ到状态Ⅰ作绝热压缩，外界对系统做功（系统对外界做负功）. 整个循环中系统对外界做功的代数和为 A，从外界吸热的代数和为 $\Delta Q = A > 0$.

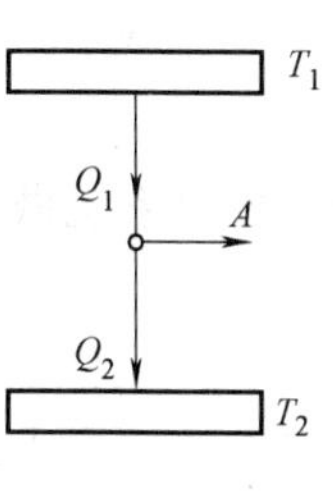

图 8-6-3

4. 卡诺热机的热机效率和卡诺制冷机的制冷系数

如图 8-6-2 所示，由状态Ⅰ（p_1，V_1，T_1）到状态Ⅱ（p_2，V_2，T_1），系统（理想气体）等温膨胀，对外界做功

$$A_1 = \frac{m}{M}RT_1 \ln \frac{V_2}{V_1} \tag{8-6-5}$$

吸收热量

$$Q_1 = A_1 = \frac{m}{M}RT_1 \ln \frac{V_2}{V_1} \tag{8-6-6}$$

由状态Ⅱ（p_2，V_2，T_1）到状态Ⅲ（p_3，V_3，T_2），系统绝热膨胀，对外界做功

$$A_2 = \frac{m}{M}C_{\mathrm{m}}(T_1 - T_2) \tag{8-6-7}$$

由状态Ⅲ（p_3，V_3，T_2）到状态Ⅳ（p_4，V_4，T_2），系统被等温压缩，系统对外界做功

$$A_3 = -\frac{m}{M}RT_2 \ln \frac{V_3}{V_4}$$

因为

$$T_1 V_2^{\gamma-1} = T_2 V_3^{\gamma-1}, T_1 V_1^{\gamma-1} = T_2 V_4^{\gamma-1}$$

有

$$\frac{V_2}{V_1} = \frac{V_3}{V_4}$$

所以

$$A_3 = -\frac{m}{M}RT_2 \ln \frac{V_2}{V_1} \tag{8-6-8}$$

由状态Ⅳ（p_4，V_4，T_2）到状态Ⅰ（p_1，V_1，T_1），系统被绝热压缩，系统对外界做功

$$A_4 = -\frac{m}{M}C_{\mathrm{m}}(T_1 - T_2) \tag{8-6-9}$$

循环结束时，系统对外界做功的代数和是

$$A = A_1 + A_2 + A_3 + A_4 = \frac{m}{M}R(T_1 - T_2)\ln \frac{V_2}{V_1} \tag{8-6-10}$$

将上式和式（8-6-6）代入式（8-6-2），得卡诺热机的热机效率

$$\eta = 1 - \frac{T_2}{T_1} < 1 \tag{8-6-11}$$

可见，卡诺热机的热机效率决定于两个单一热源的温度，与系统是什么物质无关. 两个热源的温度相差越大，热机效率越高.

将图 8-6-2 和图 8-6-3 中的系统循环方向反向，仿照以上计算热机效率的方法，可以求得系统从低温热源实际吸收的热量

$$Q_1' = \frac{m}{M}RT_2\ln\frac{V_3}{V_4} \tag{8-6-12}$$

和外界对系统做功的代数和

$$A' = \frac{m}{M}R(T_1 - T_2)\ln\frac{V_2}{V_1} \tag{8-6-13}$$

将以上两式代入式（8-6-4），利用 $V_2/V_1 = V_3/V_4$，得卡诺制冷机的制冷系数

$$\xi = \frac{1}{\frac{T_1}{T_2} - 1} \tag{8-6-14}$$

其中，$T_1 > T_2$. 由上式可知，两个热源的温度相差越大，制冷系数越小.

实际热机多用大气作为低温热源. 从可能性和经济性考虑，提高热机效率的一般方法是设法提高高温热源（如锅炉）的温度. 同时，要努力提高制造工艺水平和经常对设备进行保养，减少不必要的热量损耗.

实际制冷机多用大气作为高温热源. 当大气温度过高时，制冷机就不能正常工作. 因此，对制冷机规定有正常工作的温度范围，安装和使用时应予以注意.

例题 8-6-1 质量为 32 g 的氧气作如图 8-6-4 所示的循环，ab，cd 为两个等温过程，bc，da 为两个等容过程，$V_2 = 2V_1$，且 $C_{V,\mathrm{m}} = \frac{5}{2}R$，$T_1 = 400$ K，$T_2 = 300$ K，求循环效率.

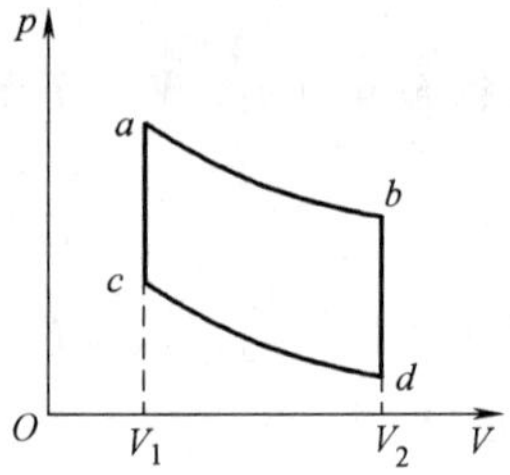

图 8-6-4

解： 将氧气看作理想气体. 在 ab 和 cd 过程中，系统所做的功分别是

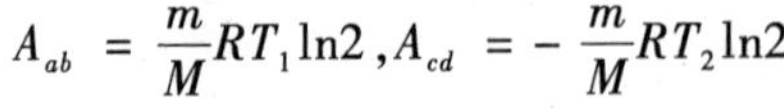

$$A_{ab} = \frac{m}{M}RT_1\ln 2, A_{cd} = -\frac{m}{M}RT_2\ln 2$$

系统所做功的代数和

$$A = A_{ab} + A_{cd} = \frac{m}{M}R(T_1 - T_2)\ln 2$$

系统从外界实际吸收的热量

$$Q_1 = Q_{ab} + Q_{da} = A_{ab} + \frac{m}{M}C_{V,\mathrm{m}}(T_1 - T_2)$$

所以，循环效率是 $\eta = \frac{A}{Q_1} = \frac{(T_1 - T_2)\ \ln 2}{T_1\ln 2 + \frac{5}{2}\ (T_1 - T_2)} = 13.14\%$

思考题 8.6

判断下列说法是否正确：

1. 热机对外界做功越多，效率越高.

2. p-V 图上热机循环的闭合线包围的面积越大，热机效率越高.

8.7 热力学第二定律

1. 可逆过程和不可逆过程

如前所说，热力学第一定律 $\Delta Q=\Delta U+A$ 是有热现象时的能量守恒定律. 那么，能否说，只要是符合热力学第一定律的过程就一定是能够实际发生的过程？除了热力学第一定律，一个实际的热力学过程是否还遵守别的什么定律？

众所周知，两个温度不相等的物体接触时，热量总是自发地从高温物体传向低温物体. 若要热量从低温物体传向高温物体，必须有一套做功的装置（如空调），才能使热量从低温物体传向高温物体. 诸如此类的大量事实告诉我们，热力学过程的进行有一个方向问题，就是说，热力学过程有一个能否逆向进行的问题.

定义：能够循着同样的中间路径反向进行，并使系统和外界都能回到原来状态的过程叫做可逆过程（reversible process），否则，叫做不可逆过程（nonreversible process）.

按照上述定义，判断一个过程是否可逆，不仅要看这个过程是否可以循着同样的中间路径反向进行，还要看反向进行后系统和外界是否能够恢复到原来状态. 所以，不考虑摩擦和空气阻力的单摆的摆动是一个可逆过程. 然而，忽略了摩擦和空气阻力的单摆是一个简化了的模型，而不是现实世界中的力学过程. 现实世界中的力学过程要么不能反向进行，如地球的公转和自转，要么反向进行后系统和外界不能都恢复到原来状态，如气缸活塞往返运动的结果是消耗了燃料，增加了二氧化碳. 所以，可逆过程在现实世界中是不存在的. 现实世界中的力学过程（包括热力学过程）都是不可逆的.

2. 热力学第二定律

热力学第二定律是关于热力学过程进行方向的定律. 由于热力学过程多种多样，热力学第二定律的表述有多种形式，这里介绍其中的两种：克劳修斯（Rudolf Emanuel Clausius，1822—1888）表述和开尔文（Kelvin，1824—1907）表述.

克劳修斯表述：不可能把热量从低温物体传向高温物体而不产生其他影响.

开尔文表述：不可能把从一个单一热源吸收的热量全部转化为有用功而不产生其他影响.

以上两种表述并不是说热量不能从低温物体传向高温物体，也不是说不能把从一个单一热源吸收的热量全部转化为有用功，而是说这样做了之后不产生其他影响是不可能的. 例如，在理想气体等温膨胀过程中，从一个单一热源吸收的热量全部转化为了有用功，同时，系统和外界都发生了变化. 再例如，用制冷机可以把图 8-6-3 中传给低温热源 T_2 的热量 Q_2 传回高温热源，这样，就把从单一热源 T_1 吸收的热量 $\Delta Q=Q_1-Q_2$ 全部转化为了有用功 A，但同时，外界必须对系统做功，Q_2 才能传回高温热源 T_1. 这后一个例子说明，克劳修斯表述和开尔文表述是等价的. 如果一个表述不成立，另一个表述也不成立.

例题 8-7-1　试证：p-V 图上的一条等温线与一条绝热线不可能相交两次.

证：用反证法证.

如图 8-7-1 所示，设等温线与绝热线相交于 a、b 两点，这样就构成了一个循环. 也就是说，系统把由一个单一热源吸收的热量全部转化成了有用功且系统和外界都回到了原来状态. 这与热力学第二定律的开尔文表述相矛盾，因此，等温线与绝热线不能相交两次.

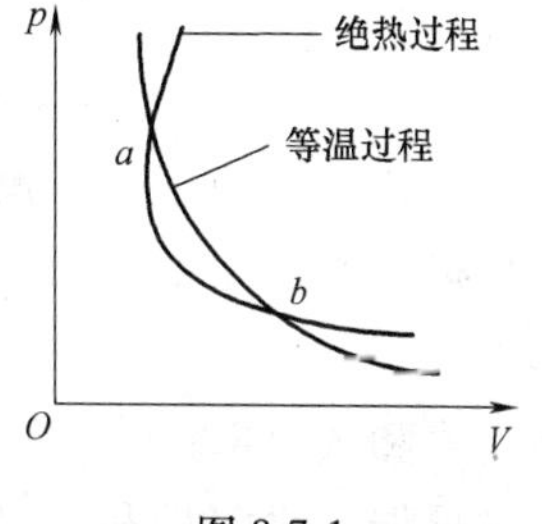

图 8-7-1

思考题 8.7

李白诗曰：黄河之水天上来，奔流到海不复回；高堂明镜悲白发，朝为青丝暮成雪. 从物理学的角度看，诗人描述的是什么过程？诗人在感慨什么？

8.8 卡诺定理

1824 年，法国工程师卡诺（Sadi. Carnot，1796—1832）在题为“关于火的动力及其适于产生这种动力的发动机之考察”的小册子中提出了后来被称为卡诺定理（Carnot law）的热机效率定理：

所有工作于两个温度确定的热源之间的各种热机中可逆机的热机效率最大.

1850 年，克劳修斯指出，要在热力学第一定律得到满足的条件下证明卡诺定理，必须而且只要承认：

不可能把热量从低温物体传到高温物体而不产生其他影响.

这就是前面介绍过的热力学第二定律的克劳修斯说法，简称克氏说法. 下面，根据热力学第二定律的克氏说法证明卡诺定理.

证：如图 8-8-1 所示，两个热机 M 和 N 同时工作于温度分别为 T_1、T_2 的两个热源之间，$T_1 > T_2$，热机效率分别为 $\eta_M = A/Q_1$ 和 $\eta_N = A'/Q'_1$. 由于 $A = Q_1 - |Q_2|$ 和 $A' = Q'_1 - |Q'_2|$，若令 $A = A'$，则有 $Q_1 - Q'_1 = |Q_2| - |Q'_2|$. 现设 M 机为可逆机. 若 $\eta_M < \eta_N$，则 $Q_1 > Q'_1$，$|Q_2| > |Q'_2|$. 这就是说，如图 8-8-2 所示，两机串联工作的结果等于把热量 $|Q_2| - |Q'_2|$ 由温度为 T_2 的低温热源传到温度为 T_1 的高温热源，且不对系统和外界发生任何影响. 这显然与热力学第二定律的克氏说法矛盾，故只能是

$$\eta_M \geqslant \eta_N \tag{8-8-1}$$

这就证明了卡诺定理.

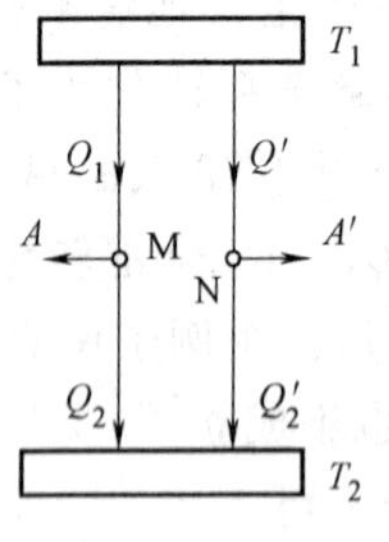

图 8-8-1

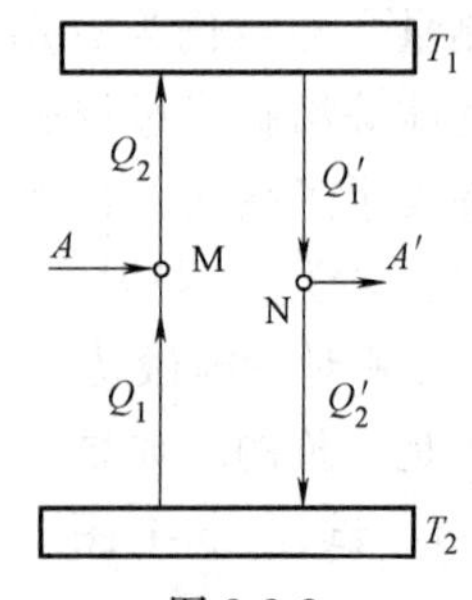

图 8-8-2

推论：所有工作于温度确定的两个热源之间的可逆机的热机效率都相等.

证：在图 8-8-2 中，设 N 机也是可逆机，则有

$$\eta_N \geqslant \eta_M \tag{8-8-2}$$

由上式和式（8-8-1）得 $\eta_M = \eta_N$

根据卡诺定理和式（8-6-3），有

$$\eta = 1 - \frac{|Q_2|}{Q_1} \leqslant 1 - \frac{T_2}{T_1} \tag{8-8-3}$$

这就是卡诺定理的表示式，其中的 Q_2 是图 8-8-1 中热机向低温热源放出的热量.

思考题 8.8

1. 有人说：不论采用多少办法提高热机效率，都不可能使工作于两个热源之间的热机的效率高于可逆机的效率. 这种说法正确否？

2. 按照自己的理解简述卡诺定理的理论和实践意义.

8.9　熵增原理

如前所说，热力学第二定律有多种表述形式. 那么，这些说法不一的表述的实质是什么？或者说，热力学第二定律的含义是什么？这一节就来讨论这个问题.

1. 宏观态和微观态

大量分子组成的系统的整体状态叫做系统的宏观态（macroscopic state）. 描述系统宏观态的物理量叫做宏观物理量，简称宏观量，如温度、压强等. 系统中每个分子的运动状态（$\boldsymbol{r}_i$，$\boldsymbol{v}_i$）（$i=1$，2，…，N，N 是系统中的分子数）都确定的系统的状态叫做系统的微观态（microscopic state）. 系统的一个宏观态包含着或者说对应着大量可能的微观态. 例如，当一定质量的气体处于某个平衡态时，由于每个分子的运动状态在变化，系统的微观态在不断变化.

如图 8-9-1 所示，容器内封有一定质量的某种气体，分子总数为 N. 为简便起见，把容器分成容积相等的两部分 A 和 B. 根据排列组合理论，全部 N 个分子分成 A、B 两组的分法有 2^N 种. 权且把一种分法看做一个微观态，并假设每个微观态出现的概率相等. 如果把 A、B 两组的分子数之差不超过容器内总分子数的 5% 的微观态都归于平衡态，根据计算机模拟计算结果，当总分子数 N 超过 1000 时，平衡态包含的微观态数超过全部可能的微观态数的 90%. 当然，这只是一种简单的模拟. 我们知道，常温常压下气体每立方厘米内的分子数高达 10^{19} 的数量级. 所以，可以理解，不受外界影响的一定质量的气体的大多数微观态属于平衡态. 由于每个微观态出现的概率相等，系统处于平衡态的概率比处于非平衡态的概率大得多.

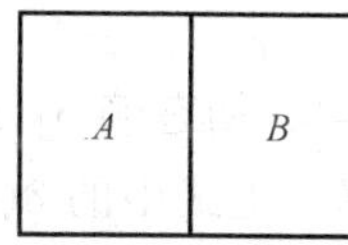

图 8-9-1

2. 热力学第二定律的意义

如 8.1 节中所说，对于孤立系统，如果其内部不发生化学反应，一定质量的气体的状态总是向着平衡态变化. 这种变化主要以三种方式进行：扩散、热传导和内摩擦（关于这三种状态变化方式详见第 9 章）. 从微观意义看，孤立系统的状态向平衡态变化就是向微观态数增大的方向变化. 当系统到达平衡态时，系统可能的微观态数达到极大，系统的宏观态不再变化. 要使系统离开平衡态，就必须施加某种影响以破坏平衡. 由此可以理解，作为描述热力学过程进行方向的定律，热力学第二定律的意义是：内部不发生化学反应的孤立系统的状态总是向着微观态数增大的方向变化，即向着无序度增大的方向变化.

3. 熵

在式（8-8-3）中，由于 $Q_2<0$，可将此式改写为

$$1+\frac{Q_2}{Q_1}\leqslant 1-\frac{T_2}{T_1}$$

即
$$\frac{Q_1}{T_1}+\frac{Q_2}{T_2}\leqslant 0$$

一般有
$$\sum \frac{Q_i}{T_i}\leqslant 0 \tag{8-9-1}$$

式中的 T_i 是第 i 个热源的温度；Q_i 是系统在循环中与第 i 个热源交换的热量．如果循环系统的热源是连续分布的，上式应为

$$\oint \frac{\delta Q}{T}\leqslant 0 \tag{8-9-2}$$

δQ 是系统与温度为 T 的热源交换的微小热量．以上两式中的等号适于可逆循环．只有对于可逆过程 $\frac{\delta Q}{T}$ 才是微分量．

设 a 与 b 是可逆循环中的两个平衡态，由上式得

$$\int_{a(l)}^{b}\frac{\delta Q}{T}+\int_{b(l')}^{a}\frac{\delta Q}{T}=0$$

式中的 l 和 l' 分别表示从 a 到 b 和从 b 到 a 的状态变化过程．上式可写为

$$\int_{a(l)}^{b}\frac{\delta Q}{T}=\int_{a(l')}^{b}\frac{\delta Q}{T} \tag{8-9-3}$$

上式表明：系统初、末态确定时，积分与路径无关．据此，可以引入一个状态函数——熵 S（entropy），使熵的增量满足下式

$$\Delta S=S_b-S_a=\int_a^b\frac{\delta Q}{T} \tag{8-9-4}$$

式中，初态熵 S_a 的值可以任意选择．初态的熵确定后，末态熵 S_b 由上式确定．熵的单位是 J/K．上式中的 $\delta Q/T$ 叫做微熵，记为

$$\mathrm{d}S=\frac{\delta Q}{T} \tag{8-9-5}$$

将上式代入热力学第一定律式（8-3-4），得

$$T\mathrm{d}S=\mathrm{d}U+p\mathrm{d}V \tag{8-9-6}$$

这个式子叫做热力学基本方程，$T\mathrm{d}S$ 就是系统在微小可逆过程中从外界吸收的热量．

4. 熵增原理

设系统从平衡态 a 出发经历一个任意过程到达平衡态 b，再从 b 经历一个可逆过程回到 a，根据式（8-9-2），有

$$\int_a^b\frac{\delta Q}{T}+\int_b^a\mathrm{d}S\leqslant 0$$

即
$$\int_a^b\mathrm{d}S\geqslant\int_a^b\frac{\delta Q}{T}$$

若 a 到 b 之间为微小过程，则有

$$\mathrm{d}S\geqslant\frac{\delta Q}{T} \tag{8-9-7}$$

上式表明：系统在可逆绝热过程中熵不变，在不可逆绝热过程中熵增加．这个结论叫做熵增原理（principle of entropy increase）．

我们知道，内部不发生化学反应的孤立系统总是趋于平衡态，这是不可逆过程．因此，

孤立系统趋于平衡态时系统的熵增加，系统到达平衡态时熵极大，熵增原理式（8-9-7）就是热力学第二定律的数学表示式，而熵就是系统状态无序度的量度. 事实上，按照统计力学，熵与系统平衡态的微观态数的关系是［即式（9-3-8）］

$$S = k\ln W \tag{8-9-8}$$

式中，k 是玻耳兹曼常数；W 是系统平衡态包含的微观态数. 上式把熵与微观态数直接联系了起来.

应该指出的是，客观世界中并不存在完全不受外界影响的所谓孤立系统. 问题在于外界影响的强弱. 外界影响弱，系统状态变化主要表现为由有序向无序发展. 外界影响强，系统状态变化主要表现为由无序向有序发展. 这后一种变化过程的典型就是系统由平衡态向非平衡态变化，这方面的问题属于非平衡热力学和非平衡统计物理学的研究范围，本书不再介绍.

思考题 8.9

下列说法正确否？为什么？

1. 不可逆过程就是不能反向进行的过程.
2. 遵守能量守恒定律的过程一定能够发生.
3. 时空可以倒流.

8.10* 物态方程和热力学系数

1. 物态方程

8.1 节中说过，只有在温度不太低、压强不太高的情况下，实际气体才遵守理想气体状态方程，才可以被看作理想气体. 在低温和高压情况下，实际气体的状态变化曲线与理想气体状态方程给出的曲线有显著的不同，如图 8-10-1 所示. 图示为两条温度相同的等温线. 理想气体等温线为双曲线（图中上线），实际气体等温线不是双曲线. 二者在状态变化上有这样的差异，主要是因为理想气体作为一种模型忽略了气体分子的体积和分子之间的引力. 为了更准确地反映实际气体的状态变化，人们曾对理想气体状态方程提出过多种修正，以便得到实际气体的状态方程. 下面先来介绍范德瓦尔斯（Van der warls，1837—1923）方程. 设有 1 mol 的某种恒温气体. 若把气体看成理想气体，则有

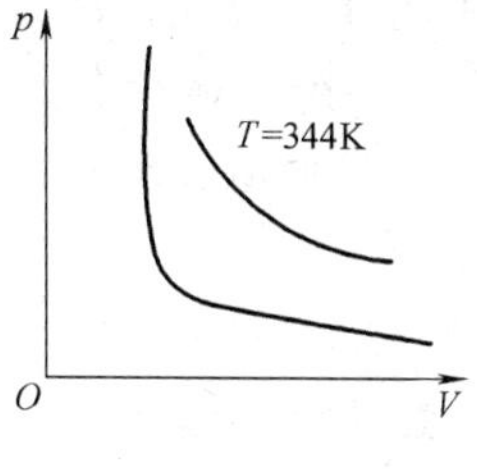

$$pV = RT \tag{8-10-1}$$

上式中的体积 V 是忽略了分子体积的气体体积，因此，从逻辑上说，V 可以被无限制地压缩；但实际气体并不能被无限制地压缩.

图 8-10-1

设 1 mol 实际气体体积为 V'，不能再压缩的极限可设为 1 mol 实际气体中的全部分子所占的体积 b，则应有

$$V = V' - b \tag{8-10-2}$$

再者，式（8-10-1）中的压强 p 是忽略了分子间引力的气体压强. 在实际气体内部，一个分子所受其他分子的引力呈球对称分布，合力为零；但在容器器壁附近，一个分子所受其他分子的引力呈半球形分布，合力不为零且指向气体内部. 因此，实际气体对器壁的压强 p'小于理想气体的压强 p，即应有

$$p = p' + p_i \tag{8-10-3}$$

p_i 为器壁附近单位面积的气体薄层所受气体内部的引力. 不难理解，引力 p_i 应正比于气体薄层的分子数密度与气体内部的分子数密度之积，即 $p_i \propto n^2$. 又因为 $n \propto 1/V'$，可令

$$p_i = \frac{a}{V'^2} \tag{8-10-4}$$

上式中的比例常数 a 叫做引力修正常数. 将式（8-10-2）、式（8-10-3）和式（8-10-4）代入式（8-10-1），得

$$\left(p' + \frac{a}{V'^2}\right)(V' - b) = RT \tag{8-10-5}$$

这就是 1 mol 实际气体的状态方程，其中的常数 a 和 b 要经实验测定. 温度和压强与上式相同的 m/M 个摩尔同类气体的体积 $V_m = mV'/M$. 将此式代入式（8-10-5），两边同乘 m/M，得

$$\left\{p' + \left(\frac{m}{M}\right)^2 \frac{a}{V_m^2}\right\}\left(V_m - \frac{m}{M}b\right) = \frac{m}{M}RT$$

去掉字母的下标，得

$$\left\{p' + \left(\frac{m}{M}\right)^2 \frac{a}{V^2}\right\}\left(V - \frac{m}{M}b\right) = \frac{m}{M}RT \tag{8-10-6}$$

这就是范德瓦尔斯方程.

应该指出的是，与实际气体的分子微观情况相比，范德瓦尔斯方程的修正还是显得简单. 方程给出的数据有时与实验数据并不完全符合. 完全与实验数据符合的普适实际气体方程目前尚未找到. 为此，有时把实际气体的状态方程写成级数形式的所谓昂内斯（H. K. Onnes，1850—1926）方程

$$pV = A + BP + CP^2 + DP^3 + \cdots \tag{8-10-7}$$

或

$$pV = A + \frac{B'}{V} + \frac{C'}{V^2} + \frac{D'}{V^3} + \cdots \tag{8-10-8}$$

其中的 A，B，C，D 和 B'，C'，D' 分别叫做第一、第二、第三、第四位力（Virial）系数. 显然，理想气体状态方程是昂内斯方程的初级近似. 这些气体状态方程又称为气体的物态方程. 一般地说，处于平衡态的任何系统的物态方程形式上可写成

$$f(p,V,T) = 0 \tag{8-10-9}$$

当然，系统的状态参量并不限于 p，V，T，也可有其他参量.

2. 热力学系数

如果知道物态方程，可根据下面的定义式求得各热力学系数.

膨胀系数
$$\alpha = \frac{1}{V}\left(\frac{\partial V}{\partial T}\right) \tag{8-10-10}$$

表示等压条件下，温度升高 1 K 时物体体积变化的百分比.

压力系数
$$\beta = \frac{1}{p}\left(\frac{\partial p}{\partial T}\right)_V \tag{8-10-11}$$

表示等容条件下，温度升高 1 K 时物体压力变化的百分比.

压缩系数
$$\kappa = -\frac{1}{V}\left(\frac{\partial V}{\partial p}\right)_T \tag{8-10-12}$$

表示等温条件下，压力升高 1 个单位时物体体积变化的百分比.

由物态方程 $f(p,V,T)=0$ 不难证明：

$$\left(\frac{\partial V}{\partial p}\right)_T\left(\frac{\partial p}{\partial T}\right)_V\left(\frac{\partial T}{\partial V}\right)_p=-1 \tag{8-10-13}$$

上式叫做循环公式. 因此有

$$\alpha=\kappa\beta p \tag{8-10-14}$$

思考题 8.10

由物态方程 $f(p,V,T)=0$ 证明式（8-10-13），并验证其对于理想气体成立.

习　题　8

8-1　若一打足气的自行车内胎在 7.0 ℃时轮胎中空气压强为 4.0×10^5 Pa，则在温度变为 37.0 ℃时，轮胎内空气压强为多少？(设内胎容积不变)

8-2　氧气瓶的容积为 3.2×10^{-2} m^3，其中氧气的压强为 1.3×10^7 Pa，氧气厂规定压强降到 1.0×10^6 Pa 时就应重新充气，以免经常洗瓶. 某小型吹玻璃车间平均每天用去 1.01×10^5 Pa 压强下的氧气 0.40 m^3，问一瓶氧气能用多少天？（设使用过程中温度不变）

8-3　一立方容器，每边长 20 cm，其中贮有 1.0 atm 温度为 300 K 的气体. 当把气体加热到 400 K 时，容器每个壁所受到的压力为多大？

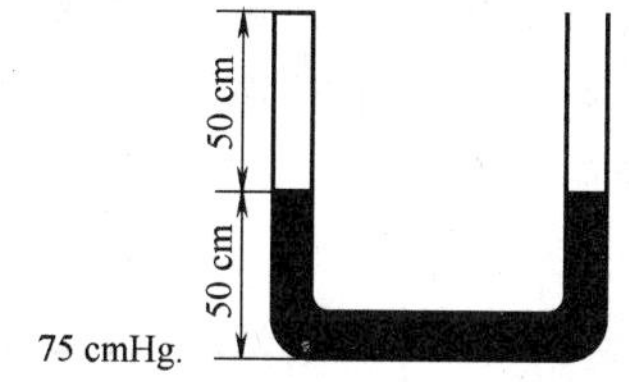

题 8-4 图

8-4　截面为 1.0 cm^2 的粗细均匀的 U 形管，其中贮有水银，高度如题 8-4 图所示. 今将左侧的上端封闭，将其右侧与真空泵相接，问左侧的水银将下降多少？设空气的温度保持不变，压强 75 cmHg.

8-5　在湖面下 50.0 m 深处（温度为 4.0 ℃），有一个体积为 1.0×10^{-5} m^3 的空气泡升到湖面上来. 若湖面的温度为 17.0 ℃，求气泡到达湖面的体积.（取大气压为 $p_0=1.013\times10^5$ Pa）

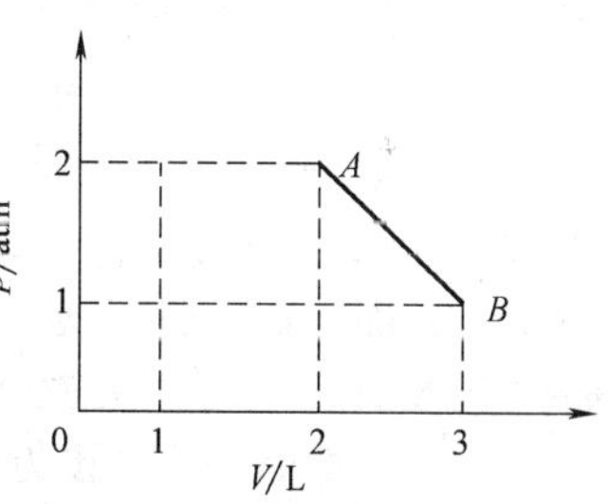

题 8-6 图

8-6　如题 8-6 图所示，一定量的空气开始时在状态为 A，压力为 2 atm，体积为 2 L，沿直线 AB 变化到状态 B 后，压力变为 1 atm，体积变为 3 L. 求在此过程中气体所做的功.

8-7　气缸内贮有 2 mol 的空气，温度为 27.0 ℃. 若维持压力不变，而使空气的体积膨胀到原来体积的 3 倍，求空气膨胀所做的功.

8-8　一定质量的空气吸收了 410 cal 的热量，并在 1 atm 下体积从 10 L 膨胀到 15 L，问空气对外做了多少功？它的热力学能改变了多少？

8-9　如题 8-9 图所示，在绝热壁的气缸内盛有 1 mol 的氮气，活塞外为大气，氮气的压强为 1.51×10^5 Pa，活塞面积为 0.02 m^2. 从气缸底部加热，使活塞缓慢上升 0.5 m，问：(1) 气体经历了什么过程？(2) 气缸中的气体吸收了多少热量？[根据实验测定，已知氮气的摩尔定压热容 $C_{p,m}=29.12$ J/(mol·K)，摩尔定容热容 $C_{V,m}=20.80$ J/(mol·K)]

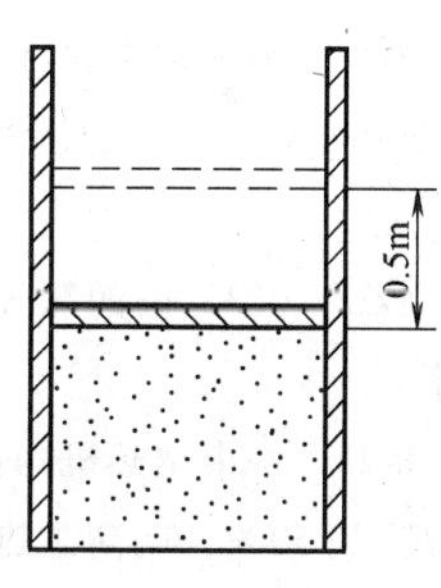

题 8-9 图

8-10　将 0.020 kg 的氦气的温度由 17 ℃升为 27 ℃，若在升温过程中：(1) 体积保持不变；(2) 压强保持不变；(3) 不与外界交换热量，试分别求出气体热力学能的改变、吸收的热量、外界对气体所做的功. 设氦气可看成理想气体，且 $C_{V,m}=\dfrac{3}{2}R$.

8-11 1 mol 的空气由热源吸收热量 6.36×10^4 cal，热力学能增加 4.18×10^5 J. 问：是它对外做功，还是外界对它做功？做了多少功？

8-12 100 g 的水蒸汽自 120 ℃升至 140 ℃.（1）在等容过程中，（2）在等压过程中，各吸收了多少热量？

8-13 1 mol 理想气体经题 8-13 图所示的两个不同的过程 1→4→2 与 1→3→2 由状态 1 变到状态 2. 图中 $p_2=2p_1$，$V_2=2V_1$，已知该气体的摩尔定容热容 $C_{V,\mathrm{m}}=\frac{3}{2}R$，初态温度为 T_1，求气体分别在这两个过程中从外界吸收的热量.

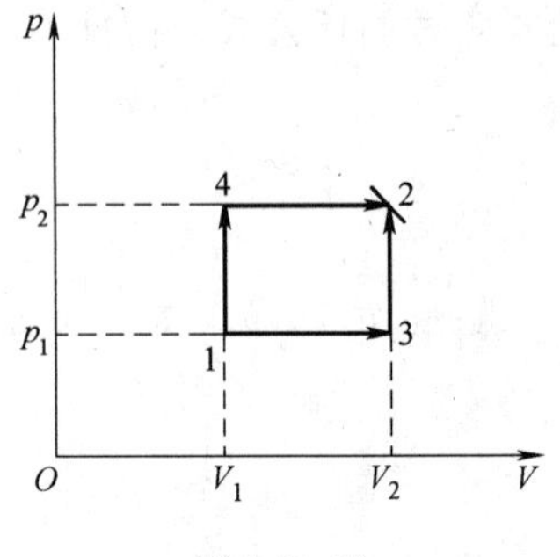

题 8-13 图

8-14 分别通过下列过程把标准状态下 0.014 kg 氮气压缩为原体积的一半；（1）等温过程；（2）绝热过程；（3）等压过程，试分别求出在这些过程中气体热力学能的改变、传递的热量和外界对气体所做的功. 设氮气可看成理想气体，且 $C_{V,\mathrm{m}}=\frac{5}{2}R$.

8-15 如题 8-15 图所示，系统从状态 A 沿 ABC 变化到状态 C 过程中，外界 326 J 的热量传递给系统，同时系统对外做功 126 J. 如果系统从状态 C 沿另一曲线 CA 回到状态 A，外界对系统做功 52 J，则此过程中系统是吸热还是放热？传递多少热量？

8-16 如题 8-16 图所示，一定量的理想气体经历 ACB 过程吸热 200 J，则经历 $ACBDA$ 过程时吸热又为多少？

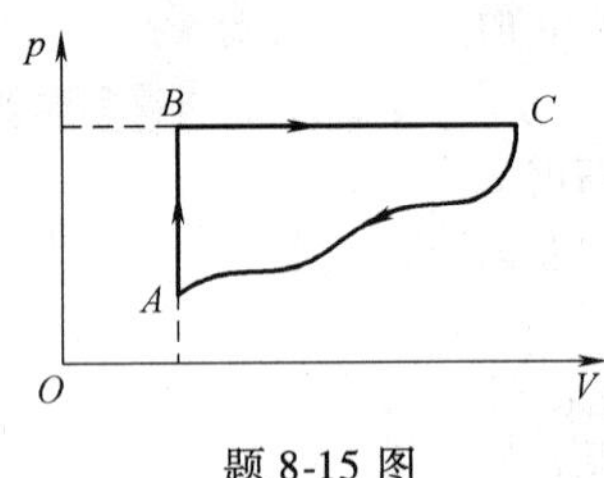

题 8-15 图

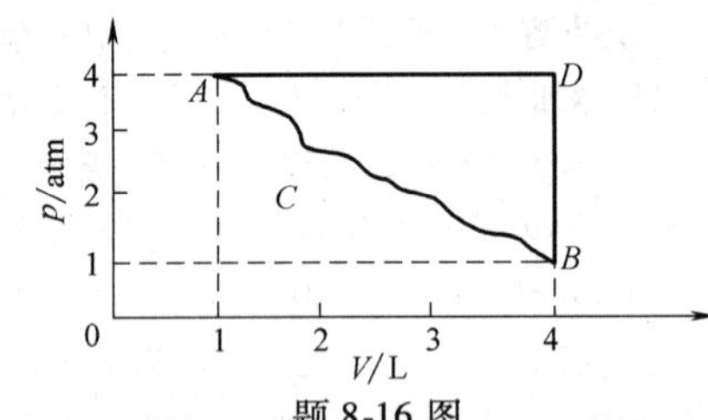

题 8-16 图

8-17 2 mol 理想气体的体积在 300 K 的温度下从 4×10^{-3} m³ 等温压缩到 1×10^{-3} m³，求在此过程中气体做的功和吸收的热量.

8-18 如题 8-18 图所示，使 1 mol 的氧气（1）由 a 等温地变到 b；（2）由 a 等容地变到 c，再由 c 等压地变 b. 试分别计算所做的功和吸收的热量.

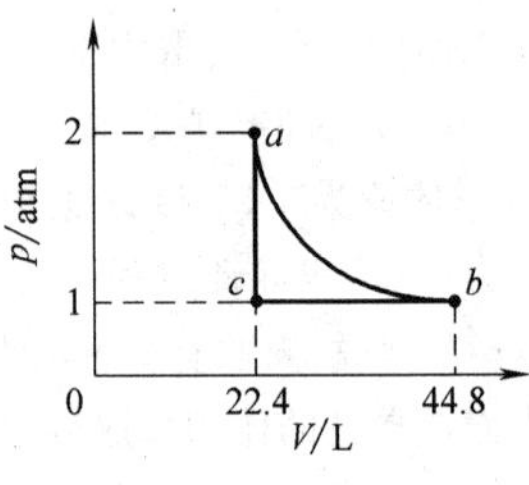

题 8-18 图

8-19 一定量的氮气，温度为 27 ℃，压力为 1 atm，今将其绝热压缩，使体积变为原来的 1/5，求压缩后的压力和温度.

8-20 试证明 1 mol 理想气体在绝热过程中所做的功为

$$A=\frac{R(T_1-T_2)}{\gamma-1}$$

8-21 为确定多方过程方程 $pV^n=C$ 中的指数 n，通常取 $\ln p$ 为纵坐标，$\ln V$ 为横坐标作图. 试讨论在这种图中多方过程曲线的形状，并说明如何确定 n.

8-22 0.32 kg 的氧气作如题 8-22 图所示的循环，设 $V_2=2V_1$，求循环效率.

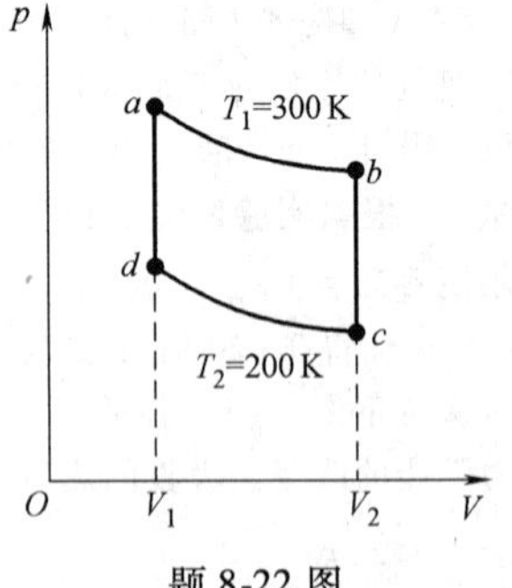

题 8-22 图

8-23 一卡诺热机的低温热源温度为 7 ℃，效率为 40%，若要将其效率提高到 50%，问高温热源温度要提高多少度？

8-24 如题 8-24 图所示为理想的狄赛尔（Diesel）内燃机循环过程，

它由两绝热线（ab、cd），一等压线（bc）及一等容线（da）组成，试证明此热机的效率为

$$\eta = 1 - \frac{(V_3/V_2)^{\gamma} - 1}{\gamma (V_1/V_2)^{\gamma-1}\left(\frac{V_3}{V_2} - 1\right)}$$

8-25　汽油机可近似地看成如题 8-25 图所示的理想循环．这个循环也叫做奥托（Otto）循环，其中 de 和 cb 是绝热过程．(1) 证明此热机的效率为 $\eta = 1 - \frac{T_e - T_b}{T_d - T_c}$，式中 T_b，T_c，T_d 和 T_e 分别为状态 b，c，d 和 e 的温度．(2) 利用 $TV^{\gamma-1} = C$，上述效率公式可写成 $\eta = 1 - (V_c/V_b)^{\gamma-1}$．

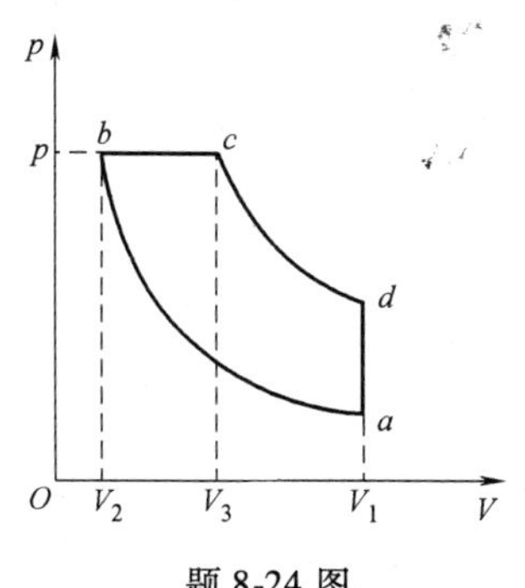

题 8-24 图

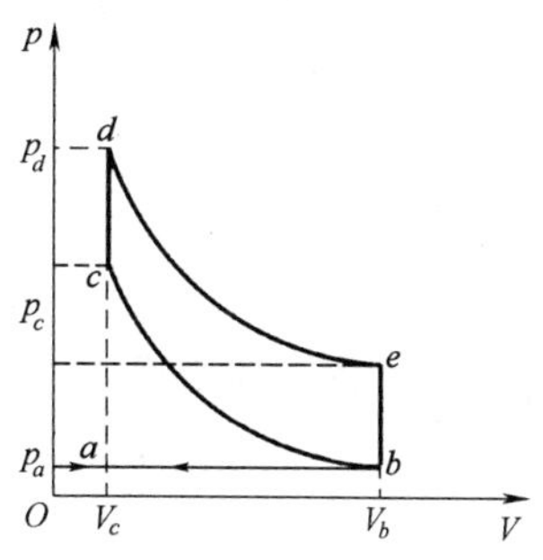

题 8-25 图

8-26　设一动力暖气装置由一台卡诺热机和一台卡诺制冷机组合而成．热机靠燃料燃烧时释放的热量工作，并向暖气系统放热，同时带动制冷机．制冷机从天然蓄水池中取热，也向暖气系统放热．假定热机锅炉的温度 $t_1 = 210$ ℃，蓄水池水温 $t_2 = 15$ ℃，暖气系统温度 $t_3 = 60$ ℃，热机从燃料燃烧时获得热量 2.1×10^7 J，求暖气系统所得的热量．

8-27　请判断（打√或×）．

关于可逆与不可逆过程，下面的说法是否正确？

(1) 不可逆过程一定找不到另一过程使系统和外界同时复原；______

(2) 可逆过程一定是准静态过程；______

(3) 准静态过程一定可逆；______

(4) 不可逆过程一定是非准静态过程；______

(5) 非准静态过程一定不可逆．______

8-28　试分别用热力学第一定律和热力学第二定律的开尔文表述，证明：

(1) 一条绝热线和一条等温线不可能有两个交点；(2) 两条绝热线不可能相交．

8-29　绝热容器被隔板分成两半，一半盛理想气体，另一半是真空．抽出隔板后，气体经自由膨胀到达新的平衡态．试判断下列说法是否正确？

(1) 气体经历的是绝热过程，因此绝热方程成立；______

(2) 该过程绝热方程不成立，但初、末平衡态都满足物态方程；______

(3) 末态温度低于初态温度；______

(4) 因 $Q = 0$，气体在该过程中熵不变．______

8-30　求下列两种情况下理想气体的熵变．

(1) 一理想气体，初态温度为 T，经准静态等温过程，体积由 V_A 变为 V_B，求过程前后气体的熵变．

(2) 一理想气体，初态温度为 T，经绝热自由膨胀过程，体积由 V_A 变为 V_B，求过程前后气体的熵变．

第 9 章　统计物理学基本原理

如前所说，以原子分子假说为基础、运用统计方法研究热现象的理论体系叫做统计物理学，它是关于热现象的微观理论. 所谓统计方法，就是求微观量的平均值的方法. 统计方法是研究大量原子分子聚合系统物理性质的有效方法，是统计规律的体现. 本章以理想气体为模型，介绍经典统计物理学的基本原理.

9.1　玻耳兹曼分布

1. 气体动理论的基本观点

气体动理论（gas kinetic theory）的基本观点是：

（1）任何物体都是由大量分子、原子组成的.

（2）这些分子、原子在永不停息地作无规则机械运动.

（3）分子、原子之间存在相互作用力.

在物理学的发展史上，上述三个基本观点的形成经过了漫长的岁月，长期被当做假说看待. 只是到了 19 世纪中叶以后，主要由于克劳修斯、麦克斯韦（James Clark MaxWell，1831—1879）和玻耳兹曼（Ludwing Boltzmann，1844—1906）等人的工作，分子动理论才成为定量的系统理论，并逐渐被人们接受.

在气体动理论形成的历史进程中，布朗运动（Brown motion）的发现和解释具有重要意义. 1827 年，英国医生布朗（Robert Brown，1773—1858）发现，浮在水中的菌类孢子在不停地运动，孢子越小，运动越剧烈. 布朗起初以为这是孢子的某种生命运动，但当他把孢子换成无机物小颗粒后，这种不停息的无规则机械运动依然存在. 后来，有许多人对布朗运动提出过各种各样的解释，但都不成功. 直到 1888 年，人们才比较普遍地认识到，布朗运动是作不停息无规则机械运动的大量液体分子对小颗粒的撞击引起的. 人们把大量分子的无规则机械运动叫做分子热运动（thermal motion of molecules），分子热运动就是热现象的微观实质. 温度越高，意味着分子热运动越剧烈. 温度是分子热运动剧烈程度的量度.

经验表明，要使物体发生形变必须用力，这说明组成物体的分子之间存在相互作用力. 进一步的研究证实，分子之间既存在引力也存在斥力. 引力、斥力的大小与分子之间的距离有关，如图 9-1-1 所示. 由图可见，分子间距 r 大于某个值 a 时，分子间的作用力表现为引力；分子间距 r 小于某个值 a 时，分子间的作用力表现为斥力. a 约为 10^{-10}m 数量级. 气体之所以容易被压缩，是因为气体分子间距较大，分子间斥力小. 液体、固体之所以难以被压缩，是因为液体、固体分子间距较小，分子间斥力大.

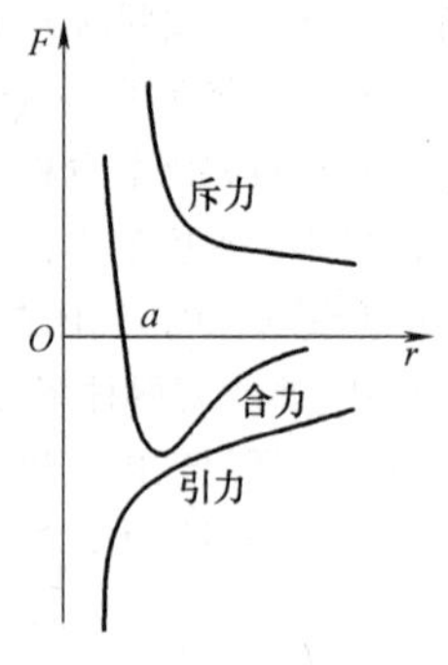

图 9-1-1

2. 近独立粒子系统

设有一个由 N 个相同粒子组成的系统，其中每个粒子可以被看成一个子系统．如果粒子之间的相互作用足够弱，则可以忽略它们之间的相互作用能，这样的系统就叫做近独立粒子系统（near independent particle system），而系统的能量 E 等于每个粒子的能量 ε_i 的和，即

$$E = \sum_{i=1}^{N} \varepsilon_i \tag{9-1-1}$$

注意，在近独立粒子系统中，被忽略的是粒子之间的相互作用能而不是粒子之间的相互作用．因为，若粒子之间没有相互作用，系统将不能达到平衡态．

3. 子相空间

如前所说，系统中每个粒子的状态都确定的状态叫做系统的一个微观态，而系统的一个宏观态包含大量的可能的微观态．为了定量地描述系统平衡态中包含的微观态的数目，先来介绍子相空间（phase subspace）的概念．

我们知道，粒子在一维空间中的自由度是 1，它的运动状态用两个变量（x，p_x）描述，x 是坐标，p_x 是动量．三维空间中粒子的自由度是 3，它的运动状态用 6 个变量（x，y，z；p_x，p_y，p_z）描述．如果把分子中的原子看成质点，那么，三维空间中非刚性双原子分子的自由度是 6，其中有分子质心的 3 个平动自由度，2 个转动自由度和 1 个振动自由度，它的运动状态用 12 个变量（x，y，z，θ，φ，d；p_x，p_y，p_z，l_θ，l_φ，p_d）描述，其中 θ，φ 是角坐标，l_θ，l_φ 是角动量，d 是原子间距，p_d 是振动动量．

质点在空间中位置的独立坐标叫做广义坐标（generalized coordinates），它既可以是线量，也可以是角量，记做 q_ν．相应的动量叫做广义动量（generalized momentum），记做 p_ν．一般地说，自由度为 r 的质点有 r 个广义坐标 q_ν 和 r 个广义动量 p_ν，也就是说，它的运动状态用 $2r$ 变量（q_ν，p_ν）描述，$\nu=1$，2，…，r．这 $2r$ 个变量构成一个 $2r$ 维正交坐标系，叫做 $2r$ 维相空间（phase space），其中的每个点叫做一个相点（phase point），表示质点一个可能的运动状态（q_ν，p_ν）．对于近独立粒子系统，由于每个粒子被看成一个子系，粒子的 $2r$ 维相空间叫做子相空间（phase subspace）或 μ 空间，μ 指分子．

4. 微观态的数目

在由相同粒子组成的近独立粒子系统中，每个粒子具有相同的子相空间，系统中的 N 个粒子可以同时用一个子相空间来描述．这样，在这个子相空间中就同时有 N 个相点，N 个相点的一种分布表示系统的一个微观态．系统有多少可能的微观态，就有多少种分布方式．

为了计算系统一个宏观态包含的微观态数目，把子相空间中 N 个相点可能出现的区域划分为 k 个微小区域

$$\Delta\tau_l = (\Delta q_1 \cdots \Delta q_r \Delta p_1 \cdots \Delta p_r)_l \tag{9-1-2}$$

$l=1$，2，…，k，划分的原则是同在一个微小区域内的粒子具有近似相等的能量，记做 ε_l，一个微小区域 $\Delta\tau_l$ 叫做一个相格（phase cell）．假设系统处于某个宏观态时，相格 $\Delta\tau_l$ 内有 a_l 个粒子，即粒子数按相格的分布是 $\{a_l\} = (a_1, a_2 \cdots, a_k)$．显而易见，粒子数按相格的分布应满足下面的总粒子数和总能量条件：

$$\sum_{l=1}^{k} a_l = N, \quad \sum_{l}^{k} a_l \varepsilon_l = E \tag{9-1-3}$$

设相格 $\Delta\tau_l$ 内有 ω_l 个可供粒子占据的态（q_ν，p_ν）（$\nu=1$，2，…，r），即有 ω_l 个相点．

由于子相空间中的相点是均匀分布的，相格内每个粒子态占有的相体积$\mu_0=\dfrac{\Delta\tau_l}{\omega_l}$是一个常数. 经典理论对粒子占据微观态没有限制，因此，相格$\Delta\tau_l$内每个粒子可占据的微观态数都是ω_l个，而a_l个粒子占据ω_l个微观态的方式有$\omega_l^{a_l}$种. 这样，当粒子数按相格的分布$\{a_l\}$给定时，全部粒子占据微观态的方式共有$\prod\limits_{l=1}^{k}\omega_l^{a_l}$种. 注意，现在只是给定了各个相格中的粒子数，还需要考虑是哪些粒子占据了哪些微观态. 经典理论认为粒子是可以分辨的，因此，在给定了各个相格中的粒子数的条件下，粒子的组合数是

$$\Omega=\frac{N!}{a_1!a_2!\cdots a_k!}$$

上式是这样得到的：若不管粒子在哪个相格，全部粒子的排列数是$N!$，扣除各个相格内粒子的排列数$a_l!$，就得到上式. 所以，当系统处于某个宏观态，即当粒子数按相格的分布$\{a_l\}$给定时，该宏观态包含的微观态数目是

$$W=\Omega\prod_l\omega_l^{a_l}=\frac{N!}{\prod\limits_{l=1}^{k}a_l!}\prod_{l=1}^{k}\omega_l^{a_l}\tag{9-1-4}$$

5. 玻耳兹曼分布

式（9-1-4）表明，宏观态包含的微观态数目是粒子数按相格的分布$\{a_l\}$的函数，记做$W(a_l)$. 统计物理学的基本假设是：孤立系统的各个微观态出现的概率相等. 因此，粒子数按相格的最可几（most probable distribution）分布就是微观态数$W(a_l)$最大的分布. 为求得最可几分布，对式（9-1-4）取对数

$$\ln W=\ln N!+\sum_l a_l\ln\omega_l-\sum_l\ln a_l!$$

为取极大值，令

$$\delta\ln W=\sum_l\delta a_l\ln\omega_l-\sum_l\delta(\ln a_l!)=0\tag{9-1-5}$$

对斯特令公式（Stirling formula）$m!=m^m\mathrm{e}^{-m}\sqrt{2m\pi}$取对数

$$\ln m!=m(\ln m-1)+\frac{1}{2}\ln(2m\pi)$$

当m很大时，$m\gg\ln m$，忽略上式最后一项，得

$$\ln m!=m(\ln m-1)\tag{9-1-6}$$

利用上式可由式（9-1-5）得

$$\delta\ln W=-\sum_l\left(\ln\frac{a_l}{\omega_l}\right)\delta a_l=0\tag{9-1-7}$$

由式（9-1-3）得 $\qquad\delta N=\sum\limits_l\delta a_l=0,\quad\delta E=\sum\limits_l\varepsilon_l\delta a_l$

由于分布$\{a_l\}$应满足式（9-1-3），对上两式乘以待定常数α、β，并从式（9-1-7）中减去，得

$$\delta\ln W-\alpha\delta N-\beta\delta E=-\sum_l\left(\ln\frac{a_l}{\omega_l}+\alpha+\beta\varepsilon_l\right)\delta a_l=0$$

若要上式成立，必须有$\ln\dfrac{a_l}{\omega_l}+\alpha+\beta\varepsilon_l=0$，即有

$$a_l = \omega_l e^{-\alpha-\beta\varepsilon_l} \tag{9-1-8}$$

这就是粒子数按能量的最可几分布，叫做玻耳兹曼分布（Boltzmann distribution），两个待定常数 α，β 由式（9-1-3）确定，即

$$N = \sum_l \omega_l e^{-\alpha-\beta\varepsilon_l}, \quad E = \sum_l \varepsilon_l \omega_l e^{-\alpha-\beta\varepsilon_l} \tag{9-1-9}$$

6. 配分函数

定义：β 的函数

$$Z = \sum_l e^{-\beta\varepsilon_l}\Delta\tau_l \tag{9-1-10}$$

叫做配分函数（the partition function）. 当 $\Delta\tau_l \to 0$ 时，配分函数变为积分

$$Z = \int_\Omega e^{-\beta\varepsilon} d\tau = \int_\Omega e^{-\beta\varepsilon} dq_1 \cdots dq_r dp_1 \cdots dp_r \tag{9-1-11}$$

由式（9-1-9）得

$$e^{-\alpha} = \frac{N}{Z}\mu_0 \tag{9-1-12}$$

和

$$E = -N\frac{\partial}{\partial\beta}\ln Z \tag{9-1-13}$$

7. 讨论

（1）由式（9-1-7）可得

$$\delta^2 \ln W = -\delta\sum_l \ln\left(\frac{a_l}{\omega_l}\right)\delta a_l = -\sum_l \frac{(\delta a_l)^2}{a_l} < 0$$

这说明式（9-1-8）的确是最可几分布.

（2）从展开式

$$\ln(W + \Delta W) = \ln W + \delta \ln W + \frac{1}{2}\delta^2 \ln W + \cdots$$

可得

$$\ln(W + \Delta W) - \ln W = \frac{1}{2}\delta^2 \ln W + \cdots = -\sum_l \frac{(\delta a_l)^2}{a_l} + \cdots$$

由于 $(\delta a_l)^2 << a_l$，有 $\ln(W + \Delta W) - \ln W < 0$. 这说明最可几分布中包含的微观态数目最多，即最可几分布描述的宏观态是系统的平衡态.

思考题 9.1

1. 热现象的微观实质是什么？温度的微观意义是什么？
2. 什么是相空间？什么是子相空间？把子相空间划分为相格的原则是什么？
3. 最可几分布描述的宏观态是什么态？写出最可几分布的表示式.

9.2　正则系综

从上一节不难看出，所讨论的对象是孤立近独立粒子系统诸多微观态的集合. 作为一个物理模型，这个集合叫做微正则系综（micro-canonical ensemble）. 这一节将讨论正则系综（canonical ensemble）. 所谓正则系综，就是一个与巨大热源相接触但不交换物质的子系统的诸多微观态的集合. 和微正则系综一样，正则系综也是具有普遍意义的统计物理学模型. 我

们先从玻耳兹曼分布公式出发导出正则系综分布函数，接着导出正则系综下的热力学公式.

1. 正则系综分布函数

对玻耳兹曼分布式（9-1-8）除以系统的粒子数 N，得每个粒子出现在相格 $\Delta\tau_l$ 内的平均概率，即

$$\frac{a_l}{N}=\frac{1}{N}e^{-\alpha-\beta\varepsilon_l}\omega_l=\frac{1}{Z}e^{-\beta\varepsilon_l}\Delta\tau_l \tag{9-2-1}$$

上式最后一步利用了式（9-1-12）和 $\Delta\tau_l=\mu_0\omega_l$. 于是，粒子分布的概率密度为

$$\rho=\frac{1}{Z}e^{-\beta\varepsilon_l} \tag{9-2-2}$$

如前所说，把粒子看成一个复杂子系，用复杂子系的微观态能量 E 代替上式中的 ε_l，并令 $e^{\Psi}=Z$，于是有

$$\rho=\frac{1}{Z}e^{-\beta E}=e^{-\Psi-\beta E} \tag{9-2-3}$$

这就是一个与巨大热源相平衡的子系统微观态的概率密度分布函数，叫做正则系综分布函数（distribution function of canonical ensemble）. 利用归一化条件

$$\int_{\Omega}\rho d\Omega=1 \tag{9-2-4}$$

可得

$$Z=\int_{\Omega}e^{-\beta E}d\Omega \tag{9-2-5}$$

这就是正则系综配分函数，积分遍及系统的整个相空间. 若系统微观态的能量是分立的，上式应写成

$$Z=\sum_l \Delta\Omega_l e^{-\beta E_l} \tag{9-2-6}$$

显然，只要将式（9-1-10）和式（9-1-11）中的 ε_l 换成 E 或 E_l，就可以从这两式形式地得到式（9-2-5）和式（9-2-6）.

令 $A=e^{-\Psi}$，由式（9-2-4）可得归一化常数

$$A=\frac{1}{\int_{\Omega}e^{-\beta E}d\Omega} \tag{9-2-7}$$

2. 热力学能　广义力和热量的表示式

系统微观态能量的平均值叫做系统的热力学能. 若概率密度 ρ 是归一化的，热力学能就是

$$U=\int_{\Omega}E\rho d\Omega=\int_{\Omega}Ee^{-\Psi-\beta E}d\Omega=e^{-\Psi}\left(-\frac{\partial}{\partial\beta}\int_{\Omega}e^{-\beta E}d\Omega\right)=e^{-\Psi}\left(-\frac{\partial}{\partial\beta}e^{\Psi}\right)$$

即

$$U=-\frac{\partial\psi}{\partial\beta}=-\frac{\partial\ln Z}{\partial\beta} \tag{9-2-8}$$

这就是热力学能的统计物理学一般表示式.

从微观意义上说，外界对系统的作用力（即广义力）是 $Y_\nu=\frac{\partial E}{\partial q_\nu}$，因此，从宏观意义上说，外界对系统的作用力为

$$\overline{Y}_\nu = \int_\Omega \frac{\partial E}{\partial q_\nu}\rho \mathrm{d}\Omega = e^{-\Psi}\left(-\frac{1}{\beta}\frac{\partial}{\partial q_\nu}\int_\Omega e^{-\beta E}\mathrm{d}\Omega\right) = e^{-\Psi}\left(-\frac{1}{\beta}\frac{\partial}{\partial q_\nu}e^{\Psi}\right)$$

即

$$\overline{Y}_\nu = -\frac{1}{\beta}\frac{\partial \psi}{\partial q_\nu} = -\frac{1}{\beta}\frac{\partial \ln Z}{\partial q_\nu} \tag{9-2-9}$$

这就是广义力的统计物理学一般表示式．由上式可得系统的压强

$$p = -\frac{1}{\beta}\frac{\partial \ln Z}{\partial V} \tag{9-2-10}$$

这就是压强的统计物理学一般表示式，其中 V 是系统的体积.

系统由外界吸收的热量 $\delta Q = \delta U - \sum_\nu \overline{Y}_\nu \delta q_\nu$，即

$$\delta Q = \delta\int_\Omega E\rho \mathrm{d}\Omega - \int_\Omega \sum_\nu \frac{\partial E}{\partial q_\nu}\delta q_\nu \rho \mathrm{d}\Omega$$

当广义坐标的改变为 δq_ν 时，系统的平衡态改变，概率密度的改变设为 $\delta\rho$，上式的右边第一项为

$$\delta\int_\Omega E\rho \mathrm{d}\Omega = \int_\Omega (\rho\delta E + E\delta\rho)\mathrm{d}\Omega$$

由于 $\delta E = \sum_\nu \frac{\partial E}{\partial q_\nu}\delta q_\nu$，有

$$\delta Q = \int_\Omega E\delta\rho \mathrm{d}\Omega \tag{9-2-11}$$

这就是热量的统计物理学一般表示式．显然，若 $\delta\rho = 0$，$\delta Q = 0$；反之亦然．这表明绝热过程是系统的微观态概率密度不变的过程.

3. 熵的统计物理学表示式

对式子 $\delta Q = \mathrm{d}U - \sum_\nu \overline{Y}_\nu \mathrm{d}q_\nu$ 乘以 β，由于 $\Psi = \ln Z$ 是 β 和 q_ν 的函数，则有

$$\begin{aligned}\beta\left(\mathrm{d}U - \sum_\nu \overline{Y}_\nu \mathrm{d}q_\nu\right) &= -\beta \mathrm{d}\left(\frac{\partial \Psi}{\partial \beta}\right) + \sum_\nu \frac{\partial \Psi}{\partial q_\nu}\mathrm{d}q_\nu \\ &= -\mathrm{d}\left(\beta\frac{\partial \Psi}{\partial \beta}\right) + \frac{\partial \Psi}{\partial \beta}\mathrm{d}\beta + \sum_\nu \frac{\partial \Psi}{\partial q_\nu}\mathrm{d}q_\nu = \mathrm{d}\left(\Psi - \beta\frac{\partial \Psi}{\partial \beta}\right)\end{aligned} \tag{9-2-12}$$

这说明 β 是 $\delta Q = \mathrm{d}U - \sum_\nu \overline{Y}_\nu \mathrm{d}q_\nu$ 的积分因子．由上式和热力学公式

$$T\mathrm{d}S = \mathrm{d}U - \sum_\nu \overline{Y}_\nu \mathrm{d}q_\nu \tag{9-2-13}$$

得

$$\mathrm{d}S = \frac{1}{\beta T}\mathrm{d}\left(\psi - \beta\frac{\partial \psi}{\partial \beta}\right)$$

故 $\frac{1}{\beta T}$ 为一常数，令 $k = \frac{1}{\beta T}$，得

$$\beta = \frac{1}{kT} \tag{9-2-14}$$

如前所说，这里讨论的是一个与巨大热源相平衡的子系统，因此，作为一个常数，β 必与温度有关，即 k 为常数．我们将看到 k 实际上就是玻耳兹曼常数.

将上式代入式（9-2-12）并利用式（9-2-13）可得

$$dS = kd\left(\Psi - \beta\frac{\partial\Psi}{\partial\beta}\right)$$

即

$$S = k\left(\Psi - \beta\frac{\partial\Psi}{\partial\beta}\right) + S_0 \tag{9-2-15}$$

这就是熵的统计物理学一般表示式.

如果 U、S 和 Y_ν 已知，则所有的热力学量或称热力学函数都可以确定. 例如，将式(9-2-8)代入上式，并取熵的参考值 $S_0=0$，则有

$$F = U - TS = -kT\Psi \tag{9-2-16}$$

这就是自由能（free energy）的统计物理学一般表示式.

思考题 9.2

1. 什么是微正则系综和正则系综?
2. 写出热力学能、广义力和熵的统计物理学一般表示式.

9.3 近独立粒子系统

这一节把上一节得到的正则系综热力学一般公式应用于近独立粒子系统.

对于近独立粒子系统，有

$$E = \sum_{i=1}^{N}\varepsilon_i \tag{9-3-1}$$

和

$$d\Omega = \prod_{i=1}^{N}d\tau_i \tag{9-3-2}$$

将这两式代入式（9-2-5）并利用式（9-1-11），得

$$e^{\Psi} = \prod_{i=1}^{N}\int_{\Omega}e^{-\beta\varepsilon_i}d\tau_i = Z^N \tag{9-3-3}$$

式中

$$Z = \int_{\Omega}e^{-\beta\varepsilon}d\tau \tag{9-3-4}$$

将式（9-3-3）代入式（9-2-8）和式（9-2-10），得

$$U = -\frac{\partial\Psi}{\partial\beta} = -N\frac{\partial\ln Z}{\partial\beta} \tag{9-3-5}$$

$$p = -\frac{1}{\beta}\frac{\partial\Psi}{\partial V} = -\frac{N}{\beta}\frac{\partial\ln Z}{\partial V} \tag{9-3-6}$$

这两式就是求近独立粒子系统的热力学函数的基本公式.

将式（9-3-3）代入式（9-2-15），得

$$S - S_0 = kN\left(\ln Z - \beta\frac{\partial}{\partial\beta}\ln Z\right) \tag{9-3-7}$$

另一方面，利用式（9-1-6），由式（9-1-4）得

$$\ln W = N\ln N - \sum_l a_l\ln a_l + \sum_l a_l\ln\omega_l$$

将式（9-1-8）和式（9-1-9）代入上式，得

$$\ln W = N\ln N + \alpha N + \beta E$$

再将式（9-1-12）和式（9-1-13）代入上式，得

$$\ln W = N\left(\ln Z - \beta \frac{\partial}{\partial \beta}\ln Z\right) - N\ln \mu_0$$

将上式代入式（9-3-7），得

$$S - S_0 = k\ln W + kN\ln \mu_0$$

上式右边第二项是常数，令熵的参考值 $S_0 = -kN\ln \mu_0$，得

$$S = k\ln W \tag{9-3-8}$$

这叫做玻耳兹曼关系（Boltzmann relation），它把熵与平衡态包含的微观态数目联系了起来. 当熵处于极大值时，微观态数目极大. 这就是热力学第二定律的微观意义.

将式（9-3-3）代入式（9-2-16），自由能

$$F = -kNT\ln Z \tag{9-3-9}$$

思考题 9.3

玻耳兹曼关系的微观意义是什么？

9.4 理想气体的热力学函数

我们已知道，从宏观意义上说，服从三个实验定律——玻意耳定律、盖-吕萨克定律和查理定律的气体叫做理想气体. 那么，从微观意义上说，什么气体是理想气体呢？

我们把符合下面三个条件的气体叫做理想气体：

（1）气体分子可以看成质点. 这是因为，气体分子碰撞容器器壁时，分子自转角动量的改变对器壁所受正压力无贡献，故可不考虑气体分子的大小.

（2）除了分子之间的碰撞，不考虑分子之间的相互作用以及外场（如重力场）的作用. 这是因为，气体分子之间的相互作用力是气体的内力，而内力不改变气体的总动量.

（3）气体分子之间以及分子与器壁之间的碰撞是弹性碰撞. 这是因为，非弹性碰撞将改变气体分子的动能，从而改变气体的温度，气体将不处于平衡态.

下面就以此三个条件为基础，应用上一节的普遍性结论导出理想气体的热力学函数，从而说明理想气体的宏观定义与微观定义是一致的.

显然，按照上述理想气体的微观定义，理想气体是近独立粒子系统. 因此，上一节得到的普遍性结论适用于理想气体. 作为质点的理想气体分子的能量

$$\varepsilon = \frac{p^2}{2m} = \frac{1}{2m}(p_x^2 + p_y^2 + p_z^2) \tag{9-4-1}$$

将上式代入式（9-3-4），得

$$Z = \int_\Omega e^{-\beta\varepsilon}\mathrm{d}\tau = \int_\Omega e^{-\frac{\beta}{2m}p^2}\mathrm{d}x\mathrm{d}y\mathrm{d}z\mathrm{d}p_x\mathrm{d}p_y\mathrm{d}p_z = V\int_{-\infty}^{\infty}\int_{-\infty}^{\infty}\int_{-\infty}^{\infty} e^{-\frac{\beta}{2m}(p_x^2+p_y^2+p_z^2)}\mathrm{d}p_x\mathrm{d}p_y\mathrm{d}p_z$$

利用积分公式 $\int_{-\infty}^{\infty} e^{-\lambda u^2}\mathrm{d}u = \sqrt{\frac{\pi}{\lambda}}$ 积分上式，得

$$Z = V\left(\frac{2m\pi}{\beta}\right)^{\frac{3}{2}} \tag{9-4-2}$$

将上式分别代入式（9-3-5）和式（9-3-6），得热力学能

$$U = -N\frac{\partial}{\partial\beta}\ln Z = \frac{3}{2}NkT \tag{9-4-3}$$

这表明，理想气体的热力学能是温度的线性增函数，而压强

$$p = -\frac{N}{\beta}\frac{\partial \ln Z}{\partial V} = -\frac{NkT}{V} \tag{9-4-4}$$

即有状态方程

$$pV = NkT \tag{9-4-5}$$

所以，k 是玻耳兹曼常数. 将式（9-4-2）代入式（9-3-7），得

$$S - S_0 = kN\left(\ln Z - \beta\frac{\partial}{\partial\beta}\ln Z\right) = \frac{3}{2}Nk\ln T + Nk\ln V + \frac{3}{2}Nk[1 + \ln(2mk\pi)]$$

不过,这个式子并不全对,因为上式右边第二项与熵的可加性不符.之所以出现这个问题,是因为在推导玻耳兹曼分布式(9-1-8)时认为粒子是可分辨的,但气体分子非常多($N_A = 6.023\times 10^{23}/\mathrm{mol}$),不是可分辨的. 所以,理想气体平衡态包含的微观态数应为$\frac{W}{N!}$,于是有

$$\ln\frac{W}{N!} = \sum_l a_l\ln\omega_l - \sum_l a_l(\ln a_l - 1)$$

将式(9-1-8)代入上式并利用式(9-1-12)和式(9-1-13),得

$$\ln\frac{W}{N!} = \alpha N + \beta E + N = N\left(\ln Z - \beta\frac{\partial}{\partial\beta}\ln Z\right) - N(\ln N - 1) - N\ln\mu_0$$

用$\frac{W}{N!}$代替式（9-3-8）中的 W 后代入上式左边，利用式（9-4-2）得

$$S - S_0 = \frac{3}{2}Nk\ln T + Nk\ln\frac{V}{N} + \frac{3}{2}Nk\left[\frac{5}{3} + \ln\left(\frac{2m\pi k}{\mu_0}\right)\right]$$

将上式右边第三项吸收到 S_0 中，得理想气体的熵

$$S = \frac{3}{2}Nk\ln T + Nk\ln\frac{V}{N} + S_0 \tag{9-4-6}$$

思考题 9.4

在推导式（9-4-6）的过程中为什么用$\frac{W}{N!}$代替式（9-3-8）中的 W?

9.5 麦克斯韦气体分子速率分布律

这一节继续讨论理想气体，目的是得到理想气体处于平衡态时气体分子按速率大小分布的概率密度函数，从而加深对理想气体的认识.

1. 麦克斯韦气体分子速率分布律

如式（9-2-2），能量为 ε_l 的分子概率密度

$$\rho = A\mathrm{e}^{-\beta\varepsilon_l} \tag{9-5-1}$$

式中 $A = \frac{1}{Z}$是归一化常数，而分子能量

$$\varepsilon_l = \frac{1}{2}mv^2 \tag{9-5-2}$$

由归一化条件 $\int_{\Omega}\rho \mathrm{d}\Omega = 1$ 得

$$A = \frac{1}{\int_{\Omega} \mathrm{e}^{-\beta\varepsilon_l}\mathrm{d}\Omega}$$

相体积元 $\mathrm{d}\Omega = \mathrm{d}x\mathrm{d}y\mathrm{d}z\mathrm{d}v_x\mathrm{d}v_y\mathrm{d}v_z = \mathrm{d}x\mathrm{d}y\mathrm{d}zv^2\sin\theta\mathrm{d}\theta\mathrm{d}\varphi\mathrm{d}v$.

不失一般性，设气体体积为单位体积，则积分

$$I = \int_{\Omega}\mathrm{e}^{-\beta\varepsilon_l}\mathrm{d}\Omega = \int_0^{\pi}\sin\theta\mathrm{d}\theta\int_0^{2\pi}\mathrm{d}\varphi\int_0^{\infty}\mathrm{e}^{-\frac{m}{2kT}v^2}v^2\mathrm{d}v = 4\pi\int_0^{\infty}\mathrm{e}^{-\frac{m}{2kT}v^2}v^2\mathrm{d}v$$

利用积分公式 $\int_0^{\infty}\mathrm{e}^{-\lambda u^2}\mathrm{d}u = \frac{1}{2}\sqrt{\frac{\pi}{\lambda}}$，得

$$A = \frac{1}{I} = \left(\frac{m}{2\pi kT}\right)^{\frac{3}{2}}$$

于是有

$$\int_{\Omega}\rho\mathrm{d}\Omega = \left(\frac{m}{2\pi kT}\right)^{\frac{3}{2}}\int_0^{\pi}\sin\theta\mathrm{d}\theta\int_0^{2\pi}\mathrm{d}\varphi\int_0^{\infty}\mathrm{e}^{-\frac{m}{2kT}v^2}v^2\mathrm{d}v$$

$$= 4\pi\left(\frac{m}{2\pi kT}\right)^{\frac{3}{2}}\int_0^{\infty}\mathrm{e}^{-\frac{m}{2kT}v^2}v^2\mathrm{d}v = 1$$

定义

$$f(v) = 4\pi\left(\frac{m}{2\pi kT}\right)^{\frac{3}{2}}\mathrm{e}^{-\frac{m}{2kT}v^2}v^2 \tag{9-5-3}$$

则有

$$\int_0^{\infty}f(v)\mathrm{d}v = 1 \tag{9-5-4}$$

所以，函数 $f(v)$ 是平衡态理想气体中分子按速率分布的概率密度函数，叫做麦克斯韦气体分子速率分布律（Maxwell distribution law of speed of gas molecules)，表示速率 v 附近单位速率间隔内的分子数占气体总分子数的比例. 例如，若气体总分子数为 N，则速率 v 附近速率间隔 $v \to v+\mathrm{d}v$ 内的分子数是 $\mathrm{d}n = Nf(v)\mathrm{d}v$.

为简便起见，可将函数 $f(v)$ 写成

$$f(v) = A\mathrm{e}^{-bv^2}v^2 \tag{9-5-5}$$

式中，$A = 4\pi\left(\frac{m}{2\pi kT}\right)^{\frac{3}{2}}$； $b = \frac{m}{2kT}$，其函数曲线如图 9-5-1 所示.

除满足归一化条件外，函数 $f(v)$ 还具有以下特点：

（1）$\lim\limits_{v\to 0}f(v) = 0$，$\lim\limits_{v\to\infty}f(v) = 0$；

（2）令 $\frac{\mathrm{d}f}{\mathrm{d}v} = 0$，得最可几速率

$$v_{\mathrm{P}} = \sqrt{\frac{2kT}{m}} = \sqrt{\frac{2RT}{M}} \tag{9-5-6}$$

即 $f(v_{\mathrm{P}})$ 是函数 $f(v)$ 的最大值，如图 9-5-1 所示.

（3）由式（9-5-3）和式（9-5-6）可知，当气体温度上升时，或用分子质量较小的气体代替分子质量较大的气体做实验，$f(v)$ 的函数曲线将右移并变得平缓，如图 9-5-2 所示.

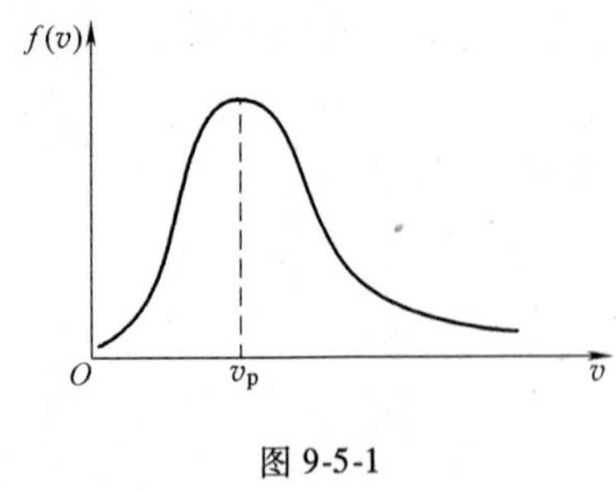

图 9-5-1

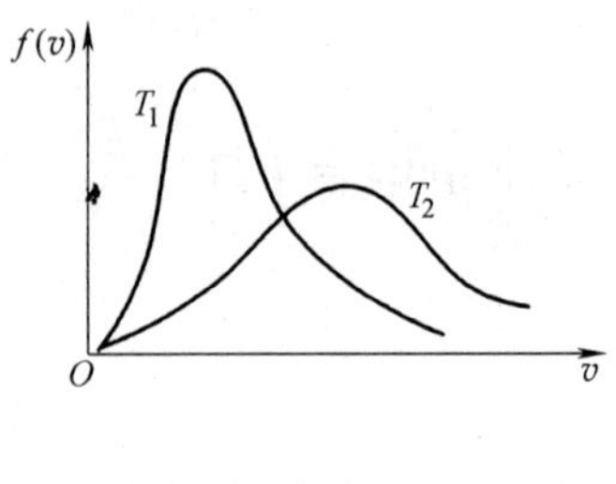

图 9-5-2

2. 气体分子的平均速率

我们知道，气体处于平衡态，其分子的速率有大有小，服从麦克斯韦气体分子速率分布律. 所以，气体分子的平均速率

$$\bar{v} = \frac{1}{N}\int_0^\infty v\mathrm{d}n.$$

将 $\mathrm{d}n = Nf(v)\,\mathrm{d}v$ 代入上式作分部积分，得

$$\bar{v} = \int_0^\infty vf(v)\,\mathrm{d}v = A\int_0^\infty v^3\mathrm{e}^{-bv^2}\mathrm{d}v = -\frac{A}{2b}\int_0^\infty v^2\mathrm{d}\mathrm{e}^{-bv^2} = \frac{A}{b}\int_0^\infty v\mathrm{e}^{-bv^2}\mathrm{d}v$$

$$= -\frac{A}{2b^2}\int_0^\infty \mathrm{d}\mathrm{e}^{-bv^2} = \frac{A}{2b^2}$$

即

$$\bar{v} = \sqrt{\frac{8kT}{\pi m}} = \sqrt{\frac{8RT}{\pi M}} \tag{9-5-7}$$

为得到气体分子运动的平均自由程（average free path）和平均碰撞率（average collision frequency），下面先来介绍两个概念：气体分子的折合质量（reduced mass）和平均相对速率（average relative speed）.

3. 折合质量

如图 9-5-3 所示，两个分子的质量分别是 m_1 和 m_2，它们相对于质心 C 的位矢分别是 $\boldsymbol{r}_{1C}$ 和 $\boldsymbol{r}_{2C}$. 取 $\boldsymbol{r}$ 作为 m_1 相对于 m_2 的位矢，则

$$\boldsymbol{r} = \boldsymbol{r}_{1C} - \boldsymbol{r}_{2C}$$

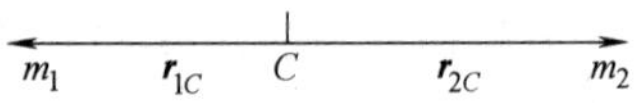

m_1 $\boldsymbol{r}_{1C}$ C $\boldsymbol{r}_{2C}$ m_2

图 9-5-3

根据式（5-3-5），有

$$m_1\boldsymbol{r}_{1C} + m_2\boldsymbol{r}_{2C} = 0$$

由以上两式得

$$\boldsymbol{r}_{1C} = \frac{m_2}{m_2 + m_1}\boldsymbol{r}$$

对上式做关于时间 t 的二阶导数并乘以 m_1，则有

$$m_1\frac{\mathrm{d}^2\boldsymbol{r}_{1C}}{\mathrm{d}t^2} = \frac{m_1m_2}{m_2 + m_1}\frac{\mathrm{d}^2\boldsymbol{r}}{\mathrm{d}t^2}$$

式中的

$$m' = \frac{m_2m_1}{m_2 + m_1} \tag{9-5-8}$$

叫做 m_1 相对于 m_2 的折合质量. 同样，m_2 相对于 m_1 的折合质量也是 m'. 若 $m_1 = m_2 = m$，则 $m' = \frac{1}{2}m$.

4. 气体分子的平均相对速率

设一定质量的理想气体处于平衡态. 在某个时刻，选气体中某个分子作为参考分子，其他分子相对于参考分子的速率叫做相对速率，记做 u. 假设气体分子按相对速率的分布具有与式（9-5-3）同样的形式，只是要把式（9-5-3）中的分子质量 m 换成折合质量 m'，于是可得气体分子的平均相对速率

$$\bar{u} = \int_0^{\infty} uf(u)\,\mathrm{d}u = \sqrt{\frac{8kT}{\pi m'}} = \sqrt{2}\,\bar{v} \tag{9-5-9}$$

如果气体中有两种质量不同的分子，则有

$$\bar{u} = \left(1 + \frac{m_1}{m_2}\right)^{\frac{1}{2}} \bar{v}_1 \text{ 或 } \bar{u} = \left(1 + \frac{m_2}{m_1}\right)^{\frac{1}{2}} \bar{v}_2 \tag{9-5-10}$$

式中，$\bar{v}_1 = \sqrt{\dfrac{8kT}{\pi m_1}}$；$\bar{v}_2 = \sqrt{\dfrac{8kT}{\pi m_2}}$.

5. 气体分子的平均自由程和平均碰撞率

不难理解，气体中两个分子碰撞的条件是：两个分子的相对速率不等于零，且一个分子的质心在另一个分子的飞行通道内. 所谓飞行通道就是以两个分子的半径之和为横截面半径的圆柱形.

设两种质量不同的分子组成的理想气体处于平衡态，A 种分子以平均相对速率 $\bar{u}$ 运动，B 种分子在 A 分子的飞行通道内. 显然，A 分子与 B 分子单位时间发生碰撞的次数是

$$\bar{Z}_{AB} = \pi(d_A + d_B)^2\,\bar{u}n_B$$

式中，d_A，d_B 分别是两种分子的半径；n_B 是 B 分子的平均分子数密度. 将式（9-5-10）代入上式，得

$$\bar{Z}_{AB} = \left(1 + \frac{m_A}{m_B}\right)^{\frac{1}{2}} \pi(d_A + d_B)^2 n_B\,\bar{v}_A \tag{9-5-11}$$

同理，B 分子与 A 分子单位时间发生碰撞的次数是

$$\bar{Z}_{BA} = \left(1 + \frac{m_B}{m_A}\right)^{\frac{1}{2}} \pi(d_A + d_B)^2 n_A\,\bar{v}_B \tag{9-5-12}$$

显然，若 $n_A \neq n_B$，则 $\bar{Z}_{AB} \neq \bar{Z}_{BA}$. 因为碰撞的次数对两种分子总是相等的，若分子数密度不同，则平均碰撞率不同. 如果气体中只有一种分子，则分子平均碰撞率是

$$\bar{Z} = \pi d_0^2\,\bar{u}\cdot n = \sqrt{2}\pi d_0^2 n\,\bar{v} \tag{9-5-13}$$

分子在连续两次碰撞之间的平均运动路程叫做分子自由程，记做 $\bar{\lambda}$，即

$$\bar{\lambda} = \frac{\bar{v}}{\bar{Z}} = \frac{1}{\sqrt{2}\pi d_0^2 n} \tag{9-5-14}$$

标准状况（$t = 0$ ℃，$p = 1$ atm）下，水蒸气分子的平均碰撞率约为 10^{10}/s 数量级，分子自由程约为 10^{-7} m 数量级. 标准状况下水蒸气分子的平均间距约为 10^{-9} m 数量级［见式（8-1-12）］，可见，平均来说，一个分子飞过几百个分子才碰撞一次.

思考题 9.5

1. 最可几速率是气体分子的最大速率吗？最可几速率的物理意义是什么？

2. 图 9-5-1 中函数曲线下的面积表示什么？对于不同种类的气体或不同的平衡态，函数曲线下的面积是否不同？

3. 下列各式的物理意义是什么？

$f(v)\,\mathrm{d}v$；$\int_0^v f(v)\,\mathrm{d}v$；$Nf(v)\,\mathrm{d}v$；$N\int_{v_1}^{v_2} f(v)\,\mathrm{d}v$

4. 在一般情况下，气体分子的平均速率约为几百米每秒. 但若在房间内打开汽油瓶，要隔一会儿才能闻到汽油味. 为什么？

9.6 温度公式和压强公式

这一节运用统计方法推导两个公式：温度公式（temperature formula）和压强公式（pressure formula），以加深对理想气体和统计方法的理解.

1. 温度公式

理想气体分子的平均平动能

$$\overline{E}_{\mathrm{k}} = \frac{1}{N}\int_0^\infty E_{\mathrm{k}}\,\mathrm{d}n = \frac{1}{2}m\int_0^\infty v^2 f(v)\,\mathrm{d}v \tag{9-6-1}$$

将式(9-5-5)代入上式，作分部积分，得

$$\overline{E}_{\mathrm{k}} = \frac{3}{2}kT \tag{9-6-2}$$

这叫做温度公式，它表明，温度是气体分子热运动平均平动能的量度. 这就是温度的微观意义. 上式把温度这个宏观量与气体分子平动能这个微观量的平均值联系了起来，是统计方法的典型体现.

2. 压强公式

如果气体分子与容器壁碰撞，它的动量将改变，同时给器壁以作用力. 大量分子的密集碰撞就形成了对器壁的压力. 按照热力学，理想气体的压强是

$$p = nkT$$

但是，在热力学中，上式是一个实验结果，其中 n 是分子数密度. 在 9.4 节中，我们把理想气体看成近独立粒子系统得到了上式，即式(9-4-5). 现在运用大量气体分子密集碰撞器壁这个模型来推导上式，出发点是 9.4 节说过的关于理想气体的三条假设.

如图 9-6-1 所示，设质量为 m 的气体分子以速率 v 与器壁发生弹性碰撞，碰撞前后分子动量的增量为

$$-mv - mv = -2mv$$

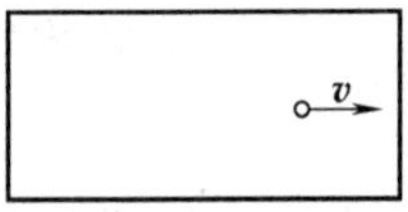

图 9-6-1

按照麦克斯韦气体分子速率分布律，单位体积中速率在 $v \to v + \mathrm{d}v$ 范围内的气体分子数是 $nf(v)\,\mathrm{d}v$. 由于气体分子向各个方向运动的概率相同，单位体积中速率在 $v \to v + \mathrm{d}v$ 范围内的分子只有 $\frac{1}{6}nf(v)\,\mathrm{d}v$ 个分子射向图中右边的器壁. 由于分子之间的碰撞是弹性的，碰撞只是使分子交换该方向的速度，对射向器壁的平均分子数无影响，这样，单位时间内与器壁单位面积发生碰撞的分子数目是 $\frac{1}{6}vnf(v)\,\mathrm{d}v$，碰撞前后这些分子动量的增量是

$$\frac{1}{3}nmv^2 f(v)\,\mathrm{d}v$$

积分上式，得

$$p = \frac{1}{3}nm\int_0^\infty v^2 f(v)\,\mathrm{d}v = nkT$$

思考题 9.6

1. 什么是温度的物理意义？
2. 气体压强的产生机制是什么？
3. 从微观意义上说，理想气体与实际气体有什么不同？

9.7　能量均分定理

1. 能量按自由度均分定理

由于气体分子有 3 个平动自由度，温度公式 $\overline{E}_k = 3kT/2$ 意味着每个平动自由度上平均分配有 $kT/2$ 的能量．这是偶然的还是具有普遍意义？对此，有下面的能量按自由度均分定理（the theorem of equipartition of energy according to degree of freedom）：

粒子每个自由度上平均分配着 $kT/2$ 的能量．

下面来证明这个定理．

证：设粒子能量可以写成

$$E = \frac{1}{2}\sum_{i=1}^{s} a_i p_i^2 + E_p$$

式中，系数 $a_i > 0$；p_i 是第 i 个自由度上粒子的广义动量；E_p 是粒子势能．不失一般性，取 $i=1$，利用式（9-2-3）和式（9-2-4），上式右边第一项在正则系综中的平均值是

$$\frac{1}{2}\overline{a_1 p_1^2} = \int_\Omega \frac{1}{2}a_1 p_1^2 \mathrm{e}^{-\Psi-\beta E}\mathrm{d}\Omega$$

$$= \mathrm{e}^{-\Psi}\int\cdots\int \mathrm{e}^{-\beta U}\mathrm{d}q_1\cdots\mathrm{d}q_s\int\cdots\int \mathrm{e}^{-\frac{1}{2}\beta\sum\limits_{i=2}^{s}a_i p_i^2}\int_{-\infty}^{\infty}\frac{1}{2}a_1 p_1^2 \mathrm{e}^{-\frac{1}{2}\beta a_1 p_1^2}\mathrm{d}p_1$$

作分部积分，有

$$\int_{-\infty}^{\infty}\frac{1}{2}a_1 p_1^2 \mathrm{e}^{-\frac{1}{2}\beta a_1 p_1^2}\mathrm{d}p_1 = -\frac{p_1}{2\beta}\mathrm{e}^{-\frac{1}{2}\beta a_1 p_1^2}\Big|_{-\infty}^{\infty} + \frac{1}{2\beta}\int_{-\infty}^{\infty}\mathrm{e}^{-\frac{1}{2}\beta a_1 p_1^2}\mathrm{d}p_1$$

上式右边第一项等于零，于是得

$$\frac{1}{2}\overline{a_1 p_1^2} = \frac{1}{2\beta}\int_\Omega \mathrm{e}^{-\Psi-\beta E}\mathrm{d}\Omega = \frac{1}{2}kT$$

这表明每个自由度上平均分配着 $kT/2$ 的动能．同理，若粒子势能也可写成广义坐标平方项的和，则可证每个自由度上平均分配着 $kT/2$ 的势能．这样，就证明了能量按自由度均分定理．

按照能量按自由度均分定理，气体分子的平均平动能，也就是单原子分子的平均能量是

$$\overline{E}_k = \frac{3}{2}kT$$

刚性双原子分子除 3 个平动自由度外还有 2 个转动自由度，其平均能量是

$$\overline{E}_k = (3+2)\frac{1}{2}kT = \frac{5}{2}kT$$

非刚性双原子分子除3个平动自由度和2个转动自由度外还有1个振动自由度，既有振动动能，又有振动势能，其平均能量是

$$\overline{E}_{k} = (3+2+2)\frac{1}{2}kT = \frac{7}{2}kT$$

一般地说，如果粒子有t个平动自由度、r个转动自由度和s个振动自由度，则其平均能量是

$$\overline{E}_{k} = (t+r+2s)\frac{1}{2}kT = \frac{i}{2}kT \tag{9-7-1}$$

式中，$i=t+r+2s$. 这样，由上述粒子组成的系统的热力学能是

$$U = N\overline{E}_{k} = \frac{m}{M}\frac{i}{2}RT \tag{9-7-2}$$

式中，$N=\frac{m}{M}N_0$是系统的总粒子数. 上式表明，系统的热力学能是温度的线性增函数，而其摩尔定容热容是一个常数

$$C_{V,m} = \frac{dU}{dT} = \frac{m}{M}\frac{i}{2}R$$

但是，这并不完全符合实际. 实验表明，只有在温度变化很小的范围内，物体的摩尔定容热容才是一个常数. 对于较大的温度变化，特别是当温度较低时，能量按自由度均分定理并不成立.

2. 能量按自由度均分定理的局限性

如前所说，按照能量均分定理，理想气体的摩尔定容热容量是一个不随温度变化的常数. 但是，实验表明，气体的摩尔定容热容随温度升高呈现阶梯新式的变化，如图9-7-1所示. 图中是氢气的摩尔定容热容随温度变化的实验曲线. 由图可见，只有当温度很高时，摩尔定容热容才接近$7R/2$. 不过，在那样高的温度，氢分子已经热离成氢原子了. 实验发现，其他双原子分子气体的摩尔定容热容随温度的变化情况与氢气类似. 为什么会这样呢？原来，气体分子的振动能和转动能属于微观量，是量子化的. 例如，若将气体分子看成一个谐振子，根据量子力学，其能量［即式（16-4-8）］为

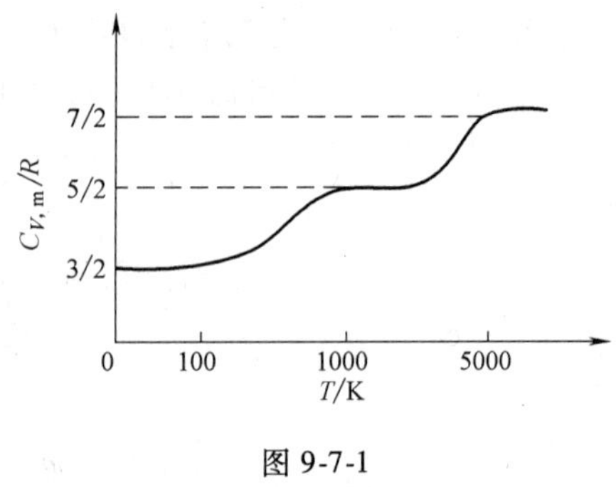

图9-7-1

$$E = \left(n+\frac{1}{2}\right)h\nu,\ (n=0,1,2,\cdots)$$

因此，较低温度情况下，频率较高的自由度难以激发，就像被“冻结”了一样，它对气体的摩尔定容热容无贡献. 所以，气体分子的每个自由度对气体的摩尔定容热容的贡献并非总是$kT/2$. 当气体温度较低时，一些自由度对气体的摩尔定容热容有贡献，另一些自由度对气体的摩尔定容热容无贡献. 这些对气体的摩尔定容热容无贡献的自由度叫做冻结自由度. 随着温度升高，这些冻结自由度被一个个地激发，使气体的摩尔定容热容随温度升高呈现阶梯新式的变化. 但在能量按自由度均分定理中，分子能量被看成是连续变化的，因而不完全符合实际.

思考题 9.7

1. 根据能量按自由度均分定理，一维谐振子的平均能量是否等于 kT 或 $kT/2$？
2. 能量按自由度均分定理的理论基础是什么？它为什么不完全符合实际？

9.8* 气体的内迁移

与处于平衡态的气体相比，处于非平衡态的气体的主要特征是气体内部的非均匀性：物质分布不均匀，温度分布不均匀，存在层流和其他不均匀现象. 气体分子的热运动减少着这些不均匀现象，表现为扩散、热传导和内摩擦，统称为气体的内迁移. 下面就来说明气体内迁移的实验规律及其微观意义.

1. 扩散

由于气体内物质分布的不均匀引起的质量迁移叫做气体的扩散. 设气体的质量密度 ρ 沿 x 轴变化，如图 9-8-1 所示. 实验表明，单位时间流过 x 轴单位横截面积的气体质量是

$$\Delta m = -D\frac{\mathrm{d}\rho}{\mathrm{d}x} \tag{9-8-1}$$

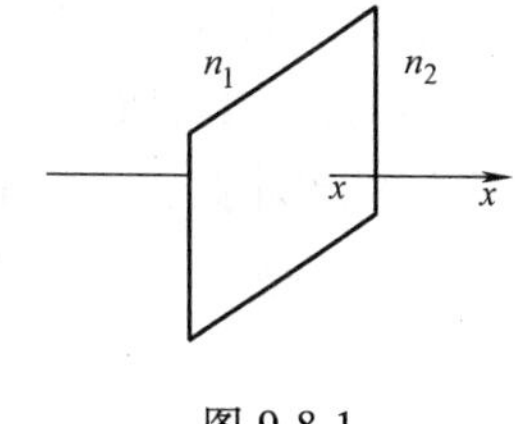

图 9-8-1

式中，$\frac{\mathrm{d}\rho}{\mathrm{d}x}$为质量密度的梯度；常数 D 为扩散系数，它的单位是 m^2/s；负号表示质量扩散的方向与质量密度增加的方向相反.

气体扩散的微观机制可以解释如下. 为简便起见，设气体是质量为 m_0 的同种分子组成的理想气体，温度处处均匀且稳定. 如图 9-8-1 所示，位于 x 处横截面左右两侧的分子数密度分别为 n_1 和 n_2，$n_2>n_1$，即 $\rho_2>\rho_1$，且 $\rho=nm_0$. 若分子热运动的平均速率为$\bar{v}$，则单位时间有$\frac{1}{6}n_1\bar{v}$个分子穿过单位横截面从左边运动到右边，同时有$\frac{1}{6}n_2\bar{v}$个分子穿过单位横截面从右边运动到左边. 因此，单位时间穿过单位横截面从右边迁移到左边的气体质量是

$$\Delta m = \frac{1}{6}(n_2-n_1)m_0\bar{v} \tag{9-8-2}$$

另一方面，不发生碰撞穿过横截面的分子都在距横截面一个平均自由程的范围内，气体质量的迁移就是这些分子的交换引起的，因此，x 处气体质量密度的梯度可以写成

$$\frac{\mathrm{d}\rho}{\mathrm{d}x} = \frac{\rho_2-\rho_1}{2\bar{\lambda}} = \frac{(n_2-n_1)m_0}{2\bar{\lambda}} \tag{9-8-3}$$

将上式代入式（9-8-2），由于质量扩散的方向与质量密度增加的方向相反，得

$$\Delta m = -\frac{1}{3}\bar{\lambda}\bar{v}\frac{\mathrm{d}\rho}{\mathrm{d}x} \tag{9-8-4}$$

比较式（9-8-1）和式（9-8-4），得扩散系数

$$D = \frac{1}{3}\bar{\lambda}\bar{v} \tag{9-8-5}$$

这表明，扩散系数与气体种类和状态有关.

由以上讨论可知，气体扩散就是在气体质量分布不均匀情况下，由分子热运动引起的大

量分子的定向迁移，这就是扩散的微观意义．扩散使质量分布趋于均匀．

2. 热传导

由于温度分布不均匀引起的热传递叫做热传导．设气体温度 T 沿 x 轴变化，如图 9-8-2 所示．实验表明，单位时间流过 x 轴单位横截面积的热量为

$$\Delta Q = -\xi \frac{\mathrm{d}T}{\mathrm{d}x} \tag{9-8-6}$$

式中，$\frac{\mathrm{d}T}{\mathrm{d}x}$为温度梯度；常数 ξ 为导热系数，它的单位是 W/（m·K）；负号表示热量传递的方向与温度增加的方向相反．

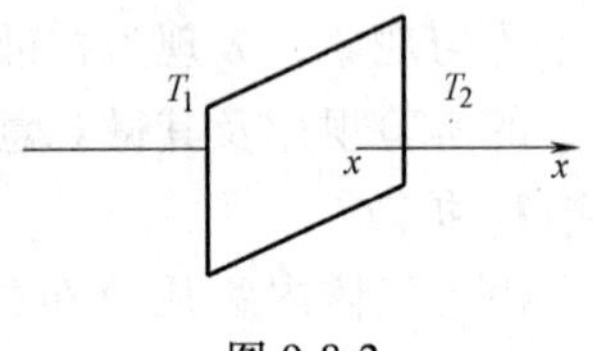

图 9-8-2

热传导的微观机制可以解释如下．为简便起见，设气体是同种分子组成的理想气体，气体分子数密度 n 处处相同．如图 9-8-2 所示，位于 x 处横截面左右两侧的温度分别为 T_1、T，$T_2 > T_1$．因此，横截面右侧分子的平均热运动能量大于左侧分子的平均热运动能量．于是，单位时间从单位横截面积右侧传到左侧的热量是

$$\Delta Q = \frac{1}{6}(\overline{E_{k2}} - \overline{E_{k1}})n\bar{v} = \frac{i}{12}k(T_2 - T_1)n\bar{v} \tag{9-8-7}$$

式中$\bar{v}$是横截面两侧分子速率的平均值．事实上，由于 T_1 和 T_2 的差别很小，横截面两侧分子平均速率的差别很小．

另一方面，由于穿过横截面的热传导是距横截面一个平均自由程的范围内的分子交换引起的，温度梯度可以写成

$$\frac{\mathrm{d}T}{\mathrm{d}x} = \frac{T_2 - T_1}{2\bar{\lambda}} \tag{9-8-8}$$

将上式代入式（9-8-7），由于热量传递的方向与温度增加的方向相反，有

$$\Delta Q = -\frac{1}{6}n\bar{\lambda}\bar{v}(t + r + 2s)k\frac{\mathrm{d}T}{\mathrm{d}x} \tag{9-8-9}$$

利用 1 mol 理想气体的热力学能表达式

$$U_{\mathrm{mol}} = \frac{1}{2}(t + r + 2s)RT$$

和摩尔定容热容表达式

$$C_{V,\mathrm{m}} = \frac{\mathrm{d}E}{\mathrm{d}T} = \frac{1}{2}(t + r + 2s)R$$

可将式（9-8-9）写成

$$\Delta Q = -\frac{1}{3}\frac{C_{V,\mathrm{m}}}{M}\rho\bar{\lambda}\bar{v}\frac{\mathrm{d}T}{\mathrm{d}x} \tag{9-8-10}$$

比较式（9-8-10）和式（9-8-6），得导热系数

$$\xi = \frac{1}{3}\rho\bar{\lambda}\bar{v}\frac{C_{V,\mathrm{m}}}{M} \tag{9-8-11}$$

这表明，导热系数与气体种类和状态有关．

由以上讨论可知，热传导就是在气体温度分布不均匀情况下，由分子热运动引起的分子

热运动能量的定向迁移，这就是热传导的微观意义. 热传导也叫做热迁移，它使温度分布趋于均匀.

3. 内摩擦

气体内流速不同的两个相邻流层之间存在切向力的现象叫做气体的内摩擦. 如图 9-8-3 所示，取垂直于气体流动的方向为 x 轴，流速 u 沿 x 轴发生变化. 实验表明，作用在两个相邻流层单位界面面积上的切向力

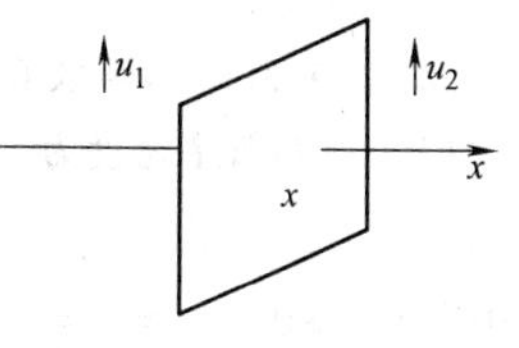

图 9-8-3

$$F = \pm \eta \frac{\mathrm{d}u}{\mathrm{d}x} \tag{9-8-12}$$

式中，$\frac{\mathrm{d}u}{\mathrm{d}x}$是流速梯度；$\eta$ 是内摩擦因数，它的单位是 kg/（m · s)；正负号分别表示切向力作用在流速较大或较小的流层上.

内摩擦的微观机制可以解释如下. 为简便起见，设气体是同种分子组成的理想气体，气体分子数密度 n 处处相同，位于 x 处的界面两侧的流速分别是 u_1、u_2，$u_2 > u_1$，如图 9-8-3 所示. 由于分子热运动，界面两侧的分子交换，时间 Δt 内从界面右侧传到左侧的分子流动动量

$$\Delta p = \frac{1}{6} n \bar{v} m (u_2 - u_1) \Delta t \tag{9-8-13}$$

于是，作用在单位界面面积上的切向力是

$$F = \pm \frac{\Delta p}{\Delta t} = \pm \frac{1}{6} n \bar{v} m (u_2 - u_1) \tag{9-8-14}$$

另一方面，由于动量的传递是距界面一个平均自由程的范围内的分子交换引起的，流速梯度可以写成

$$\frac{\mathrm{d}u}{\mathrm{d}x} = \frac{u_2 - u_1}{2\bar{\lambda}} \tag{9-8-15}$$

将上式代入式（9-9-14)，得

$$F = \pm \frac{1}{3} \rho \bar{\lambda} \bar{v} \frac{\mathrm{d}u}{\mathrm{d}x} \tag{9-8-16}$$

比较式（9-6-12）和式（9-6-16)，得内摩擦因数

$$\eta = \frac{1}{3} \rho \bar{\lambda} \bar{v} \tag{9-8-17}$$

这表明，内摩擦因数与气体种类和状态有关.

由以上讨论可知，内摩擦就是在气体内相邻流层流速不同情况下，由分子热运动引起的分子动量的迁移. 内摩擦使流层流速趋于相同.

思考题 9.8

什么是气体的内迁移？内迁移是什么引起的？

习　题　9

9-1　已知分布概率

$$\rho(x,y)\mathrm{d}x\mathrm{d}y \propto xy\mathrm{d}x\mathrm{d}y,$$

其中 $0<x<a$，$0<y<b$．(1) 试将概率密度函数 $\rho(x,\ y)$ 归一化．(2) 求区域 $x \to x+\mathrm{d}x$ 内的概率．

9-2 有 N 个粒子，其速率分布函数为 $f(v)=\dfrac{\mathrm{d}N}{N\mathrm{d}v}=C(v_0>v>0)$，$f(v)=0(v_0<v)$．(1)作速率分布曲线；(2)由 N 和 v_0 求常数 C，(3)求粒子的平均速率．

9-3 已知概率密度为

$$\rho(x) = a\mathrm{e}^{-ax}$$

其中常数 $a>0$，$0 \leqslant x<\infty$．求$\bar{x}$、$\sqrt{\overline{x^2}}$和$\overline{(x-\bar{x})^2}$．

9-4 一由 N 个粒子组成的系统，平衡态下粒子的速率分布曲线如题 9-4 图所示．试求：(1) 速率分布函数；(2) 速率在 $0 \sim v_0/2$ 范围内的粒子数；(3) 粒子的平均速率、方均根速率和最概然速率．

9-5 在容积为 20 L 的容器中装有质量为 2 g 的氢气．若氢气的压强为 300 mmHg，氢气分子的平均平动动能是多少？

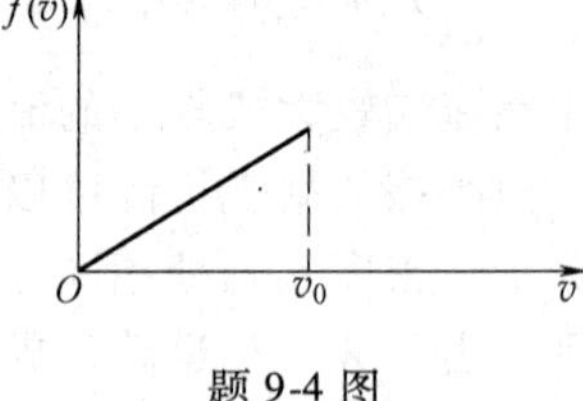

题 9-4 图

9-6 温度为 0 ℃和 100 ℃时，空气分子的平均平动动能是多少？

9-7 目前，在实验室中已经获得了压强为 10^{-10} mmHg 的所谓“真空”．试问：在 27 ℃的温度下，这样的“真空”中每立方厘米内有多少个分子？

9-8 已知一定质量的空气在 27 ℃的温度下的体积为 10 L．若压强不变，当温度为 127 ℃时，气体体积为多少？

9-9 标准状况下二氧化碳气的分子数密度是多少？

9-10 温度为 0 ℃和 100 ℃时，理想气体分子的平均平动动能各为多少？欲使分子的平均平动动能等于 1 eV，气体的温度需多高？

9-11 有 N 个质量均为 m 的同种气体分子，它们的速率分布如题 9-11 图所示．(1) 说明曲线与横坐标所包围面积的含义；(2) 由 N 和 v_0 求 a 值；(3) 求在速率 $v_0/2$ 到 $3v_0/2$ 间隔内的分子数；(4) 求分子的平均平动动能．

9-12 温度 $T=300$ K 的气体分子的平均平动动能为多少个电子伏特？

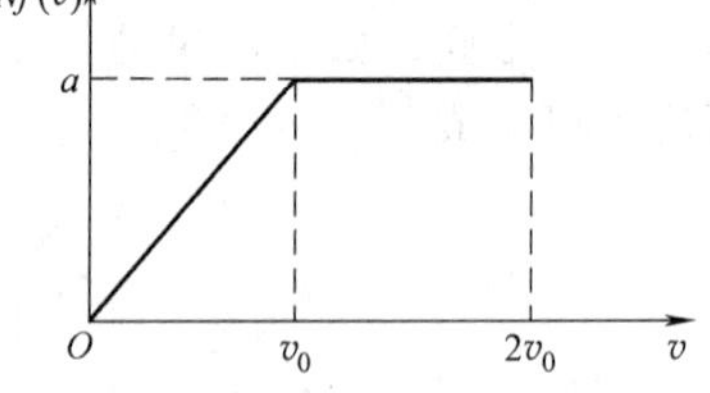

题 9-11 图

9-13 一容器内储有理想气体氧气，压强 $p=1.00$ atm，温度 $t=27.0$ ℃，体积 $V=2.00\ \mathrm{m}^3$．求：(1) 氧分子的平均平动动能$\overline{\varepsilon_t}$；(2) 氧分子的平均转动动能$\overline{\varepsilon_r}$；(3) 氧气的热力学能．

9-14 1 mol 的水蒸气分解成同温度的氢气和氧气，求分解前后的平均平动动能比和内能比． 设分解前后的气体均为刚性理想气体分子．

9-15 求温度为 127 ℃时的氢气分子和氧气分子的平均速率、方均根速率及最概然速率．

9-16 在 1 atm 下，氮气分子的平均自由程为 6×10^{-6} cm．当温度不变时，在多大压力下，其平均自由程为 1 mm？

9-17 求上升到什么高度时大气压强减至地面的 75%．设空气的温度为 0 ℃，空气的摩尔质量为 0.0289 kg/mol.

9-18 收音机所用电子管的真空度约为 1.0×10^{-5} mmHg，试求在 27 ℃时单位体积中的分子数及分子的平均自由程（设分子的有效直径 $d=3.0\times10^{-8}$ cm）．

9-19 若氖气分子的有效直径为 2.04×10^{-8} cm，问在温度为 600 K、压力为 1 mmHg 时氖气分子 1 s 内的平均碰撞次数为多少？

9-20 已知分子的平均平动动能$\overline{E}_\mathrm{k}=\dfrac{1}{2}mv^2$．试将麦克思韦速率分布定律写成下面的能量分布定律

$$dN = N\frac{2}{\sqrt{\pi}}(kT)^{-3/2}E_k^{1/2}e^{-E_k/kT}dE_k$$

9-21　利用上面的能量分布定律，证明分子的最可几平动动能为$\frac{1}{2}kT$.

9-22　利用能量分布定律，证明分子的平均平动动能为$\frac{3}{2}kT$.

提示：分子的平均平动动能为 $\overline{E_k} = \frac{1}{N}\int E_k dN$.

9-23　某种气体分子在温度 T_1 时的方均根速率等于温度 T_2 时的平均速率，求 T_2/T_1.

9-24　设氮气的温度为 300 ℃，求速率在 3000～3010 m/s 之间的分子数 ΔN_1 与速率在 1500～1510 m/s 之间的分子数 ΔN_2 之比.

9-25　在极端相对论情形下，粒子的能量动量关系为 $E = cp$. 试求在体积 V 内，在 E 到 $E + d\varepsilon$ 的能量范围内三维粒子的量子态数.

第4部分 波动光学

光学（optics）是物理学的重要分支之一. 以光沿直线传播的观点为基础的光学理论叫做几何光学（geometrical optics），光的反射、折射、透镜成像为其主要研究内容. 以光是波动的观点为基础的光学理论叫做波动光学（wave optics），光的干涉、衍射、偏振为其主要研究内容.

人类很早就开始研究光.《墨经》是公元前400多年成书的中国古代名著，其中有世界上最早的关于光沿直线传播以及关于平面镜、凹面镜、凸镜成像的记述. 然而，系统的光学理论，特别是波动光学，则诞生在17世纪后半叶. 对近代光学的诞生发展做出了奠基性贡献的主要有牛顿、惠更斯等人.

牛顿认为光是直线前进的微粒流，以此说明光的反射和折射. 为了说明光的折射，牛顿假设光在水中的速度大于在空气中的速度. 与牛顿不同，惠更斯认为光是波，具有机械波的基本性质. 他预言光在水中的速度小于在空气中的速度. 牛顿去世120多年后，1850年，傅科（J. L. Foucault，1819—1868）在实验中测得光在水中的速度小于在空气中的速度. 这件事动摇了牛顿学说的权威性，给了光的波动说极大的支持. 在此之前，菲涅尔（A. J. Fresnel，1788—1827）于1818年应用波动说令人信服地说明了光的衍射. 这两件事对光的波动理论的确立起了决定性的作用. 同时，杨氏（Tomas. Yang，1773—1829）于1817年提出的对双折射实验的解释表明光是横波.

1861年，麦克斯韦（Maxwell，1831—1879）通过研究电磁场提出，可见光是波长在4000 ~ 7600 Å 范围内的电磁波（见14.8节）. 当时，人们把电磁波理解为在所谓“以太”的介质中传播的类机械波.

20世纪初，爱因斯坦（Albert. Einstein，1879—1955）根据理论分析和实验结果指出，所谓“以太”是不存在的（见15.2节）. 近代量子理论认为，可见光是电磁波，具有波粒二象性（见16.2节）.

第10章 波动光学

本章从光是类机械波的观点出发，主要研究光的干涉、衍射和偏振.

10.1 光波干涉的基本概念

阳光照射到油膜、肥皂膜上出现的彩色斑纹就是光波干涉的结果. 把光看做类机械波，就可以应用机械波干涉理论解释光的干涉现象.

1. 相干光

如7.4节所述，振动轴平行、频率相同、相位差恒定的波叫做相干波. 两列相干波叠加的合振动振幅

$$A = \sqrt{A_1 + A_2 + 2A_1A_2\cos\Delta\Phi} = \begin{cases} A_1 + A_2, & \Delta\Phi = 2k\pi \\ |A_1 - A_2|, & \Delta\Phi = (2k+1)\pi \end{cases} \tag{10-1-1}$$

式中，$k=0$，±1，±2，±3，…. 当$A=A_1+A_2$时，叫做振动加强；当$A=|A_1-A_2|$时，叫做振动减弱.

把光看做类机械波，则称满足上述相干波条件的光波为相干光波，简称相干光（coherent light）. 一个频率的光具有一种颜色，叫做单色光（monochromatic light）. 相干光总是同样颜色的单色光.

与机械波不同的是，光可以在真空中传播. 设光在真空中的传播速度为c，在某种介质中的传播速度为u，则比值$n=\dfrac{c}{u}$（$n\geqslant1$）叫做这种介质相对于真空的折射率，简称折射率（refractive index）. 对于真空，$n=1$.

两种介质中，折射率较小的叫做光疏介质；折射率较大的介质叫做光密介质. 当光波从光疏介质射向光密介质时，反射光在介质界面发生半波损失. 每发生一次半波损失，光波的相位减少π. 于是，两列相干光的波函数分别为

$$E_1(\boldsymbol{r},t) = E_{10}\cos\left[\omega t + \varphi_1 - 2\pi\sum_i \frac{l_i}{\lambda_i} - O_1(\pi)\right] \tag{10-1-2}$$

$$E_2(\boldsymbol{r},t) = E_{20}\cos\left[\omega t + \varphi_2 - 2\pi\sum_j \frac{l_j}{\lambda_j} - O_2(\pi)\right] \tag{10-1-3}$$

式中，l_i，l_j分别是两列光波在波长为λ_i、λ_j的介质中通过的路程；$O_1(\pi)$、$O_2(\pi)$分别是两列光波在介质界面可能发生的半波损失，分别是π的整数倍. 于是，相位差

$$\Delta\Phi = \varphi_2 - \varphi_1 + 2\pi\left(\sum_i \frac{l_i}{\lambda_i} - \sum_j \frac{l_j}{\lambda_j}\right) + O(\pi) \tag{10-1-4}$$

式中，$O(\pi) = O_1(\pi) - O_2(\pi)$是π的整数倍.

设光在真空中的波长为λ，光在折射率为n的介质中的波长λ_n与光在真空中的波长λ的关系为

$$\lambda_n = \frac{\lambda}{n} \tag{10-1-5}$$

证：既然光是类机械波，它应服从折射定律

$$\frac{\sin i}{\sin\gamma} = \frac{u_1}{u_2} = \frac{\lambda_1}{\lambda_2}$$

按照折射率的定义，有$u_1=\dfrac{c}{n_1}$，$u_2=\dfrac{c}{n_2}$，即

$$\frac{u_1}{u_2} = \frac{n_2}{n_1} \tag{10-1-6}$$

所以

$$\lambda_2 = \frac{n_1}{n_2}\lambda_1 \tag{10-1-7}$$

令$n_1=1$，$\lambda_1=\lambda$，将n_2写成n，λ_2写成λ_n，即可由上式得到式（10-1-5）.

设某种介质相对于真空的折射率为n_i，某种频率的单色光在这种介质中的波长为λ_i，λ_i

$=\lambda/n$，则可将式（10-1-4）写成

$$\Delta\Phi = \varphi_2 - \varphi_1 + \frac{2\pi}{\lambda}\left[\sum_i n_i l_i - \sum_j n_j l_j + O\left(\frac{\lambda}{2}\right)\right] \quad (10\text{-}1\text{-}8)$$

上式中的介质折射率与光路程的乘积 $n_i l_i$ 叫做光程（optical path）．令

$$\delta = \sum_i n_i l_i - \sum_j n_j l_j + O\left(\frac{\lambda}{2}\right) \quad (10\text{-}1\text{-}9)$$

δ 叫做光程差（difference of optical path）．上式表明，计算光程差时应考虑光程及可能发生的半波损失．一束光每发生一次半波损失，其光程增加$\frac{\lambda}{2}$．半波损失项是半波长$\frac{\lambda}{2}$的正整数倍．将式（10-1-9）代入式（10-1-8），得

$$\Delta\Phi = \varphi_2 - \varphi_1 + \frac{2\pi}{\lambda}\delta \quad (10\text{-}1\text{-}10)$$

2. 相干光的获得　明暗条纹分布公式

下面说明获得相干光的一般方法，进一步化简式（10-1-10）．

经验表明，机械波干涉比较容易实现，光波干涉不易实现，这是由于光源的发光机制比机械波波源的运动机制复杂得多．近代物理认为（见 16.4 节），原子的核外电子由高能级向低能级跃迁时，发射一个相应频率的电磁波列，波列的持续时间约为 10^{-8}s 的数量级．如果电磁波列的频率在可见光的频率范围内，这个波列就是光波列．日常光（日光、普通灯光）是光源的大量原子发出的大量光波列合成的复色光，或称白光．由于各个原子发出的各个光波列相互独立，因此，即便是同一个灯丝的两点发出的光都不是相干光．但是，若设法使一束光线（不论单色或复色）中的每个光波列都一分为二，使分出的两个子光波列沿不同的路径传播，然后再相遇，那么，每一对子光波列都是相干光，就会产生干涉．而且，因为每一对子光波列来自同一个光波列，它们的初相差 $\Delta\varphi = \varphi_2 - \varphi_1 = 0$，于是，（10-1-10）式简化为

$$\Delta\Phi = \frac{2\pi}{\lambda}\delta \quad (10\text{-}1\text{-}11)$$

根据上式和式（10-1-1）可知，光程差

$$\delta = \begin{cases} k\lambda \\ (2k+1)\dfrac{\lambda}{2} \end{cases} \quad (10\text{-}1\text{-}12)$$

式中，$k=0$，±1，±2，….当 $\delta = k\lambda$ 时，出现明纹（bright fringe）；当 $\delta = (2k+1)\frac{\lambda}{2}$ 时，出现暗纹（dark fringe）．上式就是光波干涉的明暗条纹分布公式．当 $k=0$ 时，相应的明纹或暗纹叫做零级明纹或零级暗纹，其他各级明暗条纹依此类推．

洛埃镜（Lioyd mirror）实验如图 10-1-1 所示，从单色点光源 S 发出的两列相干光波在屏幕上 P 点相遇．由于平面玻璃镜 MB 的折射率大于空气的折射率，光在平面镜上 C 点反射时发生半波损失．所以，相遇于 P 点的两列相干光波的光程差是

$$\delta = (SC + CP) - SP + \frac{\lambda}{2}$$

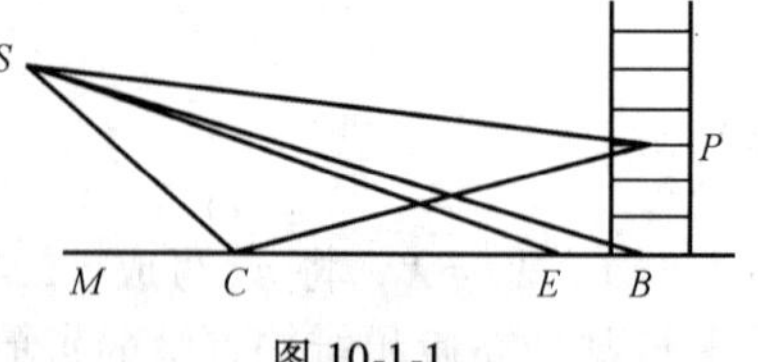

图 10-1-1

屏幕上由于相干光光程差的变化而出现明暗相间的条纹，如图 10-1-1 右边所示. 虽然汇聚在图 10-1-1 中屏幕最低处 B 点的两束光线 SB 和 SEB 的几何路程近乎相等，但 B 点处显现的不是明纹而是暗纹，这表明光线 SEB 在 E 点反射时发生了半波损失. 洛埃镜实验证明光传播过程中存在半波损失现象，当然也证明了式（10-1-12）是正确的.

总之，研究光的干涉，首先要设法（如利用小孔透射、反射、折射等）获得相干光，其次是找到光程差并分析干涉图像的分布规律. 后面几节所讲的就是几种典型的光干涉.

思考题 10.1

1. 满足什么条件的光波是相干光波？
2. 如何获得相干光？
3. 光在什么情况下发生半波损失？
4. 计算光程差应考虑哪些因素？
5. 光干涉图像的明暗斑纹分布公式是什么？

10.2 劈尖 牛顿环和薄膜

1. 劈尖

楔形介质薄层叫做劈尖（wedge）. 图 10-2-1 所示的夹在上下两块玻璃片之间的楔形空气薄层叫做空气劈尖. 实际劈尖的顶角很小，图 10-2-1 中的顶角夸张了许多倍. 当一束平行单色光（如钠光灯发出的黄色光）从上向下垂直入射到劈尖上时，在劈尖的上下表面上发生反射，在显微镜下可以看到两束反射光形成的明暗相间的干涉条纹. 由于劈尖的顶角 θ 很小，劈尖上下表面的反射光可以近似看成垂直向上. 设入射光的真空波长为 λ，劈尖介质的折射率 n 小于上下玻璃片的折射率，由图可知两束反射光的光程差是

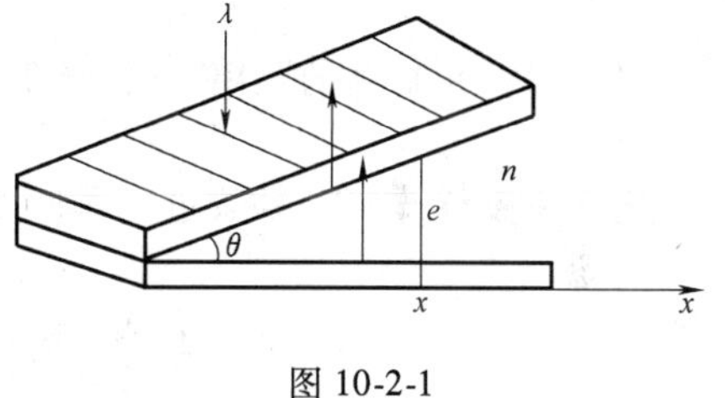

图 10-2-1

$$\delta = 2ne + \frac{\lambda}{2} \tag{10-2-1}$$

其中，e 是 x 处劈尖介质的厚度；$\frac{\lambda}{2}$是劈尖下表面反射光的半波损失. 将上式代入式（10-1-12），得

$$e = \begin{cases} \left(k - \dfrac{1}{2}\right)\dfrac{\lambda}{2n} \\ k\dfrac{\lambda}{2n} \end{cases} \tag{10-2-2}$$

上式就是劈尖干涉的明暗条纹分布公式. 按照上式，由于劈尖棱边处介质厚度 $e = 0$，应显现零级暗纹，与实验相符. 需要注意的是，式（10-2-1）和式（10-2-2）是在劈尖介质折射率小于玻璃折射率的条件下得到的. 如果条件改变，光程差式（10-2-1）及明暗条纹分布式（10-2-2）将随之改变.

由上式可知，与相邻明纹或暗纹中心线对应的劈尖介质厚度差

$$\Delta e = e_{k+1} - e_k = \frac{\lambda}{2n} \tag{10-2-3}$$

在上玻璃片上表面上，相邻明纹或暗纹中心线的距离

$$l = \frac{\Delta e}{\sin\theta} \approx \frac{\lambda}{2n\theta} \tag{10-2-4}$$

上式最后用到了关系式 $\sin\theta \approx \theta$.

由于劈尖干涉图样的同一条明纹或同一条暗纹上各点处的介质层厚度相同，劈尖干涉被称为等厚干涉（interference of equal thickness）.

例题 10-2-1 一玻璃劈尖置于空气中，劈尖顶角 $\theta = 8 \times 10^{-5}$ rad，垂直入射的单色光波波长 $\lambda = 0.589 \times 10^{-6}$ m，相邻暗纹中心线距离 $l = 2.4$ mm. 若空气相对真空的折射率为 1，求玻璃的折射率.

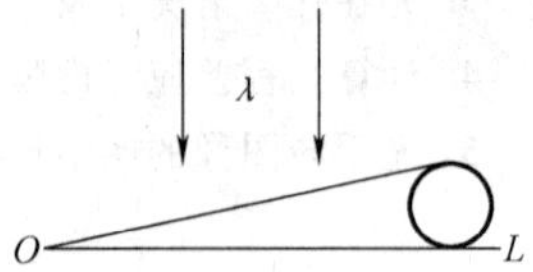

解：因为
$$l = \frac{\lambda}{2n\theta}$$

所以
$$n = \frac{\lambda}{2l\theta} = 1.53$$

图 10-2-2

例题 10-2-2 如图 10-2-2 所示，利用空气劈尖测量细丝直径. 玻璃片长度 $L = 29$ mm，入射单色光波长 $\lambda = 5890$ Å，30 条暗纹排列长度 $s = 4.3$ mm，求细丝直径 d.

解：两相邻暗纹的距离 $l = \dfrac{s}{29} = 0.148$ mm

从劈尖棱线开始，每数过一条暗纹，空气层厚度增大$\dfrac{\lambda}{2}$，因此有

$$d = \frac{L}{l} \frac{\lambda}{2} = 0.0577 \text{ mm}$$

2. 牛顿环

如图 10-2-3 所示，平板玻璃 M 上放着一个平凸透镜，透镜的曲率半径 R 长达数米. 因此，当波长为 λ 的平行单色光束从上向下垂直入射到透镜上时，上下玻璃之间的碗状介质薄层上下表面上的反射光可以近似看作是垂直向上. 用显微镜从上向下看，可以看到明暗相间的同心环状条纹，叫做牛顿环（Newton ring），如图 10-2-3 所示. 设上下玻璃中间的介质层折射率 n 小于玻璃折射率，某个明环或暗环的半径为 r，相应位置的介质层厚度为 e，则介质层上下表面的反射光光程差是

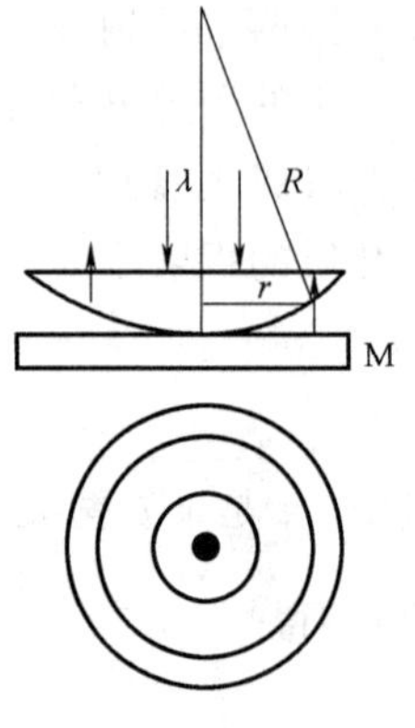

图 10-2-3

$$\delta = 2ne + \frac{\lambda}{2} \tag{10-2-5}$$

令
$$\delta = 2ne + \frac{\lambda}{2} = \begin{cases} k\lambda \\ (2k+1)\dfrac{\lambda}{2} \end{cases} \tag{10-2-6}$$

将几何关系式 $r^2 = R^2 - (R-e)^2 \approx 2Re$ 代入上式，得

$$r=\begin{cases}\sqrt{\left(k-\dfrac{1}{2}\right)R\dfrac{\lambda}{n}}\\ \sqrt{kR\dfrac{\lambda}{n}}\end{cases}\tag{10-2-7}$$

上式就是牛顿环明暗条纹分布公式. 按照上式，环心处（$r=0$）为暗斑，这与实验相符. 由上式可知，相邻明环或相邻暗环对应的介质层厚度差

$$\Delta e=e_{k+1}-e_k=\frac{\lambda}{2n}\tag{10-2-8}$$

而相邻明环或相邻暗环的距离

$$l=r_{k+1}-r_k=\frac{\lambda}{2n\tan\theta}\approx\frac{\lambda}{2n\theta}\tag{10-2-9}$$

这表明随着介质层上表面倾角 θ 的增大，即随着环半径 r 的增大，环分布变得密集，如图10-2-3 所示.

牛顿环干涉也是等厚干涉.

例题 10-2-3 用波长 $\lambda=0.633\ \mu\text{m}$ 的单色光做牛顿环实验，发现第 k 级暗环的半径 $r_k=5.63\ \text{mm}$，第 $k+5$ 级暗环半径 $r_{k+5}=7.96\ \text{mm}$. 已知介质折射率 $n=1$，求透镜的曲率半径 R.

解：因为 $r_k=\sqrt{kR\lambda}$，$r_{k+5}=\sqrt{(k+5)\ R\lambda}$

所以 $$R=\left(r_{k+5}^2-r_k^2\right)/5\lambda=10.0\ \text{m}$$

3. 薄膜

如图 10-2-4 所示，一片薄油膜浮在水面上. 设油膜折射率为 n，水的折射率为 n_1，空气折射率为 1，且 $n_1>n>1$。波长为 λ 的平行单色光束射在薄膜上，入射角为 φ，折射角为 γ. 光线 a 在 O 点发生反射和折射，折射光线在油膜下表面 A 点反射，从油膜上表面 B 点射出. 由图可见，两条相干光线 OC 和 OD 的光程差

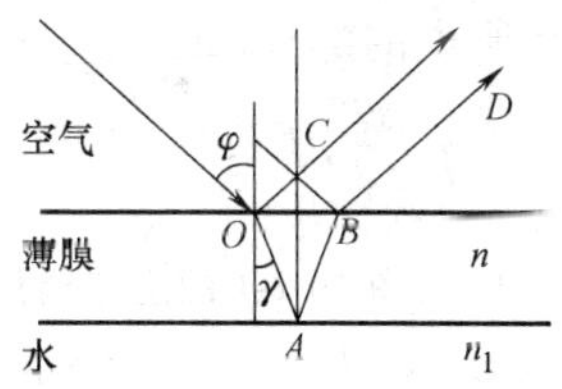

图 10-2-4

$$\delta=n(OA+AB)-OC=\frac{2ne}{\cos\gamma}-(2e\tan\gamma)\sin\varphi=\frac{2e}{\cos\gamma}(n-\sin\gamma\cdot\sin\varphi)$$

根据折射定律有 $\sin\varphi=n\sin\gamma$，上式可写成

$$\delta=\frac{2ne}{\cos\gamma}(1-\sin^2\gamma)=2ne\sqrt{1-\sin^2\gamma}=2e\sqrt{n^2-\sin^2\varphi}\tag{10-2-10}$$

上式表明，干涉图像与光线的入射角 φ 有关. 也就是说：

（1）如果薄膜厚度均匀，则薄膜表面上同一条干涉条纹是入射角相同的那些光线干涉的结果. 因此，薄膜干涉叫做等倾干涉（interference of equal inclination）.

（2）当光线垂直入射（$\varphi=0$）到薄膜上时，光程差 $\delta=2ne$. 这时，同一条干涉条纹上各处的薄膜厚度相等. 这种薄膜干涉叫做等厚干涉.

（3）当光线垂直入射到厚度均匀的薄膜上时，如果薄膜厚度 e 使光程差满足干涉减弱条件

$$2ne = (2k+1)\frac{\lambda}{2} \tag{10-2-11}$$

即

$$e = (2k+1)\frac{\lambda}{4n} \tag{10-2-12}$$

则反射光的干涉结果是一片暗淡，或者说，入射光没有反射，几乎全部透过了薄膜．这种厚度适当的薄膜叫做增透膜（hight ransmission film）．

例题 10-2-4 如图 10-2-5 所示，照相机镜头玻璃的折射率 $n_2=1.50$，镀在镜头玻璃上的薄膜的折射率 $n_1=1.38$．问：（1）对于波长 $\lambda=5500\ \text{Å}$ 的入射光，镀膜厚度多大时起增透作用？（2）若镀膜厚度 $e=0.31\mu\text{m}$，试解释日常用的照相机镜头为什么看上去显蓝色．

解：（1）将 $\lambda=5500\ \text{Å}$ 代入 $e=(2k+1)\dfrac{\lambda}{4n_1}$，当 $k=0$ 时，$e_0=0.1\mu\text{m}$；$k=1$ 时，$e_1=0.3\mu\text{m}$；$k=2$ 时，$e_2=0.5\mu\text{m}$；……

（2）当 $e=0.3\mu\text{m}$ 时，反射光加强的条件是 $2n_1e=k\lambda$，只有当 $\lambda=2$ 时，波长 $\lambda=4100\ \text{Å}$ 的蓝色光属于可见光．所以，镀有增透膜的镜头看上去微显蓝色．

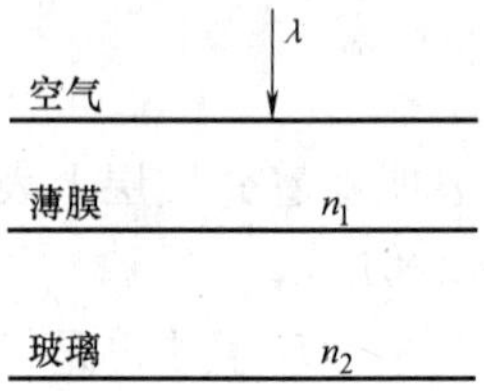

λ
空气
薄膜 n_1
玻璃 n_2

图 10-2-5

太阳光照射在窗玻璃上，一般不产生干涉图样的主要原因是白天到处都是阳光漫反射形成的点光源，不易形成足够强的平行光线．若是夜晚，远处一盏孤立的强白炽灯发出的复色光穿过窗玻璃，可以在白色的墙壁上形成明暗相间的干涉条纹．黄昏时分，斜阳穿过窗玻璃也可以产生干涉条纹．穿过窗玻璃的平行光线产生干涉，说明窗玻璃的厚度并非看上去那么均匀．由此不难理解，利用光干涉可以进行精密测量，如例题 10-2-2 所说的那样．

思考题 10.2

1. 将图 10-2-1 的上玻璃片向上或向下平移时，通过显微镜会看见什么现象？将上玻璃片以棱线为轴向上或向下转动时，通过显微镜会看见什么现象？

2. 空气劈尖的两玻璃片之间夹着一根头发。将头发慢慢抽出时，干涉条纹逐渐增多．问：头发越来越细，还是越来越粗？

3. 空气劈尖的上玻璃片是平整的标准件，下玻璃片待鉴定。如果干涉图样如图 10-2-6 所示．问：条纹弯曲处的下玻璃上表面凹下还是凸起？

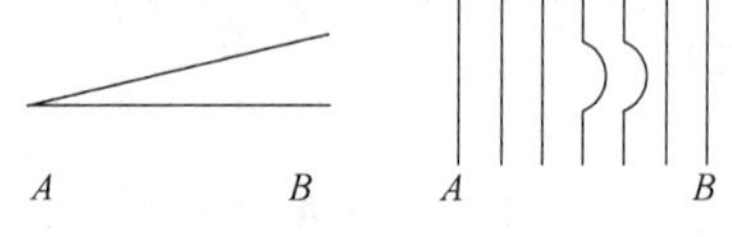

图 10-2-6

10.3 单缝衍射

1. 菲涅尔单缝衍射

如图 10-3-1 所示，单色点光源 S 发出的光照射在遮光板 Q 上的狭缝 AB 上．缝的宽度为 a．当缝宽 a 远大于入射光波长 λ 时，屏幕 F 上显现的是边界比较清晰的明区 $A'B'$．这时，光沿直线通过狭缝射向屏幕．缩小缝宽，当缝宽 a 可与入射光波长 λ 相比时，屏幕上在大于明区 $A'B'$ 的范围内出现了明暗相间的条纹，图上 P 点就是一个明纹的位置．这时，从点光源 S 发出的

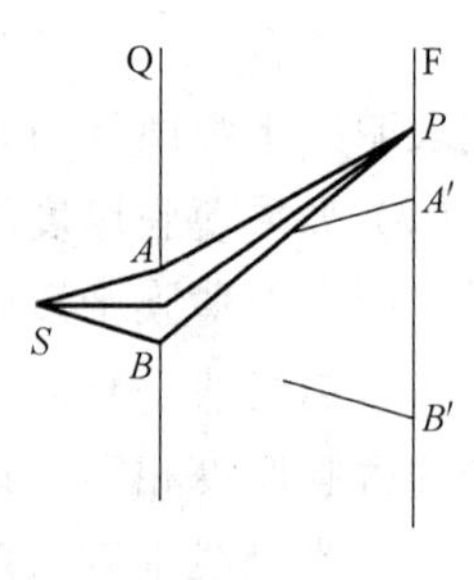

图 10-3-1

光线不是沿直线通过狭缝，而是“绕过”狭缝的边缘到达了 P 点. 光绕过障碍物的现象叫做光的衍射. 光通过一条狭缝的衍射叫做单缝衍射（single slit diffraction）. 显然，如上所说，能发生单缝衍射的狭缝必须是缝宽与入射光波长数量级相近的狭缝. 图 10-3-1 所示的这种光源和屏幕距狭缝有限远的单缝衍射叫做菲涅尔（A. J. Fresnel，1788—1827）单缝衍射. 若继续缩小缝宽，到某个数量级时，衍射条纹就变得模糊不清了.

2. 夫琅禾费单缝衍射

如图 10-3-2 所示，紧贴着遮光板 Q 两侧各有一块薄凸透镜 L_1、L_2，单色点光源 S 位于透镜 L_1 的焦点，屏幕 F 位于透镜 L_2 的焦平面，O 点是 L_2 的焦点. 为便于说明，图中的比例比实际夸张了许多. 由于 S 是透镜 L_1 的焦点，从透镜 L_1 射向狭缝 AB 的光线是平行光线. 汇聚在屏幕 F 上 P 点的光线是从狭缝 AB 射向透镜 L_2 的一束平行光线. 这束平行光线与透镜 L_2 的光轴 OS 的夹角 φ 叫做这束光线的衍射角. 显然，从狭缝 AB 射出的一束平行光线在屏幕 F 上的汇聚点位置取决于这束平行光线的衍射角. 因此，若使狭缝 AB 作不太大的左右平移，屏幕 F 上的衍射图样不变. 我们知道，来自无限远处光源的光线是平行光线，射出的平行光线汇聚在无限远处. 因此，对于狭缝 AB 而言，图中的光源和屏幕都在无限远处. 光源和屏幕距狭缝无限远的单缝衍射叫做夫琅禾费（Joseph von Franhofer，1787—1826）单缝衍射. 夫琅禾费单缝衍射可以看成菲涅尔单缝衍射的极限情形，便于做定量分析.

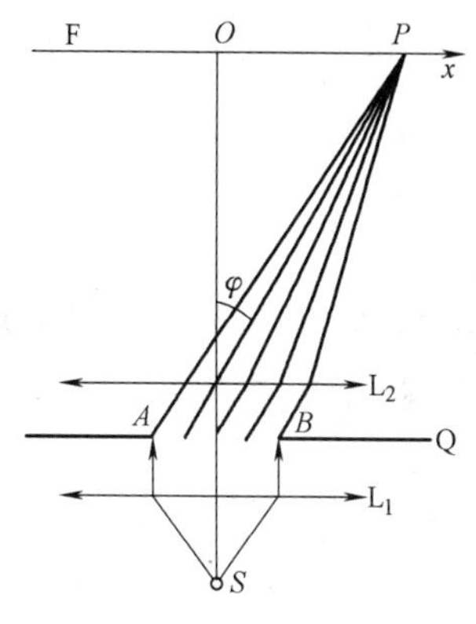

图 10-3-2

3. 半波带法

在定量分析夫琅禾费单缝衍射前，需要说明的是，透镜不改变通过透镜的光线的光程差. 我们知道，对于不太大的受光面积来说，太阳光线是平行光线. 这束平行光线的任何一个横截面上，各条光线的相位相等. 实验表明，这束平行光线通过透镜汇聚在一点时出现亮斑. 所以，平行光线通过透镜后依然同相，即透镜不改变通过透镜的光线的光程差.

如图 10-3 3 所示，在从狭缝 AB 射出的衍射角为 φ 的一束平行光线中，从狭缝两端 A 和 B 处射出的两条光线的光程差最大，叫做这束平行光线的最大光程差. 由图可知，最大光程差

$$\delta_{\max} = n \cdot AC = n \cdot a\sin\varphi \tag{10-3-1}$$

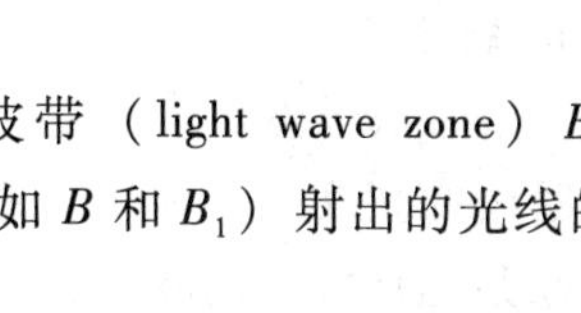

图 10-3-3

以半波长 $\frac{\lambda}{2n}$ 为单位将线段 CA 等分为 CC_1，C_1C_2，…，相应地就把衍射角为 φ 的这束平行光分成了一个个宽度相等的光波带（light wave zone）BB_1，B_1B_2，…. 由图 10-3-3 可见，从相邻两个波带中的相同位置（如 B 和 B_1）射出的光线的光程差是

$$\delta = n \cdot \frac{\lambda}{2n} = \frac{\lambda}{2} \tag{10-3-2}$$

这表明，相邻两个波带中相同位置射出的光线反相，或者简单地说，相邻波带反相. 由以上两式可知：

（1）当 $\varphi=0$ 时，图 10-3-2 中汇聚到屏幕 F 上 O 点的各条光线的光程差为零，O 点处出现明纹，叫做中央明纹或零级明纹.

（2）当 φ 值使最大光程差等于半波长的偶数倍，即

$$\delta_{\max}=na\sin\varphi=k\lambda=2k\frac{\lambda}{2}$$

（$k\neq0$）时，屏幕 F 上 P 点处因汇聚到该点的偶数个光波带两两反相而出现暗纹. 暗纹中心的位置

$$x_k=D\sin\varphi=k\frac{D}{a}\frac{\lambda}{n} \tag{10-3-3}$$

式中，D 为透镜 L_2 的焦距，远大于透镜的厚度，可近似作为透镜光心到 P 点的距离.

（3）当 φ 值使最大光程差等于半波长的奇数倍，即

$$\delta_{\max}=na\sin\varphi=(2k+1)\frac{\lambda}{2}$$

（$k\neq0$）时，屏幕 F 上 P 点处因汇聚到该点的奇数个光波带两两反相，必有一个剩余光波带而出现明纹. 非零级明纹中心的位置是

$$x_k'=D\sin\varphi=\left(k+\frac{1}{2}\right)\frac{D}{a}\frac{\lambda}{n} \tag{10-3-4}$$

由以上单缝衍射图样的明暗条件可知：零级明纹的宽度（即 ±1 级暗纹中心的距离）是

$$\Delta x_0'=x_1-x_{-1}=2\frac{D}{a}\frac{\lambda}{n} \tag{10-3-5}$$

非零级明纹的宽度（即相邻两条暗纹中心的距离）是

$$\Delta x_k'=x_{k+1}-x_k=\frac{D}{a}\frac{\lambda}{n} \tag{10-3-6}$$

可见，非零级明纹的宽度都相等，而零级明纹的宽度是非零级明纹的两倍. 此外，单缝衍射图样的第二个特点是：随着 φ 增大，光波带数目增多，每个光波带变窄，明纹的亮度迅速降低. 下一段中关于明纹亮度的计算结果表明，1 级明纹的亮度（光强）约等于零级明纹的二十分之一［见式（10-3-15）］. 因此，实验中能看见的明纹的数目并不很多.

由非零级明纹位置表示式（10-3-4）和宽度表示式（10-3-6）可知：当 $a\gg\lambda$ 时，各级明纹变窄并且向中央位置靠拢，以至于汇聚为一个连续的明区. 这时，光线被看作沿直线前进；当 $a\ll\lambda$ 时，各级明纹变宽，相互重叠且远离中央位置，以至于变得模糊不清. 这样，我们就解释了本节开头所述的实验现象.

以上这种分析单缝衍射的方法叫做半波带法（half-wave zone method）.

4. 积分法

半波带法虽然比较简捷，但作为一种几何方法，它不能给出各级明纹的亮度（光强）. 况且，从狭缝出射的平行光束并非总能恰好分为整数个光波带. 再者，半波带法给出的明纹位置也不够准确. 如 7.3 节所述，依据惠更斯原理可以确定波前，但不能给出波强. 为此，菲涅尔发展了惠更斯原理. 菲涅尔假设：从同一个波面上各子波源发出的子波在空间相遇时可以发生干涉. 经过这样发展的原理叫做惠更斯—菲涅尔原理. 下面就依此原理用

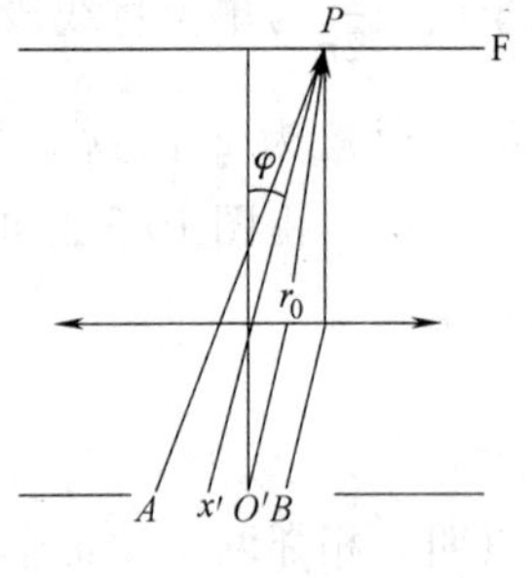

图 10-3-4

积分法分析夫琅禾费单缝衍射.

如图 10-3-4 所示，从狭缝 AB 出射的衍射角为 φ 的一束平行单色光汇聚在屏幕 F 上 P 点. 设狭缝上各点处子波源的初相同为零，从缝的中点 O'到 P 点的距离为 r_0，dx'为狭缝在 O'点附近的微小宽度，且设介质折射率为 1，则从 O'点处发出的子波对 P 点的光振动的贡献是

$$dy_0 = A_0\cos\left(\omega t - 2\pi\frac{r_0}{\lambda}\right)dx' \tag{10-3-7}$$

而与 O'点相距 x'的点处的子波源发出的子波对 P 点光振动的贡献是

$$dy = A_0\cos\left(\omega t - 2\pi\frac{r_0 + x'\sin\varphi}{\lambda}\right)dx' \tag{10-3-8}$$

式中，$x'\sin\varphi$ 是从 x'处发出的子波相对于从 O'发出的子波的光程差. 于是，整个狭缝发出的衍射角同为 φ 的平行光束在 P 点引起的光振动是

$$y = A_0\int_{-a/2}^{a/2}\cos\left(\omega t - 2\pi\frac{r_0}{\lambda} - 2\pi\frac{x'\sin\varphi}{\lambda}\right)dx'$$

利用三角函数关系式 $\cos(\theta+\beta) = \cos\theta\cos\beta - \sin\theta\sin\beta$，可将上式写成

$$\begin{aligned} y &= A_0\cos\left(\omega t - 2\pi\frac{r_0}{\lambda}\right)\int_{-a/2}^{a/2}\cos\frac{2\pi x'\sin\varphi}{\lambda}dx' - A_0\sin\left(\omega t - 2\pi\frac{r_0}{\lambda}\right)\int_{-a/2}^{a/2}\sin\frac{2\pi x'\sin\varphi}{\lambda}dx' \\ &= \frac{\lambda A_0}{\pi\sin\varphi}\sin\left(\frac{\pi a\sin\varphi}{\lambda}\right)\cos\left(\omega t - 2\pi\frac{r_0}{\lambda}\right) \end{aligned} \tag{10-3-9}$$

令 $\eta = \dfrac{\pi a\sin\varphi}{\lambda}$，上式中的振幅因子

$$\frac{\lambda A_0}{\pi\sin\varphi}\sin\left(\frac{\pi a\sin\varphi}{\lambda}\right) = aA_0\frac{\sin\eta}{\eta} \tag{10-3-10}$$

由于 $\lim\limits_{\eta\to\infty}\dfrac{\sin\eta}{\eta}=1$，故当 $\varphi=0$ 时，振幅因子为 aA_0. 考虑到波强 I 与振幅平方成正比，由上式得

$$\frac{I}{I_0} = \frac{\sin^2\eta}{\eta^2} \tag{10-3-11}$$

式中，I_0 是中央明纹的光强. 由上式可知，当

$$\eta = \frac{\pi a\sin\varphi}{\lambda} = k\pi, (k = \pm 1, \pm 2, \cdots) \tag{10-3-12}$$

时，光强 $I=0$，屏幕上相应位置是暗纹. 暗纹中心位置是

$$x_k = D\sin\varphi = k\frac{D}{a}\lambda \tag{10-3-13}$$

这与半波带法的结果相同. 为了得到明纹中心位置，令

$$\frac{d}{d\eta}\left(\frac{\sin^2\eta}{\eta}\right)=0$$

得

$$\eta = \tan\eta \tag{10-3-14}$$

凡是满足上式的 η 值使光强取得极大值，即显现明纹. 上式可用数值法求解，也可用图解法求解. 当 $\eta = \pm1.43\pi$，$\pm2.46\pi$，$\pm3.472\pi$，…时，光强 I 依次取极大值. 也就是当

$$\sin\varphi = \pm1.43\frac{\lambda}{a},\quad \pm2.46\frac{\lambda}{a},\quad \pm3.472\frac{\lambda}{a},\quad \cdots$$

时，依次为各非零级明纹. 明纹中心位置依次为

$$x' = D\sin\varphi = \pm 1.43\frac{D}{a}\lambda,\quad \pm 2.46\frac{D}{a}\lambda,\quad \pm 3.472\frac{D}{a}\lambda,\quad \cdots$$

而不是半波带法的结果 $\pm 1.5\frac{D}{a}\lambda$，$\pm 2.5\frac{D}{a}\lambda$，…. 可见，半波带法的明纹等距分布是一种近似结果. 将 $\eta = 1.43\pi$ 代入式（10-3-11)，可知第 1 级明纹与零级明纹的光强的比.

$$\frac{I_1}{I_0} = \left(\frac{\sin 1.43\pi}{1.43\pi}\right)^2 \approx \frac{1}{20} \tag{10-3-15}$$

5. 衍射光谱

由上所述可知，半波带法或积分法给出的单缝衍射明纹位置都与入射光波长有关. 因此，如果入射光不是单色光而是复色光（白光)，则因汇聚在中央明纹的各条光线的光程差为零，中央明纹仍是白明纹，但其他各级明纹的每一级都将由近到远、由紫色到红色展布为彩色光带，这种彩色光带叫做衍射光谱（diffraction spectrum). 当然，随着衍射角 φ 增大，光谱的亮度迅速降低，实验中能看见的光谱并不多.

思考题 10.3

1. 单缝衍射的狭缝宽度满足什么条件时才能出现衍射图样？为什么说几何光学是波动光学的近似？

2. 在夫琅禾费单缝衍射实验中，若使狭缝作适当的左右平移，衍射图样是否变化？为什么？若将狭缝宽度调小，衍射图样变密还是变稀？随着衍射角增大，明纹的亮度变强还是变弱？

3. 有人说，半波带法中的每个光波带的宽度是半个波长. 对否？

10.4* 光学仪器的分辨率

在图 10-3-2 所示的夫琅禾费单缝衍射实验装置中，第 1 级暗纹的衍射角 $\varphi_{\min}$满足式子 $n\ a\sin\varphi_{\min} = \lambda$. 取 $n = 1$，注意到 $\varphi_{\min}$是一个很小的角度，得

$$\varphi_{\min} = \frac{\lambda}{a} \tag{10-4-1}$$

按照惠更斯原理，在图 10-3-2 中的狭缝 AB 上角度 $\varphi_{\min}$所张的范围内有很多点光源，但在屏幕 F 上角度 $\varphi_{\min}$所张的范围内却只有一个中央明纹. 换句话说，只有当狭缝 AB 上两个点光源相对于透镜 L_2 主光轴所张的角大于 $\varphi_{\min}$时，两个点光源才是可以分辨的. 因此，角 $\varphi_{\min}$叫做最小分辨角（smallest resolving angle).

若将图 10-3-2 中的通光狭缝 AB 换成圆孔，则屏幕 F 上显现的衍射图样是中间为一圆形亮斑、周围是明暗相间的同心圆环，如图 10-4-1 所示. 这种衍射叫做夫琅禾费圆孔衍射. 研究夫琅禾费圆孔衍射具有重要的实际意义，因为光学仪器的通光孔（镜头）一般是圆形的. 在图 10-4-1 所示的圆孔衍射图样中，中间的圆形亮斑叫做艾里（G. B. Airy，1801—1892）斑. 理论计算表明，艾里斑的半径相对于透镜 L_2 的主光轴的张角

$$\theta_0 = \frac{0.61}{a}\lambda \tag{10-4-2}$$

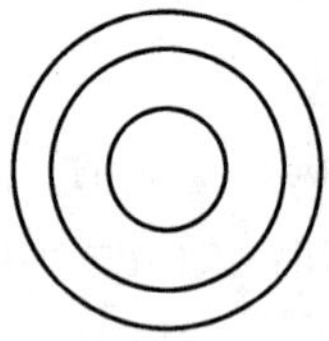

图 10-4-1

式中，a 是圆孔半径；λ 是入射单色光的波长．若透镜 L_2 的焦距为 D，则艾里斑的半径

$$r_0 = \frac{0.61D}{a}\lambda \tag{10-4-3}$$

按照几何光学，只要适当选择透镜焦距，就能得到需要的放大率，把微小物体的像放大到清晰可见的程度．但是，由于存在圆孔衍射现象，把物像放得过大时，其清晰程度不一定提高．一般地说，像过大时会变得模糊．所以，这里存在着一个光学仪器分辨率的问题．实验和理论分析表明，如图 10-4-2 所示，当两个发光点 A_1 和 A_2 相对于光学系统（如显微镜的镜头）L 所张的角度 θ 大于艾里斑角度 θ_0 时，所成的像 A_1'和 A_2'可以分辨；若 $\theta < \theta_0$，两个像 A_1'和 A_2'相互重叠，难以分辨．艾里斑张角 θ_0 叫做最小分辨角．通常，把式（10-4-2）的艾里斑张角的倒数叫做光学仪器的分辨率（resolving power of optical instrument）．分辨率与仪器的通光孔径成正比，与入射光波长成反比．

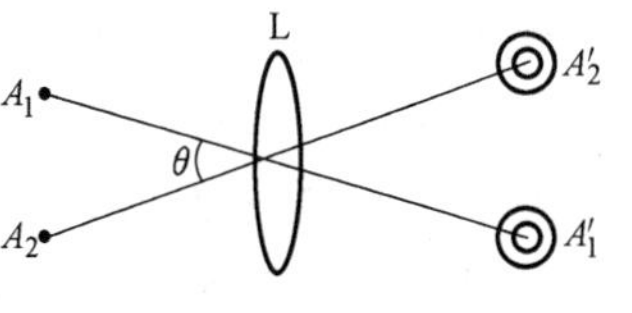

图 10-4-2

按照电磁波散射理论，单位体积介质中的电偶极矩向其周围球形空间散射的总光强与介质密度有关，并与入射光波长的四次方成反比，即波长短的光散射得多．因此，由散射光照亮的晴空和海洋看起来是蓝色的．另一方面，对地面上的观察者来说，清晨和黄昏的太阳光束在大气层中传播的距离 D 大于中午的太阳光束，而入射到观察者眼睛的主要是波长较长的红光，因此，按照式（10-4-3)，清晨和黄昏的太阳看起来又红又大．

思考题 10.4

有人说，物像放大的倍数越大越清晰。对否？为什么？

10.5 双缝干涉

如图 10-5-1 所示，遮光板 Q 上有两个全同狭缝，缝宽度为 a，缝间距为 b．当波长为 λ 的单色光入射时，每个狭缝都在屏幕 F 上产生自己的单缝衍射图样．由于夫琅禾费单缝衍射图样不因狭缝左右平移而变，所以，图中屏幕 F 上显现的干涉图样是两个全同单缝衍射图样以 O 点为共同中心的叠加结果，叫做双缝干涉（double-slit interference）图样．也就是说，沿着某个衍射角 φ 的方向，若从狭缝射出的平行光束被分成了奇数个光波带，则每个狭缝的各个光波带相互叠加后有剩余光波带，两个剩余光波带再次叠加形成双缝干涉条纹．由图可见，当两个剩余光波带的光程差

$$\delta = n(a+b)\sin\varphi = \begin{cases} k\lambda \\ (2k+1)\dfrac{\lambda}{2} \end{cases} \tag{10-5-1}$$

当 $k=0$，±1，±2，…时，由上式可知，明纹中心的位置

$$x_k' = D\sin\varphi = k\frac{D\lambda}{n(a+b)} \tag{10-5-2}$$

暗纹中心的位置 $$x_k = D\sin\varphi = \left(k+\frac{1}{2}\right)\frac{D\lambda}{n(a+b)} \tag{10-5-3}$$

屏幕 F 上 O 点处是零级明纹，即中央明纹，两边依次是零级

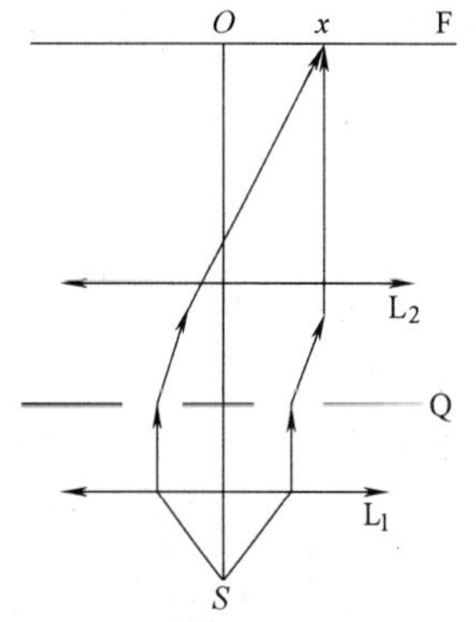

图 10-5-1

（或 -1 级）暗纹，1 级明纹，…. 零级和其他各级明纹的宽度相等，即

$$\Delta x_k' = x_k - x_{k-1} = \frac{D}{a+b}\frac{\lambda}{n} \tag{10-5-4}$$

但各级明纹的亮度不相等.

如前所说，只有在存在剩余光波带的前提下，才会在满足式（10-5-1）时出现明纹. 如果在某个衍射角 φ 的方向上没有剩余光波带，即使角 φ 的值满足式（10-5-1），屏幕上的相应位置处也不出现明纹，这种现象叫做缺级（unfilled order).

若 $a+b=ma$，且 $k=mk'$，m，k，k'均为整数，由式（10-5-2）得

$$x_k' = \frac{D}{a+b}k\frac{\lambda}{n} = k'\frac{D\lambda}{na} \tag{10-5-5}$$

将上式与式（10-3-3）比较可知，双缝干涉的 k 级明纹位置原来是单缝衍射的 k'级暗纹位置，没有剩余光波带，故不出现明纹.

实验表明，缺级现象的确存在. 缺级现象说明双缝干涉是单缝衍射的再次叠加.

在式（10-5-1）中，若 $a \ll b$，可略去 a，将 $x = D\sin\varphi$ 代入，得

$$\delta = n\frac{b}{D}x = \begin{cases} k\lambda \\ (2k+1)\dfrac{\lambda}{2} \end{cases} \quad (k=0, \pm1, \pm2, \cdots) \tag{10-5-6}$$

这就是通常的杨氏双缝干涉明暗条纹分布公式. 上式对于图 10-5-1 所示的有透镜双缝干涉和图 10-5-2 所示的无透镜双缝干涉（见下面的例题）都适用.

例题 10-5-1 图 10-5-2 是杨氏双缝干涉示意图. S 是单色点光源，A 和 B 是两个狭缝，缝间距是 b，O 是屏幕中点，D 是遮光板 Q 到屏幕 F 的距离. 实验在空气中进行.

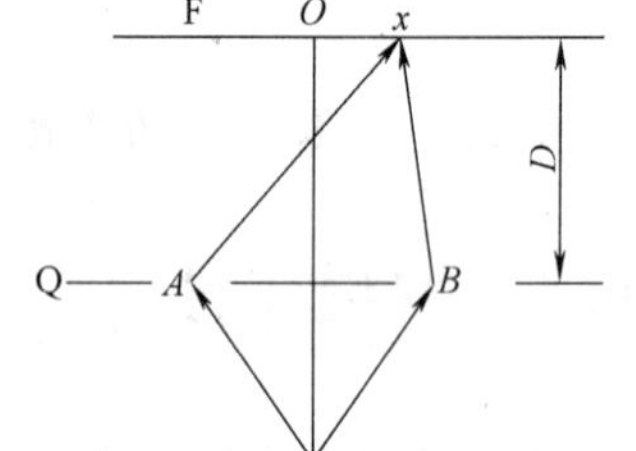

图 10-5-2

（1）试用几何方法求出汇聚在屏幕 F 上任意点 x 处的两条光线的光程差；

（2）若将狭缝 A 用折射率 $n=1.58$ 的半透光薄云母片盖住，原位于屏幕上 O 点的零级明纹向哪边移动？

（3）当用上述云母片盖住缝 A 时，若 O 点处为第 6 级明纹，入射光波长 $\lambda = 5500$ Å，求云母片厚度. 若要利用移动光源 S 使零级明纹回到 O 点，光源 S 应如何移动？

解：（1）由图 10-5-2 可知：

$$r_A^2 = D^2 + \left(x + \frac{b}{2}\right)^2, \quad r_B^2 = D^2 + \left(x - \frac{b}{2}\right)^2$$

所以 $$(r_A + r_B)(r_A - r_B) = r_A^2 - r_B^2 = 2xb$$

由于 $D \gg b$，可令 $$r_A + r_B \approx 2D, \qquad \Delta r = r_A - r_B$$

则光程差 $$\delta = \Delta r = \frac{b}{D}x = \begin{cases} k\lambda \\ (2k+1)\dfrac{\lambda}{2} \end{cases} \quad (k=0, \pm1, \pm2, \cdots)$$

这就是式（10-5-6).

（2）零级明纹即光程差为零的明纹. 用云母片盖住缝 A，增大了从缝 A 发出的光线的光

程. 此时，要使两条光线的光程差恢复为零，必须使从缝 B 发出的光线的光程增大而使从缝 A 发出的光线的光程减少，故零级明纹位置应向 O 点左侧移动.

（3）令 $\delta=(n-1)l=6\lambda$，得云母片厚度

$$l=\frac{6\lambda}{n-1}=5.69\times10^{-3}\ \mathrm{mm}$$

要使零级明纹回到 O 点，应将光源 S 向左边平移.

思考题 10.5

双缝干涉为什么出现缺级现象？缺级现象说明什么？

10.6 光栅

1. 光栅干涉

在一块平板玻璃上刻制出许多条等宽等距的平行细痕，每条细痕像毛玻璃一样不透光，两条细痕之间为一透光狭缝，这样的光学器件叫做人工平面光栅，简称光栅（grating）. 制作光栅的起因是因为单缝衍射的明纹较宽且亮度不够，不利于更加精确地测算光波长. 人们从双缝干涉受到启发，希望用增加狭缝数目的方法使明纹变细、变亮，以便能准确测定各级明纹的位置，从而精确地测算出各种单色光的波长.

设某个光栅在长度 l 内共有 N 条狭缝，则常数

$$d=\frac{l}{N}=a+b$$

叫做这个光栅的光栅常数，a 是狭缝宽度，b 是缝间距. 精制的人工平面光栅每毫米内有几十到上千条狭缝，光栅常数在 $10^{-2}\sim10^{-3}$ mm 的数量级.

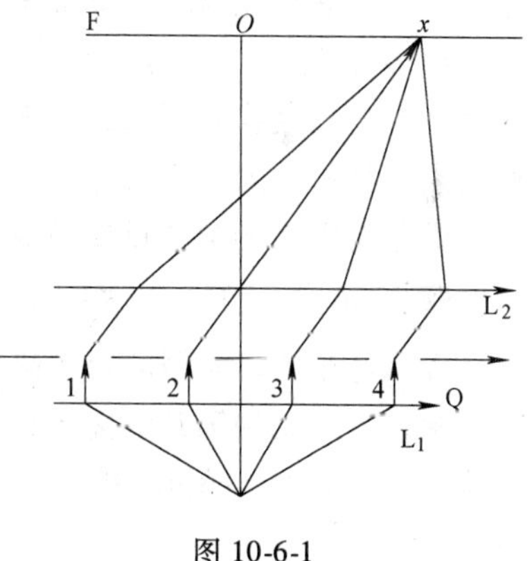

图 10-6-1

当单色平行光照射在图 10-6-1 所示的光栅 Q 上时，出现在位于透镜 L_2 焦平面的屏幕 F 上的光干涉图样是许多全同单缝衍射图样的共中心叠加. 为简便起见，设图中光栅有 4 条狭缝. 由图可知，若沿着某个角 φ 的方向，从相邻的两条狭缝，比如说缝 1 和缝 2 射出的两个剩余光波带满足双缝干涉的明纹条件［即式（10-5-1）］

$$nd\sin\varphi=k\lambda \tag{10-6-1}$$

式中，$k=0,\ \pm1,\ \pm2,\ \cdots$，则沿着同一方向从任意两条狭缝射出的剩余光波带都满足上面的明纹条件，因为任意两条狭缝射出的剩余光波带的光程差都是 $nd\sin\varphi$ 的整数倍. 所以，式（10-6-1）就是光栅干涉（grating interference）的明纹条件. 显然，对于符合明纹条件的某个 φ 角，狭缝数目越多，相互加强的剩余光波带数目就越多，明纹就越亮. 下面来证明：狭缝数目越多，暗纹越多，明纹越细.

由双缝干涉的明暗条纹分布条件式（10-5-1）可知，若只考虑图 10-6-1 中的缝 1 和缝 2，在屏幕 F 上的 O 点和 1 级明纹中心位置 $x_1'=\dfrac{D}{d}\dfrac{\lambda}{n}$ 之间只有 1 条暗纹，即零级暗纹，其中心

位置是 $x_0=\frac{1}{2}\frac{D}{d}\frac{\lambda}{n}=\frac{1}{2}x_1'$. 但若同时考虑缝 3 和缝 4，在 O 点和 x_1'点之间有 3 条暗纹，这可说明如下. 由于衍射角 φ 是连续变量，总可设对某个角度 φ'，从缝 1 和缝 2 射出的剩余光波带的光程差 $nd\sin\varphi'=\frac{1}{4}\lambda$，于是，从缝 1 和缝 3，或从缝 2 和缝 4 射出的剩余光波带的光程差恰好是 $2nd\sin\varphi'=\frac{\lambda}{2}$，这意味着在位置 $x''=D\sin\varphi'=\frac{1}{4}\frac{D\lambda}{nd}=\frac{1}{4}x_1'$处新出现 1 条暗纹. 同理，若对于某个衍射角 φ''，从缝 1 和缝 2 射出的剩余光波带的光程差是 $nd\sin\varphi''=\frac{3}{4}\lambda$，则从缝 1 和缝 3，或缝 2 和缝 4 射出的剩余光波带的光程差恰好是 $2nd\sin\varphi''=\frac{3}{2}\lambda$，这意味着在位置 $x'''=D\sin\varphi=\frac{3}{4}\frac{D\lambda}{nd}=\frac{3}{4}x_1'$处又新出现 1 条暗纹. 所以，4 条狭缝使得在零级和 1 级明纹之间出现了 3 条暗纹. 由此不难理解，狭缝数目越多，暗纹越多，明纹越细.

如同双缝干涉一样，作为单缝衍射的再次叠加，光栅干涉也存在缺级现象.

如果入射光不是单色光而是复色光，那么，中央明纹是白色的，其他各级明纹都是由近到远、由紫到红排列的彩带，叫做光栅光谱（grating spectrum）. 实验中，有的较高级光谱会与低一级的光谱头尾重叠，而最高一级光谱往往不能完整显现.

实验发现，不同光源的光栅光谱有不同特征. 高温固体的光谱中，各种颜色光带的界限不分明，叫做连续光谱. 气体放电或钠盐燃烧时的光谱是一条一条的细线，叫做线状光谱. 还有由许多细线密集在一起形成的所谓带光谱. 这几种光谱都是发射光谱. 若让光源发出的光经过某些物质吸收后再通过光栅，产生的光谱上会有一些暗线或暗带，叫做吸收光谱. 对各种元素和材料的光谱进行分析，从中了解元素和材料的性质、组分，这种工作叫做光谱分析. 光谱分析学是光学的重要组成部分，在生产和科学研究中有广泛的应用.

例题 10-6-1 （1）用波长 $\lambda=6000\ \text{Å}$ 的平行单色光照射光栅，第 3 级明纹与用波长为 λ'的平行单色光照射光栅的第 4 级明纹重合，问：$\lambda'=$?（2）用每厘米有 4000 条狭缝的光栅做实验，可以见到第几级完整光谱？已知空气的介质折射率 $n\approx1$.

解：（1）由 $x=D\sin\varphi$ 可知，位置重合时角 φ 相等，故有

$$k'\lambda'=k\lambda$$

即

$$\lambda'=\frac{k\lambda}{k'}=4500\ \text{Å}$$

（2）令衍射角最大值 $\varphi_{\max}=90°$，$\lambda=7600\ \text{Å}$，由 $nd\sin\varphi_{\max}=k\lambda$ 得

$$k=\frac{d}{\lambda}\approx3.3$$

因此，可以见到第 3 级完整光谱.

例题 10-6-2 用每厘米有 6500 条刻线的光栅在空气中做光谱实验，空气的介质这射率 $n\approx1$. 求第 3 级光谱的角宽度.

解：由于

$$nd\sin\varphi=k\lambda=3\lambda$$

当 $\lambda=4000\ \text{Å}$ 时

$$\varphi_1=\arcsin\left(\frac{3\lambda}{d}\right)=\arcsin(0.78)=51.26°$$

当 $\lambda = 7600\ \text{Å}$ 时 $$\varphi_2 = \arcsin\left(\frac{3\lambda}{d}\right) = \arcsin\ (1.48)$$

这表明第三级光谱不能完整显现. 令 $\varphi_2 = 90°$，得第 3 级光谱的角宽度

$$\Delta\varphi = \varphi_2 - \varphi_1 = 38.74°$$

2. 晶体光栅

由于技术上的限制，使用人工光栅难以测定很小的波长. 例如，对于光栅常数 $d = 3.0 \times 10^{-3}$mm 的人工光栅，波长 $\lambda = 1\ \text{Å}$ 的 X 光的第一级明纹应出现在衍射角 $\varphi = \arcsin\left(\frac{\lambda}{d}\right) = 0.002°$处，这在实验中是难以测定的. X 光也称伦琴（Roentgen，1845—1923）射线或 X 射线（X-ray），早在 1895 年就被伦琴发现，但直到 1913 年还未准确测定其波长. X 射线是当高速电子流撞击物体（如电子管中的阳极）时物体放出的波长在 1 Å 数量级的电磁波. 当年发现时，因不明其性质，称其为 X 射线.

1912 年，德国人劳厄（M. V. Laue，1879—1960）想到，假如晶体内的原子排列成规则的点阵，晶体就可作为"三维光栅"用来测定 X 光的波长. 劳厄的设想得到了实验的证实. X 射线晶体衍射实验的成功证明了 X 射线是电磁波，也证明了晶体内的原子是规则排列的.

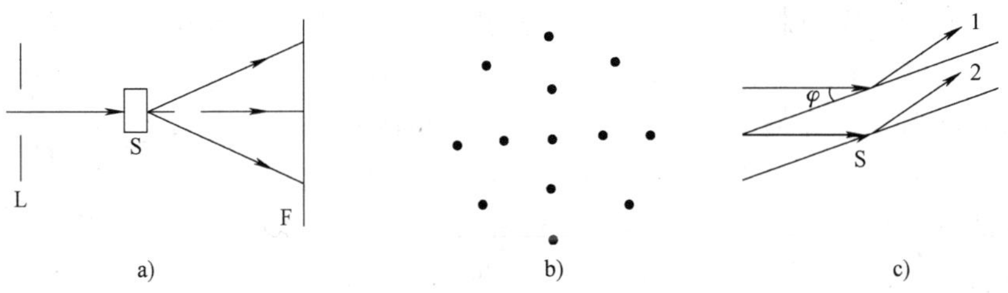

图 10-6-2

如图 10-6-2a 所示，一束 X 光穿过铅板 L 上的细孔射在单晶体 S 上，然后打在照相胶片 F 上，于是，在胶片上出现了很多规则排列的亮斑，如图 10-6-2b 所示，这些亮斑叫做劳厄斑（Laue spot）. 这种现象叫做 X 光的晶体衍射（crystal diffraction of X-light）. 为什么出现劳厄斑呢? 原来，晶体内的原子有规则地排列成一个一个平面，叫做晶面，一组平行晶面叫做一个晶面族. 劳厄斑就是 X 光在不同晶面族上反射产生的，如图 10-6-2c 所示. 图中只画出了一个晶面族的两个相邻的晶面 1 和 2，其中，X 光束偏离晶面的角 φ 叫做掠射角，晶面族不同，掠射角不同. 在图 10-6-3 中，相邻晶面的间距 d 叫做晶格常数. 当一束光波以偏离晶面的 φ 角入射时，被晶面 1 和晶面 2 的原子散射，上下晶面反射光的光程差

$$\delta = 2d\sin\varphi \tag{10-6-2}$$

当 $$2d\sin\varphi = k\lambda \tag{10-6-3}$$

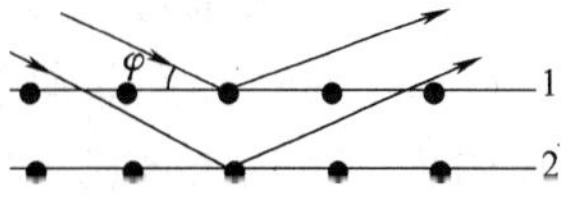

（$k = 1, 2, 3, \cdots$）时，各晶面的反射波相互加强，在检测器的照相底片上形成亮斑，就是劳厄斑. 以上对晶体光栅衍射产生劳厄斑的理论解释是英国的布拉格（W. H. Bragg，1862—1942；W. L. Bragg，1890—1971）父子于 1913 年提出的，式（10-6-3）叫做布拉格公式.

图 10-6-3

思考题 10.6

1. 光栅干涉与单缝衍射的关系是什么？为什么光栅干涉的明纹比较细、比较亮？
2. X 射线晶体衍射实验证明了什么？

10.7 光的偏振

把光看做波，自然引出一个问题：光是横波还是纵波，或者既非横波又非纵波？这一节先介绍光的双折射现象，说明光是横波，然后讨论几个光的偏振问题.

1. 光的双折射现象

人们通过大量实验事实发现，光在通过液体或玻璃、塑料等无定形固体以及立方对称的晶体时，不同方向的传播速度相同，这类物质统称为光的各向同性介质. 光在通过非立方对称的晶体（如冰、方解石、石英、云母、硫磺晶体）时，不同方向的传播速度不同，这类物质统称为光的各向异性介质. 此外，在机械应力作用下的玻璃、塑料，或在强电场作用下的某些物质（如二硫化碳、三氯甲烷等），也会表现出光的各向异性性质. 前者叫做光弹效应，后者叫做电光效应. 光弹效应被用于研究材料特性，在机械设计、建筑设计等方面有广泛应用. 根据电光效应制造的光开关已普遍应用于高速摄影和激光研究的各种装置中.

光射入各向同性介质时，折射光线只有一条，且服从折射定律. 光射入各向异性介质［如方解石（$CaCO_3$ 晶体）］时，一条入射光线却分出两条折射光线，如图 10-7-1 所示，这种现象叫做光的双折射（double refraction of light），其中一条折射光服从折射定律，叫做寻常光或 o 光，另一条折射光不服从折射定律，甚至不在折射面内，叫做非寻常光或 e 光. 当入射光垂直于晶面时，o 光沿着原来方向，e 光不沿着原来方向. 若以入射方向为轴转动方解石晶体，可以看到，o 光不动，e 光随着转动.

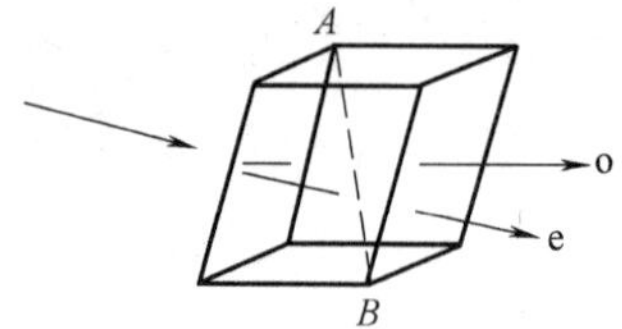

图 10-7-1

能产生双折射现象的晶体一般是单晶，图 10-7-1 所示为方解石单晶. 虽然方解石单晶大小不一，或者说边长不一，但每个晶面总是钝角 $\beta = 101°52'$ 和锐角 $\gamma = 78°08'$ 的平行四边形，而 A、B 两点都是三个钝角的公共顶点. 实验表明，沿着平行于 AB 线的方向，入射光不发生双折射，这个方向叫做晶体的光轴（optical axis）. 只有一个光轴的晶体叫做单轴晶体，如方解石、石英等. 有两个光轴的晶体叫做双轴晶体，如云母、硫磺等. 过光轴和晶面法线的平面叫做晶体的主截面（principal section）.

方解石双折射现象是巴塞林那斯（E. Bartholinus，1625—1698）于 1678 年发现的，惠更斯、牛顿等人都研究过这一现象，但没有得到明确结果. 1817 年，法国人阿拉果（Arago，1786—1853）和菲涅尔两人利用双折射现象的两束折射光反复做干涉实验，但没有出现干涉图样. 英国人杨氏得知他们的实验结果后推断说：光波一定是横波. 因为光波如果是纵波，o 光和 e 光的振动方向必定基本平行，不可能不出现干涉图样. 进一步的研究表明：当入射光在主截面内时，o 光的振动方向垂直于主截面，e 光的振动方向在主截面内，o 光和 e 光的振动方向相互垂直. 一般情况下，o 光和 e 光的振动方向不相互垂直.

2. 自然光和偏振光

我们已经知道，光波是横波．所谓自然光（natrual light），就是在光线横截面内的各个方向上光振动的振幅相等的复色光．如果光线横截面内某个方向的光振动振幅比较大，则称这种复色光为部分偏振光（partially polarized light）．作为部分偏振光的极端情形，我们把只在光线横截面内一个方向上有光振动的光叫做完全偏振光（complete polarized light），简称偏振光．图 10-7-2 是自然光、部分偏振光、完全偏振光的图示．图中带箭头的长直线代表光线传播方向，短线代表纸面内的光振动，点子代表垂直纸面的光振动．

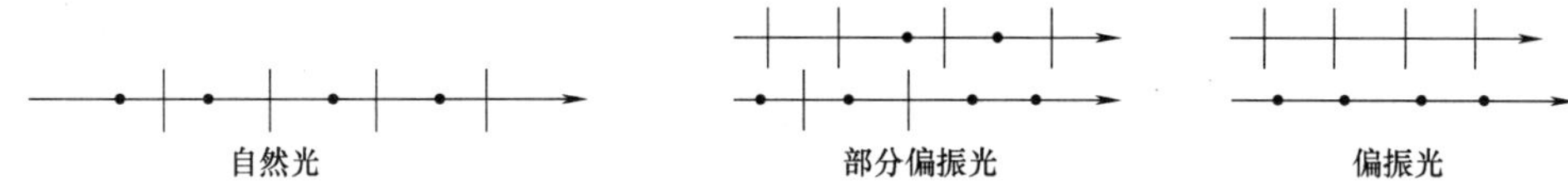

图 10-7-2

自然光经过某个器件后变成部分偏振光或完全偏振光，这个器件就叫做起偏器（polarizer）．方解石就是一种起偏器．实验室常用的一种起偏器是在玻璃片上涂上一种名叫金鸡纳碱的物质做成的，叫做偏振片（polariod）．偏振片和其他起偏器的作用就是只允许某个特定偏振方向上的光振动通过，这个方向就叫做偏振片或起偏器的偏振化方向（polarization direction）．起偏器也可以用于检验某束光是否为偏振光，这时，起偏器就叫做检偏器．偏振片作为检偏器使用的方法是在光线横截面内转动检偏器，观察通过检偏器的光线亮度有无变化．

3. 马吕斯定律

如图 10-7-3 所示，自然光通过起偏器 N_1 后变为偏振光．设此偏振光振幅为 A_0、强度为 I_0．根据式（7-2-20），可将光强与光振幅的关系写为 $I_0 = cA_0^2$，c 为比例常数．同理，若光通过检偏器 N_2 后光振幅为 A、光强为 I，则有 $I = cA^2$．设 N_1 与 N_2 的偏振化方向的夹角为 θ，则 $A = A_0\cos\theta$，于是有

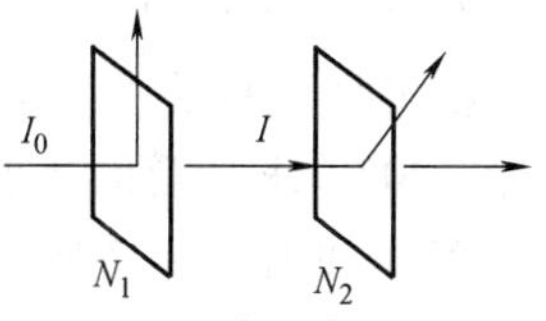

图 10-7-3

$$I = I_0\cos^2\theta \qquad (10\text{-}7\text{-}1)$$

上式叫做马吕斯定律，是法国人马吕斯（E. L. Malus，1775—1812）于 1809 年在实验中发现的．

4. 布儒斯特定律

实验表明，自然光在介质界面上反射、折射时，反射光和折射光一般都是部分偏振光，反射光的主要光振动方向垂直于反射面，如图 10-7-4 所示．当入射角 i_0 满足条件

$$\tan i_0 = \frac{n_2}{n_1} \qquad (10\text{-}7\text{-}2)$$

时，反射光是完全偏振光，振动方向垂直于反射面．这个结论叫做布儒斯特（D. Brewster，1781—1868）定律，角 i_0 叫做布儒斯特角，如图 10-7-5 所示．图中 γ_0 的是折射角，折射光线与反射光线相互垂直，证明如下：

由于 $$\tan i_0 = \frac{\sin i_0}{\cos i_0},\quad \frac{\sin i_0}{\sin\gamma_0} = \frac{n_2}{n_1},$$

所以，由式（10-7-2）得

$$\cos i_0 = \sin\gamma_0 = \cos\left(\frac{\pi}{2} - \gamma_0\right)$$

即 $$i_0+\gamma_0=\frac{\pi}{2} \tag{10-7-3}$$

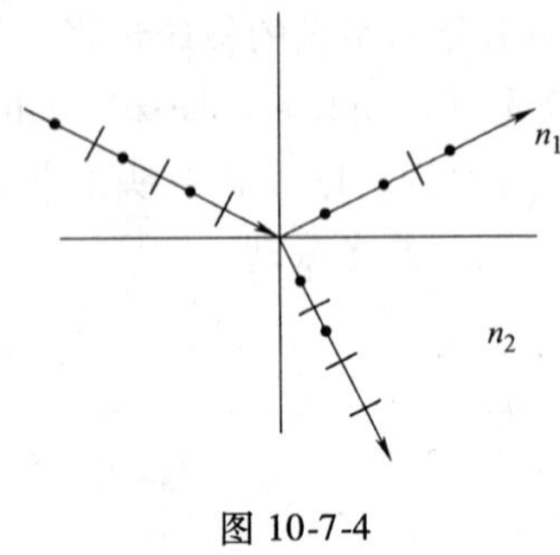

图 10-7-4

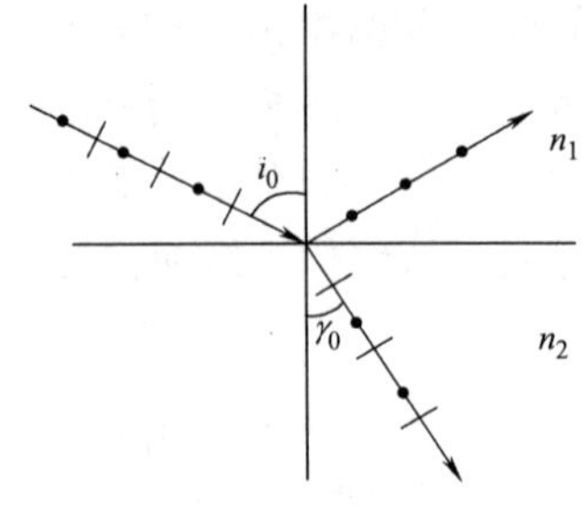

图 10-7-5

应当注意的是，即使入射角是布儒斯特角，折射光仍是部分偏振光，且其主要振动方向在折射面内．此时，反射光虽然是完全偏振光，但其强度仅占入射自然光强度的 7.5%，或者说占入射自然光中垂直入射面的光振动强度的 15%，比较微弱．因此，要得到较强的完全偏振光，常采用图 10-7-6 所示的玻璃片堆，反射多次后得到的透射光是较强的近似完全偏振光．

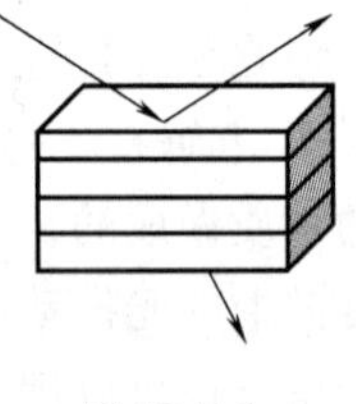

图 10-7-6

例题 10-7-1 已知入射自然光通过两个偏振化方向夹角 $\theta=60°$ 的偏振片后，透射光强为 I_0．若在两个偏振片之间再插入一个偏振片，使其与原来两个偏振片的偏振化方向的夹角均为 $\beta=30°$，求最后的透射光强．

解： 如图 10-7-7 所示，入射自然光通过偏振片 N_1 后的光强设为 I_1，则由题意有 $I_0=I_1\cos^2\theta$．加入偏振片 N_2 后，设透过 N_2 的光强为 I_2，则

$$I_2=I_1\cos^2\beta$$

设透过 N_3 的光强为 I_3，则

$$I_3=I_2\cos^2\beta$$

所以 $$I_3=I_1\cos^4\beta=\frac{I_0}{\cos^2\theta}\cos^4\beta=\frac{9}{4}I_0$$

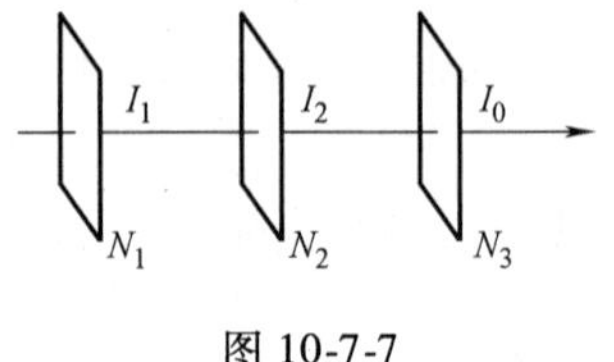

图 10-7-7

思考题 10.7

1. 为什么利用双折射的 o 光和 e 光得不到干涉图样？

2. 什么叫做部分偏振光？什么叫做完全偏振光？什么叫做自然光？

3. 自然光能否穿过两个偏振化方向相互垂直的偏振片？若在这两个偏振片之间插入一个偏振片，使其偏振化方向与原来的偏振片的偏振化方向的夹角均为 45°，自然光能否穿过三个偏振片？

4. 有人说，自然光入射到介质界面的入射角为布儒斯特角时，折射光振动方向在折射面内，反射光振动方向垂直于反射面．正确否？为什么？

习　题　10

10-1　如题 10-1 图所示，S_1 和 S_2 两个同相点光源，以同样的功率发出波长为 λ 的波．假设 $\overline{S_1S_2}=3\lambda$，那么如果一个探测器从 S_1 处沿着 x 轴向右运动，它可以观测到多少个明点？这些明点距离 S_1 多远？

10-2 在洛埃镜实验中，将屏 P 紧靠平面镜 M 的右边缘 L 点放置，如题 10-2 图所示. 已知单色光源 S 发出波长 $\lambda=720$ nm 的单色光，求平面镜右边缘 L 点到屏上第 1 条明纹间的距离.

10-3 如题 10-3 图所示，利用空气劈尖测细丝直径. 已知入射光波长 $\lambda=589.3$ nm，玻璃片长度 $L=2.888\times10^{-2}$ m，测得 30 条条纹的总宽度为 4.295×10^{-3} m，求细丝的直径 d.

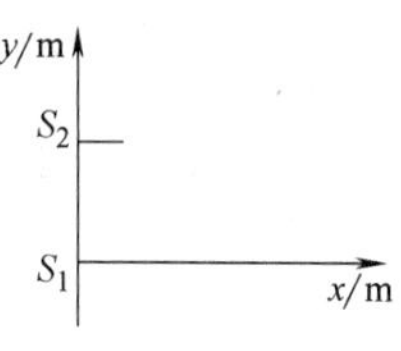

题 10-1 图

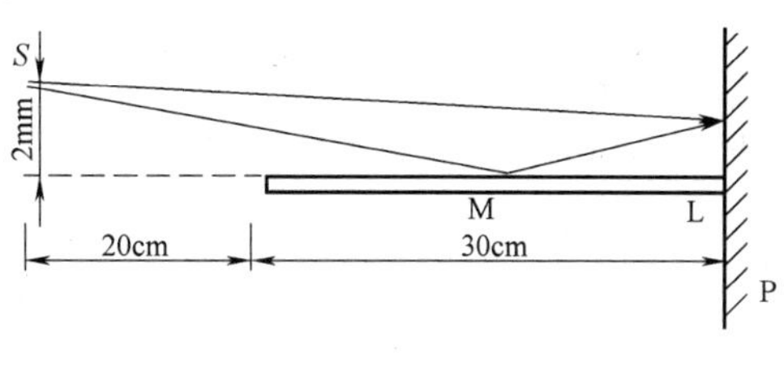

题 10-2 图

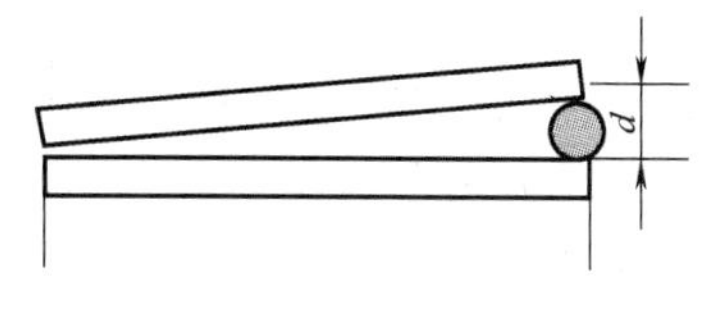

题 10-3 图

10-4 如题 10-4 图所示，将标准的滚珠 a 和待测的滚珠 b 放在两平板玻璃之间. 已知 a 和 b 相距为 l，设入射光波长 $\lambda=550$ nm，a 和 b 间观察到有 8 条明纹，a 与 b 恰在暗纹中心，求 b 与 a 的直径之差.

10-5 用单色光垂直照射玻璃劈尖，玻璃的折射率为 1.5，劈尖角 $\theta=5\times10^{-5}$ rad. 用单色光垂直照射，测得干涉条纹宽度 $l=3.64\times10^{-3}$ m，求此单色光的波长.

10-6 波长为 598 nm 的单色平行光垂直照射到 15 cm 长、一边相互接触的两块玻璃片上. 若两块玻璃片的另一边被厚度 0.05 mm 的纸片隔开，试问在这 15 cm 内可以观察到多少条明纹?

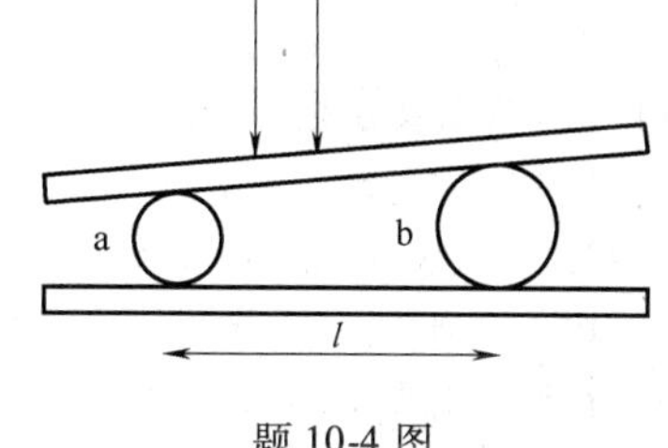

题 10-4 图

10-7 在牛顿环实验中，当用波长为 589.3 nm 的钠黄光垂直照射时，测得第 1 和第 4 暗环的距离为 $\Delta r=4.0\times10^{-3}$ m；当用波长未知的单色光垂直照射时，测得第 1 和第 4 暗环的距离为 $\Delta r'=3.85\times10^{-3}$ m，求该单色光的波长.

10-8 用波长为 589.3 nm 的钠黄光观察牛顿环，测得某一明环半径为 1.0 mm，而其外第 4 明环半径为 3.0 mm，求平凸透镜凸面的曲率半径.

10-9 当牛顿环装置中的透镜与玻璃之间的空间充以某种液体时，第 10 明环的直径由 14 mm 变为 12.7 mm，试求这种液体的折射率.

10-10 我们可以利用牛顿环干涉实验测定某平凹透镜的曲率半径. 将已知半径的平凸透镜的凸面向下放在待测平凹透镜的凹面上，接着用单色平行光垂直照射两镜面间形成的空气层，可以观察到环状的干涉条纹. 假设平凸透镜的曲率半径为 R_1，平凹透镜的曲率半径为 R_2，入射光的波长为 λ，第 m 个暗环的半径为 r_m，试证它们之间存在关系 $r_m^2=m\lambda\dfrac{R_1R_2}{R_2-R_1}$.

10-11 如题 10-11 图所示，由 S 点发出的 $\lambda=600$ nm 的单色光，自空气以入射角 $\theta=30°$ 射入厚度 $d=1.0$ cm、折射率为 $n=1.23$ 的透明物质，若 $SA=BC=5$ cm，求：(1) 折射角 θ_1 为多少? (2) 此单色光在这层透明物质里的频率、速度和波长各为多少? (3) S 到 C 的几何路程为多少? 光程又为多少?

10-12 如题 10-12 图所示，用白光垂直照射厚度为 $d=400$ nm 的薄膜，若薄膜的折射率为 $n_2=1.40$，且 $n_1>n_2>n_3$，问反射光中哪种波长的可见光得到加强?

10-13 折射率 $n_3=1.52$ 的照相机镜头表面涂有一层折射率 $n_2=1.38$ 的 MgF_2 增透膜，若此膜仅适用于波长 $\lambda=550$ nm 的光，则此膜的最小厚度为多少?

10-14 在观察某薄膜的反射光时呈现波长 500 nm 的绿色光，此时我们观察的方向与膜面成 60°角. 已知膜的折射率 $n=1.33$，求：(1) 薄膜的最小厚度；(2) 沿膜的法线方向看，薄膜呈现什么颜色?

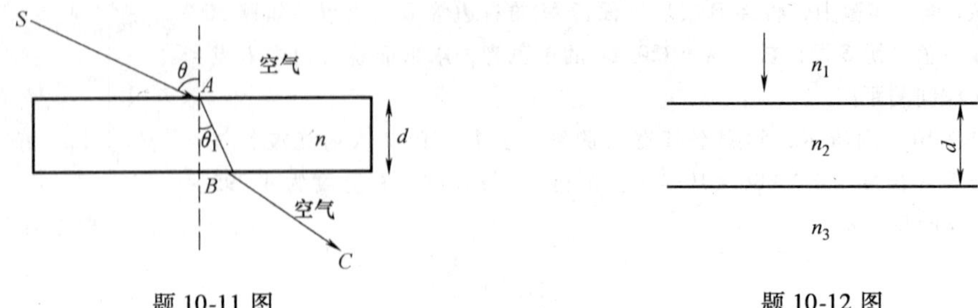

题 10-11 图 题 10-12 图

10-15 一单色光垂直照射于一单缝，若其第 3 级明纹位置正好和 600 nm 的单色光的第 2 级明纹位置一样，求前一种单色光的波长.

10-16 用波长为 632.8 nm 的激光束测量单缝宽度，若测得中心附近两侧第 3 个极小间的距离为 3.2 cm，缝与屏的距离为 4 m，则单缝的宽度是多少？

10-17 波长为 λ 的单色平行光沿着与单缝衍射屏法线成 α 角的方向入射到宽度为 α 的单缝上，试求衍射条纹中各级极小对应的衍射角.

10-18 已知单缝宽度 $a=1.0\times10^{-4}$ m，透镜焦距 $f=0.5$ m，当分别用 $\lambda_1=400$ nm 和 $\lambda_2=760$ nm 的单色平行光分别垂直照射，(1) 求它们的中央明纹宽度各为多少？(2) 这两种光的第 1 级明纹离屏幕中心的距离以及这两条明纹之间的距离.(3) 若用每厘米刻有 1000 条刻线的光栅代替这个单缝，则这两种单色光的第 1 级明纹分别距屏中心多远？这两条明纹之间的距离又是多少？

10-19 在双缝干涉实验中，两缝的间距为 0.3 mm. 当用平行单色光照射双缝时，正负第 5 级暗纹的间距为 22.78 mm. 已知屏幕到双缝的距离是 1.20 m，求入射光波长. 它是什么颜色的光？

10-20 若将双缝干涉实验装置的两条缝分别用厚度为 d、折射率为 1.40 和 1.70 的薄玻璃片遮盖，则发现在玻璃片插入以后，屏上原来的中央极大所在处现在为第 5 级明纹. 假设入射的单色光波长 $\lambda=480$ nm，求玻璃片的厚度 d.

10-21 在双缝干涉实验装置中，钠黄光 ($\lambda=589.3$ nm) 入射时产生的干涉条纹中相邻两明纹的角距离（即相邻两明纹对双缝处的张角）为 0.20°. 若将整个装置浸入折射率为 1.52 的油中后再用钠黄光照射，则相邻两明条纹的角距离有多大？

10-22 如题 10-22 图所示，在双缝干涉实验中，单色光源 S 到两缝 S_1 和 S_2 的距离分别为 r_1 和 r_2，若双缝之间的距离为 d，双缝到屏幕的距离为 D，且 $r_1-r_2=5\lambda$，其中 λ 为入射光的波长，求：(1) 零级明纹到屏幕中央 O 点的距离.(2) 相邻暗条纹间的距离.

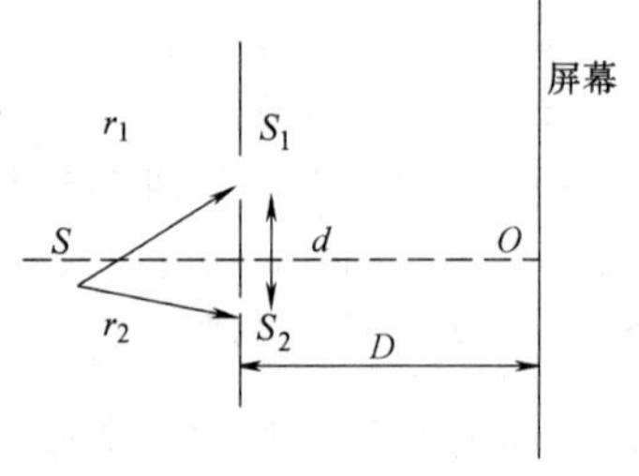

题 10-22 图

10-23 已知地球上口径为 10 m 的天文望远镜可以恰好分辨月球正面一环形山上距离 28.1 m 的两点. 若来自月球的光波波长为 600 nm，则地球到月球的距离是多少？

10-24 已知天空中某双星相对于一反射式天文望远镜的角距离为 2.684×10^{-7} rad. 若由它们发出的光波波长为 550 nm，则该望远镜的口径至少要多大才能分辨出该双星？

10-25 一观察者通过缝宽为 0.1 mm 的单缝观察位于正前方 1 km 远处发出波长 500 nm 单色光的两盏灯的灯丝. 若两灯丝均与单缝平行，且它们所在平面与观察方向垂直，则人眼能分辨的两灯丝的最短距离是多少？

10-26 用 2.45 cm 内有 15000 条刻痕的平面透射光栅观察垂直入射的某单色平行光的衍射条纹，若测得第 1 级明纹对应的衍射角为 13°40′，求此单色光的波长.

10-27 波长为 $\lambda=589.0$ nm 的单色平行光垂直入射 1 mm 内有 500 条刻痕的平面透射光栅，若第 2 级缺级，则该光栅上狭缝的宽度最小为多少？通过该光栅最多可以看到几条明纹？

10-28 用波长为590 nm的光垂直入射平面透射光栅，已知该光栅的光栅常数为3.33×10^{-4} cm，那么，在哪些角度出现光强极大？若该单色光与光栅的法线方向成30°角入射，那么，在哪些角度出现光强极大？

10-29 当波长为0.11 nm的X射线照射岩盐晶体时，测得在X射线与晶面夹角为13°30′时获得第1级反射极大，问：(1) 岩盐晶体中晶面的间距d多大？(2) 如以另一束待测的X射线照射岩盐晶体，测得在X射线与晶面的夹角为17°30′时获得第1级反射极大，则待测的X射线的波长是多少？

10-30 题10-30图为迈克耳逊干涉仪的原理图，其中S为光源，M_1和M_2是两块平面反射镜，G为与M_1和M_2成45°角的平板玻璃，在它朝着观察者的一面镀有一层薄薄的半透明膜，使照在G上的光一半反射一半透射．GM_1与GM_2构成了迈克耳逊干涉仪的两臂．M_2是固定的，方位可由螺钉调节；M_1由螺旋测微计控制，可作微小的水平移动．若将折射率为1.7的薄膜放入迈克耳逊干涉仪的一臂中，可观察到视场中产生了9条条纹的移动，假设入射光的波长为600 nm，求所用薄膜的厚度．

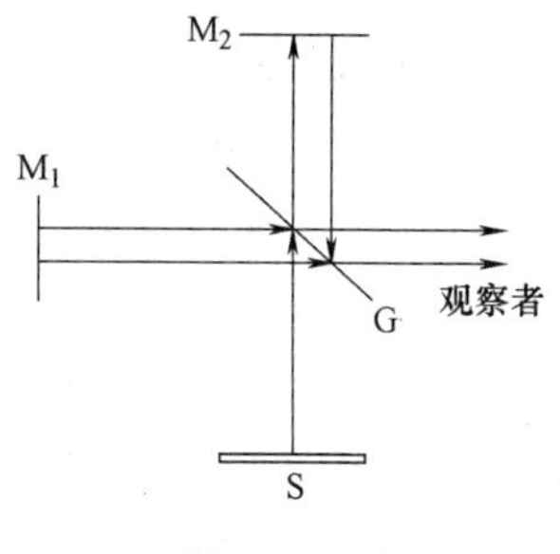

题10-30图

10-31 若迈克耳逊干涉仪中的M_1反射镜水平移动的距离为0.233 mm时，数得视场中条纹移动的数目为792条，求所用光波的波长．

10-32 自然光通过两个偏振化方向相交30°的偏振片时，透射光强为I_1；若保持入射光不变而使两偏振片的偏振化方向的夹角变为45°，则透射光强将如何变化？

10-33 在两个正交的偏振片之间插入第三个偏振片，使自然光依次通过这三个偏振片，若最后透射的光强为入射光强的$\frac{3}{32}$，求解插入的第三个偏振片的方位角．

10-34 一束自然光和平面线偏振光的混合光束通过一偏振片．随着偏振片以光的传播方向为轴进行转动，发现透射光的强度可以变化5倍，问入射光中两种光强各占总入射光强的几分之几？

10-35 水和玻璃的折射率分别为1.33与1.50，问解光从玻璃射入水中及从水中射入玻璃时的起偏角分别是多少？

第5部分 电 磁 学

人类很早就知道电现象（electric phenomena）和磁现象（magnetic phenomena）. 公元前600多年，古希腊人发现，一块摩擦过的琥珀能吸引草屑. 在中国，东汉时期的王充（公元27—96）在其著作中记述了指南针. 1785年，法国工程兵军官库仑（C. A. Coulomb，1736—1806）发现了库仑定律（Coulomb law），人类从此开始了对电现象的定量研究. 1820年，丹麦物理学家奥斯特（H. C. Oersted，1777—1851）发现了电流的磁效应，这使人们认识到电现象和磁现象不是彼此独立的，而是相互联系的. 经过法拉第（M. Faraday，1791—1867）、安培（A. M. Ampere，1775—1836）和麦克斯韦（J. C. Maxwell）等人的努力，到19世纪下半叶形成了以研究电磁现象为内容的重要学科——经典电磁学（classical electromagnetism）. 经典电磁学从一系列实验定律出发，最后归结为麦克斯韦方程组. 在麦克斯韦方程组提出后24年，1888年德国物理学家赫兹（H. Hertz，1857—1894）第一次在实验中发现了麦克斯韦方程组预言的电磁波，确立了经典电磁学理论的正确性.

20世纪初期以后，人类对电磁现象的研究进入了量子理论阶段，诞生了量子电动力学（quantum electrodynamics），现在已发展成为研究物质基本相互作用理论的重要组成部分.

本书的这一部分以经典电磁学为主要内容.

第11章 静 电 场

11.1 电现象的基本概念

1. 带电

使绸子和塑料梳相互摩擦，绸子或塑料梳都能吸引纸屑. 而且，与塑料梳摩擦过的绸子片儿相互排斥，绸子片儿与塑料梳相互吸引. 这种现象叫做摩擦起电. 这时，我们就称绸子和塑料梳带有电荷，简称带电（charged）.

1733年，法国人杜菲（Du Fay，1698—1739）根据长期反复的实验研究指出，世界上只有两种电荷，同种电荷相互排斥，异种电荷相互吸引. 杜菲把这两种电荷称为玻璃电荷和树脂电荷. 今天通用的正、负电荷的名称是美国人富兰克林（B. Franklin，1706—1790）1747年提出的. 玻璃电荷是正电荷，树脂电荷是负电荷. 实验告诉我们，绸子与塑料梳摩擦，绸子带负电，塑料梳带正电.

2. 电荷量

一个物体上的正负电荷的代数和叫做这个物体的电荷量. 在SI制中，电荷量的单位是库仑（C），1C = 1A · s（安培 · 秒）. 安培（A）是电流单位，其定义见13.5节.

从1909年到1916年，美国物理学家密立根（R. A. Millikan，1868—1953）与他的合作者做了上千次测定带电油滴电荷量的实验．除有一次例外，各次所测不同的油滴，电荷量总是为 $e=1.602\times10^{-19}\mathrm{C}$ 的整数倍．这种电荷量取分立不连续值的现象叫做电荷的量子化（quatization of electric charge）．

3. 电荷守恒定律

实验表明：当物体不与外界交换电荷时，不论物体上的电荷分布如何变化，物体的电荷量保持不变．这个结论叫做电荷守恒定律（conservation law of charge）．

不难看出，电荷守恒定律否定电荷自行生灭，而不否定电荷可以在物体上移动．电荷可以在上面移动的物体叫做导体（conductor），电荷不可以移动的物体叫做绝缘体（insulator）或电介质．金属、溶液、大地是导体，玻璃、橡胶、干燥的木头和气体等是绝缘体．导电性介于导体和绝缘体之间的物体叫做半导体（semiconductor）．半导体的种类很多，如硅（Si）、锗（Ge）、金刚石及许多化合物．

4. 经典电子论的基本观点

经典电子论认为，物体由大量分子组成，分子由原子组成，原子由带正电的原子核和带负电的电子组成．一个电子的电荷量就是 $e=1.602\times10^{-19}\mathrm{C}$（SI制）．

在未受外界作用的一般情况下，原子核的正电荷和核外电子的负电荷数量相等，原子呈现电中性，物体不带电．若由于外界的某种作用，物体中的电子数目增多了，物体带负电；物体中的电子数目减少了，物体带正电．所以说，物体的电荷量是物体上正、负电荷的代数和．

金属原子的外层电子受原子核的吸引力较小．由于电子的热运动，金属内部存在着大量的可以从一个原子移动到另一个原子的电子，叫做自由电子（free electron），所以金属是导体．若无特别说明，本书中的金属导体指的是固体金属．

溶液导电是因为溶液中存在大量的带正电或负电的离子（ion），离子可在溶液中移动．

绝缘体不导电是因为原子核对核外电子的吸引力较大，核外电子只能围绕原子核运动而不能移向另一个原子．

思考题 11.1

试根据经典电子论回答：为什么物体的电荷量是量子化的？为什么电荷守恒？

11.2 库仑定律

1. 两个静止点电荷的相互作用力

1781年，由于在扭转力问题上的研究成果，库仑当选为法国科学院院士．他用长短、粗细不同的金属丝多次做扭转实验，总结发现了扭转力与扭转角成正比的公式．1785年，库仑用如图11-2-1所示的扭秤装置测定两个带电小球之间的作用力，作用力的大小用扭秤悬头的刻度表示．经过多次实验，库仑发现，两个静止带电小球之间作用力 F 的方向沿着两个小球球心的连线，大小与两个小球电荷量 q_1、q_2 的乘积成正比，与两个小球的距离 r 的平方成反比，同种电荷相斥，异种电荷相吸，即

$$F=k\frac{q_1q_2}{r^2}\quad(r\neq0) \tag{11-2-1}$$

在SI制中，上式的比例系数 $k=8.988\times10^{9}\mathrm{N\cdot m^2/C^2}$. 为使以后导出的式子省略因子 4π，通常令 $k=\dfrac{1}{4\pi\varepsilon_0}$，常数 $\varepsilon_0=8.85\times10^{-12}\mathrm{C^2/(N^1\cdot m^2)}$. 于是有

$$F=\frac{q_1q_2}{4\pi\varepsilon_0r^2}\quad(r\neq0)\tag{11-2-2}$$

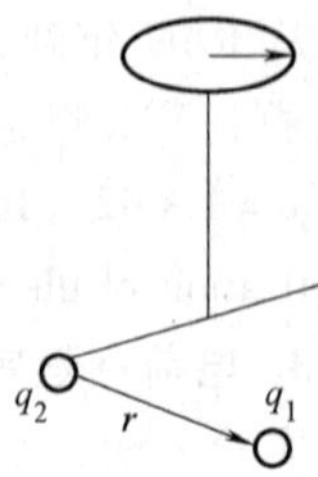

图 11-2-1

设图 11-2-1 中从 q_2 指向 q_1 的位矢为 $\boldsymbol{r}$，则 q_1 所受 q_2 施加的作用力

$$\boldsymbol{F}=\frac{q_1q_2}{4\pi\varepsilon_0r^3}\boldsymbol{r}\quad(r\neq0)\tag{11-2-3}$$

显然，当 q_1，q_2 同号或异号时上式都成立；而 q_2 所受 q_1 施加的力 $\boldsymbol{F}'$ 与 $\boldsymbol{F}$ 的关系是 $\boldsymbol{F}'=-\boldsymbol{F}$.

必须说明的是，库仑扭秤实验之所以用两个带电小球，是因为一般说来，带电体之间的作用力不仅与带电体的电荷量有关，而且与带电体的形状、大小有关，即与电荷在带电体上的分布有关. 如果带电体的线度远小于它们之间的距离以至于可以被忽略，带电体就可以被看成一个点，叫做点电荷（point charge）. 库仑扭秤实验中的两个带电小球就是两个点电荷. 式（11-2-2）或式（11-2-3）叫做真空中的库仑定律，它告诉我们：

真空中两个静止点电荷之间相互作用力的大小正比于两个点电荷电荷量的积，反比于两个点电荷距离的平方，方向沿着它们的连线，同种电荷相斥，异种电荷相吸.

库仑定律中的所谓"真空"意指除了所研究的电荷，假设不存在其他电荷和物体. 所谓"静止"，是相对于大地或太阳系而言，不是相对于观测者而言. 在式（11-2-2）或式（11-2-3）中，$r\neq0$；若令 $r=0$，则有 $F=\infty$，这是没有意义的，即库仑定律在 $r=0$ 处无定义. 这是因为，点电荷概念意味着电荷间的距离必须远大于电荷的线度，而现实电荷的线度总不为零.

静止电荷之间的作用力常称为库仑力.

2. 任意静止带电体之间的作用力

由前述可知，库仑定律只适用于真空中的两个点电荷. 如果要知道任意的静止带电体之间的作用力，可以把带电体看作点电荷的集合，叫做点电荷系. 这样，从库仑定律出发，应用力的合成法则，原则上可以计算出任意的静止带电体之间的作用力. 例如，图 11-2-2 是真空中 N 个点电荷组成的点电荷系和另外的一个点电荷 q_0. 点电荷系对点电荷 q_0 的作用力

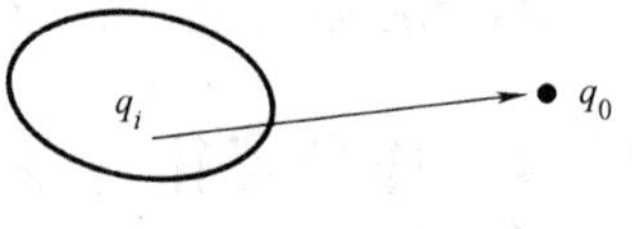

图 11-2-2

$$\boldsymbol{F}=\sum_{i=1}^{N}\frac{q_0q_i}{4\pi\varepsilon_0r_i^3}\boldsymbol{r}_i\tag{11-2-4}$$

如果点电荷系中的电荷不是可数的而是连续分布的，上式应写为

$$\boldsymbol{F}=\int_{\Omega}\frac{q_0\mathrm{d}q}{4\pi\varepsilon_0r^3}\boldsymbol{r}\tag{11-2-5}$$

积分遍及整个点电荷系，即整个带电体.

例题 11-2-1 如图 11-2-3 所示，在等腰直角三角形△ABC 的顶点各有一个点电荷 q，$AC=BC=a$，求顶点 C 处点电荷所受的库仑力.

解：取 B 点为平面直角坐标系的原点，C 点处的点电荷所受库仑力是

$$F = \frac{q^2}{4\pi\varepsilon_0 a^2}(\boldsymbol{i} - \boldsymbol{j})$$

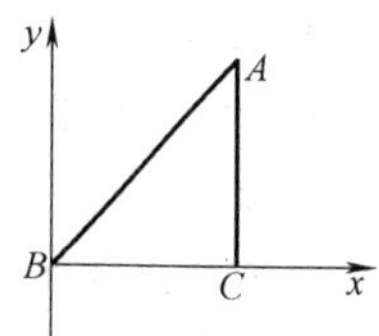

图 11-2-3

其大小是 $F = \frac{\sqrt{2}q^2}{4\pi\varepsilon_0 a^2}$，方向沿 $-45°$.

例题 11-2-2　电荷量 Q 均匀分布在半径为 R 的细圆环上，求圆环轴线（即过圆环中心 O 点且垂直于圆面的直线）上 x 处的点电荷 q_0 所受的库仑力.

解：如图 11-2-4 所示，设圆环上任意一点 A 处的点电荷为 $\mathrm{d}q = \frac{Q}{2\pi R}\mathrm{d}l$，$\mathrm{d}l$ 是 A 点处的微小圆环弧长，根据库仑定律，$\mathrm{d}q$ 对 q_0 的作用力

$$\mathrm{d}\boldsymbol{F} = \frac{q_0 \mathrm{d}q}{4\pi\varepsilon_0 r^3}\boldsymbol{r}$$

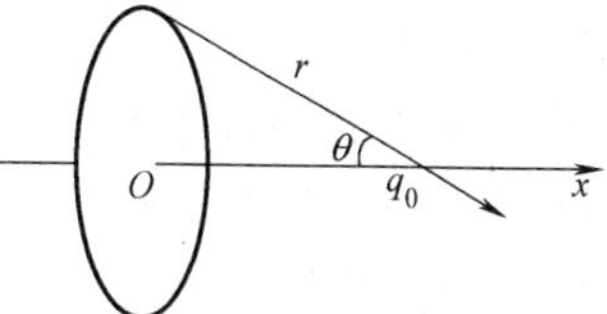

图 11-2-4

由于电荷量均匀分布在环上，环上必有与点电荷 $\mathrm{d}q$ 关于圆心对称且相等的点电荷 $\mathrm{d}q'$，$\mathrm{d}q'$对 q_0 的作用力

$$\mathrm{d}\boldsymbol{F}' = \frac{q_0 \mathrm{d}q'}{4\pi\varepsilon_0 r'^3}\boldsymbol{r}'$$

显然，$\mathrm{d}F = \mathrm{d}F'$. 力 $\mathrm{d}\boldsymbol{F}$ 与 $\mathrm{d}\boldsymbol{F}'$相叠加，垂直于 x 轴的分量相互抵消，x 轴方向上的分量是 $\mathrm{d}F\cos\theta$，所以，点电荷 q_0 所受合力

$$\boldsymbol{F} = \boldsymbol{i}\oint \mathrm{d}F\cos\theta = \boldsymbol{i}\oint \frac{q_0 \mathrm{d}q}{4\pi\varepsilon_0 r^2}\cos\theta$$

将 $\cos\theta = \frac{x}{r}$，$r = (x^2 + R^2)^{\frac{1}{2}}$代入上式，得

$$\boldsymbol{F} = \frac{q_0 x}{4\pi\varepsilon_0 (x^2 + R^2)^{3/2}}\boldsymbol{i}\oint \mathrm{d}q = \frac{q_0 Q x}{4\pi\varepsilon_0 (x^2 + R^2)^{3/2}}\boldsymbol{i} \tag{11-2-6}$$

例题 11-2-3　试求氢原子中原子核与电子之间的万有引力与库仑力的比.

解：氢原子核与电子之间的万有引力

$$F' = G\frac{mm_e}{r^2}$$

式中，引力常数 $G = 6.67 \times 10^{-11}\mathrm{N \cdot m^2/kg^2}$，电子质量 $m_e = 9.11 \times 10^{-31}\mathrm{kg}$，氢核质量 $m = 1833m_e$.

库仑力

$$F = \frac{e^2}{4\pi\varepsilon_0 r^2}$$

两个力的比

$$\frac{F'}{F} = \frac{4\pi\varepsilon_0 G m m_e}{e^2} = 4.4 \times 10^{-40}$$

可见，万有引力远小于库仑力. 所以，一般在考虑库仑力时，如无必要，不考虑万有引力.

思考题 11.2

1. 库仑力与万有引力有哪些不同？

2. 库仑力是否遵守牛顿第三定律?

3. 两个位置确定的点电荷之间的相互作用力是否会因第三个带电体的引入而变化? 其中任意一个点电荷所受库仑力是否会因第三个带电体的引入而变化?

4. 两个点电荷之间的距离可否取为零?

11.3 静电场

库仑定律被发现以后，一个问题摆在了物理学界的面前：电荷之间的作用力是如何传递的? 事实上，在发现库仑定律之前，围绕着万有引力是如何传递的，物理学界已经争论了很长时间. 发现了库仑定律，相似的问题又被提了出来. 一些人认为，电荷之间的相互作用是直接的，不存在中介物质. 这种观点被称为超距派观点. 以法拉第（M. Faraday，1791—1867）为代表的近距派物理学家认为，电荷周围分布着一种被称为电场的特殊形态的物质，电荷之间的作用力通过电场传递. 在近距派看来，电场这种特殊形态的物质的基本特点是：弥漫在电荷周围并对处于其中的另一电荷有作用力.

1888 年，赫兹在实验中首次发现了电磁波，证明近距派的观点是正确的.

1. 场的一般概念

一般地说，所谓场（field）就是某种空间分布. 如温度场、流速场、引力场，等等. 用来描述场的物理量叫做场量. 场量是标量的场叫做标量场，场量是矢量的场叫做矢量场，场量量子化的场叫做量子场. 例如，温度场用温度函数 $T(\boldsymbol{r},\ t)$ 描述，是标量场；流速场用速度函数$\boldsymbol{v}(\boldsymbol{r},\ t)$ 描述，是矢量场；引力场用引力加速度函数$\boldsymbol{g}(\boldsymbol{r},\ t)$ 描述，也是矢量场. 场量不随时间变化的场叫做稳恒场，场量不随空间位置变化的场叫做均匀场. 激发（产生）场的实体物质叫做场源. 例如，温度场的场源是热源，引力场的场源是一定质量的物体.

2. 静电场

静止电荷周围的电场叫做静电场（electrostatic field)，这个电荷就叫做静电场的源电荷(source charge). 当一个电荷处于另一个电荷的静电场中时，就受到这个静电场的作用力(叫做电场力)，反之亦然. 这就是说，两个电荷通过各自的静电场向对方施加作用力. 所以，库仑力实质上是静电场的电场力. 一般地说，当把一个电荷引入到另一个电荷的静电场中时，两个电荷及其静电场由于相互作用而不再保持单独存在时的状态. 因此，若要研究某个电荷的静电场，作为探测器使用的那个电荷必须是电荷量远小于场源电荷量的点电荷，以便尽量减少对所要研究的静电场及其源电荷分布状态的扰动. 作为探测器使用的那个电荷量远小于场源电荷量的点电荷叫做试验点电荷（test point charge).

实验表明：在给定的静电场中某点，试验点电荷所受电场力 $\boldsymbol{F}$ 与试验点电荷的电荷量 q_0 的比

$$\boldsymbol{E}=\frac{\boldsymbol{F}}{q_0} \tag{11-3-1}$$

与 q_0 的具体值无关，叫做静电场的电场强度（electric field intencity)，单位是伏/米（V/m). 静电场的电场强度 $\boldsymbol{E}$ 是描述静电场固有性质的物理量，是一个矢量，等于单位正电荷在静电场中某点所受的电场力.

3. 点源电荷的电场强度

设点电荷 Q 静止于 O 点. 当试验点电荷 q_0 位于点电荷 Q 的静电场中某点 P 时，根据库仑定律，q_0 所受的电场力

$$\boldsymbol{F}=\frac{Qq_0}{4\pi\varepsilon_0 r^3}\boldsymbol{r} \tag{11-3-2}$$

式中的矢量 $\boldsymbol{r}$ 由 O 点指向 P 点，$r\neq 0$. 将上式代入电场强度定义式（11-3-1）中，得源电荷 Q 的电场强度

$$\boldsymbol{E}=\frac{Q}{4\pi\varepsilon_0 r^3}\boldsymbol{r} \tag{11-3-3}$$

电场强度 $\boldsymbol{E}$ 的大小

$$E=\frac{Q}{4\pi\varepsilon_0 r^2} \tag{11-3-4}$$

若源电荷为微小点电荷 $\mathrm{d}q$，以上两式应写为

$$\mathrm{d}\boldsymbol{E}=\frac{\mathrm{d}q}{4\pi\varepsilon_0 r^3}\boldsymbol{r} \tag{11-3-5}$$

和

$$\mathrm{d}E=\frac{\mathrm{d}q}{4\pi\varepsilon_0 r^2} \tag{11-3-6}$$

注意，式（11-3-3）～式（11-3-6）在 $r=0$ 处无定义，其物理意义是：点电荷不能对自身施加静电场力.

4. 静电场叠加原理

将式（11-2-4）和式（11-2-5）分别代入电场强度的定义式（11-3-1），并注意到式（11-3-3）和式（11-3-5），得点电荷系静电场强度

$$\boldsymbol{E}=\sum_i \boldsymbol{E}_i=\sum_i \frac{q_i}{4\pi\varepsilon_0 r_i^3}\boldsymbol{r}_i \tag{11-3-7}$$

或

$$\boldsymbol{E}=\int_\Omega \mathrm{d}\boldsymbol{E}=\int_\Omega \frac{\mathrm{d}q}{4\pi\varepsilon_0 r^3}\boldsymbol{r} \tag{11-3-8}$$

以上两式表明，点电荷系的静电场是各个点电荷静电场的叠加. 这个结论叫做静电场叠加原理（superposition principle of electrostatic field）. 式（11-3-7）适用于电荷可数的点电荷系，式（11-3-8）适用于电荷连续分布的带电体.

例题 11-3-1 两个等量异号点电荷 $+q$ 和 $-q$ 组成的点电荷系叫做电偶极子（electric dipole），如图 11-3-1 所示. 设由负点电荷指向正点电荷的有向直线段为 $\boldsymbol{l}$，乘积 $q\boldsymbol{l}$ 叫做电偶极子的电偶极矩（electric dipole moment），记为 $\boldsymbol{p}=q\boldsymbol{l}$. 求两个点电荷连线的延长线上较远一点和中垂线上较远一点的电场强度.

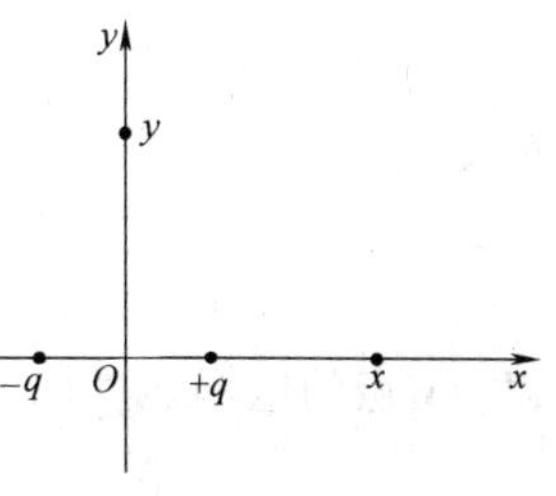

图 11-3-1

解：(1) 求延长线上较远一点的电场强度.

取两个点电荷连线的中点 O 为平面直角坐标系的原点. 根据电场强度叠加原理，延长线上 x（$x\gg l$）处的电场强度是

$$E_x = \frac{q}{4\pi\varepsilon_0\left(x-\frac{l}{2}\right)^2}i - \frac{q}{4\pi\varepsilon_0\left(x+\frac{l}{2}\right)^2}i = \frac{qxl}{2\pi\varepsilon_0\left(x^2-\frac{l^2}{4}\right)^2}i.$$

由于 $x \gg l$，$p = ql = qli$，得

$$E_x = \frac{p}{2\pi\varepsilon_0 |x|^3} \quad (11\text{-}3\text{-}9)$$

不难验证，上式对 $x<0$，$|x| \gg l$ 也成立.

（2）求中垂线上较远一点的电场强度.

如图 11-3-1 所示，对于中垂线上 $y>0$ 的点，有

$$E_y = -\frac{2q}{4\pi\varepsilon_0\left(y^2+\frac{l^2}{4}\right)}\cos\theta i = -\frac{ql}{4\pi\varepsilon_0\left(y^2+\frac{l^2}{4}\right)^{3/2}}i$$

由于 $y \gg l$，$p = ql = qli$，得

$$E_y = -\frac{p}{4\pi\varepsilon_0 |y|^3} \quad (11\text{-}3\text{-}10)$$

不难验证，上式对 $y<0$，$|y| \gg l$ 也成立.

例题 11-3-2 电荷量 Q 均匀分布在长度为 L 的细棒上，求细棒延长线上一点和中垂线上一点的电场强度.

解：带电细棒是一个电荷连续分布的点电荷系，棒的单位长度上的电荷量即棒的电荷线密度 $\lambda = \frac{Q}{L}$. 如图 11-3-2 所示，取细棒中点 O 为平面直角坐标系原点，细棒所在直线为 x 轴，细棒中垂线为 y 轴，细棒上与 O 点相距 l（$-L/2 \leqslant l \leqslant L/2$）的微小点电荷 $dq = \lambda dl$.

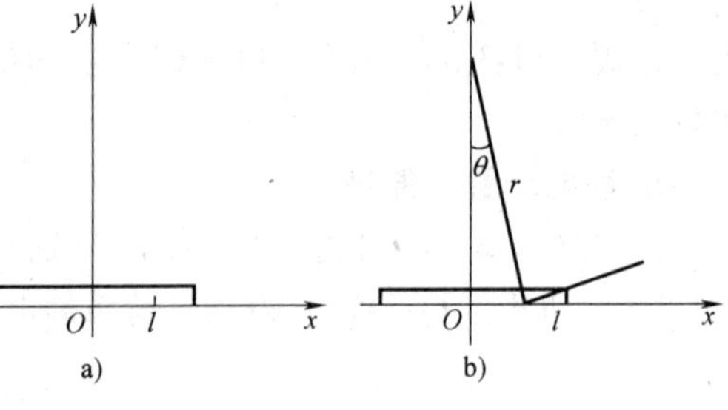

图 11-3-2

（1）细棒上与 O 点相距 l 的点电荷 dq 对细棒延长线上 x（$|x| > L/2$）点的电场强度的贡献为

$$dE_x = \frac{dq}{4\pi\varepsilon_0 (x-l)^2}i$$

所以，x 处的电场强度

$$E_x = \int_{-L/2}^{L/2} dE_x = i\int_{-L/2}^{L/2} \frac{\lambda dl}{4\pi\varepsilon_0 (x-l)^2} = \frac{Q}{4\pi\varepsilon_0} \frac{1}{x^2 - \frac{L^2}{4}}i$$

（2）由于细棒上的电荷关于 O 点左右对称，与 O 点相距 l 的点电荷 dq 对 y 点的电场强度的贡献为

$$dE_y = \frac{dq}{4\pi\varepsilon_0 r^2}\cos\theta j$$

所以，y 点的电场强度

$$E_y = 2\int_0^{L/2} dE_y = j\frac{\lambda}{2\pi\varepsilon_0}\int_0^{L/2} \frac{dl\cos\theta}{r^2}$$

为了简便地积分上式，过点电荷 dq 所在位置作矢径 $\boldsymbol{r}$ 的垂线，如图 11-3-2b 所示．于是有

$$dl\cos\theta = r d\theta,\ \cos\theta = \frac{y}{r} \tag{11-3-11}$$

即

$$dl = \frac{r^2 d\theta}{y} \tag{11-3-12}$$

所以

$$\boldsymbol{E}_y = \boldsymbol{j}\frac{\lambda}{2\pi\varepsilon_0 y}\int_0^{\theta_0}\cos\theta d\theta = \frac{\lambda}{2\pi\varepsilon_0 y}\sin\theta_0\boldsymbol{j}$$

将 $\sin\theta_0 = \dfrac{L}{2\sqrt{y^2+\dfrac{L^2}{4}}}$代入上式，得

$$\boldsymbol{E}_y = \frac{\lambda}{2\pi\varepsilon_0 y\sqrt{1+\dfrac{4y^2}{L^2}}}\boldsymbol{j} \tag{11-3-13}$$

由上式可得电荷线密度为 λ 的无限长均匀带电直线旁边一点的电场强度

$$E = \lim_{L\to\infty}\frac{\lambda}{2\pi\varepsilon_0 y\sqrt{1+\dfrac{4y^2}{L^2}}} = \frac{\lambda}{2\pi\varepsilon_0 y} \tag{11-3-14}$$

无限长带电直线实际上是不存在的，这只是一个抽象的物理模型，其实际意义是：对位于有限长均匀带电直线中点附近且到直线的距离远小于直线长度的那些点，有限长均匀带电直线相当于无限长均匀带电直线.

例题 11-3-3　电荷量 Q 均匀分布在半径为 R 的圆平面上，求过圆平面中心且垂直于圆平面的直线上一点的电场强度.

解：圆平面单位面积上的电荷量即面电荷密度 $\sigma = \dfrac{Q}{\pi R^2}$. 均匀带电圆平面可以看作是许多均匀带电同心细圆环的集合，其中半径为 r 的细圆环上的电荷量 $dq = \sigma 2\pi r dr$. 过圆面中心且垂直圆面的直线叫做圆面的中心轴线，如图 11-3-3 所示．由例题 11-2-2 的结果式（11-2-6）可知，半径为 r、电荷量为 dq 的均匀带电细圆环中心轴线上 x 点的电场强度

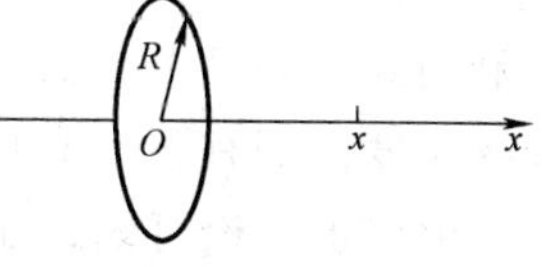

图 11-3-3

$$d\boldsymbol{E} = \frac{x dq}{4\pi\varepsilon_0 (x^2+r^2)^{\frac{3}{2}}}\boldsymbol{i} \tag{11-3-15}$$

所以，圆平面中心轴线上 x（$x\neq 0$）点的电场强度

$$\boldsymbol{E} = \int_0^R d\boldsymbol{E} = \boldsymbol{i}\frac{\sigma x}{2\varepsilon_0}\int_0^R \frac{r dr}{(x^2+r^2)^{3/2}} = \frac{\sigma}{2\varepsilon_0}\left(1-\frac{x}{\sqrt{x^2+R^2}}\right)\boldsymbol{i}(x\neq 0) \tag{11-3-16}$$

由上式可得面电荷密度为 σ 的无限大均匀带电平面旁边一点的电场强度

$$E = \lim_{R\to\infty}\frac{\sigma}{2\varepsilon_0}\left(1-\frac{x}{\sqrt{x^2+R^2}}\right) = \frac{\sigma}{2\varepsilon_0}\quad (x\neq 0) \tag{11-3-17}$$

上式的结果表明：无限大均匀带电平面的电场是一个均匀电场，或称为匀强电场．无限大均匀带电平面也是一个抽象的物理模型，其实际意义是：对位于有限大均匀带电平面中部附近且与平面的距离远小于平面线度的那些点，有限大均匀带电平面相当于无限大均匀带电平面。

5. 无定义点的电场强度

如前所说，点电荷电场强度的表示式（11-3-3）～式（11-3-6）在 $r=0$ 处无定义．据此可知，电场强度在带电体上电荷所在各点均无定义，这些点统称为电场强度无定义点．不过，在有些情况下可用求极限的方法重新定义这些无定义点的电场强度，举例说明如下．

（1）均匀带电球面上各点的电场强度

设有半径为 R、电荷量为 Q 的均匀带电球面．把带电球面看成许多共轴带电细圆环的集合，根据电场强度叠加原理，利用式（11-3-15）可以证明（请读者自己证明）球面内任一点电场强度等于零，球面外任一点电场强度

$$E(r)=\frac{Q}{4\pi\varepsilon_0 r^2}(r>R) \tag{11-3-18}$$

所以，球面上任一点电场强度可以定义为

$$E(R)=\lim_{r\to R}E(r)=\frac{Q}{4\pi\varepsilon_0 R^2} \tag{11-3-19}$$

（2）均匀带电圆平面中心点的电场强度

在例题 11-3-3 中已经得到均匀带电圆平面轴线上一点的电场强度式（11-3-16）

$$E(x)=\frac{\sigma}{2\varepsilon_0}\left(1-\frac{x}{\sqrt{x^2+R^2}}\right)(x\neq 0)$$

所以，均匀带电圆平面中心点的电场强度可以定义为

$$E=\lim_{x\to 0}E(x)=\frac{\sigma}{2\varepsilon_0} \tag{11-3-20}$$

自然，无限大均匀带电平面上各点的电场强度也可以定义为 $E=\sigma/2\varepsilon_0$．但是，我们不能利用式（11-3-13）或式（11-3-14）重新定义均匀带电细棒上一点的电场强度，因为不论细棒长度是否有限，这两式在 $y=0$ 处无极限．

由以上讨论可知，如果电场强度函数在无定义点有极限，就可以重新定义这些无定义点的电场强度．

思考题 11.3

1. 什么是试验点电荷？试验点电荷是否必须是正电荷？为什么说电场强度是描述静电场固有性质的物理量？

2. 有人说：一个均匀带电细圆环圆心处的电场强度为零，而均匀带电圆面是许多均匀带电同心细圆环的集合．所以，均匀带电圆面中心处的电场强度为零．这种说法正确否？为什么？

11.4 静电场高斯定理

1. 电力线

电场强度 $\boldsymbol{E}$ 是矢量，在图形上用带箭头的线段表示．如果我们尽可能多地把静电场中

各点的电场强度用一个个带箭头的线段表示出来，结果是画出了一条条的曲线（或直线），曲线上每一点的切线方向就是该点电场强度的方向．这些曲线虽然是假想的，但却形象地描绘出了静电场的分布情况．这些曲线叫做电力线（electric force line）或电场线（electric field line）．图 11-4-1a、b、c、d 分别是用电力线描绘的点电荷，电偶极子和两个带等量异号电荷的平行平面的静电场．

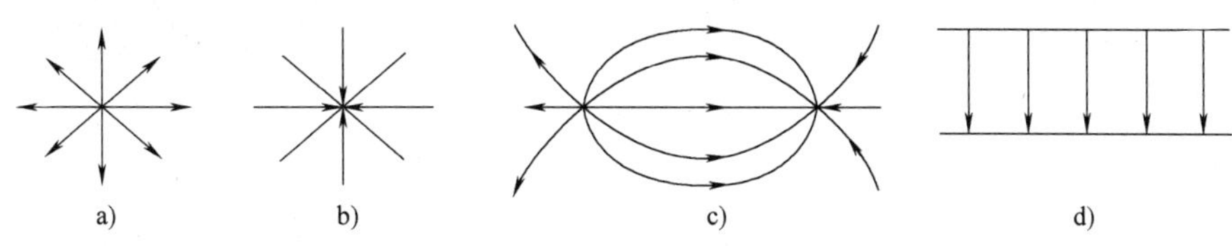

图 11-4-1

由图 11-4-1 可以看出电力线的特性是：

（1）电力线上每一点切线的方向是该点电场强度的方向，也就是正点电荷在该点所受电场力的方向．

（2）电力线密集处电场强度强，电力线稀疏处电场强度弱．

（3）电力线总是由正电荷出发，终止于负电荷，在没有电荷的区域不中断不相交，这叫做电力线的连续性．

2. 电通量

直观地说，所谓电通量就是穿过某个曲面的电力线条数，如图 11-4-2 所示．在每条电力线与曲面的交点处都有电场强度 $\boldsymbol{E}$ 穿过曲面．于是有下面的定义：

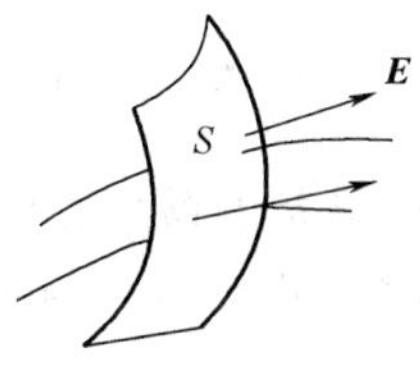

图 11-4-2

穿过某个曲面的电场强度的和叫做该曲面的电通量（electric flux），记为

$$\Phi = \iint_S \boldsymbol{E} \cdot \mathrm{d}\boldsymbol{S} = \iint_S E\mathrm{d}S\cos\theta \tag{11-4-1}$$

式中，面矢量 $\mathrm{d}\boldsymbol{S}$ 的模 $\mathrm{d}S$ 是曲面上电场强度 $\boldsymbol{E}$ 所过点附近的微小面积，方向是 $\mathrm{d}S$ 的法线方向；θ 是矢量 $\boldsymbol{E}$ 和 $\mathrm{d}S$ 的夹角；$\mathrm{d}S\cos\theta$ 是 $\mathrm{d}S$ 在垂直于电场强度 $\boldsymbol{E}$ 方向上的投影，即横截面积元．如果曲面是封闭的，规定 $\mathrm{d}\boldsymbol{S}$ 的法线指向封闭曲面的外面．

例题 11-4-1 如图 11-4-3 所示，在匀强电场 $\boldsymbol{E}=E_0(\boldsymbol{i}+\boldsymbol{j})$（$E_0$ 是常量）中，有一边长为 a 的立方面．求立方面每个面的电通量和立方面的总电通量．

解：

$$\Phi_{ABCD} = -\Phi_{OEFG} = \boldsymbol{E} \cdot a^2\boldsymbol{i} = a^2E_0$$

$$\Phi_{BEFC} = -\Phi_{AOGD} = \boldsymbol{E} \cdot a^2\boldsymbol{j} = a^2E_0$$

$$\Phi_{ABEO} = \Phi_{DCFG} = 0$$

立方面的总电通量 $\Phi=0$．

3. 点电荷电场的电通量

如图 11-4-4 所示，真空中有一个点电荷 q 位于 O 点．以 O 点为中心、以 r 为半径作一球面，则球面上任一点的电场强度是 $\boldsymbol{E}=\dfrac{q}{4\pi\varepsilon_0 r^3}\boldsymbol{r}$，该点处的面矢量 $\mathrm{d}\boldsymbol{S}$ 总与 $\boldsymbol{E}$ 同方向，所以，球面的电通量

$$\Phi = \oint\!\!\!\oint_S \boldsymbol{E}\cdot \mathrm{d}\boldsymbol{S} = E\oint\!\!\!\oint_S \mathrm{d}S = \frac{q}{4\pi\varepsilon_0 r^2}4\pi r^2 = \frac{q}{\varepsilon_0} \tag{11-4-2}$$

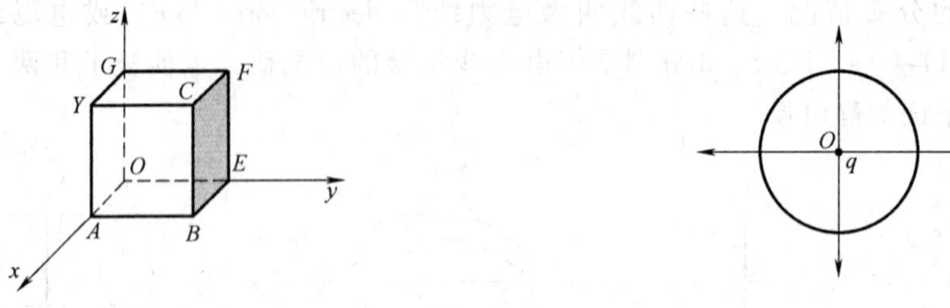

图 11-4-3　　　　图 11-4-4

不难看出，由于电力线的连续性，把点电荷 q 包围在内的任意形状封闭曲面的电通量都等于上述球面的电通量 q/ε_0，而不把电荷 q 包围在内的封闭曲面的电通量都为零. 把点电荷 q 包围在内的任意形状封闭曲面的电通量也可以用以下方法导出. 如图 11-4-5 所示，点电荷 q 被包围在任意形状封闭曲面 S 内，d$\boldsymbol{S}$ 为封闭曲面 S 上任意微小面元，d$\boldsymbol{S}$ 的方向就是该处的法线方向，d$\boldsymbol{S}$ 上的电通量

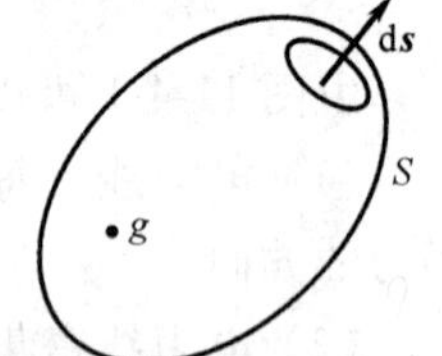

图 11-4-5

$$\boldsymbol{E}\cdot \mathrm{d}\boldsymbol{S} = E\mathrm{d}S\cos\theta = \frac{q_0}{4\pi\varepsilon_0 r^2}\mathrm{d}S\cos\theta$$

式中，θ 是电场强度与面元 d$\boldsymbol{S}$ 方向的夹角；d$S\cos\theta$ 就是面元 d$\boldsymbol{S}$ 投影到以 r 为半径的球面上的面积，$\mathrm{d}S\cos\theta = r^2\sin\beta \mathrm{d}\beta \mathrm{d}\varphi$. 所以得

$$\oint\!\!\!\oint_S \boldsymbol{E}\cdot \mathrm{d}\boldsymbol{S} = \frac{q}{4\pi\varepsilon_0}\int_0^{\pi}\sin\beta \mathrm{d}\beta\int_0^{2\pi}\mathrm{d}\varphi = \frac{q}{\varepsilon_0}$$

4. 静电场高斯定理

设有一个点电荷系由 N 个点电荷 q_i（$i=1, 2, 3, \cdots, N$）集合而成，点电荷系的电场强度

$$\boldsymbol{E} = \sum_i \boldsymbol{E}_i = \sum_i \frac{q_i}{4\pi\varepsilon_0 r_i^3}\boldsymbol{r}$$

所以，点电荷系电场中任意封闭曲面 S 的电通量

$$\Phi = \oint\!\!\!\oint_S \boldsymbol{E}\cdot \mathrm{d}\boldsymbol{S} = \sum_i \oint\!\!\!\oint_S \boldsymbol{E}_i\cdot \mathrm{d}\boldsymbol{S} = \frac{1}{\varepsilon_0}\sum_i q_i$$

即

$$\oint\!\!\!\oint_S \boldsymbol{E}\cdot \mathrm{d}\boldsymbol{S} = \frac{1}{\varepsilon_0}\sum_i q_i \tag{11-4-3}$$

上式等号右边的求和只对包围在封闭曲面 S 内的那些点电荷进行，因为封闭曲面 S 外面的那些点电荷对封闭曲面的电通量无贡献. 式（11-4-3）表明：真空中任意封闭曲面的电通量等于封闭曲面内所有电荷代数和除以 ε_0. 这个结论叫做真空中的静电场高斯定理（Gauss theorem of electrostatic field in the vacuum），所说的封闭曲面常称为高斯面.

对于电荷连续分布的点电荷系，式（11-4-3）应改写为

$$\oint\!\!\!\oint_S \boldsymbol{E}\cdot \mathrm{d}\boldsymbol{S} = \frac{1}{\varepsilon_0}\iiint_{\Omega}\rho dV \tag{11-4-4}$$

上式等号右边的积分遍及封闭曲面 S 内有电荷分布的区域 Ω，ρ 是区域 Ω 中的电荷体密度.

利用高斯公式 $\oiint_S \boldsymbol{a}\cdot \mathrm{d}\boldsymbol{S} = \iiint_V \nabla\cdot \boldsymbol{a}\mathrm{d}V$ 可将式（11-4-4）写成

$$\iiint_\Omega \nabla\cdot \boldsymbol{E}\mathrm{d}V = \frac{1}{\varepsilon_0}\iiint_\Omega \rho \mathrm{d}V$$

所以

$$\nabla\cdot \boldsymbol{E} = \frac{\rho}{\varepsilon_0} \tag{11-4-5}$$

这就是高斯定理的微分表示式，表示静电场是有源场，场源就是电荷.

5. 应用高斯定理求静电场的电场强度

由前述可知，静电场高斯定理是从电场叠加原理出发得到的对任意静电场都成立的普适定理，对于具有某种空间对称性（如轴对称、面对称或球对称）的静电场自然也成立. 我们知道，对称性即不可区分性，也就是说，若某观察者从轴线上（或平面上，或球心）向各个方向看，他看到的电场景色是一样的. 因此，若电场具有空间对称性，则可根据这种对称性恰当地选择高斯面 S，使在高斯面上有

$$\oiint_S \boldsymbol{E}\cdot \mathrm{d}\boldsymbol{S} = E\oiint_{S'} \mathrm{d}S = \frac{1}{\varepsilon_0}\sum_i q_i \tag{11-4-6}$$

从而容易求得电场强度的大小 E，其中的 S'有时是高斯面 S 的一部分. 下面举例说明这种方法.

例题 11-4-2 一条无限长均匀带电直线的电荷线密度为 λ，求电场强度.

解：如图 11-4-6 所示，设任意一点 P 到无限长均匀带电直线的距离为 r，矢径 $\boldsymbol{r} = \boldsymbol{OP}$. 由于直线上的电荷关于 O 点对称，P 点的电场强度 $\boldsymbol{E}$ 必沿着矢径 $\boldsymbol{r}$ 的方向，且到带电直线距离相等的点的电场强度大小相等，也就是说，电场的分布是轴对称的，带电直线就是对称轴. 根据电场分布的这个特点，以无限长带电线为对称轴、以 r 为半径做任意长 L 的圆柱高斯面，高斯面内包围的电荷量是 $L\lambda$. 按照高斯定理，有

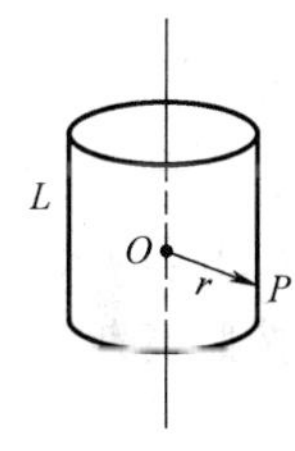

图 11-4-6

$$\oiint_S \boldsymbol{E}\cdot \mathrm{d}\boldsymbol{S} = \frac{1}{\varepsilon_0}L\lambda$$

由于电场强度 $\boldsymbol{E}$ 处处沿着矢径 $\boldsymbol{r}$ 的方向，所以，圆柱高斯面的上、下底面电通量为零，侧面上电场强度大小处处相等，方向处处与面矢量 $\mathrm{d}\boldsymbol{S}$ 相同，故由上式得

$$2\pi rLE = \frac{1}{\varepsilon_0}L\lambda$$

即

$$E = \frac{\lambda}{2\pi\varepsilon_0 r}$$

这个结果与式（11-3-14）相同，但计算简便.

例题 11-4-3 无限大均匀带电平面的电荷面密度为 σ，求电场强度.

解：在无限大均匀带电平面上任选一点，带电平面可看作以此点为中心的无限多个同心圆环的集合，圆环中心轴线上任意点的电场强度沿着轴线方向，且关于带电平面左右对称，即带电平面左右各点的电场强度沿着垂直于带电平面的方向且左右对称，与带电平面等距的点的电场强度大小相等，也就是说，无限大带电平面的电场分布具有面对称性. 根据电场分布的这个特点，作与带电平面垂直且左右对称的圆柱高斯面，如图 11-4-7 所示，圆柱的底

面面积为 ΔS. 按照高斯定理，有

$$\oint_S \boldsymbol{E} \cdot \mathrm{d}\boldsymbol{S} = \frac{\sigma \cdot \Delta S}{\varepsilon_0}$$

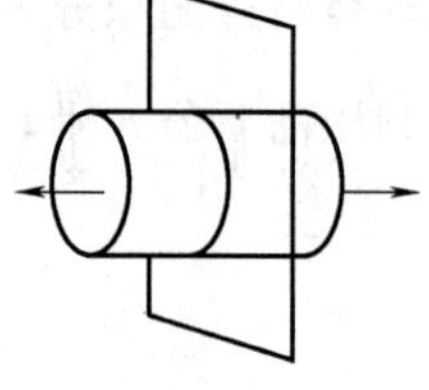

图 11-4-7

由于电场强度 $\boldsymbol{E}$ 处处垂直于带电平面，圆柱侧面电通量为零，两个底面上各点电场强度大小相等且与底面垂直，故由上式

得
$$2\Delta S \cdot E = \frac{\sigma \Delta S}{\varepsilon_0}$$

即
$$E = \frac{\sigma}{2\varepsilon_0}$$

这个结果与式（11-3-17）相同，但计算简便.

例题 11-4-4 电荷量 Q 均匀地分布在半径为 R 的球面上，求静电场强度.

解：由于电荷是球对称分布的，所以电场也是球对称分布的. 若以球心 O 为中心、以 r 为半径作一球面高斯面，则此球面上各点的电场强度大小相等，方向沿着球面半径方向.

（1）当 $r>R$ 时，球面高斯面 S_1 将带电球面包围在内，即高斯面内包围的电荷量为 Q，如图 11-4-8 所示. 按照高斯定理，有

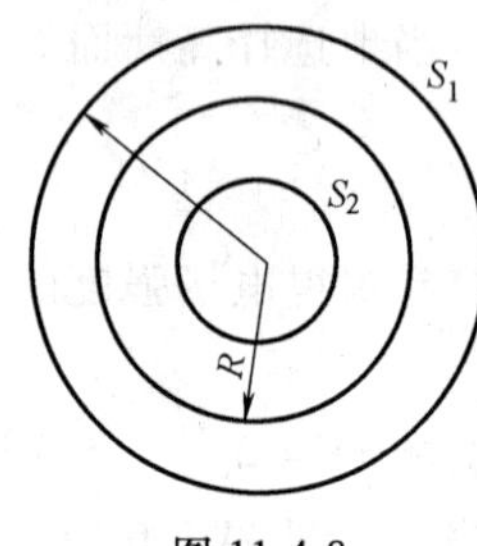

图 11-4-8

$$\oint_{S_1} \boldsymbol{E} \cdot \mathrm{d}\boldsymbol{S} = \frac{Q}{\varepsilon_0}$$

则
$$4\pi r^2 E = \frac{Q}{\varepsilon_0}$$

所以
$$E = \frac{Q}{4\pi\varepsilon_0 r^2} \quad (r>R)$$

（2）当 $r<R$ 时，球面高斯面 S_2 在带电球面的里面，高斯面内无电荷，如图 11-4-8 所示. 按照高斯定理，有

$$\oint_{S_2} \boldsymbol{E} \cdot \mathrm{d}\boldsymbol{S} = 0$$

则
$$4\pi r^2 E = 0$$

所以
$$E = 0 \quad (r<R)$$

例题 11-4-5 电荷量 Q 均匀分布在半径为 R 的球体中，求静电场强度.

解：由于电荷是球对称分布的，所以，电场也是球对称分布的. 以球心 O 为中心、以 r 为半径作球面高斯面.

（1）当 $r>R$ 时，所得结果与上题相同，$E = \dfrac{Q}{4\pi\varepsilon_0 r^2}$

（2）当 $r<R$ 时，高斯面内包围的电荷量为

$$\frac{Q}{\frac{4}{3}\pi R^3} \cdot \frac{4}{3}\pi r^3 = \frac{Q}{R^3} r^3$$

按照高斯定理，有
$$\oint_S \boldsymbol{E} \cdot \mathrm{d}\boldsymbol{S} = \frac{Q}{\varepsilon_0 R^3} r^3$$

所以
$$E = \frac{Q}{4\pi\varepsilon_0 R^3} r \quad (r<R)$$

上述例子表明，当电场具有某种空间对称性时，之所以能应用高斯定理简便地求得电场强度，是因为此时可以把电场强度 $\boldsymbol{E}$ 作为常量从积分号内拿出来，如式（11-4-6）所示，从而简化了运算.

思考题 11.4

1. 描绘电力线的原则是什么？电力线具有哪些性质？
2. 判断下列说法正确与否：
（1）电力线是试验点电荷在电场中的运动轨迹；
（2）高斯面电通量与面内电荷有关，与面外电荷无关；
（3）高斯面上一点的电场强度与面内电荷有关，与面外电荷无关；
（4）高斯面电通量为零时，面内必无电荷；
（5）高斯面电通量为零时，面上各点电场强度都为零；
（6）只有静电场分布具有某种空间对称性时，高斯定理才成立.

11.5　电势

我们知道，按照力做功是否与中间路径有关，可把力分为保守力和非保守力，对于某种保守力存在相应的势能. 那么，静电场力是不是保守力呢？

1. 静电场是保守场

由于任意静电场是点电荷静电场的叠加，因此，要判断静电场力是不是保守力，只要知道点电荷静电场力是不是保守力就可以了.

如图 11-5-1 所示，在点电荷 q 的静电场中，试验点电荷 q_0 由 a 点沿着某一路径运动到 b 点. 在此过程中，静电场力所做功是

$$A = \int_a^b \boldsymbol{F}\cdot \mathrm{d}\boldsymbol{l} = q_0\int_a^b \boldsymbol{E}\cdot \mathrm{d}\boldsymbol{l} = q_0\int_a^b E\mathrm{d}l\cos\theta = q_0\int_a^b E\mathrm{d}r$$

$$= q_0\int_a^b \frac{q}{4\pi\varepsilon_0 r^2}\mathrm{d}r = -\left(\frac{q_0 q}{4\pi\varepsilon_0 r_b} - \frac{q_0 q}{4\pi\varepsilon_0 r_a}\right) \tag{11-5-1}$$

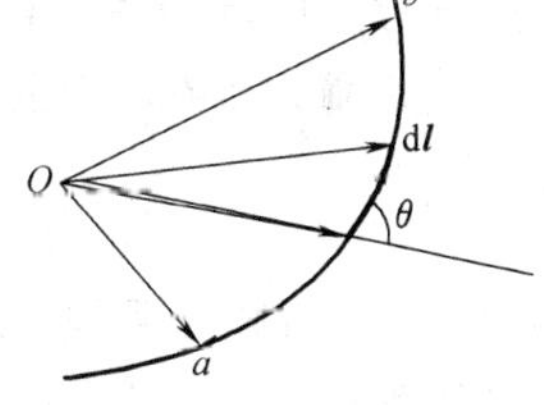

图 11-5-1

式中的 r_a，r_b 是初、末位矢的模. 上式表明，点电荷静电场力的功由初、末位置决定，与中间路径无关，即点电荷静电场力是保守力. 据此可知，任意静电场力是保守力，或者说，静电场是保守场. 所以，在任意静电场中有

$$\oint \boldsymbol{E}\cdot \mathrm{d}\boldsymbol{l} = 0 \tag{11-5-2}$$

上式的物理意义是：静电场力对单位正电荷所做的环功等于零，静电场是保守场.

利用斯托克斯（Stocks）公式 $\int \boldsymbol{a}\cdot \mathrm{d}l = \oiint_S \nabla\times \boldsymbol{a}\cdot \mathrm{d}\boldsymbol{S}$ 可将式（11-5-2）写成

$$\oiint_S \nabla\times \boldsymbol{E}\cdot \mathrm{d}\boldsymbol{S} = 0$$

即

$$\nabla\times \boldsymbol{E} = 0 \tag{11-5-3}$$

这表示静电场是一个无旋场，即静电场的场线不是闭合线.

2. 电势能和电势

既然静电场力是保守力，必然存在一个相应的势能函数，静电场力对点电荷 q_0 的功就等于这个势能函数增量的负值，这个势能函数就叫做点电荷 q_0 在静电场中某个位置的电势能（electric potential energy），记做 $W(r)$，于是有

$$A = q_0\int_a^b \boldsymbol{E}\cdot\mathrm{d}\boldsymbol{l} = -[W(r_b) - W(r_a)] \tag{11-5-4}$$

显然，如果 $W(r)$ 满足上式，$W(r)+c$ 也满足上式，c 是待定常数. 为确定常数 c，必须选择一个点作为电势能的参考点，就像我们在质点力学中所做的那样. 所以，电势能 $W(r)$ 的值与参考点电势能的选取有关. 不过，静电场力的功等于电势能增量的负值，由点电荷 q_0 的初、末位置决定，与参考点电势能的选取无关.

定义：单位正电荷在静电场中某点的电势能叫做该点的电势（electric potential），记作

$$V(r) = \frac{W(r)}{q_0} \tag{11-5-5}$$

电势 $V(r)$ 与试验点电荷 q_0 及其电势能 $W(r)$ 无关，是电场强度之后又一个描述静电场固有性质的物理量. 于是，由式（11-5-4）得

$$A = -q_0[V(r_b) - V(r_a)]$$

即

$$\int_a^b \boldsymbol{E}\cdot\mathrm{d}\boldsymbol{l} = -[V(r_b) - V(r_a)] \tag{11-5-6}$$

式（11-5-6）表明：静电场力对单位正电荷所做功等于电势增量的负值，即等于电势降. 电势降又称为电势差或电压（voltage），通常记作 U，$U=V(r_a)-V(r_b)$. 所以，静电场中两点之间的电压就是静电场力在两点间对单位正电荷所做功. 电压为正，初点电势高于末点电势；电压为负，初点电势低于末点电势.

将式（11-5-6）中的 a 换成 r 并移项，得

$$V(r) = \int_r^b \boldsymbol{E}\cdot\mathrm{d}\boldsymbol{l} + V(r_b) \tag{11-5-7}$$

式中，b 点叫做电势参考点；$V(r_b)$ 是电势参考点 b 处的电势值. 通常取 $V(r_b)=0$，b 点就是电势零点. 于是有

$$V(r) = \int_r^b \boldsymbol{E}\cdot\mathrm{d}\boldsymbol{l} \tag{11-5-8}$$

这叫做电势的电场强度积分公式，它表明：在已知电场强度并选定电势零点条件下，要确定某点的电势，只要从该点向电势零点对电场强度积分即可.

3. 点电荷电势

将点电荷电场强度 $\boldsymbol{E}=\dfrac{q}{4\pi\varepsilon_0 r^3}\boldsymbol{r}$ 代入式（11-5-8），积分，得

$$V(r) = \int_r^b \boldsymbol{E}\cdot\mathrm{d}\boldsymbol{l} = \frac{q}{4\pi\varepsilon_0}\left(\frac{1}{r}-\frac{1}{r_b}\right) \tag{11-5-9}$$

上式叫做点电荷电势的一般公式，其中已取参考点电势等于零.

若取无限远处为电势零点，即令 $r_b=\infty$，则由式（11-5-9）得

$$V(r) = \frac{q}{4\pi\varepsilon_0 r} \tag{11-5-10}$$

可见，仅在取无限远处为电势零点条件下，点电荷电势才能写成上式的形式. 换句话说，把

点电荷电势写成上式的形式，就意味着已经取无限远处为电势零点了.

对于电荷连续分布的带电体中的微小点电荷 dq，以上两式应改写为

$$dV = \frac{dq}{4\pi\varepsilon_0}\left(\frac{1}{r} - \frac{1}{r_b}\right) \tag{11-5-11}$$

和

$$dV = \frac{dq}{4\pi\varepsilon_0 r} \tag{11-5-12}$$

4. 电势叠加原理

将电场叠加原理 $\boldsymbol{E} = \sum_i \boldsymbol{E}_i$（式（11-3-7））代入式（11-5-8），并利用式（11-5-9），得

$$V(r) = \sum_i \int_r^b \boldsymbol{E}_i \cdot d\boldsymbol{l} = \sum_i V_i(r) \tag{11-5-13}$$

也就是

$$V(r) = \sum_i V_i(r) \tag{11-5-14}$$

式中已取参考点电势等于零. 上式表明，点电荷系的电势等于点电荷系中各个点电荷电势的代数和. 这个结论叫做电势叠加原理.

对于电荷连续分布的带电体，上式应写为

$$V(r) = \int_\Omega dV \tag{11-5-15}$$

积分遍及带电体.

5. 电势零点的选取

如前所说，电势能 $W(r)$ 的值与电势能零点的选取有关，电势 $V(r)$ 的值也与电势零点的选取有关. 因此，无论是应用电势的电场强度积分公式（11-5-8），还是应用电势叠加原理式（11-5-14）或式（11-5-15）求电势，都必须恰当地选取电势零点. 一般地说，电势零点可以任意选取，但若源电荷是无限大带电体，不能选取无限远处为电势零点. 从下面的例题 11-5-4 和例题 11-5-5 可知，对于无限大带电体，若取无限远处电势为零，则静电场中各点的电势将为无限大，这是没有意义的. 对此，下一节将做进一步的说明.

例题 11-5-1　如图 11-5-2 所示，等量异号的两个点电荷相距 $2a$.（1）求两个点电荷连线中点 O 的电势；（2）试验点电荷 q_0 从 O 点运动到无限远处，求静电场力的功.

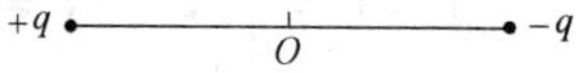

+q　O　-q

图 11-5-2

解：（1）令 $V_\infty = 0$，根据电势叠加原理式（11-5-14），O 点电势为

$$V_0 = \frac{1}{4\pi\varepsilon_0 a}(q - q) = 0$$

（2）静电场力的功为

$$A = -q_0(V_\infty - V_O) = 0$$

例题 11-5-2　电荷量 Q 均匀分布在半径为 R 的球面上，如图 11-5-3 所示，求电势.

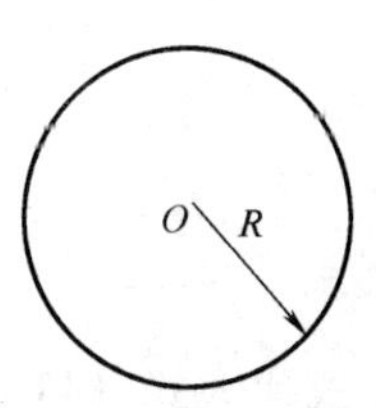

图 11-5-3

解：令 $V_\infty = 0$，$r \geqslant R$ 时，由于 $\boldsymbol{E} = \dfrac{Q}{4\pi\varepsilon_0 r^3}\boldsymbol{r}$，得球面外任一点电势

$$V(r) = \int_r^{\infty} \boldsymbol{E} \cdot \mathrm{d}\boldsymbol{r} = \frac{Q}{4\pi\varepsilon_0 r}(r \geqslant R)$$

当 $r<R$ 时，由于带电球面内 $E=0$，带电球面内任一点电势为

$$V(r) = \int_r^{\infty} \boldsymbol{E} \cdot \mathrm{d}\boldsymbol{r} = \int_r^{R} \boldsymbol{E} \cdot \mathrm{d}\boldsymbol{r} + \int_R^{\infty} \boldsymbol{E} \cdot \mathrm{d}\boldsymbol{r} = \int_R^{\infty} \boldsymbol{E} \cdot \mathrm{d}\boldsymbol{r} = \frac{Q}{4\pi\varepsilon_0 R},(r < R)$$

可见，带电球面上及球面内各点电势相等. 本题也可用电势叠加原理求解.

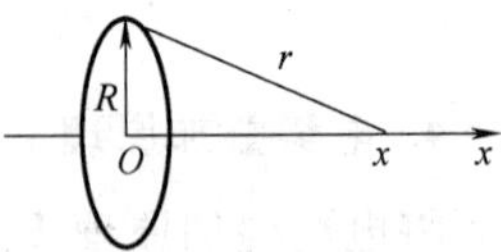

图 11-5-4

例题 11-5-3 电荷量 Q 均匀分布在半径为 R 的细圆环上，如图 11-5-4 所示. 求圆环中心轴线上任意点的电势.

解法 1：用电场强度积分公式求电势. 令 $V_\infty=0$，得

$$V(x) = \int_x^{\infty} \boldsymbol{E} \cdot \mathrm{d}\boldsymbol{x} = \frac{Q}{4\pi\varepsilon_0}\int_x^{\infty} \frac{x}{(x^2+R^2)^{3/2}}\mathrm{d}x = \frac{Q}{4\pi\varepsilon_0\sqrt{x^2+R^2}} \tag{11-5-16}$$

解法 2：用电势叠加原理求电势. 令 $V_\infty=0$，环上任一点电荷 $\mathrm{d}q$ 对中心轴线上 x 点电势的贡献为

$$\mathrm{d}V = \frac{\mathrm{d}q}{4\pi\varepsilon_0\sqrt{x^2+R^2}}$$

沿圆环积分，得

$$V(x) = \oint_L \mathrm{d}V = \frac{1}{4\pi\varepsilon_0\sqrt{x^2+R^2}}\int\mathrm{d}q = \frac{Q}{4\pi\varepsilon_0\sqrt{x^2+R^2}}$$

例题 11-5-4 无限长直均匀带电线的电荷线密度为 λ，电场强度为 $\boldsymbol{E}=\dfrac{\lambda}{2\pi\varepsilon_0 x}\boldsymbol{i}$，求电势.

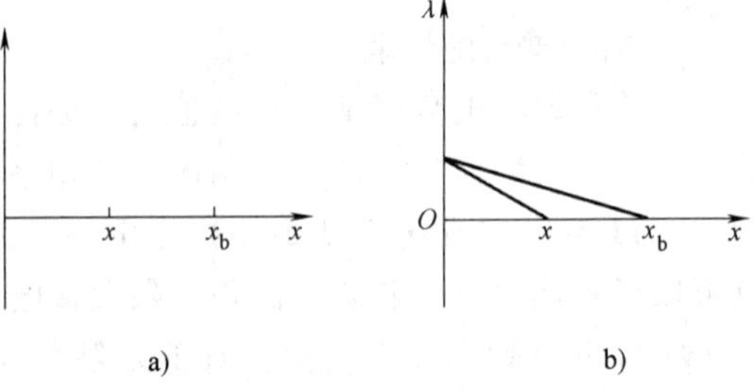

图 11-5-5

解法 1：用电场强度积分公式求电势. 如图 11-5-5a 所示，取 x_b 点为电势零点，则 x 点电势

$$V(x) = \int_x^{x_b} \boldsymbol{E} \cdot \mathrm{d}x = \frac{\lambda}{2\pi\varepsilon_0}\ln\frac{x_b}{x}$$

由上式可知，若取 $x_b=\infty$，则 $V(x)=\infty$，这是没有意义的. 所以，对无限长带电线，不能取无限远处电势为零. 通常，令 $x_b=1$，则电势

$$V(x) = -\frac{\lambda}{2\pi\varepsilon_0}\ln x \tag{11-5-17}$$

解法 2：用电势叠加原理求电势. 在无限长带电直线上任取微小点电荷 $\mathrm{d}q=\lambda\mathrm{d}l$，并取 x_b 为电势零点，如图 11-5-5b 所示. 根据式（11-5-11），点电荷 $\mathrm{d}q$ 对任一点 x 的电势的贡献为

$$\mathrm{d}V = \frac{\mathrm{d}q}{4\pi\varepsilon_0}\left(\frac{1}{r}-\frac{1}{r_b}\right) = \frac{\mathrm{d}q}{4\pi\varepsilon_0}\left(\frac{1}{\sqrt{x^2+l^2}}-\frac{1}{\sqrt{x_b^2+l^2}}\right)$$

将上式代入式（11-5-15），利用积分公式 $\displaystyle\int\frac{\mathrm{d}l}{\sqrt{x^2+l^2}} = \ln(l+\sqrt{x^2+l^2})$，得

$$V(x)=2\int_0^\infty dV=\frac{\lambda}{2\pi\varepsilon_0}\int_0^\infty\left(\frac{1}{\sqrt{x^2+l^2}}-\frac{1}{\sqrt{x_b^2+l^2}}\right)dl=\frac{\lambda}{2\pi\varepsilon_0}\ln\frac{x_b}{x}$$

若取 $x_b=\infty$，则 $V(x)=\infty$，这是没有意义的. 令 $x_b=1$，则 $V(x)=-\frac{\lambda}{2\pi\varepsilon_0}\ln x$，与解法 1 结果相同.

例题 11-5-5 无限大均匀带电平面的电荷面密度为 σ，求电势.

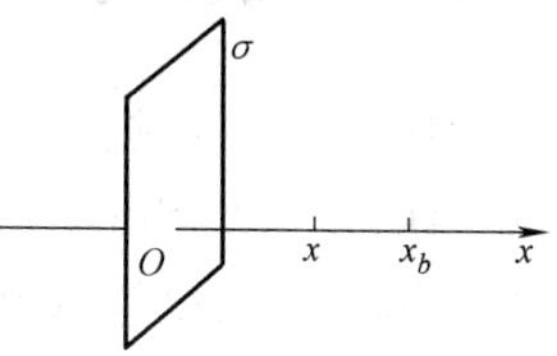

图 11-5-6

解法 1：用电场强度积分公式求电势. 根据例题 11-4-5 的结果，无限大均匀带电平面的电场是匀强电场，电场强度 $E=\frac{\sigma}{2\varepsilon_0}$. 取垂直于无限大带电平面的直线为 x 轴，直线与平面的交点为 x 轴的原点，如图 11-5-6 所示. 取 x 轴上 $x_b=1$ 为电势零点，则 x 轴上任一点 x 的电势

$$V(x)=\int_x^{x_b}\boldsymbol{E}\cdot d\boldsymbol{x}=\frac{\sigma}{2\varepsilon_0}(x_b-x)=\frac{\sigma}{2\varepsilon_0}(1-x) \tag{11-5-18}$$

解法 2：用电势叠加原理求电势. 如图 11-5-6 所示，取 $x_b=1$ 为电势零点. 根据式（11-5-11），带电平面上以 O 点为中心，以 r 为半径的细圆环对 x 轴上 x 点的电势的贡献为

$$dV=\frac{dq}{4\pi\varepsilon_0}\left(\frac{1}{\sqrt{x^2+r^2}}-\frac{1}{\sqrt{x_b^2+r^2}}\right),$$

式中，细环的电荷量 $dq=\sigma\cdot 2\pi r dr$. 所以，x 点的电势为

$$V(x)=\int_0^\infty dV=\frac{\sigma}{2\varepsilon_0}\int_0^\infty\left(\frac{1}{\sqrt{x^2+r^2}}-\frac{1}{\sqrt{x_b^2+r^2}}\right)r dr=\frac{\sigma}{2\varepsilon_0}(1-x)$$

例题 11-5-6 试证电偶极子在均匀静电场 $\boldsymbol{E}$ 中的电势能为

$$W=-\boldsymbol{p}\cdot\boldsymbol{E} \tag{11-5-19}$$

其中 $\boldsymbol{p}=q\boldsymbol{l}$ 是电偶极子的极矩.

证法 1：设电偶极矩 $\boldsymbol{p}=q\boldsymbol{l}$ 与电场方向的夹角为 θ. 电偶极子在静电场中的电势能就是组成电偶极子的两个等量异号点电荷的电势能之和，即

$$W=qV_+-qV_-=-q(V_--V_+)=-ql\cos\theta E=-\boldsymbol{p}\cdot\boldsymbol{E}$$

证法 2：当电偶极矩 $\boldsymbol{p}$ 与电场方向的夹角为 θ 时，在静电力矩 $\boldsymbol{M}=2\boldsymbol{r}\times q\boldsymbol{E}$ 作用下，电偶极子向 $\theta=0$ 的平衡位置转动，力矩所做的功是

$$A=\int_\theta^0\boldsymbol{M}\cdot d\theta=2q\int_\theta^0\boldsymbol{r}\times\boldsymbol{E}\cdot d\theta$$

$$=-pE\int_\theta^0\sin\theta d\theta=pE-pE\cos\theta=-[(-pE)-(-pE\cos\theta)]$$

所以，线圈在均匀磁场中的电势能为 $W=-\boldsymbol{p}\cdot\boldsymbol{E}$.

思考题 11.5

1. 为什么说静电场是保守力场？
2. 为什么说电势是描述静电场固有性质的物理量？电势能是否是描述静电场固有性质的物理量？为什么？

3. 选择不同的电势零点对两点间的电势差有无影响？

4. 有人说：若将点电荷电势 $\mathrm{d}V=\frac{\mathrm{d}q}{4\pi\varepsilon_0 r}$ 代入电势叠加原理公式 $V=\int_\Omega \mathrm{d}V$ 求无限大带电体的电势，得到的结果是无限大，没有意义，所以，不能用电势叠加原理求无限大带电体的电势. 这种说法正确否？

11.6　电场强度与电势的微分关系

如前所说，根据式（11-5-8），在已知电场强度时，要知道电场中某点的电势，只要从该点向电势零点作电场强度的积分就可以了. 式（11-5-8）描述的是电场强度与电势的积分关系. 那么，若已知电势，怎样求得电场强度呢？下面就来讨论这个问题.

1. 等势面

静电场中电势相等的点的集合叫做等势面. 例如，由点电荷电势的表示式 $V(r)=\frac{q}{4\pi\varepsilon_0 r}$ 可知，点电荷电场的等势面是以点电荷为中心的球面. 再例如，无限长直均匀带电线电场的电势 $V(x)=-\frac{\lambda}{2\pi\varepsilon_0}\ln x$，其等势面是以带电直线为轴线的无限长同轴圆柱面. 而无限大均匀带电平面的电场等势面是一簇平行于带电平面的无限大平面，这也不难从公式 $V(x)=\frac{\sigma}{2\varepsilon_0}(1-x)$ 看出来. 因此，对于无限大带电体，若取无穷远处为电势零点，则各等势面的电势都等于零，这显然是无意义的.

由式（11-5-6）

$$\int_a^b \boldsymbol{E}\cdot\mathrm{d}\boldsymbol{l}=-\left[V(r_b)-V(r_a)\right] \tag{11-6-1}$$

可知，当试验点电荷在同一个等势面内从 a 点运动到 b 点时，静电场力的功为零，即

$$\int_a^b \boldsymbol{E}\cdot\mathrm{d}\boldsymbol{l}=0 \tag{11-6-2}$$

若 a，b 两点足够近，上式可写为

$$\boldsymbol{E}\cdot\Delta\boldsymbol{l}=0 \tag{11-6-3}$$

式中的 $\Delta\boldsymbol{l}$ 是同一个等势面内从 a 到 b 的微小位移. 上式说明：电场强度处处垂直于等势面. 由于电力线处处与电场强度相切，所以，电力线处处垂直于等势面，如图 11-6-1 所示. 图中分别是点电荷电场、无限大均匀带电平面电场和电偶极子电场，带箭头的细线是电力线，不带箭头的粗线是等势面. 由图可见，电力线较密集处等势面也较密集.

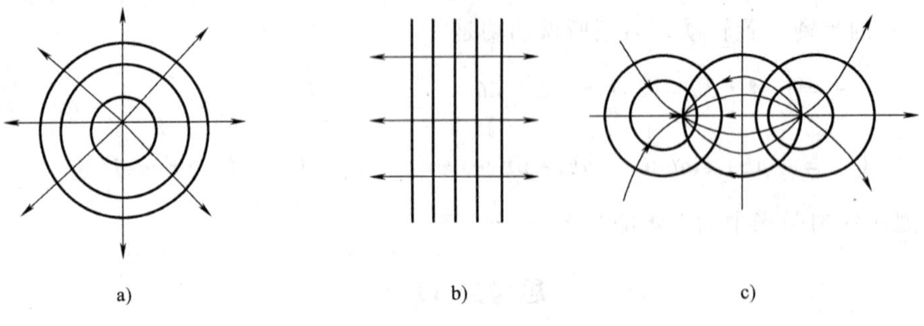

图 11-6-1

2. 电场强度与电势的微分关系

由式（11-6-1）可知，相距为 $\mathbf{d}\boldsymbol{l}$ 的两点的电势增量为

$$\mathrm{d}V = -\boldsymbol{E}\cdot\mathrm{d}\boldsymbol{l}$$

由于
$$\mathrm{d}V = \frac{\partial V}{\partial x}\mathrm{d}x + \frac{\partial V}{\partial y}\mathrm{d}y + \frac{\partial V}{\partial z}\mathrm{d}z = \nabla V\cdot\mathrm{d}\boldsymbol{l}$$

有
$$\boldsymbol{E} = -\nabla V \qquad (11\text{-}6\text{-}4)$$

这就是电场强度与电势的微分关系，它表明：电场强度等于电势的负梯度，即电势的空间变化率的负值．负号表示电场强度的方向总是指向电势降低的方向．由上式可知，由于无限大带电体的等势面伸向无穷远处，若取无穷远处为电势零点，则空间各点的电势等于零，从而电场强度都等于零，这显然是无意义的．

上式的分量式为
$$E_x = -\frac{\partial V}{\partial x}, E_y = -\frac{\partial V}{\partial y}, E_z = -\frac{\partial V}{\partial z} \qquad (11\text{-}6\text{-}5)$$

例题 11-6-1 已知点电荷电势 $V(r) = \dfrac{q}{4\pi\varepsilon_0 r}$，求电场强度.

解：
$$E = -\frac{\mathrm{d}V}{\mathrm{d}r} = \frac{q}{4\pi\varepsilon_0 r^2}$$

例题 11-6-2 已知电偶极子的偶极矩 $\boldsymbol{p} = q\boldsymbol{l}$. 求电势和电场强度.

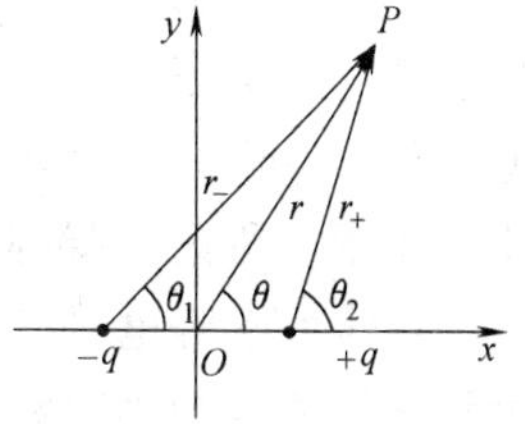

图 11-6-2

解：取 $V_\infty = 0$，图 11-6-2 中 $P(x, y)$ 点的电势是

$$V_P = \frac{q}{4\pi\varepsilon_0}\left(\frac{1}{r_+} - \frac{1}{r_-}\right) = \frac{q}{4\pi\varepsilon_0}\frac{r_- - r_+}{r_+ r_-}$$

由于 $r >> l$，$\theta_1 \approx \theta_2 \approx \theta$，有 $r_- - r_+ \approx l\cos\theta$，$r_+ r_- \approx r^2$，

于是得
$$V_P = \frac{ql\cos\theta}{4\pi\varepsilon_0 r^2} = \frac{ql}{4\pi\varepsilon_0}\frac{x}{(x^2+y^2)^{3/2}}$$

则有
$$E_x = -\frac{\partial V_P}{\partial x} = \frac{p}{4\pi\varepsilon_0}\frac{2x^2 - y^2}{(x^2+y^2)^{5/2}}$$

$$E_y = -\frac{\partial V_P}{\partial y} = \frac{p}{4\pi\varepsilon_0}\frac{3xy}{(x^2+y^2)^{5/2}}$$

式中 $p = ql$. 显然，在 $y = 0$ 处有

$$E_x = \frac{p}{2\pi\varepsilon_0 |x|^3},\quad E_y = 0$$

在 $x = 0$ 处有
$$E_x = -\frac{p}{4\pi\varepsilon_0 |y|^3},\quad E_y = 0$$

这与例题 11-3-1 的结果相同.

思考题 11.6

判断下列说法正确否：在静电场中，（1）等势面密集处电场强度大；（2）电势大处电场强度大，电势小处电场强度小；（3）电势不变区域内电场强度为零；（4）电场强度不变区域内电势也不变。

11.7 静电场中的金属导体

1. 静电感应和静电平衡态

如前所说，金属之所以导电是因为金属中存在大量自由电子．在没有静电场力作用时，这些自由电子的运动是非定向的无规则运动，整个金属是电中性的．当受到静电场作用时，金属中的自由电子在电场力作用下向着电场强度反方向运动，于是，在金属的一端很快积累起正电荷，另一端很快积累起负电荷，如图 11-7-1 所示．在静电场作用下，导体上的电荷重新分布的现象叫做静电感应(electrostatic induction)．静电感应不改变孤立导体上的电荷代数和，即不改变孤立导体的电荷量．

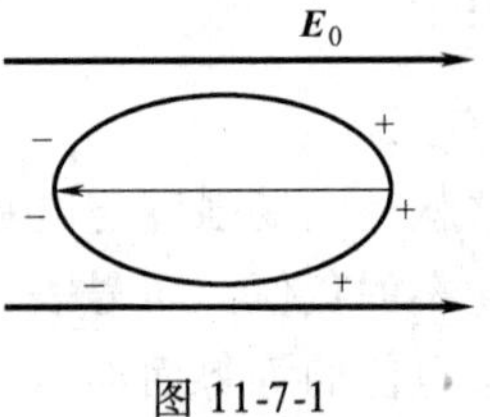

图 11-7-1

导体发生静电感应时，伴随着导体两端正负电荷的积累，导体内部逐渐建立起一个与外电场 $\boldsymbol{E}_0$ 反向的附加电场 $\boldsymbol{E}'$．只要 $E'<E_0$，导体中的自由电子就在合电场 $E=E_0-E'$ 作用下继续作定向运动，直到 $E'=E_0$，即合电场 $E=0$ 时，自由电子的定向运动才停止．导体上没有电荷定向运动的状态叫做导体的静电平衡态（electrostatic eguilibrium state）．可见，导体处于静电平衡态时，导体内部电场强度处处为零，导体是个等势体；导体表面电场强度处处垂直于导体面，导体表面是个等势面．这个结论叫做导体静电平衡性质或导体静电平衡条件．注意，所谓“导体内部”指的是导体物质的内部，不是导体内可能有的空腔．

导体处于静电平衡态时，若在导体内部任取一个封闭曲面，可知封闭曲面电通量因导体内部电场强度为零而为零．也就是说，导体内部处处不带电；若导体带电，电荷量一定分布在导体表面．

图 11-7-2 所示为一带空腔的导体，空腔中没有电荷．当导体在外电场作用下处于静电平衡态时，若在导体内部紧贴导体内表面作一个封闭曲面，由于封闭曲面电通量为零，可知导体内表面不带电；导体若带电，电荷量必分布在导体外表面．也就是说，空腔内的状态并不因外电场的存在而改变．

若导体的空腔内有电荷 q，如图 11-7-3 所示，由于上述紧贴导体内表面的封闭曲面电通量为零，导体内表面必分布着电荷 $-q$，空腔内的状态决定于原有的电荷 q，与外电场无关．若导体原来带电荷量为 Q，则导体外表面上的电荷量必为 $Q+q$，但整个导体带电荷量仍为 Q．

图 11-7-2　　图 11-7-3

2. 静电屏蔽

由前述可知，当导体在外电场作用下处于静电平衡态时，作为附加电场与外电场叠加的结果，导体内电场强度处处为零；若导体内有空腔，不论空腔内有无电荷，空腔内的状态不因外电场的存在而变. 总之，外电场的存在并不改变导体及空腔内部原来的状态. 这种外电场不影响导体及空腔内部状态的现象叫做静电屏蔽（electrostatic shielding）.

另一方面，如前所说，导体空腔内有电荷时，在导体外表面感应出等量同号电荷，这些电荷的电场分布在导体外. 也就是说，导体空腔内的电场对导体外有影响. 要消除这种影响，须将导体接地，使导体和大地电势相等. 这时，空腔内电场被导体封闭在空腔内不影响导体外，这也叫做静电屏蔽.

3. 导体表面电场强度与表面电荷密度的关系

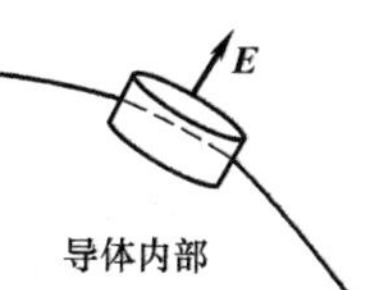

图 11-7-4

如图 11-7-4 所示，设导体表面某点处的面电荷密度为 σ，在该点处作一个微小扁平圆柱高斯面，使圆柱上、下底面从导体表面两侧紧贴导体表面。设圆柱底面面积为 ΔS，则有

$$\oiint_S \boldsymbol{E} \cdot \mathrm{d}\boldsymbol{S} = \frac{1}{\varepsilon_0}\sigma \cdot \Delta S$$

导体处于静电平衡态时，表面电场强度垂直于表面，导体内部电场强度为零，因此，只有圆柱上底面的电通量不为零. 又因为圆柱底面积足够小，由上式得

$$E \cdot \Delta S = \frac{1}{\varepsilon_0}\sigma \cdot \Delta S$$

即

$$E = \frac{\sigma}{\varepsilon_0} \tag{11-7-1}$$

这表明导体处于静电平衡态时，导体表面电场强度与表面电荷密度成正比. 那么，导体表面电荷分布有什么特点呢？

4. 孤立带电导体表面电荷的分布

根据大量的观测和实验，关于孤立带电导体表面电荷的分布有下面的定理：

孤立带电导体处于静电平衡态时，导体表面凹陷处不带电，导体凸表面上的面电荷密度与表面曲率半径成反比，表面平坦处几乎不带电.

证：先来证明孤立带电导体处于静电平衡态时导体表面凹陷处不带电. 如图 11-7-5 所示，设导体表面上有一凹陷. 如果凹陷处带电，由于表面上电场强度处处与表面垂直，在凹陷面上总可以找到两点，使从这两点所引电力线相交，这与电力线在无电荷处不相交的性质矛盾，故凹陷面上不可能带电. 所以，导体若带电，电荷量必分布在导体表面非凹陷处，而从导体表面非凹陷处任意两点所引电力线必不相交.

图 11-7-5　　图 11-7-6

再证导体凸表面上的面电荷密度与表面曲率半径成反比，表面平坦处几乎不带电. 为此，先来求一个均匀带电球面片顶点的电势. 如图 11-7-6 所示，半径为 R 的球面片的顶点

为 A，球面片在球心 O 所张的角为 β，面电荷密度为 σ. 球面片可以看作许多带电细圆环的集合，其中半径为 $r=R\sin\theta$（$0\leqslant\theta\leqslant\beta/2$）的细圆环中心 O' 到顶点 A 的距离为 $x=R(1-\cos\theta)$. 根据电势叠加原理，顶点 A 的电势

$$V_A=\frac{1}{4\pi\varepsilon_0}\int_0^{\frac{\beta}{2}}\frac{\sigma 2\pi r\cdot R\mathrm{d}\theta}{\sqrt{x^2+r^2}}=\frac{\sigma R}{\varepsilon_0}\int_0^{\frac{\beta}{2}}\cos\frac{\theta}{2}\mathrm{d}\left(\frac{\theta}{2}\right)=\frac{\sigma R}{\varepsilon_0}\sin\frac{\beta}{4}$$

设球面片足够小，则 β 很小，$\sin\frac{\beta}{4}\approx\frac{\beta}{4}$，$A$ 点电势可写作

$$V_A=\frac{\sigma R}{4\varepsilon_0}\beta \tag{11-7-2}$$

设带电导体处于静电平衡态，i、j 为导体凸表面上相距为 a 的两点. i 点周围足够小表面可看作曲率半径为 r_i 的微小球面片，电荷面密度为 σ_i，则此微小球面片对 i 点电势的贡献为

$$V_{i0}=\frac{\sigma_i r_i}{4\varepsilon_0}\beta_i \tag{11-7-3}$$

而 j 点周围微小球面片上的电荷对 i 点电势的贡献可看成点电荷对 i 点电势的贡献为

$$V_{ij}=\frac{\sigma_j(\Delta S)_j}{4\pi\varepsilon_0 a}=\frac{\sigma_j r_j^2\beta_j^2}{16\varepsilon_0 a} \tag{11-7-4}$$

式中，j 点周围微小球面片的面积

$$(\Delta S)_j=r_j^2\int_0^{2\pi}\mathrm{d}\varphi\int_0^{\frac{\beta_j}{2}}\sin\theta\mathrm{d}\theta=2\pi r_j^2\left(1-\cos\frac{\beta_j}{2}\right)=4\pi r_j^2\left(\sin\frac{\beta_j}{4}\right)^2=\frac{1}{4}\pi r_j^2\beta_j^2.$$

由式（11-7-3）、式（11-7-4）得 i 点电势

$$\begin{aligned}V_i&=V_{i0}+V_{ij}+V_{iq}\\&=\frac{\sigma_i r_i\beta_i}{4\varepsilon_0}+\frac{\sigma_j r_j^2\beta_j^2}{16\varepsilon_0 a}+\sum_{k\neq i,j}\frac{\sigma_k r_k^2\beta_k^2}{16\varepsilon_0 a_{ik}}\end{aligned} \tag{11-7-5}$$

上式中第三项是除 i、j 两点外导体表面其余电荷对 i 点电势的贡献，$k\neq i$，j.

同理，j 点的电势

$$\begin{aligned}V_j&=V_{j0}+V_{ji}+V_{jq}\\&=\frac{\sigma_j r_j\beta_j}{4\varepsilon_0}+\frac{\sigma_i r_i^2\beta_i^2}{16\varepsilon_0 a}+\sum_{k\neq i,j}\frac{\sigma_k r_k^2\beta_k^2}{16\varepsilon_0 a_{jk}}\end{aligned} \tag{11-7-6}$$

因为导体表面是等势面，$V_i=V_j$. 令 i、j 两点的微小球面片趋于无穷小，则其上的电荷量远小于导体其余表面的电荷量，因此 $V_{iq}\approx V_{jq}$，于是得

$$\frac{\sigma_i}{\sigma_j}=\frac{r_j\beta_j}{r_i\beta_i}\frac{1-\dfrac{r_j\beta_j}{4a}}{1-\dfrac{r_i\beta_i}{4a}} \tag{11-7-7}$$

在上式中，由于 i、j 两点的球面片足够小且相距较远，可将 β_j、β_i 视为等价无穷小，即 $\lim\limits_{\beta\to 0}\frac{\beta_j}{\beta_i}=1$，且 $\frac{r_j\beta_j}{a}\ll 1$，$\frac{r_i\beta_i}{a}\ll 1$，于是得

$$\frac{\sigma_i}{\sigma_j}=\frac{r_j}{r_i} \tag{11-7-8}$$

这表明：处于静电平衡态的导体凸表面上相距较远两点的面电荷密度与两点处的表面曲率半径成反比. 在导体表面平坦处，曲率半径 $r\to\infty$，面电荷密度 $\sigma\to 0$，即导体表面平坦处几乎不带电，这与实验相符. 因此，导体表面愈尖锐的地方面电荷密度愈大，电场强度愈大. 当电场强度大到一定程度时，导体表面尖锐处附近的空气就会被电离而形成尖端放电.

例题 11-7-1　如图 11-7-7 所示，半径为 R_1 的金属球外有一与金属球同心的金属球壳，球壳内半径为 R_2，外半径为 R_3，$R_1<R_2<R_3$，球和球壳各带电荷量 q，求电场强度和电势.

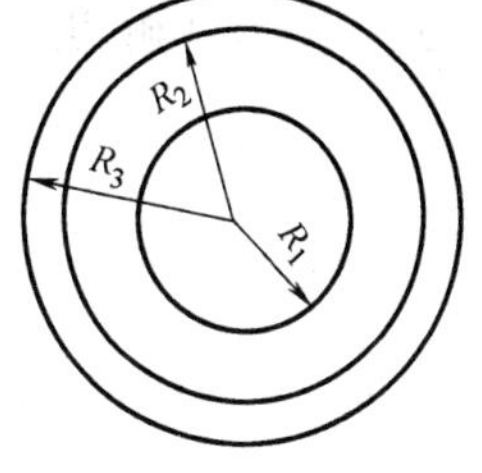

图 11-7-7

解：(1) 求电场强度.

设某点与球心相距 r. 若 $r<R_1$，该点在金属球内，电场强度为

$$E_1=0$$

若 $R_1<r<R_2$，按照静电场高斯定理，有

$$\oint\!\!\!\oint \boldsymbol{E}_2\cdot\mathrm{d}\boldsymbol{S}=\frac{q}{\varepsilon_0}$$

电场强度为

$$E_2=\frac{q}{4\pi\varepsilon_0 r^2}$$

若 $R_2<r<R_3$，该点在金属球壳内，电场强度 $E_3=0$.

若 $r\geqslant R_3$，按照静电场高斯定理，有

$$\oint\!\!\!\oint \boldsymbol{E}_4\cdot\mathrm{d}\boldsymbol{S}=\frac{2q}{\varepsilon_0}$$

电场强度为

$$E_4=\frac{2q}{4\pi\varepsilon_0 r^2}$$

(2) 求电势. 令 $V_\infty=0$，当 $r\geqslant R_3$ 时，$V(r)=\int_r^\infty \boldsymbol{E}_4\cdot\mathrm{d}\boldsymbol{r}=\frac{2q}{4\pi\varepsilon_0 r}$.

当 $R_2<r<R_3$ 时，$V(r)=\int_r^{R_3}\boldsymbol{E}_3\cdot\mathrm{d}\boldsymbol{r}+V(R_3)=\frac{2q}{4\pi\varepsilon_0 R_3}$.

当 $R_1<r<R_2$ 时，$V(r)=\int_r^{R_2}\boldsymbol{E}_2\cdot\mathrm{d}\boldsymbol{r}+\int_{R_2}^{R_3}\boldsymbol{E}_3\cdot\mathrm{d}\boldsymbol{r}+V(R_3)=\frac{q}{4\pi\varepsilon_0}\left(\frac{1}{r}-\frac{1}{R_2}\right)+\frac{2q}{4\pi\varepsilon_0 R_3}$.

当 $r_1<R_1$ 时，$V(r)=\int_r^{R_1}\boldsymbol{E}_1\cdot\mathrm{d}\boldsymbol{r}+V(R_1)=\frac{q}{4\pi\varepsilon_0}\left(\frac{1}{R_1}-\frac{1}{R_2}\right)+\frac{2q}{4\pi\varepsilon_0 R_3}$.

例题 11-7-2　真空中平行放置着两块板面积同为 S 的金属导体平板 A、B，各带电荷量 Q_A，Q_B，板间距远小于板面线度. 若不计边缘效应，求每个板面的面电荷密度.

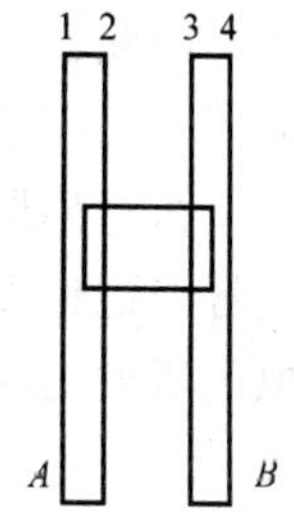

图 11-7-8

解：由于板间距远小于板面线度，两个导体板的 4 个面可以看成 4 个均匀带电平行平面，面电荷密度依次设为 σ_1、σ_2、σ_3、σ_4，如图 11-7-8 所示. 导体内任意点 P 处的电场强度为零，是 4 个带电平面电场叠加的结果，故有

$$\frac{\sigma_1}{2\varepsilon_0}-\frac{\sigma_2}{2\varepsilon_0}-\frac{\sigma_3}{2\varepsilon_0}-\frac{\sigma_4}{2\varepsilon_0}=0 \qquad ①$$

按照电荷守恒定律，有

$$S(\sigma_1+\sigma_2)=Q_A \qquad ②$$

$$S(\sigma_3+\sigma_4)=Q_B \qquad ③$$

为寻找第四个方程，作图 11-7-8 中所示的圆柱高斯面，使两个底面分别在 A、B 板内，于是有

$$\oiint \boldsymbol{E}\cdot \mathrm{d}\boldsymbol{S} = \frac{1}{\varepsilon_0}(\sigma_2+\sigma_3)\cdot \Delta S$$

由于 $E=0$，得

$$\sigma_2+\sigma_3=0 \quad ④$$

由式①～式④解得

$$\sigma_1=\sigma_4=\frac{Q_A+Q_B}{2S},\ \sigma_2=-\sigma_3=\frac{Q_A-Q_B}{2S}$$

讨论：

（1）若 $Q_A=-Q_B=Q$，则 $\sigma_1=\sigma_4=0$，$\sigma_2=-\sigma_3=\frac{Q}{S}$. 这就是说，两个导体板带等量异号电荷时，电荷全部分布在导体板的两个内侧面，电场囿于两个导体板之间.

（2）若 $Q_A=Q_B=Q$，则 $\sigma_1=\sigma_4=\frac{Q}{S}$，$\sigma_2=-\sigma_3=0$. 这就是说，两个导体板带等量同号电荷时，电荷全部分布在导体板的两个外侧面，两个导体板之间没有电场，好像一个导体的空腔.

思考题 11.7

1. 将一个正点电荷缓慢移近一个不带电的导体时，导体的电势升高、降低还是不变？如果点电荷是负电荷，导体电势又如何？

2. 图 11-7-9 所示为一有空腔的导体，空腔内无电荷. 导体处于静电平衡态时，是否可能出现这种情况：导体内表面的部分区域带正电荷，另一部分区域带等量负电荷，但仍然满足整个内表面不带电的条件？为什么？

图 11-7-9

11.8* 逸出电势 接触电势差

1. 逸出电势

金属导体内的大量自由电子在不停地作热运动，但是，在平常情况下并没有大量自由电子从金属导体中脱离出来. 这是为什么呢？

按照经典电子论，原子由带正电荷的原子核与带负电荷的核外电子组成. 因此，金属导体的表面层可以看成是大量电偶极子排列成的电偶层，如图 11-8-1 所示. 电偶层厚度为 10^{-10}m 的数量级，与原子半径的数量级相同. 在电偶层中存在着一个静电场，方向由导体内指向导体表面，相应的电势降记作 U，$U=-\Delta V$. 若导体内的电子穿过电偶层逸出，电偶层电场对电子所做的功

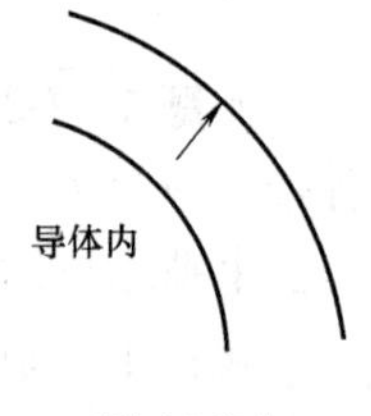

图 11-8-1

$$W=e\Delta V=-eU \tag{11-8-1}$$

叫做电子逸出功（escape work），单位通常为电子伏特（eV），$1\mathrm{eV}=1.60\times10^{-19}$J. 金属内的电子要能从金属表面逸出，其初动能必须满足条件：$\frac{1}{2}mV^2\geqslant eU$.

若取电偶层外表面的电势为零，则电偶层内表面的电势

$$V = U = -\frac{W}{e} \tag{11-8-2}$$

叫做逸出电势（escape potential）. 各种金属的逸出电势值大小不一，大多在 2～6V 之间. 有多种方法增大金属中的自由电子的热运动动能，以使电子从金属表面逸出. 提高金属的温度，使金属发射电子，这叫做热电子发射，发射出的电子叫做热电子；用大于某个频率的光照射金属，使电子逸出，这叫做光电效应，逸出的电子叫做光电子；用电子流射向金属，使金属中的电子受激逸出，这叫做次级电子发射. 表 11-1 是用光电效应测出的几种金属的逸出电势值.

表 11-1 几种金属的逸出电势 单位：V

金属	锌	铅	锡	铁	铜	银	金
逸出电势	4.24	4.14	4.40	4.60	4.18	4.73	4.82

2. 接触电势差

实验表明：两种金属接触时，一种带正电，另一种带负电，接触面上存在电势差，叫做接触电势差（contact potential difference）. 接触电势差的值不大，一般在十分之几伏到几伏之间.

接触电势差是意大利物理学家伏特（A. Volta，1745—1827）通过大量实验于 1797 年发现的. 伏特发现，如果按照锌、铅、锡、铁、铜、银、金的顺序将任意两种金属相接触，排在这个序列前面的金属带正电，后面的金属带负电. 这就是著名的伏特序列. 后人对这个序列做了一些补充. 伏特还发现，若把几种金属串接起来，总电势差只与首尾的金属有关，与中间的金属无关. 当几种金属连成一个闭合回路时，只要回路上各处温度相同，回路上的总电势差等于零.

产生接触电势差的原因有两个，一是不同金属有不同的逸出电势，二是不同金属有不同的自由电子数密度. 为便于说明，设相互接触的两种金属的温度相同.

（1）设图 11-8-2 中金属 A 和金属 B 的逸出电势分别为 V_1、V_2，则接触面两侧的逸出电势差

$$U'_{12} = V_1 - V_2 \tag{11-8-3}$$

（2）设金属 A 和金属 B 的自由电子数密度分别为 n_1 和 n_2，$n_1 > n_2$. 金属中的大量自由电子可以看作自由电子气. 按照气体分子动理论，两种金属中的自由电子由于热运动而相互向对方扩散. 由于 $n_1 > n_2$，从金属 A 流向金属 B 的电子多于从金属 B 流向金属 A 的电子，因此，A 失去较多的电子带正电，B 得到较多的电子带负电，在接触面两侧形成一个静电场. 此静电场阻碍自由电子的运动，使两种金属之间自由电子的扩散很快达到动态平衡. 下面来证明扩散电势差

$$U''_{12} = \frac{kT}{e}\ln\frac{n_1}{n_2} \tag{11-8-4}$$

证：设金属 A 的接触面由于带正电电势为 V_1. 因此，能逸出 A 表面的电子的动能必须满足条件 $\frac{1}{2}mu^2 \geqslant eV_1$，即逸出电子的最小速率 $u_0 = \sqrt{\frac{2eV_1}{m}}$. 根据气体分子动理论，单位时间内从金属 A 单位表面积逸出的电子数

$$N_1 = \frac{1}{6}\int_{u_0}^{\infty} n_1 u f(u)\,\mathrm{d}u = \frac{1}{3}n_1\sqrt{\frac{2kT}{\pi m}}\left(1+\frac{eV_1}{kT}\right)\mathrm{e}^{-\frac{eV_1}{kT}}$$

同理，单位时间内从金属 B 单位表面积逸出的电子数

$$N_2 = \frac{1}{3}n_2\sqrt{\frac{2kT}{\pi m}}\left(1+\frac{eV_2}{kT}\right)\mathrm{e}^{-\frac{eV_2}{kT}}$$

达到动态平衡时，$N_1 = N_2$，且 $kT >> eV$，得

$$\frac{n_1}{n_2} = \mathrm{e}^{\frac{e}{kT}(V_1 - V_2)}$$

令 $U''_{12} = V_1 - V_2$，即得式（11-8-4）.

由式（11-8-3）和式（11-8-4）得两种金属的接触电势差

$$U_{12} = U''_{12} + U'_{12} = \frac{kT}{e}\ln\frac{n_1}{n_2} + V_1 - V_2 \tag{11-8-5}$$

显然，$U_{12} = -U_{21}$. 所以，当两种金属连成一个闭合回路时，整个回路的接触电势差等于零.

思考题 11.8

1. 一个导体处于静电平衡态. 严格地说，导体内部的电势值与导体外表面的电势值并不相等. 为什么？

2. 为什么人们在研究电路时不考虑接触电势差？

11.9 电容

1. 电容的基本概念

两个带等量异号电荷的导体组成的器件叫做电容器（capacitor），这两个导体叫做电容器的正、负极（positive and negative pole）. 设电容器两极的电荷量分别是 $+q$ 和 $-q$，电势差是 U，则比值

$$C = \frac{q}{U} \tag{11-9-1}$$

叫做电容器的电容（capacitance）. 电容的单位是法拉（F），1F = 1C/V.

一个电容器的电容由这个电容器的固有性质（如形状、尺寸、两极之间的电介质等）决定，与电容器所带的电荷量和两极的电势差无关. 在电路图中，电容器的符号是⊣⊢.

电容器的种类很多. 下面介绍几种两极之间不含其他电介质（即两极之间为真空或空气）的电容器.

2. 孤立球体的电容

若组成电容器的两个导体相距无限远，则其中一个导体可以看作孤立导体. 设半径为 r 的导体球（面）带电荷量为 q，则其电势 $V = \frac{q}{4\pi\varepsilon_0 r}$. 所以，孤立球体的电容为

$$C = \frac{q}{V} = 4\pi\varepsilon_0 r \tag{11-9-2}$$

可见，孤立球体的电容与球半径成正比. 若某个孤立球体的电容为 1F，则其半径为 9 ×

10^9 m，而地球的半径为 6×10^6 m. 所以，法拉是一个很大的单位. 通常使用的电容器的电容数量级是 $\mu F=10^{-6}F$ 或 $pF=10^{-12}F$. 地球的电容大约是 667μF.

3. 平行板电容器的电容

由例题 11-7-2 已经知道，两块平行且相距很近的带等量异号电荷的相同导体平板的电荷全部均匀地分布在导体板的两个内侧面上. 因此，若不计边缘效应，两个导体板之间的电场是匀强电场，电场强度 $E=\dfrac{\sigma}{\varepsilon_0}$，两极之间的电势差为

$$U=E\cdot d=\frac{q}{S\varepsilon_0}d$$

式中，d 是两个导体板内侧面的距离；S 是板面积. 所以，平行板电容器的电容

$$C=\frac{q}{U}=\frac{S\varepsilon_0}{d} \qquad (11\text{-}9\text{-}3)$$

可见，平行板电容器的电容与板面积成正比，与板间距成反比.

4. 球形电容器的电容

两个同心金属球壳组成的电容器叫做球形电容器. 设内球壳的外半径为 R_1、外球壳的内半径为 R_2，则内外球壳之间的电势差为

$$U=\int_{R_1}^{R_2}\frac{q}{4\pi\varepsilon_0 r^2}\mathrm{d}r=\frac{q}{4\pi\varepsilon_0}\left(\frac{1}{R_1}-\frac{1}{R_2}\right)$$

电容

$$C=\frac{q}{U}=\frac{4\pi\varepsilon_0 R_1R_2}{R_2-R_1} \qquad (11\text{-}9\text{-}4)$$

5. 电容器的串联和并联

（1）电容器的串联

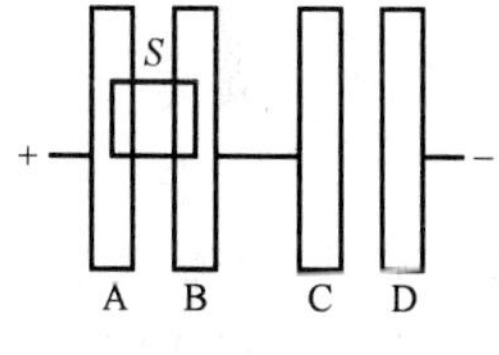

图 11-9-1

如图 11-9-1 所示，两个空气平板电容器串联在电路中，A、B 和 C、D 分别是电容器的两极. 接通电源，达到静电平衡态后，设 A 板内侧面上电荷量为 Q. 作一个柱形高斯面 S，使两个底面分别在 A 板和 B 板内. 由于此高斯面电通量为零，故 B 板内侧面的电荷量为 $-Q$. B、C相连，作为一个导体本不带电，因此，C 板必带电 Q. 同理，D 板带电 $-Q$. 总之，串联起来的各电容器的电荷量相等，即 $Q_i=Q$. 以上分析方法和结论对各种电容器都适用. 由于串联电容器的总电势差等于每个电容器两极电势差之和，即 $U=\sum_i U_i$，所以，串联电容器的等效电容

$$C=\frac{Q}{U}=\frac{1}{\sum_i\frac{U_i}{Q_i}}=\frac{1}{\sum_i\frac{1}{C_i}}$$

即

$$\frac{1}{C}=\sum_i\frac{1}{C_i} \qquad (11\text{-}9\text{-}5)$$

可见，串联等效电容的倒数等于各分电容倒数之和. 所以，串联等效电容小于任何一个分电容.

（2）电容器的并联

如图 11-9-2 所示，两个电容器并联在电路中. 显然，各分电容器两极之间的电势差都

相等，都等于电路正负极之间的电势差，即 $U_i = U$，而并联电容的电荷量等于各分电容电荷量之和，即 $Q = \sum_i Q_i$. 所以，并联电容器的等效电容

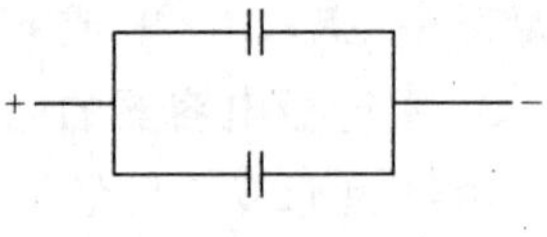

$$C = \frac{Q}{U} = \sum_i \frac{Q_i}{U_i} = \sum_i C_i \tag{11-9-6}$$

图 11-9-2

可见，并联电容器的等效电容等于各分电容之和. 所以，并联电容大于任何一个分电容.

思考题 11.9

1. 有人说，孤立导体的电容就是导体电势升高一伏需要的电荷量，对否？为什么？

2. 已知两个电容 $C_1 : C_2 = 1:2$. （1）两个电容器串联时，它们的电荷量之比是多少？电压之比是多少？（2）两个电容器并联时，它们的电荷量之比是多少？电压之比是多少？

11.10 电介质

所谓电介质（dielectric medium）就是电绝缘材料. 前面研究静电场时没有考虑电介质. 若存在电介质，会发生什么现象，有什么规律？这一节就来研究这些问题. 若无特别说明，本书中的电介质都是指各向同性的均匀电介质.

1. 电介质对电压和电场的影响

实验表明，在平板电容器极板所带电荷量不变条件下，当给两极板之间充满各向同性的均匀电介质时，极板间电压变小，等于未充电介质时电压 U_0 的$\frac{1}{\varepsilon_r}$倍，即

$$U = \frac{U_0}{\varepsilon_r} \tag{11-10-1}$$

式中的 $\varepsilon_r > 1$ 是一个无量纲常数，叫做电介质的相对介电常数. 不同种类电介质的相对介电常数不同. 若将真空当做一种电介质，其 $\varepsilon_r = 1$；对于空气，$\varepsilon_r \approx 1$.

由式（11-10-1）可知，充入电介质后，平板电容器的电容为

$$C = \frac{Q}{U} = \varepsilon_r C_0 \tag{11-10-2}$$

式中的 $C_0 = Q/U_0$ 是未充电介质时电容器的电容. 上式表明，充入电介质后，电容变大.

我们知道，未充入电介质时，平板电容器两极板之间的电场 $\boldsymbol{E}_0$ 是匀强电场. 充入各向同性均匀电介质后，由于电场强度 $\boldsymbol{E}_0$ 和介质都是均匀的，因此，有理由认为，两极板之间的电场仍是匀强电场，电场强度为

$$E = \frac{U}{d} = \frac{1}{\varepsilon_r}\frac{U_0}{d} = \frac{1}{\varepsilon_r}E_0 \tag{11-10-3}$$

上式表明，充入电介质后电场强度变小. 据此可以认为，充入电介质后，两极板之间的电场强度等于真空时的电场强度 $\boldsymbol{E}_0$ 与一个新出现的反向附加电场强度 $\boldsymbol{E}'$的叠加，即

$$\boldsymbol{E} = \boldsymbol{E}_0 + \boldsymbol{E}' \quad 或 \quad E = E_0 - E' \tag{11-10-4}$$

式中 $E' < E_0$.

2. 介质电极化

我们知道，未充入介质时电容器两极之间的电场是导体极板上自由电荷的电场．那么，充入介质后出现的附加电场是什么电荷的电场呢？如图 11-10-1 所示，介质内的附加电场 $\boldsymbol{E}'$是分布在介质表面的电荷的电场．为清晰起见，图中极板与介质之间留出了明显的空隙．这种由于外电场的作用而出现在介质表面的电荷叫做束缚电荷（bound charge）．所谓“束缚”意指这种电荷不能在介质上自由移动．事实上，若介质是非均匀的，束缚电荷也可出现在介质内部．设图中导体极板上的自由电荷面密度为 σ_0，相应的电场强度 $E_0=\sigma_0/\varepsilon_0$；介质表面上的束缚电荷面密度为 σ'，相应的附加电场强度 $E'=\sigma'/\varepsilon_0$. 于是，由式（11-10-3）和式（11-10-4）得

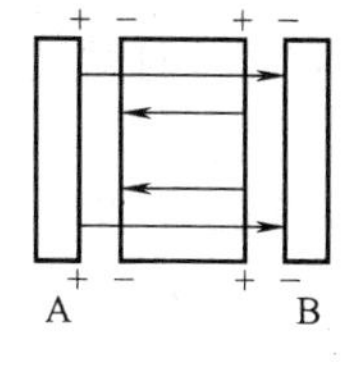

图 11-10-1

$$\sigma'=\sigma_0\left(1-\frac{1}{\varepsilon_{\mathrm{r}}}\right) \tag{11-10-5}$$

上式给出了束缚电荷面密度与自由电荷面密度的关系．注意上式中的束缚电荷面密度与自由电荷面密度都是正值．

上述这种在电场作用下介质上出现束缚电荷的现象叫做介质的电极化（electric polarization of medium）．介质电极化的微观机制可以说明如下：

电介质分为两类，一类由有极分子组成，另一类由无极分子组成．所谓有极分子就是分子中正负电荷的几何中心不重合的分子，其分子电偶极矩不为零．所谓无极分子就是分子中正负电荷的几何中心重合的分子，其分子电偶极矩为零．例如，在图 11-10-2 中，水（H_2O）分子是有极分子，甲烷（CH_4）分子是无极分子．

在无外电场作用时，由于分子热运动，电介质内分子电偶极矩的方向是混乱无序的，电介质不带电．在外加电场作用下，有极分子的分子电偶极矩的方向与外电场方向趋于一致，这种现象叫做转向极化．在各向同性的均匀介质内部，转向极化使众多的分子电偶极子首尾相接，正负电荷相互中和，介质内部不带电．但在介质表面，转向极化使表面带正电或负电（见图 11-10-1）．无极分子在外加电场作用下，本来重合的正负电荷几何中心发生错位，形成分子电偶极子，这种现象叫做位移极化．位移极化也使各向同性的均匀介质表面带正电或负电．

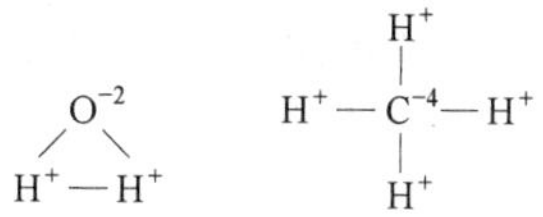

O^{-2} ; H^+ — H^+ ; 水分子

H^+ ; H^+ — C^{-4} — H^+ ; H^+ ; 甲烷分子

图 11-10-2

定义：介质发生电极化时，介质单位体积内的分子电偶极矩的矢量和叫做介质的电极化强度，记作

$$\boldsymbol{P}=\frac{1}{\Delta V}\sum_i \boldsymbol{p}_i \tag{11-10-6}$$

式中，$\boldsymbol{p}_i$ 是体积 ΔV 内的第 i 个分子电偶极矩．上述定义适用于任何电介质．

在电介质中任取封闭曲面 S，如图 11-10-3 所示．设 $\mathrm{d}\boldsymbol{S}=\boldsymbol{n}\mathrm{d}S$ 为曲面 S 上任意面元矢量，$\boldsymbol{P}$ 为电极化强度，则有

$$\boldsymbol{P}\cdot\mathrm{d}\boldsymbol{S}=nql\cos\theta\mathrm{d}S$$

式中，n 是介质单位体积内的分子数；ql 是分子电偶极矩的大小；θ 是 $\boldsymbol{P}$ 和 $\mathrm{d}\boldsymbol{S}$ 的夹角．设封闭曲面 S 内的束缚电荷密度为 σ'，则 $\sigma'=-nql\cos\theta$，于是有

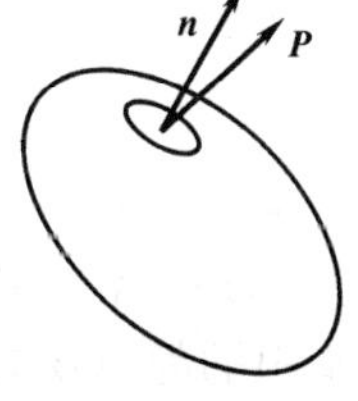

图 11-10-3

$$\boldsymbol{P}\cdot\mathrm{d}\boldsymbol{S}=nql\cos\theta\mathrm{d}S=-\sigma'\mathrm{d}S$$

上式中负号的意义是：当 $\theta<\dfrac{\pi}{2}$时，极化强度 $\boldsymbol{P}$ 的方向由面元 dS 内指向外，$\sigma'<0$，$\boldsymbol{P}\cdot\mathrm{d}\boldsymbol{S}>0$；当 $\theta>\dfrac{\pi}{2}$时，$\boldsymbol{P}$ 的方向由面元 dS 外指向内，$\sigma'>0$，$\boldsymbol{P}\cdot\mathrm{d}\boldsymbol{S}<0$. 在封闭曲面 S 上积分上式，得

$$\oint\!\!\!\oint_S \boldsymbol{P}\cdot\mathrm{d}\boldsymbol{S} = -\oint\!\!\!\oint_S \sigma'\mathrm{d}S \tag{11-10-7}$$

式中的 $\oint\!\!\!\oint_S \sigma'\mathrm{d}S$ 是封闭曲面 S 内的束缚电荷.

3. 介质中的静电场高斯定理

真空中的静电场高斯定理式（11-4-3）对于有电介质时的情况也成立，只要把高斯面内的所有电荷，包括自由电荷和束缚电荷都考虑在内就可以了．所以，在有电介质时，由式（11-4-3）得

$$\oint\!\!\!\oint_S \boldsymbol{E}\cdot\mathrm{d}\boldsymbol{S} = \frac{1}{\varepsilon_0}\sum_i (q_{0i}+q_i')$$

上式中的 $\boldsymbol{E}=\boldsymbol{E}_0+\boldsymbol{E}'$，即式（11-10-4）．将式（11-10-7）代入上式，得

$$\oint\!\!\!\oint_S (\varepsilon_0\boldsymbol{E}+\boldsymbol{P})\cdot\mathrm{d}\boldsymbol{S} = \sum_I q_{0i} \tag{11-10-8}$$

定义：电位移（electric displacement）矢量

$$\boldsymbol{D}=\varepsilon_0\boldsymbol{E}+\boldsymbol{P} \tag{11-10-9}$$

于是，可将式（11-10-8）写成

$$\oint\!\!\!\oint_S \boldsymbol{D}\cdot\mathrm{d}\boldsymbol{S} = \sum_i q_{0i} \tag{11-10-10}$$

式（11-10-10）叫做介质中的静电场高斯定理（Gauss theorem of electrostatic field in medium），其物理意义是：封闭曲面的电位移通量等于封闭曲面内包围的所有自由电荷代数和. 由于定义式（11-10-9）中的 $\boldsymbol{E}$ 和 $\boldsymbol{P}$ 都是位置的函数（即局域量），且以上推导过程并未设定介质性质，所以，式（11-10-9）和式（11-10-10）对任何种类的电介质都成立.

如前所说，各向同性的均匀电介质发生电极化时，分子电偶极矩的方向趋于外电场方向，即电极化强度 $\boldsymbol{P}$ 与介质中电场强度 $\boldsymbol{E}$ 方向相同，因此可令

$$\boldsymbol{P}=\chi_e\varepsilon_0\boldsymbol{E} \tag{11-10-11}$$

式中，比例系数χ_e 是一个待定的无量纲常数，叫做介质的电极化率．将上式代入式（11-10-9），得

$$\boldsymbol{D}=(1+\chi_e)\varepsilon_0\boldsymbol{E} \tag{11-10-12}$$

下面证明，对于各向同性均匀电介质，有关系式

$$1+\chi_e=\varepsilon_r \tag{11-10-13}$$

证：不失一般性，设平行板电容器中充满各向同性均匀电介质，介质的相对介电常数为 ε_r. 作底面积为 ΔS 的圆柱高斯面，如图 11-10-4 所示，两个底面分别在极板和介质中．根据真空中的静电场高斯定理，有

$$\oint\!\!\!\oint_S \boldsymbol{E}\cdot\mathrm{d}\boldsymbol{S} = \frac{1}{\varepsilon_0}(\sigma_0+\sigma')\Delta S$$

上式两边同乘以$\chi_e\varepsilon_0$，得

$$\oiint_S \boldsymbol{P}\cdot \mathrm{d}\boldsymbol{S} = \chi_e(\sigma_0+\sigma')\Delta S$$

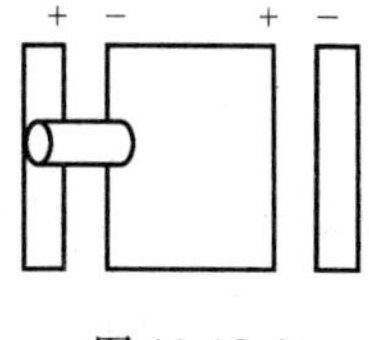

图 11-10-4

由于图 11-10-4 中圆柱高斯面内的束缚电荷与自由电荷反号，式（11-10-5）应写成

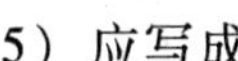

$$\sigma' = -\sigma_0\left(1-\frac{1}{\varepsilon_r}\right)$$

由以上两式得

$$\oiint_S \boldsymbol{P}\cdot \mathrm{d}\boldsymbol{S} = -\frac{\chi_e}{\varepsilon_r-1}\sigma'\Delta S$$

比较上式与式（11-10-7），即得式（11-10-13）. 式（11-10-13）表明，只要在实验中测定了ε_r，也就测定了χ_e，而测定ε_r是比较方便的，如式（11-10-1）所示，测出平行板电容器充入介质前后的电压就知道了ε_r.

将式（11-10-13）代入式（11-10-12），得

$$\boldsymbol{D}=\varepsilon_r\varepsilon_0\boldsymbol{E}=\varepsilon\boldsymbol{E} \tag{11-10-14}$$

其中$\varepsilon=\varepsilon_r\varepsilon_0$叫做绝对介电常数或绝对电容率，简称介电常数或电容率. 上式通常只适用于各向同性均匀电介质. 对于各向异性电介质，上式形式上也适用，但电容率ε是一个张量(tensor).

例题 11-10-1 在半径为R、带电荷量为Q的金属球外面紧套着一个厚度为a，相对介电常数为ε_r的介质球壳. 求介质中的电场强度和电势.

解：如图 11-10-5 所示，以金属球心O为中心，以r为半径做球面高斯面. 当$R<r<R+a$时，根据介质中的静电场高斯定理，有

$$\oiint_S \boldsymbol{D}\cdot \mathrm{d}\boldsymbol{S} = Q$$

$$4\pi r^2 D = Q$$

$$D=\frac{Q}{4\pi r^2}$$

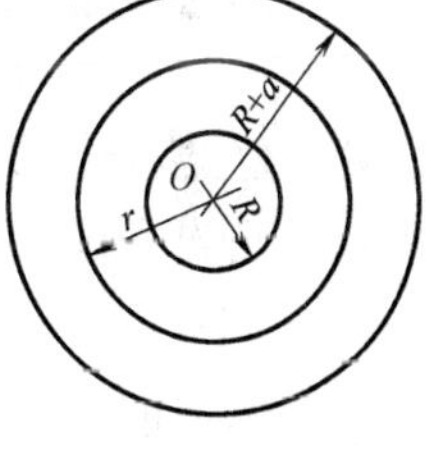

图 11-10-5

所以得 $$E=\frac{D}{\varepsilon}=\frac{Q}{4\pi\varepsilon_r\varepsilon_0 r^2}\quad (R<r<R+a)$$

当$r>R+a$时，电场强度为

$$E_0=\frac{Q}{4\pi\varepsilon_0 r^2}\quad (r>R+a)$$

令$V_\infty=0$，介质中的电势为

$$\begin{aligned}V(r) &= \int_r^{R+a}\boldsymbol{E}\cdot \mathrm{d}\boldsymbol{r}+\int_{R+a}^{\infty}\boldsymbol{E}_0\cdot \mathrm{d}\boldsymbol{r}\\ &= \frac{Q}{4\pi\varepsilon_r\varepsilon_0}\int_r^{R+a}\frac{\mathrm{d}r}{r^2}+\frac{Q}{4\pi\varepsilon_0}\int_{R+a}^{\infty}\frac{\mathrm{d}r}{r^2}\\ &= \frac{Q}{4\pi\varepsilon_r\varepsilon_0}\left(\frac{1}{r}-\frac{1}{R+a}\right)+\frac{Q}{4\pi\varepsilon_0(R+a)}\end{aligned}$$

4. 关于电位移 D 的讨论

在例题 11-10-1 中，介质球壳内的电位移 $D=\dfrac{Q}{4\pi r^2}$，介质球壳外真空中的电位移 $D_0=\varepsilon_0 E_0=\dfrac{Q}{4\pi r^2}$. 如此看来，电位移 $\boldsymbol{D}$ 似乎只与自由电荷有关而与束缚电荷无关. 不过，上述结果是在各向同性均匀电介质中且电场分布具有球对称性的特殊情况下得到的，不能据此得出普遍结论说：电位移 $\boldsymbol{D}$ 与束缚电荷无关，或者说，真空中一定有 $\boldsymbol{D}=\varepsilon_0\boldsymbol{E}_0$，这里的 $\boldsymbol{E}_0$ 是真空中的电场强度. 举例说明如下.

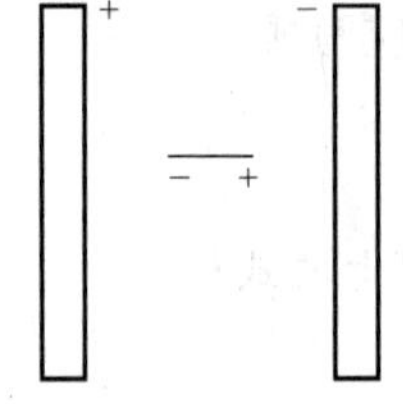

图 11-10-6

如图 11-10-6 所示，在一个很大的真空平板电容器中间，放置一根长度远小于电容器极板距离的各向同性均匀电介质细棒. 细棒被极板间的匀强电场 $\boldsymbol{E}_0$ 极化，两端出现束缚电荷 $+q'$ 和 $-q'$. 在细棒端点附近的真空中，电场强度 $\boldsymbol{E}=\boldsymbol{E}_0+\boldsymbol{E}'$，

电位移
$$\boldsymbol{D}=\varepsilon_0\boldsymbol{E}=\varepsilon_0\boldsymbol{E}_0+\varepsilon_0\boldsymbol{E}'$$
可见，电位移与自由电荷、束缚电荷都有关.

思考题 11.10

给空气平板电容器充电后断开电源，再使极板间充满各向同性均匀电介质. 问：充入介质前后，电容、极板上的电荷量、极板间电压、电位移、电场强度变不变？变大还是变小？若充电后不断开电源，充入介质前后，上述物理量变不变？如何变？

11.11 电场能量

处于静电场中的电荷具有电势能，电势能是一种相互作用能。那么，静电场作为一种物质形态，它自身的能量是什么呢？

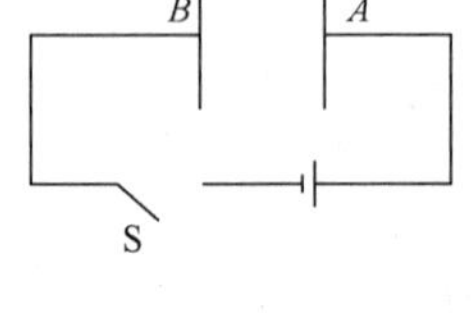

图 11-11-1

如图 11-11-1 所示，一个平板电容器的两极分别接在电池的正负极上. 从接通的那个时刻开始，与电池正极相连的电容器 A 板上很快积聚起正电荷，与电池负极相连的 B 板上很快积聚起负电荷. 这个过程可以等效地看成把正电荷从 B 板直接移到 A 板的过程. 设此过程结束时，电容器两极板电荷量分别为 $+Q$ 和 $-Q$，同时，两极板之间建立起了一个静电场.

设在上述过程中的某个时刻 t，电容器两极板之间的电压为 $U(t)$，则在把微小电荷 $\mathrm{d}q$ 由 B 板移动到 A 板的过程中，某力克服静电场力所做的功

$$\mathrm{d}A=U(t)\,\mathrm{d}q=\frac{q(t)}{C}\mathrm{d}q$$

式中，C 是电容；$q(t)$ 是 t 时刻极板上的电荷量. 所以，过程结束时，某力所做的功是

$$A=\int_0^Q \mathrm{d}A=\frac{1}{C}\int_0^Q q(t)\,\mathrm{d}q=\frac{Q^2}{2C}=\frac{1}{2}CU^2 \tag{11-11-1}$$

式中的 $U=\dfrac{Q}{C}$是过程结束时极板之间的电压. 将 $C=\varepsilon S/d$，$U=Ed$ 代入上式，得

$$A=\frac{1}{2}\varepsilon\cdot E^2\cdot Sd$$

式中，Sd是两极板之间静电场的体积．上式表明，随着两极板之间静电场的建立，有$\frac{1}{2}\varepsilon E^2 Sd$的能量储存在了静电场中，叫做静电场能量．当然，式（11-11-1）所表示的也是这个能量．由于平板电容器的电场是匀强电场，由上式可得静电场的能量密度，即静电场单位体积中的能量

$$\omega=\frac{1}{2}\varepsilon E^2 \tag{11-11-2}$$

虽然以上分析是以平板电容器为例进行的，但这只是为了便于说明．同样的方法可以用于研究其他形式的静电场的能量，所得结果亦如式（11-11-1）和式（11-11-2）所示．事实上，式（11-11-1）的推导步骤并未涉及平板电容器的特殊性质，故其结果可作为公式用于求各种电容器中的静电场能量．而若将式（11-11-2）用于求其他电容器的静电场能量，所得结果亦与由式（11-11-1）所得结果一致，参见下面的例题．所以，式（11-11-1）和式（11-11-2）作为公式适用于求各种电容器或静电场的电场能量.

一般地说，电场的能量密度可写成

$$\omega=\frac{1}{2}\boldsymbol{D}\cdot\boldsymbol{E} \tag{11-11-3}$$

这个式子适用于任何电场．若电介质是各向同性的，上式与式（11-11-2）相同．

例题 11-11-1 求真空中半径为R，电荷量为Q的孤立金属球的静电场能量.

解法 1：孤立导体球的电容$C=4\pi\varepsilon_0 R$，静电场能量

$$A=\frac{Q^2}{2C}=\frac{Q^2}{8\pi\varepsilon_0 R}$$

解法 2：用积分法求静电场能量，即

$$A=\int_R^\infty\frac{1}{2}\varepsilon_0 E^2\mathrm{d}V=\frac{1}{2}\varepsilon_0\int_R^\infty\left(\frac{Q}{4\pi\varepsilon_0 r^2}\right)^2 4\pi r^2\mathrm{d}r=\frac{Q^2}{8\pi\varepsilon_0 R}$$

例题 11-11-2 球形电容器内外球面的半径分别为R_1、R_2，且$R_1<R_2$，电荷量为Q，求静电场能量.

解法 1：球形电容器的电容 $C=4\pi\varepsilon_0\frac{R_2R_1}{R_2-R_1}$

静电场能量 $A=\frac{Q^2}{2C}=\frac{(R_2-R_1)Q^2}{8\pi\varepsilon_0 R_2R_1}$

解法 2：用积分法求静电场能量，即

$$A=\int_{R_1}^{R_2}\frac{1}{2}\varepsilon_0 E^2\mathrm{d}V=\frac{1}{2}\varepsilon_0\int_{R_1}^{R_2}\left(\frac{Q}{4\pi\varepsilon_0 r^2}\right)^2 4\pi r^2\mathrm{d}r=\frac{(R_2-R_1)Q^2}{8\pi\varepsilon_0 R_2R_1}$$

思考题 11.11

给平行板电容器充电后：（1）若断开电源，使两极板匀速缓慢靠近，外力是否做功？做正功还是负

功？电容器中的静电场能量变大还是变小？（2）若不断开电源，使两极板匀速缓慢靠近，上述问题应如何回答？（3）若不断开电源，使极板之间充满各向同性均匀电介质，充介质前后静电场能量变大还是变小？

习　题　11

11-1　两根 5 cm 长的丝线由一点挂下，每一根丝线的下端都系着一个质量为 0.5 g 的小球．当这两个小球带等量正电荷时，每根丝线都与铅垂线成 30°夹角，求每一小球上的电荷量.

11-2　两个点电荷所带电荷量的和为 Q，问它们各带电荷量为多少时相互间的作用力最大？

11-3　求电子在 $E=1.0\times10^3$ V/m 的匀强电场中的加速度．若电子从静止开始，需经多长时间它的速率达到光速的十分之一.

11-4　电子以 5.0×10^6 m/s 的速率进入电场强度为 1.0×10^3 V/m 的匀强电场中，若电子的初速度方向与电场强度方向一致，问电子作什么运动？经过多少时间停止？在这段时间内电子经过的距离是多少？

11-5　两个电荷量均为 1.0×10^{-8} C 的异号点电荷相距 0.20 m，它们连线中点处的电场强度为多大？一电子放在该点，所受的作用力为多少？

11-6　已知电偶极矩 $p=ql$，用电场叠加原理求距电偶极矩中心较远一点的电场强度.

11-7　用电场强度叠加原理求电荷量为 Q、半径为 R 的均匀带电球面的电场强度.

11-8　一半径为 R 的半球面，均匀地带有电荷．电荷面密度为 σ. 求球心处电场强度的大小.

11-9　带电粒子在均匀电场中运动时，若带电粒子的初速度 v_0 与电场强度 E 之间的夹角为 θ（$0<\theta<\pi$）．试证明粒子的运动轨迹为抛物线．在什么情况下，此抛物线退化为直线？

11-10　两条相互平行的无限长均匀带电线，电荷相反，相距为 a，电荷线密度为 λ.（1）求两导线构成的平面上任一点的电场强度（设这点到其中一线的垂直距离为 x）；（2）求每一根导线上单位长度导线所受另一根导线上电荷的作用力.

11-11　匀强电场的电场强度 $\boldsymbol{E}$ 与半径为 R 的半球面的轴平行．试计算此半球面的电通量。

11-12　一个 2.0×10^{-7} C 的点电荷，处在一边长为 0.20 m 的立方形高斯面的中心，此高斯面的电通量为多少？

11-13　如题 11-13 图所示，在一个边长为 a 的正方形平板的中心上作一条垂线，在距离平板 $a/2$ 上有一个点电荷 q，求通过正方形平板的电通量.

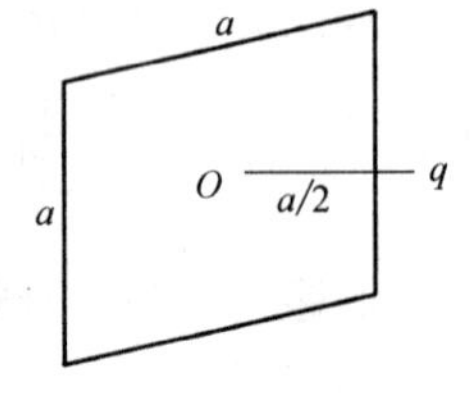

题 11-13 图

11-14　两个均匀带电的同心球面，半径分别为 0.10 m 和 0.30 m，小球面带电 1.0×10^{-8} C，大球面带电 1.5×10^{-8} C. 求分别离球心为 5×10^{-2} m、0.20 m 和 0.50 m 处的电场强度．这两个带电球面产生的电场强度是否为到球心距离的连续函数？

11-15　两个带等量异号电荷的无限长同轴柱面，半径分别为 R_1 和 R_2，$R_2>R_1$，单位长度上的电荷量为 τ. 求离轴线为 r 处的电场强度：（1）$r<R_1$；（2）$R_1<r<R_2$；（3）$r>R_2$.

11-16　如题 11-16 图所示，一质量为 1.0×10^{-6} kg 的小球，带电荷量为 2.0×10^{-11} C，悬于一丝线下端，线与一块很大的带电平板成 30°角．求此带电平板的电荷密度.

11-17　两无限长带异号电荷的同轴圆柱面，内半径为 2.0×10^{-2} m，外半径为 4.0×10^{-2} m，单位长度的电荷量为 3.0×10^{-8} C/m，一电子在两圆柱之间，沿半径为 3.0×10^{-2} m 的圆周路径匀速旋转．问此电子的动能为多少？

11-18　求距离电偶极子中心为 r 处的电势.

11-19　如题 11-19 图所示，一个均匀带电的圆环被一截细线掉起，圆环的外半径为 R，内半径为 $R/2$，所带总电荷量为 Q. 细绳的长度为 $3R$，均匀带电，电荷量为 $3Q$. 求圆环中心的电势.

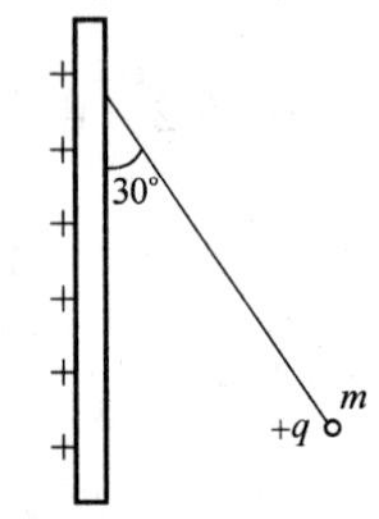

题 11-16 图

11-20 真空中相距为 5.0×10^{-2} m 的两块大平行平板 A、B 带有等量异号的电荷，电荷面密度为 3.54×10^{-6} C/m^2. 若带负电的 B 板接地，求：(1) A 板的电势；(2) 距离 A 板为 1.0×10^{-2} m 处的电势.

11-21 在玻尔的氢原子模型中，电子被看成沿半径为 0.53 Å的圆周绕原子核旋转. 若把电子从原子中拉出来需多少能量？

11-22 均匀带电球面的半径为 R，电荷面密度为 σ，试分别用电场强度积分和电势叠加原理这两种方法求电势.

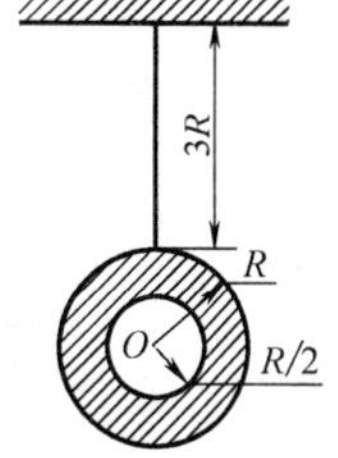

题 11-19 图

11-23 电荷面密度 $\sigma=2.0\times10^{-5}$ C/m^2 的均匀带电圆盘半径为 $R=8.0\times10^{-2}$ m. (1) 求轴线上任一点的电势；(2) 利用电场强度和电势的关系求轴线上任一点的电场强度；(3) 计算离盘心为 0.10 m 处的电势和电场强度.

11-24 如题 11-24 图所示，设有两个薄导体同心球壳 A 与 B，它们的半径分别为 $R_1=10$ cm 与 $R_3=20$ cm，并分别带有电荷 -4.0×10^{-7} C 与 1.0×10^{-7} C. 球壳间有两层介质，内层的 $\varepsilon_{r1}=4.0$，外层的 $\varepsilon_{r2}=2.0$，其分界面的半径 $R_2=15$ cm. 求：(1) 两球间的电势差 U_{AB}；(2) 离球心 30 cm 处的电场强度；(3) 球 A 的电势.

11-25 两共轴圆柱面半径分别为 $R_1=3\times10^{-2}$ m、$R_2=0.10$ m，带等量异号电荷，两者的电势差为 450 V. 求：(1) 单位长度圆柱面上的电荷量；(2) 两圆柱面之间的电场强度.

11-26 有两根半径为 a、相距为 d 的无限长直导线 ($d>a$)，带等量异号电荷，单位长度上的电荷量为 τ，求两根导线的电势差 (每一导线为一等势体).

11-27 一长为 L 的均匀带电细棒，单位长度上电荷密度为 λ. 求任一点 P 的电势和电场强度.

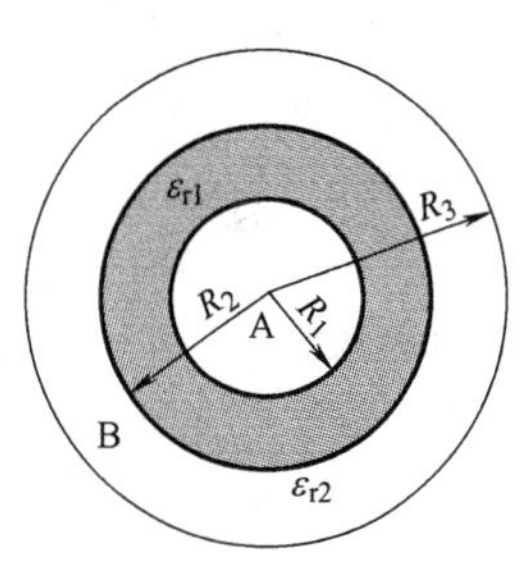

题 11-24 图

11-28 如题 11-28 图所示，一平板电容器充以两种介质，每种介质各占一半体积，试证明其电容为

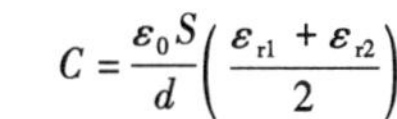

$$C=\frac{\varepsilon_0 S}{d}\left(\frac{\varepsilon_{r1}+\varepsilon_{r2}}{2}\right)$$

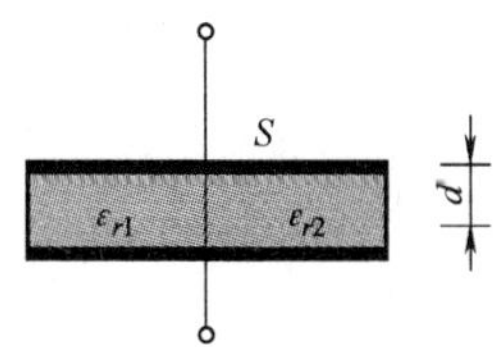

题 11-28 图

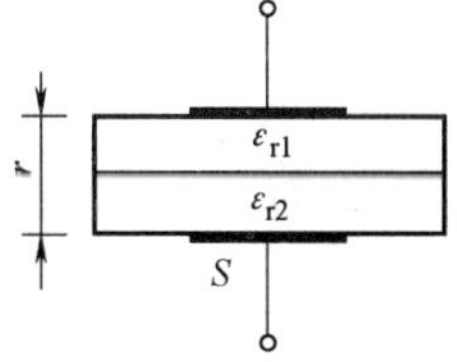

题 11-29 图

11-29 如题 11-29 图所示，一平板电容器充以两种厚度相等的电介质，试证明其电容为

$$C=\frac{2\varepsilon_0 S}{d}\left(\frac{\varepsilon_{r1}\varepsilon_{r2}}{\varepsilon_{r1}+\varepsilon_{r2}}\right)$$

11-30 将带电量为 Q 的导体板 A 从远处移至不带电的导体板 B 附近，如题 11-30 图所示，两导体板的几何形状完全相同，面积均为 S. 移近后两导体板相距为 d ($d\ll\sqrt{S}$). (1) 忽略边缘效应，求两导体板的电势差；(2) 若将 B 接地，结果又将如何？

11-31 三块平行板 A、B、C，面积均为 20 cm^2，A、B 相距 4 mm，A、C 相距 2 mm，B、C 两板接地 (题 11-31 图)，若使 A 板带正电 3.0×10^{-7} C，问：(1) B、C 两板上的感应电荷各为多少？(2) A 板电势为多大？

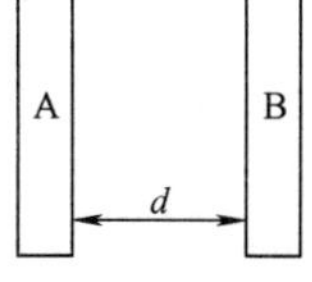

题 11-30 图

11-32　如题 11-32 图所示，空气平板电容器由两块相距为 0.5 mm 的薄金属板 A、B 构成．若将此电容器放在一金属盒子 K 内，金属盒上下两壁与 A、B 分别相距0.25 mm，在不计边缘效应时，电容器的电容变为原来的几倍？若将盒中电容器的一极板与金属盒相联接，这时的电容变为原来的几倍？

题 11-31 图　　题 11-32 图

11-33　平板电容器的极板面积 $S=2.0\times10^{-2}\ \mathrm{m}^2$，极板间两层介质的厚度分别为 $d_1=2.0\times10^{-3}\ \mathrm{m}$，$d_2=3.0\times10^{-3}\ \mathrm{m}$，相对介电常数分别为 $\varepsilon_{r1}=5$，$\varepsilon_{r2}=2$.（1）求此电容器的电容；（2）如以 3800 V 的电压加在电容器两极板上，求极板的电荷面密度，极板间电位移矢量和介质内电场强度的大小.

11-34　一半径为 a 的长直导线的外面套着内半径为 b 的同轴薄圆筒，它们之间充以相对介电常数为 ε_r 的电介质．设导线和圆筒单位长度的电荷分别为 λ 和 $-\lambda$，试求介质中的 $\boldsymbol{D}$、$\boldsymbol{E}$ 和 $\boldsymbol{P}$ 的大小．

11-35　平行板电容器内部的两层介质的相对介电常数分别为 $\varepsilon_{r1}=4$ 和 $\varepsilon_{r2}=2$，厚度分别为 $d_1=2$ mm 和 $d_2=3$ mm，极板面积为 $S=50\ \mathrm{cm}^2$，极板间电压为 $U=200$ V.（1）求每层介质中的电场强度、电场能量密度和电场能量；（2）用电容器的能量公式来计算总能量.

11-36　一平板电容器的电容为 10 pF，充电到电荷量为 1.0×10^{-8} C 后断开电源．（1）求极板间的电势差和电场能量；（2）若把两板拉到原距离的两倍，计算拉开后电场能量的改变量并解释其原因.

第 12 章　稳 恒 电 流

电荷在导体中移动形成的电流叫做传导电流（conductive current）．大小、方向都不变的电流叫做稳恒电流（steady current）或直流电流（direct current）．本章主要研究稳恒传导电流．

12.1　电流和电阻

1. 电流和电流密度

定义： 流过导体横截面的电荷量与所用时间的比的极限叫做电流（current），记为

$$I=\lim_{\Delta t\to 0}\frac{\Delta q}{\Delta t}=\frac{\mathrm{d}q}{\mathrm{d}t} \tag{12-1-1}$$

电流的单位是安培（A）．电流有正负之分：与选定的电流方向同方向的电流为正，反方向的电流为负．

电荷在导体中流动时没有电荷积聚的电流叫做连续电流．对于无分支电路上的连续电流，其电流处处相等．对于有分支电路上的连续电流，如图 12-1-1 所示，在分支点（或称节点）O 显然有 $I_1=I_2+I_3$．一般地说，在节点有

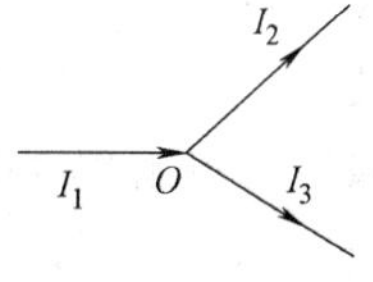

图 12-1-1

$$\sum_i I_i=0 \tag{12-1-2}$$

上式叫做基尔霍夫（Kirchhoff，1824—1887）第一定律，其中，流入节点的电流为正，流出节点的电流为负．

显然，电流的正负只是大致地描述了导体中电荷的流动．为了细致地描述电荷的流动，还需引入一个物理量——电流密度（current density）．

定义： 导体横截面上某点处单位面积通过的电流叫做该点处的电流密度，记为

$$\boldsymbol{j}=\lim_{\Delta S\to\infty}\frac{\Delta \boldsymbol{I}}{\Delta S}=\frac{\mathrm{d}\boldsymbol{I}}{\mathrm{d}S} \tag{12-1-3}$$

电流密度是矢量，其单位是安培/米^2（$\mathrm{A/m^2}$）．

根据电流密度的定义，在导体的某个横截面 S 上有

$$I=\iint_S \boldsymbol{j}\cdot\mathrm{d}\boldsymbol{S} \tag{12-1-4}$$

对于连续性电流，流出封闭曲面的电流显然等于流进封闭曲面的电流，即流过封闭曲面的电流为零，即

$$I=\oiint_S \boldsymbol{j}\cdot\mathrm{d}\boldsymbol{S}=0 \tag{12-1-5}$$

上式叫做电流连续条件．

2. 欧姆定律

实验表明：一段金属导体上的电流与沿着电流方向的电势降成正比，即

$$I = GU \tag{12-1-6}$$

式中的比例常数 G 叫做导体在该方向的电导，电导的单位是西门子（S）．上式还可以写成

$$I = \frac{U}{R} \tag{12-1-7}$$

式中的常数 $R = \frac{1}{G}$ 叫做导体在该方向的电阻，电阻的单位是欧姆（Ω）．以上两式都叫做一段纯电阻（不含电源）电路的欧姆（G. S. Ohm，1787—1854）定律（Ohm law）．

实验表明：导体的电阻与导体的长度成正比，与导体的横截面积成反比，即

$$R = \rho \frac{L}{S} \tag{12-1-8}$$

式中的比例系数 ρ 叫做导体的电阻率，单位是欧姆·米（Ω·m）．一般地说，金属导体沿不同方向的长度不同，横截面积也不同．因此，导体在不同方向的电阻不同．

进一步的研究表明：在 0℃ 附近不太大的温度范围内，金属电阻率的增量与温度成正比，即

$$\rho = \rho_0 \left[1 + \alpha t\right] \tag{12-1-9}$$

上式中的 ρ_0 是金属在 0℃ 的电阻率，系数 α 叫做电阻率的温度系数．若使用热力学温标，上式应写成

$$\rho = \rho_0 \left[1 + \alpha (T - T_0)\right] \tag{12-1-10}$$

其中，$T_0 = 273.15$ K. 纯金属和许多合金的电阻率随温度升高而增大，但有一些物质（例如碳）的电阻率随温度升高反而减小．表 12-1 中列出了一些物质的电阻率和温度系数．

表 12-1 一些物质的电阻率和温度系数

物质	电阻率 $\rho_0/(\times 10^{-8}\,\Omega\cdot\text{m})$	温度系数 $\alpha/(\times 10^{-3}/℃)$
金	2.01	4.73
银	1.47	4.76
铜	1.55	4.84
铂	9.59	4.33
铂（87%）铑（13%）合金	19.0	1.5
碳	3.5×10^3	−0.5

将式（12-1-7）代入式（12-1-3），注意到 $\mathrm{d}U = -\mathrm{d}V$，$R = \rho \frac{\mathrm{d}L}{\mathrm{d}S}$，得

$$\boldsymbol{j} = \frac{\mathrm{d}\boldsymbol{I}}{\mathrm{d}S} = -\frac{1}{\rho}\frac{\mathrm{d}V}{\mathrm{d}L}\boldsymbol{n}$$

由于 $\boldsymbol{E} = -\frac{\mathrm{d}V}{\mathrm{d}L}\boldsymbol{n}$，由上式得

$$\boldsymbol{j} = \sigma \boldsymbol{E} \tag{12-1-11}$$

式中，$\sigma = \frac{1}{\rho}$ 叫做电导率，单位是西门子/米（S/m）．上式就是微分形式的欧姆定律．可见，电流密度与电场强度方向相同、大小成正比．

3. 电阻的串联和并联

根据欧姆定律式（12-1-7）容易证明，若干个电阻串联时，总电阻等于各分电阻之和，即

$$R = \sum_i R_i \tag{12-1-12}$$

而当若干个电阻并联时，总电阻的倒数等于各分电阻倒数之和，即

$$\frac{1}{R} = \sum_i \frac{1}{R_i} \tag{12-1-13}$$

例题 12-1-1 如图 12-1-2 所示，金属圆筒的内半径为 a，外半径为 b，长度为 L，电阻率为 ρ. 若内缘电势比外缘电势高 U，求横向电流 I.

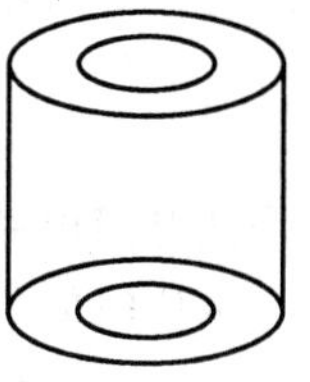

图 12-1-2

解法 1：先求出横向电阻，再求横向电流.

横向电阻 $$R = \int_a^b \mathrm{d}R = \rho\int_a^b \frac{\mathrm{d}r}{2\pi rL} = \frac{\rho}{2\pi L}\ln\frac{b}{a}$$

横向电流 $$I = \frac{U}{R} = \frac{2\pi LU}{\rho\ln\dfrac{b}{a}}$$

解法 2：设横向电流密度为 $\boldsymbol{j} = \sigma\boldsymbol{E} = \dfrac{1}{\rho}\boldsymbol{E}$，则电流

$$I = \iint_S \boldsymbol{j}\cdot\mathrm{d}\boldsymbol{S} = 2\pi Lj = \frac{2\pi rL}{\rho}E$$

所以 $$U = \int_a^b \boldsymbol{E}\cdot\mathrm{d}\boldsymbol{r} = \frac{\rho I}{2\pi L}\int_a^b\frac{\mathrm{d}r}{r} = \frac{\rho I}{2\pi L}\ln\frac{b}{a}$$

得 $$I = \frac{2\pi LU}{\rho\ln\dfrac{b}{a}}$$

4. 超导现象

19 世纪末到 20 世纪初，制冷技术有了很大发展．在这个时期，荷兰物理学家昂那斯（H. K. Onnes，1853—1926）领导的低温实验室对极低温度下的各种现象进行了广泛的研究，获得了一系列重大成果．他们发现，一些金属（如汞、铅、锡）当温度低于某个值时，电阻率突然降到 $10^{-9}\Omega\cdot\mathrm{m}$ 数量级以下，几乎等于零．这种现象被称为超导现象（superconducting phenomenon），那个特殊的温度值叫做转变温度（transition temperature）．1914 年，昂那斯发现，电流在一个铅超导环中循环半小时后衰减不到百分之一.

自从发现超导现象以后，寻找和研制具有较高转变温度的超导材料就成了引人瞩目的科研领域．同时，超导理论也有了迅速发展．我国在超导领域的研究处于国际先进行列.

思考题 12.1

1. 证明式（12-1-12）和式（12-1-13）.
2. 一个由匀质材料组成的导体的电阻率值是否唯一？电阻值是否唯一？

12.2 焦耳定律

我们知道，试验点电荷 q_0 在静电场中从 a 点运动到 b 点时，静电场力的功为

$$A = -q_0\ (V_b - V_a)\ = -q_0\cdot\Delta V = q_0 U$$

今设电荷 q 以稳恒电流的方式在 Δt 时间内由 a 运动到 b，电流 $I = \dfrac{q}{\Delta t}$，由上式所得

$$A = IU \cdot \Delta t \tag{12-2-1}$$

通常叫做电流的功．可见，电流的功实质上是静电场力的功．电流的功率

$$P = \frac{A}{\Delta t} = IU \tag{12-2-2}$$

上式对含源或不含源电路都适用．对于一段纯电阻电路，$U = IR$，由上式得

$$P = I^2R \quad 或 \quad P = \frac{U^2}{R} \tag{12-2-3}$$

这是纯电阻电路上的电流功率，也叫做热功率，其物理意义是：电流通过一段纯电阻电路时，单位时间有 I^2R 或 U^2/I 的能量通过静电场力做功转变为热能．电流通过电阻电路时把电能转变为热能的现象叫做电流的热效应（heat effect of current）．在 Δt 时间内，电阻电路中产生的热量等于电流的功，即热量

$$Q = I^2R \cdot \Delta t \tag{12-2-4}$$

上式叫做焦耳定律（Joule law），热量叫做焦耳热．焦耳定律是英国物理学家焦耳（J. P. Joule，1818—1889）于 1840—1843 年发现的．在此基础上，焦耳在 40 年间做了 400 多次实验测定热功当量．焦耳的工作对于能量守恒定律的确立起了重要作用．

单位体积电阻的热功率叫做热功率密度，记为

$$p = \frac{P}{\Delta V} = \frac{I^2R}{\Delta V} \tag{12-2-5}$$

将体积 $\Delta V = S \cdot \Delta L$、电阻 $R = \rho \dfrac{\Delta L}{S}$、电流 $I = j \cdot S$ 代入上式，得

$$p = \rho \cdot j^2 = \sigma E^2 \tag{12-2-6}$$

这叫做微分形式的焦耳定律，也就是热功率密度与电场强度的关系式．

思考题 12.2

电流功率实质上是什么功率？$P = IU$ 和 $P = I^2R$ 的适用范围有何不同？

12.3 电动势

1. 非静电场与电源

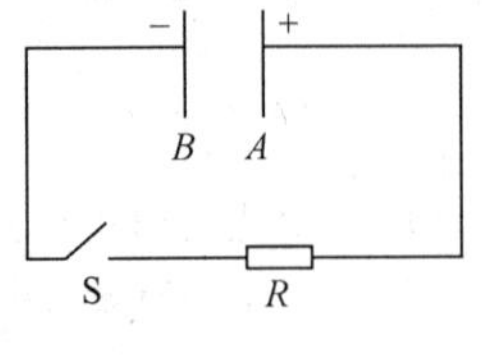

图 12-3-1

如图 12-3-1 所示，两块导体平板 A，B 分别带正、负电荷．当用开关 S 把 A，B 接通时，由于 A，B 之间存在电势差，导线上有电流通过．但是，随着 A，B 之间电势差减为零，导线上很快不再有电流. 可见，要使导线上有持续稳定的电流，必须使从 A 板流到 B 板的正电荷再从 B 板回到 A 板，以维持 A、B 两板之间的电势差不变．显然，能使正电荷由 B 板回到 A 板的作用力不可能是静电场力，因为，若外加一个由 B 指向 A 的静电场就违背了维持由 A 到 B 的电势差不变的目的．所以，能使正电荷由 B 回到 A 的作用力只能是非静电场力．能够提供作用于电荷的非静电场力的装置叫做电源（electric source），如干电池、蓄电池、发电机、温差电偶等．干电池、蓄电池提供的非静电场力来源于化学反应，发电机提供的非静电场力是磁场力，温差电偶提供的非静电场力是原子对自由电子的定向压力．磁场力和原子对自由电子的定向压力将在后面的有

关章节中说明.

2. 电动势与端电压

在图 12-3-1 中，设正电荷 q 在由 B 板运动到 A 板的过程中所受非静电场力为 $\boldsymbol{F}_{\mathrm{k}}$，则单位正电荷所受非静电场力

$$\boldsymbol{E}_{\mathrm{k}}=\frac{\boldsymbol{F}_{\mathrm{k}}}{q} \tag{12-3-1}$$

叫做非静电场强度，其方向由电势较低的负极 B 指向电势较高的正极 A. 非静电场力在上述过程中对单位正电荷所做功

$$\mathscr{E}=\int_B^A \boldsymbol{E}_{\mathrm{k}}\cdot \mathrm{d}\boldsymbol{l} \tag{12-3-2}$$

叫做电源电动势（electromotive force of source）. 电动势是表征电源固有做功能力的物理量，是闭合电路中电流持续存在的必要条件.

一般地说，非静电场并不局限于两极板之间，而是分布于某个闭合路径上. 因此，电动势的一般定义式是

$$\mathscr{E}=\oint \boldsymbol{E}_{\mathrm{k}}\cdot \mathrm{d}\boldsymbol{l} \tag{12-3-3}$$

显然，式（12-3-2）是式（12-3-3）的特例.

注意电动势和电势是完全不同的两个物理量.（1）电动势是非静电场力对单位正电荷所做的功，而电势是单位正电荷在静电场中某点的电势能. 如前所说，在存在电势差的情况下，非静电场力的方向指向电势较高的方向.（2）利用斯托克斯公式

$$\oint \boldsymbol{a}\cdot \mathrm{d}\boldsymbol{l}=\oiint \nabla\times \boldsymbol{a}\cdot \mathrm{d}\boldsymbol{S}$$

可将式（12-3-3）写成

$$\mathscr{E}=\iint_S \nabla\times \boldsymbol{E}_{\mathrm{k}}\cdot \mathrm{d}\boldsymbol{S} \tag{12-3-4}$$

一般地说，$\nabla\times\boldsymbol{E}_{\mathrm{k}}\neq 0$，否则，恒有 $\mathscr{E}=0$，这是没有意义的. 所以，非静电场是有旋场，而静电场是无旋场. 无旋场的场线一定不闭合，如静电场；有旋场的场线一般是闭合的，如下一章的磁场.

在图 12-3-1 中，不论外电路是否接通，正极到负极的电势降都叫做电源的端电压（end voltage），但两种情况下的端电压值不相同.

先讨论外电路断开时的情况. 在单位正电荷由 B 到 A 的运动过程中，电荷同时受到静电场力和非静电场力的作用. 由于外电路未接通，电荷的初、末动能必为零，即合力的功为零，有

$$\int_B^A (\boldsymbol{E}_l+\boldsymbol{E}_{\mathrm{k}})\cdot \mathrm{d}\boldsymbol{l}=0$$

式中，$\boldsymbol{E}_l$ 是静电场强度. 由上式得

$$\int_B^A \boldsymbol{E}_{\mathrm{k}}\cdot \mathrm{d}\boldsymbol{l}=\int_A^B \boldsymbol{E}_l\cdot \mathrm{d}\boldsymbol{l}$$

即

$$\mathscr{E}=U_{AB} \tag{12-3-5}$$

这表明外电路断开时，电源端电压等于电源电动势. 也就是说，要知道某个电源的电动势，只要在外电路断开时测出端电压即可.

在讨论外电路接通时的电源端电压之前，先介绍两个定律：一段含源电路的欧姆定律和基尔霍夫第二定律．显而易见，电路中任意两点之间的电势降等于两点间各分段电路电势降的代数和，即

$$U_{AB} = \sum_i U_i \tag{12-3-6}$$

上式叫做一段含源电路或不均匀电路的欧姆定律，其中，若第 i 段的电势由高到低，$U_i>0$，否则 $U_i<0$. 例如，图 12-3-2 中 A 点到 B 点的电势降是

$$U_{AB} = \mathscr{E}_1 + I_1(r_1+R_1) - I_2(r_2+R_2) - \mathscr{E}_2$$

式中的 $\mathscr{E}_1$ 前取正号（未写出），而 $\mathscr{E}_2$ 前取负号是因为电动势的作用是把正电荷从低电势位置移到高电势位置，也就是说，电动势使电势升高；r 是电源的内电阻.

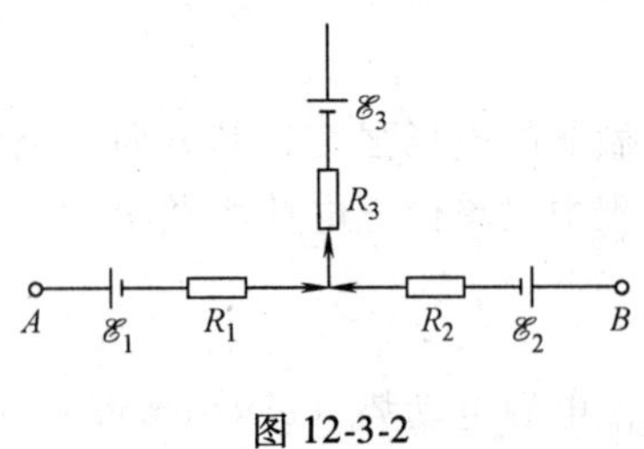

图 12-3-2

另一个显而易见的事实是，任意闭合电路的电势降等于零，即

$$\sum_i U_i = 0 \tag{12-3-7}$$

上式叫做基尔霍夫第二定律，可以看作式（12-3-6）的推论.

如图 12-3-1 所示，当外电路接通时，设电流为 I，则当由 A 出发，经外电路到 B，再由 B 经内电路回到 A 时，总电势降为零，即

$$U_{AB} + Ir - \mathscr{E} = 0$$

式中的 r 是电源的内电阻．于是得

$$U_{AB} = \mathscr{E} - Ir \tag{12-3-8}$$

在上式中，当电源放电时，$I>0$，故 $U_{AB}<\mathscr{E}$，这是因为放电时，原来积聚在极板上的电荷由于外电路接通而有所减少，两极之间的静电场变弱，端电压变小．当电源充电时，$I<0$，故 $U_{AB}>\mathscr{E}$，这是因为充电时，外电路上的正电荷是从负极流向正极，因而外加端电压必须大于电动势.

3. 全电路欧姆定律

若图 12-3-1 中的外电路是纯电阻电路，电阻为 R，将 $U_{AB}=RI$ 代入上式，得

$$I = \frac{\mathscr{E}}{R+r} \tag{12-3-9}$$

这叫做全电路欧姆定律．

将电源内阻 $r=\int_B^A \rho \frac{\mathrm{d}l}{S}$，电流 $I=j\cdot S$，端电压 $U_{AB}=\int_A^B \boldsymbol{E}_l\cdot \mathrm{d}\boldsymbol{l}$ 及式（12-3-2）一并代入式（12-3-8），得

$$\rho\int_B^A \boldsymbol{j}\cdot \mathrm{d}\boldsymbol{l} = \int_B^A (\boldsymbol{E}_\mathrm{k}+\boldsymbol{E}_l)\cdot \mathrm{d}\boldsymbol{l}$$

令 $\boldsymbol{E}=\boldsymbol{E}_\mathrm{k}+\boldsymbol{E}_l$，得

$$\boldsymbol{j} = \sigma \boldsymbol{E} \tag{12-3-10}$$

上式叫做微分形式的全电路欧姆定律，纯电阻电路的欧姆定律式（12-1-11）是其特例．

例题 12-3-1 蓄电池放电时，电流为 4.00 A，端电压为 3.90 V；充电时，电流为 3.00 A，端电压为 4.25 V. 求蓄电池的电动势和内阻．

解：根据

$$U = \mathscr{E} - Ir$$

可知放电时 $U_1 = \mathscr{E} - I_1 r$

充电时 $U_2 = \mathscr{E} + I_2 r$

所以，内阻 $r = \dfrac{U_1 - U_2}{I_1 + I_2} = 0.05\ \Omega$，电动势 $\mathscr{E} = U_1 - I_1 r = 4.1\ \text{V}$

例题 12-3-2 如图 12-3-3 所示的电路，$R_1 = R_2 = 2\ \Omega$，$R_3 = 3\ \Omega$，$r_1 = r_2 = r_3 = 1\ \Omega$，$\mathscr{E}_1 = 12\ \text{V}$，$\mathscr{E}_2 = 10\ \text{V}$，$\mathscr{E}_3 = 8\ \text{V}$. 求 a、b 两点之间的电势降和 c、d 两点之间的电势降.

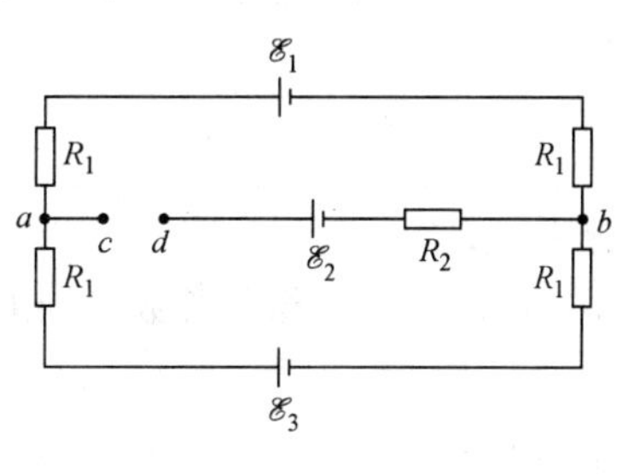

图 12-3-3

解：从 a 点沿顺时针方向经 b 点回到 a 点，

有 $$U_{aa} = 4IR_1 + \mathscr{E}_1 + Ir_1 - \mathscr{E}_3 + Ir_3 = 0$$

所以 $$I = \frac{\mathscr{E}_3 - \mathscr{E}_1}{4R_1 + r_1 + r_3} = -0.4\ \text{A}$$

$$U_{ab} = 2IR_1 + \mathscr{E}_1 + Ir_1 = 10\ \text{V}$$

$$U_{cd} = U_{ab} - \mathscr{E}_2 = 0$$

例题 12-3-3 如图 12-3-4 所示的电路，$\mathscr{E}_1 = 10\ \text{V}$，$\mathscr{E}_2 = 20\ \text{V}$，$R_1 = 5\ \Omega$，$R_2 = 2\ \Omega$，$r_1 = 2\ \Omega$，$r_2 = 1\ \Omega$，$C$ 点接地. 求 a 点和 b 点的电势.

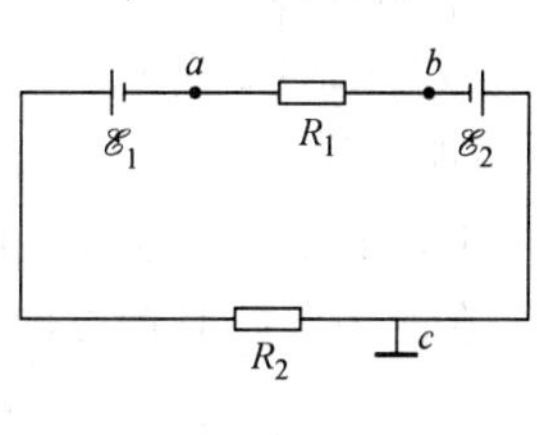

图 12-3-4

解：设回路中的电流沿顺时针方向，则

$$\mathscr{E}_1 + I\ (r_1 + r_2 + R_1 + R_2)\ - \mathscr{E}_2 = 0$$

于是 $$I = \frac{\mathscr{E}_2 - \mathscr{E}_1}{R_1 + R_2 + r_1 + r_2} = 1\ \text{A}$$

所以 $$V_a = U_{ac} = IR_1 - \mathscr{E}_2 + Ir_2 = -14\ \text{V}$$

思考题 12.3

1. 有人说，式子 $\mathscr{E} = \oint \boldsymbol{E}_k \cdot d\boldsymbol{l}$ 表明非静电场 $\boldsymbol{E}_k$ 是非保守场. 正确否？为什么？
2. 电势与电动势有何不同？存在稳恒电流的回路中是否一定存在电动势？为什么？
3. 外电路接通时，电源端电压一定小于电动势吗？

12.4 电容器的充放电

这一节讨论 R-C 电路即电阻电容串联电路中电容器的充放电过程.

1. 电容器的充电

如图 12-4-1 所示，电阻 R、电容器 C 和电池、开关 S 组成一个串联电路，叫做 R-C 电路. 接通开关 S，电容器极板的电荷量很快由零增加到某个定值 Q_0，同时，电路中的电流由某个值很快减小到零. 这是一个短暂的过程，叫做暂态过程. 在此过程中的某时刻，在图 12-4-1 中取顺时针方向，

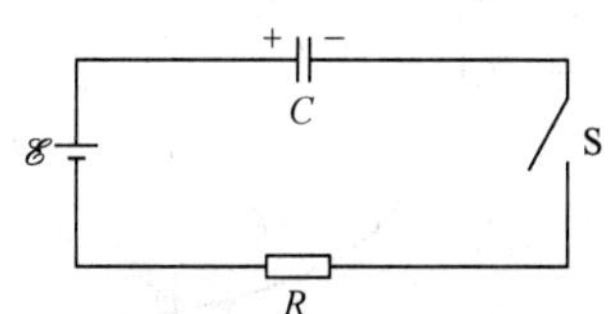

图 12-4-1

根据基尔霍夫第二定律，有

$$IR-\mathscr{E}+\frac{Q}{C}=0$$

式中，$\mathscr{E}$是电源电动势；Q是极板电荷量．将电流$I=\frac{\mathrm{d}Q}{\mathrm{d}t}$代入上式，整理，得

$$\frac{\mathrm{d}Q}{Q-\mathscr{E}C}=-\frac{1}{RC}\mathrm{d}t$$

积分上式，得

$$Q-\mathscr{E}C=A\mathrm{e}^{-\frac{t}{RC}}$$

式中，A是待定的积分常数．当$t=0$时，$Q=0$，$A=-C\mathscr{E}$，上式可写为

$$Q=Q_0(1-\mathrm{e}^{-\frac{t}{RC}}) \tag{12-4-1}$$

式中，$Q_0=C\mathscr{E}$；当$t\to\infty$时，$Q\to Q_0$．上式的函数曲线如图 12-4-2 所示．事实上，$t=RC$时，$Q=0.63Q_0$；$t=3RC$时，$Q=0.95Q_0$，因而可以认为，$t>3RC$时，充电过程已经完成．

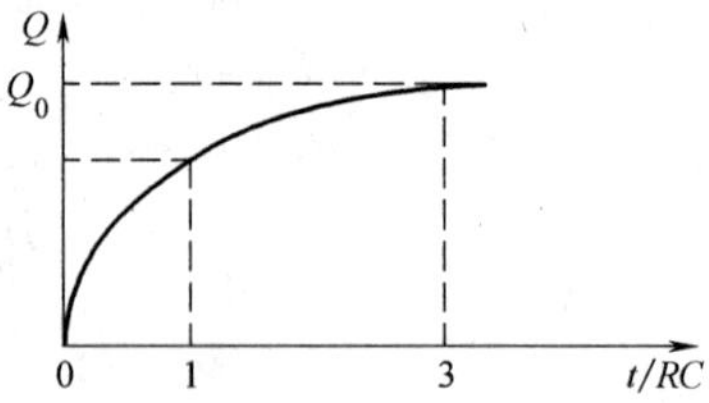

图 12-4-2

2. 电容器的放电

如图 12-4-3 所示，电容C和电阻R串联成一个RC电路．设在开关 S 接通前，电容器极板电荷量为Q_0．开关接通后，电流从正极板经电阻R流向负极板并很快减小到零．在图中取顺时针方向，根据基尔霍夫第二定律，有

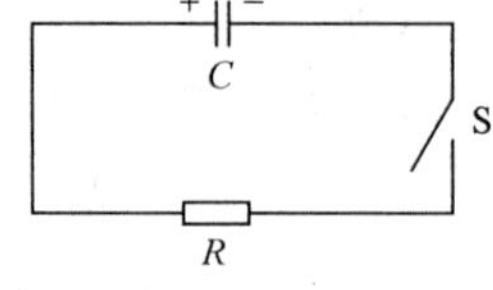

图 12-4-3

$$\frac{Q}{C}-IR=0$$

将$I=-\frac{\mathrm{d}Q}{\mathrm{d}t}$代入上式，得

$$\frac{\mathrm{d}Q}{Q}=-\frac{1}{RC}\mathrm{d}t$$

积分上式，由于$t=0$时，$Q=Q_0$，得

$$Q=Q_0\mathrm{e}^{-\frac{t}{RC}} \tag{12-4-2}$$

上式的函数曲线如图 12-4-4 所示．由上式可得电流

$$I=-\frac{\mathrm{d}Q}{\mathrm{d}t}=\frac{Q_0}{RC}\mathrm{e}^{-\frac{t}{RC}}=I_0\mathrm{e}^{-\frac{t}{RC}} \tag{12-4-3}$$

电流的函数曲线如图 12-4-5 所示．当$t=3RC$时，$I=0.05I_0$，所以，当$t>3RC$时，可以认为放电过程已经完成。

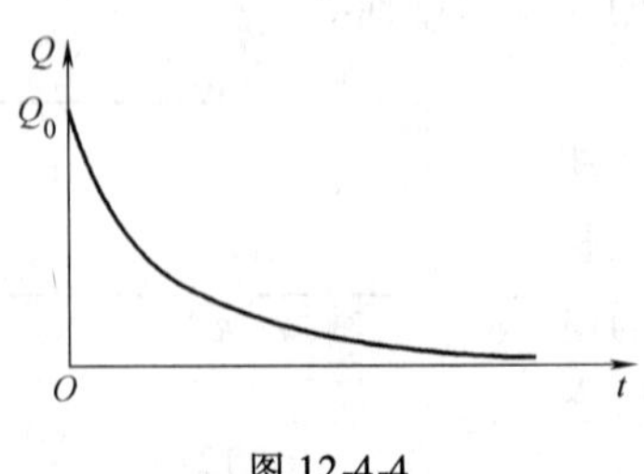

图 12-4-4

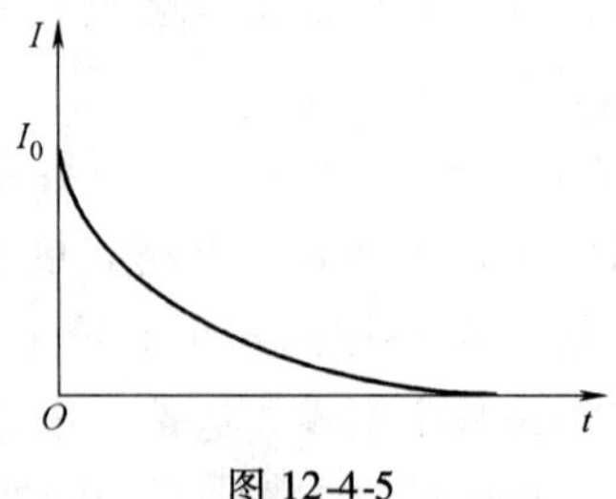

图 12-4-5

思考题 12.4

在电容器的充电或放电过程中，极板电荷量和电路中的电流这两个物理量中，哪个变大？哪个变小？变化的快慢取决于什么物理量？

12.5* 温差电动势

1821 年，德国物理学家塞贝克（T. J. Seeberk，1780—1831）发现，两种金属连成的回路的两个接头处温度不同时，回路中有电流通过．这种现象史称塞贝克效应．塞贝克效应作为热工测量的原理之一，在生产、科研的各个领域有着广泛的应用。

图 12-5-1 中的闭合回路由 A、B 两种金属连成，叫做温差电偶（thermo-couple）．两个接头处的温度分别为 T 和 T_0，$T>T_0$．实践表明，回路中的温差电动势（thermo-electromotive force）可以写为两个接头处温度差的幂级数．一般认为，在温差不太大条件下，可只取幂级数的前两项，把温差电动势写成

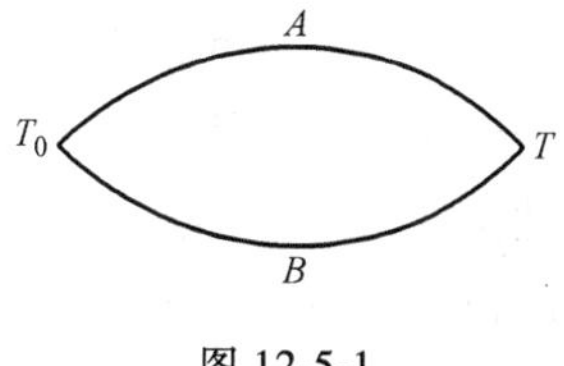

图 12-5-1

$$\mathscr{E}=a(T-T_0)+\frac{1}{2}b(T-T_0)^2 \tag{12-5-1}$$

式中，温度 T_0 叫做参比温度；T 叫做测量温度；经验常数 a 和 b 被认为与金属材料的性质及参比温度有关．下面，将根据金属自由电子气模型和杜隆—珀替固体热容量定律导出温差电动势公式．所谓自由电子气模型就是把金属中的大量自由电子看作气体，但不能把理想气体的概念一成不变地套用过来，必须考虑金属的性质，特别是杜隆—珀替定律：常温下导电和不导电固体的摩尔热容量都相同，约等于 6［cal/（mol · K）］．这个定律是杜隆（P. L. Dulong，1785—1838）和珀替（A. T. Petit，1791—1820）于 1820 年在实验中发现的．

1. 温度梯度场中自由电子的定向运动

如图 12-5-2 所示，设一段匀质金属线两端的温度分别为 T_1、T_2，$T_2>T_1$．温度为 T 的 x 处自由电子气的压强

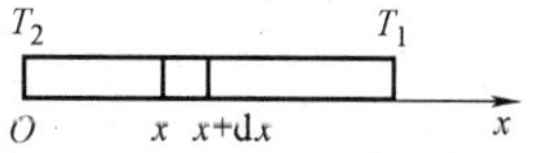

$$p=nkT(x) \tag{12-5-2}$$

图 12-5-2

图中 x 处厚度为 $\mathrm{d}x$ 的自由电子气薄层两侧的压强差，也就是薄层单位面积上所受合力

$$\mathrm{d}p=nk\mathrm{d}T \tag{12-5-3}$$

薄层中每个自由电子平均所受力

$$F=-\frac{1}{n}\frac{\mathrm{d}p}{\mathrm{d}x}=-k\frac{\mathrm{d}T}{\mathrm{d}x} \tag{12-5-4}$$

式中负号表示力 $\boldsymbol{F}$ 的方向与温度增大的方向相反。由上式可得自由电子定向运动加速度

$$\ddot{x}=\frac{F}{m}=-\frac{k}{m}\frac{\mathrm{d}T}{\mathrm{d}x} \tag{12-5-5}$$

关于压强差式（12-5-3）和加速度式（12-5-5），可以作以下理解：

按照杜隆—珀替定律，常温下金属中的自由电子气对金属的热容量没有贡献．也就是说，金属温度变化时，只有组成金属晶格点阵的原子实（离子）的热振动状态变化，自由电子气的热运动状态几乎不变化．在图 12-5-2 中从右至左，金属温度逐渐升高．在 x 处的自

由电子气薄层两侧，左边原子实的热振动比右边的剧烈，薄层受到来自左边的碰撞比来自右边的强烈，从而形成了压强差和自由电子定向运动的加速度.

自由电子的这种定向运动是间歇式的．在受到第一个原子实碰撞时，自由电子在热运动之上叠加了一个定向运动；在与第二个原子实碰撞时，自由电子把定向运动的能量全部传给了原子实．这样，大量自由电子就把温度较高处原子实的热振动能量传给了温度较低处的原子实，而自由电子气的热运动状态总体保持不变．当然，这里的第一个和第二个原子实的说法是一种简化的说法，自由电子与原子实的实际碰撞情况要复杂得多．金属中由于温度梯度发生的热传导显然不同于理想气体中由于温度梯度发生的热传导．理想气体的热传导是大量气体分子无规则运动的结果，而金属中的热传导是大量自由电子定向运动的结果．

由于自由电子气热运动状态不变，金属温度升高时，自由电子与原子实接连两次碰撞的平均间隔时间缩短的起因是原子实热振动的加剧．从微观意义上说，电阻就是原子实对自由电子定向运动的阻碍．对多数金属而言，温度升高，电阻增大，意味着上述平均间隔时间的确随温度升高而缩短．设自由电子与原子实接连两次碰撞的平均间隔时间为 $\tau(T)$，当金属温度由 T 增加为 $T+\mathrm{d}T$ 时，应有

$$\mathrm{d}\tau=-\xi\alpha\tau\cdot\mathrm{d}T \tag{12-5-6}$$

式中，ξ 是待定的比例系数；α 是电阻率

$$\rho=\rho_0[1+\alpha(T-T_0)] \tag{12-5-7}$$

中的温度系数．积分式（12-5-6），得

$$\tau=\tau_0\mathrm{e}^{-\xi\alpha(T-T_0)} \tag{12-5-8}$$

式中，τ_0 是 $T=T_0$ 时的 τ 值.

由式（9-5-11）可得自由电子与原子实的平均碰撞频率

$$\bar{z}=\left(1+\frac{m}{m_A}\right)^{\frac{1}{2}}\pi\ (d_0+d_e)^2n\bar{v} \tag{12-5-9}$$

式中，m 是电子质量；m_A 是原子质量；d_0 是原子半径；d_e 是电子半径；$\bar{v}$ 是自由电子热运动的平均速度．上式中已将自由电子平均数密度与原子实平均数密度看作相等，都用 n 表示，即一个原子贡献一个自由电子．由于 $m\ll m_A$、$d_e\ll d$，上式可写成

$$\bar{z}=\pi\ (\sqrt{\gamma}d_0)^2n\bar{v}=\pi d^2n\bar{v} \tag{12-5-10}$$

式（12-5-10）中引入的因数 γ 叫做碰撞截面倍数．引入 γ 的原因是：式（12-5-9）是从气体分子平均碰撞频率公式（9-5-11）照搬的，但是，金属中的原子并不像气体分子那样，相互的距离远大于原子半径，金属中的原子相互靠得很近，原子的核外电子云相互重叠，使本来不满的价电子带受到填充，增加了自由电子与原子实碰撞的机会，相当于增大了原子的半径．因此，金属中的自由电子与原子实碰撞时的碰撞截面不是 πd_0^2，至少是 $2\pi d_0^2$，一般是 $\gamma\pi d_0^2$，$\gamma\geqslant2$. 这就是说，核外电子云的重叠使自由电子与原子实的碰撞截面积增大为原来的 γ 倍. γ 的值与金属、合金的电阻性质有关，可根据对实验数据的分析确定．

由于 $\tau=1/\bar{z}$，有

$$\tau_0=\frac{1}{\bar{z}_0}=\frac{1}{\pi d^2n\bar{v}_0} \tag{12-5-11}$$

式中，$\bar{v}_0=\sqrt{\dfrac{8kT_0}{\pi m}}$. 为简便起见，设自由电子的定向运动是匀加速运动，由式（12-5-5）和式（12-5-8）得自由电子定向运动的平均速度

$$\bar{u}=\frac{1}{2}\ddot{x}\tau=-\frac{k}{2m}\tau\frac{\mathrm{d}T}{\mathrm{d}x} \tag{12-5-12}$$

和电流密度

$$j=-en\bar{u}=\frac{ken}{2m}\tau\frac{\mathrm{d}T}{\mathrm{d}x} \tag{12-5-13}$$

为确定 ξ，将电流密度写成

$$j=-en\bar{u}=-\frac{en\tau}{2m}m\ddot{x}=\frac{e^2n\tau}{2m}E$$

于是，电导率

$$\sigma=\frac{e^2n}{2m}\tau \tag{12-5-14}$$

所以

$$\ln\frac{\tau_0}{\tau}=\ln\frac{\sigma_0}{\sigma}=\ln\frac{\rho}{\rho_0}.$$

由式（12-5-7）和式（12-5-8）得

$$\xi=\frac{\rho_0\ln\dfrac{\rho}{\rho_0}}{\rho-\rho_0} \tag{12-5-15}$$

对于大多数金属，ξ 在 0.94 ~ 0.96 之间.

2. 温差电动势

另一方面，由式（12-3-10）可得

$$\boldsymbol{j}=\sigma\boldsymbol{E}=\sigma(\boldsymbol{E}_{\mathrm{k}}+\boldsymbol{E}_l)$$

式中，σ 是电导率；$\boldsymbol{E}_{\mathrm{k}}$ 是非静电场强度；$\boldsymbol{E}_l$ 是静电场强度．于是有

$$\boldsymbol{E}_{\mathrm{k}}=\rho\boldsymbol{j}-\boldsymbol{E}_l \tag{12-5-16}$$

沿图 12-5-1 中的闭合回路积分上式，由于 $\oint\boldsymbol{E}_l\cdot\mathrm{d}\boldsymbol{r}=0$，得温差电动势

$$\begin{aligned}\mathscr{E}&=\oint\boldsymbol{E}_{\mathrm{k}}\cdot\mathrm{d}\boldsymbol{r}=\oint\rho j\mathrm{d}l\\&=\eta\frac{\rho_{0A}}{d_A^2}\int_{T_0}^{T}[1+\alpha_A(T-T_0)]\mathrm{e}^{-\xi\alpha_A(T-T_0)}\mathrm{d}T-\eta\frac{\rho_{0B}}{d_B^2}\int_{T_0}^{T}[1+\alpha_B(T-T_0)]\mathrm{e}^{-\xi\alpha_B(T-T_0)}\mathrm{d}T\end{aligned}$$

式中，$\eta=\dfrac{e}{8}\sqrt{\dfrac{2k}{\pi mT_0}}$. 利用公式 $\mathrm{e}^x=1+x+\dfrac{x^2}{2!}+\cdots$ 将 $\mathrm{e}^{-\alpha(T-T_0)}$ 展开，略去 α 的高次项，积分，得

$$\mathscr{E}=\eta\left(\frac{\rho_{0A}}{d_A^2}-\frac{\rho_{0B}}{d_B^2}\right)(T-T_0)+\frac{1}{2}\eta(1-\xi)\left(\frac{\rho_{0A}\alpha_A}{d_A^2}-\frac{\rho_{0B}\alpha_B}{d_B^2}\right)(T-T_0)^2$$

将上式写成

$$\mathscr{E}=a(T-T_0)+\frac{1}{2}b(T-T_0)^2 \tag{12-5-17}$$

式中

$$a=\eta\left(\frac{\rho_{0A}}{d_A^2}-\frac{\rho_{0B}}{d_B^2}\right),\quad b=\eta(1-\xi)\left(\frac{\rho_{0A}\alpha_A}{d_A^2}-\frac{\rho_{0B}\alpha_B}{d_B^2}\right)$$

可见，温差电动势幂级数展开式中每一项的系数都与材料性质及参比温度有关．由于在导出式（12-5-17）的过程中用到了线性电阻率式（12-5-7），故上式只适用于电阻为线性或近似线性的金属、合金构成的温差电偶.

如果图 12-5-1 的回路中有一种或两种合金，应用式（12-5-17）计算温差电动势时，应

将合金中所有组分金属的原子半径的加权平均值作为合金的等效原子半径，权重就是组分金属的百分比．

表 12-2 所列为标准热电偶的电动势理论值与实际值．理论值是按照式（12-5-17）计算出来的，实际值是国际上广泛应用的，也是我国国家标准热电偶电动势值．表中的几种合金的成分是：铂铑合金——87% 铂 + 13% 铑；镍铝合金——95% 镍 + 5% 铝（硅、锰）；镍铬合金——90% 镍 + 10% 铬；康铜——60% 铜 + 40% 镍．表中热电偶的 γ 值都取为 2.5．由表可见，理论值与实际值相符合．

表 12-2　标准热电偶的温差电动势

参比温度：0℃　　　　单位：毫伏（mV）

热电偶	铂—铂铑		镍铝—镍铬		铜—康铜	
温度（℃）	理论值	实际值	理论值	实际值	理论值	实际值
100	0.771	0.647	4.110	4.095	4.457	4.277
200	1.599	1.468	8.269	8.137	8.903	9.286
300	2.507	2.400	12.482	12.207	13.386	14.860
400	3.425	3.407	16.725	16.395	17.510	20.869
500	4.435	4.471	20.937	20.64		
600	5.642	5.582	25.053	24.902		
700	6.817	6.741				

思考题 12.5

1. 按照杜隆—珀替定律，金属中的自由电子气的热运动状态在常温范围内不随温度而变．你对此是否觉得奇怪或难以接受？当遇到实验结果与已有概念矛盾时，你认为应如何对待这种问题？

2. 由于金属中温度梯度的存在，使原子实与自由电子的碰撞既推动自由电子做定向运动，又阻碍自由电子做定向运动，式（12-5-5）描述了前者，式（12-5-8）描述了后者，式（12-5-13）则把二者统一了起来，从而得到温差电动势式（12-5-17）．有人说：从式（12-5-4）可直接得到非静电场强 $E_k=\frac{k}{e}\frac{\mathrm{d}T}{\mathrm{d}x}$，将 E_k 代入 $\oint \boldsymbol{E}_k\cdot \mathrm{d}\boldsymbol{r}$ 积分，就可得到温差电动势．你对这种说法有什么看法？

12.6* 经典金属电子论

经典金属电子论的理论基础是金属自由电子气模型和杜隆—珀替定律．上一节根据金属自由电子气模型和杜隆—珀替定律说明了温差电效应，导出了温差电动势公式，这一节先介绍冲击电流实验，然后从理论上继续说明金属导电的基本实验定律，以加深对经典金属电子论的了解．

1. 冲击电流实验

如何证明金属导体中存在着大量的自由电子，导体中的电流就是大量自由电子的流动呢？如果金属中确实存在着大量的自由电子，那么，当以足够大的速率运动着的金属导体突然停止时，大量自由电子将由于惯性而形成电流．虽然这个电流不会持续存在，但只要测试技术足够灵敏，应该能够观察到．这种电流被称为冲击电流．1916 年，托尔曼

(R. C. Tolman) 和斯蒂华德 (T. D. Stewart) 在实验中观察到了冲击电流，证实了金属中存在着大量的自由电子.

托尔曼等人的实验是用约长500 m的导线绕成多匝线圈，用导线将线圈与冲击电流计相连，使线圈以300 m/s的速率转动. 利用特殊的装置使转动着的线圈在十分之几秒内突然停止，可看到冲击电流计指针约有10 mm的偏转，偏转方向表明自由电子带负电.

我们来估计一下电流中自由电子定向平均速率的数量级. 铜的质量密度 $\rho = 8.93 \times 10^3$ kg/m^3，摩尔质量 $M = 63.54 \times 10^{-3}$kg/mol. 若每个铜原子贡献一个自由电子，铜导线中的自由电子平均数密度 $n = N_0 \dfrac{\rho}{M} = 8.46 \times 10^{28}/\text{m}^3$，$N_0 = 6.023 \times 10^{23}/\text{mol}$ 是阿伏加德罗常数. 在电工技术规范中，规定铜导线中的电流密度一般不超过11 A/mm^2. 所以，铜导线电流中自由电子的最大定向平均速率约为

$$\bar{u} = \frac{j}{ne} = 8.13 \times 10^{-4}\ \text{m/s} \tag{12-6-1}$$

可见，在静电场驱使下金属导体中自由电子的定向运动速率是很小的.

既然导体中的自由电子运动得这样慢，为什么几乎在开关接通的同时，电灯就亮了呢? 这是因为，驱动自由电子做定向运动的电场是以光速传播的，迅速传播的电场使电路中各处的自由电子几乎同时开始做定向运动，于是电灯几乎同时亮了.

2. 电阻率

令 $\xi = 1$，由上节式 (12-5-8) 和式 (12-5-16) 可得电阻率

$$\rho = \frac{1}{\sigma} = \frac{2m}{ne^2\tau_0}e^{\alpha(T-T_0)} \tag{12-6-2}$$

令 $\rho_0 = \dfrac{2m}{ne^2\tau_0}$，将 $e^{\alpha(T-T_0)}$ 展开，得

$$\rho - \rho_0\left(1 + \alpha(T-T_0) + \frac{1}{2!}\alpha^2(T-T_0)^2 + \cdots\right) \tag{12-6-3}$$

可见，电阻率是温度的非线性函数，所谓线性电阻是一种近似.

3. 焦耳定律

为简便起见，设金属中的自由电子在稳恒匀强电场 E (E 是静电场和非静电场的叠加) 作用下作间歇式定向匀加速运动，加速度 $\ddot{x} = -\dfrac{eE}{m}$. 在完成持续时间为 τ 的一次加速运动，即将与原子实碰撞时，电子的末速率是 $u = a\tau$. 所以，自由电子与原子实每次碰撞时传给原子实的定向运动能量

$$\frac{1}{2}mu^2 = \frac{e^2E^2\tau^2}{2m}$$

而在单位时间内，金属单位体积内的原子实得到的能量

$$\omega = \frac{n}{\tau} \cdot \frac{1}{2}mu^2 = \frac{ne^2\tau}{2m}E^2$$

这些能量被金属中的原子实吸收，增加了原子实的热振动能量，使金属的温度升高. 由于 $\sigma = \dfrac{ne^2\tau}{2m}$，上式可写成

$$\omega=\sigma E^2 \tag{12-6-4}$$

这就是焦耳定律式（12-2-6）.

4. 金属热导率和电导率的关系

我们知道，金属既导电又传热，而且热量在一般的金属中传递得很快. 设金属中存在温度梯度时，如式（12-5-12）所示，自由电子的平均定向运动速率

$$\bar{u}=-\frac{k}{2m}\tau\frac{\mathrm{d}T}{\mathrm{d}x}$$

相应的自由电子平均定向运动动能是 $\bar{\chi}=\frac{1}{2}m\bar{u}^2$，则单位时间流过单位横截面积的能量

$$m\bar{u}\bar{\chi}=-\frac{nk\tau}{2m}\bar{\chi}\frac{\mathrm{d}T}{\mathrm{d}x}$$

上式就是温度梯度造成的金属热传导能流密度. 所以，金属的热导率

$$\xi=\frac{nk\tau}{2m}\bar{\chi} \tag{12-6-5}$$

需要指出的是，根据杜隆—珀替定律，金属自由电子气的热运动状态在常温范围内不随金属温度变化. 因此，自由电子的热运动并不能造成金属中的热传导. 由上式和式（12-5-14）可得金属热导率与电导率的比

$$\frac{\xi}{\sigma}=\frac{k}{e^2}\bar{\chi} \tag{12-6-6}$$

1853 年，维德曼（G. Wiedemann）和弗兰慈（R. Franz）通过实验发现，在不太大的温度范围内，以卡为热量单位，各种金属的比值$\frac{\xi}{\sigma}$在 $4.6T\times10^{-9}$ 到 $5.6T\times10^{-9}$ 之间，T 是温度. 这个结论叫做维德曼-弗兰慈定律. 如取维德曼-弗兰慈实验值的中间值，以焦耳为单位，可得

$$\frac{\xi}{\sigma}=2.09T\times10^{-8} \tag{12-6-7}$$

由以上两式可得金属传热时自由电子定向运动的平均速率

$$\bar{u}=0.927\sqrt{T}\times10^4\ \mathrm{m/s} \tag{12-6-8}$$

上式表明，尽管单个自由电子的这种高速定向运动是不连续的，金属中的热量传递还是很快的，这与实际情况相符.

思考题 12.6

经典金属电子论的理论基础是什么？根据这个理论可以说明哪些问题？

习 题 12

12-1 同样粗细的碳棒和铁棒串联起来，能使两棒的总电阻不随温度而改变，问这时两棒的长度比应为多少？

12-2 电阻率为 ρ 的空心半球壳，其内半径为 R_1、外半径为 R_2，试计算其两表面之间的电阻.

12-3 如题 12-3 图所示，电阻率为 ρ 的截圆锥体，长度为 l，两端面的半径分别为 R_1 和 R_2，试计算锥体两端面之间的电阻.

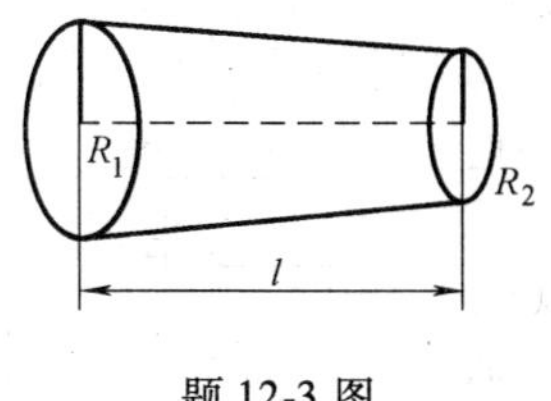

题 12-3 图

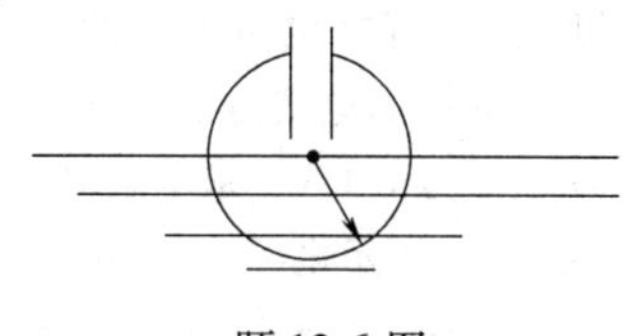
题 12-6 图

12-4 一个电阻圆形横截面半径为 1.2 cm，在 120 V/m 的电场下产生了 3.00 A 的电流．求该材料的电阻率．

12-5 某种金属材料的密度为 ρ_d，电阻率为 ρ_r．如果用该金属制成的一段均匀圆柱形导线的电阻为 R，质量为 m，那么导线的长度和半径分别是多少？

12-6 如题 12-6 图所示，将一个半径为 a 的球电极的一半埋在地里．若设大地是电阻率为 ρ 的均匀电介质，忽略电极的电阻，试证球电极的接地电阻为$\frac{\rho}{2\pi a}$.

12-7 一台仪器中要选用一只阻值为 100 Ω 的线绕电阻，通过它的电流为 0.2 A. 如果一电阻的额定功率是 16 W，试问可否选用它？

12-8 一容器里盛着温度为 90 ℃、质量为 1.5 kg 的水，由于热量的散失，水的温度每分钟降低 12 ℃. 为了保持 90 ℃的水温，可用一根 50 Ω 的电热丝浸在水里加热，问需要有多大的电流通过该电热丝？

12-9 一种阴极射线管，测得其电流为 50 μA. 问在 40 s 内打到管子屏幕上的电子有多少？

12-10 通过一个面积为 2 cm^2 平面的电荷随时间变化：$q=4t^3+t^2+5$，其中 q 的单位为 C，t 的单位为 s. 求：(1) 在 $t=1$ s 时通过平面的瞬时电流；(2) 电流密度．

12-11 一铜线直径为 1.0 cm，载有电流 200 A. 设铜导线中自由电子的数密度 $n=8.5\times10^{22}/\text{cm}^3$，每个电子的电荷 $e=1.6\times10^{-19}$ C. 求自由电子的漂移速度.

12-12 一电源是由 5 个电动势均为 1.4 V、内阻为 0.3 Ω 的相同电池串联组成．用它供电时，问电路中的电流为多大？(已知负载消耗的功率为 8 W)

12-13 高压输电线输送 1000 kW 的电流，起始电压为 500 kV. 输送距离为 100 m. 如果导线的电阻率是 0.5 Ω/m，求导线上损失的功率．

12-14 电压波动产生了 144 V 的瞬时电压，此时一个工作电压为 120 V，那么，额定功率 100 W 的灯泡的输出功率为多少？

12-15 当电流为 1 A、端电压为 2 V 时，求下列情况下电流的功率和热功率：(1) 电流通过导线；(2) 电流通过充电的蓄电池，蓄电池的电动势为 1.3 V；(3) 电流通过放电的蓄电池，蓄电池的电动势为 2.6 V.

12-16 一带电的平板电容器，其面积为 S、极板间的距离为 d，极板间充以电阻率 $\rho=10^{13}$ Ω·m、相对介电常数 $\varepsilon_r=4.2$ 的物质．问需要多少时间，电容器上的电荷衰减为原来的 10%？

12-17 一个平板电容器，电容 $C=1.0$ μF，板间介质的相对介电系数 $\varepsilon_r=5.0$，电阻率 $\rho=2.0\times10^{13}$ Ω·m. (1) 求电容器的电阻；(2) 如将该电容器与电源相接，充电后撤去电源。由于电容器内存在漏电流，极板上电荷量逐渐减少。试证极板上电荷随时间的变化式是 $q=q_0e^{-\frac{t}{\varepsilon}}$，其中 q_0 是 $t=0$ 时的电荷量.

12-18 一个电容为 C 的电容器带有电荷量 Q. 把该电容接入如题 12-18 图所示的电路中．电容为 $3C$ 的电容器开始不带电．当开关闭合后，电路达到平衡．求此时：(1) 两电容器的板间电压；(2) 两电容器所带的电荷量．

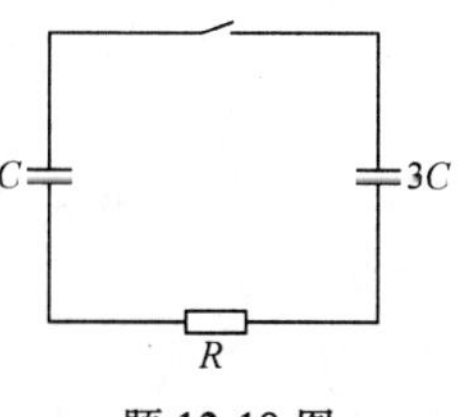

题 12-18 图

12-19 在上、下两个圆铜片极板之间夹着一块高度 $h=5.0$ cm 的硅环，内外半径分别是 $R_1=0.80$ cm、$R_2=3.0$ cm. 现给两极板之间加上电压 $U=200$ V，求其中的电流.

12-20 一段均匀双股电缆长 7.0 km，由于电缆上某处绝缘层破损，使两股电缆之间在该处存在电阻为 R 的漏电流．检测发现，电缆 A、B 两端都开路时，A、B 端的电阻分别为 660 Ω 和 1560 Ω；当在 A 端加电压 12 V 时，B 端电压为 1.1 V，求电阻 R 和绝缘层破损的位置．

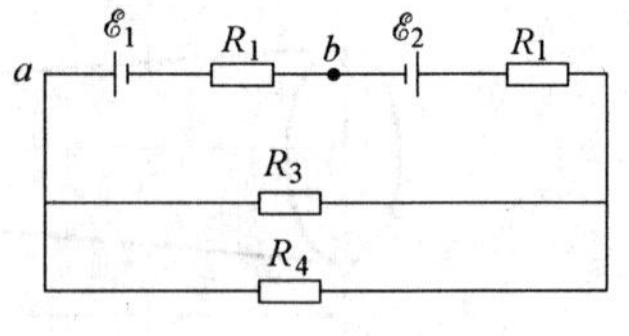

题 12-21 图

12-21 在题 12-21 图示电路中 $\mathscr{E}_1 = 6.0\ \text{V}$，$\mathscr{E}_2 = 2.0\ \text{V}$，$R = 1.0\ \Omega$，$R_2 = 2.0\ \Omega$，$R_3 = 3.0\ \Omega$，$R_4 = 4.0\ \Omega$．求各电阻上的电流和 a、b 之间的电压．

12-22 在题 12-22 图所示电路中，已知 $\mathscr{E}_1 = 1.0\ \text{V}$，$\mathscr{E}_2 = 2.0\ \text{V}$，$\mathscr{E}_3 = 3.0\ \text{V}$，$r_1 = r_2 = r_3 = 1.0\ \Omega$，$R_1 = 1.0\ \Omega$，$R_2 = 3.0\ \Omega$，求通过电源 $\mathscr{E}_3$ 的电流和 R_2 消耗的功率．

12-23 在如题 12-23 图所示的电路中，两电源的电动势分别为 $\mathscr{E}_1$、$\mathscr{E}_2$，内阻分别为 r_1、r_2．三个负载电阻阻值分别为 R_1，R_2，R，电流分别为 I_1，I_2，I_3，方向如图示．求由 A 到 B 的电势增量．

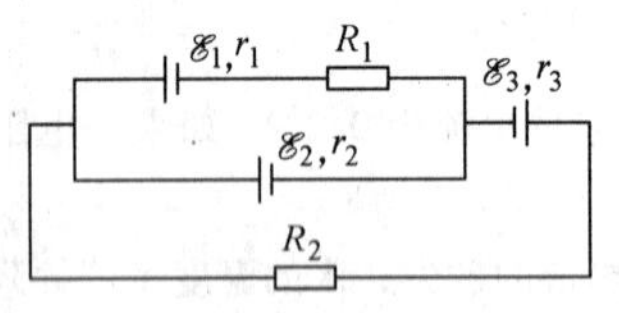

题 12-22 图

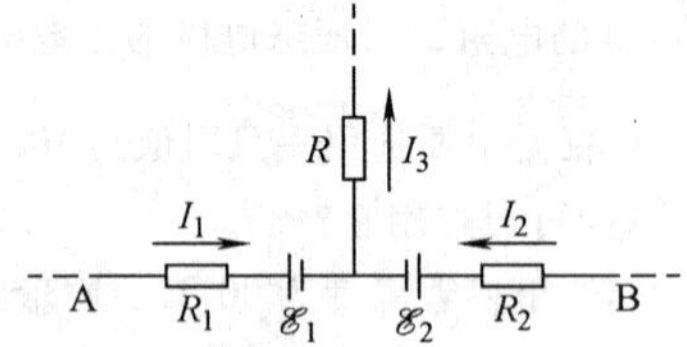

题 12-23 图

12-24 如题 12-24 图所示，计算 a，b 两点之间的等效电容．

12-25 一段金属导线电阻为 R，将其均分为 3 段，然后将它们并列，组成一段长度为原来导线 1/3 的新导线，求新导线的电阻．

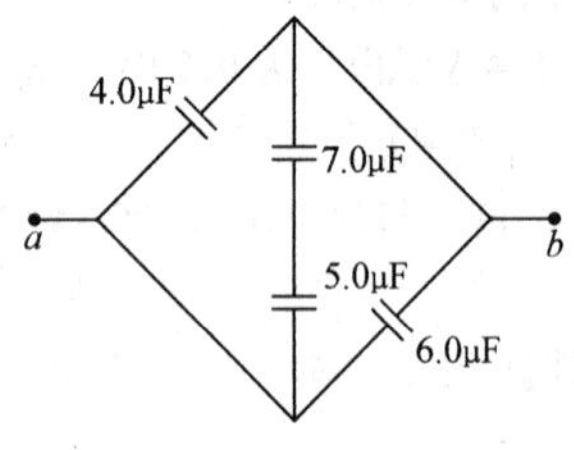

题 12-24 图

第13章　稳恒磁场

如前所说，人类很早就知道并开始利用磁现象（magnetic phenomena）. 不过，人类对磁现象的认识曾经长期停留在对天然磁铁磁效应的了解，以至于自1785年发现库仑定律，对电现象进入系统研究之后的较长一段时间里，不少物理学家还相信磁现象与电现象没有关系.

进入18世纪以后，关于磁现象与电现象有联系的报道逐渐多了起来. 1751年，富兰克林（Franklin，Benjamin，1706—1790）发现莱顿瓶放电可使一些铁制品磁化. 1820年4月，奥斯特（Oersted，Hans Christin，1777—1851）发现平行放置于载流导线旁边的磁针发生偏转. 同年10月，安培发现两条平行载流导线之间有作用力，同向电流相互吸引，反向电流相互排斥. 这些重要发现不是由于偶然的机遇，而是在磁、电可能有联系的思想引导、鼓舞下多年探索的结果. 这些发现极大地震动了当时的物理学界乃至整个科学界，人们头脑中长期存在的磁、电无关系的观念崩溃了.

如何解释平行载流导线之间的作用力呢？首先，平行载流导线之间的作用力不是静电场力，因为导线上没有积聚静止电荷，况且，作用力的方向与导线上电流的方向有关. 以法拉第为代表的近距派认为，电流周围分布着一种特殊的物质——磁场，载流导线之间的作用力就是两个电流通过各自的磁场相互施加的. 实践证明，法拉第的观点是正确的.

稳恒电流的磁场不随时间变化，叫做稳恒磁场（steady magnetic field）. 本章主要研究稳恒磁场.

13.1　磁感应强度

1. 洛仑兹力和磁感应强度

我们在开始研究静电场时，使用的探测器是静止于静电场中的试验点电荷. 现在研究磁场，而磁场对处于其中的电流即运动电荷有作用力，显然应使用运动试验点电荷作为探测器，简称运动点电荷. 运动点电荷所受的磁场力叫做洛仑兹力（Lorentz force）. 实验表明，点电荷 q 在磁场中运动时，所受洛仑兹力不仅与点电荷 q 的电荷量和瞬时位置有关，而且与点电荷通过该位置的速度有关，即与点电荷的瞬时速率及运动方向有关. 也就是说，在已给定的稳恒磁场中任何一点有且只有一个特定的方向，当运动点电荷 q 以速度 $\boldsymbol{v}$ 通过该点时，所受的洛仑兹力

$$F = Bqv\sin\theta \tag{13-1-1}$$

式中，θ 是点电荷速度与所过点的磁场特定方向的夹角；系数 B 是位置的函数，反映了该位置处磁场的固有性质. 按照上式，只要测出电荷量 q、速率 v、角度 θ 和力 F，就可确定 B.

将上式写成矢量式为

$$\boldsymbol{F} = q\boldsymbol{v} \times \boldsymbol{B} \tag{13-1-2}$$

式中的矢量 $\boldsymbol{B}$ 叫做磁感应强度（magnetic induction），其模 B 由式（13-1-1）确定，其方向

就是上述特定方向，由实际测量确定. 磁感应强度的单位是特斯拉（T）. 由上式可知：只要洛仑兹力 $\boldsymbol{F}$ 不等于零，它一定垂直于$\boldsymbol{v}$ 和 $\boldsymbol{B}$，如图 13-1-1 所示. 所以，洛仑兹力对运动点电荷总不做功.

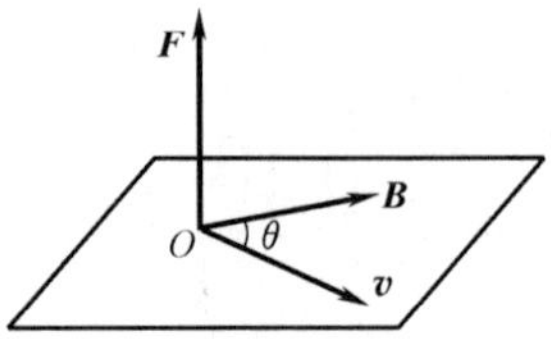

图 13-1-1

例题 13-1-1 （1）如图 13-1-2 所示，垂直于纸面向下的匀强磁场的磁感应强度为 $\boldsymbol{B}$，电子以速度$\boldsymbol{v}$ 过 a 点，然后过 b 点. 已知角度 $\theta = 30°$，求电子从 a 运动到 b 的时间.（2）如图 13-1-3 所示，匀强磁场磁感应强度为 $\boldsymbol{B}$，方向向右. 电子以速度$\boldsymbol{v}$ 过 O 点，$\boldsymbol{v}$ 与 $\boldsymbol{B}$ 的夹角为 θ，求电子运动轨迹的螺距.

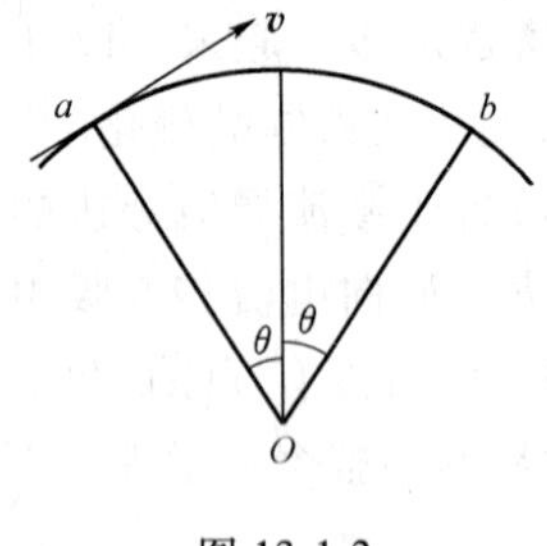

图 13-1-2

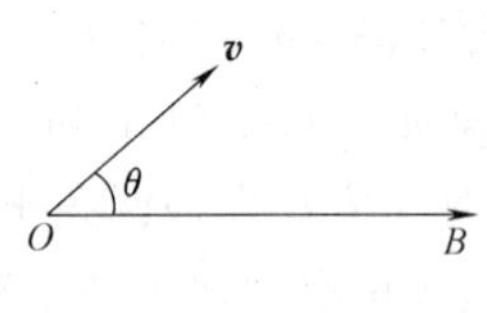

图 13-1-3

解：（1）电子在垂直于磁场的平面内作匀速圆运动，洛仑兹力就是向心力，则

$$evB = m\frac{v^2}{r}$$

a 到 b 的圆弧长度

$$S = 2\theta r = 2\theta\frac{mv}{eB}$$

电子从 a 到 b 的时间

$$\Delta t = \frac{S}{v} = \frac{1}{6}\cdot\frac{2\pi m}{eB}$$

式中电子匀速圆运动的周期

$$T = \frac{2\pi m}{eB}$$

（2）电子在磁感应强度 $\boldsymbol{B}$ 方向的速度分量为 $v\cos\theta$，所以，电子作螺旋运动的螺距

$$l = Tv\cos\theta = \frac{2\pi m}{eB}v\cos\theta$$

2. 无限长直电流的磁场

如前所说，电流周围存在磁场，因此，磁感应强度必然与源电流有关. 如图 13-1-4 所示，真空中一条长直载流线旁边有一点 P，P 点到载流线的距离为 r. 所谓“真空”意指除所研究的电流外不存在其他电流和物体. 实验表明，当距离 r 远小于载流线长度时，对于 P 点来说，载流线可看做无限长，P 点磁感应强度的大小为

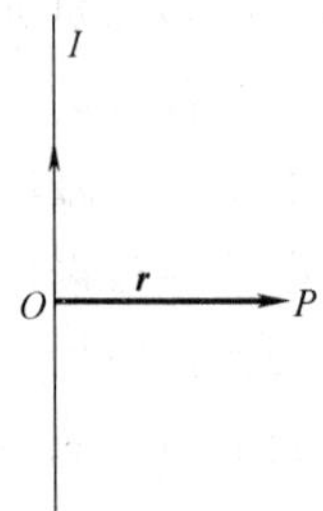

图 13-1-4

$$B = \frac{\mu_0 I}{2\pi r} \tag{13-1-3}$$

磁感应强度 $\boldsymbol{B}$ 的方向与矢量 $\boldsymbol{I}\times\boldsymbol{r}$ 相同，$\boldsymbol{r}$ 由 O 点指向 P 点. 上式中的比例常数

$$\mu_0 = 4\pi\times10^{-7}\ \mathrm{N/A^2} \tag{13-1-4}$$

叫做真空磁导率. 式（13-1-3）是毕奥（J. B. Biot，1774—1862）和萨伐尔（F. Savart，1791—1841）于1820年通过多次实验发现的，叫做无限长直电流磁场的磁感应强度. 式

(13-1-3) 可以写成矢量形式为

$$\boldsymbol{B} = \frac{\mu_0}{2\pi r^2}\boldsymbol{I} \times \boldsymbol{r} \tag{13-1-5}$$

思考题 13.1

1. 有人说，运动点电荷通过某区域时，若不受洛仑兹力作用，则此区域内必无磁场. 这种说法正确否？为什么？

2. 有人说，洛仑兹力不改变运动点电荷的动能. 正确否？为什么？

13.2 毕奥-萨伐尔定律

1. 磁场叠加原理

图 13-2-1 中从 A 到 C 是电流为 I 的一段细载流线，P 为载流线磁场中任意一点，磁感应强度为 $\boldsymbol{B}$. $\mathrm{d}l$ 是载流线上 O 点处一段微小导线的长度，乘积 $I\mathrm{d}\boldsymbol{l}$ 叫做 O 点处的电流元 (current element)，$\mathrm{d}\boldsymbol{l}$ 的方向就是 O 点处电流的方向. 由于磁场是电流激发的，可设电流元 $I\mathrm{d}\boldsymbol{l}$ 对 P 点磁感应强度的贡献为 $\mathrm{d}\boldsymbol{B}$，则 P 点的磁感应强度 $\boldsymbol{B}$ 等于载流线上所有电流元贡献的矢量和，即

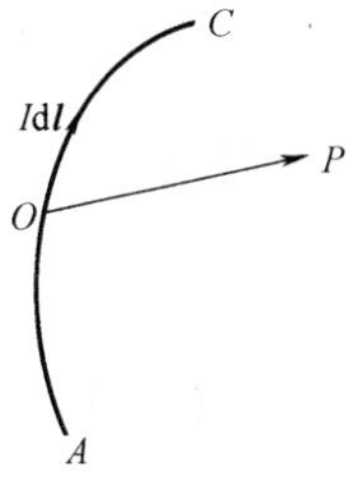

$$\boldsymbol{B} = \int_L \mathrm{d}\boldsymbol{B} \tag{13-2-1}$$

图 13-2-1

积分遍及整个载流线. 若磁场是若干条载流线上电流的磁场，磁感应强度

$$\boldsymbol{B} = \sum_i \boldsymbol{B}_i \tag{13-2-2}$$

其中的 $\boldsymbol{B}_i$ 是电流 I_i 的磁场磁感应强度. 以上两式都表示磁场叠加原理 (superpositon principle of magnetic field).

那么，电流元 $I\mathrm{d}\boldsymbol{l}$ 对 P 点处磁感应强度的贡献 $\mathrm{d}\boldsymbol{B}$ 的表示式是什么呢？

2. 毕奥-萨伐尔定律

显然，作为磁场叠加原理的表示式，式 (13-2-1) 对于图 13-2-2 中的无限长直载流线也成立. 既然 $\mathrm{d}\boldsymbol{B}$ 是电流元 $I\mathrm{d}\boldsymbol{l}$ 对 P 点磁感应强度的贡献，那么，矢量 $\mathrm{d}\boldsymbol{B}$ 应与电流元 $I\mathrm{d}\boldsymbol{l}$ 有关，同时，也与由电流元 $I\mathrm{d}\boldsymbol{l}$ 所在位置到 P 点的位矢 $\boldsymbol{r}$ 有关，即与矢量 $I\mathrm{d}\boldsymbol{l}\times\boldsymbol{r}$ 有关. 由图 13-2-2 可知，不论电流元 $I\mathrm{d}\boldsymbol{l}$ 在无限长直载流线上任何位置，矢量 $I\mathrm{d}\boldsymbol{l}\times\boldsymbol{r}$ 的方向都相同，且与 P 点处磁感应强度 $\boldsymbol{B}$ 的方向相同，所以，可设无限长直载流线上各段电流元对 P 点磁感应强度的贡献 $\mathrm{d}\boldsymbol{B}$ 的方向都与 P 点处磁感应强度 $\boldsymbol{B}$ 的方向相同，于是，可将式 (13-2-1) 写为

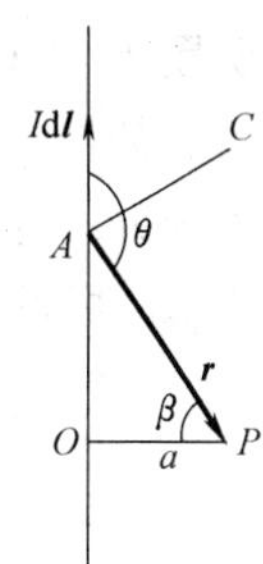

图 13-2-2

$$B = \int_{-\infty}^{+\infty} \mathrm{d}B \tag{13-2-3}$$

另一方面，若图 13-2-2 中的 P 点到载流直线的距离为 a，按照式 (13-1-3)，P 点的磁感应强度的大小

$$B = \frac{\mu_0 I}{2\pi a} \tag{13-2-4}$$

式中的 I 是无限长直载流线的电流．上式可写成

$$B = \frac{\mu_0 I}{2\pi a} = \frac{\mu_0 I}{4\pi a}\int_{-\pi/2}^{+\pi/2}\cos\beta \mathrm{d}\beta$$

式中的 β 是 r 与 a 的夹角．将 $\cos\beta = \frac{a}{r}$ 代入上式，得

$$B = \frac{\mu_0 I}{4\pi}\int_{-\pi/2}^{+\pi/2}\frac{\mathrm{d}\beta}{r} \tag{13-2-5}$$

过图 13-2-2 中电流元 $I\mathrm{d}\boldsymbol{l}$ 所在位置 A 点做 PA 的垂线 AC，则有

$$r \cdot \mathrm{d}\beta = \cos\beta \mathrm{d}l \tag{13-2-6}$$

设 θ 是 $\boldsymbol{r}$ 与电流元 $I\mathrm{d}\boldsymbol{l}$ 的夹角，将上式和 $\cos\beta = \sin\theta$ 代入式（13-2-5），得

$$B = \frac{\mu_0}{4\pi}\int_{-\infty}^{+\infty}\frac{I\mathrm{d}l\sin\theta}{r^2} \tag{13-2-7}$$

比较上式与式（13-2-3），得

$$\mathrm{d}B = \frac{\mu_0}{4\pi}\frac{I\mathrm{d}l\sin\theta}{r^2} \tag{13-2-8}$$

上式可写成矢量式为

$$\mathrm{d}\boldsymbol{B} = \frac{\mu_0 I}{4\pi r^3}\mathrm{d}\boldsymbol{l} \times \boldsymbol{r} \tag{13-2-9}$$

这叫做毕奥-萨伐尔定律（Biot-Savart law）．显然，按照毕奥-萨伐尔定律，图 13-2-2 中无限长直载流线上所有的电流元对 P 点磁感应强度的贡献 $\mathrm{d}\boldsymbol{B}$ 的方向都相同，都是垂直于纸面向里，与前面关于 $\mathrm{d}\boldsymbol{B}$ 方向的分析是一致的．将毕奥-萨伐尔定律代入式（13-2-1）积分，原则上可以计算出任意电流的磁场．实践证明，根据毕奥-萨伐尔定律计算出的结果与实际符合，毕奥-萨伐尔定律是正确的．人们常说，普遍性寓于特殊性之中．上述毕奥-萨伐尔定律的推导就是一个从特殊性中揭示出普遍性的生动例证．

例题 13-2-1 求有限长直载流线旁一点的磁感应强度．

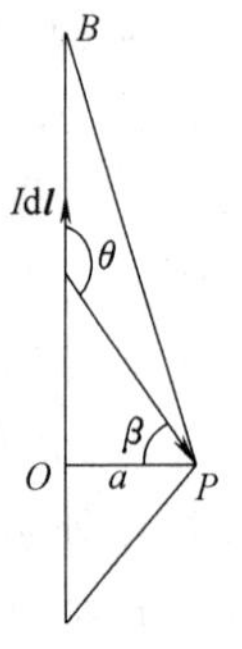

图 13-2-3

解：如图 13-2-3 所示，有限长直载流线 AB 的电流为 I，P 点到载流线距离为 a，电流元 $I\mathrm{d}\boldsymbol{l}$ 到 P 点的矢径为 $\boldsymbol{r}$，$I\mathrm{d}\boldsymbol{l}$ 与 $\boldsymbol{r}$ 的夹角为 θ，r 与 a 的夹角为 β．根据毕奥-萨伐尔定律，P 点的磁感应强度

$$\boldsymbol{B} = \frac{\mu_0}{4\pi}\int_A^B \frac{I}{r^3}\mathrm{d}\boldsymbol{l} \times \boldsymbol{r}$$

由于载流直线上的任意电流元 $I\mathrm{d}\boldsymbol{l}$ 对 P 点磁感应强度的贡献 $\mathrm{d}\boldsymbol{B} = \frac{\mu_0 I}{4\pi r^3}\mathrm{d}\boldsymbol{l} \times \boldsymbol{r}$ 的方向都垂直于纸面向下，上式可写成

$$B = \frac{\mu_0}{4\pi}\int_A^B \frac{I\mathrm{d}l\sin\theta}{r^2}$$

因为 $\cos\beta = \frac{a}{r}$，$\mathrm{d}l\cos\beta = r\mathrm{d}\beta$，有 $\mathrm{d}l = \frac{r^2\mathrm{d}\beta}{a}$，且 $\sin\theta = \cos\beta$，由上式得

$$B = \frac{\mu_0 I}{4\pi a}\int_{\beta_A}^{\beta_B}\cos\beta \cdot d\beta$$

式中，$\beta_A = \angle OPA$，$\beta_B = \angle OPB$. 积分上式，得

$$B = \frac{\mu_0 I}{4\pi a}(\sin\beta_B - \sin\beta_A) \tag{13-2-10}$$

上式就是计算有限长直载流线磁场磁感应强度的公式.

应用式（13-2-10）计算磁感应强度时，要注意角度 β_A，β_B 的正负. 以图 13-2-3 中的 PO 为始边，由于 $\beta_A = \angle OPA$ 逆着电流方向张开，$\beta_A < 0$；由于 $\beta_B = \angle OPB$ 顺着电流方向张开，$\beta_B > 0$. 对于无限长直载流线，$\beta_B = \frac{\pi}{2}$，$\beta_A = -\frac{\pi}{2}$，由式（13-2-10）得到式（13-2-4）. 又例如，图 13-2-4 为一条折成直角的无限长载流线，P 点在半无限长载流线 AB 的延长线上. 显然，AB 线上的电流对 P 点的磁感应强度无贡献，因为对于 AB 线上任意电流元，都有 $Id\boldsymbol{l} \times \boldsymbol{r} = 0$，$\boldsymbol{r}$ 是从电流元到 P 点的矢径. BC 线上的 C 点在无限远处，$\beta_C = \frac{\pi}{2}$，$\beta_B = 0$，所以，由式（13-2-10）得

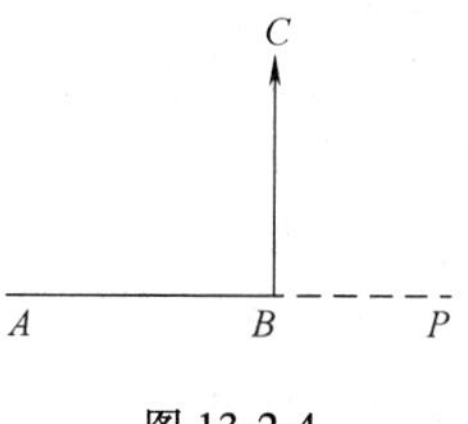

图 13-2-4

$$B = \frac{\mu_0 I}{4\pi a}$$

例题 13-2-2 如图 13-2-5 所示，真空中宽度为 a 的无限长直载流薄导体板上均匀地流着电流 I. P 点与载流板共平面，到板右边缘的距离为 b；M 点在载流板的中垂面上，到板面的距离为 c. 求 P 点和 M 点的磁感应强度.

解：（1）无限长直载流板可以看成无数条无限长直细载流导线的集合，如图13-2-5a 所示，其中，到板边 O 点距离为 l 的细载流线对 P 点的磁感应强度的贡献是

$$dB = \frac{\mu_0 dI}{2\pi(l+b)} = \frac{\mu_0 I dl}{2\pi a(l+b)}$$

式中，dl 是细载流线的微小宽度. 于是，P 点的磁感应强度

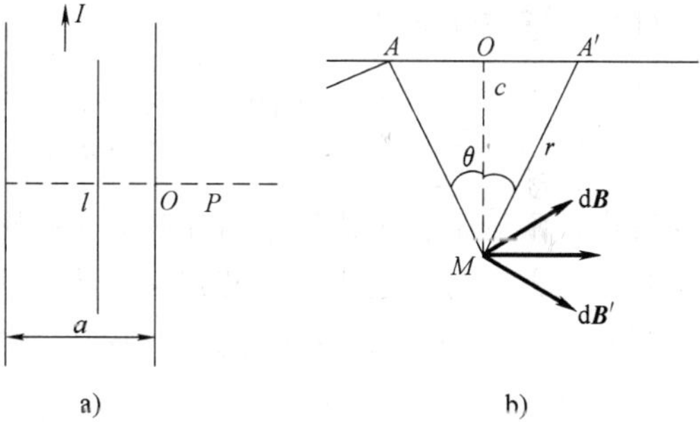

图 13-2-5

$$B_P = \int_0^A dB = \frac{\mu_0 I}{2\pi a}\int_0^a \frac{dl}{l+b} = \frac{\mu_0 I}{2\pi a}\ln\frac{a+b}{b}$$

方向垂直纸面向里.

（2）如图 13-2-5b 所示，O 点是无限长直载流板横截线的中点，$OM = c$ 在载流板的中垂面上. 载流板横截线上到 O 点距离为 l 的 A 点处的无限长直细电流对 M 点磁感应强度的贡献是 $d\boldsymbol{B}$，与 A 对称的 A'点处的点处的无限长直细电流对 M 点磁感应强度的贡献是 $d\boldsymbol{B}'$，且有

$$dB' = dB = \frac{\mu_0 dI}{2\pi r} = \frac{\mu_0 I dl}{2\pi a r}$$

于是，M 点的磁感应强度

$$B = 2\int_0^{a/2} dB \cdot \cos\theta = \frac{\mu_0 I}{\pi a}\int_0^{a/2}\frac{dl\cos\theta}{r}$$

由图可见，$dl\cos\theta = r d\theta$，代入上式，得

$$B = \frac{\mu_0 I}{\pi a}\int_0^{\arctan(a/2c)} d\theta = \frac{\mu_0 I}{\pi a}\arctan\left(\frac{a}{2c}\right) = \frac{\mu_0 j}{\pi}\arctan\left(\frac{a}{2c}\right) \tag{13-2-11}$$

式中，$j = I/a$ 是载流板的电流密度.

由上式可得真空中无限大均匀载流平面外一点的磁感应强度

$$B = \frac{\mu_0}{\pi} j \cdot \lim_{a\to\infty}\arctan\left(\frac{a}{2c}\right) = \frac{1}{2}\mu_0 j \tag{13-2-12}$$

这表明，无限大均匀载流平面的磁场是匀强磁场，磁感应强度的方向与平面平行. 无限大均匀载流平面实际上是不存在的，它作为一个数理模型的物理意义是：当有限大均匀载流平面中部区域外一点距平板足够近时，平面对此点相当于无限大. 显然，若在上式中令 $c\to 0$，所得结果相同.

例题 13-2-3 如图 13-2-6 所示，半径为 R 的细载流圆环置于真空中，电流为 I. 求圆环中心轴线上一点的磁感应强度.

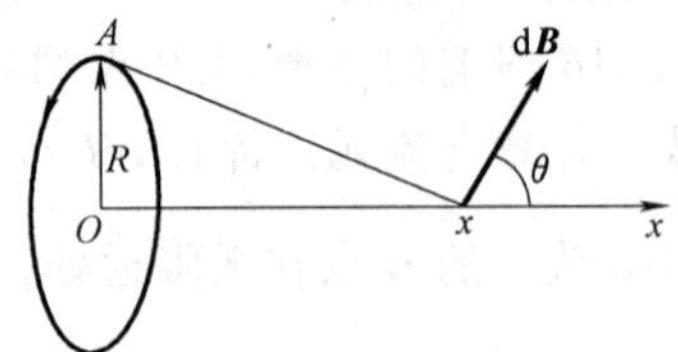

图 13-2-6

解：如图所示，取 x 轴正方向与环电流方向符合右手法则. 环上 A 点处电流元对轴线上 x 处磁感应强度的贡献为

$$dB\cos\theta = \frac{\mu_0 I}{4\pi}\frac{R}{(R^2+x^2)^{\frac{3}{2}}}dl$$

则 x 处的磁感应强度

$$B = \oint dB\cos\theta = \frac{\mu_0 IR}{4\pi(R^2+x^2)^{\frac{3}{2}}}\oint dl = \frac{\mu_0 IR^2}{2(R^2+x^2)^{\frac{3}{2}}} \tag{13-2-13}$$

容易看出，不论 x 点在圆环左侧或右侧，磁感应强度的方向都沿 x 轴正方向，即轴线上的磁感应强度的方向与环电流方向遵守右手法则.

当 $x=0$ 时，由上式得圆电流中心的磁感应强度

$$B = \frac{\mu_0 I}{2R} \tag{13-2-14}$$

例题 13-2-4 已知真空中的一有限长直螺线管电流为 I，单位长度上的匝数为 n. 求管内轴线上一点的磁感应强度.

解：如图 13-2-7 所示，设螺线管截面半径为 R，P 为管内轴线上一点，轴线正方向与电流回转方向遵守右手法则，β_A、β_B 是螺线管两端点 A、B 与 P 点的连线相对于轴线正方向的张角. 设与 P 点相距 l 处的 dl 长度上有 $n dl$ 匝圆载流细环，按照式（13-2-13），这些细载流圆环对 P 点磁感应强度的贡献为

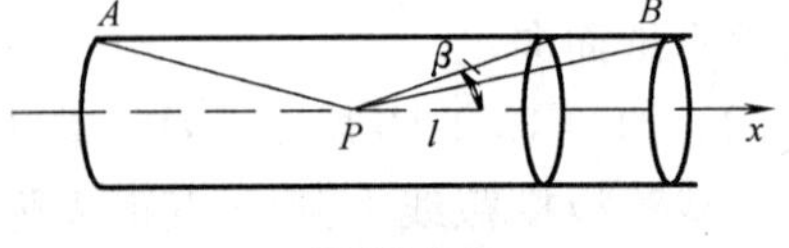

图 13-2-7

$$dB = \frac{\mu_0 IR^2}{2(R^2+l^2)^{\frac{3}{2}}} n dl$$

所以，P 点的磁感应强度

$$B = \int_A^B \mathrm{d}B = \frac{\mu_0 nIR^2}{2}\int_A^B \frac{\mathrm{d}l}{(R^2+l^2)^{3/2}}$$

由图可见，$l = R\cot\beta$，将 $\mathrm{d}l = -R\mathrm{cse}^2\beta\mathrm{d}\beta$ 和 $R^2+l^2 = R^2\mathrm{cse}^2\beta$ 代入上式积分，得

$$B = \frac{\mu_0 nI}{2}(\cos\beta_B - \cos\beta_A) \tag{13-2-15}$$

这就是计算有限长直螺线管内轴线上一点磁感应强度的公式.

若直螺管无限长，$\beta_A = \pi$，$\beta_B = 0$，由上式得

$$B = \mu_0 nI \tag{13-2-16}$$

所谓无限长直螺线管，意指螺线管半径远小于螺线管长度时，管内中段区域相当于无限长直螺线管内部. 事实上，在图 13-2-7 中，若令 P 点到螺管左右两端的距离分别为 $-l'$和 l，则可将式（13-2-15）写成

$$B = \frac{1}{2}\mu_0 nI\left(\frac{l}{\sqrt{l^2+R^2}} + \frac{l'}{\sqrt{l'^2+R^2}}\right) = \frac{1}{2}\mu_0 nI\left(\frac{1}{\sqrt{1+R^2/l^2}} + \frac{1}{\sqrt{1+R^2/l'^2}}\right)$$

令 $l\to\infty$，$l'\to\infty$ 或令 $R\to 0$，都可得式（13-2-16）. 也就是说，无论从纵向或横向看，无限长直螺线管内各点都不可区分，管内磁场是匀强磁场，如式（13-2-16）所示.

例题 13-2-5 如图 13-2-8 所示，半径为 R 的半球面上密绕着 N 匝细载流线圈，线圈平面彼此平行且绝缘，电流为 I. 求球心 O 点的磁感应强度.

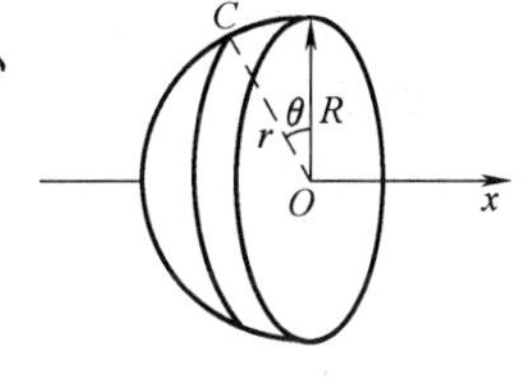

图 13-2-8

解：球面上单位长度圆弧的线圈匝数 $n = \frac{2N}{\pi R}$，球面 C 点附近微小弧长 $\mathrm{d}l$ 内的半径为 r 的 $n\mathrm{d}l$ 匝线圈对 O 点磁感应强度的贡献为

$$\mathrm{d}B = \frac{\mu_0 Ir^2}{2(r^2+x^2)^{\frac{3}{2}}}n\mathrm{d}l = \frac{\mu_0 Ir^2}{2R^3}n\mathrm{d}l$$

将 $r = R\cos\theta$、$\mathrm{d}l = R\mathrm{d}\theta$ 代入上式，积分，得

$$B = \frac{\mu_0 nI}{2}\int_0^{\pi/2}\cos^2\theta\mathrm{d}\theta = \frac{\mu_0 NI}{4R}$$

例题 13-2-6 半径为 R，电荷量为 q 的均匀带电细圆环以角速度 ω 绕着垂直于圆面且过圆心 O 的轴线匀速转动. 求圆心 O 的磁感应强度.

解：带电体运动形成的电流叫做输运电流. 圆环转动形成的输运电流

$$I = \frac{\omega}{2\pi}q$$

所以，圆心 O 点的磁感应强度

$$B = \frac{\mu_0 I}{2R} = \frac{\mu_0\omega q}{4\pi R}$$

3. 运动点电荷的磁场

在毕奥-萨伐尔定律式（13-2-9）中，若把电流元 $I\mathrm{d}\boldsymbol{l}$ 看做 $\mathrm{d}N$ 个电荷量为 q 的点电荷在 $\mathrm{d}t$ 时间内以速度$\boldsymbol{v}$ 发生位移 $\mathrm{d}\boldsymbol{l} = \boldsymbol{v}\mathrm{d}t$ 所形成的，则 $I = \frac{q\mathrm{d}N}{\mathrm{d}t}$，于是有

$$\mathrm{d}\boldsymbol{B} = \frac{\mu_0 q}{4\pi r^3}\boldsymbol{v}\times\boldsymbol{r}\mathrm{d}N$$

所以，电荷量为 q 速度为$\boldsymbol{v}$ 的运动点电荷在距离点电荷为 $\boldsymbol{r}$ 处激发的磁场磁感应强度

$$B_0 = \frac{\mu_0 q}{4\pi r^3} \boldsymbol{v} \times \boldsymbol{r} \tag{13-2-17}$$

思考题 13.2

1. 电流元 $I\mathrm{d}\boldsymbol{l}$ 激发的磁场是否关于电流元所在位置球对称？
2. 运动点电荷激发的磁场是否关于点电荷所在位置球对称？
3. 试说明两个运动点电荷之间的洛仑兹力是否遵守牛顿第三定律？

13.3 磁场高斯定理

1. 磁感线

磁场中任意一点的磁感应强度 $\boldsymbol{B}$ 在图形上用一条带箭头的有向直线段表示，箭头指向磁感应强度的方向，线段的长表示磁感应强度的大小．如果逐点画出磁场中表示各点磁感应强度的有向直线段，就会画出一条条的有向闭曲线，曲线上任意一点的切线方向就是该点磁感应强度的方向．这种描述磁场分布的有向闭曲线叫做磁感线（curve of magnetic induction）．若把细细的铁屑均匀地撒在置于磁场中的纸上，就可以比较清晰地看到磁感线．如图 13-3-1a 所示，长直电流磁场的磁感线是垂直于载流线的平面内的一簇同心圆；图 13-3-1b 是圆载流线圈的磁场，只画出了垂直于圆线圈的平面内的磁感线；图 13-3-1c 是载流直螺线管的磁场．

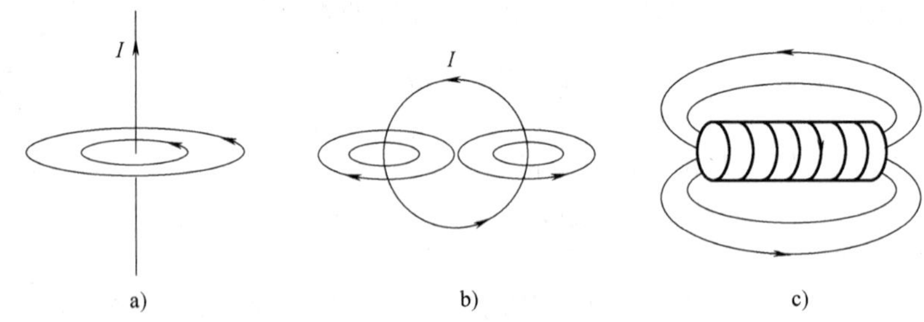

图 13-3-1

从以上几种磁场可以看出磁感线的一般特点是：

（1）当右手拇指指向源电流的方向时，四指弯曲的方向就是磁感线的方向；

（2）磁感线是一条条的闭合曲线，磁感线上一点的切线方向就是该点磁感应强度的方向；

（3）磁感线密集处磁感应强度大，磁感线稀疏处磁感应强度小．

人们把场线是闭合线的场叫做涡旋场，磁场就是一种涡旋场．如图 13-3-1c 所示，直螺线管外表面附近的磁场很弱，一般可忽略．

2. 磁通量和磁场高斯定理

磁场中任意一个曲面上磁感应强度的面积分叫做这个曲面的磁感应强度通量，简称磁通量（magnetic flux）记为

$$\Phi_{\mathrm{m}} = \iint_S \boldsymbol{B} \cdot \mathrm{d}\boldsymbol{S} = \iint_S B\mathrm{d}S\cos\theta \tag{13-3-1}$$

磁通量的单位是韦伯（Wb），$1\text{Wb}=1\text{T/m}^2$.

直观地看，曲面的磁通量就是穿过曲面的磁感线的条数. 由于磁感线是一条条无头无尾的闭合曲线，穿入一个封闭曲面的一条磁感线必定穿出这个封闭曲面，因此，封闭曲面的磁通量等于零，记为

$$\oiint_S \boldsymbol{B}\cdot \mathrm{d}\boldsymbol{S} = 0 \tag{13-3-2}$$

上式叫做磁场高斯定理（Gauss theorem of magnetic field）.

利用高斯（Gauss）公式

$$\oiint_S \boldsymbol{a}\cdot \mathrm{d}\boldsymbol{S} = \iiint_V \nabla\cdot \boldsymbol{a}\mathrm{d}V$$

可将式（13-3-2）写成

$$\iiint_\Omega \nabla\cdot \boldsymbol{B}\mathrm{d}V = 0 \tag{13-3-3}$$

即

$$\nabla\cdot \boldsymbol{B} = 0 \tag{13-3-4}$$

这就是磁场高斯定理的微分表示式. 与式（11-4-5）比较，可知上式表明磁场是一个无源场，也就是说，所谓“磁荷”或“磁单极子”实际上是不存在的. 关于磁极问题，我们将在本章最后一节作进一步的说明.

例题 13-3-1 如图 13-3-2 所示，一个五面形封闭曲面处于匀强磁场中，边长 $a=0.4\ \text{m}$、$b=0.3\ \text{m}$、$c=0.5\ \text{m}$，磁感应强度 $\boldsymbol{B}=2.0\times10^{-2}\boldsymbol{j}\text{T}$. 求五面形各面的磁通量及封闭曲面的磁通量.

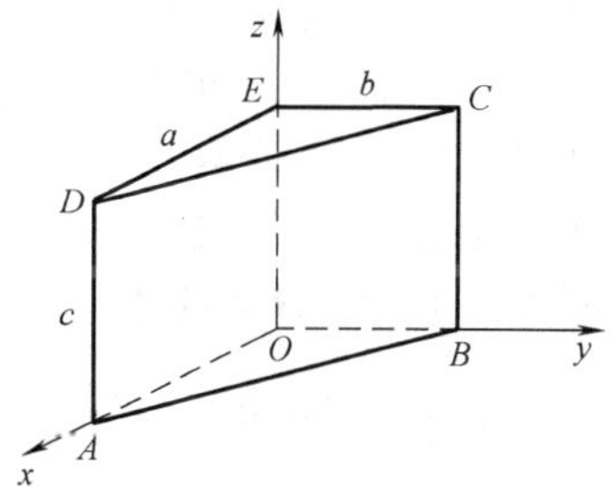

图 13-3-2

解：各面的磁通量分别为

$$\Phi_{ABCD} = -\Phi_{AOED} = acB = 0.4\times10^{-2}\ \text{Wb}$$

$$\Phi_{ABO} = \Phi_{DCE} = \Phi_{OBCE} = 0$$

所以封闭曲面的磁通量

$$\Phi = 0$$

思考题 13.3

1. 有人说：磁感线也叫做磁力线，线上一点的切线方向就是运动点电荷从该点通过时所受磁场力的方向. 这种说法正确否？为什么？

2. 磁感线与电场线相比，有什么相同和不同？

3. 磁场中有一个封闭曲面，曲面一部分面积的磁通量为 Φ_1，其余部分的磁通量是多少？

13.4 安培环路定理

1. 真空中的安培环路定理

如图 13-4-1 所示，无限长直载流线与平面 M 垂直相交于 O 点，电流方向向上，电流大小为 I. 平面内闭合曲线 L 上任意一点 P 的磁感应强度的大小为 $B=\dfrac{\mu_0 I}{2\pi r}$，其方向在平面内且

垂直于 O 点到 P 点的矢径 $\boldsymbol{r}$. 所以，磁感应强度沿闭合曲线 L 的积分为

$$\oint_L \boldsymbol{B} \cdot \mathrm{d}\boldsymbol{l} = \oint_L Br\mathrm{d}\varphi = \frac{\mu_0 I}{2\pi}\oint_L \mathrm{d}\varphi = \mu_0 I$$

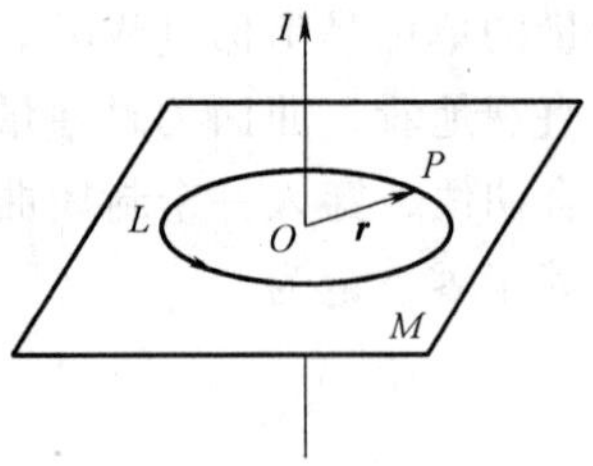

上式是在源电流是无限长直电流，积分环路 L 是平面环路的条件下得到的. 其实，对于任意电流和环路，可以证明（见本节第 2 段）

图 13-4-1

$$\oint_L \boldsymbol{B} \cdot \mathrm{d}\boldsymbol{l} = \mu_0 I \qquad (13\text{-}4\text{-}1)$$

上式中，若磁场源电流的方向与积分环路 L 的回转方向（即线元 $\mathrm{d}\boldsymbol{l}$ 的方向）服从右手法则，I 取正值，否则，I 取负值；若电流在积分环路的外面，I 取零.

若穿过某环路的电流有多个，则 $\boldsymbol{B} = \sum_i \boldsymbol{B}_i$，$\boldsymbol{B}_i$ 是第 i 个电流的磁场磁感应强度. 由上式可得

$$\oint_L \boldsymbol{B} \cdot \mathrm{d}\boldsymbol{l} = \mu_0 \sum_i I_i \qquad (13\text{-}4\text{-}2)$$

这表明，真空中磁感应强度的环积分等于穿过环路包围曲面的所有电流的代数和乘以 μ_0. 这个结论叫做真空中的安培环路定理（Ampere circulation theorem）.

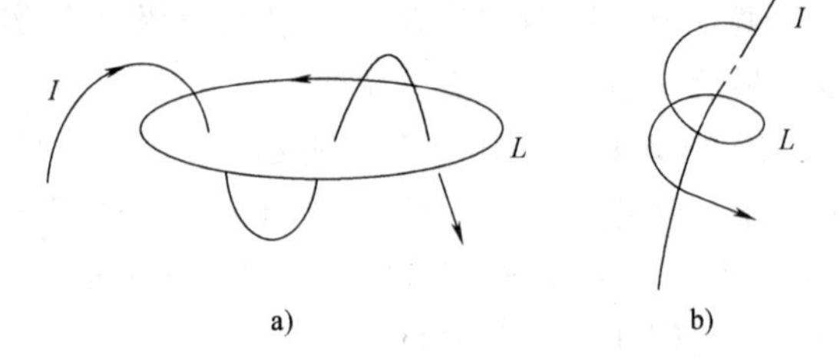

图 13-4-2

例如，在图 13-4-2a 中，同一条载流线 3 次穿过环路 L，应看成三个电流穿过环路，磁感应强度的环积分

$$\oint_L \boldsymbol{B} \cdot \mathrm{d}\boldsymbol{l} = -\mu_0 I$$

在图 13-4-2b 中，环路 L 绕电流 I 两圈，磁感应强度的环积分

$$\oint_L \boldsymbol{B} \cdot \mathrm{d}\boldsymbol{l} = 2\mu_0 I$$

例题 13-4-1 真空中的无限长直螺线管单位长度上的导线圈数是 n，电流为 I. 应用安培环路定理求螺线管内一点的磁感应强度.

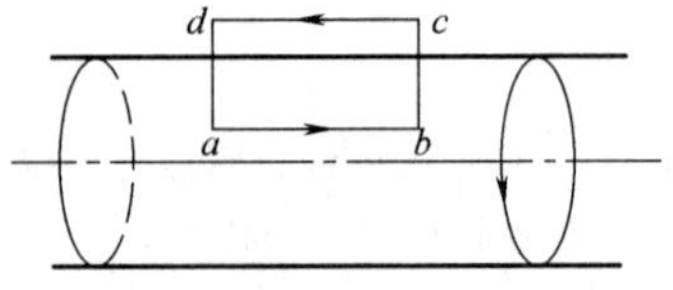

图 13-4-3

解：无限长直螺线管内的各点不可区分，即磁场均匀，其方向平行于螺线管轴线，因此，我们做一个长为 l 的矩形安培环路，如图 13-4-3 所示，ab 边在管内，cd 边紧贴螺线管外表面. 于是有

$$\oint_L \boldsymbol{B} \cdot \mathrm{d}\boldsymbol{l} = \mu_0 nIl$$

如前所说，螺线管外表面上磁场很弱可以忽略，由上式得

$$lB = \mu_0 nIl$$

于是有

$$B = \mu_0 nI$$

这个结果与式（13-2-16）相同，但计算比较简便.

例题 13-4-2　真空中无限大均匀载流平面的电流密度为 $\boldsymbol{j}$，求磁感应强度.

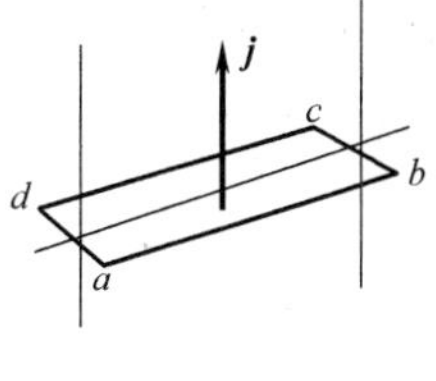

图 13-4-4

解：如图 13-4-4 所示，无限大载流平面可以看成许多相互平行的无限长直细载流线的集合. 对于无限大载流平面，平面外各点不可区分，即磁场均匀，磁感应强度的方向平行于平面且垂直于电流，大小相等. 所以，作图示的矩形环路，使 ab、cd 平行于平面，bc、da 垂直于平面. 根据安培环路定理，有

$$\oint_L \boldsymbol{B} \cdot \mathrm{d}\boldsymbol{l} = \mu_0 lj$$

式中等号右边的 l 是 ab 边长度，也就是矩形环路所包围的载流平面的宽度. 由于在 ab、cd 边上，各点的磁感应强度 $\boldsymbol{B}$ 与 $\mathrm{d}\boldsymbol{l}$ 方向相同，在 bc、da 边上二者的方向垂直，上式左边的积分

$$\oint_L \boldsymbol{B} \cdot \mathrm{d}\boldsymbol{l} = 2lB$$

由以上两式得

$$B = \frac{1}{2}\mu_0 j$$

这个结果与式（13-2-12）相同，但计算比较简便.

2. 安培环路定理的证明

证明安培环路定理，即证明式（13-4-1）. 证明此式的方法有几种，属于不同的理论逻辑体系. 下面给出从毕奥-萨伐尔定律出发的证明（见张之翔编著《电磁学教学札记》，高等教育出版社，1987 年第 1 版，第 150 页）.

在斯托克斯公式

$$\oint_L \boldsymbol{a} \cdot \mathrm{d}\boldsymbol{l} = \iint_S \nabla \times \boldsymbol{a} \cdot \mathrm{d}\boldsymbol{S}$$

中，令 $\boldsymbol{a} = \boldsymbol{b} \times \boldsymbol{c}$，$\boldsymbol{c}$ 是一个常矢量，于是有

$$\oint_L (\boldsymbol{b} \times \boldsymbol{c}) \cdot \mathrm{d}\boldsymbol{l} = \iint_S \nabla \times (\boldsymbol{b} \times \boldsymbol{c}) \cdot \mathrm{d}\boldsymbol{S}$$

即

$$\boldsymbol{c} \cdot \oint_L \mathrm{d}\boldsymbol{l} \times \boldsymbol{b} = \boldsymbol{c} \cdot \iint_S [\nabla(\boldsymbol{b} \cdot \mathrm{d}\boldsymbol{S}) - (\nabla \cdot \boldsymbol{b})\mathrm{d}\boldsymbol{S}]$$

由于 $\boldsymbol{c}$ 是一个常矢量，得

$$\oint_L \mathrm{d}\boldsymbol{l} \times \boldsymbol{b} = \iint_S [\nabla(\boldsymbol{b} \cdot \mathrm{d}\boldsymbol{S}) - (\nabla \cdot \boldsymbol{b})\mathrm{d}\boldsymbol{S}] \qquad (13\text{-}4\text{-}3)$$

在图 13-4-5 中，L'是一个电流为 I 的回路. 根据毕奥-萨伐尔定律，P 点的磁感应强度是

$$\boldsymbol{B} = \frac{\mu_0 I}{4\pi}\oint_{L'} \frac{\mathrm{d}\boldsymbol{l}' \times (\boldsymbol{r} - \boldsymbol{r}')}{|\boldsymbol{r} - \boldsymbol{r}'|^3}$$

所以

$$\oint_L \boldsymbol{B} \cdot \mathrm{d}\boldsymbol{l} = \frac{\mu_0 I}{4\pi}\oint_L\oint_{L'} \frac{\mathrm{d}\boldsymbol{l}' \times (\boldsymbol{r} - \boldsymbol{r}')}{|\boldsymbol{r} - \boldsymbol{r}'|^3} \cdot \mathrm{d}\boldsymbol{l} \qquad (13\text{-}4\text{-}4)$$

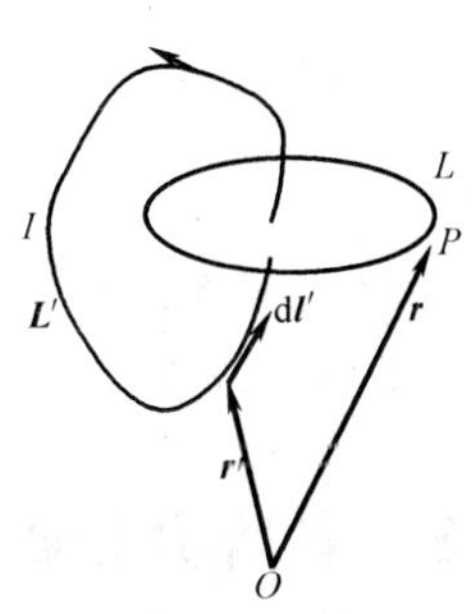

图 13-4-5

现在来证明积分

$$J=\oint_L\oint_{L'}\frac{\mathrm{d}\boldsymbol{l}'\times(\boldsymbol{r}-\boldsymbol{r}')}{|\boldsymbol{r}-\boldsymbol{r}'|^3}\cdot\mathrm{d}\boldsymbol{l}=\begin{cases}0\\4\pi\end{cases}\tag{13-4-5}$$

因为

$$\frac{\boldsymbol{r}-\boldsymbol{r}'}{|\boldsymbol{r}-\boldsymbol{r}'|^3}=-\nabla\frac{1}{|\boldsymbol{r}-\boldsymbol{r}'|}=\nabla'\frac{1}{|\boldsymbol{r}-\boldsymbol{r}'|}$$

有

$$J=\oint_L\oint_{L'}\left[\mathrm{d}\boldsymbol{l}'\times\nabla'\frac{1}{|\boldsymbol{r}-\boldsymbol{r}'|}\right]\cdot\mathrm{d}\boldsymbol{l}\tag{13-4-6}$$

利用式（13-4-3）和下面的公式

$$\nabla(\boldsymbol{b}\cdot\mathrm{d}\boldsymbol{S})=(\mathrm{d}\boldsymbol{S}\cdot\nabla)\boldsymbol{b}+\mathrm{d}\boldsymbol{S}\times(\nabla\times\boldsymbol{b})\tag{13-4-7}$$

得

$$\oint_L\mathrm{d}\boldsymbol{l}\times\boldsymbol{b}=\iint_S(\mathrm{d}\boldsymbol{S}\cdot\nabla)\boldsymbol{b}+\iint_S\mathrm{d}\boldsymbol{S}\times(\nabla\times\boldsymbol{b})-\iint_S\mathrm{d}\boldsymbol{S}\,\nabla\cdot\boldsymbol{b}\tag{13-4-8}$$

利用上式将式（13-4-6）写成 $J=J_1+J_2-J_3$，则

$$\begin{aligned}J_1&=\oint_L\iint_{S'}(\mathrm{d}\boldsymbol{S}'\cdot\nabla')\nabla'\frac{1}{|\boldsymbol{r}-\boldsymbol{r}'|}\cdot\mathrm{d}\boldsymbol{l}=\oint_L\iint_{S'}(\mathrm{d}\boldsymbol{S}'\cdot\nabla)\frac{\boldsymbol{r}-\boldsymbol{r}'}{|\boldsymbol{r}-\boldsymbol{r}'|^3}\cdot\mathrm{d}\boldsymbol{l}\\&=-\oint_L\iint_{S'}\mathrm{d}\boldsymbol{S}'\cdot\nabla\frac{\boldsymbol{r}-\boldsymbol{r}'}{|\boldsymbol{r}-\boldsymbol{r}'|^3}\cdot\mathrm{d}\boldsymbol{l}=-\oint_L\iint_{S'}\mathrm{d}\boldsymbol{S}'\cdot\mathrm{d}\left(\frac{\boldsymbol{r}-\boldsymbol{r}'}{|\boldsymbol{r}-\boldsymbol{r}'|^3}\right)\\&=-\iint_{S'}\mathrm{d}\boldsymbol{S}'\cdot\oint_L\mathrm{d}\left(\frac{\boldsymbol{r}-\boldsymbol{r}'}{|\boldsymbol{r}-\boldsymbol{r}'|^3}\right)=0\end{aligned}$$

$$J_2=\oint_L\iint_{S'}\mathrm{d}\boldsymbol{S}'\times\left(\nabla'\times\nabla'\frac{1}{|\boldsymbol{r}-\boldsymbol{r}'|}\right)\cdot\mathrm{d}\boldsymbol{l}=0$$

于是

$$\begin{aligned}J&=-J_3=-\oint_L\iint_{S'}\nabla'^2\frac{1}{|\boldsymbol{r}-\boldsymbol{r}'|}\mathrm{d}\boldsymbol{S}'\cdot\mathrm{d}\boldsymbol{l}=-\oint_L\iint_{S'}\nabla^2\frac{1}{|\boldsymbol{r}-\boldsymbol{r}'|}\mathrm{d}\boldsymbol{S}'\cdot\mathrm{d}\boldsymbol{l}\\&=4\pi\oint_L\iint_{S'}\delta(\boldsymbol{r}-\boldsymbol{r}')\mathrm{d}\boldsymbol{S}'\cdot\mathrm{d}\boldsymbol{l}=\begin{cases}0\\4\pi\end{cases}\end{aligned}$$

在上式最后一步中，由于回路 L 与 L' 相链，L 一定穿过 L' 保卫的曲面 S'，沿着 L 的积分一定过点 $\boldsymbol{r}=\boldsymbol{r}'$，于是有

$$\oint_L\iint_{S'}\delta(\boldsymbol{r}-\boldsymbol{r}')\mathrm{d}\boldsymbol{S}'\cdot\mathrm{d}\boldsymbol{l}=1$$

否则，积分必等于零. 将式（13-4-5）代入式（13-4-4），得

$$\oint_L\boldsymbol{B}\cdot\mathrm{d}\boldsymbol{l}=\mu_0 I$$

思考题 13.4

1. 在安培环路定理中，如何确定电流的正负？
2. 用安培环路定理求磁感应强度与用电场高斯定理求电场强度有何异同？

13.5 安培力和磁力矩

1. 安培力

设电流为 I 的载流导线处于磁场中，载流线上任意一段电流元 $I\mathrm{d}\boldsymbol{l}$ 由 $\mathrm{d}N$ 个电荷量为 q、相对于磁场速度为$\boldsymbol{v}$ 的运动点电荷形成，则此电流元中运动点电荷所受洛仑兹力的合力是

$$\mathrm{d}\boldsymbol{F} = q\boldsymbol{v} \times \boldsymbol{B}\,\mathrm{d}N \tag{13-5-1}$$

将 $I\mathrm{d}\boldsymbol{l} = q\boldsymbol{v}\mathrm{d}N$ 代入上式，得

$$\mathrm{d}\boldsymbol{F} = I\mathrm{d}\boldsymbol{l} \times \boldsymbol{B} \tag{13-5-2}$$

式（13-5-2）表示的电流元 $I\mathrm{d}\boldsymbol{l}$ 在磁场中所受的力 $\mathrm{d}\boldsymbol{F}$ 叫做安培力（Ampere force）. 可见，安培力就是洛仑兹力的合力. 长为 L 的载流线所受安培力是

$$\boldsymbol{F} = \int_L I\mathrm{d}\boldsymbol{l} \times \boldsymbol{B} \tag{13-5-3}$$

积分遍及载流线.

例题 13-5-1 两条相互平行的无限长直载流线上的电流分别为 I_1、I_2 相距为 a. 求每条导线上长度为 L 的一段所受的安培力.

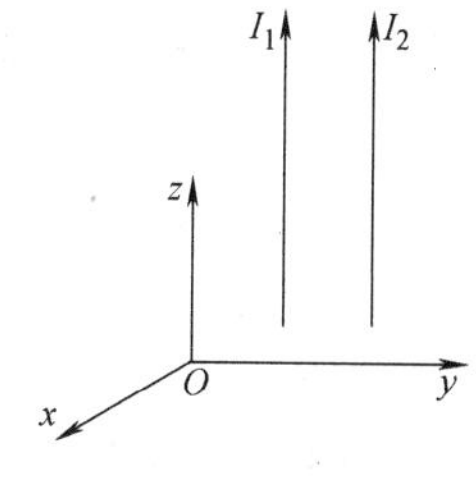

图 13-5-1

解：如图 13-5-1 所示，左右两段导线所受的安培力分别为

$$\boldsymbol{F}_1 = \int_L I_1\mathrm{d}\boldsymbol{l} \times \boldsymbol{B}_2 = \frac{\mu_0 I_1 I_2}{2\pi a}\boldsymbol{k} \times \boldsymbol{i}\int_L \mathrm{d}l = \frac{\mu_0 I_1 I_2}{2\pi a} L\,\boldsymbol{j}$$

$$\boldsymbol{F}_2 = \int_L I_2\mathrm{d}\boldsymbol{l} \times \boldsymbol{B}_1 = -\frac{\mu_0 I_1 I_2}{2\pi a}\boldsymbol{k} \times \boldsymbol{i}\int_L \mathrm{d}l = -\frac{\mu_0 I_1 I_2}{2\pi a} L\,\boldsymbol{j}$$

可见，I_1 与 I_2 方向相同时，两载流线相互吸引.

将上两式中的 I_1（或 I_2）换成 $-I_1$，可知电流方向相反时，两载流线相互排斥. 这样，我们就解释了本章开始时叙述过的安培关于载流线之间作用力的实验. 根据上述结果定义了 SI 单位制中电流的单位——“安培”（A）:

真空中相距 1m、电流大小相同的两条平行长直载流导线上每米所受安培力大小为 2×10^{-7}N/m 时，导线上电流的大小规定为 1 安培（A).

电流的单位“安培”是电磁学的基本单位.

例题 13-5-2 如图 13-5-2 所示，电流为 I 的一段任意形状载流线置于匀强磁场的横截面内，两端相距 $\Delta x = l$. 磁感应强度为 B，方向垂直纸面向里. 求此段载流线所受安培力.

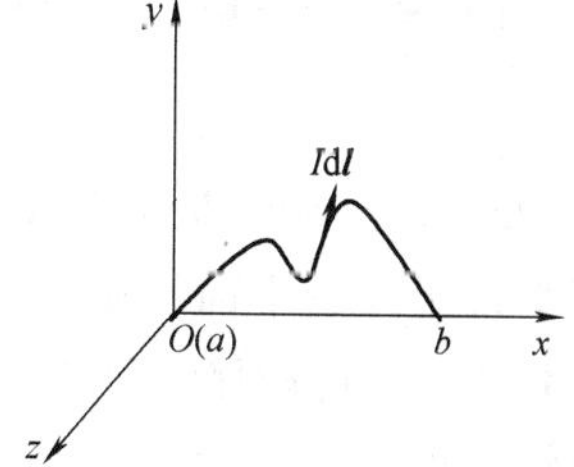

图 13-5-2

解：由图可见

$$I\mathrm{d}\boldsymbol{l} = I\mathrm{d}l(\cos\theta\boldsymbol{i} + \sin\theta\boldsymbol{j}) = I\mathrm{d}x\boldsymbol{i} + I\mathrm{d}y\boldsymbol{j}$$

而 $\boldsymbol{B} = -B\boldsymbol{k}$. 所以，载流线所受安培力为

$$\boldsymbol{F} = \int_a^b I\mathrm{d}\boldsymbol{l} \times \boldsymbol{B} = IB\int_0^l \mathrm{d}x\,\boldsymbol{j} + IB\int_0^0 \mathrm{d}y(-\boldsymbol{i}) = IBl\,\boldsymbol{j}$$

如果此段载流线是半径为 R 的半圆，则其所受安培力是

$$\boldsymbol{F} = 2IBR\,\boldsymbol{j}$$

2. 磁力矩

载流线受安培力作用时所形成的力矩叫做磁力矩（moment of magnetic force）. 任意形状的平面刚性载流线圈处于匀强磁场中时，线圈所受磁力矩

$$\boldsymbol{M} = \boldsymbol{P}_{\mathrm{m}} \times \boldsymbol{B}_{\mathrm{n}} \tag{13-5-4}$$

式中，$\boldsymbol{P}_{\mathrm{m}}=NI\boldsymbol{S}$ 叫做线圈的磁矩（magnetic moment），N 是线圈的圈数，I 是电流，$\boldsymbol{S}$ 是线圈面积矢量，其大小是线圈的面积 S，方向是右手四指弯向电流方向时拇指所指的方向；$\boldsymbol{B}_{\mathrm{n}}$ 是垂直于线圈转轴的磁场分量. 下面来导出上式. 不失一般性，取 $N=1$.

如图 13-5-3 所示，z 轴为任意形状平面刚性载流线圈的转轴，$Id\boldsymbol{l}$ 为线圈上一点 P 处的电流元，$\boldsymbol{i}$、$\boldsymbol{j}$、$\boldsymbol{k}$ 分别是 x、y、z 轴的单位矢量，P 点相对于 z 轴的矢径 $\boldsymbol{r}=r\boldsymbol{j}$. 当磁感应强度 $\boldsymbol{B}$ 垂直于线圈平面时，电流元 $Id\boldsymbol{l}$ 所受的安培力 $\mathrm{d}\boldsymbol{F}=Id\boldsymbol{l}\times\boldsymbol{B}$ 的方向在线圈平面内，不对线圈构成力矩. 因此，不失一般性，可设磁场 $\boldsymbol{B}$ 平行于线圈平面，且与 y 轴夹角为 φ，而电流元 $Id\boldsymbol{l}$ 与 y 轴夹角为 θ. 于是，电流元 $Id\boldsymbol{l}$ 所受安培力的力矩

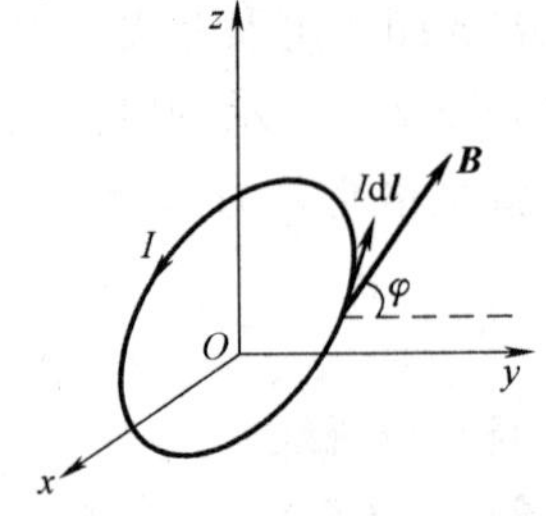

图 13-5-3

$$\mathrm{d}\boldsymbol{M}=\boldsymbol{r}\times\mathrm{d}\boldsymbol{F}=\boldsymbol{r}\times(I\mathrm{d}\boldsymbol{l}\times\boldsymbol{B}) \tag{13-5-5}$$

将

$$\boldsymbol{B}=B\cos\varphi\,\boldsymbol{j}+B\sin\varphi\boldsymbol{k}=B_{\mathrm{n}}\boldsymbol{j}+B_{\mathrm{t}}\boldsymbol{k} \tag{13-5-6}$$

代入式（13-5-5），得

$$\mathrm{d}\boldsymbol{M}=Ir\sin\theta\mathrm{d}l\boldsymbol{i}\times B_{\mathrm{n}}\boldsymbol{j}-Ir\sin\left(\frac{\pi}{2}-\theta\right)\mathrm{d}l\boldsymbol{i}\times B_{\mathrm{t}}\boldsymbol{j} \tag{13-5-7}$$

由于线圈平面上的微小面积 $\mathrm{d}S=r\sin\theta\mathrm{d}l$，且 $\mathrm{d}r=\sin\left(\frac{\pi}{2}-\theta\right)\mathrm{d}l$，上式可写成

$$\mathrm{d}\boldsymbol{M}=I\mathrm{d}S\boldsymbol{i}\times B_{\mathrm{n}}\boldsymbol{j}-Ir\mathrm{d}r\boldsymbol{i}\times B_{\mathrm{t}}\boldsymbol{j}$$

对上式沿载流线圈积分一周，得磁力矩

$$\boldsymbol{M}=I\oint\mathrm{d}S(\boldsymbol{i}\times B_{\mathrm{n}}\boldsymbol{j})-I\oint r\mathrm{d}r(\boldsymbol{i}\times B_{\mathrm{t}}\boldsymbol{j})$$

由于 $\oint\mathrm{d}S=S,\oint r\mathrm{d}r=0$，由上式得

$$\boldsymbol{M}=I\boldsymbol{S}\times\boldsymbol{B}_{\mathrm{n}} \tag{13-5-8}$$

其中，$\boldsymbol{S}=S\boldsymbol{i}=S\boldsymbol{n}$，$\boldsymbol{B}_{\mathrm{n}}=B_{\mathrm{n}}\boldsymbol{i}$. 当线圈匝数为 N 时，令 $\boldsymbol{P}_{\mathrm{m}}=NI\boldsymbol{S}$，即得式（13-5-4）. 它表明，只有平行于线圈平面且垂直于线圈转轴的磁场分量才对线圈所受磁力矩有贡献. 不过，由于式（13-5-4）自动保证垂直于线圈平面的磁场分量对磁力矩无贡献，其中的 $\boldsymbol{B}_{\mathrm{n}}$ 只要垂直于线圈转轴即可.

例题 13-5-3 试证载流线圈在均匀磁场 $\boldsymbol{B}$ 中的势能为

$$W=-\boldsymbol{P}_{\mathrm{m}}\cdot\boldsymbol{B} \tag{13-5-9}$$

其中 $\boldsymbol{P}_{\mathrm{m}}=I\boldsymbol{S}$ 是线圈的磁矩.

证： 设线圈磁矩 $\boldsymbol{P}_{\mathrm{m}}$ 与磁场 $\boldsymbol{B}$ 的夹角为 θ_1. 当线圈在磁力矩作用下向 $\theta=0$ 的平衡位置转动时，磁力矩的功是

$$\begin{aligned}A&=\int_{\theta_1}^{\theta_2}\boldsymbol{M}\cdot\mathrm{d}\boldsymbol{\theta}=\int_{\theta_1}^{\theta_2}\boldsymbol{P}_{\mathrm{m}}\times\boldsymbol{B}\cdot\mathrm{d}\theta=-P_{\mathrm{m}}B\int_{\theta_1}^{\theta_2}\sin\theta\mathrm{d}\theta=P_{\mathrm{m}}B\cos\theta_2-P_{\mathrm{m}}B\cos\theta_1\\&=-[(-P_{\mathrm{m}}B\cos\theta_2)-(-P_{\mathrm{m}}B\cos\theta_1)]\end{aligned}$$

因此，线圈在均匀磁场中的势能为 $W=-\boldsymbol{P}_{\mathrm{m}}\cdot\boldsymbol{B}$.

3. 电能转换为机械能——电动机

由于线圈所受磁力矩与磁矩 $\boldsymbol{P}_m$ 和磁场 $\boldsymbol{B}_n$ 的夹角有关，线圈在匀强磁场中转动时，磁力矩的大小是变化的. 线圈在磁场中所受磁力矩为零的位置叫做线圈的平衡位置，其中，磁矩 $\boldsymbol{P}_m$ 与磁场 $\boldsymbol{B}_n$ 方向相同的平衡位置叫做稳定平衡位置，因为线圈偏离此位置时，磁力矩使线圈返回此位置；磁矩 $\boldsymbol{P}_m$ 与磁场 $\boldsymbol{B}_n$ 方向相反的平衡位置叫做非稳定平衡位置，因为线圈偏离此位置时，磁力矩使线圈继续偏离此位置. 稳定平衡位置的存在使单个平面线圈不能在单向磁场中持续地转动. 为使线圈能够持续平稳地转动，可以用多个矩形导线框做成一个同轴线圈，叫做转子（rotor），同时按照适当的顺序配置多对磁极，叫做定子（stator），这样就构成了一个电动机，如图 13-5-4 所示（图中只画出了两对磁极和两个导线框）. 磁极可以是永久磁铁，也可以是在铁芯外面绕上导线做成的励磁磁极. 给转子通以直流电（若是励磁磁极，还需给磁极通以直流电），转子就持续平稳地在定子的磁场中转动. 设转子匀速转动，则其合力矩等于零，即

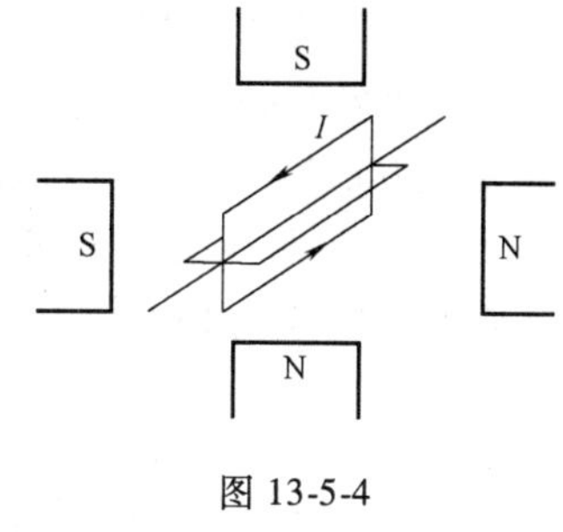

图 13-5-4

$$\boldsymbol{P}_m \times \boldsymbol{B} + \boldsymbol{M}_0 = 0 \tag{13-5-10}$$

其中，$\boldsymbol{P}_m \times \boldsymbol{B}$ 是转子所受磁力矩，$\boldsymbol{M}_0$ 是负载的阻力力矩. 积分上式，得

$$\int_{\theta_1}^{\theta_2} (\boldsymbol{P}_m \times \boldsymbol{B})\mathrm{d}\theta = -\int_{\theta_1}^{\theta_2} \boldsymbol{M}_0 \cdot \mathrm{d}\boldsymbol{\theta} = \int_{\theta_1}^{\theta_2} M\mathrm{d}\theta \tag{13-5-11}$$

这表明，磁力矩的功与阻力力矩的功相等，从而将电能转换成了机械能.

需要说明的是，单从磁力矩公式 $\boldsymbol{M} = \boldsymbol{P}_m \times \boldsymbol{B}$ 看，若磁矩 $\boldsymbol{P}_m$ 和磁场 $\boldsymbol{B}$ 同时反向，磁力矩 $\boldsymbol{M}$ 方向不变，似乎转子和励磁磁极可以通以同步交流电而不影响转子的定向转动，其实不然. 这主要是因为，若给励磁磁极通以交流电，将使铁芯处于周期性变化的交变磁场中，会引起磁滞损耗（关于磁滞损耗见本章最后），因此，必须给励磁磁极通以直流电，以使磁极磁场稳恒. 这样，为保证磁力矩方向不变，转子磁矩也不能反向，即必须给转子通以直流电. 不过，通常的电源提供的是交流电，因此，要把交流电变为直流电，需要给转子安装换向装置. 换向装置主要由电枢和换向片组成，如图 13-5-5 所示. 电枢是两个相互绝缘的固定半圆形导体环，作为外电源的输入输出端. 两个换向片是分别固定在转子输入输出端的导体片. 随着转子转动，两个换向片交替在电枢的两个半圆形导体环上滑动并保持良好接触. 这样，就可以保证转子转动时，转子导线框上的电流方向不变. 以上所说只是电动机的基本原理，实际使用的各种电动机各有其特点，这里就不介绍了. 下一章将说明，如果不给转子通以直流电，而是用外力（如内燃机或水轮机）驱使转子在磁场中转动，则转子导线框将有电流输出. 这时，电动机就变成了发电机.

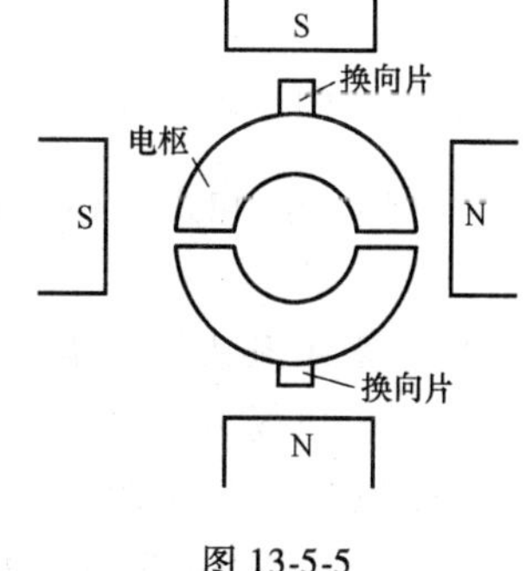

图 13-5-5

思考题 13.5

1. 安培力是否服从牛顿第三定律？
2. 磁力矩公式（13-5-4）对非匀强磁场是否适用？

13.6 霍尔效应

1879 年，美国物理学家霍尔（E. H. Hall，1855—1938）在研究载流导体所受磁场力时发现，如果在垂直于电流的方向加上磁场，则在与电流和磁场都垂直的方向上出现电势差. 这种现象叫做霍尔效应（hall effect）. 如图 13-6-1 所示，一块长方形导体上从左向右通有电流 I，在垂直于电流的方向加上匀强磁场 $\boldsymbol{B}$. 实验发现，在导体的上下底面之间存在电势差

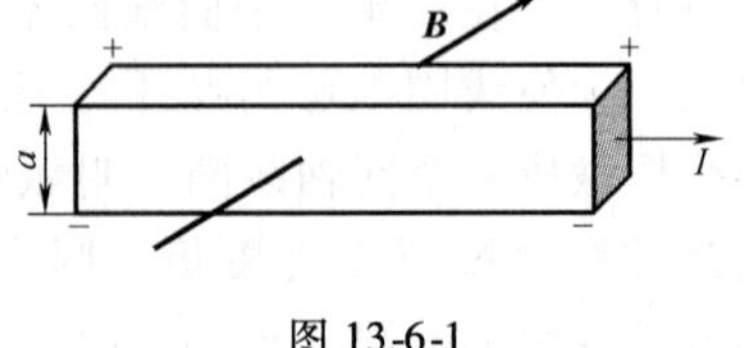

图 13-6-1

$$U_{\mathrm{H}} = R_{\mathrm{H}} \frac{IB}{h} \qquad (13\text{-}6\text{-}1)$$

其中，比例常数 R_{H} 叫做霍尔系数；h 是磁场方向导体的宽度.

霍尔效应被发现时，人们还不了解金属的导电机制，因此对霍尔效应没有给出理论解释. 直到 1897 年电子被发现后，随着对导体导电机制的深入研究，人们才知道，霍尔效应可以用洛仑兹力来解释. 设图 13-6-1 中，导体中带电粒子的电荷为 q，$q>0$. 由于 $I = ahj$，$j = nqu$，所以，带电粒子的定向运动速率

$$u = \frac{j}{nq} = \frac{I}{nqah}$$

带电粒子所受洛仑兹力

$$F = quB = \frac{IB}{nah}$$

由于洛仑兹力的作用，导体上、下底面上积聚起正负电荷，上、下底面之间存在静电场. 当静电场力和洛仑兹力达到平衡时，电荷积聚过程停止，这时

$$qE_{\mathrm{H}} = F$$

即

$$E_{\mathrm{H}} = \frac{IB}{nahq}$$

上、下底面之间的电势差

$$U_{\mathrm{H}} = E_{\mathrm{H}} a = \frac{IB}{nhq} \qquad (13\text{-}6\text{-}2)$$

比较式（13-6-1）和式（13-6-2）式，可知霍尔系数

$$R_{\mathrm{H}} = 1/nq \qquad (13\text{-}6\text{-}3)$$

上式表明，霍尔系数与导体中带电粒子数密度和粒子电荷量的乘积成反比. 通常称电压 U_{H} 为霍尔电压，电场 E_{H} 为霍尔电场.

我们知道，金属中的运动带电粒子是电子，粒子的电荷量 $q = -e$. 因此，由式（13-6-2）可知，金属中的霍尔电场的方向与图 13-6-1 中所示方向相反，即上底面积聚负电荷，下底面积聚正电荷. 所以，利用霍尔效应可以判别导体或半导体中运动带电粒子的电荷是正是负. 例如，P 型半导体中的运动带电粒子以带正电的空穴为主，N 型半导体则以带负电的电子为主. 由于半导体中的带电粒子数密度远小于金属中的带电粒子数密度，由式（13-6-2）可知，半导体元件的霍尔效应比金属元件的显著. 1948 年以后，随着半导体技术的发展，半导体霍尔元件成了广泛应用的电子元件之一. 利用霍尔效应还可以测定各种磁场（如地磁场）. 由式（13-6-2）可知，沿着磁场方向的元件厚度越小，电势差越大. 所以，霍尔元件可以做得很小，可以几乎“逐点”地测定磁场分布.

思考题 13.6

试述霍尔效应的产生机制.

13.7 磁介质

对于磁场来说，其他各种物质统称磁介质（magnetic medium）. 实验表明，把原来不显磁性的物体放入磁场，不同种类的物体会程度不同地显出磁性，使原来的磁场发生变化. 这种现象叫做介质的磁化（magnetizing of medium）. 介质磁化时，使原来磁场减弱的介质叫做抗磁质（diamagnetic substance），使原来磁场增强的介质叫做顺磁质（paramagnetic substance），使原来磁场显著增强的介质叫做铁磁质（ferromagnetic substance）. 绝大多数的无机物和有机物都是抗磁质，如铋、铜、氢气等. 常见的顺磁质有铝、锰、钠、钛、镁，一些金属盐类，常温下的氧气、一氧化碳气等. 铁磁质的代表物质是铁，还有镍、钴及其合金. 铁磁质在外磁场撤去后仍然保持较强的磁性，这种磁性叫做剩磁（residual magnetism）. 通常所谓的"磁铁"就是具有剩磁的铁磁质.

1. 磁介质与相对磁导率

实验表明，在保持外磁场不变条件下，各向同性均匀磁介质内某处的磁感应强度 $\boldsymbol{B}$ 与无磁介质时（即真空）该处外磁场磁感应强度 $\boldsymbol{B}_0$ 的关系为

$$\boldsymbol{B} = \mu_r \boldsymbol{B}_0 \tag{13-7-1}$$

其中，比例系数 μ_r 叫做介质的相对磁导率（relative magnetic permeability）. 抗磁质的 $\mu_r < 1$，顺磁质的 $\mu_r > 1$，铁磁质的 $\mu_r \gg 1$. 若将真空看作一种介质，则其 $\mu_r = 1$. 介质中磁场的这种变化可以看成是介质磁化时产生了一个附加磁场 $\boldsymbol{B}'$，即有

$$\boldsymbol{B} = \boldsymbol{B}_0 + \boldsymbol{B}' \tag{13-7-2}$$

对于抗磁质，$\boldsymbol{B}'$ 与 $\boldsymbol{B}_0$ 方向相反，$B = B_0 - B'$；对于顺磁质，$\boldsymbol{B}'$ 与 $\boldsymbol{B}_0$ 方向相同，$B = B_0 + B'$，$B' \ll B_0$；对于铁磁质，$\boldsymbol{B}'$ 与 $\boldsymbol{B}_0$ 不仅方向相同，且 $B' \gg B_0$，故 $B = B_0 + B' \gg B_0$.

2. 分子磁矩与分子电流

为了说明介质磁化时附加磁场的产生机制，需要引入分子磁矩（molecular magnetic moment）和分子电流（molecular current）的概念. 我们知道，物体由分子组成，分子由原子组成. 在原子中，电子绕着原子核运动. 一个电子形成一个以原子核为中心的圆电流 $i_e = \dfrac{\omega}{2\pi} e$，相应的电子轨道磁矩

$$\boldsymbol{m}_e = i_e \boldsymbol{S} = -\frac{1}{2} e r^2 \boldsymbol{\omega} \tag{13-7-3}$$

式中，ω 是电子运动的角速率；r 是电子轨道半径. 一个分子中所有电子的轨道磁矩的矢量和叫做分子磁矩，记作

$$\boldsymbol{m} = \sum_i \boldsymbol{m}_{ei} \tag{13-7-4}$$

而分子磁矩的等效圆电流叫做分子电流.

在未受外磁场作用时，分子磁矩为零的分子叫做无磁分子，分子磁矩不为零的分子叫做有磁分子.

(1) 抗磁性

抗磁质之所以具有抗磁性是因为抗磁质是由无磁分子组成的，说明如下.

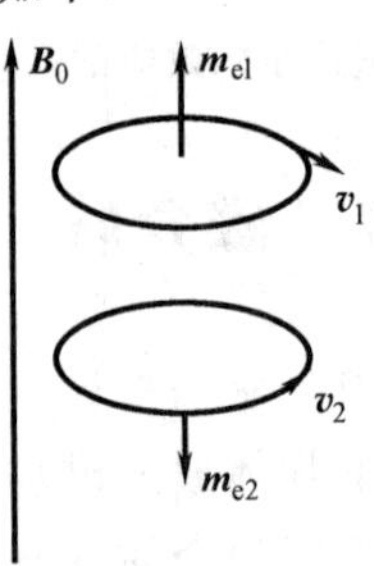

图 13-7-1

为简便起见，设某种无磁分子由两个单电子原子组成，如氢分子. 未加外磁场时，分子中两个电子的轨道磁矩必然是等大反向的，即 $\boldsymbol{m}_{e1}=-\boldsymbol{m}_{e2}$，故必有 $i_{e1}=\dfrac{\omega}{2\pi}e$，$i_{e2}=-\dfrac{\omega}{2\pi}e$. 当两个电子的轨道平面在外磁场 $\boldsymbol{B}_0$ 作用下处于平衡态时，轨道平面必垂直于外磁场，一个处于稳定平衡位置，另一个处于非稳定平衡位置，如图 13-7-1 所示. 图中电子 e_1 在外磁场作用下绕核运动的向心力是库仑力与洛仑兹力的合力，故有

$$mr\omega_1'^2=\frac{e^2}{4\pi\varepsilon_0 r^2}-er\omega_1'B_0$$

式中，ω_1'是电子 e_1 在外磁场作用下绕核运动的角速率. 未加外磁场时，电子绕核运动的向心力就是电子所受原子核的库仑力，即

$$mr\omega^2=\frac{e^2}{4\pi\varepsilon_0 r^2}$$

由以上两式得

$$\omega_1'^2+\frac{eB_0}{m}\omega_1'-\omega^2=0$$

即

$$\omega_1'=\omega\sqrt{1+\left(\frac{eB_0}{2m\omega}\right)^2}-\frac{eB_0}{2m}$$

由于$\dfrac{eB}{2m\omega}<<1$，得

$$\Delta\omega_1=\omega_1'-\omega=-\frac{eB_0}{2m}$$

这说明在外磁场作用下电子 e_1 的绕核运动变慢了. 于是，相应于 $\Delta\omega_1$ 的附加等效圆电流是

$$\Delta i_{e1}=\frac{e}{2\pi}\Delta\omega_1=-\frac{e^2}{4\pi m}B_0$$

这个电流在电子 e_1 的圆轨道中心处激发的附加磁感应强度是

$$B_1'=\frac{\mu_0}{2r}\Delta i_{e1}=-\frac{\mu_0 e^2}{8\pi mr}B_0 \qquad (13\text{-}7\text{-}5)$$

式中的负号表示 $\boldsymbol{B}_1'$与 $\boldsymbol{B}_0$ 方向相反. 同理，对电子 e_2 可得

$$\Delta\omega_2=\omega_2'-\omega=\frac{eB_0}{2m}$$

$$\Delta i_{e2}=-\frac{e}{2\pi}\Delta\omega_2=-\frac{e^2}{4\pi m}B_0$$

这个电流在电子 e_2 的圆轨道中心处激发的附加磁感应强度是

$$B_2'=\frac{\mu_0}{2r}\Delta i_{e2}=-\frac{\mu_0 e^2}{8\pi mr}B_0 \qquad (13\text{-}7\text{-}6)$$

上述等效圆电流 Δi_{e1}与 Δi_{e2}之和就是分子电流.

总之，在外磁场 $\boldsymbol{B}_0$ 作用下出现了等效分子电流，分子电流激发了与外磁场 $\boldsymbol{B}_0$ 反向的附加磁场 $\boldsymbol{B}'$，如图 13-7-2 所示. 其中的图 a 表示一个抗磁质圆柱体处于外磁场 $\boldsymbol{B}_0$ 中，图 b 表示圆柱体的横截面，图中的一个个小圆圈表示抗磁质被磁化后的分子电流，相应的分子磁矩

与外磁场 $\boldsymbol{B}_0$ 的方向相反. 大量分子电流在圆柱体内相互抵消, 在侧表面上形成束缚电流, 束缚电流方向与附加磁场 $\boldsymbol{B}'$ 的方向服从右手法则.

(2) 顺磁性

顺磁质之所以具有顺磁性, 是因为顺磁质是由有磁分子组成的.

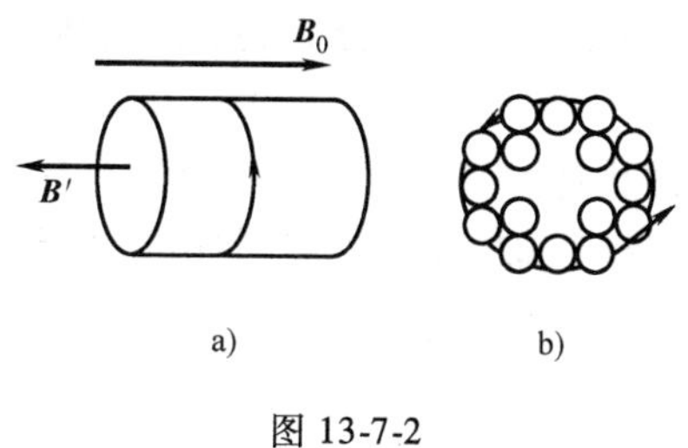

图 13-7-2

有磁分子的磁矩不为零. 在未受外磁场作用时, 由于分子热运动, 大量分子磁矩的方向杂乱无章, 介质整体上不显磁性. 在外磁场作用下, 大量分子磁矩转向外磁场方向, 形成了一个与外磁场方向相同的附加磁场 $\boldsymbol{B}'$. 所以, 从根本上说, 顺磁性也来源于介质中的分子电流.

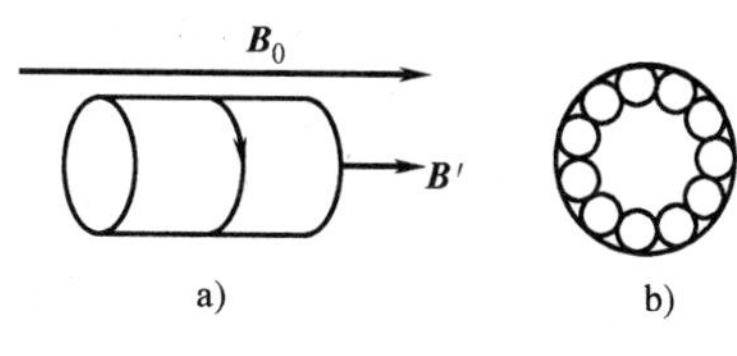

图 13-7-3

图 13-7-3a 表示一个顺磁质圆柱体处于外磁场 $\boldsymbol{B}_0$ 中; 图 13-7-3b 表示圆柱体的横截面, 其中的一个个小圆圈表示顺磁质被磁化后的分子电流, 分子磁矩的方向与外磁场 $\boldsymbol{B}_0$ 的方向相同. 大量分子电流在圆柱体内相互抵消, 在侧表面形成束缚电流. 图中束缚电流方向与附加磁场 $\boldsymbol{B}'$ 的方向也服从右手法则, 附加磁场 $\boldsymbol{B}'$ 的方向与外磁场 $\boldsymbol{B}_0$ 的方向相同.

(3) 铁磁性

铁磁质在外磁场作用下产生远大于外磁场的同向附加磁场的原因是铁磁质中存在大量的磁畴 (magnetic domain). 所谓磁畴, 是在约千分之几毫米的范围内, 由于分子磁矩的相互影响, 分子磁矩的方向趋于一致而形成的分子团. 磁畴的磁矩远大于单个分子的磁矩.

在未受外磁场作用时, 介质中大量磁畴的磁矩方向杂乱无章, 介质整体不显磁性. 在受到外磁场作用时, 各个磁畴的磁矩方向趋于一致, 同时, 磁畴增大, 因而形成很强的附加磁场. 铁磁质的相对磁导率不像顺磁质那样稍微大于 1, 而是达到数千或数万.

铁磁质被磁化后表面的束缚电流方向与附加磁场 $\boldsymbol{B}'$ 及外磁场 $\boldsymbol{B}_0$ 的方向的关系也可用图 13-7-3 表示, 只是要把图中的分子电流换成磁畴.

如果给铁磁质加热, 分子热运动变得剧烈. 达到一定温度时, 磁畴由于分子热运动而解体, 磁性消失. 使铁磁质磁性消失的最低温度叫做居里 (Pierre Curie, 1859—1906) 温度或居里点. 实验表明, 铁的居里点是 770℃.

人们通常把有磁物体内磁场指向的一端叫做 N (北) 极, 另一端叫做 S (南) 极. 也就是说, 所谓磁极不过是用来描述有磁物体内磁场方向的两个相对位置. 由于附加磁场 $\boldsymbol{B}'$ 来源于有磁物体内的分子 (电子) 电流, 因此, 不论有磁物体多小, 都有两极, 所谓磁单极子是不存在的.

3. 磁化强度

有磁介质中存在大量的分子磁矩. 为了定量描述和分析介质的磁化, 引入如下定义:

有磁介质单位体积内分子磁矩的矢量和叫做介质的磁化强度, 记作

$$\boldsymbol{M} = \frac{1}{\Delta V}\sum_{j} \boldsymbol{m}_j \qquad (13\text{-}7\text{-}7)$$

式中, $\boldsymbol{m}_j$ 是微小体积 ΔV 内第 j 个分子磁矩.

对于各向同性的均匀磁介质，磁化强度的值

$$M = |\boldsymbol{M}| = nm = n\pi a^2 i \tag{13-7-8}$$

式中，n 是分子数密度；a 是分子圆电流半径；i 是分子电流．于是有

$$\boldsymbol{M}\cdot \mathrm{d}\boldsymbol{l} = n\pi a^2 i\cos\theta \mathrm{d}l = \mathrm{d}I'$$

上式的物理意义是：对于磁介质中任意环路上的线元 $\mathrm{d}\boldsymbol{l}$，只有体积元 $\pi a^2\cos\theta \mathrm{d}l$ 内的分子电流才对标积 $\boldsymbol{M}\cdot \mathrm{d}\boldsymbol{l}$ 有贡献，$\mathrm{d}\boldsymbol{I}'$是该体积元内的束缚电流．沿闭合环路 L 积分上式，得

$$\oint_L \boldsymbol{M}\cdot \mathrm{d}\boldsymbol{l} = \sum_i I'_i \tag{13-7-9}$$

由于磁化强度 $\boldsymbol{M}$ 是单位体积内分子磁矩的矢量和，它与其等效电流处处相互垂直，因此，上式表明，磁化强度的环积分等于穿过环路所围曲面的束缚电流代数和．

4. 磁介质中的安培环路定理

前面给出的安培环路定理式（13-4-2）右边包括穿过环路所围曲面的所有电流，不论是自由电流和束缚电流都在内．因此，在有磁介质时，由式（13-4-2）得

$$\oint_L \boldsymbol{B}\cdot \mathrm{d}\boldsymbol{l} = \mu_0 \sum_i (I_{0i} + I'_i)$$

式中，I_{0i}是自由电流，I'_i是束缚电流．将式（13-7-9）代入上式，得

$$\oint_L \left(\frac{\boldsymbol{B}}{\mu_0} - \boldsymbol{M}\right)\cdot \mathrm{d}\boldsymbol{l} = \sum_i I_{0i}$$

定义：磁场强度

$$\boldsymbol{H} = \frac{\boldsymbol{B}}{\mu_0} - \boldsymbol{M} \tag{13-7-10}$$

则有

$$\oint_L \boldsymbol{H}\cdot \mathrm{d}\boldsymbol{l} = \sum_i I_{0i} \tag{13-7-11}$$

上式叫做磁介质中的安培环路定理，其便利之处在于磁场强度的环积分只与自由电流有关，不必考虑难于测量的束缚电流．磁场强度的单位是安培每米（A/m）．

由前面对介质磁化机制的分析可知，在各向同性均匀磁介质中，磁化强度 $\boldsymbol{M}$ 与磁感应强度 $\boldsymbol{B}$ 的方向相同或相反．因此，由式（13-7-10）可知，磁化强度 $\boldsymbol{M}$ 与磁场强度 $\boldsymbol{H}$ 的方向相同或相反．所以，可令

$$\boldsymbol{M} = \chi_m \boldsymbol{H} \tag{13-7-12}$$

式中的χ_m 是一个无量纲待定常数，叫做介质磁化率（magnetic susceptibility of medium）．不同种类磁介质的磁化率不同．将上式代入式（13-7-10），得

$$\boldsymbol{B} = (1 + \chi_m)\mu_0 \boldsymbol{H} \tag{13-7-13}$$

下面证明，对于各向同性均匀磁介质，有

$$\mu_r = 1 + \chi_m \tag{13-7-14}$$

证：对于真空，磁化强度 $\boldsymbol{M} = 0$，由式（13-7-10）得

$$\boldsymbol{B}_0 = \mu_0 \boldsymbol{H}$$

由式（13-7-1）得

$$\boldsymbol{B} = \mu_r \boldsymbol{B}_0 = \mu_r \mu_0 \boldsymbol{H}$$

比较上式与式（13-7-13），即得式（13-7-14）．

令 $\mu = \mu_r\mu_0$，μ 叫做绝对磁导率（absolute magnetic permeability）或简称磁导率，于是，可将式（13-7-13）写成

$$\boldsymbol{B} = \mu \boldsymbol{H} \tag{13-7-15}$$

上式通常只适用于各向同性均匀磁介质．对于各向异性介质，上式形式上也适用，但绝对磁导率 μ 是一个张量．

例题 13-7-1 如图 13-7-4 所示，长直金属圆柱的半径为 R，传导电流 I 均匀分布在圆柱横截面上．圆柱金属磁导率为 μ_1，柱外磁介质磁导率为 μ_2．求圆柱体内、外的磁感应强度．

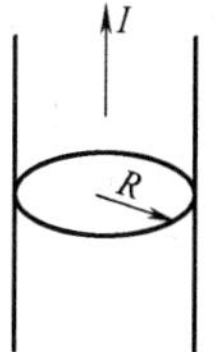

图 13-7-4

解：由于电流轴对称分布，柱体内外的磁场也是轴对称分布．在柱体横截面上以圆柱中心为圆心、以 r 为半径作圆形安培环路．

当 $r < R$ 时，有

$$\oint_{L_1} \boldsymbol{H} \cdot \mathrm{d}\boldsymbol{l} = \frac{r^2}{R^2} I$$

即

$$H = \frac{I}{2\pi R^2} r$$

$$B = \mu_1 H = \frac{\mu_1 I}{2\pi R^2} r \ (r < R).$$

当 $r > R$ 时，有

$$\oint_{L_2} \boldsymbol{H} \cdot \mathrm{d}\boldsymbol{l} = I$$

即

$$H = \frac{I}{2\pi r}$$

$$B = \mu_2 H = \frac{\mu_2 I}{2\pi r} \quad (r > R).$$

值得注意的是，由上面例题的结果看，磁场强度 $\boldsymbol{H}$ 似乎只与自由电流有关，与磁介质无关．不过，上述结果是在各向同性均匀磁介质中，且磁场分布具有几何对称性的情况下得到的，不能视为普遍规律．事实上，从磁场强度 $\boldsymbol{H}$ 的定义式（13-7-10）可知，由于 $\boldsymbol{B}$ 与各种电流有关，$\boldsymbol{M}$ 与介质性质有关，$\boldsymbol{H}$ 必与介质有关．

5. 磁滞回线和磁滞损耗

实验表明：各种非铁磁质（顺磁质和抗磁质）的磁化率 χ_m 在一定温度范围内不随外磁场变化，即绝对磁导率 μ 不随外磁场变化，磁感应强度 B 与外磁场强度 H 的关系为线性关系．图 13-7-5 中的直线 OP 表示顺磁介质内的磁感应强度 B 随外磁场 H 增大的变化过程，叫做磁化曲线（magnetization curve）．

然而，实验表明：铁磁质的磁化率 χ_m 随外磁场在一定范围内变化，即铁磁质的绝对磁导率随外磁场在一定范围内变化，B 与 H 的关系是非线性关系．图 13-7-6 中的曲线 $OAEC$ 是某种铁磁质的磁化曲线．OA 段表示，随着外磁场增大，由于介质中与外磁场同向磁畴增大和与外磁场反向磁畴缩小，介质中磁场缓慢增大；AE 段表示，随着外磁场增大，由于介质中磁畴大量转向，介质中磁场迅速增大；EC 曲线段表示，随着外磁场增大，介质中磁畴几乎不再增大，磁畴转向近乎停止，介质中磁场趋于稳定，达到了磁化过程的饱和状态（magnetizing saturation state）．

以上所述是外磁场 H 由小变大时的情况．当外磁场 H 由大变小时，磁介质内磁感应强度 B 的变化曲线叫做退磁曲线（demagnetization curve）．实验表明：顺磁质的退磁曲线与其磁化曲线重合，如图 13-7-5 所示．铁磁质的退磁曲线不与其磁化曲线重合，如图 13-7-7 所示．图中的 oa 曲线是磁化曲线，abc 曲线是饱和退磁曲线，$a'b'$ 是非饱和退磁曲线，因为 a

点是磁化饱和状态，a'点是非饱和磁化态．由图可见，当外磁场 H 变小时，铁磁质中的磁场沿退磁曲线的减少量小于沿磁化曲线的减少量，这种现象叫做磁滞（magnetic hysteresis）．外磁场退为零时，铁磁质的磁性叫做剩磁．剩磁的值与开始退磁时铁磁质的磁化状态有关．图 13-7-7 中 b 点的剩磁是最大剩磁，用 B_r 表示．不同种类铁磁质的最大剩磁值不同．实际工作中使用的磁铁的磁性都是剩磁．

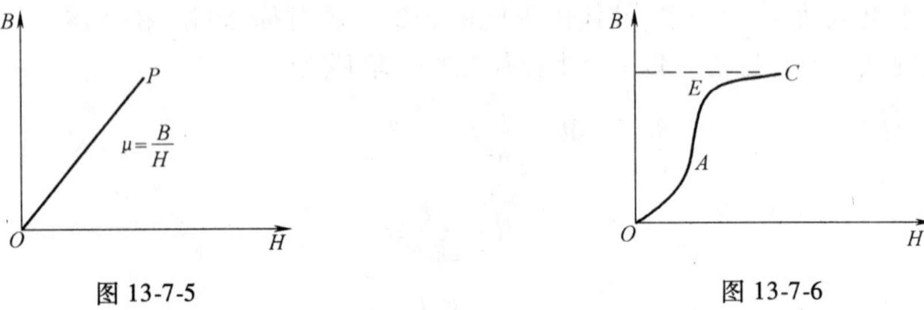

图 13-7-5　　图 13-7-6

由图 13-7-7 可见，要使铁磁质内的磁场完全退掉，即要使 $B=0$，必须外加一个与原来外磁场反向的磁场，这个外磁场叫做矫顽力（coercive force），记作 H_C．两种铁磁质中矫顽力较大的铁磁质叫做硬磁质（hard magnetic substance），较小的铁磁质叫做软磁质（soft magnetic substance）．铁磁质到达图中 c 点的矫顽状态时，若继续增大外磁场，铁磁质将沿着曲线 cd 被磁化．图 13-7-7 所示的这种由两条磁化曲线和两条退磁曲线相接成的闭合曲线叫做磁滞回线（magnetic hysteresis loop）．硬磁质的磁滞回线较“胖”，软磁质的磁滞回线较“瘦”，如图 13-7-8 所示．

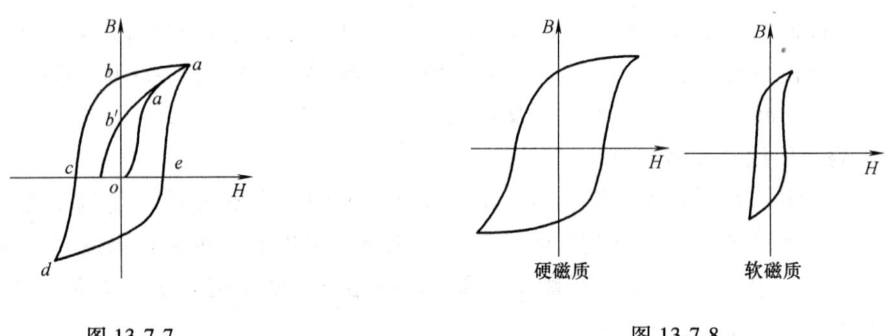

图 13-7-7　　图 13-7-8

如果铁磁质在周期性变化的交变磁场作用下反复磁化，其中的分子磁化状态将不断改变，分子振动加剧，介质温度升高，消耗能量，这种现象叫做磁滞损耗（magnetic hysteresis loss）．故应避免铁磁质在交变磁场作用下反复磁化．单位体积铁磁质的磁滞损耗定义为

$$A = \oint_L H\mathrm{d}B \qquad (13\text{-}7\text{-}16)$$

积分沿磁滞回线 L 进行，A 就是磁滞回线包围的面积，具有能量的量纲（见 14.6 节）．所以，磁滞回线包围的面积越大，磁滞损耗越大．

思考题 13.7

1. 简要说明抗磁性、顺磁性和铁磁性的起因．
2. 解释：磁化强度、磁场强度和介质中的安培环路定理的物理含意．

3. 什么叫做磁化、磁滞、剩磁、矫顽力、硬磁质和软磁质？

4. 为什么磁铁不论大小都有两极？为什么磁铁同极相斥、异极相吸？

5. 有两根同样的铁棒，其中一根是磁铁. 你能只用这两根铁棒，找出哪根是磁铁吗？

习 题 13

13-1 如题13-1图所示，电子以 $v_0 = 1.0 \times 10^7$ m/s 的速度过 A 点，圆半径为0.05 m. 问：(1) 磁感应强度的大小和方向如何，才能使电子沿图中半圆周从 A 运动到 B？(2) 电子从 A 运动到 B 需要多长时间？

13-2 一电子以 2×10^7 m/s 的速率射入磁感应强度为1T的均匀磁场中，方向与磁场方向垂直，求这电子受到多大的作用力.

13-3 均匀电场 $E = 3.0 \times 10^4$ V/m 和均匀磁场 $B = 1.0 \times 10^{-2}$ T 的方向相互垂直. 问垂直于电场和磁场方向射入的电子要具有多大的速度，才能使其轨迹为一直线？

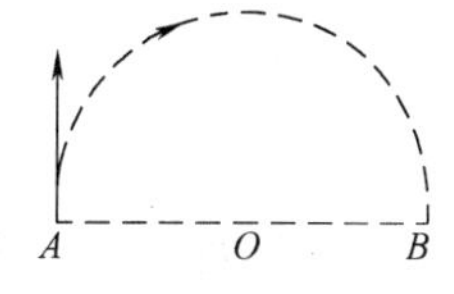

题13-1图

13-4 已知地面上空某处的磁感应强度 $B = 0.4 \times 10^{-4}$ T，方向向北. 若宇宙射线中有一速率为 $v = 5 \times 10^7$ m/s 的质子垂直地通过该处，求质子所受洛仑兹力的方向和大小，并与该质子受到的万有引力相比较.

13-5 一显像管电子束中的电子有 1.2×10^4eV 的能量，并水平地由南向北运动. 地球磁场的垂直分量 $B_\perp = 5.5 \times 10^{-5}$ T，方向向下. (1) 电子束将偏向什么方向？(2) 电子的加速度是多少？(3) 电子束在显像管内通过20 cm时偏转多远？

13-6 一电子被 1.5×10^4 V 的电压加速后，进入 $B = 2.5 \times 10^{-2}$ T 的均匀磁场，在垂直于 B 的平面上作圆周运动. 电子的轨道半径多大？

13-7 边长为 a 的正方形线圈载有电流 I，试求正方形中心点的磁感应强度.

13-8 如题13-8图所示，一被折成直角的长导线载有电流为20 A. 求 A 点的磁感应强度. $a = 0.05$ m.

13-9 如题13-9图所示，两根长直导线平行放置，导线内电流流向相同，大小都为 $I = 10$ A. 求图中 a、b 两点的磁感应强度的大小. (图中 $r = 0.02$ m)

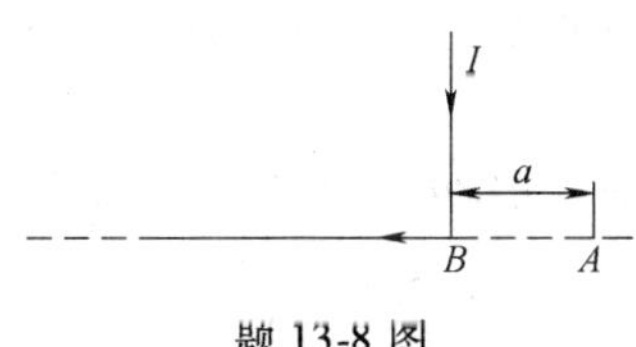

题13-8图

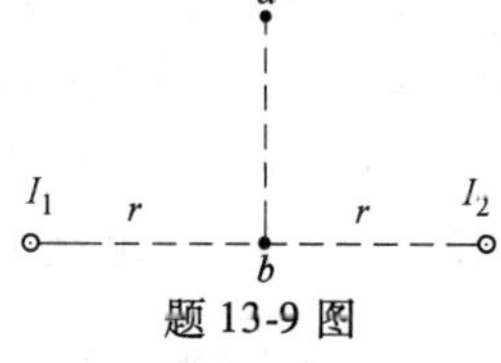

题13-9图

13-10 如题13-10图所示，有两根导线沿半径方向接到铁环的 a、b 两点上，并与很远源相接，求环中心 O 处的磁感应强度.

13-11 如题13-11图所示，一宽为 a 的薄长金属板，其电流为 I. 试求在薄板的平面上，距板的一边为 a 的 P 点的磁感应强度.

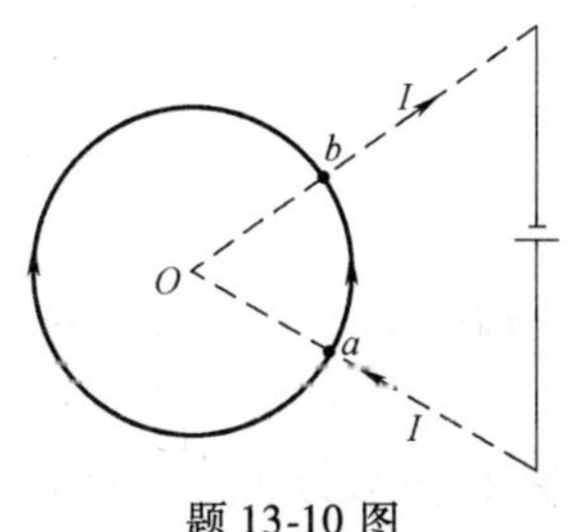

题13-10图

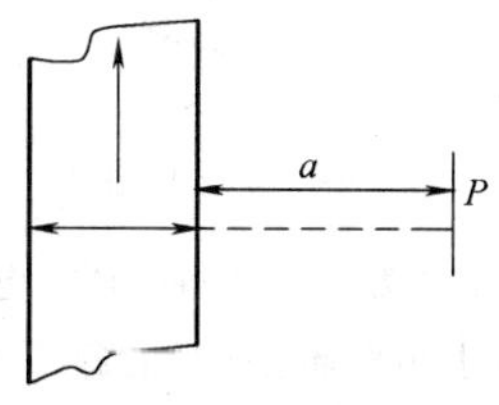

题13-11图

13-12 如题13-12图所示，一根无限长载流线被弯成两根半无限长载流线和半径为 R 的一段载流线 $\overset{\frown}{ab}$，

$\theta = 60°$. 求图中 O 点的磁感应强度.

13-13　如题 13-13 图所示，一根无限长载流线被弯成两根半无限长载流线和半径为 R 的半圆载流线$\widehat{ab}$. 求图中 O 点的磁感应强度.

题 13-12 图　　题 13-13 图

13-14　如题 13-14 图所示，一个立方体的边长为 $l = 2.5$ cm. 空间中的匀强电场为 $\boldsymbol{B} = (5\boldsymbol{i} + 4\boldsymbol{j} + 3\boldsymbol{k})$ T. 求阴影部分的磁通量.

13-15　有一同轴电缆，其尺寸如题 13-15 图所示. 两导体中的电流均为 I，但电流流向相反. 求以下各处的磁感应强度：(1) $r < R_1$；(2) $R_1 < r < R_2$；(3) $R_2 < r < R_3$；(4) $r > R_3$.

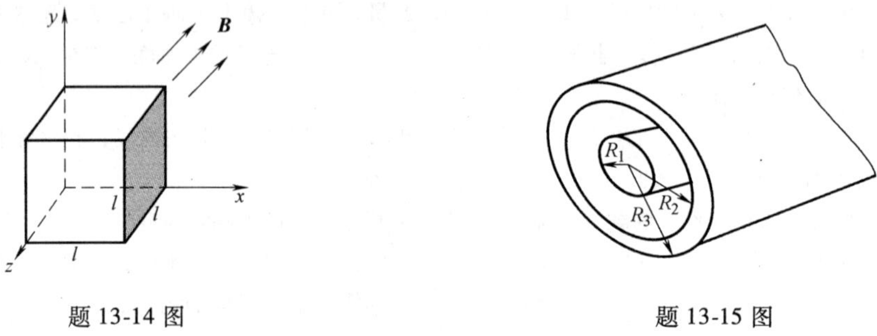

题 13-14 图　　题 13-15 图

13-16　一根空心长直导体圆柱的横截面如题 13-16 图所示. 内半径为 a，外半径为 b. 在圆柱体的横截面上均匀分布着恒定电流 I. 求空间中的磁场分布.

13-17　如题 13-17 图所示，一个半径为 R、电荷面密度为 σ 的均匀带电圆盘以角速率 ω 绕过其圆心的垂直轴转动，求圆心 O 的磁感应强度.

题 13-16 图　　题 13-17 图

13-18　一半径为 R 的塑料圆环，电荷 q 均匀分布于表面，圆环绕通过圆心垂直于环面的轴转动，角速度为 ω. 求转轴上距离环心 x 处的磁感应强度 B.

13-19　如图 13-19 图所示，半径 $r_2 = 4$ m 的无限长圆柱导体内挖出一半径为 $r_1 = 1$ m 的无限长圆柱，轴间距 $d = 2$ m，挖后通电 7.5 A，且垂直纸面向外均匀分布于截面上，求圆柱轴线上一点 O 的磁感应强度 $\boldsymbol{B}$.

13-20　载流线圈的形状如题 13-20 图所示，P 点为圆弧的中心. 求 P 点的磁感应强度.

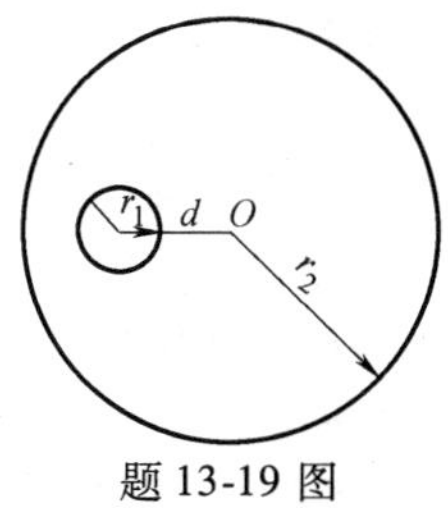

题 13-19 图

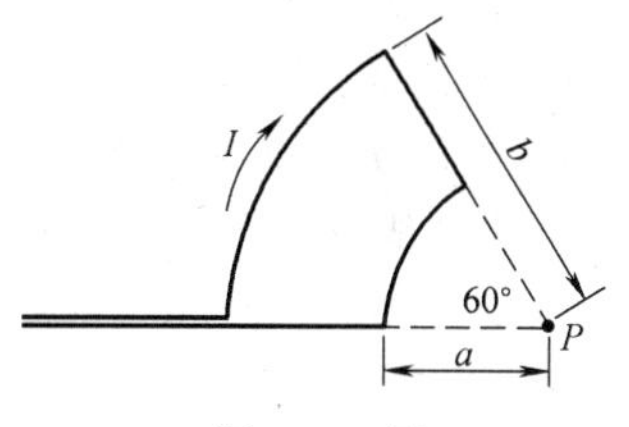

题 13-20 图

13-21 半径为 R 的无限长直载流导线横截面上均匀分布着电流 I. 现在导线内部挖出一个平行于导线轴的半径为 r 的无限长圆柱空洞，两轴距离为 a，试证明空洞中为一均匀磁场.

13-22 如题 13-22 图所示，在真空中，电流由长直导线 1 沿切向经 a 点流入一电阻均匀分布的圆环，再由 b 点沿切向流出，经长直导线 2 返回电源. 已知直导线上的电流为 I，圆环半径为 R，$\angle aOb = 180°$. 求圆心 O 点处磁感应强度的大小.

13-23 如题 13-23 图所示，载流长直导线的电流为 I，试求矩形面积 $CDEF$ 的磁通量.

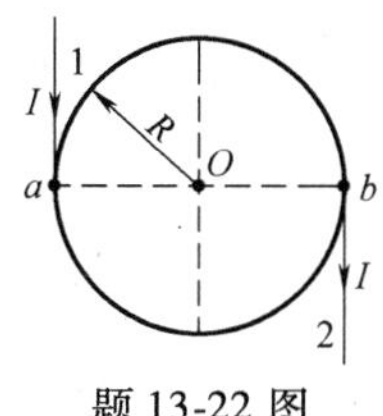

题 13-22 图

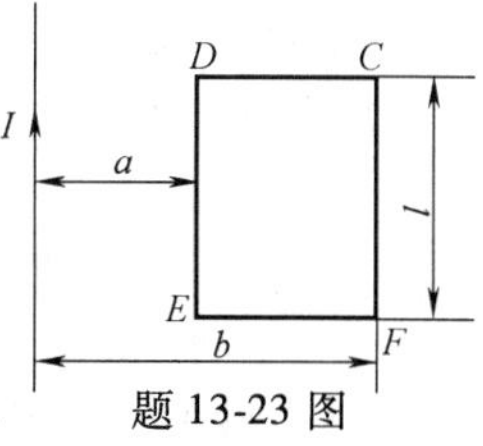

题 13-23 图

13-24 一长为 2.0×10^{-2} m、电流为 10 A 的导线与 $B=1.5$ T 的匀强磁场成 30°角. 试计算导线所受安培力的大小和方向.

13-25 一电流为 I 的长导线弯曲成如题 13-25 图所示的形状，放在磁感应强度为 B 的均匀磁场中，B 的方向垂直纸面向里. 此导线受到的安培力为多少？

13-26 如题 13-26 图所示，一电流为 I_1 的无限长直导线与电流为 I_2 的圆形闭合回路在同一平面内. 圆形回路的半径为 R，长直导线与圆形回路中心之间的距离为 d. 试求圆形回路受到的安培力.

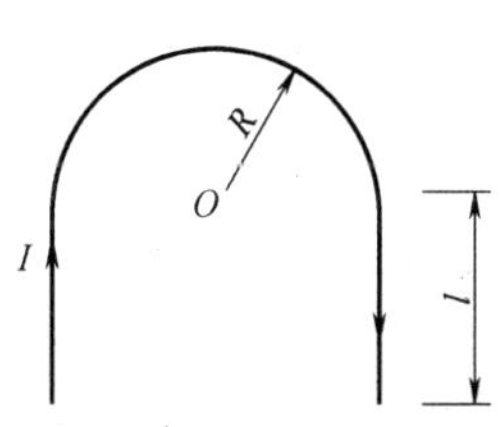

题 13-25 图

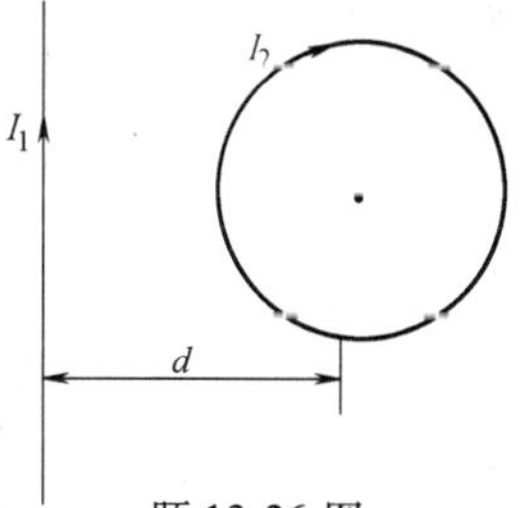

题 13-26 图

13-27 无限长直线电流 I_1 与直线电流 I_2 共面，几何位置如题 13-27 图所示. 试求直线电流 I_2 受到电流 I_1 磁场的作用力.

13-28 如题 13-28 图所示，一电流为 $I_1=30$ A 的无限长直导线与电流为 $I_2=20$ A 的矩形导线框在同一平面内，求矩形导线框所受安培力，$a=0.01$ m，$b=0.08$ m，$l=0.12$ m.

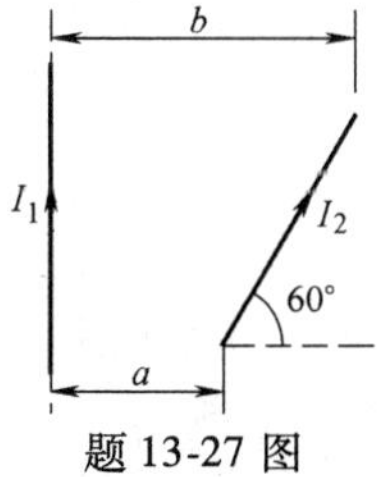

题 13-27 图

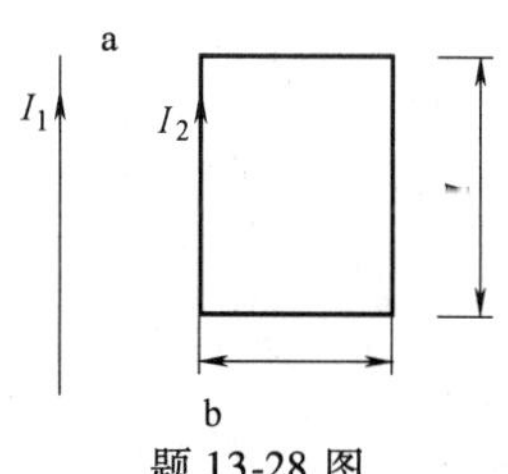

题 13-28 图

13-29　有一匝数为 10 匝、长为 0.25 m、宽为 0.10 m 的矩形线圈，放在 $B=1.0\times10^{-3}$ T 的磁场中，通以 15 A 的电流，求它所受的最大力矩.

13-30　有一直径为 $d=0.02$ m 的圆形线圈，共有 10 匝. 当通以 0.1 A 的电流时，问：(1) 它的磁矩是多少？(2) 若将该线圈置于 1.5 T 的磁场中，受到的最大磁力矩是多少？

13-31　半径为 r、电荷面密度为 σ 的薄圆盘，在平行于盘面，磁感应强度为 B 的均匀磁场中以角速度 ω 绕过盘心垂直于盘面的轴转动. 求证作用在圆盘上的磁力矩为 $M=\sigma\omega\pi Br^4/4$.

13-32　圆形线圈放置在磁感应强度为 0.5T 的匀强磁场中，线圈中的电流为 0.5 A. 线圈共 250 匝，半径为 5 cm. 求线圈从垂直于磁场方向旋转到平行于磁场方向的过程中，磁场力做的功.

13-33　有一圆形截面的长直导线，半径为 $R=1.27\times10^{-3}$ m，设导线中通有均匀电流 $I=5$ A，试求导线内距离轴线为 $r=1.0\times10^{-3}$ m 一点的磁感应强度.

13-34　在一均匀磁场中放有一横截面积为 1.2×10^{-3} m^2 的铁芯，其中磁通量为 4.5×10^{-3} Wb，铁的相对磁导率为 $\mu_r=5000$，求磁场强度.

13-35　在平均半径为 0.10 m，横截面积为 6×10^{-4} m^2 的铸钢圆环上均匀地绕有 200 匝线圈. 当线圈电流为 0.63 A 时，钢环中的磁通量为 324 μWb；当电流增大至 4.7 A 时，磁通量为 618 μWb. 求两种情况下钢环的磁导率.

13-36　如题 13-36 图，一根长直同轴电缆内外导体之间充满相对磁导率为 $\mu_r(\mu_r<1)$ 的介质，内外导体上电流为 I，方向相反. 不计导体磁化效应，求磁感应强度、磁化强度和束缚电流.

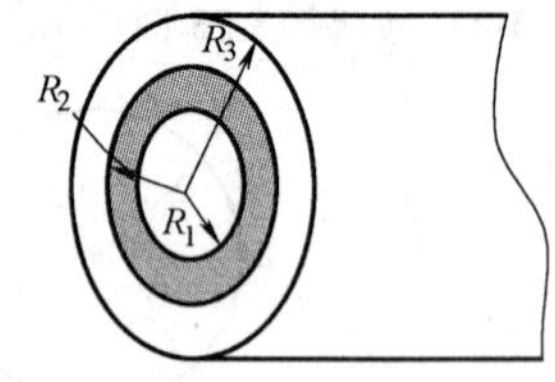

题 13-36 图

第 14 章　电磁感应和电磁波

静电场和稳恒磁场都是不随时间变化的物质场．当电场和磁场随时间变化时，情况是怎样的？有些什么规律？这一章就来研究这些问题．让我们从具有重要意义的实验定律——法拉第电磁感应定律（Faraday law of electromagnetic induction）开始．

14.1　法拉第电磁感应定律

1. 电磁感应现象

首先，介绍三种电磁感应实验现象．

（1）如图 14-1-1 所示，在垂直纸面向里的匀强稳恒磁场 $\boldsymbol{B}$ 的横截面内放置着一个矩形导线框 $abcd$，其中的直导线 ab 可以左右自由平行移动．实验表明，导线 ab 静止时，环路中无电流；导线 ab 移动时，环路中有电流．

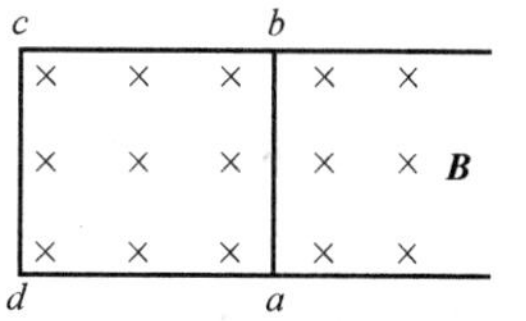

图 14-1-1

（2）如图 14-1-2 所示，在匀强稳恒磁场的横截面内有一个可以绕 OA 轴旋转的矩形导线框．实验表明，导线框静止时其中无电流；导线框旋转时其中有电流．

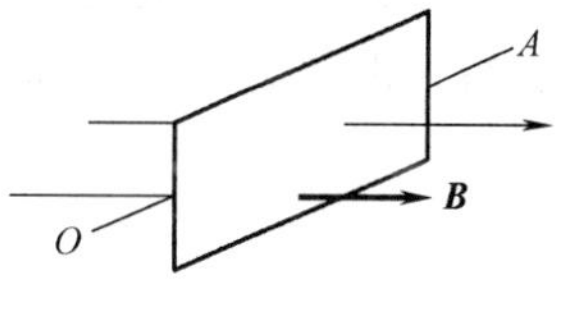

图 14-1-2

（3）如图 14-1-3 所示，在长直螺线管横截圆面内放置着一个与螺线管横截面圆共中心的匀质导线环．实验表明，当螺线管上的电流不变时，导线环上无电流；螺线管上的电流变化时，导线环上有电流．

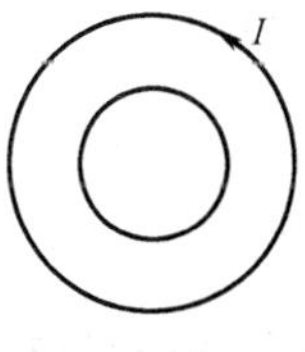

图 14-1-3

容易看出，上述三个实验现象的共同特点是：导线框所围面积的磁通量变化时，环路中有电流．这种现象叫做电磁感应（electromagnetic induction），环路中的电流叫做感应电流（induction current）．

2. 法拉第电磁感应定律

闭合环路中有电流存在，说明其中有电动势．英国物理学家法拉第在对电磁感应现象作了大量分析的基础上发现：任意闭合环路中的电动势与环路所围面积磁通量的时间变化率的负值成正比，即

$$\mathscr{E} = -k\frac{\mathrm{d}\Phi(t)}{\mathrm{d}t} \tag{14-1-1}$$

这个结论叫做法拉第电磁感应定律，其中的电动势叫做感应电动势（induction electromotive force）．在 SI 制中，上式中的比例常数 $k=1$，于是有

$$\mathscr{E} = -\frac{\mathrm{d}\Phi(t)}{\mathrm{d}t} \tag{14-1-2}$$

若上述环路的总电阻为 R，则其中的感应电流

$$I=\frac{\mathscr{E}}{R}=-\frac{1}{R}\frac{\mathrm{d}\Phi(t)}{\mathrm{d}t} \tag{14-1-3}$$

上式表明，法拉第电磁感应定律中负号的物理意义是：感应电流产生的磁场总是对环路所围面积的磁通量的变化起补偿作用，或者说起阻碍作用. 通常将这个结论叫做楞次（H. F. E. Lenz，1804—1865）定律. 利用楞次定律（Lenz law）可以确定环路中感应电流的方向. 例如，在图 14-1-4 所示的圆形环路中，磁场 $\boldsymbol{B}$ 向上. 当磁通量 Φ_{m} 增大时，即$\frac{\mathrm{d}\Phi_{\mathrm{m}}}{\mathrm{d}t}>0$ 时，感应电流的方向与磁场 $\boldsymbol{B}$ 的方向成反右手关系；当磁通量 Φ_{m} 减小时，即$\frac{\mathrm{d}\Phi_{\mathrm{m}}}{\mathrm{d}t}<0$ 时，感应电流的方向与磁场 $\boldsymbol{B}$ 的方向成右手关系.

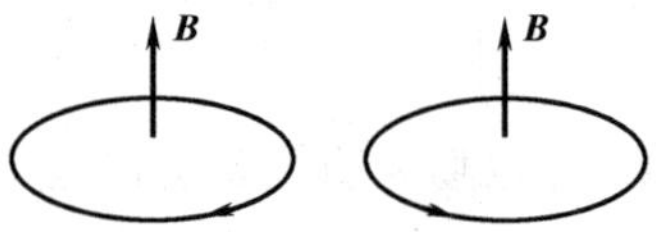

图 14-1-4

由式（14-1-3）可得一段时间内环路中流过的电荷量

$$q=\int_{t_1}^{t_2}I\mathrm{d}t=-\frac{1}{R}(\Phi_2-\Phi_1) \tag{14-1-4}$$

如果环路不是一匝而是 N 匝，以上各式中的磁通量 Φ_{m} 应为 N 匝环路的总磁通量.

例题 14-1-1 如图 14-1-2 所示，矩形导线框有 N 匝，以角速率 ω 绕 OA 轴匀速转动. 若导线框面积为 S，总电阻为 R，开始时导线框平面垂直于匀强磁场 $\boldsymbol{B}$，求 t 时刻导线框中的感应电动势和感应电流.

解： 由题意可知，t 时刻导线框平面法线与 $\boldsymbol{B}$ 的夹角为 ωt，磁通量

$$\Phi(t)=N\iint_S \boldsymbol{B}\cdot\mathrm{d}\boldsymbol{S}=NBS\cos\omega t$$

感应电动势

$$\mathscr{E}=-\frac{\mathrm{d}\Phi(t)}{\mathrm{d}t}=NBS\omega\sin\omega t=\mathscr{E}_{\mathrm{m}}\sin\omega t$$

感应电流

$$I=\frac{1}{R}NBS\omega\sin\omega t=I_{\mathrm{m}}\sin\omega t$$

可见，电动势和电流都是正弦变量，叫做交变电动势和交变电流，其各自的最大值 $\mathscr{E}_{\mathrm{m}}$ 和 I_{m} 叫做电动势峰值或电流峰值. 频率 $\nu=\frac{\omega}{2\pi}$叫做交变电流的频率，我国的交流电标准频率为 50 Hz.

思考题 14.1

1. 把一条磁铁棒插入直螺管内. 什么情况下螺线管导线上有电流？什么情况下没有电流？

2. 如图 14-1-5 所示，矩形导线框沿横截面通过圆柱形匀强磁场. 试描述导线框从开始进入磁场到完全脱离磁场过程中所受磁场力的情况.

3. 一条短圆柱形磁铁在竖立放置的直螺线管内从静止开始下落. 若不计阻力，试描述磁铁的运动情况.

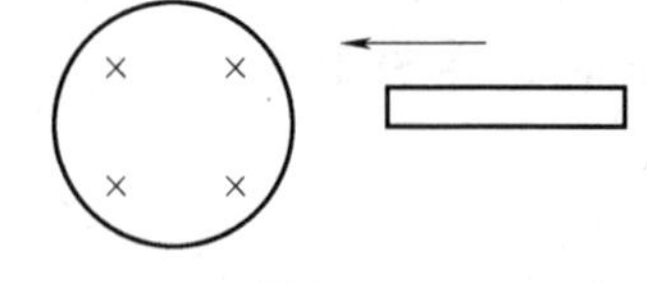

图 14-1-5

14.2　动生电动势

上一节已经讲过，按照法拉第电磁感应定律，任意环路所围面积的磁通量变化时，环路上存在感应电动势. 将磁通量定义式

$$\Phi(t) = \iint_S \boldsymbol{B} \cdot \mathrm{d}\boldsymbol{S} \tag{14-2-1}$$

代入法拉第电磁感应定律公式，得

$$\mathscr{E} = -\iint_S \frac{\partial \boldsymbol{B}}{\partial t} \cdot \mathrm{d}\boldsymbol{S} - \left(\frac{\partial}{\partial t}\iint_S \mathrm{d}\boldsymbol{S}\right) \cdot \boldsymbol{B} \tag{14-2-2}$$

上式等号右边第一项是由于磁场随时间变化产生的电动势，叫做感生电动势（induced eletromotive force）；第二项是由于环路所围面积随时间变化产生的电动势，叫做动生电动势（motional electromotive force）. 这一节研究动生电动势，下一节研究感生电动势. 下面，先导出常用的动生电动势公式，然后分析从机械能到电磁能的转换.

1. 动生电动势公式

我们将动生电动势记为

$$\mathscr{E}_{\mathrm{k}} = -\left(\frac{\partial}{\partial t}\iint_S \mathrm{d}\boldsymbol{S}\right) \cdot \boldsymbol{B} \tag{14-2-3}$$

我们知道，矢量叉积 $\boldsymbol{a} \times \boldsymbol{b}$ 在几何上表示面积矢量，因此，上式中的面积矢量元 $\mathrm{d}\boldsymbol{S}$ 可以表示为

$$\mathrm{d}\boldsymbol{S} = \boldsymbol{v}\,\mathrm{d}t \times \mathrm{d}\boldsymbol{l} \tag{14-2-4}$$

式中的 $\boldsymbol{v}$ 是线元 $\mathrm{d}\boldsymbol{l}$ 相对磁场的运动速度. 于是，动生电动势可写成

$$\mathscr{E}_{\mathrm{k}} = -\left(\frac{\partial}{\partial t}\iint_S \mathrm{d}\boldsymbol{S}\right) \cdot \boldsymbol{B} = -\left(\frac{\partial}{\partial t}\oint_L \int_{t_0}^{t} (\boldsymbol{v}\,\mathrm{d}t \times \mathrm{d}\boldsymbol{l})\right) \cdot \boldsymbol{B}$$

注意到上式中对时间的积分是变上限积分，得

$$\mathscr{E}_{\mathrm{k}} = -\oint_L (\boldsymbol{v} \times \mathrm{d}\boldsymbol{l}) \cdot \boldsymbol{B} = \int_L (\mathrm{d}\boldsymbol{l} \times \boldsymbol{v}) \cdot \boldsymbol{B}$$

利用矢量混合积公式 $(\boldsymbol{a} \times \boldsymbol{b}) \cdot \boldsymbol{c} = (\boldsymbol{b} \times \boldsymbol{c}) \cdot \boldsymbol{a}$，得

$$\mathscr{E}_{\mathrm{k}} = \oint_L (\boldsymbol{v} \times \boldsymbol{B}) \cdot \mathrm{d}\boldsymbol{l} \tag{14-2-5}$$

这就是常用的动生电动势公式，积分遍及环路 L. 将上式与电动势定义式

$$\mathscr{E}_{\mathrm{k}} = \oint_L \boldsymbol{E}_{\mathrm{k}} \cdot \mathrm{d}\boldsymbol{l}$$

比较，可知

$$\boldsymbol{E}_{\mathrm{k}} = \boldsymbol{v} \times \boldsymbol{B} \tag{14-2-6}$$

是一种非静电场力.

必须注意：

（1）如前所说，动生电动势公式（14-2-5）中的速度 $\boldsymbol{v}$ 是线元 $\mathrm{d}\boldsymbol{l}$ 相对磁场的运动速度，不是电荷相对磁场的运动速度，因此，$\boldsymbol{E}_{\mathrm{k}} = \boldsymbol{v} \times \boldsymbol{B}$ 不是洛仑兹力.

（2）如式（14-2-2）所示，动生电动势公式是感应电动势中的一项，因此，能用动生电动势公式计算的问题也一定能用法拉第电磁感应定律公式计算，只是视具体情况，步骤有繁简之分.

例题 14-2-1 如图 14-2-1 所示，匀强磁场 $\boldsymbol{B}$ 垂直于纸面向上．长度为 L 的细铜棒 OA 在纸面内以角速率 ω 绕过 O 点垂直于纸面的轴逆时针转动．求棒上的电动势．棒的哪端电势高？

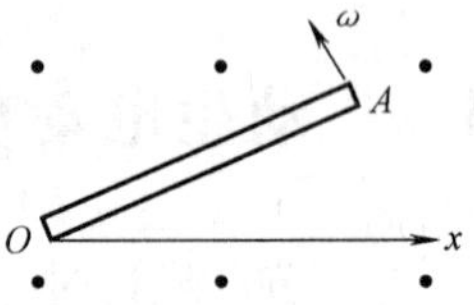

图 14-2-1

解 1：用动生电动势公式求解．棒上的非静电场力 $\boldsymbol{E}_k=\boldsymbol{v}\times\boldsymbol{B}$ 从 O 指向 A，因此 A 端电势高．棒上电动势

$$\mathscr{E}_k=\int_O^A(\boldsymbol{v}\times\boldsymbol{B})\cdot d\boldsymbol{l}=B\omega\int_0^L l dl=\frac{1}{2}BL^2\omega$$

解 2：直接用法拉第电磁感应定律公式求解．取某时刻 $t_0=0$ 时细铜棒 OA 的位置为初始角位置 $\theta_0=0$．到任意时刻 t，细铜棒扫过的扇形面积的磁通量

$$\Phi=-\frac{\omega t}{2\pi}\pi L^2B=-\frac{1}{2}BL^2\omega t$$

出现负号是由于棒上的非静电力 $\boldsymbol{E}_k=\boldsymbol{v}\times\boldsymbol{B}$ 的方向从 O 指向 A，扇形环路的走向是顺时针，或者说，扇形面积的法线与磁感应强度方向相反．棒上的电动势

$$\mathscr{E}_k=-\frac{d\Phi}{dt}=\frac{1}{2}BL^2\omega$$

A 端电势高．可见，两种解法结果相同．

2. 机械能到电能的转换

既然非静电场力 $\boldsymbol{E}_k=\boldsymbol{v}\times\boldsymbol{B}$ 不是洛仑兹力，那么，它与洛仑兹力是什么关系呢？下面就来讨论这个问题．不失一般性，以上节中图 14-1-2 所示的矩形导线框为例进行讨论，如图 14-2-2 所示．

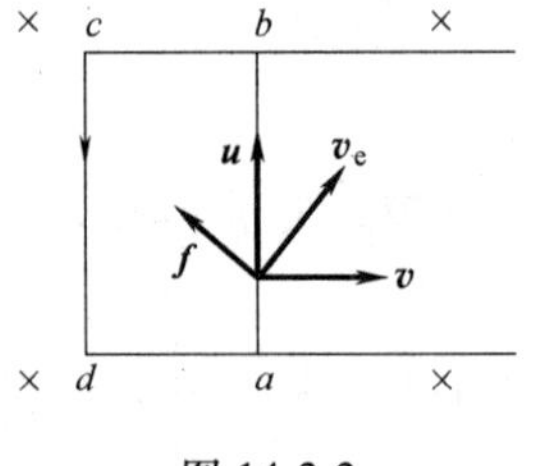

图 14-2-2

上节说过，当矩形回路上的导线 ab 以速度 $\boldsymbol{v}$ 向右平移时，矩形回路中有电流，即有电荷由 a 向 b 运动，设其速度为 $\boldsymbol{u}$．于是，导线 ab 上正电荷相对磁场的运动速度是 $\boldsymbol{v}_e=\boldsymbol{v}+\boldsymbol{u}$，如图 14-2-2 所示．导线 ab 上单位正电荷所受洛仑兹力

$$\boldsymbol{F}=\boldsymbol{v}_e\times\boldsymbol{B}=(\boldsymbol{v}+\boldsymbol{u})\times\boldsymbol{B} \tag{14-2-7}$$

显然，力 $\boldsymbol{F}$ 垂直于速度 $\boldsymbol{v}_e$，符合洛仑兹力不做功的条件，因此有

$$\int_{t_1}^{t_2}\boldsymbol{F}\cdot\boldsymbol{v}_e dt=\int_{t_1}^{t_2}\boldsymbol{F}\cdot(\boldsymbol{v}+\boldsymbol{u})dt=0 \tag{14-2-8}$$

为简便起见，设导线 ab 向右的平移是匀速运动，则必存在着一个作用在 ab 上与力 $\boldsymbol{F}$ 的水平分力相平衡的外力为 $\boldsymbol{F}'$，$\boldsymbol{F}'=-(\boldsymbol{u}\times\boldsymbol{B})$，而 $\boldsymbol{F}'+\boldsymbol{F}=\boldsymbol{v}\times\boldsymbol{B}$．可见，非静电场力 $\boldsymbol{E}_k=\boldsymbol{v}\times\boldsymbol{B}$ 是洛仑兹力与外力的合力．由式（14-2-8）得

$$\int_{t_1}^{t_2}\boldsymbol{F}\cdot\boldsymbol{u}dt=-\int_{t_1}^{t_2}\boldsymbol{F}\cdot\boldsymbol{v}dt=\int_{t_1}^{t_2}(\boldsymbol{F}'-\boldsymbol{v}\times\boldsymbol{B})\cdot\boldsymbol{v}dt=\int_{t_1}^{t_2}\boldsymbol{F}'\cdot\boldsymbol{v}dt$$

另一方面有

$$\begin{aligned}\int_{t_1}^{t_2}\boldsymbol{F}\cdot\boldsymbol{u}dt&=\int_a^b\boldsymbol{F}\cdot d\boldsymbol{l}=\int_a^b[(\boldsymbol{v}+\boldsymbol{u})\times\boldsymbol{B}]\cdot d\boldsymbol{l}\\&=\int_a^b(\boldsymbol{v}\times\boldsymbol{B})\cdot d\boldsymbol{l}+\int_a^b(\boldsymbol{u}\times\boldsymbol{B})\cdot d\boldsymbol{l}=\int_a^b(\boldsymbol{v}\times\boldsymbol{B})\cdot d\boldsymbol{l}\end{aligned}$$

由以上两式得

$$\mathscr{E}_k=\int_a^b(\boldsymbol{v}\times\boldsymbol{B})\cdot d\boldsymbol{l}=\int_{t_1}^{t_2}\boldsymbol{F}'\cdot\boldsymbol{v}dt \tag{14-2-9}$$

上式表明：非静电场力 $\boldsymbol{E}_k=\boldsymbol{v}\times\boldsymbol{B}$ 的功等于外力的功. 所以，导线切割磁场时，虽然洛仑兹力不做功，但它与外力的合力作为非静电场力做功，这个功就是动生电动势，从而把机械能转换成了电能. 在这个转换过程中，洛仑兹力就像是化学反应中的催化剂.

例题 14-2-2　图 14-2-3 上图为一种汽车速度表的原理图. 磁铁与发动机转轴相连，磁铁转动时使铝质圆盘随之转动. 当迫使圆盘转动的力矩与弹簧施加的阻力矩相平衡时，指针所指的读数就是汽车的速率. 试说明这种车速表的工作原理.

解：要说明这种车速表的工作原理，关键在于说明磁铁转动时，铝圆盘为什么随之转动.

磁铁转动时，磁场随之转动，使铝盘上任意一条沿着直径的细铝线上由于相对于磁场运动而产生动生电动势，从而产生电流. 在图 14-2-3 下图中，直径 ab 上的电流方向由 a 到 b，再沿圆盘边缘流回 a. 沿直径 ab 的电流受到安培力作用，左右半径 aO 和 Ob 上的安培力的方向都与磁铁转动方向相同，从而形成力矩，使圆盘随磁铁转动.

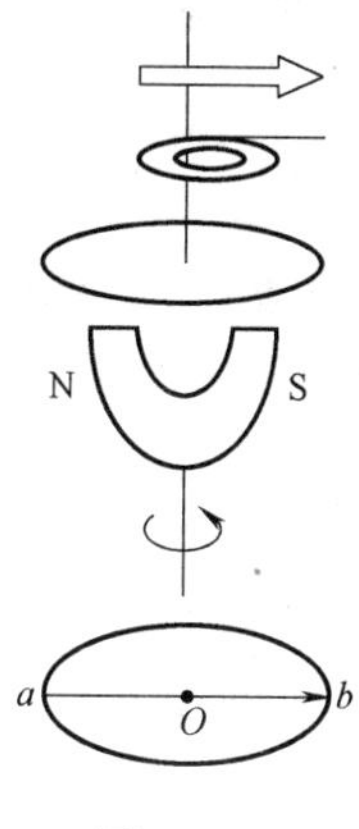

图 14-2-3

思考题 14.2

1. 在图 14-2-1 中，若 $B=B_0r$，r 为到 O 点的距离，其他条件不变. 求细棒上的电动势.

2. 在图 14-2-2 中，若 $B=B_0x$，且 $t=0$ 时 $x=0$，其他条件不变. 当导线 ab 以速率 v 向右平移时，求导线 ab 上的电动势. 导线上哪端电势高？

14.3　感生电动势

1. 感生电动势和感生电场

如式（14-2-2）所示，感生电动势（induced electromotive force）为

$$\mathscr{E}_i=-\iint_S\frac{\partial\boldsymbol{B}}{\partial t}\cdot\mathrm{d}\boldsymbol{S}\tag{14-3-1}$$

如上节所说，动生电动势是非静电场力 $\boldsymbol{E}_k=\boldsymbol{v}\times\boldsymbol{B}$ 的功. 那么，感生电动势是什么非静电场力的功呢？1861 年，麦克斯韦提出假设：随时间变化的磁场激发一种特殊的非静电场，叫做感生电场（induced electric field）或涡旋电场，感生电动势就是感生电场的功，即感生电场的环积分等于该环路上的感生电动势：

$$\mathscr{E}_i=\oint_L\boldsymbol{E}_i\cdot\mathrm{d}\boldsymbol{l}=-\iint_S\frac{\partial\boldsymbol{B}}{\partial t}\cdot\mathrm{d}\boldsymbol{S}\tag{14-3-2}$$

等号右边的面积分遍及回路 L 包围的面积 S. 上式就是感应电场 $\boldsymbol{E}_i$ 的定义式，其物理意义是：随时间变化的磁场激发感生电场.

麦克斯韦的感生电场假设已被大量事实证明，感应电炉就是其中的一个例子. 在耐高温材料做成的圆柱形容器（坩埚）外面绕上导线，就做成了一个感应电炉. 给导线通以交变电流，炉内磁场就随时间变化，从而激发出感生电场. 感生电场的电力线是一条条的闭合曲线，叫做涡旋线，因此，感生电场也叫涡旋电场. 如果炉内放有矿石或金属块，就会产生涡旋电流. 涡旋电流通过矿石或金属块时产生的焦耳热使矿石或金属块温度升高，直至熔化.

例题 14-3-1 图 14-3-1 所示为圆柱形匀强磁场的横截面．若圆柱横截面半径为 R，$\dfrac{\partial B}{\partial t}>0$，求横截面内半径为 r 的圆上的感生电动势和相应的感生电场．

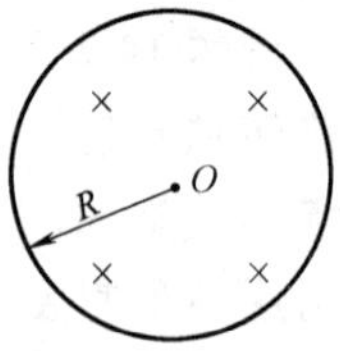

解： 当 $r<R$ 时，感生电动势

$$\mathscr{E}_{\mathrm{i}}=-\iint_S \frac{\partial \boldsymbol{B}}{\partial t}\cdot \mathrm{d}\boldsymbol{S}=\pi r^2\frac{\partial B}{\partial t}\quad (r<R)$$

当 $r>R$ 时，感生电动势

$$\mathscr{E}_{\mathrm{i}}=-\iint_S \frac{\partial \boldsymbol{B}}{\partial t}\cdot \mathrm{d}\boldsymbol{S}=\pi R^2\frac{\partial B}{\partial t}\quad (r>R)$$

图 14-3-1

由于磁场是轴对称分布的，故感生电场也应是轴对称分布的，即半径为 r 的圆上各点的感生电场强度大小相等．考虑到仅当感生电场沿着圆的切线方向时才对感生电动势有贡献，可设感生电场沿着圆的切线方向．所以，当 $r<R$ 时，有

$$2\pi rE_{\mathrm{i}}=\pi r^2\frac{\partial B}{\partial t}$$

得

$$E_{\mathrm{i}}=\frac{r}{2}\frac{\partial B}{\partial t}\qquad (r<R)$$

当 $r>R$ 时，有

$$\oint_L \boldsymbol{E}_{\mathrm{i}}\cdot \mathrm{d}\boldsymbol{l}=\pi R^2\frac{\partial B}{\partial t}$$

$$2\pi rE_{\mathrm{i}}=\pi R^2\frac{\partial B}{\partial t}$$

得

$$E_{\mathrm{i}}=\frac{R^2}{2r}\frac{\partial B}{\partial t}\qquad (r>R)$$

例题 14-3-2 如图 14-3-2 所示，半径为 R 的圆柱形匀强磁场中 $\dfrac{\partial B}{\partial t}>0$，金属细棒 AB 在磁场横截面内且与磁场边界相切，OA 与 OB 的夹角 $\theta=60°$．求棒上的感生电动势．棒的哪端电势高？

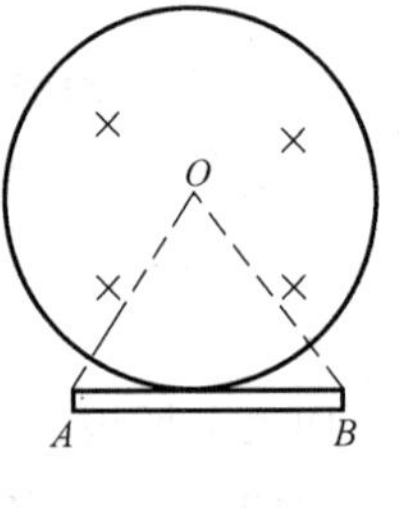

图 14-3-2

解： 与上题同理，变化磁场激发的感生电场强度 $\boldsymbol{E}_{\mathrm{i}}$ 处处与圆半径及其延长线垂直，因此，棒 AB 上的电动势 $\mathscr{E}_{\mathrm{i}}$ 等于三角形闭合回路 $\triangle ABO$ 上的电动势，即 $\mathscr{E}_{\mathrm{i}}=\int_A^B \boldsymbol{E}_{\mathrm{i}}\cdot \mathrm{d}\boldsymbol{l}=\oint_L \boldsymbol{E}_{\mathrm{i}}\cdot \mathrm{d}\boldsymbol{l}$

而

$$\oint_L \boldsymbol{E}_{\mathrm{i}}\cdot \mathrm{d}\boldsymbol{l}=-\iint \frac{\partial \boldsymbol{B}}{\partial t}\cdot \mathrm{d}\boldsymbol{S}=\frac{1}{6}\pi R^2\frac{\partial B}{\partial t}$$

所以

$$\mathscr{E}_{\mathrm{i}}=\frac{1}{6}\pi R^2\frac{\partial B}{\partial t}$$

2. 感生电场高斯定理

如上所说，感生电场 $\boldsymbol{E}_{\mathrm{i}}$ 的场线是闭合曲线．在各向同性的均匀电介质中，感生电场的电位移 $\boldsymbol{D}_{\mathrm{i}}=\varepsilon \boldsymbol{E}_{\mathrm{i}}$，所以，对任意闭合曲面有

$$\oiint_S \boldsymbol{D}_{\mathrm{i}}\cdot \mathrm{d}\boldsymbol{S}=0\tag{14-3-3}$$

这叫做感生电场高斯定理．上式对于各向异性电介质也成立，但 ε 是张量．

思考题 14.3

1. 非静电场是否一定是涡旋电场？举例说明．

2. 若在图 14-3-2 所示圆柱形匀强磁场内放置一个同心的均匀圆铜环，M 和 N 为铜环上任意两点．当磁场随时间变化时，能否说两点中的一点的电势比另一点的高或低？为什么？

14.4　自感和互感

1. 自感和互感

如图 14-4-1 所示，两个载流线圈 A 和 B 中的电流分别为 I_A 和 I_B．一般地说，每个线圈所围面积的磁通量中既有自身电流磁场的贡献，也有另一线圈电流磁场的贡献，即线圈 A 的磁通量

$$\Phi_A = \Phi_{AA} + \Phi_{AB} \tag{14-4-1}$$

式中的 Φ_{AA} 表示线圈 A 自身电流磁场对线圈 A 磁通量的贡献，Φ_{AB} 表示线圈 B 电流磁场对线圈 A 磁通量的贡献．同理，有

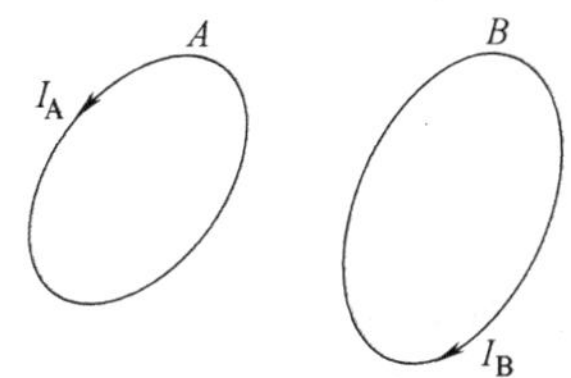

图 14-4-1

$$\Phi_B = \Phi_{BB} + \Phi_{BA}$$

由毕奥—沙伐尔定律

$$dB = \frac{\mu}{4\pi}\frac{Idl\sin\theta}{r^2}$$

可知：磁场中一点处的磁感应强度 B 正比于源电流 I．因此，形状、大小、位置及周围介质都给定的线圈所围面积的磁通量正比于磁场的源电流，即可令

$$\Phi_{AA} = L_A I_A,\quad \Phi_{AB} = M_{AB} I_B \tag{14-4-2}$$

式中的比例系数 L_A 叫做线圈 A 的自感（self-induction），比例系数 M_{AB} 叫做线圈 A 相对于电流 I_B 的互感（mutual induction）．我们将看到（见下面的例题），线圈的自感取决于线圈结构和周围介质，互感不仅取决于线圈结构和周围介质，还与两个线圈的相对位置有关．在 SI 制中，自感和互感的单位都是亨［利］（H）．在 14.6 节中将证明，对于确定环境中的两个确定的线圈，$M_{AB} = M_{BA}$，故可令

$$M_{AB} = M_{BA} = M \tag{14-4-3}$$

由式（14-4-2）得

$$L_A = \frac{\Phi_{AA}}{I_A},\qquad M = \frac{\Phi_{AB}}{I_B}$$

同理，有

$$L_B = \frac{\Phi_{BB}}{I_B},\qquad M = \frac{\Phi_{BA}}{I_A}$$

所以

$$M^2 = \frac{\Phi_{AB}\Phi_{BA}}{\Phi_{AA}\Phi_{BB}} L_A L_B$$

令

$$K^2 = \frac{\Phi_{AB}\Phi_{BA}}{\Phi_{AA}\Phi_{BB}}$$

得

$$M = K\sqrt{L_A L_B} \tag{14-4-4}$$

这就是无磁漏情况下互感与自感的关系，K 叫做两个线圈的藕合系数．藕合系数由两个线圈的结构和周围介质决定．若两个线圈相同且重合，则 $\Phi_{AB} = \Phi_{BB}$，$\Phi_{BA} = \Phi_{AA}$，即 $K = 1$．一般情况下，由于 $\Phi_{AB} \ll \Phi_{BB}$、$\Phi_{BA} \ll \Phi_{AA}$，$0 < K < 1$．

2. 自感电动势和互感电动势

设线圈结构及周围介质不随时间变化，则线圈的自感和互感不随时间变化．根据法拉第电磁感应定律和式（14-4-1）、式（14-4-2），线圈 A 上的感生电动势

$$\mathscr{E}_{A} = -\frac{d\Phi_{A}}{dt} = -L_{A}\frac{dI_{A}}{dt} - M\frac{dI_{B}}{dt} \tag{14-4-5}$$

式中

$$\mathscr{E}_{AA} = -L_{A}\frac{dI_{A}}{dt} \tag{14-4-6}$$

叫做自感电动势（self electromotive force），而

$$\mathscr{E}_{AB} = -M\frac{dI_{B}}{dt} \tag{14-4-7}$$

叫做互感电动势（mutual electromotive force）．

产生自感电动势或互感电动势的现象叫做自感或互感．

例题 14-4-1　（1）长直螺线管 A 的横截面面积为 S，螺线管单位长度上的导线匝数为 n_A，周围介质的磁导率为 μ．求长度为 l 的一段螺线管的自感．（2）若在螺线管 A 上再密绕一层导线，单位长度上的导线匝数为 n_B．求长度为 l 的一段双层螺线管的互感．

解：（1）

$$\Phi_{AA} = B_A S n_A l = \mu n_A^2 l S I_A$$

$$L_A = \frac{\Phi_{AA}}{I_A} = \mu n_A^2 l S$$

（2）

$$\Phi_{AB} = B_B S n_A l = \mu n_A n_B l S I_B$$

$$M = \frac{\Phi_{AB}}{I_B} = \mu n_A n_B l S$$

例题 14-4-2　如图 14-4-2 所示，矩形线圈与长直载流导线在同一平面内，线圈边长为 a、b，左边与导线相距 l．求互感．

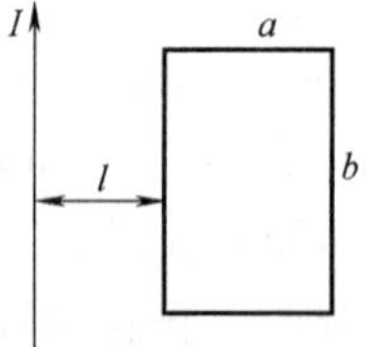

图 14-4-2

解：设导线上电流为 I，介质磁导率为 μ，则线圈磁通量

$$\Phi = \int_{l}^{l+a} Bb\,dx = \frac{\mu}{2\pi}Ib\int_{l}^{l+a}\frac{dx}{x} = \frac{\mu}{2\pi}Ib\ln\frac{l+a}{l}$$

互感

$$M = \frac{\Phi}{I} = \frac{\mu}{2\pi}b\ln\frac{l+a}{l}$$

例题 14-4-3　图 14-4-3 是长度为 l 的一段同轴传输电缆．电缆由内外两个同轴金属长薄圆筒构成，两个圆筒之间是磁导率为 μ 的磁介质．电流 I 沿内筒流去，沿外筒流回．内外圆筒的半径为 R_1、R_2，$R_1 < R_2$．求这段电缆的自感．

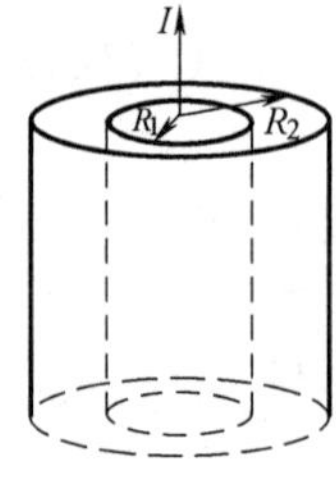

图 14-4-3

解：由安培环路定理可知两筒之间的磁感应强度

$$B = \frac{\mu I}{2\pi r}$$

两筒间长度为 l、宽度为 $R_2 - R_1$ 的矩形面的磁通量

$$\Phi = \frac{\mu I}{2\pi}l\int_{R_1}^{R_2}\frac{dr}{r} = \frac{\mu I}{2\pi}l\ln\frac{R_2}{R_1}$$

自感

$$L = \frac{\Phi}{I} = \frac{\mu l}{2\pi}\ln\frac{R_2}{R_1}$$

例题 14-4-4　如图 14-4-4 所示，两个线圈的自感分别为 L_1、L_2，互感为 M. 求这两个线圈顺接或逆接时的总自感 L.

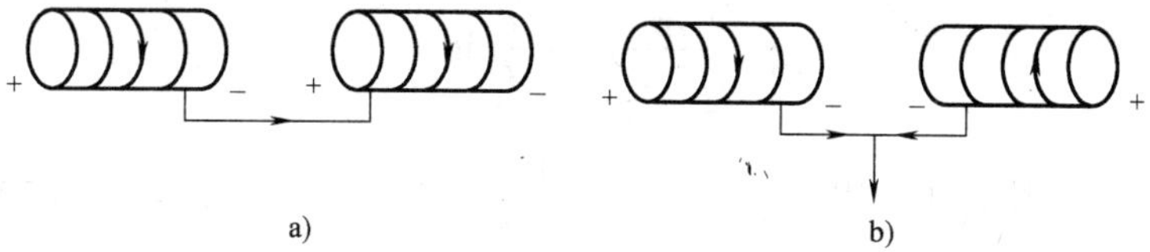

图 14-4-4

解：按照式（14-4-5），两个线圈上的感应电动势分别为

$$\mathscr{E}_1 = -L_1\frac{\mathrm{d}I_1}{\mathrm{d}t} - M\frac{\mathrm{d}I_2}{\mathrm{d}t}, \qquad \mathscr{E}_2 = -L_2\frac{\mathrm{d}I_2}{\mathrm{d}t} - M\frac{\mathrm{d}I_1}{\mathrm{d}t}$$

两个线圈顺接时，$I_1 = I_2$，总电动势

$$\mathscr{E} = \mathscr{E}_1 + \mathscr{E}_2 = -(L_1 + L_2 + 2M)\frac{\mathrm{d}I_1}{\mathrm{d}t}$$

所以，总自感

$$L = L_1 + L_2 + 2M$$

两个线圈逆接时，$I_1 = -I_2$，总电动势

$$\mathscr{E} = \mathscr{E}_1 - \mathscr{E}_2 = -(L_1 + L_2 - 2M)\frac{\mathrm{d}I_1}{\mathrm{d}t}$$

所以，总自感

$$L = L_1 + L_2 - 2M$$

以上结果说明，两个线圈串联后的总自感不一定等于串联前两个线圈的自感之和. 由此可知，一般电路的总自感并不等于各段电路自感之和. 除比较简单的情况外，电路的总自感是难以计算的，要实际测量才能确定.

思考题 14.4

1. 线圈的自感与哪些因素有关？如何绕制自感为零的线圈？

2. 两个线圈的互感与哪些因素有关？如何放置两个相同的圆线圈，使它们的互感为零？怎样放置可使其互感最大？

3. 试证：把一个螺线管分成两个相同的小螺线管，两个小螺线管的自感小于大螺线管自感的一半.

14.5* 自感电路

接通一个直流电路，回路中的电流从零开始增大，电流的磁场随之增强. 根据法拉第电磁感应定律，此时回路中存在着阻碍电流增大的自感电动势和感生电流. 从回路接通到其中的电流达到最大稳定值的时间叫做电路的弛豫时间（relaxation time），弛豫时间一般很短. 同理，断开一个回路时，由于电路自感的存在，其中的电流也要经过一段弛豫时间才减小为零. 上述现象叫做电路的自感效应（self-induction effect）.

下面先研究电路接通后电流增大过程中的电路自感效应. 为简便起见，设电路是单连通的，并且把分布在各段电路上的全部自感看作一个等效的自感线圈的自感 L，把分布在各段电路上的全部电阻看作一个等效电阻 R，构成一个 R—L 电路，如图 14-5-1 所示. 图中电源电动势为 $\mathscr{E}$，自感电动势 $\mathscr{E}_i$ 使自感线圈两端存在电势降 $\mathscr{E}_i = -L\frac{\mathrm{d}I}{\mathrm{d}t}$，于是有

$$L\frac{\mathrm{d}I}{\mathrm{d}t}+IR=\mathscr{E}$$

$$\frac{\mathrm{d}I}{I-\frac{\mathscr{E}}{R}}=-\frac{R}{L}\mathrm{d}t$$

积分上式，由于 $t=0$ 时 $I=0$，得

$$I=\frac{\mathscr{E}}{R}(1-\mathrm{e}^{-\frac{R}{L}t}) \tag{14-5-1}$$

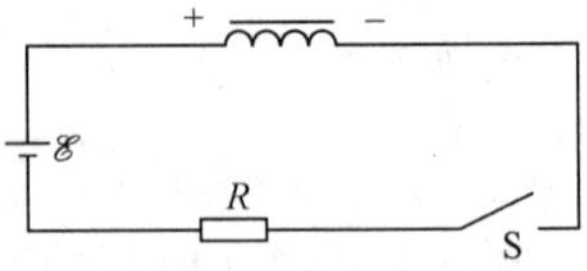

图 14-5-1

上式表明，$t\to\infty$ 时，$I\to\frac{\mathscr{E}}{R}$. 实际上，当 $t=\frac{L}{R}$时，$I=0.63\frac{\mathscr{E}}{R}$. 通常将 $\tau=\frac{L}{R}$叫做 R—L 电路的弛豫时间. 当 $t=3\tau$ 时，$I=0.95\frac{\mathscr{E}}{R}$. 所以，当 $t>3\tau$ 时，即可认为电流已经达到最大稳定值，如图 14-5-3a 所示.

现在研究通电回路断开时的自感效应. 回路断开，相当于回路中的电阻在很短时间内变为无限大，电流很快减小为零，但是，电流减小的解析式难以得到，因为电流的减小与开关断开的具体情况有关. 不过，有一点是知道的，即当回路断开时，$\frac{\mathrm{d}I}{\mathrm{d}t}<0$，且$\left|\frac{\mathrm{d}I}{\mathrm{d}t}\right|$很大，因此，回路中的自感电动势很大，故开关断开时常有电火花发生. 根据回路断开时的上述特点，可以用图 14-5-2 所示的 R—L 电路近似说明回路断开时电流减小的过程. 图中开关 S 原先接通在位置 1，电路中的电流为稳定值 $I_0=\frac{\mathscr{E}}{R}$. 将开关拨到 2 位置，对于整个回路有

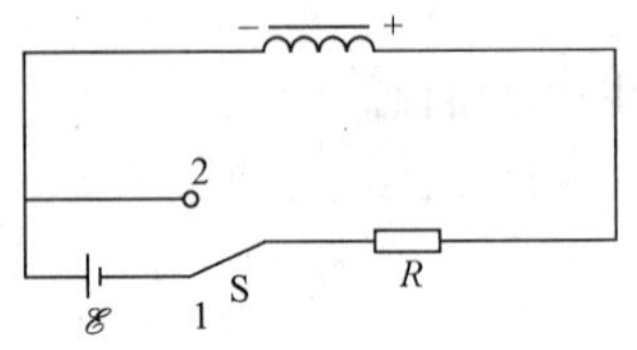

图 14-5-2

$$L\frac{\mathrm{d}I}{\mathrm{d}t}+IR=0$$

积分上式，由于 $t=0$ 时 $I=I_0$，得

$$I=I_0\mathrm{e}^{-\frac{R}{L}t} \tag{14-5-2}$$

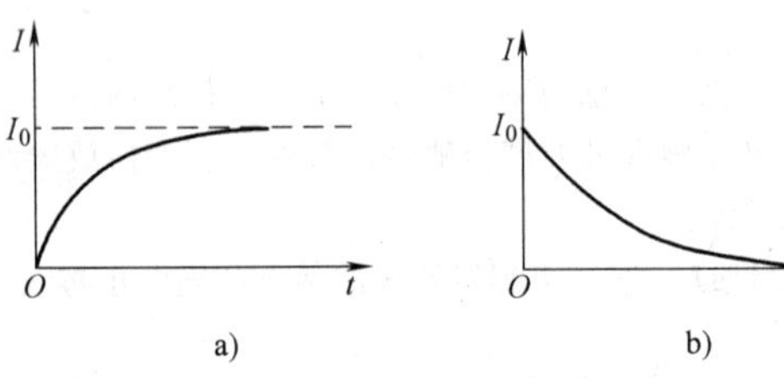

图 14-5-3

可见：$t\to\infty$，$I\to0$。当 $t=\tau=\frac{L}{R}$时，$I=0.37I_0$；$t=3\tau$ 时，$I=0.05I_0$. 可以说，当 $t>3\tau$ 时，电流近似衰减为零，如图 14-5-3b 所示.

思考题 14.5

接通或断开电路时，电流能否瞬时从零变为最大或从最大变为零？为什么？

14.6 磁场能量

1. 自感磁场能量

在图 14-5-1 所示 R-L 电路中，当开关 S 接通时，电路中的电流很快从零增大到稳定值

I_0. 在此过程中的某时刻 t，自感电动势 $\mathscr{E}_i$ 使自感线圈两端存在电势降 $U=-\mathscr{E}_i=L\dfrac{dI}{dt}$，所以，在电流从零增大到稳定值 I_0 的过程中，静电场力克服自感电动势所做的功

$$A=L\int_0^{I_0} I\frac{dI}{dt}dt=L\int_0^{I_0} IdI=\frac{1}{2}LI_0^2 \tag{14-6-1}$$

我们知道，功是能量转换的量度. 那么，在上述过程中，电势能被转换成了什么能量呢？为便于说明，设图 14-5-1 中的自感线圈是一个长度为 l、横截面积为 S 的直螺线管. 忽略螺线管两端的边缘效应，由例题 14-4-1 知道，此螺线管的自感 $L=\mu n^2 lS$. 电流达到稳定值 I_0 时，管内磁感应强度 $B=\mu nI_0$，所以，上式可写成

$$A=\frac{1}{2}LI_0^2=\frac{1}{2}HBlS \tag{14-6-2}$$

可见，螺线管内单位体积磁场的能量即磁场能量密度 $w=HB/2$，通常将磁场能量密度写成

$$w=\frac{1}{2}\boldsymbol{H}\cdot\boldsymbol{B} \tag{14-6-3}$$

理论和实验证明，磁场能量密度的表示式适用于任何磁场. 这说明静电场力克服自感电动势做功的结果是把电势能转换成了磁场能量.

2. 互感磁场能量

设有两个线圈 A 和 B，它们的总互感电动势

$$\mathscr{E}_h=-M\frac{dI_A}{dt}-M\frac{dI_B}{dt}$$

在线圈中的电流从零增大到稳定值 I_{A0} 和 I_{B0} 的过程中，静电场力克服互感电动势所做的功

$$A=M\int_0^\infty I_A\frac{dI_B}{dt}dt+M\int_0^\infty I_B\frac{dI_A}{dt}dt=M\int_0^\infty\frac{d}{dt}(I_AI_B)dt=MI_{A0}I_{B0} \tag{14-6-4}$$

这些能量同样存储于两个线圈的磁场中，叫做互感磁场能. 上式表明，互感磁场能决定于线圈的稳定电流值，与达到稳定电流的过程无关. 事实上，上面推导式（14-6-4）时，并未对达到稳定电流的过程作任何限定. 所以，可令两个线圈通过下述过程达到稳定电流值：先接通线圈 A，使其独自达到稳定电流 I_{A0}；再接通线圈 B 并同时设法使线圈 A 的电流保持不变. 于是，当线圈 B 的电流稳定时，互感电磁能

$$A_1=M_{AB}I_{A0}\int_0^\infty\frac{dI_B}{dt}dt=M_{AB}I_{A0}I_{B0} \tag{14-6-5}$$

同理，也可令这两个线圈通过相反的过程达到同样的电流稳定值：先接通线圈 B，使其独自达到稳定电流 I_{B0}；再接通线圈 A 并同时设法使线圈 B 的电流保持不变. 于是，当线圈 A 的电流稳定时，互感电磁能

$$A_2=M_{BA}I_{B0}\int_0^\infty\frac{dI_A}{dt}dt=M_{BA}I_{B0}I_{A0} \tag{14-6-6}$$

上述两个过程所达到的稳定电流相同，应有 $A_1=A_2$，故得

$$M_{AB}=M_{BA} \tag{14-6-7}$$

当两个线圈 A 和 B 中的电流都达到稳定值时，电流的磁场也达到稳定. 利用式（14-6-3），总的磁场能是

$$A = \frac{1}{2}\iiint_V \boldsymbol{H}\cdot\boldsymbol{B}\mathrm{d}V = \frac{1}{2}\iiint_V (\boldsymbol{H}_{\mathrm{A}}+\boldsymbol{H}_{\mathrm{B}})\cdot(\boldsymbol{B}_{\mathrm{A}}+\boldsymbol{B}_{\mathrm{B}})\mathrm{d}V$$

$$= \frac{1}{2}\iiint_V \boldsymbol{H}_{\mathrm{A}}\cdot\boldsymbol{B}_{\mathrm{A}}\mathrm{d}V + \frac{1}{2}\iiint_V \boldsymbol{H}_{\mathrm{B}}\cdot\boldsymbol{B}_{\mathrm{B}}\mathrm{d}V + \frac{1}{2}\iiint_V (\boldsymbol{H}_{\mathrm{A}}\cdot\boldsymbol{B}_{\mathrm{B}}+\boldsymbol{H}_{\mathrm{B}}\cdot\boldsymbol{B}_{\mathrm{A}})\mathrm{d}V \quad (14\text{-}6\text{-}8)$$

显然，上式最后一个等号后的前两项是自感磁能，第三项是互感磁能.

例题 14-6-1 求例题 14-4-3 中长度为 l 的一段电缆内的磁场能量.

解法 1：利用式（14-6-1）和 $L=\frac{\mu l}{2\pi}\ln\frac{R_2}{R_1}$，得磁场能量

$$A=\frac{1}{2}LI^2=\frac{\mu l}{4\pi}I^2\ln\frac{R_2}{R_1}$$

解法 2：利用磁场能量密度式（14-6-3）做积分，得

$$A=\frac{1}{2}\iiint_V \boldsymbol{H}\cdot\boldsymbol{B}\mathrm{d}V=\frac{1}{2}l\int_{R_1}^{R_2}\mu H^2 2\pi r\mathrm{d}r$$

将 $H=\frac{I}{2\pi r}$ 代入上式，得

$$A=\frac{\mu l}{4\pi}I^2\ln\frac{R_2}{R_1}$$

思考题 14.6

为什么说能量$\frac{1}{2}LI^2$和 MI_1I_2 存储在磁场中？试简要说明之.

14.7 麦克斯韦方程组

1. 位移电流

我们已经知道，稳恒电流的安培环路定理是

$$\oint_L \boldsymbol{H}\cdot\mathrm{d}\boldsymbol{l}=\sum_i I_i$$

显然，上式对于变化的连续电流也成立. 如图 14-7-1 所示，接通开关 S 以后，不论电流是否稳定，不论与载流线相链的回路 L 包围的面积是平面还是曲面，由于电流是连续的，上式都成立. 那么，当电流不连续时，安培环路定理是否成立呢?

如图 14-7-2 所示，接通开关 S 后，不论电流是否稳定，若取回路 L 包围的面积为电流的横截平面，总有 $\oint_L \boldsymbol{H}\cdot\mathrm{d}\boldsymbol{l}=I$；但若取包围的面积为过电容两极之间某点的口袋形曲面，则 $\oint_L \boldsymbol{H}\cdot\mathrm{d}\boldsymbol{l}=0$. 矛盾发生的原因在于传导电流在电容器两极之间不连续. 为了使电流在电容器两极之间连续，麦克斯韦提出了位移电流（displacement current）假设. 实践证明，这个假

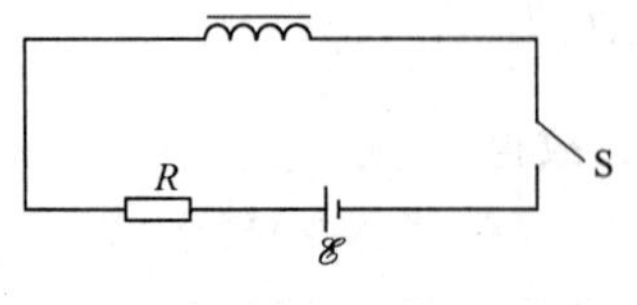

图 14-7-1

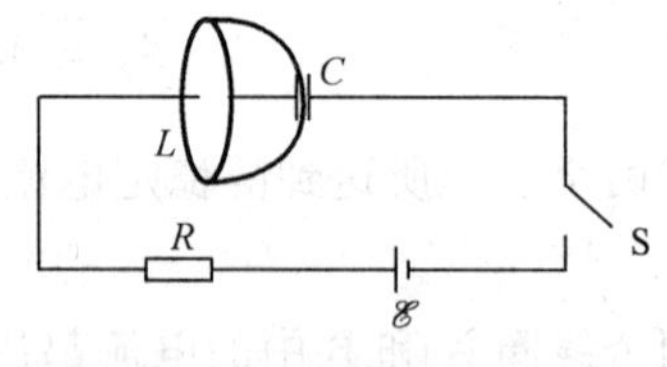

图 14-7-2

设是符合实际的，说明如下．

为简便起见，设图 14-7-2 所示电路中的电容器为平板电容器．接通开关 S 后，电容器正负极板上分别积累起正负电荷，两极板之间很快建立起一个电场．在此过程中，两极板之间的电位移 $D = \sigma(t)$，$\sigma(t)$ 是极板的面电荷密度．于是有

$$\frac{\mathrm{d}D}{\mathrm{d}t} = \frac{\mathrm{d}\sigma(t)}{\mathrm{d}t} = j_c \tag{14-7-1}$$

式中，j_c 是极板上的传导电流面密度，因此，上式左边的电位移对时间的导数也应看成电流密度，叫做位移电流密度，记做

$$j_d = \frac{\mathrm{d}D}{\mathrm{d}t} \tag{14-7-2}$$

设极板面积为 S，则两极板之间的位移电流

$$I_d = j_d S = \frac{\mathrm{d}(SD)}{\mathrm{d}t} = \frac{\mathrm{d}\Phi_e}{\mathrm{d}t} \tag{14-7-3}$$

式中，Φ_e 是两极板之间的电位移通量．上式表明，位移电流是两极板之间电位移通量的时间变化率．显而易见，$I_d = I_c$，这使图 14-7-2 电路的电流处处连续．通常把传导电流与位移电流的和称为全电流（whole current），全电流在电路中总是连续的．对于全电流，安培环路定律写成

$$\oint_L \boldsymbol{H} \cdot \mathrm{d}\boldsymbol{l} = I_c + \frac{\mathrm{d}\Phi_e}{\mathrm{d}t} \tag{14-7-4}$$

当 $I_c = 0$ 而 $\dfrac{\mathrm{d}\Phi_e}{\mathrm{d}t} \neq 0$ 时，上式表示随时间变化的电场激发磁场．

2. 麦克斯韦积分方程组

至此，我们已经知道，对于静电场 $\boldsymbol{E}_l$，有

$$\oint_L \boldsymbol{E}_l \cdot \mathrm{d}\boldsymbol{l} = 0 \text{ 和} \oiint_S \boldsymbol{D}_l \cdot \mathrm{d}\boldsymbol{S} = \sum_i q_{0i}$$

对于感生电场 $\boldsymbol{E}_i$ 有 $$\oint_L \boldsymbol{E}_i \cdot \mathrm{d}\boldsymbol{l} = -\iint_S \frac{\partial \boldsymbol{B}}{\partial t} \cdot \mathrm{d}\boldsymbol{S} \text{ 和} \oiint_S \boldsymbol{D}_i \cdot \mathrm{d}\boldsymbol{S} = 0$$

令 $\boldsymbol{E} = \boldsymbol{E}_l + \boldsymbol{E}_i$，$\boldsymbol{D} = \boldsymbol{D}_l + \boldsymbol{D}_i$，由上面的 4 个积分式得

$$\oint_L \boldsymbol{E} \cdot \mathrm{d}\boldsymbol{l} = -\iint_S \frac{\partial \boldsymbol{B}}{\partial t} \cdot \mathrm{d}\boldsymbol{S} \tag{14-7-5}$$

$$\oiint_S \boldsymbol{D} \cdot \mathrm{d}\boldsymbol{S} = \sum_i q_{0i} \tag{14-7-6}$$

以及

$$\oint_L \boldsymbol{H} \cdot \mathrm{d}\boldsymbol{l} = I_c + \frac{\mathrm{d}\Phi_e}{\mathrm{d}t} \tag{14-7-7}$$

$$\oiint_S \boldsymbol{B} \cdot \mathrm{d}\boldsymbol{S} = 0 \tag{14-7-8}$$

以上 4 个方程叫做麦克斯韦电磁场积分方程组（Maxwell integral equations of electromagnetic field），是麦克斯韦在前人和他自己研究成果的基础上于 1864 年提出的，是经典电磁学的理论总结，也是研究未知电磁现象的理论基础，具有重大的理论和实践意义，其中前三个方程依次是扩充了的法拉第电磁感应定律、电场高斯定理和安培环路定理，第 4 个方程是磁

场高斯定理. 对于各向同性的均匀介质，方程组中的4个电磁学物理量的关系式为

$$\boldsymbol{D}=\varepsilon\boldsymbol{E},\quad \boldsymbol{B}=\mu\boldsymbol{H} \tag{14-7-9}$$

3. 介质边值关系

在实际电磁学问题中经常有不同介质的分界面，电磁场的物理量在分界面上的变化关系叫做电磁量的介质边值关系（boundary relation of media）. 说明如下.

(1) 法向分量的介质边值关系

图14-7-3所示平面 P 为上、下两种介质的分界面. 作一个扁平圆柱高斯面，使其两个底面各在一种介质内并紧贴界面. 取界面法线单位矢量 $\boldsymbol{n}$ 的方向向上，根据式（14-7-6），当圆柱面高度趋于零时有

$$(D_{2n}-D_{1n})\Delta S=\sigma_0\cdot\Delta S$$

即

$$D_{2n}-D_{1n}=\sigma_0 \tag{14-7-10}$$

式中，σ_0 是界面上的自由电荷面密度；ΔS 是圆柱底面面积；D_n 是电位移沿界面法线的分量. 上式表明，电场的法向分量在有电荷的界面上不连续. 同理，将式（14-7-8）应用于上述圆柱面，得

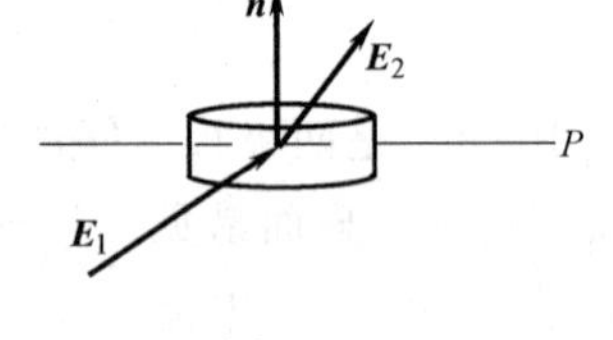

图 14-7-3

$$B_{1n}=B_{2n} \tag{14-7-11}$$

这表明磁场的法向分量在界面上连续.

(2) 切向分量的介质边值关系

如图14-7-4所示，在两种介质的界面上下作一个矩形，使其短边垂直于界面而长边分别在两种介质内. 对此矩形环路应用式（14-7-5），当矩形短边趋于零时，积分 $\iint_S \boldsymbol{B}\cdot\mathrm{d}\boldsymbol{S}\to 0$，于是有 $E_{2t}l-E_{1t}l=0$，即

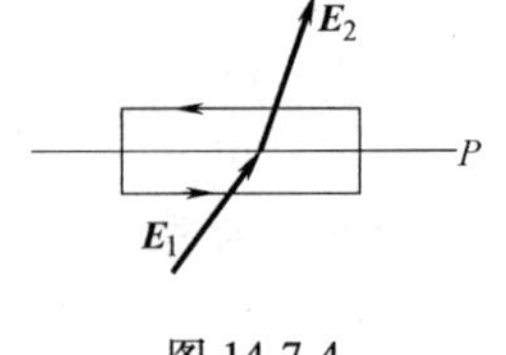

图 14-7-4

$$E_{2t}=E_{1t} \tag{14-7-12}$$

式中，l 是矩形长边的长度；E_t 是电场强度沿界面切线的分量. 上式表明，电场的切向分量在界面上连续. 同理，将式（14-7-7）应用于上述矩形回路，得

$$H_{2t}-H_{1t}=i \tag{14-7-13}$$

i 是界面上穿过矩形的传导电流面密度. 上式表明，磁场的切向分量在有电流的界面上不连续. 以上式（14-7-10）~式（14-7-13）4个式子统称为电磁场量的介质边值关系，适用于连续分布介质的界面.

思考题 14.7

请写出麦克斯韦方程组并说出其物理意义.

14.8 电磁波

如前所说，随时间变化的磁场激发感生电场；若这个感生电场也是随时间变化的，它又激发磁场. 如此，随时间变化的电场和磁场相互激发，形成了在空间中自行移动的电磁场，叫做电磁波（electromagnetic wave）. 本节从麦克斯韦电磁场方程组出发，导出电磁波的表示

式，并简要分析其性质．

1．电磁波波动方程

利用矢量分析的斯托克斯公式

$$\oint_L \boldsymbol{a}\cdot \mathrm{d}\boldsymbol{l} = \iint_S \nabla\times \boldsymbol{a}\cdot \mathrm{d}\boldsymbol{S}$$

和高斯公式

$$\oiint_S \boldsymbol{a}\cdot \mathrm{d}\boldsymbol{S} = \iiint_V \nabla\cdot \boldsymbol{a}\mathrm{d}V$$

可以把麦克斯韦积分方程组变为微分方程组，即

$$\nabla\times\boldsymbol{E} = -\frac{\partial \boldsymbol{B}}{\partial t} \tag{14-8-1}$$

$$\nabla\times\boldsymbol{H} = \boldsymbol{j}_c + \frac{\partial \boldsymbol{D}}{\partial t} \tag{14-8-2}$$

$$\nabla\cdot\boldsymbol{D} = \rho \tag{14-8-3}$$

$$\nabla\cdot\boldsymbol{B} = 0 \tag{14-8-4}$$

式中，ρ 是自由电荷密度；j_c 是传导电流面密度．

在真空中，$\rho=0$，$\boldsymbol{j}_c=0$，$\boldsymbol{D}=\varepsilon_0\boldsymbol{E}$，$\boldsymbol{B}=\mu_0\boldsymbol{H}$．由麦克斯韦微分方程组的前两式得

$$\nabla\times(\nabla\times\boldsymbol{E}) = -\mu_0\frac{\partial}{\partial t}(\nabla\times\boldsymbol{H}) = -\mu_0\varepsilon_0\frac{\partial^2\boldsymbol{E}}{\partial t^2}$$

上式左边

$$\nabla\times(\nabla\times\boldsymbol{E}) = \nabla(\nabla\cdot\boldsymbol{E}) - \nabla^2\boldsymbol{E} = -\nabla^2\boldsymbol{E}$$

最后一步用到了式（14-8-3）．于是有

$$\nabla^2\boldsymbol{E} - \mu_0\varepsilon_0\frac{\partial^2\boldsymbol{E}}{\partial t^2} = 0$$

令

$$c = \frac{1}{\sqrt{\mu_0\varepsilon_0}} \tag{14-8-5}$$

得

$$\nabla^2\boldsymbol{E} - \frac{1}{c^2}\frac{\partial^2\boldsymbol{E}}{\partial t^2} = 0 \tag{14-8-6}$$

同理可得

$$\nabla^2\boldsymbol{B} - \frac{1}{c^2}\frac{\partial^2\boldsymbol{B}}{\partial t^2} = 0 \tag{14-8-7}$$

方程式（14-8-6）和式（14-8-7）与机械波波动方程式（7-1-11）形式相同，叫做电磁波波动方程，常数 $c=2.9979\times10^8\,\mathrm{m/s}$ 就是电磁波在真空中的波速．1864 年，麦克斯韦就是根据这两个方程预言了电磁波的存在．

2．平面电磁波

容易验证，式（14-8-6）有下面的平面波解：

$$\boldsymbol{E}(\boldsymbol{r},t) = \boldsymbol{E}_0\cos(\omega t - \boldsymbol{k}\cdot\boldsymbol{r}) \tag{14-8-8}$$

同理，式（14-8-7）有同样形式的解：

$$\boldsymbol{B}(\boldsymbol{r},t) = \boldsymbol{B}_0\cos(\omega t - \boldsymbol{k}\cdot\boldsymbol{r}) \tag{14-8-9}$$

以上两式合起来表示真空中的平面电磁波（planar electromagnetic wave），包含两个相互激发的分振动—电振动波 $\boldsymbol{E}(\boldsymbol{r},t)$ 和磁振动波 $\boldsymbol{B}(\boldsymbol{r},t)$，$\boldsymbol{E}_0$ 和 $\boldsymbol{B}_0$ 是振幅常矢量，$\boldsymbol{k}$ 是波矢，其方向表示电磁波的传播方向，其值 $k=\dfrac{2\pi}{\lambda}$，λ 是波长；$\omega=2\pi\nu$，ν 是频率，ω 是角频率，波速

$c=\nu\lambda=\frac{\omega}{k}$.

为便于分析，将式（14-8-8）和式（14-8-9）写成复数形式，即

$$\boldsymbol{E}=\boldsymbol{E}_0\mathrm{e}^{\mathrm{i}(\boldsymbol{k}\cdot\boldsymbol{r}-\omega t)},\quad \boldsymbol{B}=\boldsymbol{B}_0\mathrm{e}^{\mathrm{i}(\boldsymbol{k}\cdot\boldsymbol{r}-\omega t)} \tag{14-8-10}$$

由于 $\nabla\cdot\boldsymbol{E}=0$，$\nabla\cdot\boldsymbol{B}=0$，得

$$\boldsymbol{k}\cdot\boldsymbol{E}_0=0,\ \boldsymbol{k}\cdot\boldsymbol{B}_0=0 \tag{14-8-11}$$

这表示平面电磁波的电振动和磁振动的振动方向都垂直于波的传播方向，即电磁波是横波.

将式（14-8-10）代入式（14-8-1）得

$$\nabla\times\boldsymbol{E}=\mathrm{i}\omega\boldsymbol{B}$$

利用公式 $\nabla\times(\varphi\boldsymbol{a})=(\nabla\varphi)\times\boldsymbol{a}+\varphi\nabla\times\boldsymbol{a}$，得

$$\boldsymbol{B}=-\frac{\mathrm{i}}{\omega}\nabla\times\boldsymbol{E}=\frac{1}{\omega}\boldsymbol{k}\times\boldsymbol{E} \tag{14-8-12}$$

上式表明 $\boldsymbol{k}$、$\boldsymbol{E}$ 和 $\boldsymbol{B}$ 三者的方向服从右手螺旋关系，电场与磁场相互垂直，如图 14-8-1 所示. 由上式得

$$\frac{B}{E}=\frac{1}{c}=\sqrt{\mu_0\varepsilon_0}\ll 1 \tag{14-8-13}$$

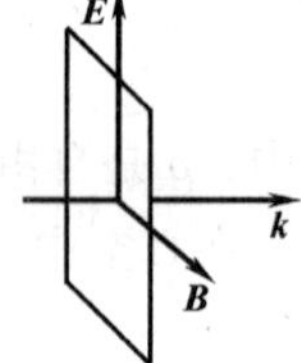

图 14-8-1

3. 电磁波的能流密度

如前所说，电场能量密度 $w_e=\boldsymbol{E}\cdot\boldsymbol{D}/2$，磁场能量密度 $w_m=\boldsymbol{H}\cdot\boldsymbol{B}/2$，所以，电磁场能量密度

$$w=\frac{1}{2}(\boldsymbol{E}\cdot\boldsymbol{D}+\boldsymbol{H}\cdot\boldsymbol{B}) \tag{14-8-14}$$

在各向同性均匀介质中，$\boldsymbol{D}=\varepsilon\boldsymbol{E}$，$\boldsymbol{B}=\mu\boldsymbol{H}$，电磁场能量密度可以写成

$$w=\frac{1}{2}\left(\varepsilon E^2+\frac{B^2}{\mu}\right) \tag{14-8-15}$$

真空的电磁场能量密度

$$w=\frac{1}{2}\left(\varepsilon_0E^2+\frac{B^2}{\mu_0}\right) \tag{14-8-16}$$

将式（14-8-13）代入上式，得

$$w=\sqrt{\mu_0\varepsilon_0}EH \tag{14-8-17}$$

所以，真空中电磁波的能流密度（即单位时间流过单位横截面积的能量）是

$$S=cw=EH$$

通常将能流密度写成矢量形式，即

$$\boldsymbol{S}=\boldsymbol{E}\times\boldsymbol{H} \tag{14-8-18}$$

能流密度矢量 $\boldsymbol{S}$ 又称为坡印亭矢量（Poynting vector），其方向与波矢 $\boldsymbol{k}$ 相同.

4. 电磁波发射和检测的基本原理

上面介绍了电磁波的基本概念，下面简要介绍电磁波发射和检测的基本原理. 如前所说，麦克斯韦电磁理论的主要成就是预言了电磁波的存在. 1888 年，德国物理学家赫兹首先在实验中发现了电磁波. 赫兹用以发射电磁波的装置如图 14-8-2 所示. 两个金属细杆，杆端各有金属球 A 和 B，并与高压交变电源 $\mathscr{E}$ 相连. 当相距几毫米的金属球 A 与 B 之间的电压增至几万伏时 A 与 B 之间出现电火花，表明 A 与 B 之间的空气隙被击穿，短时间内回路中存在交变电流，两个球相当于电容器的两极. 交变电流在周围空间激发随时间变化

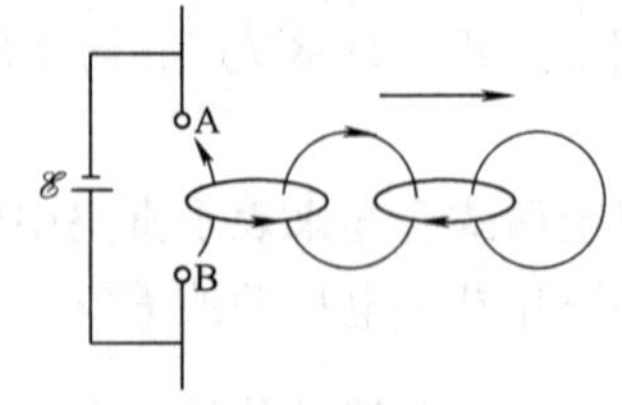

图 14-8-2

的磁场，变化磁场又激发变化电场，即发出电磁波，如图 14-8-2 所示．在赫兹实验中交变电流存在的时间很短，发出的电磁波持续时间很短，叫做脉冲电磁波．当 A 与 B 之间不导电时，高压电源再次对两个金属球充电，再次使 A 与 B 之间的空气隙被击穿，发出脉冲电磁波．赫兹实验当年发出的电磁波波长约 0.6 m．这样，赫兹在历史上首次证明电磁波可以脱离波源传播．

按照经典电磁学，只要电荷运动时加速度不为零，就辐射电磁波．例如，运动电荷突然停止时发出脉冲电磁波．各种各样的电磁波可以分为两类：一类是各种振荡电路发出的，频率从 1×10^4 Hz 到 1.5×10^{12} Hz，波长从 30 km 到 0.2 mm．另一类是原子、分子中的电子运动状态变化时发出的，频率在 10^{12} Hz 以上．不过，电子的运动并不完全遵循经典电磁学（见第 16 章）．一般地说，电磁波是以波源为中心的球面波，但在远离波源的小范围内近似于平面波．

检测电磁波的方法很多．比较简单的方法是用一个电灯泡和一个可变电容器连成的矩形回路，如图 14-8-3 所示．实验发现，若在电磁波传播方向上转动矩形回路，当回路平面平行于电磁波方向而电容器极板面垂直于电磁波方向时，或当回路平面垂直于电磁波方向而电容器极板面平行于电磁波方向时，灯泡最亮．原来，在前一种情况，如图 14-8-3a 所示，穿过回路平面的只有磁场且磁通量最大．故当磁场变化时回路中的感应电动势最大，灯泡最亮．在后一种情况，如图 14-8-3b 所示，电容器极板之间的电位移通量最大，故当电场变化时回路中的电流最大，灯泡最亮．检测证实，电磁波是横波，电场 $\boldsymbol{E}$ 和磁场 $\boldsymbol{B}$ 相互垂直．

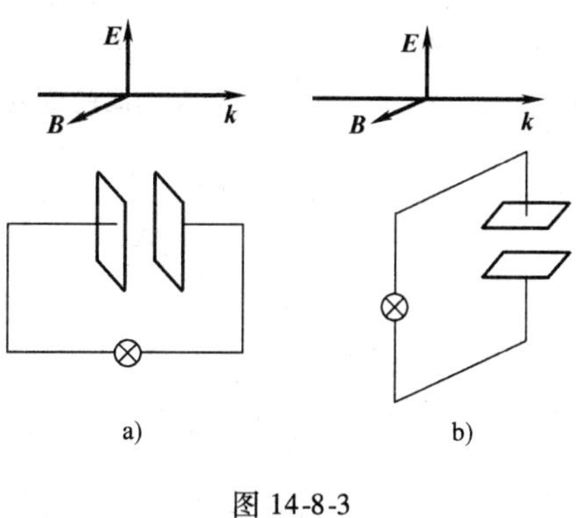

图 14-8-3

5. 电磁波波谱

赫兹实验还证实了电磁波具有反射、折射、干涉、偏振等性质，特别是证实了真空（空气）中的电磁波速度等于可见光速度，从而使赫兹认识到可见光与电磁波是同一种性质的东西，只是波长不同．现代的人们已经知道，光辐射和热辐射都是电磁波．各种电磁波，如无线电波、红外线、可见光、紫外线、X 射线、γ 射线、宇宙射线等，只是频率范围不同．图 14-8-4 是按频率（波长）排列的各种电磁波，叫做电磁波波谱．

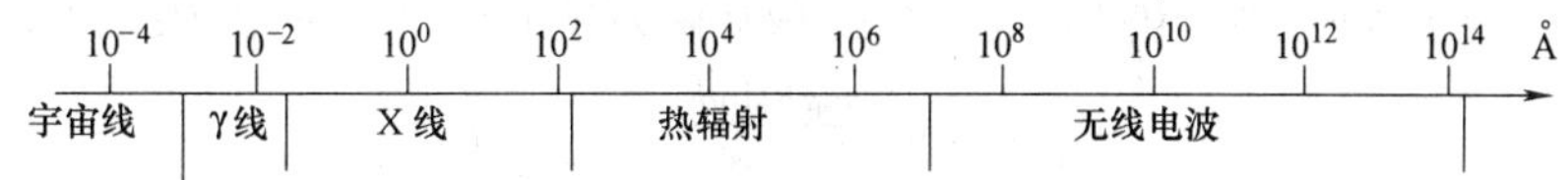

图 14-8-4

思考题 14.8

什么是电磁波？电磁波有哪些性质？

习 题 14

14-1 一长为0.4 m的直导线在均匀磁场 $B=6.0\times10^{-2}$ T 中以速率为2 m/s 作匀速直线运动，方向与磁感应强度的方向和导线都垂直．求导线中的感应电动势．

14-2 线圈平面的磁通量为 Φ，在0.04 s由 8×10^{-3} Wb 均匀地减少到 2×10^{-3} Wb，求线圈中的感应电动势．

14-3 一铁芯上绕有100匝线圈，铁芯中磁通量为 $\Phi=8\times10^{-5}\sin 100\pi t$ Wb，求在 $t=1.0\times10^{-2}$ s 时线圈中的感应电动势．

14-4 如题14-4图所示，一水平金属棒 OA 长 $l=0.6$ m，在均匀磁场中绕通过端点 O 的铅直轴线旋转，转速为每秒2周．试求棒两端的电势差，棒的哪一端电势较高？设磁感应强度为 $B=4.14\times10^{-3}$ T．

14-5 如题14-5图所示，一长直导线中通有 $I=5$ A 的电流，在距导线9 cm处，放一面积为0.1 cm^2、10匝的小线圈，线圈中的磁场可看着是均匀的．在 1.0×10^{-2} s 内把此线圈移至距导线10 cm处，求：(1) 线圈中平均感应电动势；(2) 设线圈的电阻为 1.0×10^{-2} Ω，求通过线圈横截面的感应电荷量．

题14-4图　　题14-5图

14-6 有一磁感应强度为 $\boldsymbol{B}$ 的均匀磁场，$\boldsymbol{B}$ 的变化率为 $\frac{\partial B}{\partial t}$．有一质量为 m、截面半径为 r 的铜导线做成一圆形回路（半径为 R），圆形回路的平面与磁感应强度 $\boldsymbol{B}$ 垂直．试证回路中的感应电流为 $i=\frac{m}{4\pi\rho d}\frac{\partial B}{\partial t}$，式中 ρ 为铜的电阻率，d 为铜的密度．

14-7 有两根导线，长分别为 L_1 和 L_2，将它们分别弯成两个闭合的圆，且通以电流 I_1 和 I_2，已知两个圆电流在圆心处的磁感应强度相等，求圆电流的比值 I_1/I_2？

14-8 如题14-8图所示，用一根硬导线弯成半径为 r 的一半圆形导线，在磁感应强度为 $\boldsymbol{B}$ 的均匀磁场中以频率 f 旋转．整个电路的电阻为 R．求感应电流的最大值．

14-9 如题14-9图所示，一长为 l、质量为 m 的导体棒 ab，电阻为 R，沿两条平行的导电轨道无摩擦地滑下．轨道与导体构成一闭合回路，电阻可忽略不计．轨道所在平面与水平面成 θ 角，整个装置放在均匀磁场中，磁感应强度 $\boldsymbol{B}$ 的方向为铅直向上．试证：导体棒 ab 下滑时，达到稳定速度的大小为

$$v=\frac{mgR\sin\theta}{B^2l^2\cos^2\theta}.$$

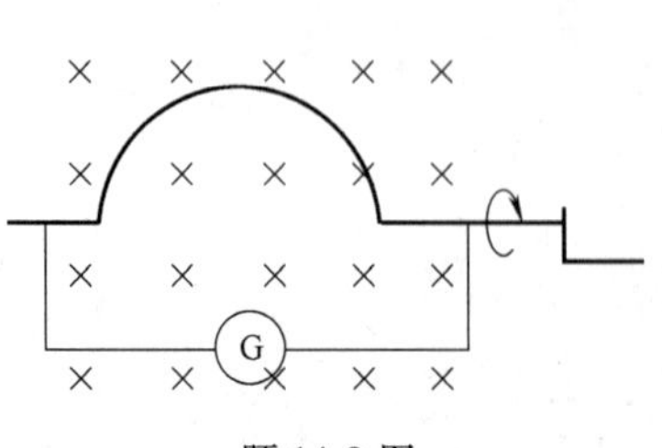

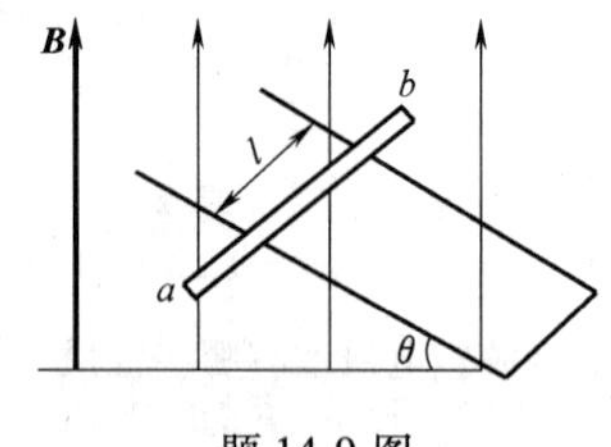

题14-8图　　题14-9图

14-10　如题 14-10 图所示，在圆柱形空间中存在着均匀磁场，$\boldsymbol{B}$ 的方向与柱的轴线平行，若 $\boldsymbol{B}$ 的变化率为$\dfrac{\partial B}{\partial t}=0.1\text{T/s}$，$R=10$ cm，问在 $r=5$ cm 处感应电场多大？

14-11　如题 14-11 图，半径分别为 b 和 a 的两圆形线圈（$b>>a$），在 $t=0$ 时共面放置，大圆形线圈通有稳恒电流 I，小圆形线圈以角速度 ω 绕竖直轴转动．若小圆形线圈的电阻为 R，求当小线圈转过 90° 时，小线圈所受的磁力矩的大小.

题 14-10 图　　　　题 14-11 图

14-12　在半径为 R 的圆柱形空间中存在着均匀磁场 $\boldsymbol{B}$，方向与柱的轴线平行，如题 14-12 图所示，有一长为 l 的金属棒放在磁场中，设 $\boldsymbol{B}$ 的变化率为$\dfrac{\partial B}{\partial t}$，试证棒上感应电动势的大小为

$$\mathscr{E}=\frac{l}{2}\frac{\partial B}{\partial t}\sqrt{R^2-\left(\frac{l}{2}\right)^2}$$

14-13　如题 14-13 图所示，A、C 为两同轴的圆线圈，半径分别为 R 和 r，两线圈相距为 l，若 r 很小，可认为由 A 线圈在 C 中所产生的磁感应强度是均匀的，求两线圈的互感．若 C 线圈匝数增加 N 倍，互感为多少？

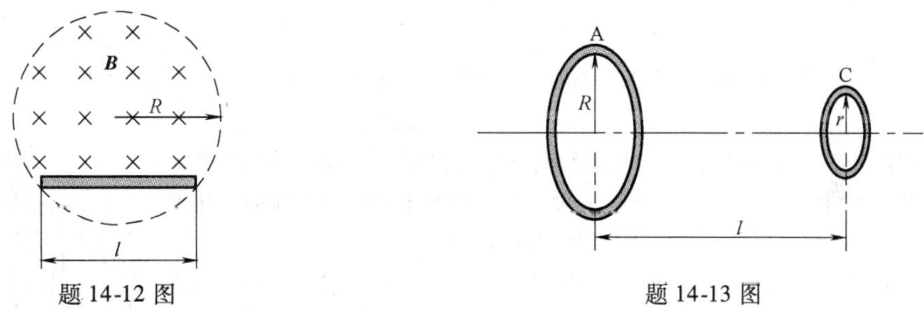

题 14-12 图　　　　题 14-13 图

14-14　一面积为 8 cm^2、长为 0.5 m、总匝数 $N=1000$ 匝的空心螺线管，线圈中的电流均匀地增大，每 1 秒增加 0.10 A．现把一个铜环套在螺线管上，求互感和环内感应电动势的大小.

14-15　一根无限长的直导线载有交流电 $i=I_0\sin\omega t$．旁边有一共面矩形线圈 $abcd$ 如题 14-15 图所示．$ab=l_1$，$bc=l_2$，ab 与直导线平行且相距为 d．求：(1) 通过线圈所围面积的磁通量；(2) 线圈中的感应电动势.

14-16　一段长为 l 的导体棒以速度$\boldsymbol{v}$平行于长直导线运动，导线中的电流为 I．导体棒的轴线始终垂直于导线，并且导体棒一端与导线的距离为 r，如题 14-16 图所示．求导体棒中的电动势.

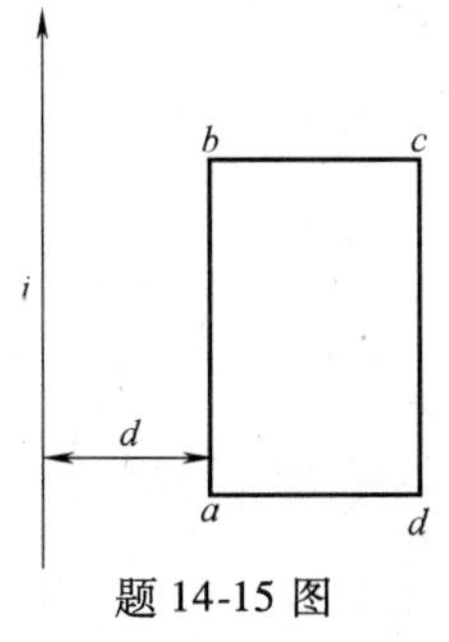

题 14-15 图

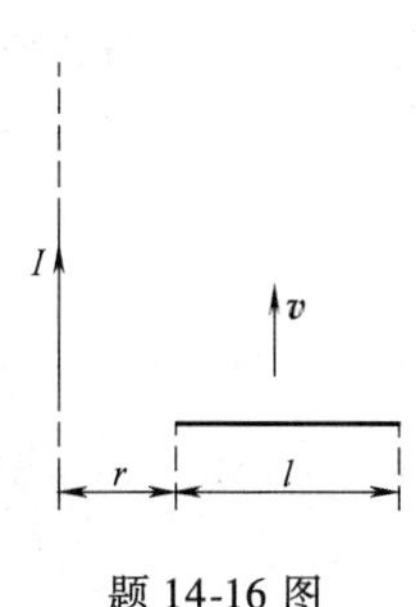

题 14-16 图

14-17　如题 14-17 图所示，面积为 4 cm^2 共 50 匝的小圆形线圈 A 放在半径为 20 cm 共 100 匝的大圆形线圈 B 的正中央，两线圈同心且同平面. A 线圈内各点的磁感应强度可看着是相同的. 求：(1) 两线圈的互感；(2) 当 B 线圈中电流的变化率为 -50 A/s 时，A 线圈中感应电动势的大小和方向.

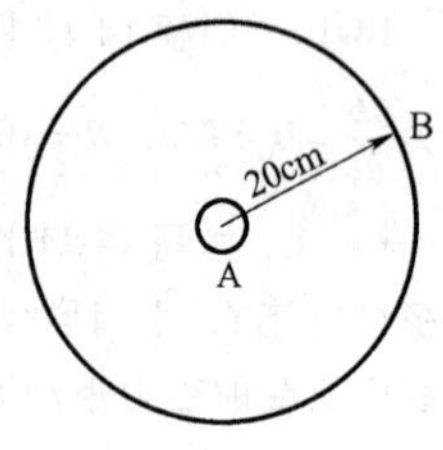

题 14-17 图

14-18　电阻为 R 的闭合线圈折成半径分别为 a 和 $2a$ 的两个圆，如题 14-18 图所示，将其置于与两圆平面垂直的匀强磁场内. 磁感应强度按 $B = B_0 \sin\omega t$ 的规律变化. 已知 $a = 10$ cm，$B_0 = 2\times10^{-2}$T，$\omega = 50$ rad·s^{-1}，$R = 10\ \Omega$，求线圈中感应电流的最大值.

14-19　如题 14-19 图所示，环形螺线管 A 中充满了铁磁质，管的面积 S 为 2 cm^2，沿环每厘米绕有 100 匝线圈，通有电流 $I_1 = 4.0\times10^{-2}$ A. 在环上再绕一线圈 C，共 10 匝，电阻为 0.10 Ω. 将开关 S 开启，测得线圈 C 中的感应电荷量为 2.0×10^{-3} C，当螺线管中通有电流 I_1 时，求铁磁质中的 B 和铁磁质的相对磁导率 μ_r.

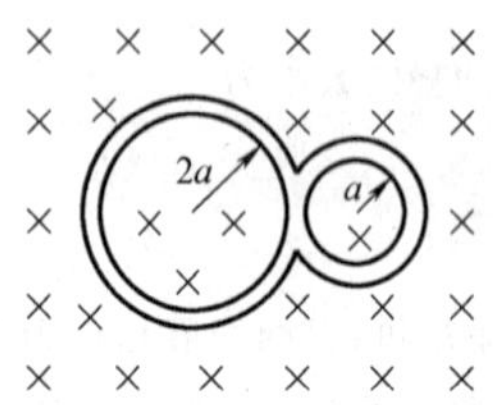

题 14-18 图

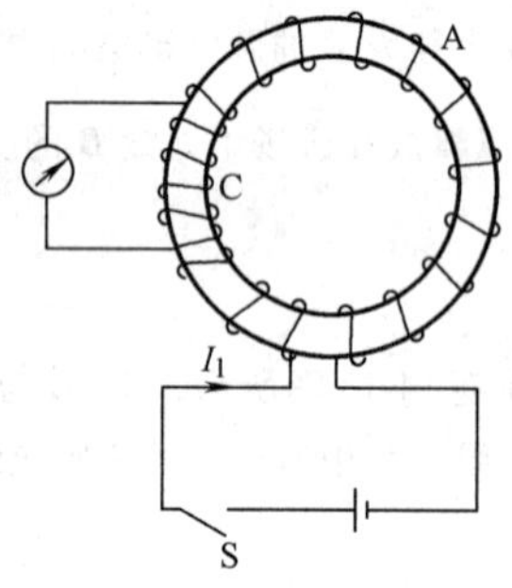

题 14-19 图

14-20　一线圈的自感为 1.2 H，通过它的电流在 1/200 秒内由 0.5 A 均匀地增加到 5 A 时，自感电动势多大?

14-21　一空心长直螺线管长为 0.5 m，横截面积为 10 cm^2. 若螺线管上密绕线圈 3000 匝，问：(1) 自感为多大? (2) 若其中电流随时间的变化率为每秒增加 10 A，自感电动势的大小和方向如何?

14-22　要使自感为 0.10 H 的扼流圈中产生 100 V 的自感电动势，必须让扼流圈中的电流怎样变化?

14-23　一螺线管的自感为 0.010 H，通过它的电流达 4 A，试求它贮藏的磁场能量。

14-24　一无限长直导线，截面各处的电流密度相等，总电流为 I. 试证单位长度导线内所储藏的磁能为 $\mu_0 I^2/16\pi$.

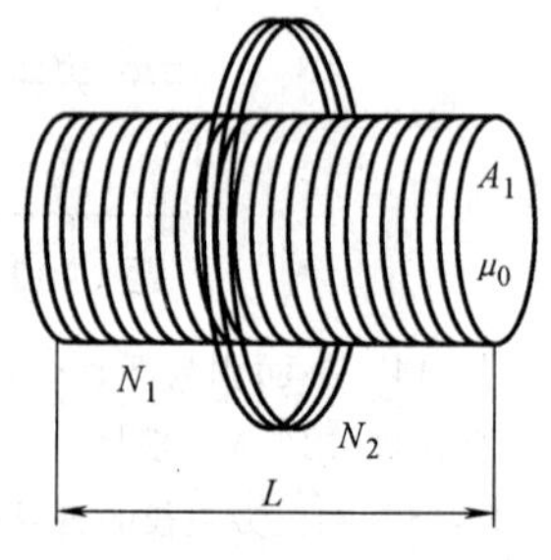

题 14-25 图

14-25　如题 14-25 图所示，真空中一个 N_2 匝的线圈，套在一个匝数为 N_1、截面积为 A_1、长度为 L 的螺线管上（可视为无限长直密绕螺线管，管内介质的磁导率为 μ_0）. 求：(1) 当螺线管通有稳恒电流 I 时，穿过线圈的全磁通；(2) 线圈与螺线管之间的互感.

第6部分　近代物理学基础

从时间上说，一般把20世纪初以前形成体系的物理学各分支学科统称为经典物理学（classsical physics），把20世纪初以后发展起来的物理学各分支学科统称为近代物理学（modern physics）. 本书前五部分属于经典物理学. 近代物理学主要包括：狭义相对论和广义相对论，量子力学、量子统计和量子场论，非平衡统计物理学，以及半导体物理学、激光物理学、超导物理学、低温物理学、表面物理学等.

从研究对象上说，经典物理学研究的是低速（远小于光速）、宏观物质运动或处于平衡态的物体系统，近代物理学研究的是高速、微观物质运动或处于非平衡态的物体系统.

从经典物理学与近代物理学的关系上说，可以认为，近代物理学是对经典物理学的继承、批判和发展，比经典物理学更准确、更深刻、更真实地反映了客观物质世界的性质和规律. 同时，经典物理学可以看做近代物理学在低速、宏观条件下的近似. 经典物理学和近代物理学是人类认识物质运动的两个发展阶段，都在随着生产实践和科学实验的发展而发展. 比较而言，近一个世纪以来，经典物理学日趋成熟，而近代物理学的发展更加蓬勃，更为人们瞩目.

在20世纪初期的三十年里，由于以爱因斯坦（Albert Einstan，1879—1955）、薛定锷（E. Schrödinger，1887—1961）和海森堡（w. k. Heisenberg，1901—1976）等人为代表的一大批物理学家对电磁现象和原子物理的研究，创立了狭义相对论和量子力学. 纵观20世纪的科学发展，可以说，几乎所有的现代科学技术都是从狭义相对论和量子力学这两个基本理论衍生出来的. 本书最后这一部分介绍狭义相对论和量子力学的基本原理，以使读者对高速物质运动和微观物质运动的主要特点以及近代物埋学与经典物埋学的联系、区别有一个初步的了解.

第15章　狭义相对论

狭义相对论，又称特殊相对论（special relativity），是在深入研究电磁现象的历史过程中发展起来的关于物体高速运动的力学理论. 所谓狭义，意指在惯性参考系中研究问题. 狭义相对论所阐述的基本问题是：当物体运动速度可与光速相比时，物体运动如何描述？有何特点？让我们从分析经典力学的时空观开始.

15.1　经典力学的内在矛盾

1. 经典力学的时空观与相对性原理

设有甲、乙两个惯性参考物，从甲看乙，乙物体以速度$\boldsymbol{v}$（$v \ll c$）作匀速直线运动. 在甲、乙两物体上各建立一个三维直角坐标系 $Oxyz$ 和 $O'x'y'z'$，并设开始时两坐标系重合，x 轴和 x' 轴与速度 $\boldsymbol{v}$ 方向相同，如图 15-1-1 所示．在经典物理学中，空间任意一点 M 在这两个惯性系中的坐标变换关系是

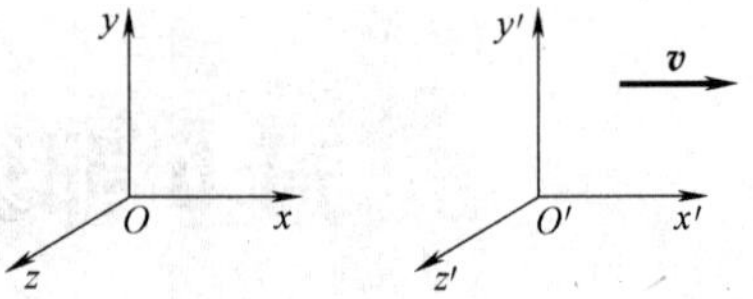

$$x = x' + vt,\ y = y',\ z = z',\ t = t' \tag{15-1-1}$$

图 15-1-1

这种变换关系是我们所熟悉的，叫做伽利略时空坐标变换式，其逆变换式是

$$x' = x - vt,\ y' = y,\ z' = z,\ t' = t \tag{15-1-2}$$

按照式（15-1-1），空间中任意两点 M 和 N 在两个坐标系中的距离变换式是

$$x_2 - x_1 = x_2' - x_1',\ y_2 - y_1 = y_2' - y_1',\ z_2 - z_1 = z_2' - z_1'$$

即

$$\sqrt{(\Delta x)^2 + (\Delta y)^2 + (\Delta z)^2} = \sqrt{(\Delta x')^2 + (\Delta y')^2 + (\Delta z')^2} \tag{15-1-3}$$

这说明，物体在两个坐标系中的长度相等，即空间的度量与坐标系无关，具有绝对性．按照式（15-1-1），还有

$$t_2 - t_1 = t_2' - t_1' \tag{15-1-4}$$

这说明时间的度量也与坐标系无关，具有绝对性．

对式（15-1-1）前三式求时间的一阶导数，得两个坐标系中物体运动速度的变换式，即

$$u_x = u_{x'} + v,\ u_y = u_{y'},\ u_z = u_{z'}$$

或写成矢量表示式为

$$\boldsymbol{u} = \boldsymbol{u}' + \boldsymbol{v} \tag{15-1-5}$$

这表明，伽利略速度变换是速度矢量的线性叠加．对上式求时间的一阶导数，得两个坐标系中物体加速度的变换式

$$\boldsymbol{a} = \boldsymbol{a}' \tag{15-1-6}$$

这说明在伽利略变换中加速度是一个不变量．

在经典力学中，物体质量 m 是一个与物体运动状态及坐标系无关的常量．于是由上式得

$$\boldsymbol{F} = m\boldsymbol{a} = m\boldsymbol{a}' = \boldsymbol{F}' \tag{15-1-7}$$

上式表明，对于所有的惯性系，牛顿定律的数学形式都相同．如 2.1 节所说，这叫做经典力学的相对性原理（relativity principle of classical mechanics）．综上所述可知，经典力学的时空观认为时间、空间与参考系无关，也就是与物质运动无关．这种时空观叫做经典时空观或绝对时空观（absolute space-time viewpoint）．

2. 经典力学的内在矛盾

但是，实际上，经典力学中的时间和空间概念没有也不可能与物质运动无关．我们知道，在旧国际标准中，1 秒定义为一个太阳日的 24×3600 分之一，一个太阳日定义为地球公转一周的 365 分之一；1 米定义为存放在巴黎法国科学院的那个米原器的长度，它等于过巴黎的子午线长度的四千万分之一．而在现行国际标准中，1 秒定义为铯原子基态两个精细能级之间跃迁周期的 9192631770 倍，1 米定义为光在真空中在 299792458 分之一秒走过的距离．当人们说某个事件延续了若干秒时，实际上是在对两个物质运动过程进行比较，拿一个物质运动过程去度量另一个物质运动过程．同样，当人们说某个物体长若干米时，实际上是在对两个物体的线度进行比较，拿一个物体的线度去度量另一个物体的线度．显然，无论是

在旧标准还是新标准中，所谓时间和空间，都是建立在对物质运动的持续性或延展性进行比较的基础上．正如列宁所说，空间和时间是物质存在的客观形式（列宁选集，第二卷，人民出版社，1960 年第 1 版，177 页）．脱离物质运动，就不可能有时间和空间概念．因此，经典力学的第一个内在矛盾是：一方面认为时间和空间与物质运动无关，另一方面却在使用与物质运动紧密联系的时间和空间概念．我们称这个矛盾为经典力学的时空观矛盾．

由上述对经典时空观矛盾的分析可知，应当存在另一种不同于伽利略变换的时空坐标变换式，在这种变换下，时间和空间应当与物质运动有关．

经典力学告诉我们，惯性是物质运动的普遍性质，脱离物质运动谈惯性是没有意义的．因此，经典力学的第二个内在矛盾是：一方面认为质量是惯性大小的量度，另一方面却假设质量是一个与运动状态无关的常量．我们称这个矛盾为经典力学的质量不变矛盾．如前所说，经典力学的相对性原理是以质量不变假设为条件得以确立的．在经典力学中，如果没有质量不变假设，就不能得到式（15-1-7），就没有相对性原理，整个经典力学就将面临灭顶之灾．看来，摆脱困境的出路在于设法保留相对性原理而摒弃质量不变假设．谁意识到了这一点，谁就开启了新力学理论的大门．

3. 相对论诞生的思想准备

在物理学发展史上，第一个对经典时空观提出怀疑和批判的人是奥地利物理学家马赫（Ernst Mach，1838—1916）．他在 1883 年出版的《力学发展史概论》中对牛顿力学的时间、空间、力和质量等概念提出了批判性的分析．他说，“如果有一事物 A 随时间而变化，那么这只是说事物 A 的状态同另一事物 B 的状态有关．……时间宁可说是我们从事物的变化中所得到的一种抽象．”“当我们用以判断物体 K 的运动的其他物体 A，B，C…都不存在的时候，……要谈论物体 K 在绝对空间中的行动，那么我们就要犯双重错误。首先，在 A，B，C…不存在的情况下，我们就不知道物体 K 将怎样运动；其次，我们也就因此没有任何办法，可用以判断物体 K 的行为，并用以验证我们的论断，这样的论断因而也就没有任何自然科学的意义．”（《爱因斯坦文集》第一卷，商务印书馆，1976 年第 1 版，86、87 页）

马赫的上述观点对当时在维也纳大学学习的爱因斯坦产生了很大影响．他说：“可以说上一世纪所有的物理学家，都把古典力学看做是全部物理学的、甚至是全部自然科学的牢固的和最终的基础，……是恩斯特·马赫在他的《力学发展史概论》中冲击了这种教条式的信念；当我是一个学生的时候，这本书正是在这方面给了我深刻的影响．”（《爱因斯坦文集》第一卷，商务印书馆，1976 年第 1 版，9、10 页）．

4. 迈克尔逊-莫雷实验

如上所述，在爱因斯坦萌发相对论思想的过程中，马赫对经典力学的分析批判起了重要的思想准备作用．正是因为有了这种思想准备，使爱因斯坦能够独树一帜，对迈克尔逊-莫雷（Michelson-Morley）实验的结果做出了被历史证明是正确的解释，把这个实验当做了提出狭义相对论基本原理的实验依据，并且是唯一的实验依据．下面就来介绍迈克尔逊-莫雷实验．

1864 年，麦克斯韦提出了系统的电磁场理论，预言了电磁波的存在，指出光是一定频率范围内的电磁波．1888 年，赫兹在实验中发现了电磁波．那时候的物理学界普遍以为，电磁波传播与机械波一样需要介质，这种介质被称为“以太”（ether）．“以太”弥漫于整个宇宙，而且是静止的，可以作为绝对静止的参考系．由于地球相对于“以太”运动，在地球上观测光的传播时，顺着地球自转方向观测到的光速值应小于反方向观测到的光速值．按照上述想法，物理学家们进行了多次实验，以1887年的迈克尔逊-莫雷实验最为著名．如图15-1-2所示，光源S发出的光束在半透镜G处分成两束，光束①穿过半透镜G到达反射镜M_1，被反射回G，经G反射后到达目镜T. 光束②被G反射到达M_2，被M_2反射回G，透过G到达目镜T. 若图中的实验装置随地球相对于“以太”以速度v向右运动，光在“以太”介质中的传播速率为c，按照伽利略速度变换式（15-1-5），光束①由G到M_1相对于实验装置（见图15-1-3）的速度是$c-v$，而由M_1回到G相对于实验装置的速度是$c+v$，往返的时间

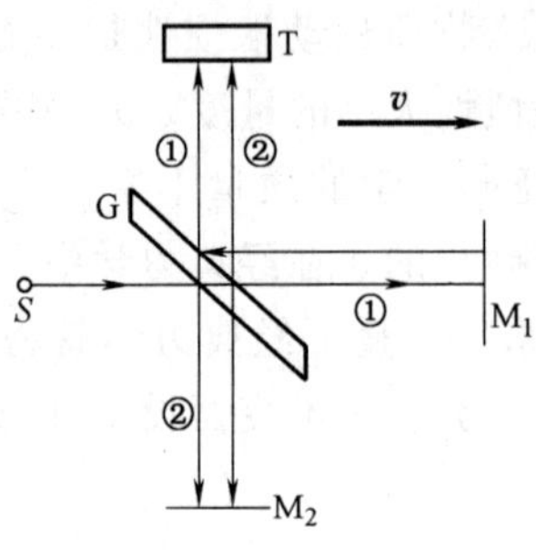

图 15-1-2

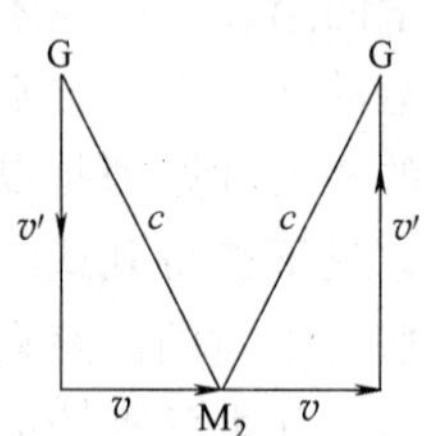

图 15-1-3

$$t_1=\frac{l}{c-v}+\frac{l}{c+v}=\frac{2l}{c\left(1-\frac{v^2}{c^2}\right)}$$

同理，光束②在G和M_2之间往返的速率是

$$v'=\sqrt{c^2-v^2}$$

光束②由G到M_2再回到G的时间是

$$t_2=\frac{2l}{c\sqrt{1-\frac{v^2}{c^2}}}$$

所以，光束①和光束②到达目镜T的时间差是

$$\Delta t=t_2-t_1=\frac{2l}{c}\left(\frac{1}{\sqrt{1-\frac{v^2}{c^2}}}-\frac{1}{1-\frac{v^2}{c^2}}\right)$$

光程差是

$$\delta=c\cdot\Delta t=2l\left(\frac{1}{\sqrt{1-\frac{v^2}{c^2}}}-\frac{1}{1-\frac{v^2}{c^2}}\right)$$

若把图15-1-3的实验装置在纸平面内顺时针转过90°，重复上述实验，光程差是

$$\delta'=c\cdot\Delta t'=2l\left(\frac{1}{1-\frac{v^2}{c^2}}-\frac{1}{\sqrt{1-\frac{v^2}{c^2}}}\right)$$

注意到$v\ll c$，由以上两式可知，将实验装置转过90°引起的光干涉条纹移动数目应为

$$N=\frac{\delta'-\delta}{\lambda}=\frac{4l}{\lambda}\ \frac{1}{1-\frac{v^2}{c^2}}\left[1-\sqrt{1-\frac{v^2}{c^2}}\right]\approx\frac{4l}{\lambda}\left[1-\left(1-\frac{v^2}{2c^2}\right)\right]$$

即

$$N=\frac{2l}{\lambda c^2}v^2 \tag{15-1-8}$$

为使实验结果精确，迈克尔逊和莫雷采取了许多措施．他们让光束往返8次，光路长达11 m；把实验装置安放在沉重的大石板上，而石板浮于水银中，使装置既可以自由转动，又可以消除外界振动的干扰．将光路长度 $l=11$ m、地球轨道运动速率 $v=3\times10^4$ m/s、光速 $c=3\times10^8$ m/s 和光波长 $\lambda=5.5\times10^{-7}$ m 代入式（15-1-8），得 $N=0.4$．但是，式（15-1-8）实际上是不成立的，说明如下．

迈克尔逊和莫雷在发表于1887年11月的实验报告中说："实际观测到的（干涉条纹）的移动肯定小于二十分之一，或许小于四十分之一"．注意到 N 正比于速度的平方，若令 $N'=0.025$，由式（15-1-8）得

$$v'=\sqrt{\frac{N'}{N}}\,v=\frac{1}{4}v<v \tag{15-1-9}$$

这表明，若式（15-1-8）成立，地面相对于以太的速度显著地小于地球轨道的速度，这显然是不合理的．因为，如果"以太"存在且静止于宇宙中，考虑到自转造成的赤道地面速度约为0.464 m/s，远小于地球轨道速度，地面相对于"以太"的速度应等于地球的轨道运动速度．所以，爱因斯坦认为，迈克尔逊-莫雷实验说明相对于绝对静止的参考系——"以太"的运动是不存在的，即式（15-1-8）是不存在的，并非像当时许多物理学家认为的那样，是实验精度不够．

迈克尔逊-莫雷实验后来被迈克尔逊和其他人以各种改进的方式重做过多次，直到1972年还有人做过，结果都是否定"以太"的存在，实质上是否定了与物体运动无关的绝对静止空间的存在．值得注意的是，导出式（15-1-8）的理论基础除了假设存在绝对静止的"以太"介质外，还使用了伽利略速度变换式以确定光速．按照伽利略速度变换式，对不同的参考系，光速不同．所以，迈克尔逊-莫雷实验不仅说明与物质运动无关的绝对静止的空间是不存在的，而且说明光速不服从伽利略速度变换．

思考题15.1

1. 经典时空观的内在矛盾是什么？迈克尔逊-莫雷实验说明了什么？

2. 有人说，狭义相对论是爱因斯坦天才大脑思辨的产物，与迈克尔逊实验没有关系．你同意这种说法吗？为什么？

3. 为什么爱因斯坦对迈克尔逊-莫雷实验的结果做出了与众不同的解释？

15.2　狭义相对论的基本原理

1905年9月，在多年探索的基础上，爱因斯坦发表了关于相对论的第一篇论文——"论动体的电动力学"，提出了狭义相对论的两条基本原理，奠定了狭义相对论的理论基础．

1. 狭义相对论的基本原理

爱因斯坦提出的狭义相对论的两条基本原理是：

(1) 相对性原理 (relativity principle)：物理规律在所有的惯性系中都相同，或者说，所有的惯性系等价．

(2) 光速不变原理 (principle of invariance of light speed)：真空中的光速对于所有惯性系的所有方向都相等，与光源和观测者的运动状态无关．

2. 线性变换和时空间隔不变性

根据上述基本原理，可以得到相对论时空坐标变换式．为此，需要先根据相对论基本原理分析一下这种变换应满足的两个条件——线性变换 (linear transformation) 和时空间隔不变性 (invariance of the space-time interval)．

我们知道，一个物质的运动过程可以看做是由一系列事件连续而成，一个事件总是发生在某个时空位置．我们用一组坐标值 (x, y, z, t) 表示一个事件在直角坐标系 $Oxyz$ 中的时空坐标，用 (x', y', z', t') 表示同一事件在直角坐标系 $O'x'y'z'$ 中的时空坐标．按照相对性原理，物理规律在所有的惯性系中都相同，因此，在 O 系中作匀速直线运动的质点在 O' 系中也作匀速直线运动．匀速直线运动质点的空间坐标与时间的关系是线性的，故两个坐标系之间的坐标变换必须是线性变换．

在惯性系 $Oxyz$ 中，两个事件之间的时空间隔 s 用下式定义：

$$s^2 = c^2(t_2 - t_1)^2 - (x_2 - x_1)^2 - (y_2 - y_1)^2 - (z_2 - z_1)^2 = (c\Delta t)^2 - |\Delta \boldsymbol{r}|^2 \tag{15-2-1}$$

式中，c 是真空中的光速．按照相对性原理和光速不变原理，上述两个事件在惯性系 $O'x'y'z'$ 中的时空间隔 s' 有与上式同样形式的定义式

$$s'^2 = c^2(t_2' - t_1')^2 - (x_2' - x_1')^2 - (y_2' - y_1')^2 - (z_2' - z_1')^2 = (c\Delta t')^2 - |\Delta \boldsymbol{r}'|^2 \tag{15-2-2}$$

若设

$$s^2 = As'^2$$

A 表示时空间隔变换因子，由于惯性系等价，同样有

$$s'^2 = As^2$$

由以上两式得 $A^2 = 1$，$A = \pm 1$. 如果上述两个事件之间存在因果关系，时空间隔 s 应该是可观测的实数，于是有 $s^2 \geqslant 0$. 考虑到因果关系不能因坐标变换而变，应有 $s'^2 \geqslant 0$，故必有 $A = +1$. 于是得

$$s^2 = s'^2 \tag{15-2-3}$$

可见，时空间隔不因坐标变换而变．由于 $s^2 \geqslant 0$，有 $c \cdot \Delta t \geqslant |\Delta \boldsymbol{r}|$，这表明，各种物质的实际运动速度不大于真空中的光速．

3. 洛仑兹变换式

为简便起见，设 $t = 0$ 时，两个惯性系 $Oxyz$ 和 $O'x'y'z'$ 的对应坐标轴相重合，相对运动沿着 $x(x')$ 轴方向，如图 15-1-1 所示．这样，根据式 (15-2-3)，得

$$x'^2 + y'^2 + z'^2 - c^2t'^2 = x^2 + y^2 + z^2 - c^2t^2 \tag{15-2-4}$$

由于时空坐标变换是两个惯性系沿着 $x(x')$ 轴发生相对运动引起的，而且必须是线性变换，可令

$$x' = a_{11}x + a_{12}ct,\ y' = y,\ z' = z,\ ct' = a_{21}x + a_{22}ct \tag{15-2-5}$$

将式（15-2-5）代入式（15-2-4），整理得

$$(a_{11}^2 - a_{21}^2)\,x^2 + 2\,(a_{11}a_{12} - a_{21}a_{22})\,xct + (a_{12}^2 - a_{22}^2)\,c^2t^2 = x^2 - c^2t^2$$

比较上式两边同类项的系数，得

$$a_{11}^2 - a_{21}^2 = 1 \quad ①$$

$$a_{11}a_{12} = a_{21}a_{22} \quad ②$$

$$a_{12}^2 - a_{22}^2 = -1 \quad ③$$

要解出 a_{11}、a_{12}、a_{21}、a_{22}，还缺少一个方程．这个方程可以这样得到：在 O 系中，动点 O' 的坐标 $x = vt$；在 O'系中，静止点 O'的坐标 $x' = 0$. 因此，由式（15-2-5）第一式得

$$0 = a_{11}vt + a_{12}ct \quad ④$$

解方程组①～④得

$$a_{12} = a_{21} = -\frac{1}{\dfrac{c}{v}\sqrt{1-\dfrac{v^2}{c^2}}},\quad a_{11} = a_{22} = \frac{1}{\sqrt{1-\dfrac{v^2}{c^2}}} \tag{15-2-6}$$

将式（15-2-6）代入式（15-2-5），得

$$x' = \frac{x - vt}{\sqrt{1-\dfrac{v^2}{c^2}}},\ y' = y,\ z' = z,\ t' = \frac{t - \dfrac{vx}{c^2}}{\sqrt{1-\dfrac{v^2}{c^2}}} \tag{15-2-7}$$

由上式解出 x、y、z、t，可得逆变换式

$$x = \frac{x' + vt'}{\sqrt{1-\dfrac{v^2}{c^2}}},\ y = y',\ z = z',\ t = \frac{t' + \dfrac{vx'}{c^2}}{\sqrt{1-\dfrac{v^2}{c^2}}} \tag{15-2-8}$$

这两组互逆的坐标变换式都叫做洛仑兹变换式（Lorentz transformation）．显然，当 $v \ll c$ 时，上式就退化为伽利略变换式（15-1-1），因此，伽利略变换式是洛仑兹变换式在低速运动情况下的近似．上式之所以叫做洛仑兹变换式，是因为这组变换式在爱因斯坦提出相对论原理之前已经被荷兰物理学家洛仑兹所得到．但是，洛仑兹是在维持经典时空观的理论框架条件下通过提出多达十一个假设得到这组变换式的，并没有认识到其中蕴涵的革命性意义．

例题 15-2-1 在图 15-1-1 中，O'系相对于 O 系以速率 $v = 0.66\,c$ 沿 x 轴正方向运动．（1）若一事件在 O 系中发生于时刻 $t_1 = 2.0\times10^{-7}$ s、位置 $x_1 = 50$ m 处，问该事件在 O'系中发生于什么时刻?（2）若另一事件在 O 系中发生于时刻 $t_2 = 3.0\times10^{-7}$ s、位置 $x_2 = 10$ m 处，问两个事件在 O'系中的时间间隔是多少?

解：（1）由 $t' = \dfrac{t - vx/c^2}{\sqrt{1-\dfrac{v^2}{c^2}}}$，得 $t_1' = \dfrac{t_1 - vx_1/c^2}{\sqrt{1-\dfrac{v^2}{c^2}}} = 1.2\times10^{-7}\text{s}$

（2）
$$\Delta t' = \frac{\Delta t - v \cdot \Delta x / c^2}{\sqrt{1 - \frac{v^2}{c^2}}} = 2.5 \times 10^{-7}\,\mathrm{s}$$

思考题 15.2

1. 为什么相对论时空坐标变换必须是线性变换？为什么时空间隔在不同的惯性系中必须保持不变？

2. 按照洛仑兹变换，在某个惯性系中同时同地发生的两个事件在另一个惯性系中是否是同时同地发生的？在某个惯性系中同时不同地发生的两个事件在另一个惯性系中是否是同时发生的？在某个惯性系中同地不同时发生的两个事件在另一个惯性系中是否是同地发生的？

15.3 相对论的时空观

由前述可知，经典时空观认为时间和空间相互独立，并且与物质运动无关．经典时空观的数学表示就是伽利略变换式．相对论时空观认为时间和空间相互关联，并且与物质运动不可分离．相对论时空观的数学表示就是洛仑兹变换式．为进一步了解相对论时空观，本节讨论以下三个问题：同时的相对性、时间延缓和长度缩短．

1. 同时的相对性

所谓同时，就是两个事件发生的时间间隔 $\Delta t = 0$. 在伽利略变换中，时间与参考系的相对运动无关，即与物质运动无关，$t' = t$，故有 $\Delta t' = \Delta t$，这表示在一个参考系中同时发生的事件在任何一个参考系中都是同时发生的，同时是无条件的、绝对的．经典时空观的这种同时绝对性显然来自时间与物质运动的无关性．

但是，在相对论中，由于时间与参考系之间的相对运动有关，即与物质运动有关，在一个参考系中同时发生的事件在另一个参考系中不一定是同时发生的．也就是说，由式（15-2-7）有

$$\Delta t = \frac{\Delta t' + v \cdot \Delta x' / c^2}{\sqrt{1 - \frac{v^2}{c^2}}} \tag{15-3-1}$$

所以，当 $\Delta t' = 0$ 时，若 $\Delta x' \neq 0$，则 $\Delta t \neq 0$. 可见，相对论中的同时不是绝对的．这显然是由于在相对论中，时间与物质运动有关，时间与空间相互关联．所以，在相对论中研究问题，首先要解决如何使分置两地的时钟同步的问题，即校准的问题．否则，比较时间长短就失去了物理意义．爱因斯坦校准分置两地的时钟的方法是：在两地连线的中点放置一个光信号发生器，同时向两地发出光信号．由于光速不变，分置两地的两个时钟必定同时收到光信号，从而被校准．以下讨论中如无特别说明，时钟都是已校准的．

2. 时间延缓

如图 15-1-1 所示，O'系相对于 O 系以速率 v 沿 x 轴正方向运动．设在 O'系中某点有一个物理过程持续的时间是 $\Delta t'$. 我们把 O'系叫做这个物理过程的相对静止坐标系，把 O 系叫做这个物理过程的相对运动坐标系．由式（15-3-1）可知，这个过程在 O 系中的持续时间

$$\Delta t = \frac{\Delta t'}{\sqrt{1 - \frac{v^2}{c^2}}} > \Delta t' \tag{15-3-2}$$

这表明同一物理过程在相对运动坐标系（O 系）中的持续时间总是大于在相对静止坐标系（O'系）中的持续时间，故称上式为时间延缓公式（formula of time dilation）．通常将物理过程在相对静止坐标系中的持续时间叫做过程的固有时间（proper time），其他坐标系中的持续时间叫做相对时间（relative time），固有时间最短．根据时间延缓公式，在一艘以 0.95 倍光速飞行的宇宙飞船上出生一个月的婴儿，在地球上的人看来已经三个多月了．所谓“洞中才数月，世上已千年”并非只是神话，只要这个“洞”的运动速度足够接近光速．

若令式（15-3-2）中的固有时间为某个时钟的固有周期，由于频率是周期的倒数，有

$$\nu = \nu_0 \sqrt{1 - \frac{v^2}{c^2}} < \nu_0 \tag{15-3-3}$$

其中的 ν_0 是时钟的固有频率．上式表明，在相对运动系（O 系）看来，时钟频率 ν 小于其固有频率，或者如爱因斯坦所说，动钟走慢了．显而易见，在 O 系看来，动钟走慢了是因为 O 系与时钟之间存在相对运动．如果 O 系与时钟相对静止，O 系看到的时钟频率与 O'系看到的相同，都是固有频率．因此，我们不能望文生义，把“动钟走慢”理解为时钟的固有节奏发生了变化．例如，任何人的手表都不会因为其他人的运动改变其固有节奏．注意，这里所说的时钟不包括（单）摆钟，因为单摆作为一个振动系统包括地球．

有人说：把在同一地点校准的两个时钟中的一个缓慢移到另一地点以校准当地的时钟，这样就校准了两地的时钟．这种方法显然是不可行的．因为，若被移动的时钟的读数是 $\Delta t'$，置于原地的时钟读数是 Δt，根据时间延缓公式，必有 $\Delta t > \Delta t'$，两地时钟不可能同步．

3. 长度缩短

设在图 15-1-1 中，有一根细棒在 O'系中沿 x'轴放置．当 O'系以速率 v 沿 $x(x')$ 轴运动时，细棒与 O'系保持相对静止，其长度 $\Delta x' = x_2' - x_1'$叫做固有长度．那么，细棒在相对运动坐标系 O 系中的相对长度是多少呢？

在 O 系中测量细棒长度时，细棒两端的坐标值必须是同一时刻的值．因此，在 O 系中，应令

$$\Delta t = \frac{\Delta t' + v \cdot \Delta x'/c^2}{\sqrt{1 - \frac{v^2}{c^2}}} = 0$$

即

$$\Delta t' = -\frac{v \cdot \Delta x'}{c^2}$$

将上式代入式子

$$\Delta x = \frac{\Delta x' + v \cdot \Delta t'}{\sqrt{1 - \frac{v^2}{c^2}}}$$

中，得

$$\Delta x = \Delta x' \sqrt{1 - \frac{v^2}{c^2}} < \Delta x' \tag{15-3-4}$$

上式叫做长度缩短公式（formula of length contraction），它说明相对长度（relative length）总是小于固有长度（proper length）．

时间延缓公式和长度缩短公式说明对运动物体的观测结果与参考系有关．但是，任何物理过程和物体结构本身并不会由于人选择不同的参考系而变，也就是说，时间延缓和长度缩短作为观测结果只是一种运动学效应而不是动力学效应，因为这里没有加速度．否则，固有时间和固有长度就失去了意义．总之，时间延缓公式和长度缩短公式告诉我们，谈论时间和

长度时，必须明确是哪个参考系中的时间和长度．脱离参考系谈论时间和空间是没有意义的．

时间延缓公式和长度缩短公式再次表明时间和空间是物质存在的形式，而非独立于物质运动之外．而且

$$\Delta x\Delta t = \Delta x'\Delta t' = 常数 \tag{15-3-5}$$

这表明时间和空间不是相互独立的，而是相互关联的．由上式可得

$$\Delta x\Delta y\Delta z\Delta t = \Delta x'\Delta y'\Delta z'\Delta t' = 常数 \tag{15-3-6}$$

可见，4 维时空的“体积”不变，这与前面所说的时空间隔不变是一致的．上式表明，客观世界是一个 4 维时空．

例题 15-3-1 速度为 $0.98c$ 的宇宙飞船上出生的小孩两岁了．问：按照地球上的时间，小孩几岁了？

解： 按照地球上的时间，小孩的年龄是

$$\Delta t = \frac{\Delta t' + \dfrac{v\cdot\Delta x'}{c^2}}{\sqrt{1-\dfrac{v^2}{c^2}}} = \frac{\Delta t'}{\sqrt{1-\dfrac{v^2}{c^2}}} = 10\ 岁$$

有人可能会问：小孩究竟几岁了？回答只能是，按照宇宙飞船上的时间，小孩两岁了；按照地球上的时间，小孩 10 岁了，两种回答都是合理的，因为脱离参考系的时间是不存在的．

如果问：飞船返回地球时，按照地球上的时间，小孩几岁了？严格地说，这个问题属于广义相对论而不属于狭义相对论，因为飞船相对于地球有加速度，飞船已不是惯性系．不过，还是可以给出一个可以用实验检验的答案．为简便起见，假设飞船起飞时小孩出生．由式（15-3-2）得

$$\mathrm{d}t = \frac{\mathrm{d}t'}{\sqrt{1-\dfrac{v^2(t')}{c^2}}}$$

积分上式，得

$$\Delta t = \oint \mathrm{d}t = \oint \frac{\mathrm{d}t'}{\sqrt{1-\dfrac{v^2(t')}{c^2}}} > \oint \mathrm{d}t' = \Delta t'$$

这表明小孩的地球年龄大于小孩的飞船年龄，即大于小孩的固有年龄．这就是说，飞船起飞时，如果把两个已校准时钟的一个放在飞船上，另一个放在地球上，那么，飞船返回地球时，飞船上时钟指示的时间小于地球上时钟指示的时间．这种时间延缓效应已被环绕地球飞行实验所证实，但这不是纯粹的狭义相对论时间延缓效应．

例题 15-3-2 μ 介子是一种不稳定的粒子．实验室测得低速 μ 介子的平均寿命 $\tau_1 = 2.15\times10^{-6}$ s，宇宙线中高速 μ 介子的平均寿命 $\tau_2 = 34.0\times10^{-6}$ s.（1）宇宙线中 μ 介子的运动速率 $v=?$（2）宇宙线中 μ 介子飞行的平均最大距离 $S=?$

解：（1）μ 介子低速运动时，可不考虑相对论效应，平均寿命可视为固有寿命，所以

$$\tau_2 = \frac{\tau_1}{\sqrt{1-\dfrac{v^2}{c^2}}}$$

由上式得 $$v=c\sqrt{1-\left(\frac{\tau_1}{\tau_2}\right)^2}=0.996\ c$$

(2) $$S=v\tau_2\approx 10193.2\ \text{m}$$

这个结果与实验相符，证明时间延缓是客观存在的.

例题 15-3-3　一立方体沿其某条棱线方向以速度 v 运动. 试证在实验室坐标系中，立方体的体积 $\Omega=\Omega_0\sqrt{1-\frac{v^2}{c^2}}$，$\Omega_0$ 是立方体固有体积.

证： 设立方体一条棱线的固有长度为 l_0，棱线在实验室坐标系中的长度

$$l=l_0\sqrt{1-\frac{v^2}{c^2}}$$

体积 $$\Omega=l\cdot l_0^2=l_0^3\sqrt{1-\frac{v^2}{c^2}}=\Omega_0\sqrt{1-\frac{v^2}{c^2}}$$

4. 不用洛仑兹变换推导时间延缓和长度缩短公式

时间延缓和长度缩短公式也可以不用洛仑兹变换，直接根据光速不变原理推导出来.

(1) 时间延缓公式

如前所说 O'系以速度 v 相对于 O 系沿 x 轴运动，如图 15-3-1 所示. 观察者看见物体意味着从物体发出的光信号到达了他的眼睛. 按照光速不变原理，真空中光速为常数且与参考系和光源无关，因此，我们在 O'点安放一个光信号发射器，在 y 轴上距离 O'点为 d 的 M 点安放一个接收器. 显然，在 O'系中看来，光信号由 O'到 M 的时间是 $\Delta t'=\frac{d}{c}$，而在 O 系中看来，由于接收器随 O'系一起运动，接收器收到光信号的位置是 M'而不是 M，如图 15-3-2 所示. 也就是说，光信号的路程是 l 而不是 d，所用的时间

$$\Delta t=\frac{l}{c}=\frac{1}{c}\sqrt{d^2+(v\Delta t)^2}$$

也就是 $$\Delta t=\frac{d}{c\sqrt{1-\frac{v^2}{c^2}}}$$

将 $\Delta t'=d/c$ 代入上式，得 $$\Delta t=\frac{\Delta t'}{\sqrt{1-\frac{v^2}{c^2}}}$$

这就是时间延缓公式.

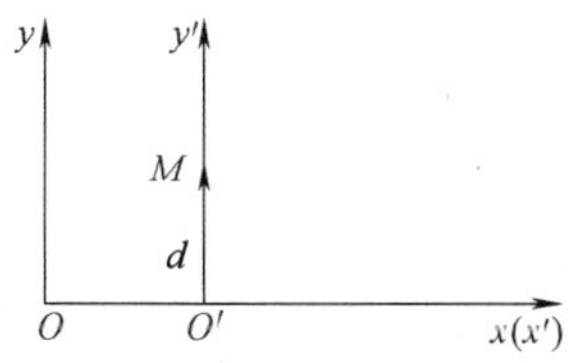

图 15-3-1

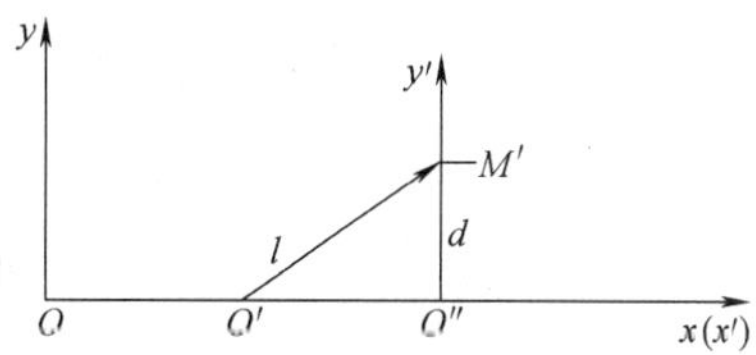

图 15-3-2

(2) 长度缩短公式

设在 O'系中有一细棒平行于 x'轴，如图 15-3-3 所示. 假设细棒在 O'系中的固有长度为

l_0. 如果 O 系中的人要测量细棒的长度，他可在细棒的两端各放置一个光信号发射器，并让两个光信号发射器同时发出光信号. 由于从 A 端和 B 端发出的两个光信号到达位于 M 点的接收器的路程差等于细棒的长度，只要记录下两个光信号到达 M 点的时间差 Δt，就可知道细棒在 O 系中的长度 $l=c\Delta t$. 注意到位于 M 点的接收器相对 O 系静止，时间差 Δt 属于固有时间. 从 B 端发出的光信号经过 A 端相当于 A 端发出了两个光信号，相隔的时间 $\Delta t'$属于相对时间. 根据前面得到的固有时间和相对时间的关系式，有

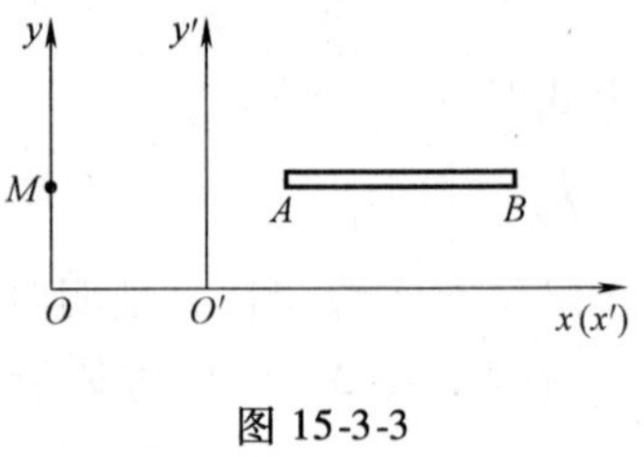

图 15-3-3

$$\Delta t=\Delta t'\sqrt{1-\frac{v^2}{c^2}}$$

于是得

$$l=c\Delta t'\sqrt{1-\frac{v^2}{c^2}}$$

由于 $l_0=c\Delta t'$，得

$$l=l_0\sqrt{1-\frac{v^2}{c^2}}$$

这就是长度缩短公式.

由上面的推导可知，如果时间延缓公式成立，则长度缩短公式也成立. 也就是说，如果时间是相对的，则空间也是相对的，反之亦然.

思考题 15.3

试根据洛仑兹变换式说明相对论时空观不改变事物的因果关系.

15.4 相对论速度变换式

我们知道，速度

$$\boldsymbol{u}=\frac{\mathrm{d}\boldsymbol{r}}{\mathrm{d}t} \tag{15-4-1}$$

在三维直角坐标系中可写成

$$\boldsymbol{u}=u_x\boldsymbol{i}+u_y\boldsymbol{j}+u_z\boldsymbol{k}=\frac{\mathrm{d}x}{\mathrm{d}t}\boldsymbol{i}+\frac{\mathrm{d}y}{\mathrm{d}t}\boldsymbol{j}+\frac{\mathrm{d}z}{\mathrm{d}t}\boldsymbol{k} \tag{15-4-2}$$

对洛仑兹变换式（15-2-8）求微分，得

$$\mathrm{d}x=\frac{\mathrm{d}x'+v\mathrm{d}t'}{\sqrt{1-\frac{v^2}{c^2}}}=\frac{(u_x'+v)\ \mathrm{d}t'}{\sqrt{1-\frac{v^2}{c^2}}}$$

$$\mathrm{d}y=\mathrm{d}y',\quad \mathrm{d}z=\mathrm{d}z'$$

$$\mathrm{d}t=\frac{\mathrm{d}t'+\frac{v\mathrm{d}x'}{c^2}}{\sqrt{1-\frac{v^2}{c^2}}}=\frac{\left(1+\frac{vu_x'}{c^2}\right)}{\sqrt{1-\frac{v^2}{c^2}}}\mathrm{d}t'$$

所以得

$$u_x=\frac{\mathrm{d}x}{\mathrm{d}t}=\frac{u'_x+v}{1+\dfrac{vu'_x}{c^2}},\quad u_y=\frac{\mathrm{d}y}{\mathrm{d}t}=\frac{\sqrt{1-\dfrac{v^2}{c^2}}}{1+\dfrac{vu'_x}{c^2}}u'_y,\quad u_z=\frac{\mathrm{d}z}{\mathrm{d}t}=\frac{\sqrt{1-\dfrac{v^2}{c^2}}}{1+\dfrac{vu'_x}{c^2}}u'_z \tag{15-4-3}$$

上式叫做相对论速度变换式（velocity transformation of the relativity）．当 $v<<c$ 时，相对论速度变换式退变为伽利略速度变换式（15-1-5）．式（15-4-3）的逆变换式是

$$u'_x=\frac{u_x-v}{1-\dfrac{vu_x}{c^2}},\quad u'_y=\frac{\sqrt{1-\dfrac{v^2}{c^2}}}{1-\dfrac{vu_x}{c^2}}u_y,\quad u'_z=\frac{\sqrt{1-\dfrac{v^2}{c^2}}}{1-\dfrac{vu_x}{c^2}}u_z \tag{15-4-4}$$

我们知道，光速不变原理是狭义相对论的两个基本原理之一．应用相对论速度变换式可以证实，对不同惯性系光速不变．设对于 O 系，光束以速度 c 沿 x（x'）轴传播，即 $u_x=c$，$u_y=u_z=0$. 按照相对论速度变换式（15-4-4），此光束相对于 O'系的速度

$$u'_x=\frac{c-v}{1-\dfrac{v}{c}}=c,\quad u'_y=u'_z=0 \tag{15-4-5}$$

可见，对不同惯性系光速不变．

例题 15-4-1　求水流中的光速．

解：设在图 15-1-1 中，均匀的纯净水在 O 系中（即相对于岸）以速度 v 沿 x 轴正方向流动，O'系相对水静止．在 O'系中，光在水中各个方向的速度为$\dfrac{c}{n}$，n 为水的折射率．由式（15-4-3）得 O 系中顺着水流方向的光速

$$u_x=\frac{\dfrac{c}{n}+v}{1+\dfrac{v}{nc}}$$

由于水的流速 $v<<c$，有

$$u_x=\frac{c}{n}\frac{\left(1+\dfrac{nv}{c}\right)}{1+\dfrac{v}{nc}}=\frac{c}{n}\frac{1+\dfrac{v}{nc}+\dfrac{nv}{c}-\dfrac{v}{nc}}{1+\dfrac{v}{nc}}=\frac{c}{n}\left[1+\frac{\dfrac{n}{c}\left(1-\dfrac{1}{n^2}\right)v}{1+\dfrac{v}{nc}}\right]\approx\frac{c}{n}+\left(1-\frac{1}{n^2}\right)v$$

同理，逆水流方向的光速

$$\overline{u}_x=\frac{\dfrac{c}{n}-v}{1-\dfrac{v}{nc}}\approx\frac{c}{n}-\left(1-\frac{1}{n^2}\right)v$$

将 $n=1.33$ 代入以上两式，得顺水光速和逆水光速

$$u_x = \frac{c}{n} + 0.4347v, \quad \overline{u}_x = \frac{c}{n} - 0.4347v$$

这个结果与菲索（Fizeau）1849 年的水流实验结果完全符合．

爱因斯坦根据洛仑兹坐标变换式从理论上解释菲索（Fizeau）水流中光速实验结果的论文发表于 1921 年．

思考题 15.4

根据时空间隔不变性证明：若物体在一个惯性系内的运动速度小于光速，则在任一惯性系内的运动速度都小于光速．

15.5 相对论力学的基本公式

前几节介绍的相对论基本概念属于相对论的运动学范畴．这一节介绍相对论的几个基本公式，属于相对论的动力学范畴．

1. 物理规律的协变性

如前所说，按照相对性原理，一切惯性系等价，或者说描述物理规律的方程在不同惯性系中形式相同．这种在参考系变换下方程形式不变的性质叫做方程的协变性或物理规律的协变性（covariation of physical law）．

我们知道，牛顿第二定律 $\boldsymbol{F} = \frac{\mathrm{d}\boldsymbol{p}}{\mathrm{d}t} = m\boldsymbol{a}$ 作为经典力学的基本方程对于伽利略变换具有协变性，但是，对于洛仑兹变换它不具有协变性，因为在洛仑兹变换中，时间、空间不再是相互独立的，时间、空间构成了一个不可分割的 4 维时空．研究狭义相对论的力学问题必须在 4 维时空中进行，只有这样，建立起来的物理方程对于洛仑兹变换才具有协变性．为此，首先定义 4 维坐标

$$X_\mu = (X_0, X_i) = (ct, \mathrm{i}\boldsymbol{r}) \quad (\mu = 0,1,2,3; i = 1,2,3) \tag{15-5-1}$$

于是，时空间隔可以写成

$$s^2 = (\Delta X_\mu)^2 = (c\Delta t)^2 - |\Delta \boldsymbol{r}|^2 \tag{15-5-2}$$

在此基础上定义 4 维速度：

$$U_\mu = \frac{\mathrm{d}X_\mu}{\mathrm{d}\tau} \tag{15-5-3}$$

式中 $\mathrm{d}\tau$ 是固有时间．4 维速度 U_μ 是 4 维时空中的矢量，有 4 个分量．将时间延缓公式

$$\mathrm{d}\tau = \mathrm{d}t\sqrt{1 - \frac{v^2}{c^2}}$$

代入式（15-5-3），得

$$U_\mu = \frac{1}{\sqrt{1 - \frac{v^2}{c^2}}} \frac{\mathrm{d}X_\mu}{\mathrm{d}t} \tag{15-5-4}$$

利用 4 维速度定义 4 维动量

$$p_\mu = m_0 U_\mu \tag{15-5-5}$$

m_0 是物体的静止质量．4 维动量也可写成 $p_\mu =(p_0, \mathrm{i}\boldsymbol{p})$，其时间分量是

$$p_0 = \frac{m_0 c}{\sqrt{1-\frac{v^2}{c^2}}} \tag{15-5-6}$$

空间分量是

$$\boldsymbol{p} = \frac{m_0}{\sqrt{1-\frac{v^2}{c^2}}}\boldsymbol{v} \tag{15-5-7}$$

我们知道，经典力学中的物体质量是一个与物体运动状态无关的不变量．因此，在力作用下，物体的速度可以无限制地增大．但是，按照相对论，物体速度不能大于光速．所以，相对论中的物体质量（即物体的惯性）应随着物体速度的增大而增大，以满足物体速度不能大于光速的要求．因此，根据以上两式，定义物体质量为

$$m = \frac{m_0}{\sqrt{1-\frac{v^2}{c^2}}} \tag{15-5-8}$$

上式叫做质速关系式．于是，式（15-5-6）和式（15-5-7）可以写成

$$p_0 = mc \tag{15-5-9}$$

和

$$\boldsymbol{p} = m\boldsymbol{v} \tag{15-5-10}$$

2. 相对论力学的基本方程

由式（15-5-10）可知，在相对论中，物体动量的定义形式上与经典力学一样，等于质量与速度之积．显然，当 $v \ll c$ 时，相对论动量近似等于经典力学的动量．由式（15-5-10）得

$$\boldsymbol{F} = \frac{\mathrm{d}\boldsymbol{p}}{\mathrm{d}t} = \frac{\mathrm{d}m}{\mathrm{d}t}v + m\frac{\mathrm{d}v}{\mathrm{d}t} \tag{15-5-11}$$

这就是相对论力学的基本方程（basic equation of relativistic mechanics）．可见，牛顿方程是相对论力学基本方程的低速近似．

3. 质量与能量的关系

在相对论中，功的定义依然是

$$A = \int \boldsymbol{F}\cdot \mathrm{d}\boldsymbol{l} \tag{15-5-12}$$

若物体在合力 $\boldsymbol{F}$ 作用下从静止状态加速到速率为 v，物体的动能

$$E_\mathrm{k} = \int_0^v \boldsymbol{F}\cdot \mathrm{d}\boldsymbol{l} = \int_0^v \boldsymbol{F}\cdot \boldsymbol{v}\,\mathrm{d}t \tag{15-5-13}$$

由式（15-5-11）和 $\boldsymbol{v}\cdot\frac{\mathrm{d}\boldsymbol{v}}{\mathrm{d}t} = v\frac{\mathrm{d}v}{\mathrm{d}t}$ 可得

$$\boldsymbol{F}\cdot\boldsymbol{v}=m\boldsymbol{v}\cdot\frac{\mathrm{d}\boldsymbol{v}}{\mathrm{d}t}+v^2\frac{\mathrm{d}m}{\mathrm{d}t}=\left(mv\frac{\mathrm{d}v}{\mathrm{d}m}+v^2\right)\frac{\mathrm{d}m}{\mathrm{d}t}$$

由式（15-5-8）得
$$\frac{\mathrm{d}m}{\mathrm{d}v}=\frac{mv}{c^2-v^2}$$

即
$$mv\frac{\mathrm{d}v}{\mathrm{d}m}=c^2-v^2$$

于是得

$$\boldsymbol{F}\cdot\boldsymbol{v}=c^2\frac{\mathrm{d}m}{\mathrm{d}t} \tag{15-5-14}$$

将上式代入式（15-5-13）得

$$E_\mathrm{k}=c^2\int_0^v\mathrm{d}m=mc^2-m_0c^2$$

即
$$mc^2=m_0c^2+E_\mathrm{k} \tag{15-5-15}$$

其中，mc^2 叫做物体的总能量；m_0c^2 叫做物体的静止能量或内能．通常把物体总能量记为

$$E=mc^2 \tag{15-5-16}$$

上式叫做质能关系式（relation equation of mass and energy）．由上式得

$$\Delta E=\Delta mc^2 \tag{15-5-17}$$

这表明物体的能量变化必然伴随着质量变化，反之亦然．对于一个孤立系统，质量和能量都是守恒的．

当物体运动速率 $v \ll c$ 时，物体动能

$$E_\mathrm{k}=\left[\left(1-\frac{v^2}{c^2}\right)^{-\frac{1}{2}}-1\right]m_0c^2=\left(1+\frac{1}{2}\frac{v^2}{c^2}+\cdots+-1\right)m_0c^2\approx\frac{1}{2}m_0v^2 \tag{15-5-18}$$

上式表明，经典力学中物体的动能是相对论中的物体动能的低速近似．

4. 动量和能量的关系

由式（15-5-7）和式（15-5-16）得

$$E^2=m_0^2c^4+p^2c^2 \tag{15-5-19}$$

上式叫做动量与能量关系式（relation of momentum and energy），是近代物理学中的重要公式之一．

例题 15-5-1 把电子从速率 $v_1=0.90\,c$ 加速到速率 $v_2=0.99\,c$，其质量、能量、动量各增加了多少？已知电子静止质量 $m_0=9.11\times10^{-31}$ kg，光速 $c=3\times10^8$ m/s.

解： 电子质量的增量

$$\Delta m=m_2-m_1=m_0\left(\frac{1}{\sqrt{1-\frac{v_2^2}{c^2}}}-\frac{1}{\sqrt{1-\frac{v_1^2}{c^2}}}\right)=4.37\times10^{-30}\mathrm{kg}$$

电子能量的增量
$$\Delta E=\Delta m\cdot c^2=3.93\times10^{-13}\mathrm{J}$$

电子动量的增量

$$\Delta p = m_2 v_2 - m_1 v_1 = m_0 \left(\frac{v_2}{\sqrt{1 - \frac{v_2^2}{c^2}}} - \frac{v_1}{\sqrt{1 - \frac{v_1^2}{c^2}}} \right) = 1.35 \times 10^{-21}\ \text{kg} \cdot \text{m/s}$$

这一章我们介绍了狭义相对论的基本概念和部分重要结论．狭义相对论的建立是物理学发展史上划时代的里程碑，其重大的意义是揭示了时间和空间是相互关联的，时间、空间与物质运动不可分离．狭义相对论已经并将继续被大量实验事实所证实，成为发展新学科的理论基础．

思考题 15.5

1. 从哪些方面可以看出经典力学是相对论力学的低速近似？
2. 若一个粒子的质量等于其静止质量的1000倍，其速度是真空光速的多少倍？
3. 把质量为 1 kg 的水蒸气从 60 ℃加热到 200 ℃，水蒸气的质量增加多少？

习　题　15

15-1　填空：

（1）长度收缩公式 $l = l_0 \sqrt{1 - v^2/c^2}$ 成立的条件是________________．

（2）时钟变慢公式 $\Delta t = \Delta t' \sqrt{1 - v^2/c^2}$ 成立的条件是________________．

（3）实验测得某粒子静止时的平均寿命是 $\Delta t'$，当它以远小于光速的速度 v 运动时平均飞行距离为 $v\Delta t'$．但若 v 接近光速，实验测得大多数该粒子的飞行距离远大于 $v\Delta t'$，这个实验结果说明________________．

（4）对某观察者来说，发生在同一地点、同一时刻的两个事件对其他观察者来说是________发生的（“同时”或“不同时”）．若两事件在 S 惯性系发生于同一时刻、不同地点，那它们在其他惯性系中________发生（“同时”，“不一定同时”或“不同时”）．

15-2　设惯性系 S′以速率 $v = 0.60\ c$ 相对于惯性系 S 沿 xx'轴运动，且在 $t = t' = 0$ 时刻 $x = x' = 0$．（1）若有一事件，在 S 系中发生于 $t = 2.0 \times 10^{-7}$ s、$x = 50$ m 处，该事件在 S′系中发生于何时刻？（2）如有另一事件发生于 S 系中 $t = 3.0 \times 10^{-7}$ s、$x = 10$ m 处，在 S′系中测得这两个事件的时间间隔为多少？

15-3　在惯性系 S 中观测到相距 $\Delta x = 6 \times 10^8$ m 的两地点相隔 $\Delta t = 3$ s 发生两事件，但在相对于 S 系沿 x 方向匀速运动的 S′系中却发现该两事件发生在同一地点．试求 S′系中该两事件的时间间隔．

15-4　在惯性系 S 中观察到两个事件发生在某一地点，其时间间隔为 4.0 s. 从另一惯性系 S′中观察到这两个事件的时间间隔为 6.0 s. 试问从 S′系测量到这两个事件的空间间隔是多少？设 S′系以恒定速率相对于 S 系沿 xx'轴运动．

15-5　在惯性系 S 中有两个事件同时发生在 xx'轴上，相距 1.0×10^3 m．从惯性系 S′观察到这两个事件相距 2.0×10^3 m. 试问由 S′系测得此两事件的时间间隔为多少？

15-6　火箭相对地面以 0.6 c 的速率匀速向上飞离地球．若在火箭上记录发射 10 s 后，该火箭向地面发射一相对于地面速率为 0.3 c 的导弹，问导弹会在地面上记录火箭发射后的多长时间到达地球（忽略导弹所受的重力）？

15-7　已知 π 介子静止时的半衰期为 $T = 1.77 \times 10^{-8}$ s，当它们以速度 $v = 0.9\ c$ 从加速器中射出时，问经过多远的距离其强度减少一半？

15-8　距地球为 4.3×10^{16} m 的半人马星座 α 星是离太阳系最近的恒星．设有一宇宙飞船自地球往返于半人马星座α之间，若宇宙飞船的速率为0.999 c，问：(1) 按地球上的时钟计算，飞船往返一次需多少时间？(2) 若以飞船上时钟计算，往返一次的时间又为多少？

15-9 μ子是1936年由安德森等人在宇宙射线中发现的不稳定粒子，它自发地衰变为一个电子和两个中微子，其静止时的平均寿命为2.15×10^{-6} s. 若假设来自太空的宇宙线在离地面8000 m高空产生的μ子以相对于地球0.995 c的速率垂直向地面飞来，试问它能否在衰变前到达地面？

15-10 一静止长度为4.0 m的物体相对于你以$u=0.8\ c$的速度平行于其长度方向运动，问：(1) 你测得该物体的长度为多少？(2) 该物体通过你花费的时间？

15-11 一列车以速度u通过站台时，站台上两个相距3 m的机械手同时在列车车厢上划痕．试问列车上的观察者测量这两个划痕的距离是多少？

15-12 惯性系中的观察者A测得与他相对静止的Oxy平面上一个圆的面积是12 cm^2. 若另一观察者B以0.6 c相对于A平行Oxy平面作匀速直线运动，问B测得该图形的面积是多少？

15-13 一根长度为1 m的直尺静止在K′系中，它与$O'x'$轴成30°角．如果在K系中测得该直尺与Ox轴成45°角，问：(1) 若K′系相对于K系沿xx'轴运动，那么速度为多大？(2) K系测得该直尺的长度是多少？

15-14 设有两只宇宙飞船相对某一惯性系分别以$0.70c$和$0.90c$的速率沿同一方向（如xx'轴）飞行，试求两飞船的相对速率．

15-15 设想有一粒子以$0.050c$的速率相对实验室参考系运动．此粒子衰变时发射一个电子，电子的速率为$0.80c$，电子速度的方向与粒子运动方向相同．试求电子相对实验室参考系的速度．

15-16 设想地球上有一观察者测到一宇宙飞船以$0.60c$的速率向东飞行，发现5 s后该飞船将与一个以0.80 c的速率向西飞行的彗星相碰撞．试问：(1) 飞船中的人测到彗星将以多大的速率向它运动？(2) 从飞船中的钟来看，还有多少时间容许它离开航线，避免与彗星碰撞？

15-17 在S系中有一长为l_0的棒沿x轴放置，并以速率u沿xx'轴运动。若S′系以速率v相对S系沿xx'轴运动，试问从S′系测得此棒的长度为多少？

15-18 已知一束光在S′系里以速率c沿y'轴正向运动，而S′系以速率u相对于S系沿x轴正向运动．求该束光在S系中传播的方向．

15-19 若一电子的总能量为6.0 MeV，求该电子的动能、动量和速率，其中已知电子的质量为9.1×10^{-31} kg.

15-20 已知电子的静止能量为0.512 MeV，若其动能为0.3 MeV，那么它所增加的质量Δm与静止质量m_0的比值是等于多少？

15-21 某一宇宙射线中介子的动能$E_k=6\ m_0c^2$，其中m_0是介子的静止质量．问在实验室中观察到它的寿命是它固有寿命的多少倍？

15-22 已知质子、中子与氘核的静止质量分别为1.67262×10^{-27} kg、1.67493×10^{-27} kg和3.34359×10^{-27} kg，求一个质子和一个中子结合成一个氘核时放出的能量（用电子伏特表示）．

15-23 当粒子以多大的速率运动时其动量是非相对论动量的两倍？又在什么速率下其动能等于它的静止能量？

15-24 一被加速器加速的电子，其能量为3.00×10^9 eV. 已知电子的静能为0.512 MeV，试问：(1) 这个电子的质量是其静质量的多少倍？(2) 这个电子的速率为多少？

第 16 章　量子力学基本原理

19 世纪下半叶，以牛顿力学、麦克斯韦电磁理论、光学和统计力学为四大支柱的经典物理学达到了系统的成熟阶段，物理学界弥漫着大功告成的满足情绪. 当时的物理学家普遍认为，物理学的大厦已经建成，绝大多数重要原理已经确立，今后的发展主要是应用这些原理去解决具体问题. 然而，在 19 世纪末的十多年间，发现了一系列经典物理学无法解释的实验事实，其中最重要的是所谓“万里晴空上的两朵乌云”. 第一朵“乌云”就是上一章介绍过的迈克尔逊—莫雷实验. 这个实验的结果用经典理论无法解释，但却成了爱因斯坦创立狭义相对论的唯一实验依据. 第二朵“乌云”是黑体辐射，这也是经典理论无法解释的. 由于普朗克（M. Planck，1858—1947）提出了量子假设，使得这个问题的解决成了量子理论发展的开端. 本章从黑体辐射等重要实验开始，介绍量子力学的基本原理.

16.1　黑体辐射

1. 黑体辐射

实验和经验表明，物体总在辐射电磁波. 由于辐射电磁波的频率和能量密度与物体温度有关，这种辐射被称为热辐射（thermal radiation）. 例如，根据钢水颜色判断钢水的温度就是利用了热辐射的这个性质.

一般说来，入射到物体上的电磁波一部分被物体吸收，另一部分被物体反射. 作为一个理想模型，人们把入射电磁波全部吸收而不反射的物体称为黑体（blackbody）. 用不透射电磁波的材料做一个闭合空腔，在空腔上开一个小孔，这个小孔近似是一个黑体. 这是因为，射入小孔的电磁波被空腔内壁多次反射、吸收后，从小孔射出的几率很小. 即使射出，强度也是很弱的，如图 16-1-1 所示. 白天从较远处向窗子里看，窗子里显得很暗，就是因为通过窗口从房间里反射出去的光线比较弱的缘故. 之所以把黑体作为研究热辐射的理想模型，是因为从黑体射出的电磁波中不含反射波.

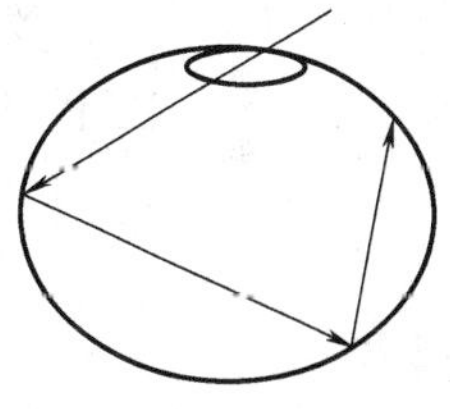

图 16-1-1

当图 16-1-1 所示的空腔处于温度为 T 的平衡态时，单位时间内从腔壁辐射出的能量等于腔壁吸收的能量. 设空腔单位体积内波长在 $\lambda \sim \lambda + d\lambda$ 范围内的电磁波能量为 $\rho_\lambda d\lambda$，ρ_λ 是辐射场单色能量密度. 实验表明，ρ_λ 只与波长和温度有关，与空腔的材料和形状无关. 图16-1-2 中的矢量 $\boldsymbol{n}$ 是黑体（即图 16-1-1 中的小孔）表面上 O 点处单位面积的法线矢量. 由于辐射场能量向各方向均匀流出，沿着与矢量 $\boldsymbol{n}$ 的夹角为 θ 的方向，单位时间流入 θ 角方向的立体角元 $d\Omega = \sin\theta d\theta d\varphi$ 内的单色能量是 $\frac{c}{4\pi}\rho_\lambda d\Omega$，$c$ 是真空中的光速，4π 是球面的立体角. 设单位时间从黑体表面单位面积辐射出的波长在 $\lambda \to \lambda + d\lambda$ 范围内的能量为

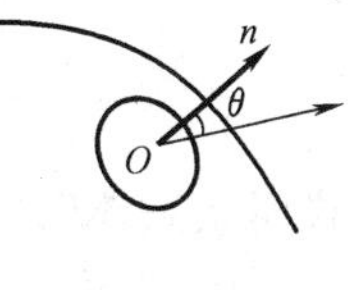

图 16-1-2

$j_\lambda d\lambda$，j_λ 叫做黑体表面单色能流密度．由图 16-1-2 可见，j_λ 与 ρ_λ 的关系是

$$j_\lambda = \frac{c}{4\pi}\rho_\lambda\int_0^{2\pi}d\varphi\int_0^{\pi/2}\sin\theta\cos\theta d\theta = \frac{c}{4}\rho_\lambda \tag{16-1-1}$$

与 ρ_λ 一样，j_λ 只与波长和温度有关．

测量黑体表面单色能流密度 j_λ 的实验装置如图 16-1-3a 所示．Q 是带小孔的空腔，其内部温度可控．从小孔 K 射出的光束经过透镜 L_1 和 L_2 后成为平行光照射在棱镜 P 上，H_1 是平行光管．穿过棱镜的光被分成单色光束，通过透镜 L_3 后聚焦在温差热电偶 D 上，H_2 是平行光管．调整 H_2 的位置，可以从电流计测出不同波长的单色能流密度的值．实验曲线如图 16-1-3b 所示．实验表明，与温度 T 对应的一条实验曲线下的面积，即单位时间从黑体表面单位面积辐射出的包含各种波长的能量是

$$J = \int_0^\infty j_\lambda d\lambda = \sigma T^4 \tag{16-1-2}$$

上式叫做斯忒藩-玻尔兹曼（Stefan-Boltzmann law）定律，比例常数 $\sigma = 5.78\times10^{-8}\mathrm{W/(m^2\cdot K^4)}$ 叫做斯忒藩-玻尔兹曼常数．实验还发现，单色能流密度的最大值 $j_{\lambda m}$ 对应的波长 λ_m 与温度的积等于常数，即

$$\lambda_m\cdot T = b \tag{16-1-3}$$

其中，常数 $b = 2.89\times10^{-3}\mathrm{m\cdot K}$．从图 16-1-3b 可以看出，随着温度升高，$\lambda_m$ 的值向左移动．上式叫做维恩（Wien displacement law）位移定律．

问题是，满足上述实验定律的单色能流密度 j_λ 作为温度和波长的函数，其表示式是什么呢？

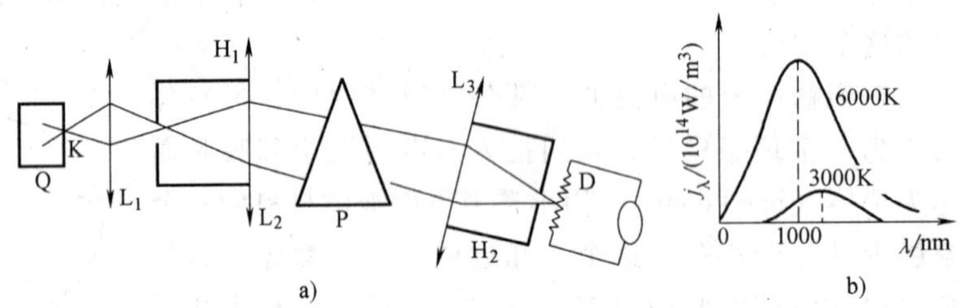

图 16-1-3

2. 维恩公式和瑞利-金斯公式

1896 年，德国物理学家维恩（W. Wien，1864—1928）从热力学理论出发，运用半理论半经验的方法得到了公式

$$j_\lambda = \frac{c_1}{\lambda^5 e^{\frac{c_2}{\lambda T}}} \tag{16-1-4}$$

上式叫做黑体辐射的维恩公式，其中的 c_1，c_2 是经验常数，叫做第一和第二辐射常数，$c_1 = 3.74\times10^{-16}\mathrm{W\cdot m^2}$，$c_2 = 1.44\times10^{-2}\mathrm{m\cdot K}$．不过，维恩公式在波长较短时与实验符合，波长较长时与实验不符，如图 16-1-4 所示．将式（16-1-4）代入式（16-1-1），得

$$\rho_\lambda = \frac{4c_1}{c\lambda^5}e^{-\frac{c_2}{\lambda T}} \tag{16-1-5}$$

由 $c = \nu\lambda$ 得 $\frac{d\lambda}{d\nu} = -\frac{\lambda}{\nu}$．利用 $\rho_\nu d\nu = -\rho_\lambda d\lambda$ 可将单色能量密度 ρ_λ 表示为频率和温度的函数，即

$$\rho_\nu = -\rho_\lambda \frac{d\lambda}{d\nu} = c_1'\nu^3 e^{-\frac{c_2'\nu}{T}} \tag{16-1-6}$$

上式也叫做维恩公式，$c_1' = 4c_1c^{-5}$，$c_2' = c_2c^{-1}$.

1900 年 6 月，英国物理学家斯特劳特（瑞利勋爵）（J. W. Strutt，1842—1919）报告了他的黑体辐射研究结果. 他假设空腔内的辐射电磁场形成一个个具有一定频率的电磁振子，根据经典电动力学推导出空腔单位体积内辐射频率在频率间隔 $\nu \sim \nu + d\nu$ 内的振子数目是 $\frac{8\pi\nu^2}{c^3}d\nu$. 按照能量均分定理，每个振子具有能量 kT，所以，单色能量密度

$$\rho_\nu = \frac{8\pi\nu^2}{c^3}kT \tag{16-1-7}$$

由于瑞利推导上式时曾经错了一个因数，被年轻的英国天文学家金斯（J. H. Jeans，1877—1946）纠正，所以上式叫做瑞利—金斯公式. 这个公式与维恩公式相反，在低频段与实验相符，在高频段与实验不符. 此问题被称为“紫外灾难”，如图 16-1-4 所示.

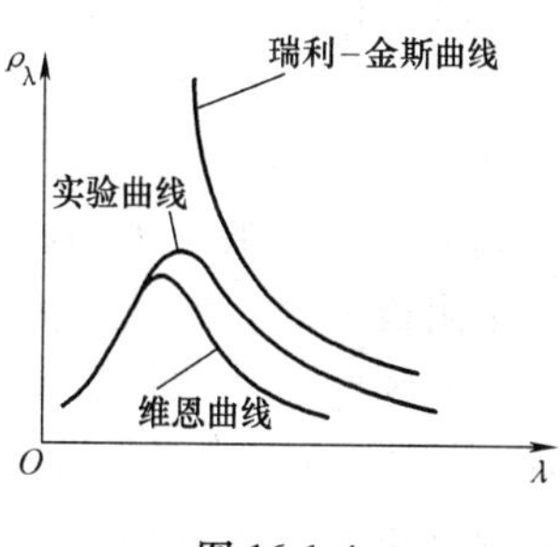

图 16-1-4

如果说由于维恩公式是用半理论半经验的方法得到的，其失败之处尚不足以说明经典理论遇到了困难，那么，瑞利—金斯公式的推导思路则是明确的，其失败之处确凿无疑地表明了经典理论的失败. 因此，“紫外灾难”被称为第二朵“乌云”. 出路在哪里呢？

3. 普朗克公式

德国著名物理学家普朗克从 1894 起就注意研究黑体辐射问题. 经过反复考虑，普朗克认为，解决上述问题的关键在于承认空腔中电磁振子的能量不是能量均分定理给出的 kT，即振子能量不是随温度连续变化的，而是量子化的，即振子能量

$$E = n\varepsilon_0 \tag{16-1-8}$$

式中，$n = 0, 1, 2, 3, \cdots$；$\varepsilon_0 = h\nu$ 是频率为 ν 的振子的最小能量单位，叫做能量子；h 是待定常数，叫做普朗克常数. 根据上述能量子假设，运用统计理论，普朗克提出

$$\rho_\nu = \frac{8\pi h\nu^3}{c^3}\frac{1}{e^{\frac{h\nu}{kT}} - 1} \tag{16-1-9}$$

上式叫做黑体辐射的普朗克公式.

当频率较低时，即当 $h\nu << kT$ 时，$e^{\frac{h\nu}{kT}} - 1 \approx \frac{h\nu}{kT}$，上式变为瑞利-金斯公式；当频率较高时，即当 $h\nu >> kT$ 时，$e^{\frac{h\nu}{kT}} - 1 \approx e^{\frac{h\nu}{kT}}$，上式变为

$$\rho_\nu = \frac{8\pi h\nu^3}{c^3}e^{-\frac{h\nu}{kT}}$$

这与维恩公式（16-1-6）形式相同. 令 $c_1' = 4c_1c^{-5} = \frac{8\pi h}{c^3}$，$c_2' = c_2 \cdot c^{-1} = \frac{h}{k}$，得

$$h = 6.62 \times 10^{-34} \text{J} \cdot \text{s} \tag{16-1-10}$$

不难证明，普朗克公式满足斯忒藩-玻尔兹曼定律. 证明如下：

将 $c = \nu\lambda$ 代入式（16-1-1），得 $j_\nu = \frac{c}{4}\rho_\nu$，所以

$$J = \int_0^\infty j_\nu \mathrm{d}\nu = \frac{2\pi h}{c^2}\int_0^\infty \frac{\nu^3}{\mathrm{e}^{\frac{h\nu}{kT}} - 1}\mathrm{d}\nu$$

令 $x = \dfrac{h\nu}{kT}$，得

$$J = \frac{2\pi h}{c^2}\left(\frac{kT}{h}\right)^4 \int_0^\infty \frac{x^3}{\mathrm{e}^x - 1}\mathrm{d}x$$

由于积分 $\int_0^\infty \frac{x^3}{\mathrm{e}^x - 1}\mathrm{d}x = 6.4938$，得

$$J = 5.66 \times 10^{-8} T^4 \mathrm{W/m^2} \tag{16-1-11}$$

此即斯忒藩—玻尔兹曼定律.

普朗克的能量子假设是一个革命性的假设，从根本上冲击了经典理论认为一切变化都是连续的这一传统观念. 这个假设提出后并没有很快被物理学界接受，因为它与经典观念太格格不入了，甚至普朗克本人对此也惴惴不安，总想回到经典理论的连续观念上去，他在这个问题上竟徘徊了10年. 与普朗克的态度形成鲜明对比的是爱因斯坦. 他在1905年3月完成的论文“关于光的产生和转化的一个启发性观点”中说：关于黑体辐射、光致发光、紫外光产生阴极射线，以及其他一些有关光的产生和转化的现象的观察，如果用光的能量在空间中不是连续分布的这种假说来解释，似乎就更好理解. ……这些能量子能够运动，但不能再分割，而只能整个地被吸收或产生出来. 虽然爱因斯坦是最早认识量子现象，并对量子理论的发展做出重大贡献的物理学家之一，但爱因斯坦并不赞成量子力学对微观粒子运动的描述.

思考题 16.1

1. 经典物理理论为什么会在黑体辐射问题上遇到困难？这个困难是被如何解决的？
2. 试由普朗克黑体辐射公式导出维恩位移定律.

16.2 光电效应

1. 光电效应实验

在光照射下，电子从金属表面逸出的现象叫做光电效应(photoelectric effect)，逸出的电子叫做光电子（photoelectron）. 如图16-2-1所示，P为内部真空的密封容器，除窗口Q外四周不透光. 容器P内的L和K是两块表面非常清洁不带氧化层的金属板. L与电源正极相连，叫做阳极，K与电源负极相连，叫做阴极. 实验发现，当白光穿过窗口Q照射到极板K上时，回路中有电流.

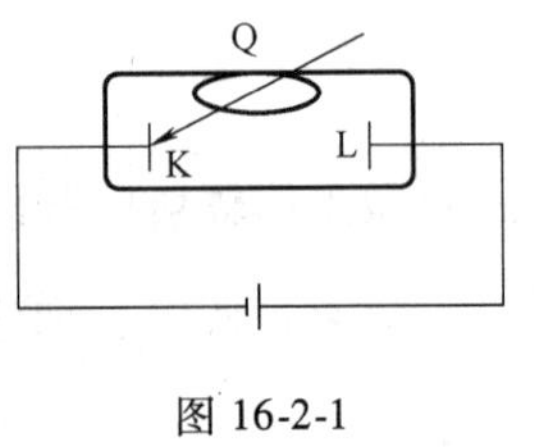

图 16-2-1

这表明在光的照射下，从极板K逸出的电子在两个极板之间的静电场作用下从K极到达了L极. 如果从窗口Q入射到K极板上的是单色光，实验发现，对于某种金属的K板，只有当入射光频率大于一定值时，回路中才有电流，即才有电子从K极逸出. 金属种类不同，这个最低频率值不同.

当将K极与电源正极相连、L极与电源负极相连时，两极板之间的静电场对从K极逸出的光电子的作用是阻碍光电子从K极到达L极. 设从K极板逸出的光电子的初动能为$mv^2/2$，回路中的最小电压为U_0，则有

$$\frac{1}{2}mv^2 = eU_0 \tag{16-2-1}$$

式中，U_0 叫做遏止电压（restricted voltage），其物理意义是：在该电压作用下，从 K 极逸出的光电子恰好不能到达 L 极.

2. 光电效应的实验规律与经典理论的困难

光电效应是赫兹于 1887 年在电磁波的发射和接收实验中首次发现的. 对光电效应进行了系统实验研究的是勒纳德（P. Lenard，1862—1947）. 他发现了如下规律：

（1）对于每种构成 K 极的金属，都存在一个最低频率 ν_0，叫做截止频率（cutoff frequency）. 当入射单色光频率小于 ν_0 时，不论入射光强多大，都不能发生光电效应.

（2）只要入射光频率大于截止频率，立即有光电子逸出，不存在滞后时间.

（3）光电子的初动能只与入射光频率有关，与入射光强无关.

经典理论在解释上述光电效应的实验规律时遇到了无法回避的困难：

（1）按照经典理论，不论入射光频率是多少，只要光强足够大，就应能使金属表层的电子获得大于逸出功的能量从金属表面逸出，不应存在截止频率.

（2）按照经典理论，从光照射在 K 极上到光电子逸出，应有一段或长或短的滞后时间，这段时间基本上就是金属表层的电子吸收入射光能量的时间.

（3）按照经典理论，入射光强越大，光电子的初动能越大，光电子的初动能应与光强有关而与光频率无关.

矛盾显然是尖锐的，如何解决呢？

3. 爱因斯坦的光电子理论

爱因斯坦在上节提到的论文“关于光的产生和转化的一个启发性观点”中除论述了黑体辐射还论述了光电效应. 他认为，勒纳德总结的光电效应实验规律清楚地表明了光的微粒性. 能量为 $h\nu$ 的一个光量子透入到金属表层中，立即全部被电子吸收. 电子消耗所吸收能量的一部分而逸出金属表面. 所以，光电子的初动能是

$$\frac{1}{2}mv^2 = h\nu - A \tag{16-2-2}$$

式中，A 是金属的逸出功. 上式叫做爱因斯坦光电方程（Einstein photoelectric equation）. 按照这个方程便可清楚地解释勒纳德光电效应的实验规律. 例如，由于光电子的初动能 $\frac{1}{2}mv^2 \geqslant 0$，有 $\nu \geqslant \frac{A}{h}$，即截止频率

$$\nu_0 = \frac{A}{h} \tag{16-2-3}$$

显然，爱因斯坦光量子理论与经典理论的区别是，前者认为光能量是量子化的，光强的大小意味着光量子数的多少，而后者认为光能量是连续可分的.

将式（16-2-1）代入式（16-2-2），得

$$h = \frac{eU_0 + A}{\nu} \tag{16-2-4}$$

经过前后 10 年的实验研究，美国物理学家密立根于 1916 年测出了上式表示的普朗克常数 $h = 6.57 \times 10^{-34}\,\mathrm{J \cdot s}$，与通过黑体辐射实验得到的常数值式（16-1-10）相当一致，从而证

实爱因斯坦光电方程是正确的，使光量子理论为多数物理学家所接受. 1926 年，光量子被定名为光子（photon).

光电效应和光量子理论在物理学发展史上，特别是在量子理论的建立过程中具有特别重要的意义. 光量子理论发展了普朗克能量子假设，说明光（也就是电磁波）在具有波动性的同时具有粒子性，具有波粒二象性（wave-particle duality).

例题 16-2-1 （1）分别计算波长 $\lambda_1=6000\text{Å}$ 的红光和波长 $\lambda_2=1\text{Å}$ 的 X 光的光子能量. （2）求用波长 $\lambda_3=4000\text{Å}$ 的光照射金属铯（Cs）时逸出的光电子的初速率，已知铯的截止频率 $\nu_0=4.545\times10^{14}\text{Hz}$.

解：（1）光子能量

$$E_1=h\nu_1=\frac{hc}{\lambda_1}=3.31\times10^{-19}\text{J}$$

$$E_2=h\nu_2=\frac{hc}{\lambda_2}=1.99\times10^{-15}\text{J}$$

可见，波长较短的光子能量较大.

（2）由 $\frac{1}{2}mv^2=h\nu-A$ 和 $A=h\nu_0$ 得

$$v=\sqrt{\frac{2h}{m}\left(\frac{c}{\lambda}-\nu_0\right)}=6.56\times10^5\text{m/s}$$

思考题 16.2

1. 在解释光电效应时经典理论遇到了什么困难？为什么？
2. 试根据爱因斯坦光电方程逐条解释勒纳德光电实验规律.

16.3 康普顿效应

除了光电效应，证实光具有粒子性的另一个著名实验是康普顿效应，也就是 X 射线被电子散射时波长增大的现象. 这个现象也是经典理论无法解释的. 按照经典理论，电磁波被散射后波长不变. 康普顿效应的意义不仅在于又一次证明了光量子理论的正确性，更重要的在于证明了能量守恒和动量守恒定律在微观世界中也是严格成立的.

1916 年，爱因斯坦在“关于辐射的量子理论”一文中提出，能量为 $h\nu$ 的光子的动量是

$$p=\frac{h\nu}{c}=\frac{h}{\lambda} \tag{16-3-1}$$

上式进一步发展了光量子理论，并被康普顿效应所证实.

美国物理学家康普顿（A. H. Compton，1892—1962）从青年时起就研究 X 射线. 他在实验中发现，X 射线穿过石墨后，有的散射波的波长不变，有的散射波的波长增大，波长增量随散射角增大而增大，同时散射波强度变弱. 经过多年探索，他于 1923 年 5 月发表文章，认为这种实验现象只有用量子理论才能解释.

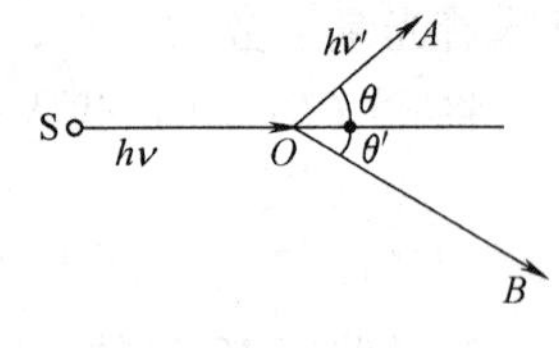

图 16-3-1

如图 16-3-1 所示，从 X 射线源 S 射出的光子与位于 O 点的电子碰撞．设光子能量为 $h\nu$、动量为$\frac{h}{\lambda}$，ν，λ 是入射光的频率和波长．设光子与电子碰撞后，光子沿 OA 方向运动，动量为$\frac{h}{\lambda'}$；电子沿 OB 方向运动，速率为 v．按照狭义相对论，电子以速率 v 运动时，动能

$$E_k = mc^2 - m_0c^2 \tag{16-3-2}$$

式中，m_0 是电子的静止质量．电子动量

$$p = \frac{m_0 v}{\sqrt{1 - \frac{v^2}{c^2}}} \tag{16-3-3}$$

设光子和电子组成的系统碰撞前后能量和动量都守恒，则有

$$h\nu = h\nu' + E_k \tag{16-3-4}$$

$$\frac{h}{\lambda} = \frac{h}{\lambda'}\cos\theta + p\cos\theta' \tag{16-3-5}$$

$$0 = \frac{h}{\lambda'}\sin\theta - p\sin\theta' \tag{16-3-6}$$

式中 θ 和 θ'分别是光子和电子的散射角．将式（16-3-5）和式（16-3-6）写成

$$h\nu - h\nu'\cos\theta = pc\cos\theta'$$

$$h\nu'\sin\theta = pc\sin\theta'$$

求上两式的平方和，得

$$(h\nu)^2 + (h\nu')^2 - 2h\nu h\nu'\cos\theta = p^2c^2$$

将 $m^2c^4 = m_0^2c^4 + p^2c^2$ 代入上式，将式（16-3-2）两边平方与上式相减，利用式（16-3-4），得

$$h\nu' = \frac{h\nu}{1 + \frac{h\nu}{m_0c^2}(1 - \cos\theta)}$$

由上式得

$$\Delta\lambda = \lambda' - \lambda = \frac{h}{m_0c}(1 - \cos\theta)$$

即

$$\Delta\lambda = \frac{2h}{m_0c}\sin^2\frac{\theta}{2} \tag{16-3-7}$$

这表明，波长增量随散射角增大而增大．由 $E = hc/\lambda$ 可知，波长变大时，光子能量变小，即散射波强度降低．那么，为什么有的散射波波长保持不变呢？原来，方程组(16-3-4)～（16-3-7）中暗含着电子是自由电子的假定．若光子碰撞的是原子的外层电子，由于外层电子受原子核束缚作用弱，可看成自由电子．但若光子碰撞的是原子的内层电子，由于内层电子受原子核束缚作用强，光子相当于与整个原子碰撞，而原子质量远大于光子质量，故光子在碰撞前后动量不变，即光波长不变．这样，从能量和动量守恒定律出发，圆满解释了康普顿效应．反过来也就证明了能量和动量守恒定律在微观世界中严格成立．

由式（16-3-7）可以看出普朗克常数 h 在微观现象中的重要性．按照经典理论，能量是连续变化的，$h = 0$，因而 $\Delta\lambda = 0$，光被电子散射后波长不变．在量子理论中，$h \neq 0$，光的能量和动量是量子化的．凡是常数 h 在其中起重要作用的现象都可以称为量子现象．

式（16-3-7）中的常量 h/m_0c 叫做康普顿波长，其值是

$$\frac{h}{m_0c}=2.43\times10^{-12}\text{m} \tag{16-3-8}$$

这表明，只有对于波长较短的入射电磁波，如 X 射线，才能观察到康普顿效应；而对于波长较长的入射电磁波（如可见光），则观察不到康普顿效应，或者说，波长较长的入射电磁波被电子散射后波长不变，即经典电磁学关于散射波波长不变的结论在入射波波长较长时仍然是正确的.

思考题 16.3

康普顿效应说明了什么?

16.4 玻尔的氢原子理论

不同光源的光谱各有其特点. 太阳的光谱是连续的彩色光谱，高温固体、液体和黑体的光谱也都是连续光谱. 气体、电弧或火花放电的光谱是由许多分离的亮线组成的线状光谱.

光谱的研究始于牛顿. 1666 年，牛顿用三棱镜分解出了白光的光谱，以此说明彩虹是由于不同频率的光折射率不同形成的. 早期的光谱研究主要是积累、整理实验事实和数据. 1859 年，基尔霍夫和本生（R. W. Bunsen，1811—1899）发现，每种元素都有各自的线状光谱. 1868 年，瑞典人埃格斯特朗发表了“标准太阳光谱图表”，为光谱研究提供了极其有用的资料，为了纪念他，人们把波长单位命名为“埃（Å）”，$1\text{Å}=10^{-10}\text{m}$. 从此，光谱学成了物理学的一个独立的重要分支.

1. 氢原子光谱

1890 年，瑞典人里德堡（J. R. Rydberg，1854—1919）通过对实验数据的分析，在瑞士人巴尔末（J. J. Balmer，1825—1898）工作的基础上提出了关于氢原子线状光谱的公式

$$\frac{1}{\lambda}=R\left(\frac{1}{n^2}-\frac{1}{m^2}\right) \tag{16-4-1}$$

上式叫做里德堡公式（Rydberg formula），其中，里德堡常数 $R=1.097\times10^7/\text{m}$，$n$、$m$ 都是正整数，且 $m>n$. 在上式中：

$n=1$，$m=2$，3，…的各条谱线组成赖曼系（Lyman series），分布在紫外区；

$n=2$，$m=3$，4，…的各条谱线组成巴尔末系（Balmer series），分布在可见光区；

$n=3$，$m=4$，5，…的各条谱线组成帕邢系（Paschen series）；$n=4$，$m=5$，6，…的各条谱线组成布拉开系（Brackett series）；$n=5$，$m=6$，7，…的各条谱线组成普芳德系（Pfund series），都分布在红外区.

氢原子的上述各光谱系，除巴尔末系发现较早外，其他各系也都于 1900 年以后先后发现. 这说明里德堡公式的确反映了氢原子的光谱规律.

2. α 粒子散射和原子有核模型

光谱的规律性是物质原子构造规律性的反映. 在研究原子结构方面，人们进行了长期的探索. 1911 年，卢瑟福（E. Rutherford，1871—1937）在 α 粒子散射实验的基础上提出了原子的有核模型（atomic model with nucleus）.

α 粒子就是氦原子核，带电 $+2e$，质量约为电子质量的7400 倍. 图 16-4-1 中的 S 表示镭元素放射源，发射 α 粒子，发射速率约为光速的十五分之一. 从放射源 S 发出的众多 α 粒子穿过小孔 Q 后形成一束直线前进的 α 粒子流，打在薄金属（硫化锌）箔片上后向各个方向散射.

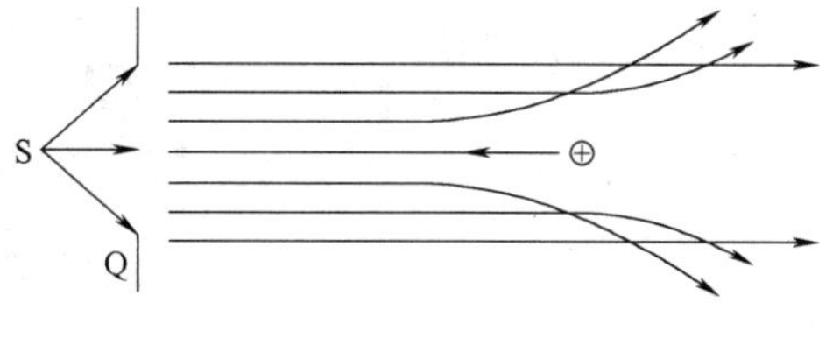

图 16-4-1

实验发现，大部分 α 粒子穿过箔片后运动方向不变或变化不大，少数 α 粒子散射角较大，极少数的散射角大于 90°，甚至反弹回来。根据上述实验，卢瑟福认为，箔片的原子结构是：原子中心为一带正电的原子核，几乎集中了原子的全部质量. 核的体积远小于整个原子，质量密度极大. 核外有若干电子绕核运动. 所以，当 α 粒子流打在箔片上时发生了上述散射. 卢瑟福提出的这种原子模型叫做有核模型. 按照这个模型，大多数 α 粒子经过原子核附近时，由于受到原子核的库仑斥力很小，散射角很小. 少数距原子核较近处的 α 粒子受到的斥力较大，散射角大，大于 90°，甚至接近或达到 180°.

为了确切地了解 α 粒子散射，特别是由此了解研究粒子散射的方法，下面来推导卢瑟福 α 粒子散射公式（Rutherford's scattering formula on α-particles）. 如图 16-4-2 所示，一个 α 粒子以速度 $\boldsymbol{v}_0$ 射向位于 O 点的电量为 $+Ze$ 原子核，被原子核散射后沿曲线 CB 离去. 图中由 O 点到 α 粒子入射线的距离 b 叫做瞄准距离. 由于 α 粒子的质量远大于电子质量而远小于核的质量，可以不考虑 α 粒子与核外电子的相互作用，且假设原子核在散射过程中静止于 O 点. 由于 α 粒子与核之间的库仑斥力是保守力且方向沿着它们的连线，α 粒子的机械能和角动量在散射过程中守恒. 于是有

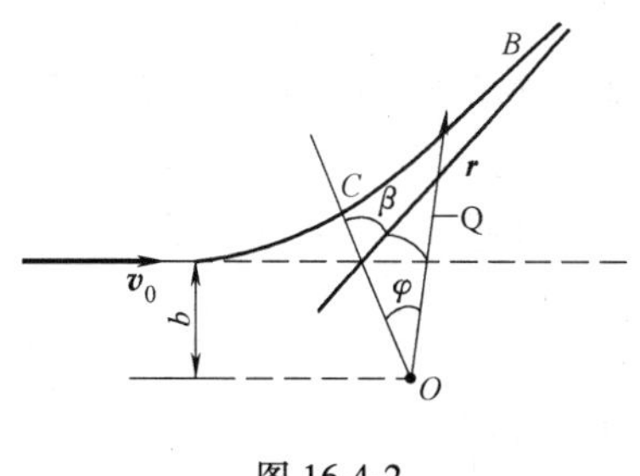

图 16-4-2

$$E=\frac{1}{2}mv_0^2=\frac{1}{2}mv^2+U$$

$$=\frac{1}{2}m\left(\dot{r}^2+r^2\dot{\varphi}^2\right)+U \tag{16-4-2}$$

$$L=mv_0b=mr^2\dot{\varphi} \tag{16-4-3}$$

式中，$\boldsymbol{r}$ 是 α 粒子相对于 O 点位矢；φ 是 $\boldsymbol{r}$ 偏离极坐标轴线 OC 的角度；$\dot{r}=\frac{\mathrm{d}r}{\mathrm{d}t}$和 $\dot{\varphi}=\frac{\mathrm{d}\varphi}{\mathrm{d}t}$是 α 粒子的径向速度和角速度；$U=\frac{2Ze^2}{4\pi\varepsilon_0 r}$是 α 粒子的电势能. 由上两式可得

$$\frac{\mathrm{d}\varphi}{\mathrm{d}r}=\frac{L}{r^2\sqrt{2m\left(E-U\right)-\frac{L^2}{r^2}}}$$

令 $U=\frac{u}{r}$，$u=\frac{Ze^2}{2\pi\varepsilon_0}$，则有

$$\mathrm{d}\varphi=-\frac{\mathrm{d}\left(L/r\right)}{\sqrt{2mE+\frac{m^2u^2}{L^2}-\left(\frac{L}{r}+\frac{mu}{L}\right)^2}}$$

设初始角 $\varphi_0=0$，利用积分公式 $\int \frac{\mathrm{d}x}{\sqrt{a^2-x^2}}=-\arccos\left(\frac{x}{a}\right)$ 积分上式，得

$$\cos\varphi=\frac{1+\frac{L^2}{mur}}{\sqrt{1+\frac{2EL^2}{mu^2}}}$$

令 $e=\sqrt{1+\frac{2EL^2}{mu^2}}$，$p=\frac{L^2}{mu}$，则有

$$r=\frac{p}{e\cos\varphi-1} \tag{16-4-4}$$

这表明散射轨迹是抛物线. 由上式和图 16-4-2 可知，当 $r\to\infty$ 时，$\cos\varphi=1/e$，$\varphi\to\beta$，两条渐进线的夹角即散射角 $\theta=\pi-2\beta=\pi-2\varphi$，于是有

$$\cot\frac{\theta}{2}=\sqrt{e^2-1}=\frac{4\pi\varepsilon_0 E}{Ze^2}b \tag{16-4-5}$$

显然，瞄准距离 b 越小，散射角越大，这与实验相符.

由式（16-4-4）可知，当 $\varphi=\varphi_0=0$ 时，即在 C 点处 α 粒子到核的距离最近，记做 $r_{\min}$. 由于 α 粒子过 C 点的速度垂直与位矢，式（16-4-2）和式（16-4-3）可以写成

$$\frac{1}{2}mv_0^2=\frac{1}{2}mv^2+\frac{2Ze^2}{4\pi\varepsilon_0 r_{\min}} \tag{16-4-6}$$

$$mv_0 b=mr_{\min}v \tag{16-4-7}$$

将式（16-4-7）代入式（16-4-6）并利用式（16-4-5），得

$$r_{\min}=\frac{2Ze^2}{4\pi\varepsilon_0 mv_0^2}\left(1+\frac{1}{\sin\frac{\theta}{2}}\right) \tag{16-4-8}$$

这表明，只要测定了粒子初速 v_0 和散射角 θ，最小距离 $r_{\min}$ 就是已知的. $r_{\min}$ 的数量级为 10^{-14}m，这就是原子核半径的上限. 今天已经知道，原子核半径的数量级为 $10^{-14}\sim10^{-15}$m，而原子半径的数量级为 10^{-10}m.

由图 16-4-3a 可知，瞄准距离在 $b\sim b-\mathrm{d}b$ 范围的 α 粒子的散射角一定在 $\theta\sim\theta+\mathrm{d}\theta$ 范围内. 也就是说，穿过内半径为 $b-\mathrm{d}b$，外半径为 b 的圆环的 α 粒子一定散射到如图 16-4-3b 所示的角度为 $\theta\sim\theta+\mathrm{d}\theta$ 的空心圆锥中. 图 16-4-3a 中圆环的面积

$$\mathrm{d}\sigma=2\pi b\mathrm{d}b$$

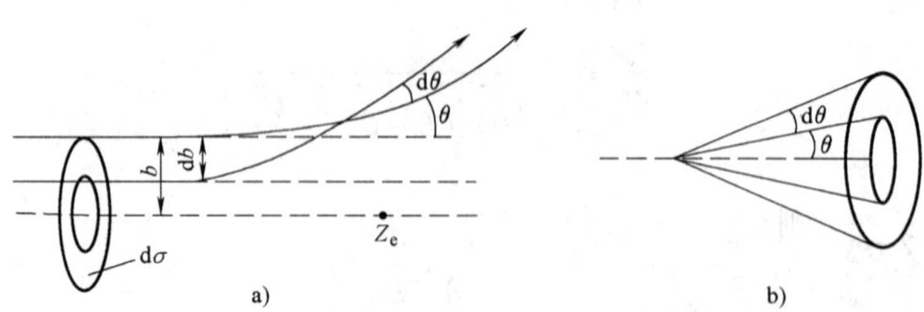

图 16-4-3

叫做微分散射截面（differential scattering cross-section）．由式（16-4-5）得

$$d\sigma = 2\pi b\,|db| = \pi\left(\frac{2Ze^2}{4\pi\varepsilon_0 mv_0^2}\right)^2 \frac{\cos\frac{\theta}{2}}{\sin^2\frac{\theta}{2}}d\theta$$

空心圆锥的立体角 $d\Omega = 2\pi\sin\theta d\theta$，因此，微分散射截面可写成

$$d\sigma = \left(\frac{Ze^2}{4\pi\varepsilon_0 mv_0^2}\right)^2 \frac{d\Omega}{\sin^4\frac{\theta}{2}} \tag{16-4-9}$$

这就是卢瑟福 α 粒子散射公式．

3. 玻尔的氢原子理论

卢瑟福原子有核模型提出后，多数物理学家对这个模型不是反对就是不理睬，而支持这个模型的为数不多的物理学家都为原子稳定的问题所苦恼．这些人忧虑的是，按照经典电动力学理论，绕核运动的电子由于加速度不为零要连续地辐射电磁波，电子能量要减少，因而最终要落在核上．这意味着原子结构不稳定，即原子要“坍塌”，物体要自发地剧烈“收缩”．然而，现实中的原子是稳定的，并没有“坍塌”．不过，同样是按照经典电动力学理论，由于绕核运动的电子所受的库仑力是保守力，电子能量守恒．所以，与其说卢瑟福原子有核模型与经典电动力学相矛盾，不如说经典电动力学自相矛盾．事实上，当时卢瑟福等人主要考虑的并不是这个模型与经典电动力学的矛盾，而是氢原子的光谱为什么是分立的线状光谱．因为，按照经典理论，当绕核运动的电子的能量发生变化时，这个变化应该是连续的．这样，只要不再认为电子能量变化是连续的，而库仑力是保守力，自然可以想到：当核外电子在库仑力的束缚下沿某个轨道绕核运动时其能量不变，不辐射也不吸收电磁波；只有当电子受到扰动，从一个轨道跃迁到另一个轨道时，其能量才改变，同时辐射或吸收电磁波，而这正是丹麦物理学家玻尔（Niels Bohr，1885—1962）的想法．玻尔认为，应该否定的不是卢瑟福模型，而是经典电动力学对这个模型的说明．他认为，只有量子假说才是摆脱困境的唯一出路．他从氢原子光谱线有特定波长这个实验事实（见里德堡公式）推测，核外电子的运动轨道不是任意的，而是有特定条件的．1913 年，他按照这个思路提出了两条假设：

（1）核外电子的运动轨道不是任意的，只有电子角动量 $L = mvr$ 满足条件

$$L = n\frac{h}{2\pi} = n\hbar \quad (n = 1,\ 2,\ 3,\ \cdots) \tag{16-4-10}$$

的圆轨道才是允许的轨道，其中 $\hbar = h/2\pi$ 叫做约化普朗克常数．电子在这些轨道上运动时处于能量稳定态，不辐射电磁波．上式叫做玻尔轨道量子化条件（Bohr condition of orbital quantization），n 叫做轨道量子数（orbital quantum number）．

（2）电子在不同轨道之间跃迁时辐射或吸收电磁波，辐射或吸收的电磁波的频率决定于两个轨道的能量差，即

$$h\nu = E_m - E_n \tag{16-4-11}$$

上式叫做玻尔频率条件（Bohr condition of frequency）．

根据上述两条假设，玻尔推出了里德堡公式．设电子绕核运动的圆轨道半径为 r，根据

库仑定律和牛顿第二定律有

$$\frac{e^2}{4\pi\varepsilon_0 r^2}=m\frac{v^2}{r} \tag{16-4-12}$$

由上式和式（16-4-10）得

$$r=\frac{n^2\varepsilon_0 h^2}{\pi m e^2}$$

或写成

$$r_n=n^2 r_1,\ (n=1,\ 2,\ \cdots) \tag{16-4-13}$$

式中，$r_1=\dfrac{\varepsilon_0 h^2}{\pi m e^2}=5.29\times10^{-11}\mathrm{m}$ 叫做第 1 级玻尔轨道半径或基态轨道半径，其他的状态叫做激发态.

当电子在第 n 级轨道上运动时，其动能

$$E_k=\frac{1}{2}mv^2=\frac{e^2}{8\pi\varepsilon_0 r_n}$$

势能

$$E_p=-\frac{e^2}{4\pi\varepsilon_0 r_n}$$

所以，电子的第 n 级能量

$$E_n=-\frac{e^2}{8\pi\varepsilon_0 r_n}=-\frac{me^4}{8\varepsilon_0^2 n^2 h^2}$$

通常将上式写成

$$E_n=\frac{E_1}{n^2} \tag{16-4-14}$$

式中，$E_1=-\dfrac{me^4}{8\varepsilon_0^2 h^2}=-13.6\mathrm{eV}$ 叫做基态能量. 上式叫做氢原子能级公式，式中的负号说明能量是束缚能. 也就是说，要使处于第 n 能级的电子脱离原子核的束缚，至少要使电子获得 $|E_n|$ 的能量. 例如，要使处于基态的电子脱离原子核的束缚，至少要使电子获得 13.6eV 的能量，这个能量叫做氢原子的电离能. 将式（16-4-14）代入式（16-4-11），并利用 $c=\nu\lambda$ 即可得里德堡公式（16-4-1）.

由上述可知，在经典力学的基础上加上玻尔的两条量子化假设，就可以推出符合实验结果的里德堡公式. 这说明玻尔理论符合实际，尽管这个理论是在经典理论的基础上加了两条特殊的量子化条件形成的，是一种半经典半量子化的理论. 应当注意的是，玻尔理论只适用于氢原子和类氢原子. 例如，对于核外有两个电子的氦原子的能级和谱线频率玻尔理论就无法计算. 其次，玻尔理论也不能计算氢原子谱线的强度. 尽管玻尔理论有这些局限性，但在量子理论的发展历史上，玻尔理论起过承前启后的巨大作用，具有重要的历史地位和认识论意义.

除上面的结果外，还可由式（16-4-10）和式（16-4-12）得核外电子的运动速度

$$v=\alpha\frac{c}{n} \tag{16-4-15}$$

式中的 $\alpha=\dfrac{e^2}{4\pi\varepsilon_0\hbar c}\approx\dfrac{1}{137}$ 叫做精细结构常数（fine structure constant），这是一个纯数. 上式表明，核外电子的运动速度远小于光速，能级越高，电子速度越小. 所以，对于核外电子，相对论效应可以忽略.

4. 玻尔-索末菲量子化条件

玻尔理论只考虑了氢原子中电子的圆轨道，索末菲（Arnold. Sommerfeld，1868—1951）

把玻尔的轨道量子化条件推广为粒子相空间中的闭合轨道积分，即

$$\oint p\mathrm{d}q = nh, (n = 1,2,3,\cdots) \tag{16-4-16}$$

这叫做玻尔—索末菲量子化条件（Bohr-Sommerfeld condition of quantization），其中的 q 是粒子的广义坐标；p 是广义动量. 显而易见，若令 $p = L = mvr$，$\mathrm{d}q = \mathrm{d}\theta$，就可由上式得到式（16-4-10）. 不过，有时候根据式（16-4-16）得到的结果并不合理.

例题 16-4-1　利用玻尔—索末菲量子化条件求一维谐振子的能量.

解：设一维谐振子的振动方程为

$$x = A\cos\phi$$

其中，相位 $\phi = \omega t$. 根据玻尔—索末菲量子化条件，当振子完成一次全振动时，有

$$\oint p\mathrm{d}q = m\oint \frac{\mathrm{d}x}{\mathrm{d}t}\mathrm{d}x = A^2 m\omega\int_0^{2\pi}\sin^2\phi\mathrm{d}\phi$$

$$= A^2 m\omega\pi = nh$$

于是得

$$A^2 = \frac{2n\hbar}{m\omega}$$

因为 $k = m\omega^2$，振子能量

$$E = \frac{1}{2}kA^2 = n\omega\hbar$$

这表明振子能量是量子化的.

思考题 16.4

1. 按照玻尔理论，氢原子的哪几个物理量是量子化的？
2. 玻尔理论的意义是什么？局限性表现在哪些方面？

16.5　德布罗意波

1. 德布罗意波

我们已经知道，光的干涉、衍射表明光具有波动性，黑体辐射、光电效应表明光具有粒子性. 到了 1923 年，光的波粒二象性（wave-particle duality）已被物理学界普遍承认.

光具有波粒二象性，其他物质是否也具有波粒二象性？法国物理学家路易斯·德布罗意（Louis de Broglie，1892—1987）把波粒二象性的概念推广到了其他物质. 他说，整个（19）世纪以来，在光学上，比起波动的研究方面来，过于忽视了粒子的研究方面；在物质粒子理论上，是否发生了相反的错误，把“粒子”图像想得太多，而过分忽视了波的图像？1924 年，德布罗意提出，质量为 m 的粒子以速率 v 运动时，其能量

$$E = h\nu \tag{16-5-1}$$

动量

$$p = \frac{h}{\lambda} \tag{16-5-2}$$

以上两式叫做德布罗意公式. 按照德布罗意公式，粒子都有相应的波，叫做德布罗意波（de Broglie wave）. 对于能量和动量都不变的自由粒子，德布罗意波的频率和波长都是常量. 设一维自由粒子的德布罗意波为平面波，波函数是

$$\psi(x, t) = A_0\cos\left[\omega t + \varphi - 2\pi\frac{x}{\lambda}\right] \tag{16-5-3}$$

将德布罗意公式代入上式，得

$$\psi(x,t) = A_0\cos\left[\frac{2\pi}{h}(Et-px)+\varphi\right]$$

通常将波函数写成复数形式

$$\psi(x,t) = Ae^{-\frac{i}{\hbar}(Et-px)} \tag{16-5-4}$$

式中，$A=A_0e^{i\varphi}$.

由于普朗克常数 h 是个很小的量，德布罗意波的波长一般很短. 例如，能量 $E=54\text{eV}$ 的低速电子的动量 $p=mv=\sqrt{2mE}$，相应的德布罗意波波长

$$\lambda = \frac{h}{\sqrt{2mE}} = 1.67\text{Å} \tag{16-5-5}$$

2. 德布罗意波的实验验证

德布罗意波假设是否正确反映了微观粒子的运动性质呢？关键在于实验验证. 德布罗意曾经预言，可以用电子在晶体上的衍射来验证德布罗意波，但当时未受到重视. 1927 年，美国物理学家戴维逊（C. J. Davisson，1881—1958）和革末（L. Germer，1896—1971）首先发现并完成了电子在镍晶表面的衍射实验，证实了电子运动的波动性.

如图 16-5-1 所示，从电子枪（即阴极，图中未画出）射出的电子流被电场加速后垂直入射在镍单晶（立方晶体）的磨光平面（晶面）上，向各个方向散射. 磨光平面上整齐排列着原子，形成线型光栅，d 是晶格常数（图 16-5-2）. 在 θ 角方向放置着一个电子收集器，收集散射到该方向的电子. 收集器可在 $\theta_0<\theta\leqslant 90°$ 范围内移动，θ_0 是实验条件允许的 θ 的最小值，通常在 10°～20°. 与收集器连接的电流计（图中未画出）可以测出散射到该方向上的电子数. 整个实验装置密闭在高真空容器中. 实验表明，在入射电子能量给定条件下，散射电子数出现极大值的角度与入射电子数密度无关，由下式决定，即

$$a\sin\theta = n\lambda \quad (n=1,\ 2,\ 3,\ \cdots) \tag{16-5-6}$$

或者

$$\theta_n = \sin^{-1}(n\lambda/a) \tag{16-5-7}$$

式中，λ 是入射电子的德布罗意波长，晶栅常数 a 由晶格常数 d 和磨光的晶体表面的取向决定.

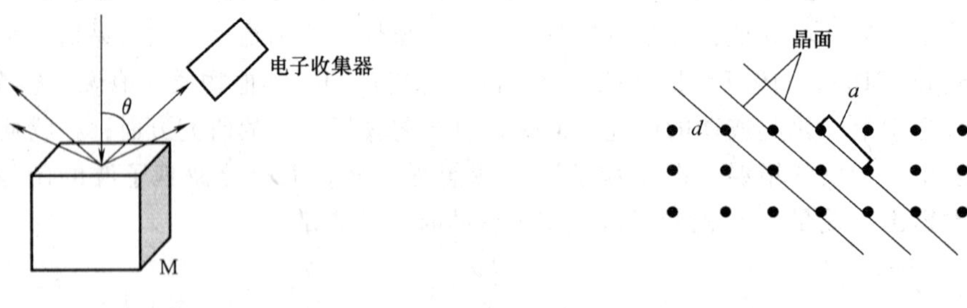

图 16-5-1　　　　图 16-5-2

式（16-5-7）表明，只要入射电子的德布罗意波长 λ 足够小，散射角 θ 就有多个极大值，$n=1$，2，3，…是极大值序数. 实验表明，当入射电子能量为 54eV 时，第 1 级散射极大值出现在 $\theta=50°$方向. 反之，已知晶栅常数 $a=2.15\text{Å}$，$\theta=50°$，取 $n=1$，由式（16-5-6）得 $\lambda=1.65\text{Å}$，这个结果与式（16-5-5）的结果相符. 这就证实了电子不仅具有粒子性，而且具有波动性，即具有波粒二象性. 此后，人们陆续在其他一些实验中观察到了分子、原

子、中子等微观粒子的衍射现象，证实了波粒二象性是微观粒子的普遍性质.

3. 德布罗意波的统计解释

由德布罗意公式和上述电子衍射实验可知，德布罗意波既不是机械波，也不是电磁波，因为这里研究的既不是连续介质也不是电磁场，而是粒子. 曾经有人认为，德布罗意波是粒子组成的波，但实验表明，粒子衍射与粒子数密度无关. 即使粒子一个个地入射，只要时间足够长，衍射的各级极大仍会显现出来. 这就像一个训练有素的射击运动员打靶，尽管子弹是一发一发打出去的，每发子弹的弹着点是无法事先确定的，但多发子弹的弹着点分布是有一定规律的. 1926 年 6 月，德国物理学家玻恩（M. Born，1882—1972）提出了德布罗意波波函数的统计解释. 玻恩认为，德布罗意波函数的复共轭平方表示在某时刻某位置发现粒子的概率. 玻恩的这种解释既不与粒子性矛盾，又赋予了波函数以确切的物理意义，因而很快被物理学界接受，成为对德布罗意波的公认解释. 按照玻恩的这个解释，德布罗意波是概率波（或物质波），就是说，若粒子波函数是 $\psi(\boldsymbol{r},t)$（不一定是平面波），则在 t 时刻 $\boldsymbol{r}$ 处附近微小体积元 $d\tau$ 内发现粒子的概率是

$$dW = |\psi|^2 d\tau = \psi^* \psi d\tau \tag{16-5-8}$$

式中，$\psi = \psi(\boldsymbol{r},t)$；$\psi^* = \psi^*(\boldsymbol{r},t)$ 是 ψ 的共轭复数；$|\psi|^2 = \psi^*\psi \geqslant 0$ 叫做粒子在 t 时刻 $\boldsymbol{r}$ 处发现粒子的概率密度（probability density）.

由玻恩对德布罗意波的统计解释可知，粒子波函数给出的不是粒子的某个运动状态，而是发现粒子处于某个运动状态的概率. 也就是说，波函数的复共轭平方给出的是某个测量结果出现的概率，并非在测量前粒子态就是以这种概率分布着. 这种描述粒子运动的方法显然不同于经典理论描述粒子运动的方法. 在经典力学中，给定初态，物体的运动状态便由运动函数的微分方程确定，这种描述方法叫做决定论方法. 决定论方法之所以正确，是因为在宏观尺度上，物体的运动允许人们忽略那些影响物体运动的众多次要因素，只依据少数几个参数描述物体运动便可得到足够精确的符合实际的结果. 例如，忽略空气，忽略下落物体的形状和体积，忽略其他物体的引力，只考地球的重力作用，落体的运动便由牛顿方程决定. 可见，用少数几个参数描述物体运动的决定论方法虽然反映了物质运动的客观规律，但它提供的只是客观物质世界的简略图景. 当对物质运动的研究深入到微观世界时，事实表明决定论方法不再符合实际了，因为微观粒子的运动不能用少数几个参数描述. 即使所选定的少数几个参数是完备的，也只能确定发现粒子处于各个可能的运动状态的概率. 总之，描述微观粒子运动的方法不是决定论方法，而是体现或然论思想的统计方法. 自从量子力学诞生之时起，物理学界对量子力学这种描述微观粒子运动的方法就存在着激烈的争论. 比如，爱因斯坦就始终不同意量子力学的这种概率论方法. 他说过一句脍炙人口的话：上帝并不掷骰子.

德布罗意波思想在物理学发展史上具有划时代的伟大意义，标志着人们从此将以波粒二象性的全新观念研究物质运动. 通常，人们把德布罗意波思想诞生之前的量子理论称为旧量子论，把此后的量子理论称为现代量子论. 现代量子论的理论基础——量子力学就是以德布罗意思想为开端发展起来的.

4. 电子晶体衍射与 X 光晶体衍射的区别

如前所说，戴维逊—革末电子晶体衍射等一些粒子波实验是验证德布罗意波思想的重要实验. 下面对戴维逊—革末电子晶体衍射与 X 光晶体衍射做一比较，分析二者的相似与区别，这对于正确深入地理解德布罗意波思想是非常必要的.

根据戴维逊—革末电子晶体衍射实验，当电子束垂直入射到磨光的晶体表面时，散射电子数极大值的散射角 θ 服从式（16-5-6），而 X 光晶体衍射的布拉格（Bragg）公式［即式(10-6-3)］为

$$2d\sin\varphi = k\lambda \quad (k=0,\ 1,\ 2,\ \cdots) \tag{16-5-9}$$

式中，λ 是 X 光波长；d 是晶格常数；φ 是掠射角，即入射线与晶面的夹角.

虽然式（16-5-6）和式（16-5-9）都描述波的衍射，但是，X 光是电磁波，电子波是德布罗意波，两种衍射的物理意义不同，公式的含义不同. 第一，X 光是电磁波，服从反射定律；电子波是德布罗意波（概率波），不服从反射定律，这可以从图 16-5-4 直接看出来. 如果电子波服从反射定律，不论入射线是否垂直于磨光的晶体表面，都不可能有式（16-5-6），即散射波不可能有多级极大. 第二，由于电子是带电粒子，一般地说，X 光的穿透能力远强于电子. 因此，X 光晶体衍射发生在一簇平行晶面上，通常只考虑两个相邻平行晶面即可，如图 16-5-3 所示. 而电子晶体衍射发生在磨光的晶体表面上，如图 16-5-4 所示. 在戴维逊—革末实验中，入射线垂直于磨光的晶体表面.

图 16-5-3　　图 16-5-4

第三，式（16-5-9）中的 d 是晶格常数，而式（16-5-6）中的 a 是晶栅常数，二者并不总是相等.

5. 波函数的归一化

（1）波函数的归一化条件

由于 $\psi^*\psi\mathrm{d}\tau$ 表示概率，遍及粒子波函数 $\psi(\boldsymbol{r},t)$ 定义域（也就是可能发现粒子的区域）的积分应等于 1，即

$$\int_\Omega \psi^*\psi\mathrm{d}\tau = 1 \tag{16-5-10}$$

上式叫做粒子波函数的归一化条件（normalization condition of wave function）. 满足归一化条件的波函数叫做归一化波函数. 例如，不难验证，下面的波函数［即一维方势阱中粒子的波函数式（16-7-5）］

$$\psi_n(x) = \sqrt{\frac{2}{a}}\sin\frac{n\pi x}{a} \quad (0 \leqslant x \leqslant a, n = 1,2,3\cdots)$$

满足归一化条件

$$\int_0^a \psi^*(x)\psi(x)\mathrm{d}x = 1$$

显而易见，如果 ψ 满足归一化条件，$\psi e^{i\alpha}$ 也满足，a 是实数. 这说明满足归一化条件的波函数还具有相位不确定性.

（2）箱归一化

不过，有的波函数，如自由粒子的波函数就不能用上面的方法归一化，需要用另外的方法归一化. 三维运动的自由粒子波函数可以写成下面的复数式：

$$\psi_p(\boldsymbol{r},t) = A\mathrm{e}^{\frac{\mathrm{i}}{\hbar}(\boldsymbol{p}\cdot\boldsymbol{r}-Et)} \tag{16-5-11}$$

式中，A 是待求的归一化常数. 如果用（16-5-11）式归一化，则有

$$\int_{\infty}\psi_p^*\psi_p\mathrm{d}\tau = \infty$$

这是没有意义的.

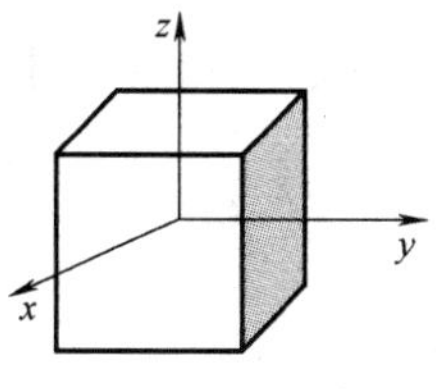

图 16-5-5

如图 16-5-5 所示，设有一个粒子被限制在边长为 L 的箱子中运动，其波函数在箱子边界上具有周期性，也就是说，波函数在对称的边界位置有相同的值，例如，对于边界上的两个对称点$P\left(\frac{1}{2}L, y, z\right)$和 $P'\left(-\frac{1}{2}L, y, z\right)$，令

$$\exp\frac{\mathrm{i}}{\hbar}\left(\frac{1}{2}p_xL+p_yy+p_zz\right)=\exp\frac{\mathrm{i}}{\hbar}\left(-\frac{1}{2}p_xL+p_yy+p_zz\right)$$

于是得 $\mathrm{e}^{\frac{\mathrm{i}}{\hbar}p_xL}=1$. 所以

$$p_x=\frac{2\pi\hbar}{L}n_x$$

式中，$n_x=0$，±1，±2，…. 同理，得

$$p_y=\frac{2\pi\hbar}{L}n_y,\ p_z=\frac{2\pi\hbar}{L}n_z$$

这表明被限制在周期性边界内的粒子的动量是量子化的. 于是有

$$\begin{aligned}\int_{\Omega}\psi_p^*\psi_p\mathrm{d}\tau &= A^2\int_{-L/2}^{L/2}\mathrm{d}x\int_{-L/2}^{L/2}\mathrm{d}y\int_{-L/2}^{L/2}\mathrm{d}z\\ &= A^2L^3\end{aligned}$$

所以，若波函数是归一化的，则 $A=L^{-\frac{3}{2}}$，而波函数为

$$\psi_p(\boldsymbol{r},t)=L^{-\frac{3}{2}}\mathrm{e}^{\frac{\mathrm{i}}{\hbar}(\boldsymbol{p}\cdot\boldsymbol{r}-Et)}$$

或

$$\psi_p(\boldsymbol{r},t)=\frac{1}{\sqrt{V}}\mathrm{e}^{\frac{\mathrm{i}}{\hbar}(\boldsymbol{p}\cdot\boldsymbol{r}-Et)} \tag{16-5-12}$$

式中，V 是箱子的体积. 上述归一化方法叫做箱归一化法.

（3）δ 函数归一化

计算式（16-5-11）的波函数的全空间积分，得

$$\begin{aligned}&\iiint_{\infty}\psi_p^*(\boldsymbol{r})\psi_{p'}(\boldsymbol{r})\mathrm{d}x\mathrm{d}y\mathrm{d}z\\ &= A^2\iiint_{\infty}\exp\left\{\frac{\mathrm{i}}{\hbar}[(p_x-p'_x)x+(p_y-p'_y)y+(p_z-p'_z)z]\right\}\mathrm{d}x\mathrm{d}y\mathrm{d}z\end{aligned}$$

由于

$$\begin{aligned}\int_{-\infty}^{\infty}\exp\left[\frac{\mathrm{i}}{\hbar}(p_x-p'_x)x\right]\mathrm{d}x &= \lim_{a\to\infty}\int_{-a}^{a}\exp\left[\frac{\mathrm{i}}{\hbar}(p_x-p'_x)x\right]\mathrm{d}x\\ &= \lim_{a\to\infty}\frac{2\hbar}{p_x-p'_x}\frac{\mathrm{e}^{\frac{\mathrm{i}}{\hbar}(p_x-p'_x)a}-\mathrm{e}^{-\frac{\mathrm{i}}{\hbar}(p_x-p'_x)a}}{2\mathrm{i}}\\ &= 2\pi\hbar\lim_{a/\hbar\to\infty}\frac{\sin(p_x-p'_x)a/\hbar}{\pi(p_x-p'_x)}\end{aligned}$$

利用公式
$$\delta(x) = \lim_{a\to\infty}\frac{\sin ax}{\pi x}$$
得
$$\int_{-\infty}^{\infty}\exp\left[\frac{\mathrm{i}}{\hbar}(p_x - p'_x)x\right]\mathrm{d}x = 2\pi\hbar\,\delta(p_x - p'_x)$$
所以有
$$\iiint_{\infty}\psi_p^*(\boldsymbol{r})\psi_{p'}(\boldsymbol{r})\,\mathrm{d}\tau = A^2(2\pi\hbar)^3\delta^3(\boldsymbol{p}-\boldsymbol{p}')$$
如果取归一化常数 $A=(2\pi\hbar)^{-\frac{3}{2}}$，则 $\psi_p(\boldsymbol{r})$ 归一化为 δ 函数：
$$\iiint_{\infty}\psi_p^*(\boldsymbol{r})\,\psi_{p'}(\boldsymbol{r})\,\mathrm{d}\tau = \delta^3(\boldsymbol{p}-\boldsymbol{p}') \tag{16-5-13}$$
而
$$\psi_p(\boldsymbol{r},t) = (2\pi\hbar)^{-\frac{3}{2}}\mathrm{e}^{\frac{\mathrm{i}}{\hbar}(\boldsymbol{p}\cdot\boldsymbol{r}-Et)} \tag{16-5-14}$$
由上述计算过程不难看出，$\psi_p(\boldsymbol{r})$ 没有直接归一化为 1 而是归一化为 δ 函数的原因是 $\psi_p(\boldsymbol{r})$ 的动量值 $\boldsymbol{p}$ 连续.

不难看出，在式（16-5-14）中调换积分变量，可得
$$\iiint_{\infty}\psi_p^*(\boldsymbol{r})\psi_p(\boldsymbol{r}')\,\boldsymbol{d}^3\boldsymbol{p} = \delta^3(\boldsymbol{r}'-\boldsymbol{r}) \tag{16-5-15}$$

思考题 16.5

1. 有人说，德布罗意波就是大量粒子组成的机械波. 正确否？为什么？

2. 按照狭义相对论，粒子的静止能量是 m_0c^2. 试解释以下三个频率的物理意义：$\nu_0 = \frac{m_0c^2}{h}$；$\nu_1 = \nu_0\sqrt{1-\frac{v^2}{c^2}}$；$\nu_2 = \frac{\nu_0}{\sqrt{1-\frac{v^2}{c^2}}}$.

3. 试比较公式 $a\sin\theta = k\lambda$ 和 $2d\sin\varphi = k\lambda$，说出它们的异同.

16.6 薛定谔方程

从这一节开始，我们将陆续介绍量子力学的基本原理：薛定谔方程、态矢量原理、算符原理、态叠加原理、本征态原理和不确定原理以及与这些原理有关的基本知识和初步应用.

1. 薛定谔方程

我们知道，牛顿方程
$$m\frac{\mathrm{d}^2\boldsymbol{r}}{\mathrm{d}t^2} = \boldsymbol{F}(\boldsymbol{r},t)$$
是经典力学的基本方程，它描述质点运动状态的变化. 量子力学也有自己的基本方程，叫做薛定谔（E. Schrodinger，1887—1961）方程，它描述粒子波函数的变化. 下面就来引入薛定谔方程. 如式（16-5-4）所示，一维自由运动粒子的波函数
$$\psi(x,t) = A\mathrm{e}^{-\frac{\mathrm{i}}{\hbar}(Et-p_xx)} \tag{16-6-1}$$
由上式得
$$\mathrm{i}\hbar\frac{\partial\psi}{\partial t} = E\psi \tag{16-6-2}$$
和
$$-\hbar^2\frac{\partial^2\psi}{\partial x^2} = p_x^2\psi \tag{16-6-3}$$

由于 $E=p_x^2/2m$，从上两式得

$$\mathrm{i}\hbar\frac{\partial\psi}{\partial t}=-\frac{\hbar^2}{2m}\frac{\partial^2\psi}{\partial x^2} \tag{16-6-4}$$

这就是一维自由运动粒子的薛定谔方程，它的解是已知的，如式（16-6-1）所示.

式（16-6-3）可写成

$$\left(-\mathrm{i}\hbar\frac{\partial}{\partial x}\right)\left(-\mathrm{i}\hbar\frac{\partial}{\partial x}\right)\psi=p_x^2\psi$$

从式（16-6-2）和上式可以看出，用粒子能量 E 和动量 p_x 乘波函数 ψ，分别相当于用算符 $\mathrm{i}\hbar\frac{\partial}{\partial t}$ 或算符 $-\mathrm{i}\hbar\frac{\partial}{\partial x}$ 作用于波函数 ψ 上，就是说，有对应关系

$$E\to\mathrm{i}\hbar\frac{\partial}{\partial t},\quad p_x\to-\mathrm{i}\hbar\frac{\partial}{\partial x}$$

对于三维自由运动的粒子，对应关系为

$$E\to\mathrm{i}\hbar\frac{\partial}{\partial t},\quad \boldsymbol{p}\to-\mathrm{i}\hbar\nabla \tag{16-6-5}$$

式中的 $\mathrm{i}\hbar\frac{\partial}{\partial t}$ 叫做能量算符，通常记做 $\hat{H}=\mathrm{i}\hbar\frac{\partial}{\partial t}$，$\hat{H}$ 也叫做哈密顿（Hamiltonian）算符；$-\mathrm{i}\hbar\nabla$ 叫做动量算符，通常记做 $\hat{\boldsymbol{p}}=-\mathrm{i}\hbar\nabla$. 这样，给 $E=\frac{p^2}{2m}$ 两边乘以波函数 $\psi(\boldsymbol{r},t)$，并利用上述对应关系，就得到三维自由运动粒子的薛定谔方程，即

$$\mathrm{i}\hbar\frac{\partial\psi}{\partial t}=-\frac{\hbar^2}{2m}\nabla^2\psi \tag{16-6-6}$$

这个方程的解也是我们已经知道的：

$$\psi(\boldsymbol{r},t)=A\mathrm{e}^{\frac{\mathrm{i}}{\hbar}(\boldsymbol{p}\cdot\boldsymbol{r}-Et)} \tag{16-6-7}$$

在量子力学中，上述算符对应关系不仅适用于自由粒子，也适用于其他情况. 例如，粒子在保守力场中运动时，其势能为 $V(\boldsymbol{r})$，能量为

$$E=\frac{p^2}{2m}+V(\boldsymbol{r}) \tag{16-6-8}$$

给上式两边乘以波函数 $\psi(\boldsymbol{r},t)$，并利用算符对应关系，可写出在势场 $V(\boldsymbol{r})$ 中运动的单粒子薛定谔方程

$$\mathrm{i}\hbar\frac{\partial\psi}{\partial t}=-\frac{\hbar^2}{2m}\nabla^2\psi+V(\boldsymbol{r})\psi \tag{16-6-9}$$

总之，要写出在某种条件下运动的粒子的薛定谔方程，只要写出粒子能量的经典表示式，把表示式中的物理量换成相应的算符作用于待求的波函数即可. 薛定谔方程的一般形式是

$$\mathrm{i}\hbar\frac{\partial\psi}{\partial t}=\hat{H}\psi \tag{16-6-10}$$

其中 $\hat{H}$ 的表示式视具体情况而定. 有了薛定谔方程，给定初始波函数，原则上可以确定任何时刻的波函数，这体现了确定性. 前面说过，波函数描述粒子运动状态的不确定性. 所以，薛定谔方程是确定性和不确定性的对立统一，是经典力学的决定论方法和经典统计力学的统计方法发展的必然逻辑结果，是微观物质运动性质的反映. 需要注意的是，以上所述只

是写出（或建立）薛定谔方程的方法. 作为量子力学的基本方程，如同牛顿方程作为经典力学的基本方程一样，薛定谔方程也是在对大量实验事实进行分析概括的基础上得到的，不可能从更基本的方程推导出来. 薛定谔方程的正确性，是由根据它得到的大量结果与实验符合保证的.

2. 定态薛定谔方程

由于式（16-6-9）中的势能 $V(\boldsymbol{r})$ 与时间无关，这个方程可以化简. 设波函数 $\psi(\boldsymbol{r},t)=\psi(\boldsymbol{r})\varphi(t)$ 是方程式(16-6-9)的一个解，代入式(16-6-9)，两边同除以 $\psi(\boldsymbol{r},t)$，得

$$\frac{\mathrm{i}\hbar}{\varphi}\frac{\mathrm{d}\varphi}{\mathrm{d}t}=\frac{1}{\psi}\left[-\frac{\hbar^2}{2m}\nabla^2\psi+V(\boldsymbol{r})\psi\right]$$

式中，$\psi=\psi(\boldsymbol{r})$. 上式左边是时间 t 的函数，右边是位置 $\boldsymbol{r}$ 的函数，因此，只有当两边等于同一个常数时才相等. 设此常数为 E，得

$$\mathrm{i}\hbar\frac{\mathrm{d}\varphi}{\mathrm{d}t}=E\varphi \tag{16-6-11}$$

$$\left[-\frac{\hbar^2}{2m}\nabla^2+V(\boldsymbol{r})\right]\psi=E\psi \tag{16-6-12}$$

式(16-6-11)的解为

$$\varphi(t)=\varphi_0\mathrm{e}^{-\frac{\mathrm{i}}{\hbar}Et} \tag{16-6-13}$$

而函数 $\psi(\boldsymbol{r})$ 可由方程式(16-6-12)加上具体条件确定. 将式(16-6-13)代入式(16-6-10)，将常数 φ_0 合并到 $\psi(\boldsymbol{r})$ 中，得

$$\psi(\boldsymbol{r},t)=\psi(\boldsymbol{r})\mathrm{e}^{-\frac{\mathrm{i}}{\hbar}Et} \tag{16-6-14}$$

在这样的波函数描述的状态中，能量 E 和概率密度 $\psi^*(\boldsymbol{r},t)\psi(\boldsymbol{r},t)=\psi^*(\boldsymbol{r})\psi(\boldsymbol{r})$ 都不随时间变化，这种状态叫做定态(stationary state)，相应的波函数式(16-6-14)叫做定态波函数(stationary wave function). 可见，求定态波函数归结为求波函数 $\psi(\boldsymbol{r})$，$\psi(\boldsymbol{r})$ 也是定态波函数. 相应地，把方程式(16-6-12)叫做定态薛定谔方程(stationary Schrödinger equation)，其突出特点是方程中不显含时间变量 t.

3. 粒子流密度和粒子数守恒定律

如 16.5 节所说，在时刻 t，$\boldsymbol{r}$ 点附近单位体积内发现粒子的概率即概率密度是

$$\omega(\boldsymbol{r},t)=\psi^*(\boldsymbol{r},t)\psi(\boldsymbol{r},t)$$

$\boldsymbol{r}$ 点附近的概率密度随时间的变化率

$$\frac{\partial\omega}{\partial t}=\psi^*\frac{\partial\psi}{\partial t}+\frac{\partial\psi^*}{\partial t}\psi \tag{16-6-15}$$

将薛定谔方程

$$\mathrm{i}\hbar\frac{\partial\psi}{\partial t}=-\frac{\hbar^2}{2m}\nabla^2\psi+V(\boldsymbol{r})\psi$$

及其复共轭方程

$$-\mathrm{i}\hbar\frac{\partial\psi^*}{\partial t}=-\frac{\hbar^2}{2m}\nabla^2\psi^*+V(\boldsymbol{r})\psi^*$$

代入式(16-6-15)，得

$$\begin{aligned}\frac{\partial\omega}{\partial t}&=\frac{\mathrm{i}\hbar}{2m}(\psi^*\nabla^2\psi-\psi\nabla^2\psi^*)\\&=\frac{\mathrm{i}\hbar}{2m}\nabla\cdot(\psi^*\nabla\psi-\psi\nabla\psi^*)\end{aligned} \tag{16-6-16}$$

令

$$\boldsymbol{J}=\frac{\mathrm{i}\hbar}{2m}(\psi\nabla\psi^*-\psi^*\nabla\psi) \tag{16-6-17}$$

则有
$$\frac{\partial \omega}{\partial t}+\nabla \cdot \boldsymbol{J}=0 \tag{16-6-18}$$
上式具有连续性方程的形式. 为了说明以上两式的物理意义，将上式对一个有限体积积分
$$\int_V \frac{\partial \omega}{\partial t}\mathrm{d}\tau=\frac{\partial}{\partial t}\int_V \omega \mathrm{d}\tau=-\int_V \nabla\cdot \boldsymbol{J}\mathrm{d}\tau \tag{16-6-19}$$
应用高斯定理将上式右边的体积分变为包围该体积的封闭曲面积分，得
$$\int_V \frac{\partial \omega}{\partial t}\mathrm{d}\tau=-\oint_S \boldsymbol{J}\cdot \mathrm{d}\boldsymbol{S} \tag{16-6-20}$$
上式左边是单位时间内体积 V 内概率的增加量，右边是矢量 $\boldsymbol{J}$ 在封闭曲面 S 上的通量. 因此，自然把 $\boldsymbol{J}$ 解释为概率流密度矢量(probability current density vector). 上式说明，单位时间内体积 V 内增加的概率等于从边界流入的概率. 若波函数在无限远处为零，可以把积分区域 V 扩展到全空间，上式右边等于零，于是有
$$\frac{\partial}{\partial t}\int_\infty \omega \mathrm{d}\tau=0 \tag{16-6-21}$$
这表示在全空间发现粒子的概率不随时间变化，即粒子出现在全空间的概率是常数. 如果波函数是归一化的，则 $\int_V \psi^* \psi \mathrm{d}\tau=1$.

以粒子质量 m 乘 ω 和 $\boldsymbol{J}$，则 $\rho=m\omega=m|\psi|^2$ 是 t 时刻 $\boldsymbol{r}$ 点附近的质量密度，而 $\boldsymbol{J}_m=m\boldsymbol{J}=\frac{\mathrm{i}\hbar}{2}(\psi\nabla\psi^*-\psi^*\nabla\psi)$ 是 t 时刻 $\boldsymbol{r}$ 点附近的质量流密度. 以粒子质量 m 乘式(16-6-18)，得
$$\frac{\partial \rho}{\partial t}+\nabla \cdot \boldsymbol{J}_m=0 \tag{16-6-22}$$
上式表示 t 时刻 $\boldsymbol{r}$ 点附近单位体积内的质量在单位时间内的变化等于流入的质量. 这就是量子力学的质量守恒定律.

同样，若以粒子电量乘 ω 和 $\boldsymbol{J}$，则可得量子力学的电荷守恒定律，即
$$\frac{\partial q}{\partial t}+\nabla \cdot \boldsymbol{J}_e=0 \tag{16-6-23}$$
式中的 q 和 $\boldsymbol{J}_e$ 分别是电荷密度和电流密度.

4. 波函数的标准条件

显然，粒子的概率密度和概率流密度应当在波函数的定义域内即粒子可能出现的区域内满足单值、连续和有限性条件. 这三个条件叫做波函数的标准条件，是任何波函数都必须满足的基本条件.

思考题 16.6

试从薛定谔方程导出量子力学的电荷守恒定律.

16.7　一维定态问题

在一维情况下，定态薛定谔方程式(16-6-12)变成

$$\frac{\mathrm{d}^2\psi}{\mathrm{d}x^2}+\frac{2m}{\hbar^2}[E-V(x)]\psi=0 \tag{16-7-1}$$

这叫做一维定态薛定谔方程．这一节从一维定态薛定谔方程出发讨论三个问题：一维无限深方势阱、一维方势垒和一维谐振子，求出相应的波函数和能级．

1. 一维无限深方势阱

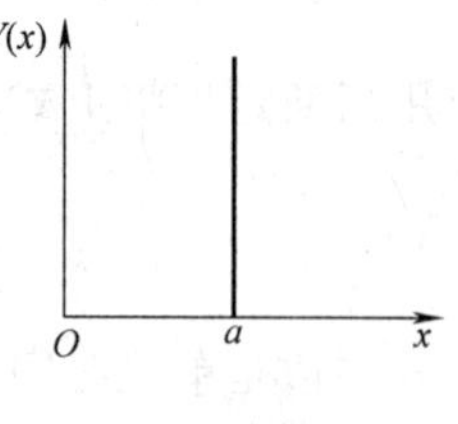

图 16-7-1

在金属内部，自由电子可看成不受电场作用，电势能等于零．在金属表面薄层中，电子受电场束缚，电势能不等于零．常温下自由电子的动能约为表层电势能百分之一的数量级，作为一种简化，表层电势能可看成无限大．这样一来，在一维情况下，金属中自由电子的电势能函数可表示为

$$V(x)=\begin{cases}0, & 0<x<a\\ \infty, & x\leqslant 0, x\geqslant a\end{cases} \tag{16-7-2}$$

势能曲线如图 16-7-1 所示，像一个井，故称为一维无限深方势阱（infinite deep square-well potential in one dimension）．

在阱外，$x\leqslant 0, x\geqslant a, V(x)=\infty$，必有 $\psi(x)=0$，这表示粒子不出现于阱外．若阱外波函数 $\psi(x)\neq 0$，由式（16-7-1）得 $\dfrac{\mathrm{d}^2\psi}{\mathrm{d}x^2}=\infty$，这是没有意义的．

在阱内，$0<x<a, V(x)=0$，令 $k^2=\dfrac{2mE}{\hbar^2}$，由式（16-7-1）得

$$\frac{\mathrm{d}^2\psi}{\mathrm{d}x^2}+k^2\psi=0 \tag{16-7-3}$$

上式的通解是

$$\psi(x)=A\sin kx+B\cos kx \tag{16-7-4}$$

式中，A、B 是两个待定常数．由于 $\psi(x)$ 在边界处连续，$B=\psi(0)=0$，且

$$A\sin ka=\psi(a)=0$$

由于 $A\neq 0$，否则只能有零解，故 $k=n\dfrac{\pi}{a}, n=1,2,\cdots$．将粒子波函数 $\psi(x)=A\sin kx$ 代入归一化条件 $\int_0^a\psi^*(x)\psi(x)\mathrm{d}x=1$ 积分，得 $A=\sqrt{\dfrac{2}{a}}$，所以，归一化波函数为

$$\psi_n(x)=\sqrt{\frac{2}{a}}\sin\frac{n\pi x}{a} \tag{16-7-5}$$

粒子能量为

$$E=n^2\frac{h^2}{8ma^2} \tag{16-7-6}$$

这表明粒子能量是量子化的．粒子在阱内各点出现的概率

$$|\psi_n(x)|^2=\frac{1}{a}\left(1-\cos\frac{2n\pi x}{a}\right) \tag{16-7-7}$$

粒子波函数、概率密度和能级的函数曲线如图 16-7-2 所示．由图 16-7-2a 可见，粒子波函数曲线呈现驻波形状：$n\dfrac{\lambda_n}{2}=a$．显然，在 $x=\dfrac{l}{n}a$，$l=0,1,2,\cdots\leqslant n$ 各点，粒子出现的概率是零，如图 16-7-2b 所示．例如，$n=1$ 时，粒子在 $x=0$，$x=a$ 处出现的概率是零．而在 $x=\dfrac{2l+1}{2n}a$，$l=0,1,2,\cdots<n-\dfrac{1}{2}$各点，粒子出现的概率极大，概率密度 $|\psi_n(x)|^2=\dfrac{2}{a^2}$．例

如，$n=1$ 时粒子在 $x=\frac{a}{2}$ 出现的概率极大；$n=2$ 时粒子在 $\frac{a}{4}$ 和 $\frac{3a}{4}$ 处出现的概率极大.

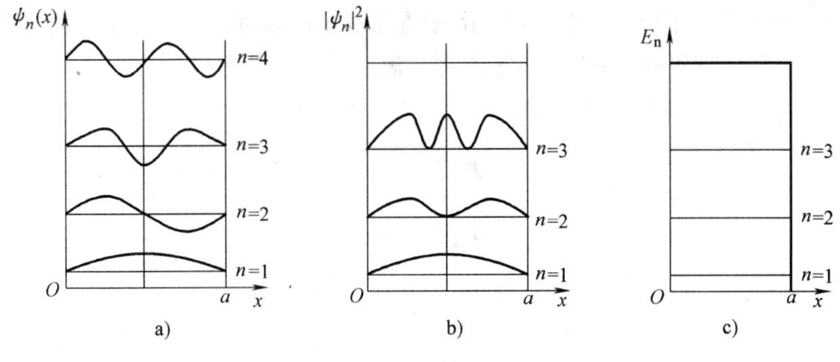

图 16-7-2

2. 一维方势垒

设粒子在一维空间中运动，其势能在有限区域内等于常数 V_0，在此区域外等于零，即

$$V(x)=\begin{cases}V_0, & 0\leqslant x\leqslant a\\ 0, & x<0,x>a\end{cases}\tag{16-7-8}$$

势能曲线如图 16-7-3 所示. 这种势叫做一维方势垒（square-potential barrier in one dimension）. 在经典物理学中，粒子能量 E 大于势能 V_0 是粒子穿越势垒的必要条件，但在量子力学中却不是必要条件. 我们将看到，能量大于势垒势能的粒子有可能被反射回来，能量小于势垒势能的粒子也可能穿过势垒. 能量小于势垒势能的粒子穿过势垒的现象叫做隧道效应（tunnel effect）. 隧道效应是微观领域内特有的一种重要现象，已在超导技术等方面得到了实际应用.

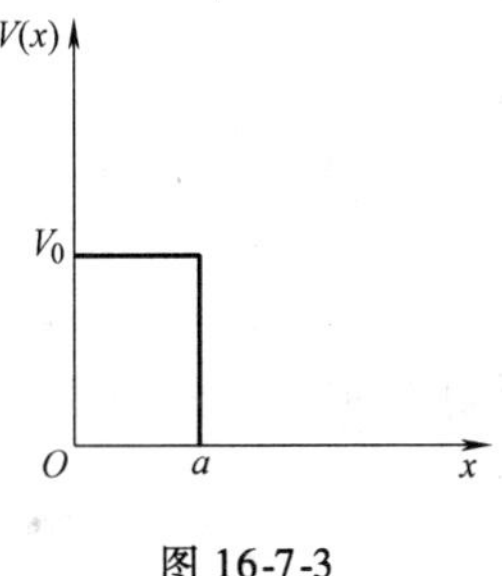

图 16-7-3

将式（16-7-8）代入薛定谔方程式（16-7-1），得

$$\frac{d^2\psi}{dx^2}+\frac{2m}{\hbar^2}E\psi=0,\quad x<0,x>a\tag{16-7-9}$$

$$\frac{d^2\psi}{dx^2}+\frac{2m}{\hbar^2}(E-V_0)\psi=0,\quad 0\leqslant x\leqslant a\tag{16-7-10}$$

先讨论粒子能量 $E>V_0$ 的情形. 令 $k_1^2=\frac{2mE}{\hbar^2},k_2^2=\frac{2m}{\hbar^2}(E-V_0)$，则以上两式可写成

$$\frac{d^2\psi}{dx^2}+k_1^2\psi=0,\quad (x<0,x>a)\tag{16-7-11}$$

$$\frac{d^2\psi}{dx^2}+k_2^2\psi=0,\quad (0\leqslant x\leqslant a)\tag{16-7-12}$$

式（16-7-11）在 $x<0$ 区域的解是

$$\psi_1=Ae^{ik_1x}+A'e^{-ik_1x}\tag{16-7-13}$$

式（16-7-12）在 $0\leqslant x\leqslant a$ 区域的解是

$$\psi_2=Be^{ik_2x}+B'e^{-ik_2x}\tag{16-7-14}$$

式（16-7-11）在 $x>a$ 区域的解是

$$\psi_3 = Ce^{ik_1x} + C'e^{-ik_1x} \tag{16-7-15}$$

这三个解中都含有待定常数，故称为形式解．其中每个式子等号右边第一项表示从左向右传播的波，第二项表示从右向左传播的波．由于在 $x>a$ 区域不应有从右向左传播的波，$C'=0$．下面利用波函数标准条件来确定其余待定常数．

因为 $\psi_1(0)=\psi_2(0)$， 所以 $A+A'=B+B'$． ①

因为 $\left.\dfrac{d\psi_1}{dx}\right|_{x=0}=\left.\dfrac{d\psi_2}{dx}\right|_{x=0}$， 所以 $k_1A-k_1A'=k_2B-k_2B'$ ②

因为 $\psi_2(a)=\psi_3(a)$， 所以 $Be^{ik_2a}+B'e^{-ik_2a}=Ce^{ik_1a}$ ③

因为 $\left.\dfrac{d\psi_2}{dx}\right|_{x=a}=\left.\dfrac{d\psi_3}{dx}\right|_{x=a}$， 所以 $k_2Be^{ik_2a}-k_2B'e^{-ik_2a}=k_1Ce^{ik_1a}$ ④

联立以上四式，得

$$C=\frac{4k_1k_2e^{-ik_1a}}{(k_1+k_2)^2e^{-ik_2a}-(k_1-k_2)^2e^{ik_2a}}A \tag{16-7-16}$$

$$A'=\frac{2i(k_2^2-k_1^2)\sin k_2a}{(k_1+k_2)^2e^{-ik_2a}-(k_1-k_2)^2e^{ik_2a}}A \tag{16-7-17}$$

由式（16-7-17）得入射波 Ae^{ik_1x} 概率流密度

$$J=\frac{i\hbar}{2m}\left[Ae^{ik_1x}\frac{d}{dx}(A^*e^{-ik_1x})-A^*e^{-ik_1x}\frac{d}{dx}(Ae^{ik_1x})\right]=\frac{\hbar k_1}{m}A^2$$

透射波 Ce^{ik_1x} 概率流密度

$$J_D=\frac{i\hbar}{2m}\left[Ce^{ik_1x}\frac{d}{dx}(C^*e^{-ik_1x})-C^*e^{-ik_1x}\frac{d}{dx}(Ce^{ik_1x})\right]=\frac{\hbar k_1}{m}|C|^2$$

反射波 $A'e^{-ik_1x}$ 概率流密度

$$J_R=\frac{i\hbar}{2m}\left[A'e^{-ik_1x}\frac{d}{dx}(A'^*e^{ik_1x})-A'^*e^{ik_1x}\frac{d}{dx}(A'e^{-ik_1x})\right]=-\frac{\hbar k_1}{m}|A'|^2$$

一般取 $J_R=\dfrac{\hbar k_1}{mk}|A'|^2$，贯穿系数

$$D=\frac{J_D}{J}=\left|\frac{C}{A}\right|^2=\left|\frac{4k_1k_2e^{-ik_1a}}{(k_1+k_2)^2e^{-ik_2a}-(k_1-k_2)^2e^{ik_2a}}\right|^2$$

$$=\frac{4k_1^2k_2^2}{(k_1^2-k_2^2)^2\sin^2k_2a+4k_1^2k_2^2}<1$$

反射系数

$$R=\frac{J_R}{J}=\frac{(k_2^2-k_1^2)^2\sin^2k_2a}{(k_2^2-k_1^2)^2\sin^2k_2a+4k_1^2k_2^2}<1$$

显然有 $R+D=1$．这说明入射粒子一部分穿过了势垒，另一部分反射了回去．

当 $E<V_0$ 时，式（16-7-10）变为

$$\frac{d^2\psi}{dx^2}-\frac{2m}{\hbar^2}(V_0-E)\psi=0$$

令 $k_3^2=\dfrac{2m}{\hbar^2}(V_0-E)$，得 $\dfrac{d^2\psi}{dx^2}+(ik_3)^2\psi=0 \quad (0\leqslant x\leqslant a)$

可见，只要做代换 $k_2\to ik_3$，前面的计算结果仍然成立．所以，贯穿系数

$$D=\frac{4k_1^2k_3^2}{(k_1^2+k_3^2)^2sh^2k_3a+4k_1^2k_3^2}$$

式中用到了 $\sin(iz) = ishz$. 若 $k_3a >> 1$，则 $sh^2k_3a = \left(\frac{e^{k_3a} - e^{-k_3a}}{2}\right)^2 \approx \frac{1}{4}e^{2k_3a}$，所以

$$D = \frac{1}{1 + \frac{1}{16}\left(\frac{k_1}{k_3} + \frac{k_3}{k_1}\right)^2 e^{2k_3a}}$$

由于 k_3 与 k_1 相近，且 $e^{2k_3a} >> 4$，贯穿系数近似为

$$D \approx 4e^{-2k_3a} = 4e^{-\frac{2a}{\hbar}\sqrt{2m(V_0-E)}} \tag{16-7-18}$$

这表明贯穿系数随势垒加宽或加高减小. 上式表明，能量小于势垒势能的粒子也可能穿过势垒.

3. 一维谐振子

若一维运动的粒子的势能为 $\frac{1}{2}m\omega^2x^2$（ω 是常数），则其能量

$$E = \frac{1}{2}mv^2 + \frac{1}{2}m\omega^2x^2$$

这种模型叫做一维谐振子. 一维谐振子模型的重要性在于许多问题的求解都可以归结为求解一维谐振子或与它有关.

令粒子的势能 $V_0 = \frac{1}{2}m\omega^2x^2$，定态薛定谔方程式（16-7-1）变成

$$\frac{d^2\psi}{dx^2} + \frac{2m}{\hbar^2}\left(E - \frac{1}{2}m\omega^2x^2\right)\psi = 0 \tag{16-7-19}$$

为简便起见，令 $\xi = \sqrt{\frac{m\omega}{\hbar}}x = \alpha x$，$\lambda = \frac{2E}{\omega\hbar}$，于是将（16-7-19）式化为

$$\frac{d^2\psi}{d\xi^2} + (\lambda - \xi^2)\psi = 0 \tag{16-7-20}$$

这是一个变系数二阶常微分方程. 当 $|\xi|\to\infty$ 时，可略去上式中的 λ，于是有

$$\frac{d^2\psi}{d\xi^2} = \xi^2\psi$$

这方程的解 $\psi \propto e^{\pm\frac{\xi^2}{2}}$. 考虑到 $|\xi|\to\infty$ 时 $\psi\to 0$，可知方程式（16-7-20）的解应为

$$\psi(\xi) = e^{-\frac{\xi^2}{2}}H(\xi) \tag{16-7-21}$$

式中的 $H(\xi)$ 是待求函数，当 $|\xi|\to\infty$ 时 $H(\xi)$ 应使 $\psi(\xi)$ 有限. 由于

$$\frac{d\psi}{d\xi} = \left(-\xi H + \frac{dH}{d\xi}\right)e^{-\frac{\xi^2}{2}}$$

$$\frac{d^2\psi}{d\xi^2} = \left(-H - 2\xi\frac{dH}{d\xi} + \xi^2H + \frac{d^2H}{d\xi^2}\right)e^{-\frac{\xi^2}{2}}$$

将上式代入式（16-7-20）得到 $H(\xi)$ 应满足的方程

$$\frac{d^2H}{d\xi^2} - 2\xi\frac{dH}{d\xi} + (\lambda - 1)H = 0 \tag{16-7-22}$$

可以证明，若要 $|\xi|\to\infty$ 时 $H(\xi)\psi(\xi)$ 有限，条件是 λ 为奇数，即

$$\lambda = 2n + 1, \quad n = 0,1,2,\cdots \tag{16-7-23}$$

于是，振子能量
$$E_n = \left(n + \frac{1}{2}\right)\hbar\omega \tag{16-7-24}$$

这说明线性谐振子的能量是分立的，如图 16-7-4 所示.

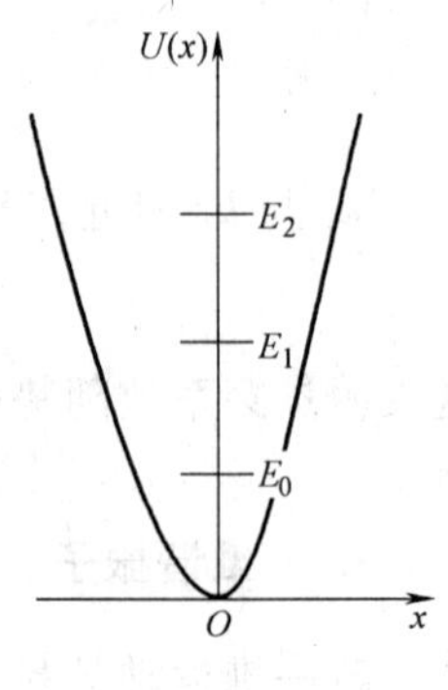

图 16-7-4

当 $n=0$ 时，有
$$E_0 = \frac{1}{2}\hbar\omega \tag{16-7-25}$$

这叫做零点能. 对应于式（16-7-23）中不同的 n 值，式（16-7-22）有不同的级数解，叫做 Hermitian（厄米）多项式：
$$H_n(\xi) = (-1)^n e^{\xi^2}\frac{d^n}{d\xi^n}e^{-\xi^2} \tag{16-7-26}$$

Hermitian 多项式满足下列递推关系式：
$$\frac{dH_n}{d\xi} = 2nH_{n-1},\quad H_{n+1} - 2\xi H_n + 2nH_{n-1} = 0$$

前几个 Hermitian 多项式为
$$H_0 = 1,\quad H_1 = 2\xi,\quad H_2 = 4\xi^2 - 2,$$
$$H_3 = 8\xi^3 - 12\xi,\quad H_4 = 16\xi^4 - 48\xi^2 + 12$$
$$H_5 = 32\xi^5 - 160\xi^3 + 120\xi$$

相应的波函数
$$\psi_n(x) = N_n e^{-\frac{1}{2}\alpha^2x^2}H_n(\alpha x) \tag{16-7-27}$$

叫做 Hermitian 函数，其中的归一化常数 N_n 可用归一化条件
$$\int_{-\infty}^{\infty}\psi_n^*\psi_n dx = 1 \tag{16-7-28}$$

确定，即
$$N_n = \left(\frac{\alpha}{\sqrt{\pi}2^n n!}\right)^{\frac{1}{2}} \tag{16-7-29}$$

图 16-7-5 是线性谐振子的前 4 个本征波函数. 由图可见，$\psi_n(x)$ 在 $x=0$ 附近与 x 轴相交 n 次，或者说，方程 $\psi_n(x)=0$ 有 n 个根或 n 个节点.

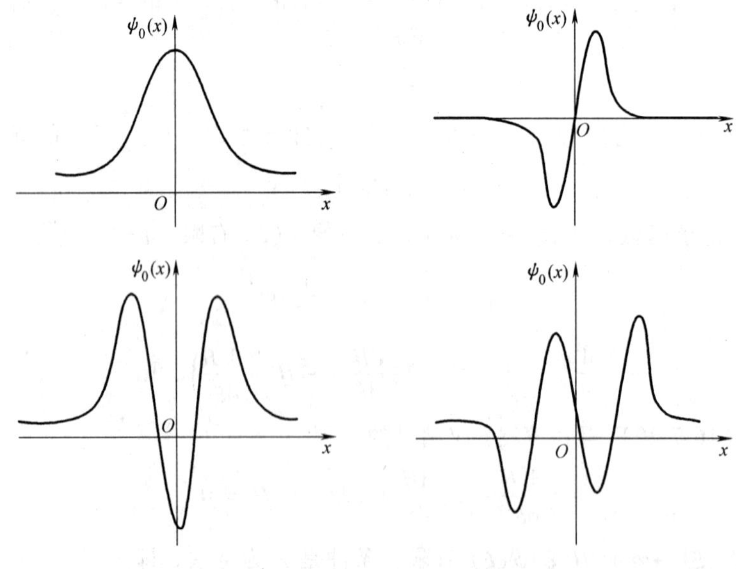

图 16-7-5

思考题 16.7

为什么一维无限深方势阱中的粒子和一维谐振子的能量是分立的能级？为什么能量小于势垒的粒子也可能穿过势垒？

16.8* 态矢量和力学量算符

1. 态矢量

量子力学研究的对象，不论是单个粒子还是多个粒子，统称为量子力学系统．如前所说，微观粒子具有波粒二象性，其运动表现为德布罗意波，因而用波函数描述．波函数也叫做态矢量（state vector）．量子力学中的态矢量原理说：一个量子力学系统所有可能的态矢量的集合叫做态矢量空间，或称希尔伯特（Hilbert）空间．

在一个希尔伯特空间中，若最多有 N 个线性独立的矢量，则称此希尔伯特空间是 N 维的，这 N 个线性独立的矢量就叫做希尔伯特空间的基矢．显然，希尔伯特空间中的态矢量一定是基矢的线性组合，或者说基矢的线性组合一定是该量子力学系统可能的态矢量．希尔伯特空间的这种性质叫做完备性．

我们知道，三维空间中的矢量，如位矢 $\boldsymbol{r}$，速度 $\boldsymbol{v}$，在不同的坐标系中有不同的具体表示式，但矢量的一般性质与具体的坐标系无关，用矢量方法研究经典物理学的基本原理时，可以而且应该不考虑具体的坐标系．同样道理，希尔伯特空间可以用不同的基矢张成，一套基矢叫做一种表象（representation）．同一个态矢量在不同表象中的具体表示式不同．研究量子力学的基本原理时，可以而且应该不考虑具体的表象．

按照 Dirac（P. A. M. Dirac，1902—1984）的方法，不考虑具体的表象时，可以把态矢量记为

$$|\,\rangle$$

叫做右矢（ket vector）（或称刃），其复共轭矢量用左矢（bra vector）（或称刁）

$$\langle\,|$$

表示，即

$$(|\,\rangle)^* = \langle\,|$$

右矢和左矢统称为 Dirac 符号．两个给定的态矢量 $|\psi\rangle$ 和 $|\varphi\rangle$ 的内积表示为 $\langle\psi|\varphi\rangle$，其意义是

$$\langle\psi|\varphi\rangle = \int \psi^*(x)\varphi(x)\,\mathrm{d}x \tag{16-8-1}$$

且

$$\langle\psi|\varphi\rangle^* = \langle\varphi|\psi\rangle$$

所以

$$\langle\psi|\psi\rangle^* = \langle\psi|\psi\rangle \geqslant 0 \tag{16-8-2}$$

2. 态叠加原理

我们知道，在经典波动理论中有波叠加原理．也就是说，如果 ψ_1 是一个波，ψ_2 是另一个波，则

$$\psi = a\psi_1 + b\psi_2$$

也是一个波，其中的 a，b 是两个常数．根据波的叠加原理，可以解释波的干涉、衍射等现象．那么，作为一种波，物质波是否也满足叠加原理呢？对此，量子力学有态叠加原理（principle of superposition）：

如果 $|\psi_1\rangle$，$|\psi_2\rangle$ 是所研究量子系统的可能的态矢量，则它们的线性叠加

$$|\psi\rangle = c_1|\psi_1\rangle + c_2|\psi_2\rangle \tag{16-8-3}$$

也是所研究量子系统的可能的态矢量，其中的 c_1，c_2 是两个复常数．

量子力学中的态叠加原理与经典波动理论中的波叠加原理虽然形式相同，但二者的物理意义有着重要的差别：

（1）两个相同波函数的叠加在经典波动理论中代表一个新的态，在量子力学中则代表同一个态．例如，设 $\psi = Ae^{i\Phi}$．在经典波动理论中，若 $\psi' = 2\psi = 2Ae^{i\Phi}$，这表示波的振幅增大为原来的两倍，显然是一个新的波．在量子力学中，概率幅 ψ' 没有物理意义，有物理意义的是概率密度 $|\psi'|^2$．但概率密度 $|\psi'|^2$ 只具有相对意义，因此 ψ' 与 ψ 描述的是同一个量子态．

（2）在经典波动理论中，ψ_1 和 ψ_2 的叠加态 ψ 既不同于 ψ_1，也不同于 ψ_2，是一个新态．在量子力学中，ψ_1 和 ψ_2 的叠加态 ψ 表示对系统进行测量时，测量结果表现为系统以一定的概率处于 ψ_1 态或 ψ_2 态．注意，如前所说，这并不意味着未对系统进行测量时，系统已经以一定的比率部分地处于 ψ_1 态，部分地处于 ψ_2 态．因为这种理解会导致荒谬的结果（例如，见式（16-14-22）~式（16-14-24）的说明），因此是错误的．

（3）量子力学中的态叠加原理隐含着量子态的非定域性．这是因为叠加态一般是多个坐标本征态的叠加，因此具有非定域性．多粒子系统普遍存在着一种非定域叠加态，叫做量子纠缠态．量子纠缠态是1980年代后期兴起的一门新的学科——量子信息物理学的核心概念，对于量子通信技术的研究具有十分重要的意义．

例题 16-8-1 在电子双缝干涉中，电子只由 S_1 缝通过时波函数为 ψ_1，其在屏幕上的分布用 $|\psi_1|^2$ 描述；电子只由 S_2 缝通过时波函数为 ψ_2，其在屏幕上的分布用 $|\psi_2|^2$ 描述．当两个缝都打开时，求电子波函数及其在屏幕上的分布概率密度．

解： 两个缝都打开时，电子的波函数是

$$\psi(x) = c_1\psi_1(x) + c_2\psi_2(x)$$

电子在屏幕上的分布概率密度是

$$\begin{aligned}|\psi(x)|^2 &= |c_1\psi_1(x) + c_2\psi_2(x)|^2 \\ &= |c_1\psi_1|^2 + |c_2\psi_2|^2 + c_1^* c_2\psi_1^*\psi_2 + c_1c_2^*\psi_1\psi_2^*\end{aligned}$$

可见，电子处于 ψ 态时，电子在屏幕上的分布概率密度并不等于电子只由 S_1 或 S_2 缝通过时的概率密度之和，而是存在相干项（上式中后两项），因而在屏幕上呈现出干涉现象．

3. 算符的概念和性质

我们知道，在经典力学中，给定系统的运动方程和初态，可观测物理量的值就是确定的，即测量某个物理量可以得到确定的值．但是，在量子力学中，粒子波函数给出的不是粒子的某个运动状态，而是粒子处于某个运动状态的概率．因此，一般地说，给出粒子波函数并不等于给出了可观测物理量的值．测量某个物理量得到的一般是多个可能值中的一个．这样，在量子力学中就存在一个力学量如何表示及如何取值的问题．

所谓算符（operator）就是作用于态矢的运算符号．如前所说，$\hat{H} = i\hbar\frac{\partial}{\partial t}$是能量算符或Hamiltonian算符，$\hat{p} = -i\hbar\nabla$是动量算符．坐标 x 的算符叫做坐标算符，记为 $\hat{x}$，它对态矢的作用定义为

$$\hat{x}|\psi\rangle = x|\psi\rangle \tag{16-8-4}$$

为简便起见，若无必要，通常仍把坐标算符 $\hat{x}$ 写成 x．要写出有经典表示式的力学量的算符，只要将式中的动量换成动量算符即可．这叫做量子化规则．

算符作用于某个态矢就表示对该算符代表的物理量进行一次测量，或者说制备了一个新态：

$$\hat{A}\,|\psi\rangle = |\varphi\rangle \tag{16-8-5}$$

式中，$|\psi\rangle$表示被测量的态，叫做初态；$|\varphi\rangle$表示测量后得到的末态．按照态叠加原理，初态是测量后可能出现的末态的叠加．形如上式的方程在量子力学中经常出现．可以毫不夸张地说，能否准确理解上式的物理意义关系到能否学懂量子力学．下面以薛定谔猫态为例说明其物理意义．

1935 年，薛定谔根据一个假想的实验对波函数的统计解释提出了质疑，后人称这个假想实验为薛定谔猫态．薛定谔设想，把一只猫关在笼子里，笼子里放有一个带开关的毒药瓶，开关由一个放射性原子装置控制．当原子处于激发态时瓶子关闭，猫是活的，当原子跃迁到基态时瓶子开启，猫被毒死．薛定谔用下面的波函数描述系统的量子态：

$$|\psi\rangle = \alpha|\psi_1\rangle + \beta|\psi_2\rangle$$

式中，$|\psi_1\rangle$表示猫活着；$|\psi_2\rangle$表示猫死了，$\alpha^2+\beta^2=1$．按照波函数的统计解释，α^2 是猫活着的概率，β^2 是猫死了的概率，也就是说，上式表示猫处于不死不活的状态．薛定谔认为，按照日常经验，猫非死即活，不可能处于不死不活的状态，因此，波函数的统计解释令人难以接受．

不难看出，薛定谔的意见是错误的，因为上述波函数描述的既不是系统在测量前，即未将猫放入笼子时的状态（此时猫活着），也不是测量后，即已将猫放入笼子后的状态，而是将猫放入笼子后所有可能出现的末态的叠加，是一个虚拟态．将猫放入笼子后猫活着还是死了都有一定的概率，这些概率由原子的跃迁概率决定．因此，只要我们明白了式（16-8-5）表示的测量意义，薛定谔猫态不仅不与波函数的统计解释相矛盾，反而表明这种解释是合乎逻辑的．

式（16-8-5）的复共轭态矢是

$$\langle\varphi| = \hat{A}^*\langle\psi| \tag{16-8-6}$$

式中，算符 $\hat{A}$ 的复共轭算符 $\hat{A}^*$ 定义为把 $\hat{A}$ 表示式中的变量换成其共轭复量．例如，$\hat{H}=\mathrm{i}\hbar\frac{\partial}{\partial t}$ 的复共轭算符是 $\hat{H}^*=-\mathrm{i}\hbar\frac{\partial}{\partial t}$.

若对任意态矢$|\psi\rangle$，有　$\hat{A}|\psi\rangle=\hat{B}|\psi\rangle$

则称两算符相等，记作　$\hat{A}=\hat{B}$

若对任意态矢$|\psi\rangle$，有　$\hat{A}|\psi\rangle=|\psi\rangle$

则称算符 $\hat{A}$ 为单位算符，记作 $\hat{A}=\hat{I}$.

若算符 $\hat{A}$ 对任意态矢的作用满足条件

$$\hat{A}(c_1|\psi_1\rangle + c_2|\psi_2\rangle) = c_1\hat{A}|\psi_1\rangle + c_2\hat{A}|\psi_2\rangle$$

则称算符 $\hat{A}$ 为线性算符（linear operator），其中的 c_1，c_2 是复数．

规定两个算符对态矢的作用是

$$\hat{B}\hat{A}|\psi\rangle = \hat{B}|\varphi\rangle \tag{16-8-7}$$

即右边的算符先作用在态矢上．

若 $$\hat{A}\hat{B}=\hat{B}\hat{A}=\hat{I} \tag{16-8-8}$$

则称 $\hat{A}$ 和 $\hat{B}$ 互为逆算符（inversive operator），记为

$$\hat{B}=\hat{A}^{-1}\text{或}\hat{A}=\hat{B}^{-1}$$

算符运算与一般代数运算的显著区别是算符一般不服从交换律，即对任意态矢 $|\psi\rangle$，一般有

$$\hat{A}\hat{B}|\psi\rangle\neq\hat{B}\hat{A}|\psi\rangle$$

定义 $$[\hat{A},\ \hat{B}]\equiv\hat{A}\hat{B}-\hat{B}\hat{A} \tag{16-8-9}$$

为算符 $\hat{A}$ 和 $\hat{B}$ 的对易子，则一般有

$$[\hat{A},\ \hat{B}]\equiv\hat{A}\hat{B}-\hat{B}\hat{A}\neq 0 \tag{16-8-10}$$

若 $[\hat{A},\ \hat{B}]=0$，则称两算符对易；否则，称两算符不对易．

容易证明，算符对易子有以下性质：

$$[\hat{A},\hat{B}]=-[\hat{B},\hat{A}] \tag{16-8-11}$$

$$[\hat{A},c]=0,[c\hat{A},\hat{B}]=[\hat{A},c\hat{B}]=c[\hat{A},\hat{B}] \tag{16-8-12}$$

c 是常数． $$[\hat{A}+\hat{B},\hat{C}]=[\hat{A},\hat{C}]+[\hat{B},\hat{C}] \tag{16-8-13}$$

$$[\hat{A}\hat{B},\hat{C}]=\hat{A}[\hat{B},\hat{C}]+[\hat{A},\hat{C}]\hat{B} \tag{16-8-14}$$

$$[\hat{A},[\hat{B},\hat{C}]]+[\hat{B},[\hat{C},\hat{A}]]+[\hat{C},[\hat{A},\hat{B}]]=0 \tag{16-8-15}$$

$$[\hat{A},\hat{B}]^*=[\hat{B}^*,\hat{A}^*] \tag{16-8-16}$$

类似地，定义 $$\{\hat{A},\ \hat{B}\}\equiv\hat{A}\hat{B}+\hat{B}\hat{A} \tag{16-8-17}$$

为两算符的反对易子．若 $\{\hat{A},\ \hat{B}\}=0$，则称两算符反对易；否则，称两算符不反对易．

例题 16-8-2 求证：

$$x\hat{P}_x-\hat{P}_x x=\mathrm{i}\hbar,\ y\hat{P}_y-\hat{P}_y y=\mathrm{i}\hbar,\ z\hat{P}_z-\hat{P}_z z=\mathrm{i}\hbar \tag{16-8-18}$$

证： $$(x\hat{P}_x-\hat{P}_x x)\ \psi=-\mathrm{i}\hbar x\frac{\partial\psi}{\partial x}+\mathrm{i}\hbar\frac{\partial}{\partial x}(x\psi)=\mathrm{i}\hbar\psi$$

由于 ψ 是任意波函数，有 $$x\hat{P}_x-\hat{P}_x x=\mathrm{i}\hbar$$

同理可以证明式（16-8-18）其余两式。

4. 厄米算符

若对任意态矢 $|\psi\rangle$ 和 $|\varphi\rangle$，有 $\langle\varphi|\hat{A}|\psi\rangle=|\psi\rangle\hat{B}\langle\varphi|$

则称算符 $\hat{A}$ 和 $\hat{B}$ 互为转置算符，记做 $\hat{B}=\tilde{\hat{A}}$ 或 $\tilde{\hat{B}}=\hat{A}$，即有

$$\langle\varphi|\ \tilde{\hat{A}}\ |\psi\rangle=|\psi\rangle\hat{A}\langle\varphi| \tag{16-8-19}$$

算符 $\hat{A}$ 的厄米共轭算符定义为把 $\hat{A}$ 转置再取复共轭或取复共轭再转置，记做

$$\hat{A}^+=\tilde{\hat{A}}^* \tag{16-8-20}$$

如果算符 $\hat{A}$ 的厄米共轭算符等于它自己，即

$$\hat{A}^{+}=\hat{A} \tag{16-8-21}$$

则称算符 $\hat{A}$ 为厄米算符（hermitian operator）.

设 $\hat{A}$ 为厄米算符，注意到复共轭运算不改变算符的作用对象，则有

$$\left(\langle\varphi|\hat{A}|\psi\rangle\right)^{*}=|\varphi\rangle\hat{A}^{*}\langle\psi|=\langle\psi|\tilde{\hat{A}}^{*}|\varphi\rangle=\langle\psi|\hat{A}^{+}|\varphi\rangle=\langle\psi|\hat{A}|\varphi\rangle$$

所以，也可把式子

$$\left(\langle\varphi|\hat{A}|\psi\rangle\right)^{*}=\langle\psi|\hat{A}|\varphi\rangle \tag{16-8-22}$$

作为厄米算符的定义式．不难看出，上式与下面的定义式等价：

$$\int(\hat{A}\psi)^{*}\varphi\mathrm{d}x=\int\psi^{*}\hat{A}\varphi\mathrm{d}x \tag{16-8-23}$$

若线性算符 $\hat{A}$ 是厄米算符，则称其为线性厄米算符.

若算符 $\hat{A}$ 的厄米算符等于它的逆算符 $\hat{A}^{-1}$，即

$$\hat{A}^{+}=\hat{A}^{-1} \tag{16-8-24}$$

则称算符 $\hat{A}$ 为幺正算符（unitary operator）.

例题 16-8-3 求证坐标算符 $\hat{x}$ 和动量算符 $\hat{p}_x$ 是厄米算符.

证：(1) 由于

$$\hat{x}|\psi\rangle=x|\psi\rangle$$

有

$$\left(\langle\varphi|\hat{x}|\psi\rangle\right)^{*}=x\left(\langle\varphi|\psi\rangle\right)^{*}=\langle\psi|x|\varphi\rangle=\langle\psi|\hat{x}|\varphi\rangle$$

所以，$\hat{x}$ 是厄米算符.

(2) 由于 $\hat{p}_x=-\mathrm{i}\hbar\dfrac{\partial}{\partial x}=-\mathrm{i}\hbar\partial_x$，注意到 $\langle\psi|\varphi\rangle$ 为一复数，得

$$\begin{aligned}\left(\langle\varphi|\hat{p}_x|\psi\rangle\right)^{*}&=\left(-\mathrm{i}\hbar\langle\varphi|\partial_x|\psi\rangle\right)^{*}=\mathrm{i}\hbar|\varphi\rangle\partial_x\langle\psi|\\&=\mathrm{i}\hbar\left[\partial_x\langle\psi|\varphi\rangle-\langle\psi|\partial_x|\varphi\rangle\right]=-\mathrm{i}\hbar\langle\psi|\partial_x|\varphi\rangle=\langle\psi|\hat{p}_x|\varphi\rangle\end{aligned}$$

所以，$\hat{p}_x$ 是厄米算符.

5. 本征态原理

若线性厄米算符 $\hat{A}$ 作用于某个态矢等于该态矢乘以一个常数 a，即

$$\hat{A}|u\rangle=a|u\rangle \tag{16-8-25}$$

则称此方程为算符 $\hat{A}$ 的本征方程（eigenvalue equation），常数 a 叫做算符 $\hat{A}$ 的本征值（eigen value），态矢 $|u\rangle$ 叫做算符 $\hat{A}$ 属于本征值 a 的本征矢（eigen vectore）、本征函数（eigen function）或本征态（eigen state）．本征态的物理意义是，当在算符 $\hat{A}$ 的某个本征态中测量 $\hat{A}$ 代表的力学量时，得到的是一个确定值．这就是量子力学中的本征态原理.

例如，将动量算符 $\hat{p}=-\mathrm{i}\hbar\nabla$ 作用于自由粒子波函数式（16-6-7），得

$$\hat{p}\psi_p(\boldsymbol{r},t)=p\psi_p(\boldsymbol{r},t) \tag{16-8-26}$$

所以，三维自由粒子波函数式（16-6-7）就是本征值为 p 的动量算符的本征函数.

又例如，将能量算符 $i\hbar\frac{\partial}{\partial t}$ 作用于定态波函数式（16-6-14），得

$$i\hbar\frac{\partial\psi}{\partial t} = E\psi \tag{16-8-27}$$

这是一个能量本征方程，波函数式（16-6-14）就是能量为 E 的粒子的能量本征态.

如果算符 $\hat{A}$ 属于本征值 a 的本征矢只有一个，则称本征矢为非简并的；否则，称之为简并的. 属于同一本征值的独立本征矢的数目叫做简并度.

本征态定理：

(1) 线性厄米算符的本征值都是实数；

(2) 线性厄米算符属于不同本征值的本征矢相互正交；

(3) 线性厄米算符的本征矢张起一个完备的矢量空间；

(4) 两个力学量算符有共同本征函数系的充分必要条件是两个算符对易.

证：(1) 设

$$\hat{A}\,|\,u\rangle = a\,|\,u\rangle$$

则有

$$\langle u\,|\,\hat{A}\,|\,u\rangle = a\langle u\,|\,u\rangle$$

由于 $\hat{A}$ 是厄米算符，根据式（16-8-22），有

$$\langle u\,|\,\hat{A}\,|\,u\rangle = \left(\langle u\,|\,\hat{A}\,|\,u\rangle\right)^*$$

因此，

$$a\langle u\,|\,u\rangle = a^*\left(\langle u\,|\,u\rangle\right)^* = a^*\langle u\,|\,u\rangle$$

故必有 $a = a^*$，即 a 为实数.

(2) 设线性厄米算符 $\hat{A}$ 为非简并的，即当 $a_n \neq a_m$ 时，$|\,u_n\rangle \neq |\,u_m\rangle$

由于

$$\hat{A}\,|\,u_n\rangle = a_n\,|\,u_n\rangle,\quad \hat{A}\,|\,u_m\rangle = a_m\,|\,u_m\rangle$$

则有

$$\langle u_m\,|\,\hat{A}\,|\,u_n\rangle = a_n\langle u_m\,|\,u_n\rangle,\quad \langle u_n\,|\,\hat{A}\,|\,u_m\rangle = a_m\langle u_n\,|\,u_m\rangle.$$

由于 $\hat{A}$ 为厄米算符，有

$$\langle u_m\,|\,\hat{A}\,|\,u_n\rangle = \left(\langle u_n\,|\,\hat{A}\,|\,u_m\rangle\right)^* = a_m\langle u_m\,|\,u_n\rangle$$

于是得

$$(a_n - a_m)\langle u_m\,|\,u_n\rangle = 0$$

由于 $a_n \neq a_m$，得

$$\langle u_m\,|\,u_n\rangle = 0$$

即两个本征矢相互正交.

若算符 $\hat{A}$ 为简并的，则有

$$\hat{A}\,|\,u_{ni}\rangle = a_{ni}\,|\,u_{ni}\rangle \qquad (i = 1,2,\cdots,k)$$

一般地说，这 k 个本征函数 $|\,u_{ni}\rangle$ 并不正交. 但总可以把这 k 个函数 $|\,u_{ni}\rangle$ 重新组合为 k 个相互正交的函数，即

$$|\,\varphi_{nj}\rangle = \sum_{i=1}^{k}\alpha_{ji}\,|\,u_{ni}\rangle, \qquad (j = 1,2,\cdots k)$$

因为使 $|\,\varphi_{nj}\rangle$ 相互正交的条件

$$\langle\varphi_{nj'}\,|\,\varphi_{nj}\rangle = \sum_{i'=1}^{k}\sum_{i=1}^{k}\alpha_{j'i'}^*\alpha_{ji}\langle u_{ni'}\,|\,u_{ni}\rangle = \delta_{j'j} \tag{16-8-28}$$

共有$\frac{1}{2}k$（$k+1$）个方程［其中$j'=j$的方程有 k 个，$j'\neq j$的方程有$\frac{1}{2}k$（$k-1$）个］，而待定系数 α_{ji}有 k^2 个，即待定系数的数目大于方程的数目，因此有多种方法选择待定系数 α_{ji}，使式（16-8-25）得以满足．所以，一般说来，不论算符 $\hat{A}$ 是否简并，总可以假设

$$\langle u_m | u_n \rangle = \delta_{mn} \tag{16-8-29}$$

这叫做态矢的正交归一化条件．

（3）如前所说，希尔伯特空间是一个完备空间，即量子系统所有可能的态矢量一定是希尔伯特空间基矢的线性组合，而基矢的线性组合一定是该量子系统可能的态矢量．由于线性厄米算符的所有本征矢相互线性独立，可作为希尔伯特空间的基矢．所以，这些本征矢张起的矢量空间自然是一个完备的矢量空间．选择算符 $\hat{A}$ 的所有本征矢作为基矢就叫做选择了 A 表象．所谓坐标表象就是以坐标算符 $\hat{\boldsymbol{r}}$ 的本征矢作为基矢的表象．在坐标表象中，单粒子的态矢量波函数是 ψ（$\boldsymbol{r}$，t）．

根据上述定理，希尔伯特空间中的任意态矢$|\psi\rangle$可用算符 $\hat{A}$ 的本征矢展开，即

$$|\psi\rangle = \sum_{n=1} c_n |u_n\rangle \tag{16-8-30}$$

不难证明，系数

$$c_n = \langle u_n | \psi \rangle \tag{16-8-31}$$

证：利用式（16-8-29）得

$$\langle u_n | \psi \rangle = \sum_m c_m \langle u_n | u_m \rangle = \sum_m c_m \delta_{mn} = c_n$$

作为式（16-8-30）的一个例子，下面来证明任何波函数 ψ（$\boldsymbol{r}$，t）都可以表示为动量不同的平面波的叠加，即

$$\psi(\boldsymbol{r},t) = \iiint_\infty C(\boldsymbol{p},t)\psi_p(\boldsymbol{r},t)\,\mathrm{d}^3p \tag{16-8-32}$$

式中

$$\psi_p(\boldsymbol{r},t) = (2\pi\hbar)^{-\frac{3}{2}}\mathrm{e}^{\frac{\mathrm{i}}{\hbar}(\boldsymbol{p}\cdot\boldsymbol{r}-Et)} \tag{16-8-33}$$

$$C(\boldsymbol{p}) = (2\pi\hbar)^{-\frac{3}{2}}\iiint_\infty \psi(\boldsymbol{r},t)\mathrm{e}^{-\frac{\mathrm{i}}{\hbar}(\boldsymbol{p}\cdot\boldsymbol{r}-Et)}\,\mathrm{d}x\mathrm{d}y\mathrm{d}z \tag{16-8-34}$$

这里已取平面波波函数归一化常数为 $A=(2\pi\hbar)^{-3/2}$.

证：式（16-8-32）两边乘以式（16-8-33）的复共轭，对全空间积分，利用式（16-5-14）式，得

$$\begin{aligned}
&\iiint_\infty \psi(\boldsymbol{r},t)\psi_p^*(\boldsymbol{r},t)\,\mathrm{d}\tau \\
&= \iiint_\infty C(\boldsymbol{p}',t)\iiint_\infty \psi_p^*(\boldsymbol{r},t)\psi_{p'}(\boldsymbol{r},t)\,\mathrm{d}\tau\mathrm{d}^3p \\
&= \iiint_\infty C(\boldsymbol{p}',t)\delta^3(\boldsymbol{p}-\boldsymbol{p}')\,\mathrm{d}^3p = C(\boldsymbol{p})
\end{aligned}$$

反之，式（16-8-34）两边乘以式（16-8-33）并对全动量空间积分，利用式（16-5-16）得

$$\iiint_\infty C(\boldsymbol{p},t)\psi_p(\boldsymbol{r},t)\,\mathrm{d}^3p$$

$$= \iiint_{\infty} \psi(\boldsymbol{r}',t) \iiint_{\infty} \psi_p^*(\boldsymbol{r}') \psi_p(\boldsymbol{r}) \mathrm{d}^3 p \mathrm{d}\tau'$$

$$= \iiint_{\infty} \psi(\boldsymbol{r}',t) \delta^3(\boldsymbol{r}' - \boldsymbol{r}) \mathrm{d}\tau' = \psi(\boldsymbol{r},t)$$

不难看出，给定 $\psi(\boldsymbol{r},t)$，$C(\boldsymbol{p},t)$，可由式（16-8-34）确定 $|C(\boldsymbol{p},t)|^2$ 就是态 $\psi(\boldsymbol{r},t)$ 中粒子动量为 $\boldsymbol{p}$ 的概率密度；给定 $C(\boldsymbol{p},t)$，$\psi(\boldsymbol{r},t)$，可由式（16-8-32）确定 $|\psi(\boldsymbol{r},t)|^2$ 就是态 $C(\boldsymbol{p},t)$ 中粒子在时空坐标 $(\boldsymbol{r},t)$ 处出现的概率密度．

在一维情况下，式（16-8-32）和式（16-8-34）可写成

$$\psi(x,t) = (2\pi h)^{-\frac{1}{2}} \int_{-\infty}^{\infty} C(p) \mathrm{e}^{\frac{\mathrm{i}}{h}(px-Et)} \mathrm{d}p \tag{16-8-35}$$

$$C(p,t) = (2\pi h)^{-\frac{1}{2}} \int_{-\infty}^{\infty} \psi(x,t) \mathrm{e}^{-\frac{\mathrm{i}}{h}(px-Et)} \mathrm{d}x \tag{16-8-36}$$

若将式（16-8-31）代入式（16-8-30），得

$$|\psi\rangle = \sum_{n=1} |u_n\rangle\langle u_n|\psi\rangle$$

由于 $|\psi\rangle$ 是任意态矢，得

$$\sum_{n=1} |u_n\rangle\langle u_n| = \hat{I} \tag{16-8-37}$$

这叫做算符 $\hat{A}$ 的本征矢完备性条件．

若本征矢的变化是连续的，上式应写成

$$\int \mathrm{d}\lambda\, |u_\lambda\rangle\langle u_\lambda| = \hat{I} \tag{16-8-38}$$

若态矢 $|\psi\rangle$ 是归一化的，由式（16-8-29）和式（16-8-30）易得

$$1 = \langle\psi|\psi\rangle = \sum_n \sum_m c_n^* c_m \langle u_n|u_m\rangle = \sum_n \sum_m c_n^* c_m \delta_{nm} = \sum_n |c_n|^2$$

而在归一化态 $|\psi\rangle$ 中多次重复测量力学量 $\hat{A}$ 的平均值是

$$\overline{A} = \langle\psi|\hat{A}|\psi\rangle = \sum_n |c_n|^2 a_n \tag{16-8-39}$$

式中 $|c_n|^2 = |\langle u_n|\psi\rangle|^2$ 是在态 $|\psi\rangle$ 中测量力学量 $\hat{A}$ 得到值 a_n 的概率，概率和等于 1.

定理：量子力学中的可观测力学量算符都是厄米算符．

证：不失一般性，设态矢 $|\psi\rangle$ 是归一化的．因为力学量的测量平均值

$$\overline{A} = \langle\psi|\hat{A}|\psi\rangle$$

作为实际观测值是实数，所以 $\overline{A}^* = \hat{A}$，即

$$\left(\langle\psi|\hat{A}|\psi\rangle\right)^* = |\psi\rangle\ \hat{A}^*\ \langle\psi| = \langle\psi|\hat{A}^+|\psi\rangle = \langle\psi|\hat{A}|\psi\rangle$$

所以，量子力学中的可观测力学量算符都是厄米算符．

利用算符的本征矢完备性条件式（16-8-37）易证：

$$(\hat{A}\hat{B})^+ = \hat{B}^+\hat{A}^+ \tag{16-8-40}$$

证：设 $|\psi\rangle$ 和 $|\varphi\rangle$ 是两个任意态矢．利用式（16-8-37）有

$$\langle\psi|\hat{A}\hat{B}|\varphi\rangle = \sum_{n=1}\langle\psi|\hat{A}|u_n\rangle\langle u_n|\hat{B}|\varphi\rangle = \sum_{n=1}\langle u_n|\hat{B}|\varphi\rangle\langle\psi|\hat{A}|u_n\rangle$$

对上式进行厄米操作，得

$$\langle\varphi|(\hat{A}\hat{B})^+|\psi\rangle = \sum_{n=1}\langle\varphi|\hat{B}^+|u_n\rangle\langle u_n|\hat{A}^+|\psi\rangle = \langle\varphi|\hat{B}^+\hat{A}^+|\psi\rangle$$

由于$|\psi\rangle$和$|\varphi\rangle$是任意态矢，即得式（16-8-40）．

如果 $\hat{A}$ 和 $\hat{B}$ 均为厄米算符，则有

$$(\hat{A}\hat{B})^+ = \hat{B}^+\hat{A}^+ = \hat{B}\hat{A} \tag{16-8-41}$$

这说明，两算符之积一般不是厄米算符，除非两算符对易．例如，由式（16-8-18）有 $x_i\hat{p}_i - \hat{p}_i x_i = \mathrm{i}\hbar$，故算符 $x_i\hat{p}_i$ 不是厄米算符，但算符$\frac{1}{2}(x_i\hat{p}_i+\hat{p}_i x_i)$是厄米算符．

（4）先证必要性，即证算符 $\hat{A}$ 与 $\hat{B}$ 有共同本征态时必对易．设态矢$|u\rangle$既是算符 $\hat{A}$ 的本征态，也是算符 $\hat{B}$ 的本征态，于是有

$$\hat{A}|u\rangle = a|u\rangle,\ \hat{B}|u\rangle = b|u\rangle$$

所以

$$\hat{A}\hat{B}|u\rangle = \hat{A}b|u\rangle = b\hat{A}|u\rangle = ba|u\rangle$$

$$\hat{B}\hat{A}|u\rangle = \hat{B}a|u\rangle = a\hat{B}|u\rangle = ab|u\rangle$$

故有

$$(\hat{A}\hat{B}-\hat{B}\hat{A})\ |u\rangle = 0$$

由于$|u\rangle$是任意波函数，得

$$\hat{A}\hat{B} = \hat{B}\hat{A}$$

再证充分性，即证算符 $\hat{A}$ 与 $\hat{B}$ 对易时必有共同本征态．为简便起见，设本征态无简并，即一个本征值对应的本征态只有一个．设

$$\hat{A}|u\rangle = a|u\rangle，且\ \hat{A}\hat{B} = \hat{B}\hat{A}$$

则有

$$\hat{A}\hat{B}|u\rangle = \hat{B}\hat{A}|u\rangle = a\hat{B}|u\rangle$$

这说明 $\hat{B}|u\rangle$也是算符 $\hat{A}$ 的本征态．因为本征态无简并，$\hat{B}|u\rangle$与$|u\rangle$只应相差一个常数，即应有

$$\hat{B}|u\rangle = b|u\rangle$$

这说明$|u\rangle$也是算符 $\hat{B}$ 的本征态．

推论：如果两个力学量算符不对易，那么它们一定没有共同本征态，不能同时有确定值．

例如，由式（16-8-18）可知，算符 x 和算符$\hat{p}_x$ 不对易，因此，它们不能同时有确定值．但是，算符 $\hat{H}=\frac{\hat{p}^2}{2m}$与算符$\hat{p}$对易，即

$$\hat{H}\hat{p} - \hat{p}\hat{H} = 0$$

它们同时有确定值，它们的共同本征态就是自由粒子波函数式（16-6-7）

以上关于两个力学量算符同时有确定值的结论可以推广到多个算符：

一组力学量算符有共同完备本征函数系的充分必要条件是它们相互对易.

思考题 16.8

1. 什么是量子力学的态叠加原理？它与经典的波叠加原理有什么不同？应如何正确理解态叠加原理表示式中各分量的物理意义？

2. 两个力学量算符同时有确定值的条件是什么？

16.9 不确定原理

如上节所说，如果量子系统的状态不是某个力学量算符的本征态，这个力学量就没有确定值；如果两个力学量算符不对易，它们就不可能同时有确定值. 这些性质统称为微观粒子力学量的不确定性. 量子力学诞生以后，不确定性引起了长期激烈的争论. 物理学家们一般认为，不确定性主要源于测量对粒子的扰动，但已有的各种严格或不严格的论证并未直接给出这个结论，以至于当今有的物理学家在谈及不确定原理时感慨地说：没有人真正知道它是如何产生的. 其次，由于习惯于认为经典力学是决定性的理论，初学者对不确定性往往感到难以理解和接受. 事实上，不确定性不仅存在于量子力学中，在经典力学乃至整个经典物理学中也存在，只不过因其实际效应可以忽略，人们以往不注意罢了. 下面，我们先讨论经典力学中的不确定原理，再讨论量子力学中的不确定原理，并根据玻尔量子化条件和德布罗意公式导出不确定关系式，证明不确定关系与测量对粒子的扰动有关.

1. 经典力学中的不确定原理

看到本段的标题，也许有人会想：经典力学是决定性的理论，怎么会存在不确定性？对此疑问，首先必须指出的是：状态之间的因果关系与状态的确定程度是既有联系又有区别的两个概念. 以往，人们根据牛顿方程给出了质点运动状态之间确定的因果关系，认为经典力学完全是决定性的理论，但这隐含着一个如狄拉克（Dirac）所指出的假定：经典力学假定对所有可观测量都能同时赋予数值，即质点状态是完全确定的. 问题是：在经典力学中，质点状态，也就是质点的位置和速度是否真的可以完全确定呢？

为简便起见，讨论一维运动. 我们知道，一维运动中平均速度的定义是

$$\bar{v} = \frac{\Delta x}{\Delta t} \tag{16-9-1}$$

而瞬时速度定义为平均速度的极限，即

$$v = \lim_{\Delta t \to 0} \frac{\Delta x}{\Delta t} \tag{16-9-2}$$

我们知道，任何测量都是或长或短的过程，不可能是瞬时行为，因此，实验中我们能测得的总是平均速度而非（瞬时）速度，或者说，平均速度可测，速度不可测. 这听起来似乎有点怪，但事实如此. 在经典力学中谈到一个“粒子”时，认为它在每一时刻有一定的位置与速度. 但这一概念从来也没有无限精确地为实验证实过. 在物理学中，说一个不能准确测定的物理量有确定值是没有意义的，所以，我们把平均速度相对于速度的这种偏差叫做速度的不确定偏差，即

$$\delta v = v - \bar{v} \tag{16-9-3}$$

显然，速度不确定偏差的存在与具体的测量技术无关.

也许有人会把速度不确定偏差的存在归因于测量技术的限制．那么我们要问，这种限制可否从根本上消除？显然不能．因为不确定偏差描述的是可测的平均速度相对于不可测的速度的偏差，这个偏差的存在与具体的测量技术无关，与通常所说的测量误差是两个不同的概念．通常所说的速度测量误差实际上是平均速度的测量值与平均速度的真值的差，而所谓真值，不过是多次测量的平均值罢了．测量误差是可以通过改进测量技术缩小或消除的，而不确定偏差是不能通过改进测量技术消除的．对式（16-9-3）两边取极限，可知不确定偏差 δv 是无穷小量（即极限为零的量），这就保证了速度的测定在具有不确定性的同时具有稳定性．

速度有不确定偏差，位置是否也有不确定偏差呢？利用 $v = \dfrac{dx}{dt}$ 可将牛顿方程

$$\frac{d^2 x}{dt^2} = \frac{F}{m} \tag{16-9-4}$$

写成

$$v\frac{dv}{dx} = \frac{F}{m}$$

也就是

$$dx = \frac{mv}{F}dv$$

所以，当速度有不确定偏差 δv 时，位置必有不确定偏差 δx，即

$$\delta x = \frac{mv}{F}\delta v \tag{16-9-5}$$

上式表明，仅当质点静止时位置有确定值．此时，$\delta x = 0$，$\delta v = 0$，位置、速度都是完全确定的，或者说都是可测准的．

上式同时表明：当力 F 足够大时，δx 足够小，这就保证了位置的测定在具有不确定性的同时具有稳定性．那么，所谓力 F 足够大意味着什么呢？

设力场 $F(x)$ 有势函数 $U(x)$，即令

$$F(x) = -\frac{dU}{dx}$$

将上式右边的势梯度在 $\bar{x}$ 附近展开：

$$\frac{dU}{dx} = \frac{dU(\bar{x})}{dx} + \frac{d^2U(\bar{x})}{dx^2}\Delta x + \cdots$$

所谓 $F(\bar{x}) = \dfrac{dU(\bar{x})}{dx}$ 足够大，意味着上式右边第一项后边的那些项可以忽略，或者说，力场 F 变化比较慢．所以，所谓给定初态和运动方程，质点以后的状态就是确定的，其条件是力场变化较慢．这个结论与量子力学中关于可以用经典力学描述微观粒子运动的条件一致．

事实上，不仅在经典力学中，在整个经典物理学中不确定性都是普遍存在的．例如，测量电场或磁场时必须引入带电粒子，测得的场是受到带电粒子的场干扰的场，而非原来的那个场．又例如，测量一段电路的电压时必须并联一个伏特计，测得的电压是并联伏特计后的电压，而非原来那段电路的电压．诸如此类，不胜枚举．这些不确定性并不是测量技术带来的，也不是通过改进测量技术能够消除的，而是理论体系固有的，不可消除的，是客观物质运动属性的表现．

综上所述可知，经典物理学中的不确定性是一个客观存在，是客观物质运动属性的反映，只不过往往被忽视罢了．如前所说，Dirac 曾经指出，经典力学假定对所有可观测量都能同时赋予数值．经典力学的这个不自觉的假定使人们形成了一种根深蒂固的观念，认为经典力学完全是决定论的，与不确定性无关．许多学习了经典力学的人开始学习量子力学时对量子力学的不确定原理感到难以理解，其思想根源皆在于此．量子力学诞生以后，不确定原理引起了长期的激烈的争论，争论的结果之一是许多文献中把旧名称“测不准原理”、“测不准关系”改成了“不确定原理”、“不确定关系”，以免被人望文生义，把不确定“偏差”误认为是测量“误差”．看来，改得确有必要．不过，概念的建立重在内涵的把握．不论在量子力学中还是在经典力学中，不确定性都应被视为一个基本原理，都是客观物质运动属性的表现，只不过表现形式和表现程度不同罢了．不同之处在于，量子力学中的力学量大多是量子化的，不确定偏差有下限，不是无穷小量；经典力学中的力学量大多是连续变化的，不确定偏差是一个无穷小量．由于经典力学中的不确定偏差是一个无穷小量，忽略它不会给一般的技术工作带来问题，但不能因此就否认它的存在．

2. 量子力学中的不确定原理

我们已经知道，在量子力学中，算符 x 和算符 $\hat{p}_x$ 不对易，坐标 x 和动量 p_x 不能同时有确定值．下面来证明，在量子力学中有下面的不确定关系：

$$\Delta x \cdot \Delta p_x = \Delta t \cdot \Delta E \geqslant \frac{\hbar}{2} \tag{16-9-6}$$

为简单起见，设用光信号测量一个氢原子的位置．显而易见，从氢原子中电子吸收光子跃迁到较高能级到放出光子跃迁到较低能级，存在一个或长或短的时间间隔 Δt．假设在此时间内氢原子的位移是 Δx，动量增量是 Δp_x，则有

$$\Delta x \cdot \Delta p_x = \Delta x \cdot \overline{F} \cdot \Delta t = \Delta t \cdot \Delta E \tag{16-9-7}$$

其中 $\overline{F}$ 是 Δt 时间间隔内氢原子所受力的平均值，ΔE 是氢原子能量的增量．上述过程等效于氢原子吸收了一个能量为 $h\nu$ 的光子，于是有

$$\Delta E = h\nu = \hbar\omega = \hbar\frac{\Delta\phi}{\Delta t}$$

即

$$\Delta t \cdot \Delta E = \hbar \cdot \Delta\phi \tag{16-9-8}$$

那么，上式中 $\Delta\phi$ 的物理意义是什么呢？利用德布罗意公式 $p = mv = h/\lambda$ 可将玻尔的轨道量子化条件 $rmv = n\hbar$ 式写成

$$2\pi r = n\lambda = 2n\frac{\lambda}{2} \tag{16-9-9}$$

这表明，氢原子中电子的德布罗意波是一个沿着圆轨道的驻波，如图 16-9-1 所示，圆轨道上每两个相邻节点对应的圆心角是 $\frac{\pi}{n}$．电子跃迁的末态能级包含无限多个可能的轨道面，设其中一个轨道面与初态轨道面的夹角为 θ，$0 \leqslant \theta \leqslant \pi$，如图 16-9-2 所示．设这些轨道面是等几率的，则初末态中相邻节点对应的圆心角之差的平均值是

$$\Delta\phi = \frac{1}{\pi}\left(\frac{\pi}{n} - \frac{\pi}{m}\right) \geqslant \frac{1}{n} - \frac{1}{n+1} = \frac{1}{n(n+1)} \tag{16-9-10}$$

其中 $n = 1，2，3，\cdots$；$m = n+1，n+2，\cdots$．取 $n = 1$，得

$$\Delta\phi \geqslant \frac{1}{2} \tag{16-9-11}$$

将上式代入式（16-9-8），即得式（16-9-6）.

由上述证明可知，第一，不确定关系与测量对粒子的扰动有关，这与前面的分析一致．量子力学将测量看成是对粒子的扰动，这与经典物理学显然不同．在经典物理学（包括相对论）中，测量不影响物体的状态．而在量子力学看来，经典物理学的这个论断只是一种宏观意义上的近似．第二，由于粒子末态能级包含多个可能的轨道面，粒子状态的跃迁具有随机性，因此，不确定关系与微观粒子状态变化的随机性有关．总之，不确定关系来源于测量对粒子的扰动和微观粒子状态变化的随机性．事实上，正是由于测量对粒子的扰动和微观粒子状态变化具有随机性，才必须用波函数描述微观粒子．

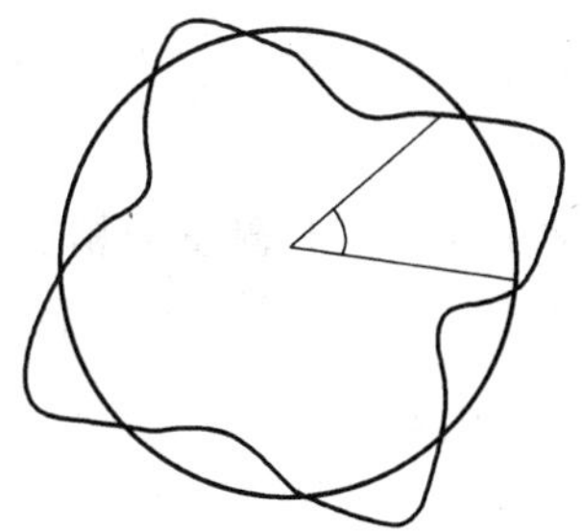

图 16-9-1

图 16-9-2

由于应用了玻尔的轨道量子化条件，上述证明还不是完全量子论的证明．下面是量子力学中的证明，缺点是物理意义不如上面的证明直观．

定义算符 $\hat{A}$ 的不确定偏差

$$\Delta\hat{A} = \hat{A} - \overline{A} \tag{16-9-12}$$

这也是一个算符，其中的 $\overline{A} = \langle \hat{A} \rangle$ 是力学量 $\hat{A}$ 在某个状态的平均值．由于不确定偏差 $\Delta\hat{A}$ 在任意态中的平均值等于零，即

$$\langle \Delta\hat{A} \rangle = 0$$

所以需要用它的“均方差”

$$\langle (\Delta\hat{A})^2 \rangle = \langle (\hat{A}^2 - 2\hat{A}\overline{A} + \hat{A}^2) \rangle = \langle \hat{A}^2 \rangle - \hat{A}^2 \tag{16-9-13}$$

描述测量的偏差．下面来证明不确定关系

$$\langle (\Delta\hat{A})^2 \rangle \langle (\Delta\hat{B})^2 \rangle \geqslant \frac{1}{4} \left| \langle [\hat{A}, \hat{B}] \rangle \right|^2 \tag{16-9-14}$$

证：设 λ 为一常复数，下式显然成立

$$(\langle \alpha | + \lambda^* \langle \beta |) \cdot (|\alpha\rangle + \lambda |\beta\rangle) \geqslant 0$$

令 $\lambda = -\frac{\langle \beta | \alpha \rangle}{\langle \beta | \beta \rangle}$，并代入上式，得

$$\langle \alpha | \alpha \rangle \langle \beta | \beta \rangle \geqslant |\langle \alpha | \beta \rangle|^2$$

令 $|\alpha\rangle = \Delta\hat{A}|\rangle$，$|\beta\rangle = \Delta\hat{B}|\rangle$，于是有

$$\langle (\Delta\hat{A})^2 \rangle \langle (\Delta\hat{B})^2 \rangle \geqslant |\langle \Delta\hat{A}\Delta\hat{B} \rangle|^2 \tag{16-9-15}$$

上式中的

$$\Delta\hat{A}\Delta\hat{B} = \frac{1}{2}[\Delta\hat{A}, \Delta\hat{B}] + \frac{1}{2}\{\Delta\hat{A}, \Delta\hat{B}\}$$

式中的对易子$[\Delta\hat{A},\ \Delta\hat{B}]=[\hat{A},\ \hat{B}]$为反厄米算符，易证其平均值是纯虚数；反对易子$\{\hat{A},\ \hat{B}\}$为厄米算符，其平均值是实数，所以复数

$$\langle\Delta\hat{A}\Delta\hat{B}\rangle=\frac{1}{2}\langle[\hat{A},\ \hat{B}]\rangle+\frac{1}{2}\langle\{\Delta\hat{A},\ \Delta\hat{B}\}\rangle$$

的模方
$$|\langle\Delta\hat{A}\Delta\hat{B}\rangle|^2=\frac{1}{4}|\langle[\hat{A},\ \hat{B}]\rangle|^2+\frac{1}{4}|\langle\{\Delta\hat{A},\ \Delta\hat{B}\}\rangle|^2$$

将上式代入式（16-9-15）并略去第二项，即得不确定关系式（16-9-13）.

若取$\hat{A}=\hat{x}$，$\hat{B}=\hat{p}$，利用$[\hat{x},\ \hat{p}]=\mathrm{i}\hbar$，由式（16-9-14）得

$$\overline{(\Delta x)^2}\cdot\overline{(\Delta P_x)^2}\geqslant\frac{\hbar^2}{4} \tag{16-9-16}$$

上式就是坐标表象中的不确定关系，通常将上式写成式（16-9-8）的形式．尽管由上式到式（16-9-8）在数学上有些勉强．

注意，不确定关系限制了对两个不对易算符代表的力学量同时进行测量的精度．如果只测量某一个力学量，或两个力学量算符对易，则不受此限制．

若粒子的角动量$L=J\omega$，转动能$E=\frac{1}{2}J\omega^2$，角位置为θ，则有

$$\Delta\theta\cdot\Delta L=\omega\Delta t\cdot J\Delta\omega=\Delta t\cdot\Delta\left(\frac{1}{2}J\omega^2\right)=\Delta t\cdot\Delta E$$

所以
$$\Delta\theta\cdot\Delta L\geqslant\frac{1}{2}\hbar \tag{16-9-17}$$

3. 量子力学中的测量

由式（16-8-37）可知，选择不同的力学量，态$|\psi\rangle$有不同的展开，除非不同的力学量对易．目前的量子力学认为式（16-8-37）的物理意义是，每次测量力学量$\hat{A}$时，都使态$|\psi\rangle$受到一次干扰并随机地向$\hat{A}$的某个本征态$|u_n\rangle$突变（塌缩）过去，除非$|\psi\rangle$是力学量$\hat{A}$的某个本征态，否则不能预先知道测量的值．这种塌缩过程与测量对粒子的干扰以及周围环境对粒子的作用有关，目前还是一个深邃的尚不清楚的过程．这可以看做量子力学用波函数和算符描述微观粒子运动的客观原因．

在经典物理学中，不同的物理状态是完全可以区分的，但在量子力学中却并非如此简单．设相应于量子态$|\psi_i\rangle$构造一个算符

$$\hat{\rho}_i\equiv|\psi_i\rangle\langle\psi_i| \tag{16-9-18}$$

叫做投影算符．若一组量子态$\{|\psi_i\rangle\}$是相互正交归一的，则有

$$\hat{\rho}_i|\psi_j\rangle=\delta_{ij}|\psi_i\rangle=\begin{cases}|\psi_j\rangle, i=j\\ 0,\quad i\neq j\end{cases} \tag{16-9-19}$$

这就是说，根据投影测量的结果是否等于零就可将每个算符$\hat{\rho}_i$对应的态区分开．但若一组量子态$\{|\psi_i\rangle\}$非相互正交，则有

$$\hat{\rho}_i|\psi_j\rangle=c_{ij}|\psi_i\rangle \tag{16-9-20}$$

式中，$c_{ij}=\langle\psi_i|\psi_j\rangle$. 这就是说，当对态$|\psi_j\rangle$进行测量时，将以概率$|c_{ij}|^2$得到态$|\psi_i\rangle$．例

如，态 $|0\rangle$ 和态 $|\psi\rangle = \frac{1}{\sqrt{2}}(|0\rangle + |1\rangle)$ 非相互正交，利用算符 $\hat{\rho}_0 = |0\rangle\langle 0|$ 可得

$$\hat{\rho}_0 |0\rangle = |0\rangle$$

$$\hat{\rho}_0 |\psi\rangle = \frac{1}{\sqrt{2}}|0\rangle$$

这就是说，当对态 $|\psi\rangle$ 进行测量时，将以 1/2 的概率得到态 $|0\rangle$，这使得我们不能把态 $|0\rangle$ 和态 $|\psi\rangle$ 完全区分开，故称对非相互正交态的测量为模糊测量.

思考题 16.9

1. 什么是经典物理学中的不确定原理？什么是量子力学中的不确定原理？两者的异同是什么？
2. 为什么量子力学要用波函数和算符描述微观粒子的运动？
3. 什么是模糊测量？

16.10* 角动量算符

为给后面的讨论做准备，这一节讨论角动量算符及其本征函数.

1. 角动量算符

在经典物理学中，角动量的定义为

$$\boldsymbol{L} = \boldsymbol{r} \times \boldsymbol{p}$$

其在三维直角坐标中的分量式是

$$L_x = yp_z - zp_y$$
$$L_y = zp_x - xp_z$$
$$L_z = xp_y - yp_x$$

按照量子化规则，量子力学中的角动量算符是

$$\hat{\boldsymbol{L}} = \boldsymbol{r} \times \hat{\boldsymbol{p}} \qquad (16\text{-}10\text{-}1)$$

其在三维直角坐标中的分量式是

$$\begin{aligned} \hat{L}_x &= y\hat{p}_z - z\hat{p}_y = -\mathrm{i}\hbar\left(y\frac{\partial}{\partial z} - z\frac{\partial}{\partial y}\right) \\ \hat{L}_y &= z\hat{p}_x - x\hat{p}_z = -\mathrm{i}\hbar\left(z\frac{\partial}{\partial x} - x\frac{\partial}{\partial z}\right) \\ \hat{L}_z &= x\hat{p}_y - y\hat{p}_x = -\mathrm{i}\hbar\left(x\frac{\partial}{\partial y} - y\frac{\partial}{\partial x}\right) \end{aligned} \qquad (16\text{-}10\text{-}2)$$

下面来证明，角动量算符的分量满足下面的对易关系：

$$\begin{aligned} [\hat{L}_x, \hat{L}_y] &= \mathrm{i}\hbar\hat{L}_z \\ [\hat{L}_y, \hat{L}_z] &= \mathrm{i}\hbar\hat{L}_x \\ [\hat{L}_z, \hat{L}_x] &= \mathrm{i}\hbar\hat{L}_y \end{aligned} \qquad (16\text{-}10\text{-}3)$$

证：$[\hat{L}_x, \hat{L}_y] = (y\hat{p}_z - z\hat{p}_y)(z\hat{p}_x - x\hat{p}_z) - (z\hat{p}_x - x\hat{p}_z)(y\hat{p}_z - z\hat{p}_y)$

$= \hat{p}_z zy\hat{p}_x + z\hat{p}_z x\hat{p}_y - z\hat{p}_z y\hat{p}_x - \hat{p}_z zx\hat{p}_y$

$$=(z\hat{p}_z-\hat{p}_z z)(x\hat{p}_y-y\hat{p}_x)=\mathrm{i}\hbar\hat{L}_z$$

同理可以证明式（16-10-3）其余两式．式（16-10-3）的三个式子可以合写成一个式子，即

$$\hat{L}\times\hat{L}=\mathrm{i}\hbar\hat{L} \tag{16-10-4}$$

这个式子通常被视为各种角动量算符应满足的普遍条件．

角动量平方算符是

$$\begin{aligned}\hat{L}^2&=\hat{L}_x^2+\hat{L}_y^2+\hat{L}_z^2\\&=-\hbar^2\left[\left(y\frac{\partial}{\partial z}-z\frac{\partial}{\partial y}\right)^2+\left(z\frac{\partial}{\partial x}-x\frac{\partial}{\partial z}\right)^2+\left(x\frac{\partial}{\partial y}-y\frac{\partial}{\partial x}\right)^2\right]\end{aligned} \tag{16-10-5}$$

不难证明，$\hat{L}^2$ 和 $\hat{L}_x$、$\hat{L}_y$、$\hat{L}_z$ 都对易，即

$$\begin{aligned}&\hat{L}^2\hat{L}_x-\hat{L}_x\hat{L}^2=0\\&\hat{L}^2\hat{L}_y-\hat{L}_y\hat{L}^2=0\\&\hat{L}^2\hat{L}_z-\hat{L}_z\hat{L}^2=0\end{aligned} \tag{16-10-6}$$

例如：$\hat{L}^2\hat{L}_x-\hat{L}_x\hat{L}^2=(\hat{L}_y^2+\hat{L}_z^2)\hat{L}_x-\hat{L}_x(\hat{L}_y^2+\hat{L}_z^2)$

$$=\hat{L}_y(\hat{L}_y\hat{L}_x-\hat{L}_x\hat{L}_y)+(\hat{L}_y\hat{L}_x-\hat{L}_x\hat{L}_y)+\hat{L}_z(\hat{L}_z\hat{L}_x-\hat{L}_x\hat{L}_z)+(\hat{L}_z\hat{L}_x-\hat{L}_x\hat{L}_z)\hat{L}_z$$

利用式(16-10-3)得

$$\hat{L}^2\hat{L}_x-\hat{L}_x\hat{L}^2=\mathrm{i}\hbar(-\hat{L}_y\hat{L}_z-\hat{L}_z\hat{L}_y+\hat{L}_z\hat{L}_y+\hat{L}_y\hat{L}_z)=0$$

同理可证式(16-10-6)的其余两式.

2. 角动量算符的本征方程

为了讨论角动量算符的本征值方程,需要把角动量算符在球坐标中表示出来．球坐标(r, θ,φ）和三维直角坐标的变换关系是

$$\begin{aligned}&x=r\sin\theta\cos\varphi,\quad y=r\sin\theta\sin\varphi,\quad z=r\cos\theta\\&r^2=x^2+y^2+z^2,\quad \cos\theta=\frac{z}{r},\quad \tan\varphi=\frac{y}{x}\end{aligned} \tag{16-10-7}$$

利用这些关系式可以得到

$$\begin{aligned}\frac{\partial}{\partial x}&=\frac{\partial r}{\partial x}\frac{\partial}{\partial r}+\frac{\partial\theta}{\partial x}\frac{\partial}{\partial\theta}+\frac{\partial\varphi}{\partial x}\frac{\partial}{\partial\varphi}\\&=\sin\theta\cos\varphi\frac{\partial}{\partial r}+\frac{1}{r}\cos\theta\cos\varphi\frac{\partial}{\partial\theta}-\frac{1}{r}\frac{\sin\varphi}{\sin\theta}\frac{\partial}{\partial\varphi}\\\frac{\partial}{\partial y}&=\frac{\partial r}{\partial y}\frac{\partial}{\partial r}+\frac{\partial\theta}{\partial y}\frac{\partial}{\partial\theta}+\frac{\partial\varphi}{\partial y}\frac{\partial}{\partial\varphi}\\&=\sin\theta\sin\varphi\frac{\partial}{\partial r}+\frac{1}{r}\cos\theta\sin\varphi\frac{\partial}{\partial\theta}+\frac{1}{r}\frac{\cos\varphi}{\cos\theta}\frac{\partial}{\partial\varphi}\\\frac{\partial}{\partial z}&=\frac{\partial r}{\partial z}\frac{\partial}{\partial r}+\frac{\partial\theta}{\partial z}\frac{\partial}{\partial\theta}+\frac{\partial\varphi}{\partial z}\frac{\partial}{\partial\varphi}=\cos\theta\frac{\partial}{\partial r}-\frac{1}{r}\sin\theta\frac{\partial}{\partial\theta}\end{aligned} \tag{16-10-8}$$

将以上各式代入式(16-10-2),得到用球坐标表示的角动量分量算符:

$$\hat{L}_x=\mathrm{i}\hbar\left(\sin\varphi\frac{\partial}{\partial\theta}+\cot\theta\cos\varphi\frac{\partial}{\partial\varphi}\right)$$

$$\hat{L}_y = -\mathrm{i}\,\hbar\left(\cos\varphi\frac{\partial}{\partial\theta}-\cot\theta\sin\varphi\frac{\partial}{\partial\varphi}\right) \tag{16-10-9}$$

$$\hat{L}_z = -\mathrm{i}\,\hbar\frac{\partial}{\partial\varphi}$$

所以有

$$\hat{L}^2=\hat{L}_x^2+\hat{L}_y^2+\hat{L}_z^2=-\hbar^2\left[\frac{1}{\sin\theta}\frac{\partial}{\partial\theta}\left(\sin\theta\frac{\partial}{\partial\theta}\right)+\frac{1}{\sin^2\theta}\frac{\partial^2}{\partial\varphi^2}\right] \tag{16-10-10}$$

这说明,用球坐标表示的角动量平方算符与矢径 $\boldsymbol{r}$ 无关,所以,可设角动量平方算符 $\hat{L}^2$ 的本征值为 $\lambda\,\hbar^2$ 的本征函数是 $Y(\theta,\varphi)$,于是有

$$\hat{L}^2Y(\theta,\varphi)=\lambda\,\hbar^2Y(\theta,\varphi) \tag{16-10-11}$$

即

$$\left[\frac{1}{\sin\theta}\frac{\partial}{\partial\theta}\left(\sin\theta\frac{\partial}{\partial\theta}\right)+\frac{1}{\sin^2\theta}\frac{\partial^2}{\partial\varphi^2}\right]Y(\theta,\varphi)=-\lambda Y(\theta,\varphi) \tag{16-10-12}$$

上式只有当 $\lambda=l(l+1)$,$l=0,1,2,\cdots$时有有限解,其解即球谐函数:

$$Y_{lm}(\theta,\varphi)=(-1)^mN_{lm}P_l^m(\cos\theta)\mathrm{e}^{\mathrm{i}m\varphi},m=0,1,2,\cdots l \tag{16-10-13}$$

$$Y_{lm}(\theta,\varphi)=(-1)^mY^*_{l-m}(\theta,\varphi),m=-1,-2,-3,\cdots-l \tag{16-10-14}$$

其中的 $P_l^{|m|}(\cos\theta)$是缔合勒让德(Legender)多项式,N_{lm}是归一化常数．应用归一化条件

$$\int_0^{\pi}\int_0^{2\pi}Y^*_{lm}(\theta,\varphi)Y_{lm}(\theta,\varphi)\sin\theta\mathrm{d}\theta\mathrm{d}\varphi=1 \tag{16-10-15}$$

可得

$$N_{lm}=\sqrt{\frac{(l-|m|)!\;(2l+1)}{4\pi(l+|m|)!}} \tag{16-10-16}$$

所以,$\hat{L}^2$ 的本征值为 $\lambda\,\hbar^2=l(l+1)\hbar^2$,对应的本征函数是 $Y_{lm}(\theta,\varphi)$,即有

$$\hat{L}^2Y_{lm}(\theta,\varphi)=l(l+1)\hbar^2Y_{lm}(\theta,\varphi) \tag{16-10-17}$$

式中,l 叫做角量子数;m 叫做磁量子数．对应于一个 l 值,m 可取$(2l+1)$个值,也就是说,对应于一个本征值 $l(l+1)\hbar^2$ 有$(2l+1)$个不同的本征函数 $Y_{lm}(\theta,\varphi)$．所以,$\hat{L}^2$ 的本征值是$(2l+1)$度简并的.

由式(16-10-9)的第三式和式(16-10-13)可得

$$\hat{L}_zY_{lm}(\theta,\varphi)=m\,\hbar\,Y_{lm}(\theta,\varphi) \tag{16-10-18}$$

这说明在 $Y_{lm}(\theta,\varphi)$态中,系统角动量在 z 轴的投影是 $L_z=m\,\hbar$．通常称 $l=0,1,2,3,\cdots$的态依次为 s,p,d,f,…态,处于这些态的粒子依次称为 s,p,d,f,…粒子.

前几个球函数为

$$Y_{0,0}=\frac{1}{\sqrt{4\pi}},\quad Y_{1,0}=\sqrt{\frac{3}{4\pi}}\cos\theta,\quad Y_{1,1}=\sqrt{\frac{3}{8\pi}}\sin\theta\mathrm{e}^{\mathrm{i}\varphi},\quad Y_{1,-1}=\sqrt{\frac{3}{8\pi}}\sin\theta\mathrm{e}^{-\mathrm{i}\varphi}$$

$$Y_{2,0}=\sqrt{\frac{5}{16\pi}}(3\cos^2\theta-1),\quad Y_{2,1}=-\sqrt{\frac{15}{8\pi}}\sin\theta\cos\theta\mathrm{e}^{\mathrm{i}\varphi},\quad Y_{2,-1}=\sqrt{\frac{15}{8\pi}}\sin\theta\cos\theta\mathrm{e}^{-\mathrm{i}\varphi}$$

$$Y_{2,2}=\sqrt{\frac{15}{32\pi}}\sin^2\theta\mathrm{e}^{2\mathrm{i}\varphi},\quad Y_{2,-2}=\sqrt{\frac{15}{32\pi}}\sin^2\theta\mathrm{e}^{-2\mathrm{i}\varphi}$$

思考题 16.10

球谐函数 $Y_{lm}(\theta,\varphi)$是什么算符的共同本征函数？为什么 $Y_{lm}(\theta,\varphi)$与矢径 $\boldsymbol{r}$ 无关？

16.11* 电子在原子核库仑场中的运动

设质量为μ、电荷量为 $-e$ 的一个电子在原子核库仑场中运动，核的电荷量为 Ze. 这是一个中心对称的力场，或称辏力场．$Z=1$ 时，此系统就是氢原子；$Z>$时，此系统叫做类氢原子，如 $He^+(Z=2)$，$Li^{++}(Z=3)$等.

取核的位置为坐标原点，则电子的电势能为

$$U=-\frac{Ze^2}{4\pi\varepsilon_0 r}=-\frac{Ze_s^2}{r} \tag{16-11-1}$$

式中

$$e_s=\frac{e}{\sqrt{4\pi\varepsilon_0}} \tag{16-11-2}$$

于是，系统的哈密顿算符

$$\hat{H}=-\frac{\hbar^2}{2\mu}\nabla^2-\frac{Ze_s^2}{r} \tag{16-11-3}$$

$\hat{H}$ 的本征值方程为

$$\left(-\frac{\hbar^2}{2\mu}\nabla^2-\frac{Ze_s^2}{r}\right)\psi=E\psi \tag{16-11-4}$$

上式在球坐标中的表示式是

$$-\frac{\hbar^2}{2\mu r^2}\left[\frac{\partial}{\partial r}\left(r^2\frac{\partial}{\partial r}\right)+\frac{1}{\sin\theta}\frac{\partial}{\partial\theta}\left(\sin\theta\frac{\partial}{\partial\theta}\right)+\frac{1}{\sin^2\theta}\frac{\partial^2}{\partial\varphi^2}\right]\psi-\frac{Ze_s^2}{r}\psi=E\psi \tag{16-11-5}$$

下面用分离变量法解这个方程. 令

$$\psi(r,\theta,\varphi)=R(r)Y(\theta,\varphi) \tag{16-11-6}$$

将上式代入式(16-11-5)，用 $-\frac{\hbar^2}{2\mu r^2}R(r)Y(\theta,\varphi)$除方程两边，移项得

$$\frac{1}{R}\frac{\mathrm{d}}{\mathrm{d}r}\left(r^2\frac{\mathrm{d}R}{\mathrm{d}r}\right)+\frac{2\mu r^2}{\hbar^2}\left(E+\frac{Ze_s^2}{r}\right)=-\frac{1}{Y}\left[\frac{1}{\sin\theta}\frac{\partial}{\partial\theta}\left(\sin\theta\frac{\partial Y}{\partial\theta}\right)+\frac{1}{\sin^2\theta}\frac{\partial^2 Y}{\partial\varphi^2}\right]$$

上式左边只与 r 有关，右边只与 θ、φ 有关，r、θ、φ 是独立变量，因此，上式仅当两边等于同一个常数时才成立，设此常数为 λ，上式被分为两个方程：

$$\frac{1}{r^2}\frac{\mathrm{d}}{\mathrm{d}r}\left(r^2\frac{\mathrm{d}R}{\mathrm{d}r}\right)+\left[\frac{2\mu}{\hbar^2}\left(E+\frac{Ze_s^2}{r}\right)-\frac{\lambda}{r^2}\right]R=0 \tag{16-11-7}$$

$$\frac{1}{\sin\theta}\frac{\partial}{\partial\theta}\left(\sin\theta\frac{\partial Y}{\partial\theta}\right)+\frac{1}{\sin^2\theta}\frac{\partial^2 Y}{\partial\varphi^2}=-\lambda Y \tag{16-11-8}$$

方程式(16-11-7)叫做径向方程，式(16-11-8)与辏(向心)力场的具体形式无关，就是上一节的式(16-10-12). 由上一节我们知道，$\lambda=l(l+1)$，$l=0,1,2,\cdots$.

令 $R(r)=\frac{u(r)}{r}$，方程(16-11-7)化为

$$\frac{\mathrm{d}^2u}{\mathrm{d}r^2}+\left[\frac{2\mu}{\hbar^2}\left(E+\frac{Ze_s^2}{r}\right)-\frac{l(l+1)}{r^2}\right]u=0 \tag{16-11-9}$$

对于束缚电子，$E<0$. 令

$$\alpha=\sqrt{\frac{8\mu|E|}{\hbar^2}},\quad \beta=\frac{2\mu Ze_s^2}{\alpha\hbar^2}=\frac{Ze_s^2}{\hbar}\sqrt{\frac{\mu}{2|E|}},\quad \rho=\alpha r$$

式(16-11-9)变为

$$\frac{\mathrm{d}^2u}{\mathrm{d}\rho^2}+\left[\frac{\beta}{\rho}-\frac{1}{4}-\frac{l(l+1)}{\rho^2}\right]u=0 \tag{16-11-10}$$

当 $\rho\to\infty$ 时，上式变为 $\frac{\mathrm{d}^2u}{\mathrm{d}\rho^2}-\frac{1}{4}u=0$，其解是 $u(\rho)=e^{\pm\frac{\rho}{2}}$. 考虑到波函数的有限性，将形式解 $u(\rho)=e^{-\frac{\rho}{2}}f(\rho)$ 代入式(16-11-10)，得 $f(\rho)$ 满足的方程

$$\frac{\mathrm{d}^2f}{\mathrm{d}\rho^2}-\frac{\mathrm{d}f}{\mathrm{d}\rho}+\left[\frac{\beta}{\rho}-\frac{l(l+1)}{\rho^2}\right]f=0 \tag{16-11-11}$$

可以证明，上式有级数解

$$f(\rho)=-b_0\frac{(2l+1)!\,(n-l-1)!}{[(n+1)!]^2}\rho^{l+1}L_{n+1}^{2l+1}(\rho) \tag{16-11-12}$$

式中

$$L_{n+1}^{2l+1}(\rho)=\sum_{\nu=0}^{n-l-1}(-1)^{\nu+1}\frac{[(n+l)!]^2\rho^{\nu}}{(n-l-1-\nu)!\,(2l+1+\nu)!\,\nu!}$$

叫做缔合勒盖尔多项式，且 $\beta=n=1,2,3,\cdots,n$ 叫做主量子数．与 n 对应的能量本征值是

$$E_n=-\frac{\mu Z^2e_s^4}{2\hbar^2n^2} \tag{16-11-13}$$

而

$$\alpha=\frac{2\mu Ze_s^2}{n\hbar^2}=\frac{2Z}{na_0}$$

$\alpha_0=\frac{\hbar^2}{\mu e_s^2}$ 是氢原子第一玻尔轨道半径，$\rho=\alpha r=\frac{2Z}{n\alpha_0}r$. 最后得电子径向函数

$$R_{nl}(r)=N_{nl}e^{-\frac{Z}{n\alpha_0}r}\left(\frac{2Z}{n\alpha_0}r\right)^l L_{n+l}^{2l+1}\left(\frac{2Z}{n\alpha_0}r\right) \tag{16-11-14}$$

式中的归一化常数 N_{nl} 可由下面的方法确定：由波函数归一化条件

$$\int_{r=0}^{\infty}\int_{\theta=0}^{\pi}\int_{\varphi=0}^{2\pi}\psi^*(r,\theta,\varphi)\psi(r,\theta,\varphi)r^2\sin\theta\mathrm{d}r\mathrm{d}\theta\mathrm{d}\varphi$$

$$=\int_0^{\infty}R_{nl}^2(r)r^2\mathrm{d}r\int_0^{\pi}\int_0^{2\pi}Y_{lm}^*(\theta,\varphi)Y_{lm}(\theta,\varphi)\sin\theta\mathrm{d}\theta\mathrm{d}\varphi=1$$

和球谐函数归一化条件式(16-10-15)可知

$$\int_0^{\infty}R_{nl}^2(r)r^2\mathrm{d}r=1$$

将式(16-11-14)代入上式，得

$$N_{nl}=-\left[\left(\frac{2Z}{n\alpha_0}\right)^3\frac{(n-l-1)!}{2n[(n+l)!]^3}\right]^{\frac{1}{2}}$$

即 $n-1\geqslant l\geqslant 0$. 于是，在库仑场中运动的电子的波函数

$$\psi_{nlm}(r,\theta,\varphi)=R_{nl}(r)Y_{lm}(\theta,\varphi) \tag{16-11-15}$$

由于波函数 ψ_{nlm} 与三个量子数 n、l、m 有关，而能级 E_n 只与主量子数 n 有关，因此能级 E_n 是简并的，简并度是 $\sum_{l=0}^{n-1}(2l+1)=n^2$，即能级 E_n 是 n^2 度简并的．电子能级对 m 简并，是因为力

场是辏力场(场球对称，即势只与 r 有关，与 θ、φ 无关)．能级对 l 简并是库仑场所特有的性质．在碱金属原子中，价电子的力场也是辏力场，但不是严格的库仑场，故价电子的能级对 m 简并而不对 l 简并.

思考题 16.11

写出在库仑场中运动的电子的波函数和能级的表示式，并说出其特点．

16.12 氢原子

上一节讨论在库仑场中运动的电子时选取了核的位置为坐标原点，这意味着核的位置是固定的．严格地说，在研究氢原子时，应当考虑核的运动，也就是说，应当考虑电子和原子核这两个粒子在库仑场作用下的运动．这是一个两体问题. 相应的薛定谔方程是

$$\mathrm{i}\hbar\frac{\partial}{\partial t}\Psi(\boldsymbol{r}_1,\boldsymbol{r}_2)=\left[-\frac{\hbar^2}{2\mu_1}\nabla_1^2-\frac{\hbar^2}{2\mu_2}\nabla_2^2+U\right]\Psi(\boldsymbol{r}_1,\boldsymbol{r}_2) \tag{16-12-1}$$

式中的 $\boldsymbol{r}_1$ 和 $\boldsymbol{r}_2$ 分别是电子和核的坐标;μ_1 和 μ_2 分别是电子和核的质量．把上式中两个粒子的坐标变换为两个粒子的相对坐标和质心坐标后，可以把上式分离成两个独立的方程．作法如下.

以 $\boldsymbol{r}=\boldsymbol{r}_1-\boldsymbol{r}_2$ 表示电子相对于核的坐标，以 X、Y、Z 表示系统的质心坐标：

$$MX=\mu_1x_1+\mu_2x_2,\quad MY=\mu_1y_1+\mu_2y_2,\quad MZ=\mu_1z_1+\mu_2z_2 \tag{16-12-2}$$

式中的 M 是系统总质量．由以上坐标变换式得

$$\frac{\partial}{\partial x_1}=\frac{\partial X}{\partial x_1}\frac{\partial}{\partial X}+\frac{\partial x}{\partial x_1}\frac{\partial}{\partial x}=\frac{\mu_1}{M}\frac{\partial}{\partial X}+\frac{\partial}{\partial x}$$

$$\frac{\partial^2}{\partial x_1^2}=(\frac{\mu_1}{M}\frac{\partial}{\partial X}+\frac{\partial}{\partial x})(\frac{\mu_1}{M}\frac{\partial}{\partial X}+\frac{\partial}{\partial x})=\frac{\mu_1^2}{M^2}\frac{\partial^2}{\partial X^2}+\frac{2\mu_1}{M}\frac{\partial^2}{\partial X\partial x}+\frac{\partial^2}{\partial x^2}$$

$$\frac{\partial}{\partial x_2}=\frac{\partial X}{\partial x_2}\frac{\partial}{\partial X}+\frac{\partial x}{\partial x_2}\frac{\partial}{\partial x}=\frac{\mu_2}{M}\frac{\partial}{\partial X}-\frac{\partial}{\partial x}$$

$$\frac{\partial^2}{\partial x_2^2}=(\frac{\mu_2}{M}\frac{\partial}{\partial X}-\frac{\partial}{\partial x})(\frac{\mu_2}{M}\frac{\partial}{\partial X}-\frac{\partial}{\partial x})=\frac{\mu_2^2}{M^2}\frac{\partial^2}{\partial X^2}-\frac{2\mu_2}{M}\frac{\partial^2}{\partial X\partial x}+\frac{\partial^2}{\partial x^2}$$

其余$\frac{\partial^2}{\partial y_1^2}$,$\frac{\partial^2}{\partial y_2^2}$,$\frac{\partial^2}{\partial z_1^2}$,$\frac{\partial^2}{\partial z_2^2}$也可同样得到．将这些变换式代入式(16-12-1)，得

$$\mathrm{i}\hbar\frac{\partial\Psi}{\partial t}=-\left[\frac{\hbar^2}{2M}\left(\frac{\partial^2}{\partial X^2}+\frac{\partial^2}{\partial Y^2}+\frac{\partial^2}{\partial Z^2}\right)+\frac{\hbar^2}{2\mu}\left(\frac{\partial^2}{\partial x^2}+\frac{\partial^2}{\partial y^2}+\frac{\partial^2}{\partial z^2}\right)+U\right]\Psi \tag{16-12-3}$$

式中 $\mu=\frac{\mu_1\mu_2}{\mu_1+\mu_2}$叫做折合质量.

设 Ψ 可以表示为三个函数 $\psi(x,y,z)$、$\phi(X,Y,Z)$、$\chi(t)$的乘积，即

$$\Psi=\psi(x,y,z)\phi(X,Y,Z)\chi(t)$$

式中 $\psi(x,y,z)$只是 x,y,z 的函数;$\phi(X,Y,Z)$只是 X,Y,Z 的函数;$\chi(t)$只是 t 的函数．将上式代入式(16-12-3)，并用 $\psi\phi\chi$ 除方程两边，则其左边仅与时间有关，右边仅与坐标有关，两边应等于一个常数．设此常数为 E_z，则得到两个方程，第一个是

$$\frac{\mathrm{i}\hbar\mathrm{d}\chi}{\chi\;\mathrm{d}t}=E_z$$

其解是
$$\chi(t)=Ce^{-\frac{i}{\hbar}E_z t}$$

另一个方程是

$$-\frac{\hbar^2}{2M}\frac{1}{\phi}\left(\frac{\partial^2}{\partial X^2}+\frac{\partial^2}{\partial Y^2}+\frac{\partial^2}{\partial Z^2}\right)\phi-\frac{\hbar^2}{2\mu}\frac{1}{\psi}\left(\frac{\partial^2}{\partial x^2}+\frac{\partial^2}{\partial y^2}+\frac{\partial^2}{\partial z^2}\right)\psi+U(x,y,z)=E_z$$

这个方程左边第一项只与 X、Y、Z 有关，第二和第三项只与 x、y、z 有关，所以它们应分别等于常数，两常数之和等于 E_z. 以 E 表示上式左边第二和第三项之和，得

$$-\frac{\hbar^2}{2\mu}\left(\frac{\partial^2}{\partial x^2}+\frac{\partial^2}{\partial y^2}+\frac{\partial^2}{\partial z^2}\right)\psi+U(x,y,z)\psi=E\psi \tag{16-12-4}$$

$$-\frac{\hbar^2}{2M}\left(\frac{\partial^2}{\partial X^2}+\frac{\partial^2}{\partial Y^2}+\frac{\partial^2}{\partial Z^2}\right)\phi=(E_z-E)\phi \tag{16-12-5}$$

方程式(16-12-5)是描写质心运动的波函数 ϕ 的方程，是一个能量为 E_z-E 的自由粒子的定态薛定谔方程．这说明质心以能量为 E_z-E 的自由粒子的方式运动．在氢原子问题中，主要应了解原子内部的电子相对于核的运动．方程式(16-12-4)就是关于电子相对于核的波函数 ψ 的方程，电子能量为 E. 将方程式(16-12-4)与上节的方程式(16-11-4)比较，可知方程式(16-12-4)描写的是质量为 μ 的粒子在场 $U(x,y,z)$ 中的运动．对于氢原子

$$U=-\frac{e_s^2}{r}$$

$$r=\sqrt{x^2+y^2+z^2}$$

将势能 U 代入方程式(16-12-4)，这个方程是上两节已解决的问题，只要把上两节所得结果中的粒子质量理解为折合质量并令 $Z=1$ 即可．由于质子质量远大于电子质量，折合质量与电子质量相差很小.

在式(16-11-13)中令 $Z=1$，得氢原子能级

$$E_n=-\frac{\mu e_s^4}{2\hbar^2n^2},\quad n=1,2,3\cdots \tag{16-12-6}$$

当 $n\to\infty$ 时 $E_\infty\to 0$，电子成为自由电子，氢原子被电离，$|E_1|=\frac{\mu e_s^4}{2\hbar^2}=13.60\text{eV}$ 叫做电离能．若用折合质量，则 $|E_1|=13.597\text{eV}$. 电子跃迁时辐射光频率

$$\nu=\frac{1}{h}(E_n-E_{n'})=\frac{\mu e_s^4}{4\pi\hbar^3}\left(\frac{1}{n'^2}-\frac{1}{n^2}\right)=Rc\left(\frac{1}{n'^2}-\frac{1}{n^2}\right) \tag{16-12-7}$$

式中 $R=\frac{\mu e_s^4}{4\pi\hbar^3c}=10973731.1/\text{m}$ 叫做里德伯常数．

当氢原子处于 $\psi_{nlm}(r,\theta,\varphi)$ 态时，在体积元 $\mathrm{d}\tau=r^2\sin\theta\mathrm{d}r\mathrm{d}\theta\mathrm{d}\varphi$ 内发现粒子的概率

$$|\psi_{nlm}(r,\theta,\varphi)|^2r^2\sin\theta\mathrm{d}r\mathrm{d}\theta\mathrm{d}\varphi \tag{16-12-8}$$

对 θ 和 φ 积分上式，注意到 $Y_{lm}(\theta,\varphi)$ 是归一化的，得在半径 $r\to r+\mathrm{d}r$ 球壳内发现粒子的概率

$$W_{nl}(r)\mathrm{d}r=\int_{\varphi=0}^{2\pi}\int_{\theta=0}^{\pi}|R_{nl}(r)Y_{lm}(\theta,\varphi)|^2r^2\sin\theta\mathrm{d}r\mathrm{d}\theta\mathrm{d}\varphi=R_{nl}^2(r)r^2\mathrm{d}r \tag{16-12-9}$$

若将式(16-12-8)从 $r=0$ 到 $r=\infty$ 积分，得出在方向(θ,φ)附近立体角元 $\mathrm{d}\Omega=\sin\theta\mathrm{d}\theta\mathrm{d}\varphi$ 内发现粒子的概率

$$W_{lm}(\theta,\varphi)\mathrm{d}\Omega = \int_{r=0}^{\infty} |R_{nl}(r)Y_{lm}(\theta,\varphi)|^2 r^2 \mathrm{d}r\mathrm{d}\Omega$$
$$= |Y_{lm}(\theta,\varphi)|^2 \mathrm{d}\Omega = N_{lm}^2[P_l^{|m|}(\cos\theta)]^2 \mathrm{d}\Omega \tag{16-12-10}$$

图 16-12-1 是概率 $W_{lm}(\theta,\varphi)$在 $l=0,1$ 的分布图．上式表明，发现电子的概率与角 φ 无关，因此，这些图形都是绕 Z 轴旋转而成的立体图形，从左至右依次是球形、飞轮形、哑铃形和飞轮形．例如，$l=0,m=0$ 时，$W_{00}=\frac{1}{4\pi}$，这与 θ 亦无关，故其图形是一个球．$W_{1,\pm1}(\theta)=\frac{3}{8\pi}\sin^2\theta$，不论角 φ 是何值，它在 $\theta=\frac{\pi}{2}$处有极大，而在 $\theta=0$ 处有极小．而 $W_{1,0}(\theta)=\frac{3}{4\pi}\cos^2\theta$，它在 $\theta=0$ 处有极大，在 $\theta=\frac{\pi}{2}$处有极小.

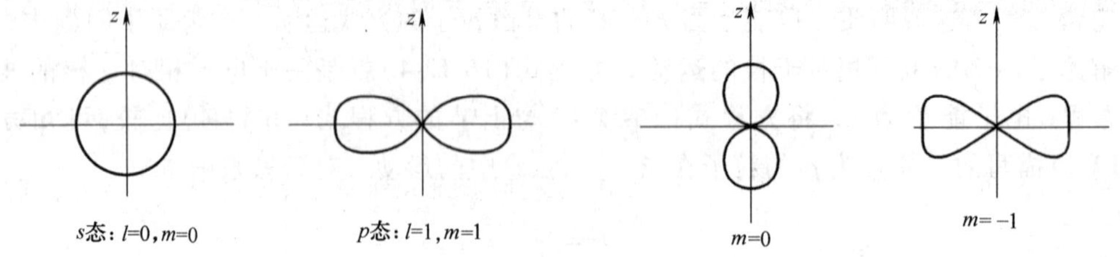

图 16-12-1

例题 16-12-1 求氢原子处于基态 $\psi(r)=\frac{1}{\sqrt{\pi\alpha_0^3}}\mathrm{e}^{-\frac{r}{\alpha_0}}$时电子动量的概率分布.

解：电子动量是连续谱，其本征函数是 $\psi_p(\boldsymbol{r})=\frac{1}{(2\pi\hbar)^{\frac{3}{2}}}\mathrm{e}^{\frac{i}{\hbar}\boldsymbol{p}\cdot\boldsymbol{r}}$．令

$$c_p=\int\psi_p^*(\boldsymbol{r})\psi(r)\mathrm{d}\tau=\frac{1}{\pi^2(2\alpha_0\hbar)^{\frac{3}{2}}}\int_0^{\infty}\int_{-1}^{1}\int_0^{2\pi}\mathrm{e}^{-\frac{r}{\alpha_0}}\mathrm{e}^{-\frac{\mathrm{i}}{\hbar}pr\cos\theta}r^2\mathrm{d}r\mathrm{d}\cos\theta\mathrm{d}\varphi$$

先对 φ 和 $\cos\theta$ 积分，再对 r 作分部积分，得

$$c_p=\frac{2}{\pi(2\alpha_0\hbar)^{\frac{3}{2}}}\int_0^{\infty}\int_{-1}^{1}\mathrm{e}^{-\frac{r}{\alpha_0}}\mathrm{e}^{-\frac{\mathrm{i}}{\hbar}pr\cos\theta}r^2\mathrm{d}r\mathrm{d}\cos\theta$$
$$=\frac{2\mathrm{i}\hbar}{\pi p(2\alpha_0\hbar)^{\frac{3}{2}}}\int_0^{\infty}r\mathrm{e}^{-\frac{r}{\alpha_0}}[\mathrm{e}^{-\frac{\mathrm{i}}{\hbar}pr}-\mathrm{e}^{\frac{\mathrm{i}}{\hbar}pr}]\mathrm{d}r=\frac{(2\alpha_0\hbar)^{\frac{3}{2}}\hbar}{\pi(\alpha_0^2p^2+\hbar^2)^2}$$

所以，电子动量的概率密度

$$|c_p|^2=\frac{8\alpha_0^3\hbar^5}{\pi^2(\alpha_0^2p^2+\hbar^2)^4}$$

当氢原子处于基态时，电子动量的绝对值在 $p\to p+\mathrm{d}p$ 区间的概率

$$w(p)\mathrm{d}p=|c_p|^2 4\pi p^2\mathrm{d}p=\frac{32}{\pi}\left(\frac{\hbar}{\alpha_0}\right)^5\frac{p^2\mathrm{d}p}{\left(\frac{\hbar^2}{\alpha_0^2}+p^2\right)^4}$$

利用公式 $\int_0^{\infty}\frac{x^2\mathrm{d}x}{(1+x^2)^4}=\frac{\pi}{32}$可得

$$\int_0^{\infty} w(p)\,\mathrm{d}p = 1$$

思考题 16.12

为什么氢原子能级是分立的？氢原子中电子的分布概率与哪些因素有关？

16.13* 力学量的守恒定律

按照式(16-8-39)，在归一化态 $\psi(x,t)$ 中多次重复测量力学量 $\hat{A}$ 的平均值

$$\overline{A} = \int \psi^*(x,t)\,\hat{A}\psi(x,t)\,\mathrm{d}x \tag{16-13-1}$$

由于态 $\psi(x,t)$ 一般与时间有关，平均值 $\overline{A}$ 也与时间有关．由上式得

$$\frac{\mathrm{d}\overline{A}}{\mathrm{d}t} = \int \psi^* \frac{\partial \hat{A}}{\partial t}\psi\,\mathrm{d}x + \int \frac{\partial \psi^*}{\partial t}\hat{A}\psi\,\mathrm{d}x + \int \psi^* \hat{A}\frac{\partial \psi}{\partial t}\mathrm{d}x \tag{16-13-2}$$

将薛定谔方程

$$\mathrm{i}\hbar\frac{\partial \psi}{\partial t} = \hat{H}\psi$$

及其复共轭

$$-\mathrm{i}\hbar\frac{\partial \psi^*}{\partial t} = (\hat{H}\psi)^*$$

代入式（16-13-2），得

$$\frac{\mathrm{d}\overline{A}}{\mathrm{d}t} = \int \psi^* \frac{\partial \hat{A}}{\partial t}\psi\,\mathrm{d}x + \frac{1}{i\hbar}\int \psi^* \hat{A}\hat{H}\psi\,\mathrm{d}x - \frac{1}{i\hbar}\int (\hat{H}\psi)^*\hat{A}\psi\,\mathrm{d}x \tag{16-13-3}$$

作为厄米算符，$\hat{H}$ 应满足式（16-8-22），即有

$$\int (\hat{H}\psi)^*\hat{A}\psi\,\mathrm{d}x = \int \psi^*\hat{H}\hat{A}\psi\,\mathrm{d}x$$

将上式代入式（16-13-3），得

$$\frac{\mathrm{d}\overline{A}}{\mathrm{d}t} = \int \psi^* \frac{\partial \hat{A}}{\partial t}\psi\,\mathrm{d}x + \frac{1}{i\hbar}\int \psi^* \hat{A}\hat{H}\psi\,\mathrm{d}x - \frac{1}{i\hbar}\int \psi^* \hat{H}\hat{A}\psi\,\mathrm{d}x$$

$$= \int \psi^* \frac{\partial \hat{A}}{\partial t}\psi\,\mathrm{d}x + \frac{\mathrm{i}}{\hbar}\int \psi^* (\hat{H}\hat{A} - \hat{A}\hat{H})\psi\,\mathrm{d}x, \tag{16-13-4}$$

即

$$\frac{\mathrm{d}\overline{A}}{\mathrm{d}t} = \overline{\frac{\partial A}{\partial t}} + \frac{\mathrm{i}}{\hbar}\overline{[\hat{H},\hat{A}]} \tag{16-13-5}$$

如果力学量 $\hat{A}$ 既不显含时间又与 $\hat{H}$ 对易，则有

$$\frac{\mathrm{d}\overline{A}}{\mathrm{d}t} = 0 \tag{16-13-6}$$

这表明，力学量 $\hat{A}$ 的平均值不随时间变化．人们把满足上式的力学量 $\hat{A}$ 叫做运动恒量，或者说力学量 $\hat{A}$ 守恒．

引入算符 $\hat{A}$ 对时间的全导数$\dfrac{\mathrm{d}\hat{A}}{\mathrm{d}t}$，其定义式为

$$\frac{\mathrm{d}\overline{A}}{\mathrm{d}t}=\int\psi^{*}\frac{\mathrm{d}\hat{A}}{\mathrm{d}t}\psi\mathrm{d}x \tag{16-13-7}$$

则由式（16-13-4）可得算符等式：

$$\frac{\mathrm{d}\hat{A}}{\mathrm{d}t}=\frac{\partial\hat{A}}{\partial t}+\frac{\mathrm{i}}{\hbar}[\hat{H},\hat{A}] \tag{16-13-8}$$

如果算符 $\hat{A}$ 不显含时间，则有

$$\frac{\mathrm{d}\hat{A}}{\mathrm{d}t}=\frac{\mathrm{i}}{\hbar}[\hat{H},\ \hat{A}] \tag{16-13-9}$$

例题 16-13-1 判断下列力学量是否守恒：(1) Hamiltonian 算符 $\hat{H}$ 不显含时间的系统的能量；(2) 自由粒子的动量；(3) 在辏力场中运动的粒子的角动量；(4) Hamiltonian 算符 $\hat{H}$ 对空间反演不变时的宇称.

解：(1) 如果系统的 Hamiltonian 算符 $\hat{H}$ 不显含时间，则有

$$\frac{\mathrm{d}\overline{H}}{\mathrm{d}t}=\frac{\mathrm{i}}{\hbar}\overline{[\hat{H},\ \hat{H}]}=0$$

这表明系统的能量守恒.

(2) 自由粒子的 Hamiltonian 算符 $\hat{H}=\dfrac{\hat{p}^2}{2\mu}$，其动量算符 $\hat{p}$ 既不显含时间又与 $\hat{H}$ 对易，即

$$\frac{\mathrm{d}\overline{p}}{\mathrm{d}t}=\frac{\mathrm{i}}{\hbar}\overline{[\hat{H},\ \hat{p}]}=0$$

所以，自由粒子的动量守恒.

(3) 在辏力场中运动的粒子的 Hamiltonian 算符可写成

$$\hat{H}=-\frac{\hbar^2}{2\mu}\nabla^2+U(r)=-\frac{\hbar^2}{2\mu r^2}\frac{\partial}{\partial r}\left(r^2\frac{\partial}{\partial r}\right)+\frac{\hat{L}^2}{2\mu r^2}+U(r) \tag{16-13-10}$$

由式（16-10-9）和式（16-10-10）可知，角动量算符 $\hat{L}_x$，$\hat{L}_y$，$\hat{L}_z$ 和 $\hat{L}^2$ 都与矢径 $\boldsymbol{r}$ 无关，且 $\hat{L}_x$，$\hat{L}_y$，$\hat{L}_z$ 和 $\hat{L}^2$ 都对易，因此，它们都与 $\hat{H}$ 对易，即有

$$\frac{\mathrm{d}\overline{L}_i}{\mathrm{d}t}=\frac{\mathrm{i}}{\hbar}\overline{[\hat{H},\ \hat{L}_i]}=0,\ (i=x,\ y,\ z)$$

$$\frac{\mathrm{d}\overline{L^2}}{\mathrm{d}t}=\frac{\mathrm{i}}{\hbar}\overline{[\hat{H},\ \hat{L}^2]}=0$$

所以，在辏力场中运动的粒子的角动量分量和角动量平方都守恒. 这就是量子力学中的角动量守恒定律.

(4) 所谓空间反演就是把波函数 $\psi(\boldsymbol{r},\ t)$ 中的空间坐标反号，即将 $\psi(\boldsymbol{r},\ t)$ 变为 $\psi(-\boldsymbol{r},\ t)$. 通常用所谓宇称算符 $\hat{P}$ 表示这种运算：

$$\hat{P}\psi(\boldsymbol{r},\ t)=\psi(-\boldsymbol{r},\ t) \tag{16-13-11}$$

由上式得

$$\hat{P}^2\psi(\boldsymbol{r},\ t)=\psi(\boldsymbol{r},\ t)$$

即 $\hat{P}$ 的本征值是 ±1. 人们称 $\hat{P}$ 的本征值为 1 的波函数具有偶宇称，$\hat{P}$ 的本征值为 -1 的波函数具有奇宇称.

设某量子系统的 Hamiltonian 算符 $\hat{H}$ 对空间反演不变：$\hat{H}(\boldsymbol{r})=\hat{H}(-\boldsymbol{r})$，则有

$$\hat{P}\hat{H}(x)\psi(x,\ t)=\hat{H}(x)\hat{P}\psi(x,\ t),$$

所以

$$\hat{P}\hat{H}(x)-\hat{H}(x)\hat{P}=0.$$

这表明，Hamiltonian 算符 $\hat{H}$ 对空间反演不变的系统的宇称守恒 .

思考题 16.13

力学量守恒的条件是什么？什么叫做宇称？

16.14　表象及其变换

如 16.8 节所说，选择某算符 $\hat{A}$ 的一套完备正交归一的本征矢作为态矢量空间的基矢就叫做选择了 A 表象 . 那么，在任一表象中，态矢和算符是如何表示的？它们在不同表象中的表示是如何变换的？这一节就来讨论这两个问题 .

1. 态矢和算符的表示

（1）态矢的表示

按照式(16-8-30)，设态矢 $|\psi\rangle$ 可用算符 $\hat{Q}$ 的本征矢 $\{|u_n\rangle\}(n=1,\ 2,\ \cdots,\ N)$ 展开

$$|\psi\rangle=\sum_{n=1}c_n|u_n\rangle \tag{16-14-1}$$

系数 $c_n=\langle u_n|\psi\rangle$ 就是态矢 $|\psi\rangle$ 沿基矢 $|u_n\rangle$ 的分量 . 把 c_n 排成一个列矩阵

$$\psi(Q)=\begin{pmatrix}c_1\\c_2\\M\end{pmatrix}=\begin{pmatrix}\langle u_1|\psi\rangle\\\langle u_2|\psi\rangle\\M\end{pmatrix} \tag{16-14-2}$$

列矩阵 $\psi(Q)$ 就是态矢 $|\psi\rangle$ 在 Q 表象中的表示 . 若 $|\psi\rangle$ 是算符 $\hat{Q}$ 的一个本征态，如 $|\psi\rangle=|u_k\rangle$，则有

$$c_n=\langle u_n|u_k\rangle=\delta_{nk} \tag{16-14-3}$$

这说明，任意力学量算符的本征态在自身表象中的表示是一个 δ 符号，其列矩阵除其中的一行为 1 外其余元素都是零 .

（2）算符的表示

由式(16-8-4)知道，算符 $\hat{F}$ 对态矢 $|\psi\rangle$ 作用是把 $|\psi\rangle$ 变成了另一个态矢 $|\varphi\rangle$，即

$$\hat{F}|\psi\rangle=|\varphi\rangle \tag{16-14-4}$$

用 Q 表象的基矢 $\langle u_n|$ 左乘上式，并利用式(16-8-37)，得

$$\langle u_n|\varphi\rangle=\sum_m\langle u_n|\hat{F}|u_m\rangle\langle u_m|\psi\rangle$$

上式可以写成矩阵形式

$$\varphi(Q)=F(Q)\psi(Q) \tag{16-14-5}$$

其中列矩阵

$$\varphi(Q)=\begin{pmatrix}\langle u_1|\varphi\rangle\\ \langle u_2|\varphi\rangle\\ M\end{pmatrix},\ \psi(Q)=\begin{pmatrix}\langle u_1|\psi\rangle\\ \langle u_2|\psi\rangle\\ M\end{pmatrix}$$

分别是态矢$|\varphi\rangle$和$|\psi\rangle$在 Q 表象中的表示，而 N 阶方矩阵

$$F(Q)=[F_{nm}]=(\langle u_n|\hat{F}|u_m\rangle)=\begin{pmatrix}\langle u_1|\hat{F}|u_1\rangle & \langle u_1|\hat{F}|u_2\rangle & L\\ \langle u_2|\hat{F}|u_2\rangle & \langle u_2|\hat{F}|u_2\rangle & L\\ M & M & L\end{pmatrix} \tag{16-14-6}$$

就是算符 $\hat{F}$ 在 Q 表象中的表示，其中的矩阵元

$$F_{nm}=\langle u_n|\hat{F}|u_m\rangle \tag{16-14-7}$$

对上式取复共轭，根据厄米算符的定义式(16-8-21)，得

$$F_{nm}^*=(\langle u_n|\hat{F}|u_m\rangle)^*=\langle u_m|\hat{F}|u_n\rangle=F_{mn} \tag{16-14-8}$$

这说明，$F(Q)$矩阵的第 m 行第 n 列矩阵元与第 n 行第 m 列矩阵元互为共轭复数．满足上式的矩阵叫做厄米矩阵．所以，厄米算符的表示矩阵是厄米矩阵．

特别地，如果 $\hat{Q}$ 就是算符 $\hat{F}$ 自身，则矩阵元

$$F_{nm}=\langle u_n|\hat{F}|u_m\rangle=F_m\delta_{nm} \tag{16-14-9}$$

即 $F(Q)$是一个对角矩阵，对角矩阵元就是算符 $\hat{F}$ 的本征值．

2. 量子力学公式的矩阵表示

(1)平均值的矩阵表示

将波函数在 Q 表象中的展开式(16-14-1)代入力学量平均值的定义式(16-8-39) 得力学量 $\hat{F}$ 的平均值在 Q 表象中的表示

$$\overline{F}=\langle\psi|\hat{F}|\psi\rangle=\sum_{m,n}c_n^*c_n\langle u_m|\hat{F}|u_n\rangle=\sum_{m,n}c_m^*F_{mn}c_n \tag{16-14-10}$$

上式也可写成矩阵乘积的形式：

$$\overline{F}=(c_1^*\quad c_2^*,\quad L,\quad c_m^*,\quad L)\begin{pmatrix}F_{11} & F_{12} & \cdots & F_{1n} & \cdots\\ F_{21} & F_{22} & \cdots & F_{2n} & \cdots\\ M & M & \cdots & M & \cdots\\ F_{m1} & F_{m2} & \cdots & F_{mn} & \cdots\\ M & M & \cdots & M & \cdots\end{pmatrix}\begin{pmatrix}c_1\\ c_2\\ M\\ c_n\\ M\end{pmatrix}$$

或简写为

$$\overline{F}=\psi^+F\psi \tag{16-14-11}$$

(2) 本征值的矩阵表示

将式 (16-14-1)代入力学量 $\hat{F}$ 的本征方程 $\hat{F}|\psi\rangle=\lambda|\psi\rangle$，并用$\langle u_m|$左乘该式两边，移项，得

$$\sum_n(F_{mn}-\lambda\delta_{mn})c_n=0,\ (m=1,\ 2,\ \cdots)$$

或写成矩阵乘积的形式

$$\begin{pmatrix} F_{11}-\lambda & F_{12} & \cdots & F_{1n} & \cdots \\ F_{21} & F_{22}-\lambda & \cdots & F_{2n} & \cdots \\ M & M & \cdots & M & \cdots \\ F_{n1} & F_{n2} & \cdots & F_{nn}-\lambda & \cdots \\ M & M & \cdots & M & \cdots \end{pmatrix}\begin{pmatrix} c_1 \\ c_2 \\ M \\ c_n \\ M \end{pmatrix}=0 \tag{16-14-12}$$

此方程组有非零解的条件是系数行列式等于零，即

$$\begin{vmatrix} F_{11}-\lambda & F_{12} & \cdots & F_{1n} & \cdots \\ F_{21} & F_{22}-\lambda & \cdots & F_{2n} & \cdots \\ M & M & \cdots & M & \cdots \\ F_{n1} & F_{n2} & \cdots & F_{nn}-\lambda & \cdots \\ M & M & \cdots & M & \cdots \end{vmatrix}=0 \tag{16-14-13}$$

这个方程叫做久期方程．解此方程可以得到一组值：λ_1，λ_2，…，λ_n，…，这组值就是力学量 $\hat{F}$ 的本征值．将这组本征值逐个代入力学量 $\hat{F}$ 的本征方程式(16-14-12)，可得一组相应的本征矢：$\langle \lambda_n | = (c_{n1}^*,\ c_{n2}^*,\ \cdots,\ c_{ni}^*,\ \cdots)$．这样，就把解微分方程求本征值变成了求代数方程式(16-14-13)的根．

(3) 薛定谔方程的矩阵表示

如式(16-6-10)所示，薛定谔方程的一般形式是

$$\mathrm{i}\hbar\frac{\partial|\psi\rangle}{\partial t}=\hat{H}|\psi\rangle$$

将式 (16-14-1) 代入上式，并用 $\langle u_m |$ 左乘该式两边，得

$$\mathrm{i}\hbar\frac{\partial c_m}{\partial t} = \sum_n H_{mn}c_n \tag{16-14-14}$$

式中，$H_{mn} = \langle u_m | \hat{H} | u_n \rangle$ 是哈密顿算符的矩阵元．上式的矩阵表示是

$$\mathrm{i}\hbar\frac{\mathrm{d}}{\mathrm{d}t}\begin{pmatrix} c_1 \\ c_2 \\ M \\ c_m \\ M \end{pmatrix}=\begin{pmatrix} H_{11} & H_{12} & \cdots & H_{1n} & \cdots \\ H_{21} & H_{22} & \cdots & H_{2n} & \cdots \\ M & M & \cdots & M & \cdots \\ H_{m1} & H_{m2} & \cdots & H_{mn} & \cdots \\ M & M & \cdots & M & \cdots \end{pmatrix}\begin{pmatrix} c_1 \\ c_2 \\ M \\ c_n \\ M \end{pmatrix} \tag{16-14-15}$$

这就是薛定谔方程的矩阵表示，或简写为

$$\mathrm{i}\hbar\frac{\mathrm{d}}{\mathrm{d}t}\psi = H\psi \tag{16-14-16}$$

3. 线性谐振子的矩阵解法

16.7 节中介绍了线性谐振子的薛定谔方程解法，下面介绍线性谐振子的矩阵解法．我们知道，经典线性谐振子的能量是

$$E=\frac{p^2}{2m}+\frac{1}{2}m\omega^2x^2$$

因此，相应的哈密顿算符是

$$\hat{H}=\frac{1}{2}m\omega^2\hat{x}^2+\frac{\hat{p}^2}{2m} \tag{16-14-17}$$

定义算符 $\hat{a}$ 及其厄米共轭算符 $\hat{a}^+$ 为

$$\begin{aligned}\hat{a} &= \sqrt{\frac{m\omega}{2\hbar}}\left(\hat{x}+\frac{\mathrm{i}}{m\omega}\hat{p}\right)=\sqrt{\frac{m\omega}{2\hbar}}\left(\hat{x}+\frac{\hbar}{m\omega}\frac{\partial}{\partial x}\right)\\ \hat{a}^+ &= \sqrt{\frac{m\omega}{2\hbar}}\left(\hat{x}-\frac{\mathrm{i}}{m\omega}\hat{p}\right)=\sqrt{\frac{m\omega}{2\hbar}}\left(\hat{x}-\frac{\hbar}{m\omega}\frac{\partial}{\partial x}\right)\end{aligned} \tag{16-14-18}$$

显然，$\hat{a}^+\neq\hat{a}$，即 $\hat{a}$ 不是厄米算符．利用对易式 $[x,\ \hat{p}]=\mathrm{i}\hbar$可得下面的对易关系

$$[\hat{a},\ \hat{a}^+]=\hat{a}\hat{a}^+-\hat{a}^+\hat{a}=1 \tag{16-14-19}$$

定义粒子数算符
$$\hat{N}=\hat{a}^+\hat{a} \tag{16-14-20}$$

于是有
$$\hat{N}=\hat{a}^+\hat{a}=\frac{1}{\omega\hbar}\left(\frac{\hat{p}^2}{2m}+\frac{1}{2}m\omega^2\right)+\frac{\mathrm{i}}{2\hbar}[\hat{x},\ \hat{p}]=\frac{1}{\omega\hbar}\hat{H}-\frac{1}{2}$$

这样，哈密顿量 $\hat{H}$ 就可写成
$$\hat{H}=\left(\hat{N}+\frac{1}{2}\right)\omega\hbar \tag{16-14-21}$$

设粒子数算符 $\hat{N}$ 的本征方程为
$$\hat{N}|n\rangle=n|n\rangle \tag{16-14-22}$$

则有
$$\hat{H}|n\rangle=\omega\hbar\left(n+\frac{1}{2}\right)|n\rangle \tag{16-14-23}$$

这表明谐振子能量本征值为
$$E_n=\left(n+\frac{1}{2}\right)\omega\hbar \tag{16-14-24}$$

这与式（16-7-24）相同．

下面来证明数 $n=0,\ 1,\ 2,\ \cdots$. 由式（16-14-19）和式（16-14-20）可知

$$[\hat{N},\ \hat{a}]=-\hat{a},\ [\hat{N},\ \hat{a}^+]=\hat{a}^+$$

$$\hat{N}\hat{a}^+|n\rangle=([\hat{N},\hat{a}^+]+\hat{a}^+\hat{N})|n\rangle=(n+1)\hat{a}^+|n\rangle$$

$$\hat{N}\hat{a}|n\rangle=([\hat{N},\ \hat{a}]+\hat{a}\hat{N})|n\rangle=(n-1)\ \hat{a}|n\rangle$$

这表明，$\hat{a}^+|n\rangle$ 和$\hat{a}|n\rangle$ 分别是$\hat{N}$的本征值为 $n+1$ 和 $n-1$ 的本征态，故称$\hat{a}^+$和$\hat{a}$为粒子产生和粒子湮灭算符．于是可设

$$\hat{a}^+|n\rangle=c|n+1\rangle$$

利用归一化条件 $\langle n+1|n+1\rangle=$ 可得

$$\langle n|\hat{a}\hat{a}^+|n\rangle=\langle n|(\hat{N}+1)|n\rangle=(n+1)=c^2$$

于是有
$$\hat{a}^+|n\rangle=\sqrt{n+1}|n+1\rangle$$

同理可得
$$\hat{a}|n\rangle=\sqrt{n}|n-1\rangle$$

由上式得
$$\hat{a}^2|n\rangle=\sqrt{n\ (n-1)}|n-2\rangle,\ \cdots,$$

这表明，当湮灭算符连续作用在态矢上时粒子数 n 每次减 1. 但由于态矢模方大于零，有

$$n=\langle n|\hat{N}|n\rangle=\langle n|\hat{a}^+\cdot\hat{a}|n\rangle\geqslant 0$$

故必有 $n=0,\ 1,\ 2,\ \cdots$ 系统的基态为 $|0\rangle$，其他为激发态．在以本征矢 $|n\rangle$ 为基矢的粒子数表象中，粒子湮灭算符$\hat{a}$的矩阵元是

$$\langle m|\hat{a}|n\rangle=\sqrt{n}\delta_{m,n-1} \tag{16-14-25}$$

$m,\ n=0,\ 1,\ 2,\ \cdots$，粒子产生算符$\hat{a}^+$的矩阵元是

$$\langle m|\hat{a}^+|n\rangle=\sqrt{n+1}\delta_{m,n+1} \tag{16-14-26}$$

写成显示矩阵，就是

$$a=\begin{pmatrix}0 & \sqrt{1} & 0 & 0 & \cdots\\ 0 & 0 & \sqrt{2} & 0 & \cdots\\ 0 & 0 & 0 & \sqrt{3} & \cdots\\ M & M & M & M & M\end{pmatrix}$$

$$a^{+}=\begin{pmatrix}0 & 0 & 0 & 0 & \cdots\\ \sqrt{1} & 0 & 0 & 0 & \cdots\\ 0 & \sqrt{2} & 0 & 0 & \cdots\\ 0 & 0 & \sqrt{3} & 0 & \cdots\\ M & M & M & M & M\end{pmatrix}$$

而粒子数算符的矩阵为一对角矩阵

$$N=\begin{pmatrix}0 & 0 & 0 & 0 & \cdots\\ 0 & 1 & 0 & 0 & \cdots\\ 0 & 0 & 2 & 0 & \cdots\\ 0 & 0 & 0 & 3 & \cdots\\ M & M & M & M & M\end{pmatrix}$$

为了便于与 16.7 节得到的结果比较，下面求坐标表象中的波函数．为简便起见，将 $\xi=\sqrt{\frac{m\omega}{h}}x=\alpha x$ 代入式（16-14-18），得

$$\hat{a}=\frac{1}{\sqrt{2}}\left(\xi+\frac{\mathrm{d}}{\mathrm{d}\xi}\right),\ \hat{a}^{+}=\frac{1}{\sqrt{2}}\left(\xi-\frac{\mathrm{d}}{\mathrm{d}\xi}\right) \tag{16-14-27}$$

由于 $\hat{a}\,|0\rangle\ -0$，有　$\langle x\,|\,\hat{a}\,|\,0\rangle=\frac{1}{\sqrt{2}}\langle x\,|\left(\frac{\mathrm{d}}{\mathrm{d}\xi}+\xi\right)|\,0\rangle=0$

因此，坐标表象中的基态波函数 $\psi_0(\xi)=\langle x\,|\,0\rangle$ 满足方程

$$\frac{\mathrm{d}\psi_0(\xi)}{\mathrm{d}\xi}=-\xi\psi_0(\xi) \tag{16-14-28}$$

于是得　$$\psi_0(\xi)=\langle x\,|\,0\rangle=a_0\mathrm{e}^{-\frac{\xi^2}{2}} \tag{16-14-29}$$

式中的归一化常数 $a_0=\sqrt{\frac{\alpha}{\sqrt{\pi}}}$. 而第 n 个归一化激发态的波函数是

$$\psi_n(x)=\langle x\,|\,n\rangle=\frac{1}{\sqrt{n}}\langle x\,|\,(\hat{a}^{+})^n\,|\,0\rangle=\frac{(-1)^n}{\sqrt{n!}}\langle x\,|\left(\frac{\mathrm{d}}{\mathrm{d}\xi}-\xi\right)^n|\,0\rangle$$

$$=\frac{(-1)^n}{\sqrt{n!}}\left(\frac{\mathrm{d}}{\mathrm{d}\xi}-\xi\right)^n\psi_0(\xi)$$

利用归纳法易证　$$\left(\frac{\mathrm{d}}{\mathrm{d}\xi}-\xi\right)^n\mathrm{e}^{-\frac{\xi^2}{2}}=\mathrm{e}^{\frac{\xi^2}{2}}\frac{\mathrm{d}^n}{\mathrm{d}\xi^n}\mathrm{e}^{-\xi^2} \tag{16-14-30}$$

于是有　$$\psi_n(x)=(-1)^n\left(\frac{\alpha}{2^n\sqrt{\pi}n!}\right)^{\frac{1}{2}}\mathrm{e}^{\frac{\xi^2}{2}}\frac{\mathrm{d}^n}{\mathrm{d}\xi^n}\mathrm{e}^{-\xi^2}=N_n\mathrm{e}^{-\frac{\xi^2}{2}}H_n(\xi) \tag{16-14-31}$$

式中的归一化常数 $$N_n = \left(\frac{\alpha}{\sqrt{\pi} 2^n n!} \right)^{\frac{1}{2}}$$

Hermitian 多项式 $$H_n(\xi) = (-1)^n e^{\xi^2} \frac{d^n}{d\xi^n} e^{-\xi^2}$$

这与 16.7 节所得结果相同.

4. 表象变换

设两个表象 A 和 B 的基矢分别是$\{|a_n\rangle\}(n=1, 2, \cdots, N)$和$\{|b_m\rangle\}(m=1, 2, \cdots, M)$，维数分别为 N 和 M. 下面求态矢$|\psi\rangle$在两个表象中表示的变换关系. 利用式(16-8-37)，有

$$\langle b_m | \psi \rangle = \sum_n \langle b_m | a_n \rangle \langle a_n | \psi \rangle \tag{16-14-32}$$

上式可以写成矩阵形式

$$\psi(B) = U\psi(A) \tag{16-14-33}$$

式中，列矩阵 $\psi(A)$和 $\psi(B)$分别是态矢$|\psi\rangle$在两个表象 A 和 B 中的表示，而 $M \times N$ 阶矩阵

$$U = [U_{nm}] = [\langle b_m | a_n \rangle] \tag{16-14-34}$$

就是态矢从表象 A 到表象 B 的变换矩阵. 同理，可以得到态矢从表象 A 到表象 B 的逆变换 $N \times M$ 阶矩阵

$$U^{-1} = [U_{nm}^{-1}] = [\langle a_n | b_m \rangle] \tag{16-14-35}$$

由于 $$U_{nm}^{-1} = \langle a_n | b_m \rangle = \langle b_m | a_n \rangle^* = U_{mn}^* = U_{nm}^+$$

得 $$U^{-1} = U^+ \tag{16-14-36}$$

这表明，态矢在不同表象之间的变换是一个幺正变换，变换矩阵元是新表象左基矢和旧表象右基矢的内积，如式(16-14-34)所示. 值得注意的是，U 矩阵并不唯一，视$\{|a_n\rangle\}$和$\{|b_m\rangle\}$的组合而定.

当态矢在不同表象之间变换时，作用到态矢上的算符也要作相应的变换. 设算符$\hat{F}$在表象 A 和表象 B 中的矩阵元分别是

$$F_{mn}(A) = \langle a_m | \hat{F} | a_n \rangle, \quad F_{mn}(B) = \langle b_m | \hat{F} | b_n \rangle$$

利用表象 A 本征矢完备性条件式(16-8-33)，得

$$\langle b_m | \hat{F} | b_n \rangle = \sum_{k,l} \langle b_m | a_k \rangle \langle a_k | \hat{F} | a_l \rangle \langle a_l | b_n \rangle$$

上式可以写成矩阵形式

$$F(B) = UF(A)U^+ \tag{16-14-37}$$

式中，$F(A)$和 $F(B)$分别是算符$\hat{F}$在表象 A 和表象 B 中的表示矩阵，U 是从表象 A 到表象 B 的变换矩阵.

5. 幺正变换的性质

设$|\psi\rangle$和$|\psi'\rangle$分别为同一量子态在表象 A 和表象 B 中的表示，U 为它们之间的幺正变换矩阵. 幺正变换具有以下基本性质:

(1)幺正变换不改变两个态矢的内积.

证: 根据式(16-14-33)，设 $|\psi'\rangle = U|\psi\rangle$，得

$$\langle\psi'|\psi'\rangle=\langle\psi|U^{+}U|\psi\rangle=\langle\psi|\psi\rangle \tag{16-14-38}$$

由此可知，态矢的模或归一化条件在幺正变换下不变.

(2)幺正变换不改变算符的本征值.

证：设算符$\hat{F}$在表象 A 中的本征值方程为

$$\hat{F}|\psi\rangle=f|\psi\rangle$$

以 U 左乘上式两边，写成

$$U\hat{F}U^{-1}U|\psi\rangle=fU|\psi\rangle$$

将式(16-14-37)和$|\psi'\rangle=U|\psi\rangle$代入上式，得

$$\hat{F}'|\psi'\rangle=f|\psi'\rangle \tag{16-14-39}$$

可见，算符$\hat{F}$的本征值不因表象改变而变. 这表明，本征值是算符本征态的固有性质，与采用什么表象无关.

如式(16-14-9)所示，算符在自身表象中是对角矩阵，对角矩阵元就是算符的本征值. 因此，求算符的本征值可归结为寻找一个幺正变换，使算符在原来表象中的表示矩阵化为对角矩阵，对角矩阵元就是算符的本征值.

(3) 算符表示矩阵的迹在幺正变换下不变.

证：将式(16-14-36)写成$\hat{F}'=U\hat{F}U^{-1}$，注意到求迹时因子顺序可以交换，有

$$\mathrm{tr}(\hat{F}')=\mathrm{tr}(U\hat{F}U^{-1})=\mathrm{tr}(U^{-1}U\hat{F})=\mathrm{tr}(\hat{F}) \tag{16-14-40}$$

事实上，由于算符在自身表象中的表示矩阵的迹就是算符各本征值的和，而算符的本征值不因表象改变而变，算符表示矩阵的迹在幺正变换下自然不变.

(4) 算符的平均值在幺正变换下不变.

证：设$|\psi'\rangle=U|\psi\rangle$，$\hat{F}'=U\hat{F}U^{-1}$，则有

$$\overline{F'}=\langle\psi'|\hat{F}'|\psi'\rangle=\langle\psi|U^{-1}U\hat{F}U^{-1}U|\psi\rangle=\langle\psi|\hat{F}|\psi\rangle=\overline{F} \tag{16-14-41}$$

(5) 算符的线性厄米性在幺正变换下不变.

证：设算符$\hat{F}$在表象 A 中是一个线性算符，即在表象 A 中有

$$\hat{F}(c_1|\psi_1\rangle+c_2|\psi_2\rangle)=c_1\hat{F}|\psi_1\rangle+c_2\hat{F}|\psi_2\rangle$$

则在表象 B 中有

$$\begin{aligned}\hat{F}'(c_1|\psi_1'\rangle+c_2|\psi_2'\rangle)&=U\hat{F}U^{-1}(c_1U|\psi_1\rangle+c_2U|\psi_2\rangle)\\&=U\hat{F}(c_1|\psi_1\rangle+c_2|\psi_2\rangle)=c_1U\hat{F}|\psi_1\rangle+c_2U\hat{F}|\psi_2\rangle\\&=c_1U\hat{F}U^{-1}U|\psi_1\rangle+c_2U\hat{F}U^{-1}U|\psi_2\rangle=c_1\hat{F}'|\psi'_1\rangle+c_2\hat{F}'|\psi_2'\rangle\end{aligned}$$

所以，算符的线性性质在幺正变换下不变.

设算符$\hat{F}$在表象 A 中是一个厄米算符，即在表象 A 中有$\hat{F}^{+}=\hat{F}$，则在表象 B 中有

$$\hat{F}'^{+}=(U\hat{F}U^{-1})^{+}=U\hat{F}^{+}U^{+}=U\hat{F}U^{-1}=\hat{F}'$$

所以，算符的厄米性在幺正变换下不变.

(6) 算符之间的代数关系在幺正变换下不变.

证:两个算符相加、相乘是算符之间一般代数关系的基础. 不难证明,两个算符相加在幺正变换下不变. 下面来证明两个算符的乘积在幺正变换下不变.

设
$$\hat{F}=\hat{A}\hat{B}$$

则有
$$U\hat{F}U^{-1}=U\hat{A}\hat{B}U^{-1}=U\hat{F}U^{-1}U\hat{B}U^{-1}$$

即
$$\hat{F}'=\hat{A}'\hat{B}'$$

例题 16-14-1 已知厄米算符 $\hat{A}$, $\hat{B}$ 满足条件 $\hat{A}^2=\hat{B}^2=1$ 和 $\hat{A}\hat{B}+\hat{B}\hat{A}=0$.

(1)在表象 $\hat{A}$ 中求 $\hat{A}$, $\hat{B}$ 的矩阵表示式和 $\hat{B}$ 的本征函数;

(2)在表象 $\hat{B}$ 中求 $\hat{A}$, $\hat{B}$ 的矩阵表示式和 $\hat{A}$ 的本征函数;

(3)求由表象 $\hat{A}$ 到表象 $\hat{B}$ 的幺正变换矩阵.

解:(1) 设 $\hat{A}$ 的本征方程为 $\hat{A}|a\rangle=a|a\rangle$, 则有

$$1=\langle a|a\rangle=\langle a|\hat{A}^2|a\rangle=\langle a|\hat{A}^+A|a\rangle=a^2$$

所以
$$a=\pm 1$$

$$A=\begin{pmatrix}1 & 0\\ 0 & -1\end{pmatrix}$$

设 $B=\begin{pmatrix}b_{11} & b_{12}\\ b_{21} & b_{22}\end{pmatrix}$, 由于$\hat{A}\hat{B}=-\hat{B}\hat{A}$, 有

$$\begin{pmatrix}1 & 0\\ 0 & -1\end{pmatrix}\begin{pmatrix}b_{11} & b_{12}\\ b_{21} & b_{22}\end{pmatrix}=-\begin{pmatrix}b_{11} & b_{12}\\ b_{21} & b_{22}\end{pmatrix}\begin{pmatrix}1 & 0\\ 0 & -1\end{pmatrix}$$

即
$$\begin{pmatrix}b_{11} & b_{12}\\ -b_{21} & -b_{22}\end{pmatrix}=\begin{pmatrix}-b_{11} & b_{12}\\ -b_{21} & b_{22}\end{pmatrix}$$

所以
$$b_{11}=b_{22}=0$$

$$B=\begin{pmatrix}0 & b_{12}\\ b_{21} & 0\end{pmatrix}$$

由于$\hat{B}^2=1$, 得 $b_{12}b_{21}=1$. 令 $b_{12}=\mathrm{e}^{i\alpha}$, 则 $b_{21}=\mathrm{e}^{-i\alpha}$. 为简便起见, 令 $\alpha=\pi/2$, 则

$$B=\begin{pmatrix}0 & \mathrm{i}\\ -\mathrm{i} & 0\end{pmatrix}$$

设在表象$\hat{A}$中 $\hat{B}$ 的本征方程为

$$\hat{B}\begin{pmatrix}q\\ p\end{pmatrix}=\lambda\begin{pmatrix}q\\ p\end{pmatrix}$$

按照式(16-14-13), 久期方程为 $\begin{vmatrix}-\lambda & \mathrm{i}\\ -\mathrm{i} & -\lambda\end{vmatrix}=\lambda^2-1=0$

所以
$$\lambda=\pm 1$$

当 $\lambda=1$ 时, 由于 $\begin{pmatrix}0 & \mathrm{i}\\ -\mathrm{i} & 0\end{pmatrix}\begin{pmatrix}q\\ p\end{pmatrix}=\begin{pmatrix}q\\ p\end{pmatrix}$

得

$$q = \mathrm{i}p$$

根据归一化条件$(q^*, p^*)\begin{pmatrix} q \\ p \end{pmatrix} = 2p^2 = 1$，得

$$p = \frac{1}{\sqrt{2}}$$

于是，表象$\hat{A}$中 $\hat{B}$ 的本征值 $\lambda = 1$ 的本征函数为

$$\psi_{B1} = \frac{1}{\sqrt{2}}\begin{pmatrix} \mathrm{i} \\ 1 \end{pmatrix}$$

同理，$\hat{B}$的本征值 $\lambda = -1$ 的本征函数为

$$\psi_{B2} = \frac{1}{\sqrt{2}}\begin{pmatrix} -\mathrm{i} \\ 1 \end{pmatrix}$$

(2)将以上推导中的$\hat{A}$和$\hat{B}$互换，即得表象 $\hat{B}$ 中求$\hat{A}$，$\hat{B}$的矩阵表示式和 $\hat{A}$ 的本征函数．

(3) 在表象$\hat{A}$中 $\hat{A}$ 的每个本征函数都是只有一个元素为 1 其余元素为零的列矩阵，设为

$$\psi_{A1} = \begin{bmatrix} 1 \\ 0 \end{bmatrix}, \qquad \psi_{A2} = \begin{bmatrix} 0 \\ 1 \end{bmatrix}$$

所以，按照式(16-14-44)，由表象 $\hat{A}$ 到表象 $\hat{B}$ 的幺正变换矩阵是

$$U = \frac{1}{\sqrt{2}}\begin{pmatrix} -\mathrm{i} & 1 \\ \mathrm{i} & 1 \end{pmatrix}$$

而其厄米矩阵是

$$U^+ = \frac{1}{\sqrt{2}}\begin{pmatrix} \mathrm{i} & -\mathrm{i} \\ 1 & 1 \end{pmatrix}$$

不难看出，将$\hat{B}$的两个本征函数作为列矩阵排列起来就得到矩阵 U^+．

6. Heisenberg 表象和相互作用表象

(1) Heisenberg 表象

在薛定谔方程(16-6-10)中，波函数$|\psi(t)\rangle$一般与时间有关而算符$\hat{H}$与时间无关(不显含时间)，系统的动力学演化完全表现在波函数$|\psi(t)\rangle$随时间的变化上．这种描述量子力学系统的方法叫做薛定谔表象．与薛定谔表象相反，在所谓 Heisenberg 表象中，波函数与时间无关而算符与时间有关(显含时间)，系统的动力学演化完全表现在算符随时间的变化上．设从薛定谔表象到 Heisenberg 表象的幺正变换算符为$\hat{U}(t)$，即有

$$|\rangle_H = \hat{U}|\rangle_S, \quad {}_H\langle| = {}_S\langle|\hat{U}^+ \tag{16-14-42}$$

式中的幺正变换$\hat{U}(t)$满足条件 $U^{-1} = U^+$ 和

$$\hat{F}_H = \hat{U}\hat{F}_S\hat{U}^+ \tag{16-14-43}$$

由式 (16-14-42) 和式 (16-6-10) 得

$$\mathrm{i}h\frac{\partial|\rangle_H}{\partial t} = \left(\hat{U}\hat{H}_S + \mathrm{i}h\frac{\partial\hat{U}}{\partial t}\right)\hat{U}^+|\rangle_H$$

令$\dfrac{\partial|\rangle_H}{\partial t} = 0$，得

$$\mathrm{i}\hbar\frac{\partial\hat{U}}{\partial t} = -\hat{U}\hat{H}_S$$

积分上式，取 $t_0=0$，有 $$\hat{U}=\mathrm{e}^{\frac{\mathrm{i}}{\hbar}\hat{H}_s t} \tag{16-14-44}$$
所以，Heisenberg 表象中的 Hamiltonian 是

$$\hat{H}_H=\mathrm{e}^{\frac{\mathrm{i}}{\hbar}\hat{H}_S t}\hat{H}_S\mathrm{e}^{-\frac{\mathrm{i}}{\hbar}\hat{H}_S t}=\hat{H}_S \tag{16-14-45}$$

这表明 Hamiltonian 在$\hat{U}(t)$变换下不变.

由式（16-14-43）可得算符运动方程

$$\frac{\partial\hat{F}_H}{\partial t}=\frac{\mathrm{i}}{\hbar}[\hat{H}_H,\hat{F}_H] \tag{16-14-46}$$

（2）相互作用表象

在量子力学中，为了研究相互作用，经常采用所谓相互作用表象．为了从 Heisenberg 表象变换到相互作用表象，作幺正变换$\hat{W}(t)$

$$|\rangle_I=\hat{W}|\rangle_H,\ {}_I\langle|={}_H\langle|\hat{W}^+ \tag{16-14-47}$$

$\hat{W}(t)$满足条件 $W^{-1}=W^+$和 $$\hat{F}_I=\hat{W}\hat{F}_H\hat{W}^+ \tag{16-14-48}$$

由式（16-14-47）得 $$\mathrm{i}\hbar\frac{\partial|\rangle_I}{\partial t}=\mathrm{i}\hbar\frac{\partial\hat{W}}{\partial t}\hat{W}^+|\rangle_I \tag{16-14-49}$$

在相互作用表象中，常将系统的 Hamiltonian 写成

$$\hat{H}=\hat{H}_0+\hat{H}_i \tag{16-14-50}$$

式中，$\hat{H}_0$ 是各子系统的自由 Hamiltonian 之和，而 $\hat{H}_i$ 是各子系统之间的相互作用 Hamiltonian. 为确定变换$\hat{W}(t)$，令

$$\mathrm{i}\hbar\frac{\partial\hat{W}}{\partial t}=\hat{H}_i\hat{W} \tag{16-14-51}$$

于是有 $$\hat{W}=\mathrm{e}^{-\frac{\mathrm{i}}{\hbar}\int_0^t\hat{H}_i\mathrm{d}t} \tag{16-14-52}$$

而式(16-14-49)变为 $$\mathrm{i}\hbar\frac{\partial|\rangle_I}{\partial t}=\hat{H}_i|\rangle_I \tag{16-14-53}$$

这就是相互作用表象中的薛定谔方程．但是，在相互作用表象中并不存在形如式（16-14-46）的算符运动方程，这是应该注意的．事实上，利用式（16-14-51），由式（16-14-48）可得

$$\frac{\partial\hat{F}_I}{\partial t}=\frac{\mathrm{i}}{\hbar}[\hat{H}_0,\hat{F}_I] \tag{16-14-54}$$

因此，$\frac{\partial\hat{H}_0}{\partial t}=0$，这表明，若无相互作用，各子系统的能量守恒，这是合乎逻辑的.

思考题 16.14

1. 算符本征态在自身表象中的表示矩阵是怎样的？算符在自身表象中的表示矩阵是怎样的？
2. 为什么说不同表象之间的变换矩阵是一个幺正变换？它有什么性质？

16.15　电子的自旋

我们已经知道，根据薛定谔方程可以说明许多微观现象，如氢原子能级及其谱线频率．虽然前面的理论结果与实验符合，但并非所有现象都能解释．像谱线在磁场中的分裂和谱线的精细结构，单凭前面的理论还不能解释，这是因为电子除了有轨道角动量还有自旋角动量．这一节就来介绍电子的自旋（spin）．

1. 电子的自旋

许多实验事实说明电子具有自旋．这里简要介绍两个实验：斯特恩-革拉赫实验（Stern-Gerlach experiment）和光谱线的精细结构（fine structure of spectral-line）．

（1）斯特恩-革拉赫实验．

在一个内部为真空的玻璃泡中，使一狭窄的 s 态氢原子束通过不均匀的磁场射于胶片上，发现在胶片上出现了两条分立的谱线，如图 16-15-1 所示．显然，原子在通过不均匀磁场的过程中受到了力的作用，说明原子具有磁矩．设原子磁矩为 $\boldsymbol{m}$，按照经典电动力学理论，原子在磁场 $\boldsymbol{H}$（通常取 $\boldsymbol{H}$ 方向为 z 轴）中的势能

$$U=-\boldsymbol{m}\cdot\boldsymbol{H}=-mH\cos\theta \tag{16-15-1}$$

其中 θ 是原子磁矩与磁场的夹角．原子在 z 方向所受力

$$F_z=-\frac{\partial U}{\partial z}=m\frac{\partial H}{\partial z}\cos\theta \tag{16-15-2}$$

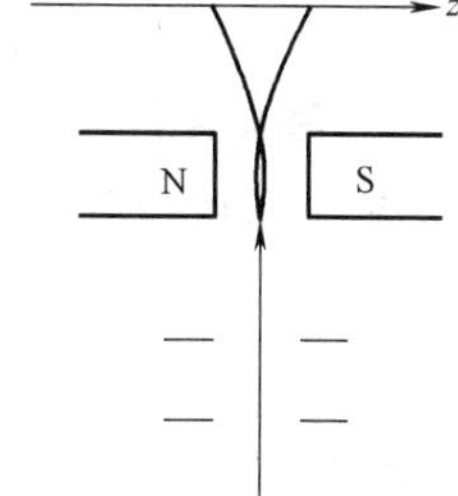

图 16-15-1

如果原子磁矩可以取空间中的任何方向，$\cos\theta$ 的值应当从 $+1$ 连续变化到 -1，胶片上应显现一个连续的谱带，但实验结果是两条分立的谱线，意味着 $\cos\theta=\pm1$．由于实验用的是 s 态氢原子束，即 $l=0$，原子本身没有轨道角动量，即没有电子轨道磁矩，故实验测得的原子磁矩应当是电子的固有磁矩，它在空间中只能取两个值，所以当氢原子束通过不均匀的磁场射于胶片上出现了两条分立的谱线.

（2）光谱线的精细结构

应用高分辨率的摄谱仪可以观察到钠原子从 2p→1s 的光谱线实际上是两条靠得很近的谱线．此外还可以发现一些双重线或多重线的结构，统称为光谱线的精细结构．如果不考虑电子的自旋，光谱线的精细结构不能得到合理的解释.

为了解释上述实验现象，乌仑贝克（Uhlenbeck）和哥德斯密脱（Goudsmit）于 1925 年首先提出了关于电子自旋的假设．

（1）电子具有自旋角动量 $\boldsymbol{S}$，它在空间任何方向的投影只能取两个值，即

$$S_i=\pm\frac{\hbar}{2} \tag{16-15-3}$$

式中，$i=x,\ y,\ z$.

（2）在 SI 制中，电子自旋磁矩 $\boldsymbol{m}$ 和自旋角动量 $\boldsymbol{S}$ 的关系为

$$\boldsymbol{m}=-\frac{e}{\mu}\boldsymbol{S} \tag{16-15-4}$$

式中电子电荷量为 $-e$，质量为 μ. 自旋磁矩 $\boldsymbol{m}$ 在空间任何方向的投影只能取两个值

$$m_i = \pm \frac{e\hbar}{2\mu} = \pm m_B \tag{16-15-5}$$

式中 m_B 叫做玻尔磁子.

可以证明，原子的轨道磁矩 $\boldsymbol{M}$ 和轨道角动量 $\boldsymbol{L}$ 的关系为

$$\boldsymbol{M} = -\frac{e}{2\mu}\boldsymbol{L} \tag{16-15-6}$$

这表明轨道磁矩和轨道角动量的比（回转磁比率）是 $-\frac{e}{2\mu}$. 而电子自旋磁矩和自旋角动量的比

$$\frac{m_z}{S_z} = -\frac{e}{\mu} \tag{16-15-7}$$

可见，电子自旋的回转磁比率是轨道回转磁比率的两倍.

应当指出，自旋是电子的内禀性质，其物理本质人们至今尚不清楚.

2. 自旋算符

将自旋角动量算符记做 $\hat{S}$. 由于自旋角动量任意分量 $\hat{S}_i$ 的本征值为 $\pm\frac{\hbar}{2}$，因此，$\hat{S}^2$ 的本征值

$$S^2 = S_x^2 + S_y^2 + S_z^2 = \frac{3}{4}\hbar^2 \tag{16-15-8}$$

令

$$\hat{S} = \frac{\hbar}{2}\hat{\sigma} \tag{16-15-9}$$

算符 $\hat{\sigma}$ 叫做泡利（Pauli）自旋算符．作为角动量算符，$\hat{S}$ 应满足式（16-10-4），于是有

$$\hat{\sigma} \times \hat{\sigma} = 2i\hat{\sigma} \tag{16-15-10}$$

分量式为

$$\begin{aligned} [\hat{\sigma}_x, \hat{\sigma}_y] &= 2i\hat{\sigma}_z \\ [\hat{\sigma}_y, \hat{\sigma}_z] &= 2i\hat{\sigma}_x \\ [\hat{\sigma}_z, \hat{\sigma}_x] &= 2i\hat{\sigma}_y \end{aligned} \tag{16-15-11}$$

由于自旋角动量任意分量 $\hat{S}_i$ 的本征值为 $\pm\frac{\hbar}{2}$，因此，Pauli 算符的任意分量 $\hat{\sigma}_i$ 的本征值为 ± 1,即

$$\sigma_x = \pm 1, \quad \sigma_y = \pm 1, \quad \sigma_z = \pm 1$$

而 $\hat{\sigma}_x^2$，$\hat{\sigma}_y^2$，$\hat{\sigma}_z^2$ 的本征值都是 1，即

$$\sigma_x^2 = \sigma_y^2 = \sigma_z^2 = 1$$

不难证明：

$$\hat{\sigma}_x^2 = \hat{\sigma}_y^2 = \hat{\sigma}_z^2 = 1 \tag{16-15-12}$$

证：设 ψ 为任意波函数，φ_i 为 $\hat{\sigma}_x^2$ 的本征波函数，即 $\hat{\sigma}_x^2\varphi_i = \varphi_i$. 根据态叠加原理，有

$$\hat{\sigma}_x^2\psi = \hat{\sigma}_x^2 \sum_i a_i\varphi_i = \sum_i a_i\hat{\sigma}_x^2\varphi = \psi$$

所以 $\hat{\sigma}_x^2 = 1$．同理可证 $\hat{\sigma}_y^2 = 1$，$\hat{\sigma}_z^2 = 1$.

$\hat{\sigma}_x^2$、$\hat{\sigma}_y^2$、$\hat{\sigma}_z^2$ 叫做单位算符．作为常数算符，它们与任意算符都对易，自然相互对易，且与 $\hat{\sigma}^2 = \hat{\sigma}_x^2 + \hat{\sigma}_y^2 + \hat{\sigma}_z^2$对易．所以，$\hat{\sigma}^2$ 的本征值

$$\sigma^2 = \sigma_x^2 + \sigma_y^2 + \sigma_z^2 = 3$$

这与 $\hat{S}^2$ 的本征值式（16-15-8）一致，即

$$S^2=\frac{1}{4}\hbar^2\sigma^2=\frac{3}{4}\hbar^2$$

令

$$S^2=s(s+1)\hbar^2 \tag{16-15-13}$$

则 $s=\frac{1}{2}$，s 叫做自旋量子数，它只有一个值.

Pauli 算符的各分量满足反对易关系，即

$$\{\hat{\sigma}_i,\ \hat{\sigma}_j\}=2\delta_{ij} \tag{16-15-14}$$

证：例如，利用式（16-15-11）的第三式和 $\hat{\sigma}_x^2=1$，有

$$\begin{aligned}\hat{\sigma}_x\hat{\sigma}_y+\hat{\sigma}_y\hat{\sigma}_x&=\frac{\hat{\sigma}_x}{2i}(\hat{\sigma}_z\hat{\sigma}_x-\hat{\sigma}_x\hat{\sigma}_z)+\frac{1}{2i}(\hat{\sigma}_z\hat{\sigma}_x-\hat{\sigma}_x\hat{\sigma}_z)\hat{\sigma}_x\\&=\frac{1}{2i}(\hat{\sigma}_x\hat{\sigma}_z\hat{\sigma}_x-\hat{\sigma}_z)+\frac{1}{2i}(\hat{\sigma}_z-\hat{\sigma}_x\hat{\sigma}_z\hat{\sigma}_x)=0\end{aligned}$$

由 Pauli 算符各分量的对易和反对易关系易得

$$\begin{aligned}\hat{\sigma}_x\hat{\sigma}_y&=i\hat{\sigma}_z\\\hat{\sigma}_y\hat{\sigma}_z&=i\hat{\sigma}_x\\\hat{\sigma}_z\hat{\sigma}_x&=i\hat{\sigma}_y\end{aligned} \tag{16-15-15}$$

对式(16-15-15)的第一式两边左乘 $\hat{\sigma}_z$，由于 $\hat{\sigma}_z^2=1$，得

$$\hat{\sigma}_x\hat{\sigma}_y\hat{\sigma}_z=i \tag{16-15-16}$$

3. Pauli 矩阵和电子自旋态

(1)下面求 $\hat{\sigma}_z$ 表象中 Pauli 算符 $\hat{\sigma}_x$，$\hat{\sigma}_y$，$\hat{\sigma}_z$ 的表示矩阵．由于 Pauli 自旋算符的任意分量 $\hat{\sigma}_i$ 的本征值为 ±1，根据式(16-14-9)，在 $\hat{\sigma}_z$ 表象中，$\hat{\sigma}_z$ 的表示矩阵是

$$\hat{\sigma}_z=\begin{bmatrix}1&0\\0&-1\end{bmatrix}$$

设 $\hat{\sigma}_z$ 的两个正交归一本征态为 $|0\rangle$ 和 $|1\rangle$，即令

$$\hat{\sigma}_z|0\rangle=|0\rangle,\ \hat{\sigma}_z|1\rangle=-|1\rangle \tag{16-15-17}$$

其中 $|0\rangle$ 叫做自旋向上态，$|1\rangle$ 叫做自旋向下态．根据式(16-14-3)或运用矩阵方法不难求得

$$|0\rangle=\begin{bmatrix}1\\0\end{bmatrix},\ |1\rangle=\begin{bmatrix}0\\1\end{bmatrix} \tag{16-15-18}$$

设在 $\hat{\sigma}_z$ 表象中 $\hat{\sigma}_x$ 的表示矩阵

$$\hat{\sigma}_z=\begin{bmatrix}a&b\\c&d\end{bmatrix}$$

根据 Pauli 算符各分量的反对易关系 $\hat{\sigma}_z\hat{\sigma}_x+\hat{\sigma}_x\hat{\sigma}_z=0$，有

$$\begin{bmatrix}1&0\\0&-1\end{bmatrix}\begin{bmatrix}a&b\\c&d\end{bmatrix}+\begin{bmatrix}a&b\\c&d\end{bmatrix}\begin{bmatrix}1&0\\0&-1\end{bmatrix}=0$$

由上式得 $a=0$，$d=0$. 再利用 $\hat{\sigma}_x^+=\hat{\sigma}_x$，得 $c=b^*$，则有

$$\hat{\sigma}_x=\begin{bmatrix}0 & b\\ b^* & 0\end{bmatrix}$$

由于 $\hat{\sigma}_x^2=1$，得 $b=\mathrm{e}^{\mathrm{i}\alpha}$，$\alpha$ 为待定实数，通常取 $\alpha=0$. 于是得

$$\hat{\sigma}_x=\begin{bmatrix}0 & 1\\ 1 & 0\end{bmatrix}$$

由式(16-15-15)的第三式得 $$\hat{\sigma}_y=-\mathrm{i}\hat{\sigma}_z\hat{\sigma}_x=\begin{bmatrix}0 & -i\\ i & 0\end{bmatrix}$$

总之，在 $\hat{\sigma}_z$ 表象中 Pauli 算符 $\hat{\sigma}_x$、$\hat{\sigma}_y$、$\hat{\sigma}_z$ 的表示矩阵是

$$\hat{\sigma}_x=\begin{bmatrix}0 & 1\\ 1 & 0\end{bmatrix},\quad \hat{\sigma}_y=\begin{bmatrix}0 & -i\\ i & 0\end{bmatrix},\quad \hat{\sigma}_z=\begin{bmatrix}1 & 0\\ 0 & -1\end{bmatrix} \tag{16-15-19}$$

这三个矩阵统称为 Pauli 矩阵(Pauli matrices).

(2)下面求 $\hat{\sigma}_z$ 表象中沿任意方向 $\boldsymbol{n}=(n_x,\ n_y,\ n_z)=(\sin\theta\cos\varphi,\ \sin\theta\sin\varphi,\ \cos\theta)$ 的算符 $\hat{\sigma}_n=\hat{\boldsymbol{\sigma}}\cdot\boldsymbol{n}$ 的本征值和本征矢.

设 $\hat{\sigma}_n$ 的本征方程为 $$\hat{\sigma}_n|\psi\rangle=\lambda|\psi\rangle$$

式中的 $|\psi\rangle=\begin{bmatrix}c_1\\ c_2\end{bmatrix}$ 为相应于本征值 λ 的本征矢. 由于

$$\hat{\sigma}_n=\hat{\boldsymbol{\sigma}}\cdot\boldsymbol{n}=\hat{\sigma}_x n_x+\hat{\sigma}_y n_y+\hat{\sigma}_z n_z=\begin{bmatrix}\cos\theta & \sin\theta\mathrm{e}^{-\mathrm{i}\varphi}\\ \sin\theta\mathrm{e}^{\mathrm{i}\varphi} & -\cos\theta\end{bmatrix}$$

本征方程可写成

$$\begin{bmatrix}\cos\theta-\lambda & \sin\theta\mathrm{e}^{-\mathrm{i}\varphi}\\ \sin\theta\mathrm{e}^{\mathrm{i}\varphi} & -\cos\theta-\lambda\end{bmatrix}\begin{bmatrix}c_1\\ c_2\end{bmatrix}=0$$

即

$$\begin{cases}(\cos\theta-\lambda)c_1+\sin\theta\mathrm{e}^{-\mathrm{i}\varphi}c_2=0\\ \sin\theta\mathrm{e}^{\mathrm{i}\varphi}c_1-(\cos\theta+\lambda)c_2=0\end{cases} \tag{16-15-20}$$

上面方程组有非零解的条件是系数行列式等于零：

$$\begin{vmatrix}\cos\theta-\lambda & \sin\theta\mathrm{e}^{-\mathrm{i}\varphi}\\ \sin\theta\mathrm{e}^{\mathrm{i}\varphi} & -(\cos\theta+\lambda)\end{vmatrix}=0$$

即 $$\lambda=\pm1$$

这与前面所说 Pauli 算符的任意分量 $\hat{\sigma}_i$ 的本征值为 ±1 一致.

令 $\lambda=\pm1$，由式(16-15-20)分别得 $\hat{\sigma}_n$ 的正交归一化本征函数

$$\psi_{+1}(\theta,\ \varphi)=\begin{bmatrix}\cos\dfrac{\theta}{2}\mathrm{e}^{-\mathrm{i}\varphi/2}\\ \sin\dfrac{\theta}{2}\mathrm{e}^{\mathrm{i}\varphi/2}\end{bmatrix},\quad \psi_{-1}(\theta,\ \varphi)=\begin{bmatrix}-\sin\dfrac{\theta}{2}\mathrm{e}^{-\mathrm{i}\varphi/2}\\ \cos\dfrac{\theta}{2}\mathrm{e}^{\mathrm{i}\varphi/2}\end{bmatrix} \tag{16-15-21}$$

若取 $\boldsymbol{n}=(0,\ 0,\ 1)$，即取 $\theta=0$，$\varphi=0$，则 $\hat{\sigma}_n=\hat{\sigma}_z$，由上式得 $\hat{\sigma}_z$ 的本征值为 $+1$ 的本征矢 $|0\rangle=\begin{bmatrix}1\\ 0\end{bmatrix}$，本征值为 -1 的本征矢 $|1\rangle=\begin{bmatrix}0\\ 1\end{bmatrix}$. 这与前面的结果相同.

若取 $\boldsymbol{n}=(1,\ 0,\ 0)$，即取 $\theta=\dfrac{\pi}{2}$，$\varphi=0$，则 $\hat{\sigma}_n=\hat{\sigma}_x$，由式(16-15-21)得 $\hat{\sigma}_x$ 的两个本征

矢：

$$\psi_{+1}=\frac{1}{\sqrt{2}}\begin{bmatrix}1\\1\end{bmatrix},\ \psi_{-1}=\frac{1}{\sqrt{2}}\begin{bmatrix}-1\\1\end{bmatrix}$$

这两个式子可以写成

$$|\psi_{+1}\rangle=\frac{1}{\sqrt{2}}\left(\begin{bmatrix}0\\1\end{bmatrix}+\begin{bmatrix}1\\0\end{bmatrix}\right)=\frac{1}{\sqrt{2}}(|1\rangle+|0\rangle)$$
$$|\psi_{-1}\rangle=\frac{1}{\sqrt{2}}\left(\begin{bmatrix}0\\1\end{bmatrix}-\begin{bmatrix}1\\0\end{bmatrix}\right)=\frac{1}{\sqrt{2}}(|1\rangle-|0\rangle)\qquad(16\text{-}15\text{-}22)$$

这是用 $\hat{\sigma}_z$ 表象基矢表示的 $\hat{\sigma}_x$ 的两个本征矢．显而易见，在 $|\psi_{+1}\rangle$ 或 $|\psi_{-1}\rangle$ 描述的态中，若测量电子 Z 方向的自旋，将以各为 1/2 的概率得到自旋向上态和向下态．但不能认为，如式(16-8-3)下的说明(2)所说，在 $|\psi_{+1}\rangle$ 或 $|\psi_{-1}\rangle$ 描述的态中电子已有 1/2 的概率处于 Z 方向自旋向上态和向下态．因为，由上式可以解得

$$|0\rangle=\frac{1}{\sqrt{2}}(|\psi_{+1}\rangle-|\psi_{-1}\rangle)$$
$$|1\rangle=\frac{1}{\sqrt{2}}(|\psi_{+1}\rangle+|\psi_{-1}\rangle)\qquad(16\text{-}15\text{-}23)$$

若按照上述理解，在上面第一式描述的态中电子处于 Z 方向自旋向上态的概率为 $\frac{1}{2}\left(\frac{1}{2}+\frac{1}{2}\right)=\frac{1}{2}$，这显然是荒谬的．事实上，在上面第一式描述的态中，测得电子 Z 方向自旋向上态的概率

$$\langle 0|0\rangle=\frac{1}{\sqrt{2}}(\langle 0|\psi_{+1}\rangle-\langle 0|\psi_{-1}\rangle)=\frac{1}{\sqrt{2}}\left(\frac{1}{\sqrt{2}}+\frac{1}{\sqrt{2}}\right)=1\qquad(16\text{-}15\text{-}24)$$

这显然是合理的．同样，在式(16-15-23)的第二式描述的态中，测得电子 Z 方向自旋向下态的概率也是 1．换句话说，在式(16-15-23)的第一式描述的态中测得电子 Z 方向自旋向下态的概率为零，而在第二式描述的态中测得电子 Z 方向自旋向上态的概率为零．原因是

$$\frac{1}{\sqrt{2}}(|\psi_{+1}\rangle-|\psi_{-1}\rangle)=\frac{1}{\sqrt{2}}\left[\frac{1}{\sqrt{2}}(|1\rangle+|0\rangle)-\frac{1}{\sqrt{2}}(|1\rangle-|0\rangle)\right]=|0\rangle$$
$$\frac{1}{\sqrt{2}}(|\psi_{+1}\rangle+|\psi_{-1}\rangle)=\frac{1}{\sqrt{2}}\left[\frac{1}{\sqrt{2}}(|1\rangle+|0\rangle)+\frac{1}{\sqrt{2}}(|1\rangle-|0\rangle)\right]=|1\rangle\qquad(16\text{-}15\text{-}25)$$

这就是说，当 $|\psi_{+1}\rangle$ 和 $|\psi_{-1}\rangle$ 描述的态叠加时，它们之间发生了干涉．在上面第一式中，加强的是自旋向上态 $|0\rangle$，消去的是自旋向下态 $|1\rangle$，而第二式的情况则与第一式相反．式(16-15-25)就是量子干涉的一个简单的例子．

思考题 16.15

1. 可否把电子的自旋理解为自转？请说明理由．

2. 试求 $\hat{\sigma}_x$ 表象中 Pauli 算符 $\hat{\sigma}_x$、$\hat{\sigma}_y$、$\hat{\sigma}_z$ 的表示矩阵．

习 题 16

16-1 温度为300K时，黑体辐射光谱中的峰值所对应的波长是多少？

16-2 已知地球跟金星的大小差不多，金星的平均温度约为773K，地球的平均温度约为293K. 若把它们看作理想黑体，这两个星体向空间辐射的能量之比为多少？

16-3 天狼星的温度约为11000℃. 试由维恩位移定律估计该星体的颜色.

16-4 太阳可看做是半径为7.0×10^{8}m的球形黑体，试计算太阳的温度. 设太阳射到地球表面上每平方米的辐射能量为1.4×10^{3}W，地球与太阳间的距离为1.5×10^{11}m.

16-5 已知金属钨的逸出功是7.2×10^{-19}J，分别用频率为7×10^{14}Hz紫光和频率为5×10^{15}Hz紫外光照射金属钨的表面，能不能产生光电效应？

16-6 钾的截止频率为4.62×10^{14}Hz，今以波长为435.8nm的光照射，求钾放出的光电子的初速度.

16-7 以波长为λ的光波照射某种金属，测得饱和电流为I. 保持照射光的功率P不变，将照射光换为波长为2λ的光波，求此时的饱和电流I'.

16-8 在康普顿效应中，入射光子的波长为0.003nm，反冲电子的速度为光速的60%，求散射光子的波长及散射角.

16-9 一能量10^{4}eV的光子与一静止自由电子相碰撞，碰撞后，光子的散射角为60°. 试问：(1) 光子的波长、频率和能量各改变了多少？(2) 碰撞后，电子的动能、动量和运动方向又如何？

16-10 在康普顿效应中，如电子的散射方向与入射光子方向之间的夹角为ϕ，试证电子的动能为

$$E_{k}=h\nu(2\alpha\cos^{2}\phi)/[(1+\alpha)^{2}-\alpha^{2}\cos\phi]$$

其中$\alpha=h\nu/m_{e}c^{2}$.

16-11 求动能为1eV的电子的德布罗意波的波长.

16-12 一质量为40g的子弹以1000m/s的速率飞行，求：(1)德布罗意波波长；(2) 若测量子弹位置的不确定为0.1mm，求速率的不确定量.

16-13 试证：如果粒子位置的不确定等于其德布罗意波长，则此粒子速度的不确定量大于或等于其速度.

16-14 试证明自由粒子的不确定关系式可写成：$\Delta x\Delta\lambda\geqslant\dfrac{\lambda^{2}}{4\pi}$，$\lambda$为自由粒子的德布罗意波的波长.

16-15 如用能量为12.6eV的电子轰击氢原子将产生哪些谱线？

16-16 氢原子中把$n=2$状态下的电子移离原子，需要多少能量？

16-17 原子中一电子的主量子数$n=3$，它可能具有的状态数为多少？

16-18 一原子由一质子和一绕质子旋转的介子组成，求介子处于第一轨道$n=1$时离质子的距离. 介子的电量和电子电量相等，介子的质量为电子质量的210倍.

16-19 在氢原子中，如量子数$n=4$，l可取哪些数值？对于$l=3$，m可取哪些数值？

16-20 不解薛定谔方程，证明一维无限深方势阱中的粒子能量与势阱宽度的平方成反比。

16-21 设有一电子在宽为0.2nm的一维无限深的势阱中. 计算电子在最低能级的能量.

16-22 利用玻尔—索末菲的量子化条件，求在均匀磁场中作圆周运动的电子的可能轨道半径.

16-23 证明在定态中，几率流密度与时间无关.

16-24 由下列两定态波函数计算几率流密度：

(1)$\psi_{1}=\dfrac{1}{r}e^{ikr}$；(2)$\psi_{2}=\dfrac{1}{r}e^{-ikr}$

从所得结果说明ψ_{1}表示向外传播的球面波，ψ_{2}表示向内(即向原点)传播的球面波.

16-25 一维谐振子处于区间[0，2π]之中，其几率波函数为$\psi(x)=A\sin x$，求A的值，并计算谐振子处于区间[0，π]之间的概率.

16-26　求一维谐振子处在第一激发态时几率最大的位置.

16-27　求一维势阱

$$U(x)=\begin{cases}U_0>0, & |x|>a\\ 0, & |x|\leqslant a\end{cases}$$

中粒子束缚态($0<E<U_0$)的能级.

16-28　一维谐振子处在基态 $\psi(x)=\sqrt{\frac{\alpha}{\pi^{\frac{1}{2}}}}e^{-\frac{\alpha^2x^2}{2}-\frac{i}{2}\omega t}$，求：(1)势能 $U=\frac{1}{2}\mu\omega^2x^2$ 的平均值；(2) 动能 $T=\frac{p^2}{2\mu}$的平均值；(3) 动量的几率分布函数.

16-29　求粒子状态为 $\psi(x)=A[\sin^2kx+\frac{1}{2}\cos kx]$时的平均动量和平均动能.

16-30　求自旋算符 $\hat{S}_x=\frac{\hbar}{2}\begin{pmatrix}0 & 1\\ 1 & 0\end{pmatrix}$和 $\hat{S}_y=\frac{\hbar}{2}\begin{pmatrix}0 & -i\\ i & 0\end{pmatrix}$的本征值和所属的本征函数.

16-31　试证明 $\hat{\sigma}_x\hat{\sigma}_y\hat{\sigma}_z=i$ 和 $\mathrm{tr}\hat{\sigma}_i=0$，$i=x$，$y$，$z$，其中

$$\hat{\sigma}_x=\begin{bmatrix}0 & 1\\ 1 & 0\end{bmatrix},\quad \hat{\sigma}_y=\begin{bmatrix}0 & -i\\ i & 0\end{bmatrix},\quad \hat{\sigma}_z=\begin{bmatrix}1 & 0\\ 0 & -1\end{bmatrix}$$

第 17 章　蓬勃发展的物理学

近一个世纪以来，在近代物理学的基础上，物理学在诸多领域取得了重要突破，诞生了不少新学科，形成了一系列新技术新产业，使科学技术和社会生产发生了革命性的变化. 如新能源技术，包括核裂变与核聚变、太阳能、地热能、新化学能等多种形式能量的利用；激光技术，包括各种激光器在众多领域中的应用；半导体技术，包括晶体管、集成电路、大规模集成电路、半导体器件；信息技术，包括信息的传输、接收、储存、处理及反馈等各种技术；计算机技术，包括硬件和软件；材料技术，包括导电材料、半导体材料、绝缘材料、耐高温材料、抗辐射材料、高强度材料、压电材料、热电材料、光电材料、声光材料等. 所有这些都说明，物理学的每一次进步，都为社会生产的进步提供了必要的基础和条件. 20 世纪下半叶以来，物理学在探索亚核世界、宇观世界物质运动规律等方面取得了积极的进展. 这种向着物质结构的更深、更广层次的研究必然对自然科学、技术科学的发展产生巨大的影响，促使人类文明发生巨大的进步.

在本书的最后一章里，我们将简要介绍物理学在以下五个方面的发展概况：半导体物理学、超导物理学、纳米物理学、非线性光学和广义相对论，介绍的重点是物理学原理以及新技术的发展和应用，希望读者能通过这一章的介绍对这些方面的科技发展有一个初步的了解，激发进一步学习和探索的热情.

17.1　半导体物理学

1. 半导体基础知识

如前所说，按照导电性的强弱，可以把常见物体分为三类：导体、绝缘体和半导体. 金属、溶液的导电性强，叫做导体；玻璃、橡胶、干燥的木头的导电性弱，叫做绝缘体.

金属的原子核对最外层电子（价电子）的束缚力（主要是库仑力）很弱，价电子由于热运动容易脱离原子核的束缚成为自由电子. 金属导电性强，就是因为金属中存在着大量的自由电子，自由电子数密度的数量级为 $10^{22}/cm^3$. 绝缘体的原子核对价电子的束缚力很强，价电子不能脱离原子核的束缚成为自由电子. 绝缘体不导电就是因为其中没有自由电子. 自然界中的硅（Si）、锗（Ge）都是 4 价元素，它们的原子核对价电子的束缚力介于金属导体和绝缘体之间，因而导电性介于导体和绝缘体之间.

按照能带论的观点，大量原子构成固体时，由于众多原子之间的相互作用，孤立电子的一个能级分裂为间距极近的众多能级，叫做能带. 有电子填充的最高级能带叫做价带，也就是价电子所在的能带. 价带以上的空带叫导带. 不同能带之间的能量间隔叫做禁带. 半导体的能带类似于绝缘体，价带是满带，但价带以上的导带与价带之间的禁带宽度较小，一般在 2eV 以下. 由于电子热运动，价带中的部分电子进入导带起导电作用，使材料在室温下已具有一定的电导率，成为半导体. 室温下金属电阻率为 $10^{-7}\Omega\cdot m$ 量级，典型绝缘体电阻率为 $10^{12}\Omega\cdot m$ 量级以上，而半导体电阻率一般在 $10^{-4}\sim10^{-7}\Omega\cdot m$ 量级.

半导体电阻率一般随温度上升而下降，即具有负电阻温度系数，而金属电阻温度系数为正值．此外，半导体还具有光敏性，用适当波长的光照射，材料电阻率会发生变化，这种现象叫做半导体的光电导．

（1）本征半导体

我们知道，晶体中的原子按照一定的规则排列成空间点阵，叫做晶格（crystal lattice）．纯净的无缺陷半导体叫做本征半导体（Intrinsic Semiconductor），意指其导电能力未受外来杂质和晶格缺陷的影响．由于相邻原子的价电子运动轨道发生重叠，同一个价电子同时受到相邻原子核的束缚成为共用价电子．每一对共用价电子叫做一个共价键（covalent bond）．晶体中的大量原子通过共价键相互联结在一起形成晶格，每个原子只能在自己位置上做热振动而不能离开，如图 17-1-1 所示．晶体中共价键具有较强的作用力，因此，在常温下只有少数价电子由于热运动而挣脱原子核的束缚成为自由电子，同时留下一个空穴（hole），空穴带一个正电子的电量．在本征半导体中，自由电子和空穴总是成对出现的．温度升高时，自由电子数和空穴数都增加，但其总量是相等的．若给本征半导体外加一个电场，自由电子做定向运动，形成电流；同时，价电子在外电场作用下依次填充空穴，使空穴也做定向运动，也形成电流．所以，在外电场作用下，本征半导体中的电流是自由电子和空穴这两种带电粒子的运动．运动带电粒子叫做载流子（charged particle）．本征半导体中有两种载流子：自由电子和空穴．

本征半导体中由于价电子热运动产生自由电子和空穴的现象叫做本征激发（intrinsic excitation）．自由电子填充空穴的现象叫做复合（recombination）．在一定温度下，本征激发与复合达到动平衡，即自由电子数和空穴数相等且保持不变．理论研究表明，处于平衡态的本征半导体中每种载流子的浓度（每立方厘米中载流子的数量）是

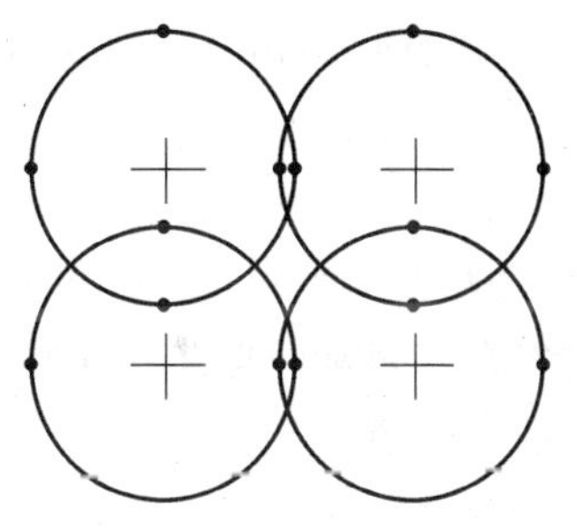

图 17-1-1

$$n_i = p_i = K_1 T^{3/2} e^{-E_{GO}/2kT} \tag{17-1-1}$$

式中，n_i，p_i分别是自由电子和空穴的浓度；T 为热力学温度，$k = 8.63 \times 10^{-5}$eV/K 是玻尔兹曼常数；E_{GO}是热力学温度等于零时破坏共价键所需的能量，叫做禁带宽度（硅的 E_{GO}为 1.2eV，锗的为 0.785eV）；K_1是与载流子的等效质量和能级密度有关的常数［硅的 K_1 为 $3.87 \times 10^{-6}/(\mathrm{cm}^3 \cdot \mathrm{K}^{3/2})$，锗的为 $1.76 \times 10^{-6}/(\mathrm{cm}^3 \cdot \mathrm{K}^{3/2})$］．由上式可知，$T = 0$ 时，本征半导体中没有载流子．或者说，在绝对零度下，所有电子处于满带（最上面的满带是价带），导带中没有电子，电导率为零．在常温下，电子平均具有 kT 量级（约为 0.025eV）的热能．注意到通常半导体禁带宽度为 1eV 数量级，故在常温下只有极少量电子被热运动激发到导带，在价带留下空穴，从而使半导体导电能力增大，这也就是前面所说的本征激发．温度升高时，载流子增多．当温度$T = 300$K时，硅中的载流子浓度为 $n_i = p_i = 1.43 \times 10^{10}/\mathrm{cm}^3$，锗中的载流子浓度为 $n_i = p_i = 2.38 \times 10^{13}/\mathrm{cm}^3$，都远远小于金属中自由电子的浓度．

（2）杂质半导体

利用物质之间原子的扩散效应，给本征半导体中掺入少量适当的其他元素原子，就得到杂质半导体．杂质半导体有两种：n 型半导体和 p 型半导体．

1）n 型半导体

给硅本征半导体中掺入少量 5 价元素，如磷（P），使磷原子取代晶格中部分硅原子，就形成了 n 型半导体. 之所以叫做 n（nagative）型半导体，是因为 5 价元素有 5 个价电子，与周围的 4 价硅原子形成 4 个共价键后剩余的一个电子成了自由电子，而杂质（磷）原子固定在晶格中成了一个正离子. 在 n 型半导体中，自由电子浓度远大于空穴浓度，叫做多子，空穴叫做少子. n 型半导体主要靠自由电子导电. 掺入的 5 价元素原子越多，其导电性越强.

2）p 型半导体

给硅本征半导体中掺入少量 3 价元素，如硼（B），使硼原子取代晶格中部分硅原子，就形成了 p 型半导体. 之所以叫做 p（positive）型半导体，是因为 3 价元素的原子与周围的 4 价硅原子形成共价键时由于缺少一个电子出现了空穴. 在 p 型半导体中，空穴是多子，自由电子是少子. p 型半导体中的空穴越多，其导电性越强. 例如，纯净硅中掺入百万分之一的硼，就可使其电导率成万倍增加.

在杂质半导体中，多子浓度约等于（大于）杂质原子的浓度，受温度影响较小. 少子产生于本征激发，尽管其浓度远小于多子，但对温度非常敏感，从而对半导体的性质有重要影响.

（3）p-n 结

利用掺杂技术，在同一块硅片上制成 p 型半导体和 n 型半导体，它们交界面两侧形成的特殊区域叫做 p-n 结. p-n 结具有单向导电性.

1）p-n 结的形成

如图 17-1-2 所示，在 p 型半导体和 n 型半导体的界面两侧，两种载流子——空穴和自由电子的浓度相差很大. p 区的空穴向 n 区扩散，n 区的自由电子向 p 区扩散. 扩散到 n 区的空穴在界面附近与自由电子复合，扩散到 p 区的自由电子在界面附近与空穴复合，使界面两侧的多子浓度下降，n 区出现正离子区，p 区出现负离子区，合称为空间电荷区，从而建立起一个由 n 区指向 p 区的内电场. 随着内电场的建立，多子的扩散运动受到遏制，少子的漂移运动开始出现. 到一定时候，多子的扩散和少子的漂移达到动态平衡，空间电荷区不再增宽，内电场不再增强. 这时，p-n结就形成了. 在空间电荷区内，空穴和自由电子都很少，可以忽略，故称空间电荷区为载流子的耗尽层.

2）p-n 结的单向导电性

如果给 p-n 结两端外加电压，p-n 结就呈现出单向导电性. 如图 17-1-2 所示，使 p-n 结的 p 区外接电源正极，n 区外接电源负极，则外电场与内电场方向相反. 若外电场强于内电场，多子被拉向空间电荷区，使空间电荷区变窄，内电场变弱，多子扩散运动增强，少子飘移运动减弱，从而形成由 p 区到 n 区的电流，叫做正向电流. 这时，称 p-n 结在外加正电压下导通. p-n 结导通时，上面的电压只有零点几伏，因此，要给 p-n 结串联一个电阻以限制电流，以防止电流过大烧坏p-n结.

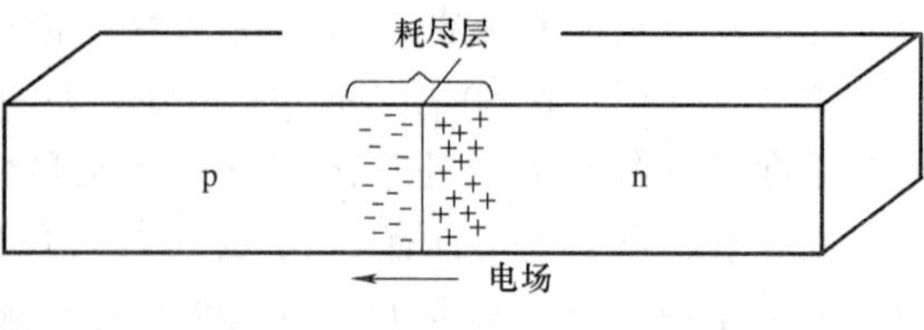

图 17-1-2

若给 p-n 结的 p 区外接电源负极，n 区外接电源正极，则外电场与内电场方向相同，则空间电荷区变宽，多子扩散运动受到进一步遏制，少子飘移运动增强，形成由 n 区到 p 区的反向电流．但由于少子数量极少，反向电流很弱，可以忽略，故称 p-n 结在外加反向电压下截止．p-n 结的单向导电性可用来整流．

理论分析表明，p-n 结上外加电压 u 与通过 p-n 结的电流 i 的关系为

$$i = I_s(e^{\frac{u}{U_T}} - 1) \tag{17-1-2}$$

式中，I_s为反向饱和电流；$U_T = \frac{kT}{e}$．上式叫做 p-n 结的电流方程．它表明 p-n 结的电流与电压为非线性关系．由上式可知，当 $u>0$，且 $u \gg U_T$时，$i \approx I_s e^{\frac{u}{U_T}}$；当 $u<0$，且 $|u| \gg U_T$时，$i \approx -I_s$．按照式（17-1-2）画出的电流与电压的 $i-u$ 关系曲线叫做 p-n 结的伏安特性曲线，如图 17-1-3 所示．$u>0$ 部分叫做正向曲线，$u<0$ 部分叫做反向曲线．当反向电压超过某个值 u_{BR}后，反向电流急剧增大，不再服从式（17-1-2）．这种现象叫做 p-n 结的反向击穿，此时若不及时控制，会使 p-n 结永久损坏．

（4）半导体的种类

元素周期表中与半导体和光电材料相关的元素主要在Ⅱ至Ⅵ族．包含 Zn，Cd，Hg，Al，Ga，In，Si，Ge，P，As，Sb，S，Se，Te 等．

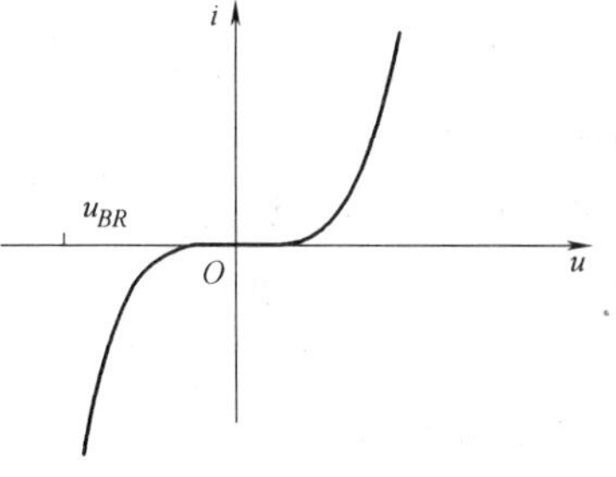

图 17-1-3

1）单质半导体

最主要的单质半导体为 Si 和 Ge，现在实际应用在电子集成电路和器件上的主要是由 Si 制造的．

2）化合物半导体

此类半导体分为二元化合物半导体、三元、四元化合物半导体等，共有九种Ⅲ-Ⅴ族化合物半导体．这类半导体广泛用于光探测器和光子发射源的器件中，尤其是 GaAs 在快速电子器件中有重要的作用．

三元化合物半导体是由两种Ⅲ族元素和一种Ⅴ族元素（或一种Ⅲ族元素、两种Ⅴ族元素）化合而成．例如 $Al_xGa_{1-x}As$，其性质介于 AlAs 和 GaAs 之间，通过控制 Al 和 Ga 的相对含量，可使其更接近 AlAs 或 GaAs．因为 $Al_xGa_{1-x}As$ 的晶格常数接近 GaAs 的晶格常数，所以可以在 GaAs 的基底上生成 $Al_xGa_{1-x}As$，而这正是发光二极管（LED）和半导体激光器的重要材料．

除了Ⅲ-Ⅴ族化合物半导体之外，还有Ⅱ-Ⅵ族化合物半导体，例如 HgTe 和 CdTe 的晶格常数基本匹配，所以 $Hg_xCd_{1-x}Te$（碲镉汞）在中红外波段的光子探测上是很有用的材料．还有些Ⅳ-Ⅵ族化合物半导体（如 $Pb_xSn_{1-x}Te$ 等），可以应用到夜视、热成像等方面．

3）掺杂半导体

半导体的电学及光学性质因掺入特定的杂质而发生改变，有时可使载流子的浓度提高好几个数量级．一般是把有较多价电子的杂质原子（称为施主）取代正常格点上的原子，从而生成有多余电子的 n 型半导体，例如用Ⅴ族原子代换Ⅳ族原子．或相反，用价电子较少的杂质原子（称为受主）取代正常原子，形成 p 型半导体．没有掺杂的半导体称为本征半导体，反之为非本征半导体．本征半导体中的自由电子和空穴的浓度相等，它们随温度上升而指数地增加．n 型半导体中自由电子（多子）浓度远高于空穴（少子）浓度．相反，p 型半导体中空穴（少子）浓度远高于自由电子（多子）浓度．室温下，掺杂半导体的多子载流

子浓度基本上等于杂质浓度.

(5) 半导体结的种类

1) 同质结

同种半导体中不同掺杂区域结合的区域称为同质结，由不同的半导体材料形成的结为异质结. p-n 结是 p 型半导体和 n 型半导体形成的同质结.

若在 p-n 结上加上交流电压，这时要求得其响应特性，须解一组微分方程以确定电子、空穴的扩散、漂移和复合过程. 这些效应对二极管的运行速度有很大影响，并可用两个电容来代表，一是结电容，一是扩散电容. 结电容代表当外电场改变后，使耗尽层存储固定的正、负电荷所需的时间. 负偏压下的二极管的结电容小于正偏压下的二极管，根据此原理可以作成变容二极管.

正偏压下二极管的少子注入过程可用扩散电容来描写，扩散电容与少子寿命和工作电流有关.

在 p 区和 n 区中间嵌入一层本征半导体（或是掺杂很少），即形成 p-i-n 结. 因耗尽层的渗入距离（深度）反比于掺杂浓度，所以在 p-i 结处，耗尽层较深地渗入 i 区；同样 i-n 结处也是如此. 结果形成一个特殊的 p-n 结，其耗尽层包着一个本征区. 因 p-i-n 结二极管的耗尽层很大，所以结电容小，因而响应速度较快. 在半导体光二极管中大多采用 p-i-n 结. 耗尽层大，也可增加入射光的光子俘获比例，从而提高光电效率.

2) 异质结

两种不同半导体形成的结称为异质结. 近来随着晶体生长技术的日新月异发展，已能获得各种异质结. 应用异质结可制造许多新型晶体管，如双极、场效应晶体管以及半导体光源和探测器等.

具有不同禁带宽度的半导体形成的结产生局域的能带跳跃，因为能带的不连续，形成一些势垒，可以利用这些势垒过滤掉一些不需要的载流子. 如在 p-n 结中，减少少子的成分，以增加注入效率. 由两个异质结形成能带的不连续性，可用来在空间禁区域限制载流子. 一个窄禁带半导体夹在两个宽禁带半导体中间，形成 p-p-n 结. 这种结构在二极管激光器中有所应用.

异质结形成的能带不连续可用来在一些特殊区域加速载流子，使载流子突然得到附加的动能. 在多层雪崩式光二极管中可使撞击离化的概率大为增加.

若把直接带隙和间接带隙的半导体作成异质结，因只有直接跃迁可以发光。这样的结可以在同一装置中选择发光区，也可选择吸收区。带隙能量大于入射光的形成透明区.

具有不同折射率的半导体形成的异质结可用来产生光波导，用来限制和引导光子.

2. 半导体的微结构——量子阱（quantumwell）**与超晶格**（superlattice）

电路的基础在晶体管，晶体管特性决定于 p 型和 n 型半导体材料，而决定半导体材料电子性能的最主要因素是半导体的能带结构. 现在人们不仅知道如何利用能带结构已知的材料，还逐渐发展到按需要去创造具有特殊能带结构的材料. 人们可以人为地改变材料的禁带宽度去适应器件的需要，这就是所谓能隙工程. 当然，由于所涉及的物理过程都是在小于电子平均自由程（100～1000Å）的小尺度范围内的电子运动，故对其描述完全依赖于量子力学. 正如 1969 年江崎（Esaki）指出的那样，人们可以“自己来实践量子力学，可自行设计材料的能隙和能带结构，并按照自己的意愿根据特殊用途来剪裁材料的输运性质和光学性质”．现在人们可以根据量子力学设计半导体材料的能带结构．“量子阱”是指图 17-1-4 所示的一种理想的势能位形．当一个电子处于这样的势阱中时，其能量将量子化，即只可取一些分立的值，相应于这样一些能量值 E_1，E_2，E_3…的波函数 ψ_1（x），ψ_2（x），ψ_3（x）…的形状也将不同．然而长期以来，人们只是用图示的非常理想的势能位形来对一些具体例子进行抽象和近似，很难想象在实验中真正地人为构造出这样一个量子阱．但随着近年来高质量半导体薄膜的生长技术［如分子束针延（Molecular Beam Epitaxy，简称 MBE）、金属有机化学汽相淀积（Metallorganic Chemical Vapor Deposition，简称 MOCVD）等技术］的发展，人们对薄膜单晶生长过程的控制可以精确到一个单原子层，随意设计和制造这种量子阱已成为可能．它使人们感到量子力学不再是不可捉摸的深奥理论，量子阱也不再只是思维的产物，而是实实在在的对象．

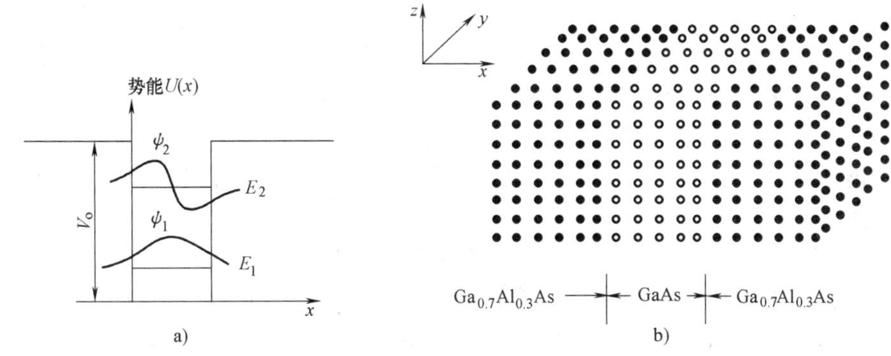

图 17-1-4　量子阱

a）势能构形，能级 E_1，E_2 与相应的波函数 $\psi_1(x)$，$\psi_2(x)$

b）MBE 生长的 GaAlAs-GaAs 量子阱结构

为了实用型器件的需要，人们还可以制造出多量子阱和超晶格，它们在制备工艺和能带结构方面基本上是图 17-1-4 所示结构的周期性重复．但对于超晶格来说，由于作为其构成单元的量子阱相距很近，电子波函数将发生交叠，两个相邻量子阱中的电子态发生较强的耦合，能级发生劈裂．多个量子阱间耦合的结果，单个量子阱中的一个个分立能级将展宽为一个个能带，称之为子能带（subband），子能带与子能带之间又存在能隙，称为子能隙．这些子能隙的宽度与子能带的宽度都可以根据需要人为地设计调整，使得半导体微结构的宏观性质出现丰富多彩的变化．例如，可以在一个 $Ga_{0.7}Al_{0.3}As$ 薄膜的上面生长出厚约 10 个分子层的 GaAs，然后再接着生长较厚的 $Ga_{0.7}Al_{0.3}As$ 层，形成一种“夹馅结构”．$Ga_{0.7}Al_{0.3}As$ 材料的能隙宽度 E_{g1} 大于 GaAs 的能隙宽度 E_{g2}，而处于 GaAs 导带底部的电子的能量小于处于 $Ga_{0.7}Al_{0.3}As$ 的导带底部的电子的能量值．故对处在上述“夹馅结构”中的电子载流子来说，它沿薄膜生长方向所感受到的势正是形如图 17-1-4 的一个量子阱，而且该量子阱的宽度就等于 GaAs 薄膜的厚度，势阱的深度 V_D 就近似等于 $GGa_{0.7}Al_{0.3}As$ 与 GaAs 两种半导体材料导带底能量差值．因此，人们完全可以通过控制两种材料的成分来达到所希望的阱深，通过控制阱材料（GaAs）的厚度来调整阱宽，由此根据量子力学可计算出电子能级和波函数，并计算出样品的相应电学和光学性质，去与实验测量值对比．目前这种对比的结果是相当令人满意的．就光吸收性质来说，对于大块材料，人们只需要考虑价带与导带之间的跃迁就行了；而对于一个半导体超晶格样品，则要考虑同属于一个主带的子能带之间的跃迁，还要考虑从属于价带的不同子带到从属于导带的不同子带间的跃迁. 这些跃迁过程所对应的跃迁强度、选择定则等都是由超晶格的能带结构决定的. 反之，人们可以根据需要来剪裁能带结构，使之具有合适的光学性质.

所谓半导体超晶格材料，其实质是能带结构具有空间周期性，通过周期地交替生成不同组分的材料可以得到组分超晶格；通过周期交替掺杂同样可以使能带在坐标空间具有周期结构，成为掺杂超晶格的能带结构. 掺杂超晶格是在生长某种半导体材料过程中交替进行 n 型和 p 型掺杂构成的. 掺杂超晶格的周期势来自可变的空间电荷，因此，空间电荷分布的改变就可以改变势分布. 于是，对于一个给定的样品，某些电学性质和光学性质能够在很宽的范围内被弱激发改变，例如被低强度的光信号或小的电子和空穴注入电流所改变. 另外，掺杂超晶格电子和空穴在空间的分布相隔半个超晶格周期，与我们熟知的动量空间中的间接能隙类似，它是一种“实空间间接能隙半导体”. 电子要与空穴复合，须通过隧道穿透来实现，故载流子寿命很长，若适当选择参数，该值可达到 10^2s 量级！而通常大块半导体中对应的过剩载流子寿命为 $10^{-8}\sim10^{-4}$s 量级. 以上这些材料特性完全可以人为地控制和设计，为创造出崭新的微电子器件开辟了新路.

若在宽能隙材料（例如 AlGaAs）中掺入施主（n 型）杂质，而在窄能隙材料中不进行掺杂，就构成所谓调制掺杂超晶格. 在该种超晶格中，窄能隙材料中导带底较低，宽能隙材料中掺杂的施主所释放的电子将会处于低能态积累于该层中，形成极薄（例如几十埃）的高电子浓度层，称之为二维自由电子气. 在二维自由电子气层中，由于不存在施主杂质原子构成的杂质散射，电子迁移率在低温下可达约 10^6cm²/（V · s），是大块材料的数百倍，据此，可以制作高电子迁移率晶体管（High Electron Mobility Transistor，简称 HEMT），它是超高速集成电路的核心.

近年来，由于半导体激光器在光通信、光盘存贮等领域的重要应用前景，有关半导体激光器的研究得到了很大的进展. 除了 GaAs/AlGaAs 多量子阱激光器以外，利用应变型量子阱 InGaAs/InGaAsP/InP，InGaAs/AlGaAs，InGaAs/AlInAs 等材料都得到了激光输出. n—Ⅵ族宽禁带材料及 GaN 等掺 N 材料所制作的发光及激光器件也有重要的突破，它们在增宽调谐范围、提高调制速度方面有其独特之处. 而在这些半导体激光器的研制之中，有许多与非线性光学、材料科学、纳米技术有关的研究课题需要深入研究.

17.2 超导物理学

自从 1911 年荷兰物理学家卡末林 · 昂内斯（Kamerlingh Onnes）发现超导电现象后，近一百年来，超导物理学已发展成为有着广阔应用前景的物理学的重要分支. 这一章就来介绍超导物理学的基本知识和发展概况.

1. 超导物理学的基本知识

超导电现象本质上是低温条件下的量子电磁现象，其基本特点有两个：零电阻和迈斯纳效应.

（1）零电阻现象

按照经典电磁学，金属中的电阻来源于在晶格点上作热振动的原子对自由电子的散射. 随着温度下降，原子热振动减弱，电阻减小. 但是，实际金属并非是纯净的无缺陷晶体，当温度趋于热力学温度 0K 时，其电阻并不趋于零，而是趋于一定的值，这个电阻值叫做剩余电阻，如图 17-2-1 所示．图中横坐标是热力学温度 T，纵横坐标是金属电阻率 ρ，ρ_0 是剩余电阻．人们把剩余电阻为零的导体叫做理想导体．这就是零电阻现象发现以前人们关于低温下金属电阻变化的看法．

1908 年，荷兰物理学家卡末林·昂内斯在深入研究的基础上，使当时新发现的惰性气体——氦气被液化，获得了 4.3 ~ 1.15K 的低温．昂内斯等人决定用获得的低温研究金属的电阻，看看会发生什么事．他们先用铂做试验，发现铂的电阻的确趋于不等于零的剩余电阻．但当用汞做试验时，发现汞的电阻在 4.2K 附近突然下降为零．之后，他们又陆续发现许多金属的电阻在一定温度附近突然下降为零．例如，锡的电阻在 3.8K 附近变为零．昂内斯等人认为，这种零电阻状态是一种新的物态，叫做超导态．在一定温度下进入超导态的性质叫做超导电性，具有超导电性的物体叫做超导体．超导体未进入超导态时的状态叫做正常态．实验发现，由正常态到超导态的转变是在一定温度范围发生的，这个温度范围叫做转变宽度．不同物体的转变宽度不同．通常把电阻下降到正常态最低电阻一半时的温度叫做转变温度或临界温度，记作 T_c，如图 17-2-2 所示．测量临界温度的方法主要有两种：电测法和磁测法．电测法就是给样品通入直流电，用灵敏伏特计测量样品端电压，端电压开始等于零时的样品温度就是临界温度．注意，必须用直流电做实验．用交流电不能得到零电阻状态．下面再介绍磁测法．

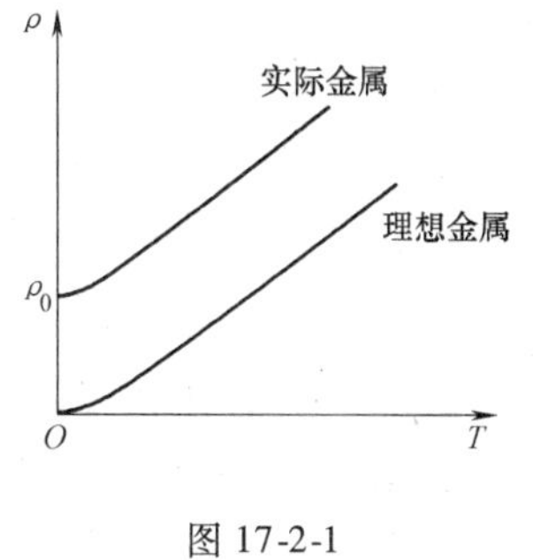

图 17-2-1

昂内斯等人于 1911 年发现零电阻现象后，为了确认超导态的电阻是否真的等于零，还做了超导环电流实验．他们将置于磁场横截面中的金属环冷却到超导态，撤去磁场，结果发现，环中的感生电流在长时间后衰减很小．昂内斯等人的实验表明，处于超导态的铅的电阻率小于 $10^{-18}\Omega\cdot m$，而奎恩等人的实验结果表明，处于超导态的铅的电阻率小于 $3.6\times10^{-25}\Omega\cdot m$．柯林斯曾发现，一个超导环中的电流持续两年半没有明显变化．诸如此类的实验说明，超导态的电阻的确可以认为等于零．自从超导电现象发现以来，现已发现、制造出上千种超导材料，其中大部分是合金．有趣的是，不少在正常态下电阻很大的材料（如钛、铅、钨等）是超导体，而一些常温下的良导体（如金、铂、银、铜等）至今未显现出超导电性．

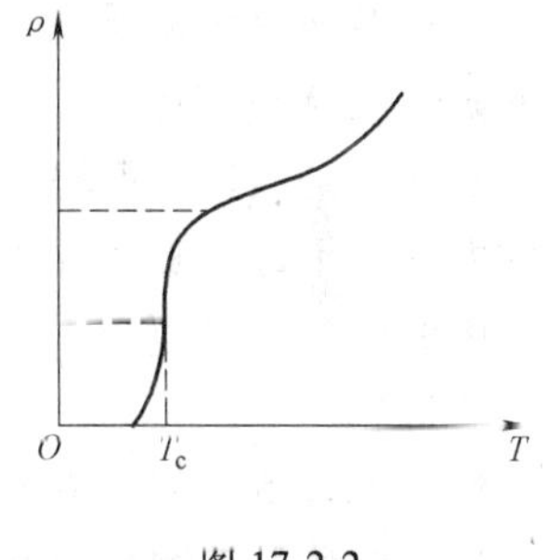

图 17-2-2

（2）临界磁场与临界电流

1913 年，昂内斯在实验中发现，超导线中的电流超过一定值时，超导态变为正常态．1914 年，他又发现，外磁场大于一定值时，超导态变为正常态．这些特殊的电流值和磁场值叫做超导体临界电流或临界磁场，分别记作 I_c 和 H_c．临界磁场被发现之后，西耳斯比提出，超过临界值的电流之所以破坏了超导态，是由于电流的磁场超过了临界磁场．西耳斯比假设，在无外磁场时，临界电流在超导体表面产生的磁场等于临界磁场．按照西耳斯比假设，长直圆柱体超导线的临界磁场

$$H_c(T)=\frac{I_c}{2\pi r}$$

其中，r 是超导线半径；$I_c = I_{c0}\left[1-\left(\frac{T}{T_c}\right)^2\right]$，$I_{c0}$是 $T=0$ 时的临界电流.

（3）迈斯纳效应

按照电磁理论，电阻为零的导体的端电压等于零，从而导体内的电场等于零. 由法拉第定律

$$\oint_l \boldsymbol{E}\cdot \mathrm{d}\boldsymbol{l} = -\frac{\mathrm{d}\Phi}{\mathrm{d}t} \quad 或 \quad \nabla\times\boldsymbol{E} = -\frac{\partial \boldsymbol{B}}{\partial t}$$

可知，无阻导体内的磁场不随时间变化. 不过，无阻导体内的磁场状态与先加外磁场还是先降温有关，这可说明如下.

如图 17-2-3 所示，从图 a 到图 b 表示在无外磁场条件下把超导体冷却到临界温度之下，使其成为无阻导体. 图 c 表示加上外磁场，但由于无阻导体内的磁场不随时间变化，导体内没有磁场. 撤去外磁场，导体内依然没有磁场，如图 d 所示. 但是，若先加上外磁场，后把超导体冷却到临界温度之下，使其成为无阻导体，则是另一种结果.

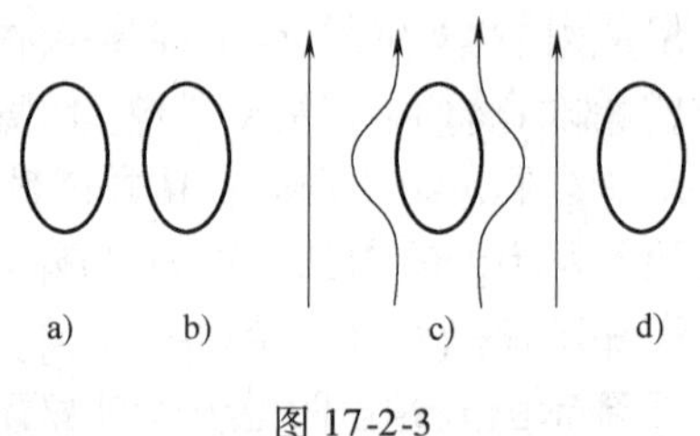

图 17-2-3

如图 17-2-4 所示，从图 a 到图 b 表示给导体加上外磁场，图 c 表示冷却到临界温度之下，使其成为无阻导体. 由于无阻导体内的磁场不随时间变化，撤去外磁场后，导体内的磁场不等于零，如图 d 所示.

在迈斯纳效应被发现之前，人们一直以为上述无阻导体的磁性质就是超导态的磁性质，尽管并没有实验证实. 但事实并不是这样. 1933 年，迈斯纳和奥克森菲尔德在实验中发现，不论外磁场存在与否，只要低于临界温度，超导体内的磁场总是等于零. 这种现象叫做迈斯纳效应，或者完全抗磁性.

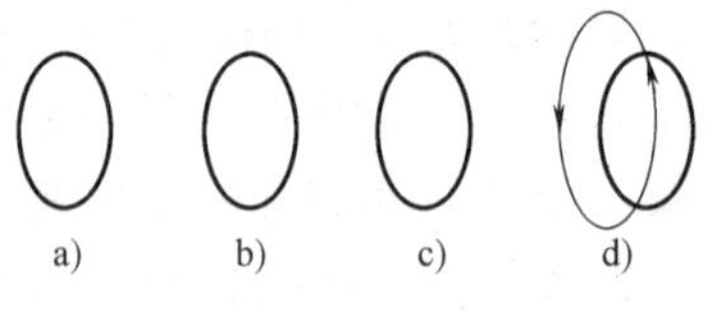

图 17-2-4

如图 17-2-5 所示，在长直圆柱超导体上绕一探测线圈. 当温度 $T>T_c$时，沿圆柱体轴线方向加一磁场，观测到与线圈连接的冲击电流计 G 有一正向偏转，偏转角 θ 与进入圆柱体的磁通量成正比. 冷却圆柱体，当温度 $T<T_c$时，观测到冲击电流计有一负向偏转，偏转角为 θ，这表明圆柱体内的磁通量被排出. 此后，当 $T<T_c$时，无论撤去外磁场还是加上外磁场，只要磁场小于临界磁场 H_c，冲击电流计都不再发生偏转. 这表明超导体处于超导态时其内部磁场总等于零. 这种现象叫做迈斯纳效应.

迈斯纳效应表明，超导态是一种热力学状态，在温度 T（$T<T_c$）和磁场 H（$H<H_c$）给定时，其状态是唯一确定的，与达到该状态的具体过程无关. 特别值得注意的是，完全抗磁性表明，不能把超导体理解为经典意义上的理想导体，即单纯的零电阻导体. 因为，如果我们把超导体理解为经典的理想导体，那么，由欧姆定律 $\boldsymbol{j}=\sigma\boldsymbol{E}$ 可知，当导体处于零电阻态时，其电导率 $\sigma=\infty$，要使电流为有限值，必须令电场强度 $\boldsymbol{E}=0$，由麦克斯韦方程 $\nabla\times\boldsymbol{E}=-\frac{\partial \boldsymbol{B}}{\partial t}$可知，$\boldsymbol{E}=0$ 时，$\frac{\partial \boldsymbol{B}}{\partial t}=0$. 也就是说，当导体处

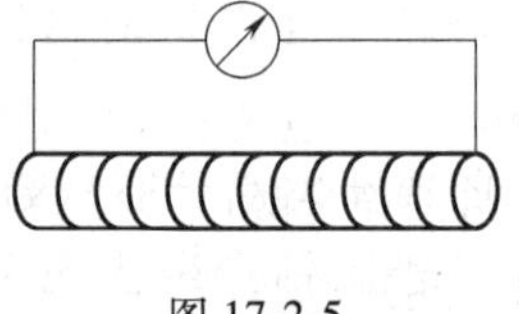
图 17-2-5

于零电阻态时，其内部的磁感应强度 $\boldsymbol{B}$ 保持初始状态不变．但这与迈斯纳效应相矛盾．所以，不能把超导体理解为经典意义上的理想导体，或者说，经典电磁学的欧姆定律 $\boldsymbol{j}=\sigma\boldsymbol{E}$ 对超导态不适用．完全抗磁性和零电阻是超导态的两个独立基本特征，在一个正确的超导理论中，它们应该是相容的．

继迈斯纳效应之后高特—卡西米尔（Goner—Casimir）提出超导热力学理论；伦敦兄弟（F. London 和 H. London）提出了著名的伦敦方程，这一方程能描述超导体的零电阻特性及迈斯纳效应，同时引入了穿透深度（即外磁场在超导体中的衰减长度）的概念．

（4）能隙与比热容

正常金属的低温比热容具有 $AT+BT^3$ 形式，其线性项是由于电子激发引起的，立方项是由于晶格振动引起的．实验发现，在 $T<T_c$ 的零磁场中，超导体的比热容形式与上述形式根本不同．首先在 T 趋于 T_c 时，其比热跳到一个较高的值，然后随温度下降而降到低于正常金属的相应值。利用外磁场将金属将转变成正常态，人们可以对临界温度以下的超导态与正常态的比热容进行比较．在超导态中，电子对比热容的线性贡献已经被指数形式 exp（Δ/k_BT）代替。这是激发态与基态之间存在能隙的特征热行为。能隙存在是超导态的一个特征，但并非所有的超导体都有能隙。对于低温超导体，理论和实验都表明能隙 2Δ 具有 k_BT 量级．

金属处于正常态时，基态与最低激发态之间没有能隙，一旦发生了超导转变，就出现能隙。超导态的金属的比热容在 T_c 以下遵从 exp（Δ/k_BT），显示激发态与基态之间存在能隙．同时电子隧道效应、超导体与频率相关的电磁行为、声衰减等现象也显示了能隙的存在．应该注意，超导体的能隙与绝缘体的能隙是全然不同的．

（5）同位素效应

曾经观测到某些超导体的临界温度随同位素质量而变化．例如，对于水银，当平均原子量 M 从 199.5 变化到 203.4 原子质量单位时，T_c 从 4.185K 变到 4.146K．当将同一元素不同同位素加以混合时，临界温度平滑地变化．有一系列同位素的实验结果满足关系式：$M^{\alpha}T_c=$ 常数．

（6）热电性质

在独立电子近似中，电良导体也是热良导体，并且电导率和热导率间满足 Wiedemann—Franz 关系，即电导率与热导率成正比．热导率可看作电子和声子两部分的贡献之和，前者是由于电子和声子的散射所致，而后者则和声子的扩散有关．对于金属，一般情况下电子的贡献在热导中起主要作用．进入超导态后，部分电子成为超导电子，不和声子间发生散射，从而使电子对热导的贡献大大减小．另一方面，超导电子的出现增大了声子的平均自由程，使声子对热导的贡献增大，但总的来说，进入超导态后热导率下降．

2. 超导理论——BCS 理论及其他

1956 年，L. N. 库珀从理论上证明了费密面附近的两个电子，只要存在净的吸引作用，不管多么微弱，都可以形成束缚态——库珀对（Copper pair）．1957 年，J. Bardeen（巴丁）、L. N. Cooper（库珀）和 J. R. Schrieffer（施里弗）建立了完整的超导微观理论，称为 BCS 理论．

BCS 理论是以电子—声子相互作用为基础解释超导电性的经典理论，它能很好地解释金属元素及金属间化合物的超导电性．作为种微观理论，由它不但可以导出在它之前就已发展起来的伦敦理论、金兹堡—朗道理论，而且可以解释更多由这些唯象理论所不能解释的现象，使得超导理论建立在一个较基本的微机制之上，因而普遍为大家接受．非常规超导体（包括高温超导体）的发现为 BCS 理论提出了一些新问题，但 BCS 理论的核心（即载流子配对的思想）仍是适合的，至于配对的机制及系统的描述，尚待揭示。BCS 理论是由电子、声子相互作用的多体系统量子力学出发，解释各种可观察效应（如零电阻、迈斯纳效应等）．

BCS 理论是以近自由电子模型为基础、在电子—声子作用很弱的前提下建立起来的理论．对于某些超导体（例如汞和铅）有一些现象不能用它来解释．在 BCS 理论的基础上发展起来的超导强耦合理论，对这些现象能很好地解释（见强耦合超导体）．

两个基本概念．第一，超导电性的起因是费密面（在绝对零度下，k 空间中被电子占据与未被占据状态的分界面）附近的电子之间存在通过交换声子而发生的吸引作用．第二，考虑一正常金属基态，传导电子填满了费密球．假设有两个电子位于费密面处，它们由于库仑斥力而相互排斥，但由于其他电子的屏蔽作用，这种库仑斥力将大大减少，甚至很弱．至为重要的是两电子可能由于某种原因而相互吸引．但这种吸引作用的机制曾在一个时期内是建立任何超导理论的障碍，1950 年弗烈里希从理论上指出，电子—声子相互作使两电子间产生吸引，即一个电子发射出一个声子，随后这个声子立即被另一个电子吸收．弗烈里希证明，在某种情况下，这个过程能够在电子间产生一弱吸引力．由于这种吸引作用，费密面附近的电子两两结合成对，上述两个配对电子就叫做库珀对．

两个电子因交换声子而结合起来的库珀对，类似于一个电子和一个质子组成的氢原子这样的体系，但又有很大的差异．用测不准关系可以估计出一个库珀对中电子间的距离大约是 10μm，即大约是点阵常数的 100 倍．所以库珀对是一个很松弛的体系．事实上，它的结合能 2Δ 也极小，一般只有 10^{-3}eV 的数量级．因此，库珀对其实不过是发生密切关联的一对电子，不像氢原子可以整体地当作一个粒子．Cooper 对的两个电子具有相反的动量和自旋．BCS 理论采取电子弱耦合近似，所以被称为弱耦合理论．

必须强调，吸引作用、库珀对和能隙，都是电子气的集体效应．一个电子对内部的吸引强弱，电子对结合能或能隙 Δ 的大小取决于费密面附近全部电子的状态分布．当费密面附近电子全都两两结合成对时，Δ 最大．拆散一些库珀对，则剩下的每个库珀对的结合也变得更加松弛．因此，全体库珀对组成一个凝聚体，它构成二流体模型的超流成分（超导电性）．凝聚体的各个库珀对协同地或相干地处在有序化状态，能隙 Δ 便是有序化程度的量度．所以 Δ 的更基本的意义是序参量．这种有序化造成规范对称性的自发破缺，结果，所有的库珀对，可以是每对的总动量一致为零（无电流态），也可以是每对的总动量一致地等于某个非零数值（无电阻地传输电流，即超流动态）．

在热力学温度零开，费密面附近的电子全都两两地结合成库珀对，这时序参量 Δ 为最大．当温度高于热力学温度零开时，由于热激发，一些库珀对被拆散成单个电子，能隙或序参量也减小．当到某个温度 T_c时，库珀对全被拆散，Δ 变为零，超导态消失而转入正常态．T_c就是超导体的临界温度．因此，超导—正常相变是二级的．

根据 BCS 理论，超导现象的最高临界温度不会超过 40K，而现在却远远地超过了这一极限，达到了 100K 以上．很显然，BCS 理论是解释不了这一新成果的，这就有点类似于 20 世纪初牛顿力学所遇到的尴尬局面，人们在努力寻找超导领域中的“爱因斯坦相对论”．新的超导机理还有待于进一步探索．

除了BCS理论，20世纪50～60年代的超导研究还取得了其他一系列进展．在理论方面，1950年金兹伯格（Ginzburg）和朗道（Landau）提出了一个基于二级相变、用序参数描述超导的唯象理论，被称为Ginzbrug-Landau（G-L）理论；1953年皮帕德（Pippard）引入非局域超导电动力学，发展了伦敦理论，并提出超导相干长度的概念；1957年阿布里柯索夫（Abrikosov）考虑超导正常态负界面能情况下求解G-L方程，从而预言第二类超导体及磁通点阵的存在，戈尔科夫（Gor' kov）则证明G-L方程可由微观理论导出，故也将G-L理论和阿布里柯索夫及戈尔科夫的理论统称GLAG理论．由于BCS理论是弱耦合理论，对强耦合作用情况描述不很成功，伊里士伯格（Elishberg）和麦克米兰（McMillan）等又发展了超导的强耦合理论．1962年约瑟夫逊（Josephson）从理论上预言了超导体的约瑟夫逊效应，即库柏对的隧道效应．应该指出的是在电声机理（电子间通过交换虚声子形成库柏对）发展的同时，人们还提出了其他的机制如里特尔（Little）的一维激子配对理论及金兹伯格的二维激子配对理论等，但均未在实验上得到证实．在实验方面，1950年发现了超导的同位素效应，1953—1960年利用各种实验方法对超导体的研究表明，在电子激发谱中存在能隙，1961年发现磁通量子化，1967年观察到超导处于混合态下的磁通晶格．1964年以来对宏观量子干涉现象进行了大量的研究．

在理论工作进展的同时，材料探索工作也十分活跃，对理论工作及应用都起到了很好的促进作用．超导材料从大的方面可分为两类，即常规超导体和非常规超导体．前者能较好地用BCS理论及相关的传统理论予以解释，而后者在此方面较为困难，为超导研究提出了许多新问题．属常规超导体的有元素超导体、合金及化合物超导体（如NbTi及具有NaCl面心立方结构的超导材料和具有A15结构的超导材料），自20世纪70年代以来，人们发现了一系列非常规超导体，如有机超导体、重费密子超导体、磁性超导体、低载流子浓度超导体、超晶格超导体、非晶超导体等，其中低载流子浓度超导体包括氧化物超导体、简并半导体（如GeTe，SnTe）、低维层状化合物（如NbSez和NbS:）及硫硒碲化合物等，1986年贝德诺兹（Bednorz）和缪勒（Muller）发现了高T_c铜氧化物超导体，从而引发了席卷世界的超导热．打破了传统“氧化物陶瓷是绝缘体”的观念，引起世界科学界的轰动．此后，科学家们争分夺秒地攻关，几乎每隔几天，就有新的研究成果出现，T_c的记录不断地被刷新，直到135K以上．

在物理工作及材料探索工作的同时，应用方面也做了大量的工作，如超导量子干涉仪（SQUID）、超导磁铁等已商品化，但由于需要较低温度，大大限制了超导的广泛应用，所以高温超导的发现，也为超导的应用带来了新希望．

3. 超导物理学的发展

超导现象的研究从1911年至今可划为三个阶段．第一阶段（1911—1945年）的特点是研究范围比较窄，并且没有什么实际应用．临界温度仍在极低的范围内徘徊，超导现象仍然只能在极低的温度下实现，如此接近0K的低温，只能利用昂贵的液氦来实现．由于研究超导电性的工作必须使用液氦，因而特别困难．更何况从当时所知道的一些材料来看，超导体本身的一些参量（临界温度T_c、临界磁场H_c和临界电流j_c）根本不容许用它来制作高场磁体和具有实用意义的其他仪器．另外宏观理论、微观理论还没有得到很好的发展．因此，在当时，超导电性还是一种令人迷惑不解的现象．第二阶段（1945—1985），这时的情况已发生根本的变化．如果不考虑液氦的价格，获得液氦这一使研究和利用超导体成为可能的必不可少的条件，已不再成为问题了．这时已揭示了超导电性的本质，而且与其相应的理论也得到了很好的发展．同时也找到了较高 T_c，H_c和 j_c 的超导合金．在此基础上，制成了场强达100000Gs 的超导磁体和一系列其他的超导仪器和装置．

研究超导电性的第三阶段大约在 1986 年开始．其特点是：第一，希望得到具有更高 T_c 值和更高临界磁场（$H_c \geqslant 60$ 万 Gs）的材料．第二，搞清控制和改变超导参量的因素．其中最为突出的是关于临界温度 T_c的问题．然而截至 1985 年，这方面工作进展相当缓慢．在1986—1987 年的短短一年多的时间里，临界超导温度竟然提高了 100K 以上，这在材料发展史，乃至科技发展史上都堪称一大奇迹！

早在 1964 年罗伯（Raub）等发现了第一个氧化物超导体 $Na_{0.3}WO_{0.3}$，随后人们又发现了 $SrTiO_3$（$T_c = 0 \sim 0.5K$）及 $BaPb_{1-x}Bi_xO_3$（$T_c = 13.7K$）等氧化物超导体，多达 30 余种，氧化物超导体方面的这些研究工作为后来高温铜氧化物超导体的发现打下了很好的基础．1987 年，J. G. Bednorz 和 K. A. Muller 在德国 Z. Phys. 杂志上发表了“Ba—La—Cu-O 系统中可能的高温超导体”论文，从此开始了高温超导研究的新纪元．文章发表后，很多人对其临界温度 T 约为 30K 的报道持怀疑态度．因为在 1954 ~ 1973 的 19 年间 T_c的记录仅从 18.1K 提高到 23.2K，非常缓慢，而现在一下子竟提高如此之多，况且以前也有一些高 T_c的报道，但都不可靠．并且根据 BCS 理论，超导现象的最高临界温度不会超过 40K．与此同时，有一些学者对此非常重视，并开展了有关的研究，贝德诺兹和缪勒的结果很快得到了证实．1987 年，贝德诺兹、缪勒即因为发现高 T_c氧化物超导体荣获诺贝尔物理学奖，从而导致了一场席卷世界的超导热，如美国休斯敦大学的朱经武、日本东京大学的田中昭二及我国中科院物理所的赵忠贤等，他们在高 T_c氧化物超导体的研究中做出了重要贡献．赵忠贤和朱经武分别独立地发现了具有 90K 超导转变温度的 Y-Ba-Cu-O 超导体．很快，人们又合成了 T_c为 110K 的 Bi-Sr-Ca-Cu-O 体系及 T_c为 125K 的 Tl-Ba-Ca-Cu-O 体系．由于超导的巨大应用价值，各国政府十分关注，投入大量资金攻关，并先后成立了一些超导研究机构，如我国的国家超导技术联合研究开发中心及设在中科院物理所的国家超导实验室、日本东京的国际超导中心的超导实验室及美国休斯敦大学的德克萨斯州超导中心等．高 T_c铜氧化物超导体的发现，不仅在超导温度上是一个大的突破，而且为超导材料的探索开辟了一个新领域，它所具有的一系列奇特性质包括异常高的 T_c，也为超导工作者提出了许多新的问题，吸引了许多学者投入研究，同时也丰富和深化了人们对强关联及磁有序等凝聚态物理中重要问题的认识．

新材料的探索始终是高温超导研究的热点之一．一方面从应用的角度来说需要 T_c更高的超导材料，甚至是室温超导材料：另一方面理论上也需要不同超导材料间的比较以得到有关超导机理的一些启示．在高 T_c氧化物超导体研究的初期，依靠元素掺杂及代换发现了很多新的超导材料，后来材料探索逐渐转到利用结构化学知识进行材料设计，这成为超导材料探索的大趋势．

1992 年前人们发现的一些主要的高 T_c铜氧化物超导体，大多是空穴型超导体，只有 $Nd_{2-x}Ce_xCuO_4$ 是电子型超导体．当时 T_c最高的是 $Tl_2Ba_2Ca_2Cu_3O_{10}$(125K)，随后在材料的探索方面又取得了如下进展．

(1)Hg 系超导体：其通式为 $HgBa_2Ca_{n-1}Cu_nO_{2n+2}$．$n = 1$，称为 1201 相，$T_c$约为 94K；$n = 2$,称为 1212 相，$T_c$约为 110K；$n = 3$，称为 1223 相，$T_c$约为 134K．其中 1223 相为目前 T_c最高的超导体，在 300bar 高压下可达 160K．

(2)Cu系超导体：其通式为$CuBa_2Ca_{n-1}Cu_nO_{2n+3}$[称12(n-1)n系列]. 需高压合成，已合成n=3，4，5，6的相. 其中，n=4的1234相T_c最高，约为117K. 若n=2，将Ca换成Y，则可得到$CuBa_2YCu_2O_y$，即Y系123相.

(3)离子团的替换：用CO_3^{2-}，NO_3^{2-}，BO_3^{2-}及PO_3^{2-}等部分替代上述Cu系中Cu1或T1及Hg系超导体中的T1(Hg)O层，仍能得到较高的T_c，表明这些离子团可同样起到Cu1或T1(Hg)O层的载流子库的作用.

(4)$Sr_2Ca_{n-1}Cu_nO_y$[02(n-1)n系列]：广井(Hiroi)和高野(Takano)报告了无限层超导$Sr(Ca)CuO_2$(T_c=110K)以后，在探索这一材料过程中，发现了$Sr_2Ca_{n-1}Cu_nO_y$系列也需要高压合成. n=1，Sr_2CuO_y(不超导)为K_2NiF_4结构；n=2，$(Sr, Ca)_3Cu_2O$(不超导)为$La_2CaCu_2O_6$结构；n=3，$Sr_2Ca_2Cu_3O_y$(T_c约110K)为新相.

(5)(La，Sr)2CuO中顶角氧替换：爱德华(Edwards)、格瑞威斯(Greaves)等人通过高压合成用F代顶角氧，得到T_c约40K的超导体，广井和高野等人用高压合成方法用Cl代顶角氧，也得到了T_c约40K的超导体. 这些工作表明，La214中的顶角氧并非像人们以前认为的对高温超导电性非常重要.

(6)人工超晶格：运用原子层外延方法(atomic layer by layer epitaxy)可以合成常规方法难以合成的相，从而大大扩展了新材料探索的范围. 川井(Kawai)等人采用激光辅助分子束外延(MBE)方法制备了$(BaCuO_2)_n(CaCuO_2)_n$材料，得到T_c为80K左右的超导体，此外，还制备了$[(Ba, Sr)CuO_2]_m[(Ca, Sr)CuO_2]$，材料的$T_c$在80到100K之间. 玻泽维克(Bozovie)等人采用反应控制的外延方法(Reaction Controlled Epitaxy)制备了人工超晶格材料，发现$Bi_2Sr_2Ca_7Cu_8O_y$材料的T_c为60K. 诺顿(Norton)等采用脉冲激光蒸镀方法制备了$SrCuO_2/BaCuO_2$，得到了T_c为50K左右的超导材料.

(7)对其他3d过渡族氧化物等的研究：高T_c铜氧化物超导体的发现，也推动了人们对其他3d过渡族氧化物的研究，如Ni，Ti，V等氧化物. 最近前野(Maeno)等发现了Sr_2RuO_4超导体，其结构与$La_{2-x}Ba_xCuO_4$相同，但其T_c只有0.93K，而后者T_c为40K左右，这表明了Cu在高T_c氧化物超导体中对高T_c的重要作用，对超导机理的研究具有重要的意义. 最近，关于锰氧化物材料中的本征巨磁阻效应的研究也比较热，这表明在氧化物中还有很多工作可做，新材料、新现象的发现给这方面的工作注入了新的活力.

(8)非铜氧化物超导体：在探索高T_c铜氧化物超导体的同时，人们还对其他体系进行了探索，先后发现了掺杂C_{60}及$ReNi_2B_2C$(Re=稀土)、Pd-Ni-B-C等超导体的T_c在3K左右，这在有机超导体的研究方面也是一个巨大的飞跃. 而$ReNi_2B_2C$及Pd-Ni-B-C属金属间化合物类材料，是超导研究较早的时候研究得较多的一类材料. 这表明，即使在这样的体系，仍会有令人吃惊的发现，因为Pd-NI-B-C的T_c和高T_c铜氧化物超导体发现前的T_c的最高记录23.2K相近.

目前T_c超过23K的有如下一些材料：$(Ba, K)BiO_3$，M_xC_{60}，Pd-Ni-B-C，铜氧化物超导体.

高温超导一直是人们期望和谈论的问题. 在$Bi_2Sr_2Ca_7Cu_8Oy$、Hg系超导体及YBCO中都曾在较高的温度(约250K)观察到可能的超导电性. 最近俄罗斯学者也报道了$YBa_2Cu_3Se_7$在371K左右有可能的超导迹象(随后别人的实验表明并非是超导)，但这些结果均未被证实. 目前，一部分人持这样的观点，即室温或较高温度的超导体不稳定，有可能有极少量的高温超导成分存在于样品中. 但无论怎样，室温或较高温度的超导仍将是人们期望和谈论的问题. 值得注意的是：具有高浓度胆固醇的神经纤维的某些部分在生理温度下可能具有超导性，因此，生物体中是否存在超导现象，也是一个值得注意的研究方向. 超导材料探索的新趋势是：寻找新体系，注意极端条件合成，如高压、人工超晶格等极端方法. 此外，需要结构化学工作者及物理工作者的密切合作. 超导材料的探索，作为超导研究的一个热点，将会不断推动超导研究的深入发展.

4. 超导技术的应用

高温超导材料的不断问世，为超导材料从实验室走向应用铺平了道路. 虽然对高 T_c 铜氧化物超导体的机理还不是很清楚，但这并不妨碍应用的发展. 高温超导材料的用途非常广阔，大致可分为三类：大电流应用(强电应用)、电子学应用(弱电应用)和抗磁性应用. 大电流应用包括超导发电、输电和储能等；电子学应用包括超导计算机、超导天线、超导微波器件等；抗磁性主要应用于磁悬浮列车和热核聚变反应堆等. 目前均已取得长足的进展.

超导材料最诱人的应用是发电、输电和储能. 由于超导材料在超导状态下具有零电阻和完全的抗磁性，因此只需消耗极少的电能，就可以获得 10 万高斯以上的稳态强磁场. 而用常规导体做磁体，要产生这么大的磁场，需要消耗 3.5 兆瓦的电能及大量的冷却水，投资巨大.

超导磁体可用于制作交流超导发电机、磁流体发电机和超导输电线路等. 利用超导线圈磁体可以将发电机的磁场强度提高到 5 万 ~6 万高斯，并且几乎没有能量损失，这种发电机便是交流超导发电机. 超导发电机的单机发电容量比常规发电机提高 5 ~ 10 倍，达 1 万兆瓦，而体积却减少 1/2，整机重量减轻 1/3，发电效率提高 50%. 磁流体发电机同样离不开超导强磁体的帮助. 磁流体发电机发电，是利用高温导电性气体(等离子体)作导体，高速通过磁场强度为 5 万 ~6 万高斯的强磁场发电. 磁流体发电机的结构非常简单，用于磁流体发电的高温导电性气体还可重复利用. 超导材料还可以用于制作超导电线和超导变压器，从而把电力几乎无损耗地输送给用户. 据统计，目前的铜或铝导线输电，约有 15% 的电能损耗在输电线路上，光是在中国，每年的电力损失即达 1000 多亿度. 若改为超导输电，节省的电能相当于新建数十个大型发电厂.

高速计算机要求集成电路芯片上的元件和连接线密集排列，但密集排列的电路在工作时会发生大量的热，而散热是超大规模集成电路面临的难题. 超导计算机中的超大规模集成电路，其元件间的互连线用接近零电阻和超微发热的超导器件来制作，不存在散热问题，同时计算机的运算速度大大提高. 此外，科学家正研究用半导体和超导体来制造晶体管，甚至完全用超导体来制作晶体管.

高温超导薄膜在微波器件中的应用可以减小器件的体积、重量、功率消耗和插入损耗，并且可以在液氮沸点(接近于卫星的环境温度 100K)附近工作，将广泛应用于医学、探矿、探伤、扫雷及基础研究等方面. 这些薄膜必须具有极高超导性能，如极高的临界温度、临界电流密度以及微波表面电阻. 因此高温超导薄膜的应用受到制备大面积、高质量薄膜的限制. 美国高温超导空间实验在 1995 年 5 月已经获得成功，使高温超导薄膜在微波器件中的应用成为现实. 微波器件发展的新趋势是集成化，即将几个元件集成在一起而发挥作用，大面积超导薄膜是这一工作的基础. 由高温超导滤波器、低噪声前置放大器以及微型制冷机组成的高温超导移动通信基站接收机前端子系统，将极大提高移动通信基站的性能. 目前已出现一批专业化商业公司，美国已有近 2000 套高温超导子系统产品在基站做商业运行，欧洲和日本也已完成样机研制，中国科学院物理研究所在 2001 年初完成了我国第一台高温超导移动通信基站原理性样机.

利用超导材料的抗磁性，将超导材料放在一块永久磁体的上方，由于磁体的磁力线不能穿过超导体，磁体和超导体之间会产生排斥力，使超导体悬浮在磁体上方. 利用这种磁悬浮效应可以制作高速超导磁悬浮列车.

核聚变反应的温度高达 1 亿 ~2 亿℃，没有任何常规材料可以包容这些物质. 而超导体产生的强磁场可以作为“磁封闭体”，将热核反应堆中的超高温等离子体包围、约束起来，然后慢慢释放，从而使受控核聚变能源成为前景最广阔的新能源.

总之，高温超导体的应用前景是十分光明的，它将对社会和我们的生活产生巨大的影响，对加强经济和国防建设具有重大意义.

17.3　纳米技术

1. 什么是纳米技术

纳米(nanometer)是一个长度单位，简写为 nm，$1\ \mathrm{nm}=10^{-9}\ \mathrm{m}$，20 nm 相当于一根头发丝的三千分之一. 用一个科学家的话形容，就是“你的指甲每秒钟所生长的那一点儿”.

纳米技术于 20 世纪 70 年代兴起，进入 21 世纪以来越来越被大家所熟悉. 纳米技术研究开发的是至少有一维度在 1 ~ 100 nm 范围内的物质的结构、性能及其应用. 纳米技术研究的范围介于微观与宏观之间，一般称此研究领域为介观世界. 尺寸在此范围内的物质由于具有表面或界面效应、小尺寸效应、量子尺寸效应，使得它们的物理、化学性质发生突变，从而表现出非常新颖的特性. 例如，由于纳米颗粒的尺寸比可见光的波长小，光在纳米材料中传播的周期性会受到破坏，从而纳米光学材料会呈现与普通光学材料不同的光学性能. 一般材料的反射光会呈现多种颜色，而纳米金属材料则因反射能力降低而呈现黑色. 由于表面或界面效应，一些纳米金属材料在空气中易被氧化，甚至会燃烧. 再如，由于量子尺寸效应，金属费米能级附近的电子能级由准连续变为离散分布. 介观世界是一个人类虽研究多年但尚不熟悉的世界，也是一个充满神奇魅力和机遇的世界. 撩开介观世界的迷人面纱，不仅会创造出更多的奇迹，造福人类，也会掀起对物质世界研究的一场革命.

2. 纳米技术的研究对象

纳米技术是一门交叉性很强的综合学科，它研究的内容涉及现代科技的广阔领域，如物理学、化学、材料学、金属学、电子学、表面或界面科学、生物学等. 纳米技术的研究衍生出许多新的学科，如纳米化学、纳米电子学、纳米材料学、纳米力学、纳米生物学、纳米加工学、纳米计算机等. 这些学科既相对独立又紧密联系. 从包括微电子学等在内的微米技术到纳米技术，人类正越来越向微观世界深入，人们认识、改造微观世界的水平正在提高到前所未有的高度. 从功

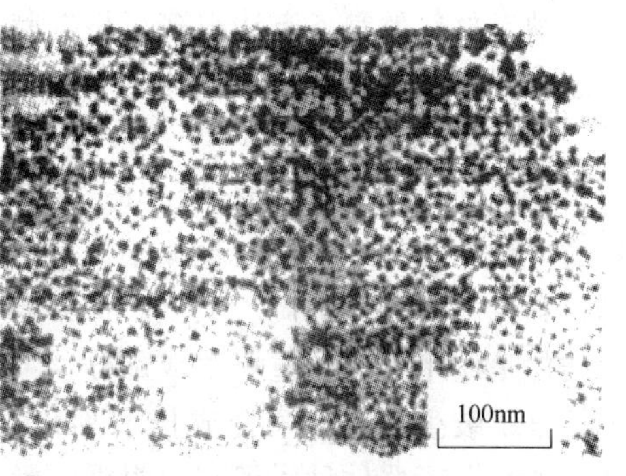

图 17-3-1　PbS 纳米粒子

用性来说，纳米技术可分为纳米材料、纳米器件、纳米结构的检测与表征等几个部分.

(1)纳米材料

纳米材料是纳米技术研究极其重要的物质基础. 纳米材料的分类方法很多，一般可根据纳米尺度在维度上的体现，将纳米材料分为三种类型：三维空间尺寸在纳米数量级的，称为零维纳米材料，如纳米颗粒、原子团簇等；二维空间尺寸在纳米数量级的，称为一维纳米材料，如纳米丝、纳米管、纳米棒等；若只有一维空间尺寸在纳米数量级的则称为二维纳米材料，如单层膜、多层膜、超晶格等. 图 17-3-1 为 PbS 纳米粒子，属零维纳米材料；图 17-3-2a 为纳米阵列，属一维纳米材料；图 17-3-2b 为由纳米级坡莫合金薄膜制成的 HMC1021Z 型磁电阻传感器，属二维纳米材料.

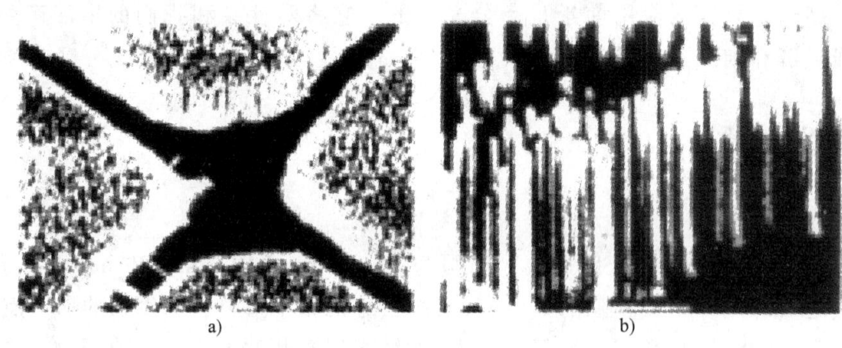

a) b)

图 17-3-2 一维纳米阵列

纳米材料具有特殊的性能. 如极佳的力学性能，即高强、高硬和良好的塑性. 金属材料的屈服强度和硬度随着晶粒尺寸在一定纳米范围内的减小而提高，同时仍保持原有的塑性和韧性. 纳米材料的表面效应和量子尺寸效应对纳米材料的光学特性有很大的影响. 如纳米光学材料的红外吸收谱频带展宽、吸收谱中的精细结构消失、中红外有很强的光吸收能力等. 纳米材料的颗粒尺寸越小，电子平均自由程越短，偏离理想周期场越严重，其导电性能发生变化. 当晶粒尺寸达到纳米量级，金属会显示出半金属甚至非金属的特征. 纳米材料与常规材料在磁结构方面也有很大差异. 当晶粒尺寸减小到临界尺寸时，常规的铁磁性材料会转变为顺磁性甚至超顺磁性材料. 纳米材料的表面积与体积比很大，因此它具有相当高的化学活性，在催化、敏感和响应等性能方面表现得尤为突出. 总之，纳米材料由于其结构的特殊性有许多不同于传统材料的优异性能，具有广阔的应用前景和巨大的应用潜力.

纳米材料的制备方法很多. 根据制备原料状态有固相法、液相法及气相法；根据反应物状态有干法和湿法；根据原料状态是否发生变化有物理法、化学法和综合法.

(2)纳米器件

在纳米尺度下，以原子、分子为起点，可制造具有特殊功能的产品——纳米器件，它使集成电路的几何结构进一步减小，其功能密度和数据通过量达到了新的水平，使未来的计算机、彩色电视机、空调、卫星、机器人和数码相机等电子设备的体积变得更加小巧. 纳米电子器件是纳米器件的重要组成部分. 纳米电子器件指利用纳米技术(如光刻、外延、微细加工、自组装生长及分子合成技术等)设计制备而成的具有纳米级尺度和特定功能的电子器件. 纳米电子器件种类繁多. 根据纳米电子器件的范畴，可分为固体纳米电子器件和分子电子器件；根据电子在纳米器件中的量子效应，可分为单电子器件和量子波器件；更详细地，纳米电子器件可分为量子效应器件、单电子器件、单分子器件、纳米传感器、纳米集成电路、纳米存储器、纳米 CMOS 混合电路等.

纳米电子器件的制备有两种可能的方式. 一是将现有的电子器件、集成电路进一步微型化，研究开发更小线宽的加工技术来加工尺寸更小的电子器件，即所谓“由上到下”的方式，如光学光刻、电子束光刻和离子束光刻等技术. 另一种方式是利用先进的纳米技术与纳米结构的量子效应直接构成全新的量子器件和量子结构体系，即所谓“由下到上”的方式，如金属有机化学汽相沉积(MOCVD)、分子束外延(MBE)、原子层外延(AEE)、化学束外延(BE)等外延技术、扫描探针显微镜(SPM)技术、分子自组装合成技术以及特种超微细加工技术等.

纳米器件的研究已取得了实质性的进展. 北京大学纳米技术研究所在世界上首次将单壁碳纳米管竖立在黄金薄膜表面上，将新型有机信息存储材料信息写入、读出点从国际上最好的 10 nm 降至更好的 1.3 nm. 顾镇南教授领导的研究小组，采用简便的电弧法大量合成了单壁纳米管，经过纯化，含量大于 90%，并且按照要求，用化学方法剪切和修饰成长度为15～20 nm、直径约 1.4 nm 的短管. 薛增泉教授领导的研究小组采用真空加工技术，使单壁碳纳米短管组装能够牢固地竖立在黄金薄膜表面上，并且用单壁碳纳米管制造出世界上最细小、性能最好的扫描探针，获得了精美的热解石墨的原子形貌像；用扫描隧道显微探针测出单壁短管的导电特性和大气中室温下的量子台阶和动态负阻特性的 $I—V$ 曲线；利用单壁短管作为场电子显微镜(FEM)的电子发射源，拍摄到过去认为不可能看到的原子像.

(3)纳米结构的检测与表征

纳米结构的检测与表征就是在纳米尺度上研究各种纳米结构的力、电、磁、光学等特性，纳米空间的化学反应过程、物理传输过程，以及研究原子、分子的排列、组装与奇异物性的关系，从中发现新现象、发明新方法、创造新技术.

在原子尺度和纳米尺度上表征的重要微观特征包括晶粒尺寸及其分布和形貌、晶界及相界面的本质和形貌、晶体的完整性和缺陷的性质、跨晶粒和跨晶界的成分分布、微晶及晶界中杂质的剖析等.

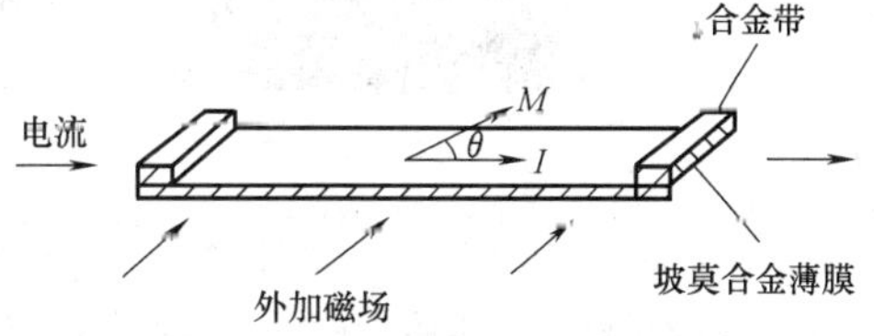

图 17-3-3　磁电阻传感器构造示意图

纳米材料的测量技术包括纳米级尺寸和位移的测量、纳米级表面形貌的测量、纳米级表层的物理力学性能的检测. 如达到原子量级的扫描隧道显微镜(STM)和原子力显微镜(AFM)、表层显微力学探针等. 图 17-3-3 是磁电阻传感器，图 17-3-4 是 M3 型分子坐标测量机，图 17-3-5 是 ULTRAObjective 扫描探针显微镜，图 17-3-6 是用 STM 观测的纳米材料表面形貌.

3. 纳米技术的应用

(1)纳米技术在微电子技术和计算机技术方面的应用

几十年前，微电子器件取代真空电子管器件给信息技术带来了一场重大革命. 在不远的将来，纳米电子器件的研制成功将给信息技术带来更深远的革命. 极小的晶体管和存储芯片将成百万倍地提高计算机的计算速度和效率，将海量存储电子器件的存储能力扩展到多太位存储的水平，这将成千倍地增加单位面积的存储量，并上万倍地降低能量的消耗．随着成百倍的带宽拓宽和更亮的可折叠平板显示的开发成功，通讯方式将因此而发生改变．纳米结构的合成、处理和制造方法的商业化将加速提高对纳米结构及其性质的分析和测量能力，并建立新器件概念，如单电子器件、自旋电子器件、共振隧道器件、量子点、分子电子器件和垂直腔激光器等；对信息系统结构开展创新性研究，如开发网络自动控制、量子计算机、网络并行计算机等．

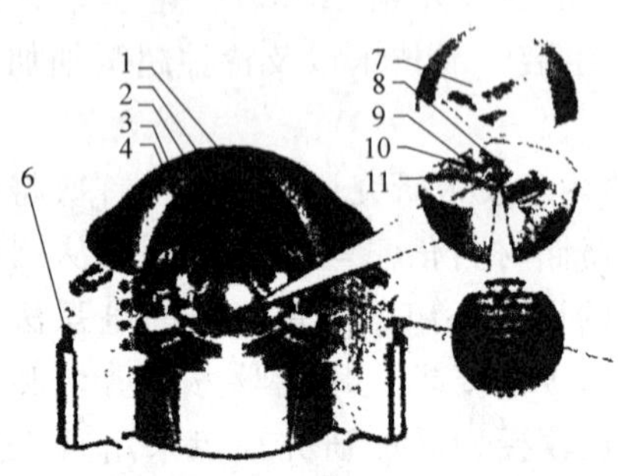

图 17-3-4　分子坐标测量机

1—声隔离罩　2—真空系统　3—振动隔离
4—恒温罩　5—芯部结构　6—空气隔振垫
7—Y向溜板　8—STM探针　9—测量参考反射镜
10—光学干涉仪　11—X 向溜板

图 17-3-5　ULTRAObjective 扫描探针显微镜

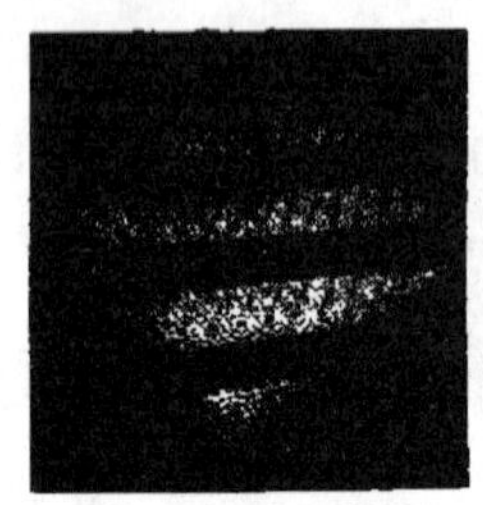

a) Si(111)–7×7 表面

b) 表面缺一个原子

c) DNA 图像

图 17-3-6　STM 检测得到的表面图像

(2)纳米技术在环境保护和能源开发方面的应用

随着世界经济的快速增长，环境和能源问题不断出现．人类社会如何与自然和谐相处已成为人们日益关注的重大问题．随着纳米技术研究的进展，解决环境和能源问题的办法也会不断涌现．我们可以发展绿色能源和环境处理技术，减少污染和恢复被破坏的环境；可以制备孔径在纳米级的纳孔材料作为催化剂的载体，用有序纳孔材料和纳米膜材料来消除水和空气中的污染；可以通过纳米技术成倍地提高大阳能电池的能量转换效率．我们还可以在以下方面进一步努力进行研究：纳米晶体和层状结构在制造具有光学、磁学、电学、力学和化学性质的材料方面的应用；开发实用和环境友好的全固态热电能转换器件；“纳米流体”的特性研究等．

(3)纳米技术在医疗保健方面的应用

纳米技术将给医学带来变革．纳米级粒子将使药物在人体内的传输更为方便．用数层纳米粒子包裹的智能药物进入人体后，可主动搜索攻击癌细胞或修补损伤的组织．在人工器官外面涂上纳米粒子可预防移植后的排斥反应．应用纳米技术可以研究耐用的与人体友好的人工组织、复明器官和复聪器件以及用于疾病早期诊断的纳米传感器系统．

纳米技术将促进保健业的重大发展．生物传感器和新的成像技术将使我们能对疾病进行早期检测和预警．使用在体疾病检测系统，最终将人们对疾病的关注点从“治病”转换到对疾病的早期检测和预防．新型纳米分析工具的发展，将会促进细胞生物学和病理学的基础研究．例如，我们将能够测量细胞的化学和机械性能(包括细胞分裂和运动)以及单分子性质．通过控制材料的纳米结构得到新型高性能的生物相容材料，从而延长人造器官的使用寿命．为促进药品的合理使用，纳米技术将能给药物的传输提供新的方式和路径(定点基因和药物传送系统)，从而极大地提高其疗效．使用小型“智能”医疗设备将降低对人体器官的直接和间接损坏，等等．

(4)纳米技术在生物技术方面的应用

利用纳米技术可在纳米尺度上按照预定的对称性排列制备具有生物活性的蛋白质、核糖核酸等．在纳米材料和器件中植入生物材料使其兼具生物功能和其他功能，如生物仿生化学药品和生物可降解材料、测定 DNA 的基因芯片等．

生命体系中的分子单元——蛋白质、核酸、脂肪、糖类都是具有独特功能的材料，其功能受它们的大小、折叠方式、在纳米尺度上的形态等因素决定．通过将生物分子单元集成到合成材料和器件中，我们可把某种生物学功能和希望的材料性质结合到一起．

纳米技术将会在很多方面直接对农业的进步做出贡献．基于分子工程的生物降解化学品可以用于给植物提供营养和保护植物免遭虫害；改良动物和植物基因；将基因和药物导入动物体中，等等．

(5)纳米技术在航天和航空方面的应用

纳米器件在航空航天领域的应用不仅可增加有效载荷，更重要的是使耗能指标成指数倍的降低．纳米技术将使我们能设计和制造可用于飞机、火箭、空间站、行星探测平台的轻质、高强度、热稳定的材料．相对其他领域来说，纳米技术更为重要的应用还有：低能耗、抗辐射的高性能计算机；用于小型太空船的纳米仪器；通过使用纳米结构传感器和纳米电子器件，进一步发展航空电子器件，从而进一步发展航空电子学；阻热和耐用的纳米结构涂层．

(6)纳米技术在国家安全方面的应用

由于纳米技术对经济社会的广泛渗透性，拥有纳米技术知识产权和广泛应用这些技术的国家，将在国家经济安全和国防安全方面处于有利地位．通过先进的纳米电子器件在信息控制方面的应用，将使军队在预警、导弹拦截等领域增强快速反应能力；通过纳米和微米机械设备的应用，国家核防卫系统的性能将大幅度提高；通过纳米材料技术的应用，可使武器装备的耐腐蚀、吸波性和隐蔽性大大提高，大幅度提高部队的战斗力．

(7)纳米技术在家禽遗传育种中的应用

在家禽遗传育种过程中，人们总希望得到生长速度快、饲料报酬高、胴体品质好和抗逆性强的品种．现在的遗传工程育种方法(转基因技术)是用限制性内切酶将所要的目的基因片段切下，再连接到育种鸡的 DNA 上．由于基因片段和 DNA 的连接点通常是随机的，所以每次试验成功的几率都不同．而纳米技术可先将 DNA 全部分解为单个基因，然后再根据人们的需要进行组装，成功率可达 100%．同时，利用纳米技术，只要操纵 DNA 链上少数几个氨基酸甚至改变几个原子的排列，就可以培养出新性状品种乃至全新的物种．

纳米技术在家禽营养与饲料方面也有重要作用．营养物质的颗粒大小是影响动物机体吸收的一个关键因素．由于纳米微粒具有表面效应和小尺寸效应，采用纳米技术，使饲料物质粒径减小后，表面原子数量迅速增加，从而可大大增大暴露的表面积，提高家禽的消化吸收率．研究表明，粒径小于 5 μm 的微粒可通过肺，粒径小于 300 nm 的可进入血液循环，小于 100 nm 的能进入骨髓．纳米微粒更能通过胃肠道黏膜，使其透皮吸收的生物利用度得以提高．

纳米技术在家禽的疾病防治中也有重要应用．载药纳米微粒是纳米技术和现代医药学结合的产物．纳米粒子是一种超微小球形药物载体，是近年来出现的药物控释和缓释的新剂型，其突出优点是比细胞还小，因此可被组织和细胞吸收，提高了难溶性药物的溶解率和吸收率．经过特殊加工后，载药纳米微粒具有高度靶向性，可对组织或器官定向给药．兽药采用纳米技术后，药效能够大幅度提高，使用剂量降低，有利于解决家禽药物残留问题．

总之，纳米技术已成为最有竞争力的技术之一，它将促进包括生命科技、信息科技在内的几乎所有技术的飞速发展，对社会、经济以及国家安全产生重大影响．

17.4 非线性光学

1. 线性光学与非线性光学

关于电磁现象中的非线性效应(如铁磁体的磁化饱和、气体放电、无线电波的整流、谐波的产生、参量放大和调谐等)，人们从麦克斯韦(Maxwell)时代就已经知道了．但是，光学波段的非线性电磁效应，只是在激光器问世后才发现．

激光器问世以前，人们对于光学的认识主要限于线性光学，即光束在空间或介质中的传播是互相独立的，几个光束可以通过光束的交叉区域继续独立传播而不受到其他光束的干扰．光束在传播过程中，由于衍射、折射和干涉等效应，光束的传播方向会发生改变，空间分布也会有所变化，但光的频率不会在传播过程中改变．介质的主要光学参数(如折射率、吸收系数等)都与入射光的强度无关，只是入射光的频率和偏振方向的函数。这就是传统的线性光学的基本图像．人们可以用它来解释所观察到的大量的光学现象，似乎这就是光在介质中的传播及光与物质相互作用的基本规律．

然而，随着激光的出现，人们对于光学的认识发生了重要的变化．线性光学已无法解释人们发现的大量新现象．一束激光射入到介质中，会从介质中射出另一束或几束很强的有新频率的光束．它们可以处在与入射光频率相隔很远的长波区或短波区，也可以在入射光频率近旁．两个激光光束在传播中经过交叉区域后，其强度会互相传递，其中一个光束的强度得到增强，另一个光束的强度会减弱．介质的吸收系数不再是恒值，它会随激光束强度的增加而变大或变小．不仅如此，一个光束的光波相位信息在传播过程中，也会转移到其他光束上去，一个光束的相位可以与另一个光束的相位呈复共轭关系．某一定强度的入射光束在通过介质后，透射光束的强度可以有两个或多个不同的值．对于如此众多的新奇现象，传统线性光学的观点已无法解释，只有应用非线性光学的原理才能予以说明．

非线性光学作为光学学科中一门崭新的分支学科，在新颖的高亮度光源——激光器问世以后，就以她那新奇的面貌展现在世人面前．在短短的 40 年间，非线性光学在基本原理、新型材料的研究、新效应的发现与应用方面都得到了巨大的发展，成为光学学科中最活跃和最重要的分支学科之一.

2. 非线性光学效应的产生

我们知道，在外加电场作用下电介质会发生电极化，形成大量的电偶极子，描述电极化的物理量——电极化强度 $\boldsymbol{P}(t)$ 就是单位体积中电偶极子的矢量和. 光是电磁波，设其电场强度为 $\boldsymbol{E}(t)$，叫做光电场. 当一束光入射到介质中时，介质中的大量电偶极子在光电场的作用下发生振动，形成振动偶极子. 由于原子核的质量比电子大得多，可以忽略它在光电场作用下的振动. 但在高频光(如紫外或可见光)作用下，电子如同在非谐振势阱中运动一样，形成振动偶极子. 为简便起见，假设各电偶极子在电场作用下方向相同，电子在电场 $\boldsymbol{E}(t)$ 作用下离开平衡位置的位移为 x，于是，运动方程为

$$m\left[\frac{\mathrm{d}^2x}{\mathrm{d}t^2}+2\Gamma\frac{\mathrm{d}x}{\mathrm{d}t}+\Omega^2x-(\xi^{(2)}x^2+\xi^{(3)}x^3+\cdots)\right]=-eE(t) \tag{17-4-1}$$

式中，Ω 为频率；Γ 为衰减因子；$-eE(t)$ 表示电子所受光电场的驱动力.

如果电子的位移 x 足够小，上式中的非谐振动部分 $\xi^{(2)}x^2+\xi^{(3)}x^3+\cdots$ 可以忽略，电子对光电场的响应可表示为

$$\boldsymbol{E}(t)=\boldsymbol{E}_0\cos\omega t=\frac{1}{2}\boldsymbol{E}_0[\exp(-\mathrm{i}\omega t)+\exp(\mathrm{i}\omega t)]$$

代入式(17-4-1)，得

$$x=\frac{-eE_0}{2m}\frac{\exp(-\mathrm{i}\omega t)}{\Omega^2-2\mathrm{i}\Gamma\omega-\omega^2}+c.c. \tag{17-4-2}$$

式中，$c.c.$ 表示复共轭项. 若单位体积内有 N 个电偶极子，则介质电极化强度 $\boldsymbol{P}(t)$ 可写为 $\boldsymbol{P}=-Ne\boldsymbol{x}$，极化强度 P 与电场 E 的关系式为

$$P=\frac{1}{2}\varepsilon_0 xE_0\exp(-\mathrm{i}\omega t)+c.c. \tag{17-4-3}$$

可见，电偶极子的频率就是光电场的频率，这就是大家熟悉的线性光学性质. 不过，一般地说，两个物理量的线性关系是一种近似，这种近似只在一定的变化范围内有效. 电偶极子的运动被认为是线性的，这只在电子偏离平衡位置非常小的情况下才成立.

当电子的位移 x 比较大、非谐振部分 $\xi^{(2)}x^2+\xi^{(3)}x^3+\cdots$ 不可忽略时，方程(17-4-1)就不能精确求解了. 但是，只要非谐振部分小于谐振部分，其解就能展开成电场 E 的幂级数，即

$$\boldsymbol{P}(r,t)=\varepsilon_0\boldsymbol{\chi}^{(1)}:\boldsymbol{E}+\varepsilon_0\boldsymbol{\chi}^{(2)}:\boldsymbol{E}^2+\varepsilon_0\boldsymbol{\chi}^{(3)}:\boldsymbol{E}^3+\cdots \tag{17-4-4}$$

式中，右边第一项是线性电极化强度项，第二项、第三项及更高幂次项是非线性项，非线性光学效应就来自这些项，$\boldsymbol{\chi}^{(1)}$、$\boldsymbol{\chi}^{(2)}$ 和 $\boldsymbol{\chi}^{(3)}$ 分别为一阶、二阶及三阶非线性极化率张量，它们以及高阶非线性极化率张量 $\boldsymbol{\chi}^{(n)}$ 是表征光与物质非线性相互作用的基本参数. 过去，人们之所以未能发现与这些参数相应的效应，是因为人们所能得到的光电场太弱，其非线性光学效应处于测量灵敏度以下而无法被发现. Bloembergen 给非线性光学效应的定义是：凡物质对于外加电磁场的响应不是外加电磁场振幅的线性函数的光学现象均属于非线性光学效应.

按照 Bloembergen 的这个定义，我们可以把与式（17-4-4）中右边第一项有关的效应称为线性光学效应，与第二项 $\varepsilon_0\boldsymbol{\chi}^{(2)}$：$\boldsymbol{E}^2$ 有关的效应称为二阶非线性光学效应，与第三项 $\varepsilon_0\boldsymbol{\chi}^{(3)}$：$\boldsymbol{E}^3$ 有关的效应称为三阶非线性光学效应，等等. 其中的许多效应［如倍频（亦称二次

谐波 SHG）效应］已经在激光产品和科学研究中得到极为广泛的应用. 三阶非线性光学效应——受激拉曼散射（SRS）也因其极高的转换效率而有着重要的实际应用. 由于激光可以有极强的光电场，加上有效地利用介质中的共振效应，人们已经观察到几阶、几十阶以至上百阶的非线性光学效应的存在，而这在激光器出现以前是无法想象的.

按照 Bloembergen 的定义，也有人把 Pockels 效应和 Kerr 效应归之于非线性光学效应，因为它们与 $\boldsymbol{\chi}^{(2)}$ 和 $\boldsymbol{\chi}^{(3)}$ 有一定的关系. 但大多数学者仍习惯把它们以及自发拉曼散射等归之于传统的光学效应范围.

3. 典型的非线性光学效应

光的二阶非线性效应——光的倍频与和频.

激光出现后的第二年，P. A. Franken 把红宝石 694 nm 激光聚焦到石英晶体上时，发现有 347 nm 的倍频紫外光出现，如图 17-4-1 所示. 把 $\boldsymbol{P}(r,\ t)=\varepsilon_0\boldsymbol{\chi}^{(2)}:\ \boldsymbol{E}^2$ 代入麦克斯韦方程，可以从理论上解得倍频光强，即有

$$I_{(2\omega)}\propto|\chi^2|\ I^2_{(\omega)}L^2\sin^2(\nabla kL/2)/(\nabla kL/2)^2 \tag{17-4-5}$$

式中 $k=n\omega/c$；$\nabla k=k_{(2\omega)}-2k_{(\omega)}$；$L$ 为晶体长度. 现在已有各种适合于倍频用的晶体，如 KDP（磷酸二氢钾）、KTP（磷酸钛氧钾）和 BBO（偏硼酸钡）等，可以实现相位匹配，即 $\nabla k=0$，故有很高的倍频效率.

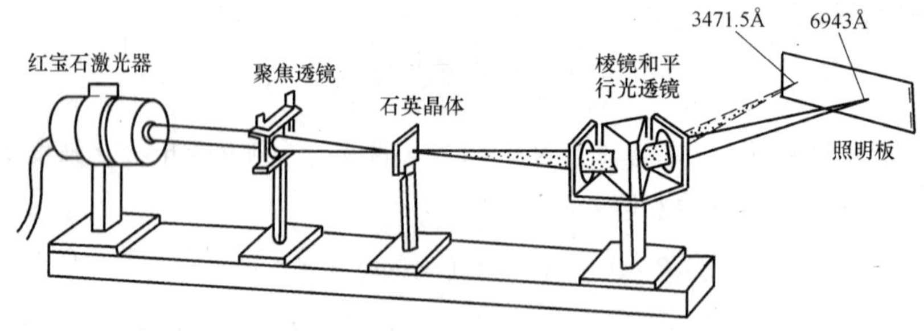

图 17-4-1 实现光倍频的实验装置

上述非线性晶体，也可用来产生“和频光”和“差频光”. 例如 520 nm 与 630 nm 两束光共线入射到 KDP 晶体后，产生的“和频光”是 285 nm 的紫外光，“差频光”是 2.98 μm 的红外光. “和频”与“差频”是将激光波长范围推向红外、紫外和真空紫外波段的有效方法.

4. 非线性光学的研究进展

非线性光学最引入注目的进展之一是利用新型的非线性光学晶体［如 β-BaB_2O_4（BBO）、$LiBa_3O_5$（LBO）及 $KTiPO_4$（KTP）等］制作在宽广波长范围可调谐的连续皮秒（ps）或飞秒（fs）脉冲光学参量振荡器及光学参量放大器（OPA）. 在这以前，人们一般采用染料激光器或钛宝石激光器以得到调谐的相干辐射，然而由于染料及钛宝石激光器覆盖波长的局限性，使得它们在波长调谐的实际应用方面受到限制. 由于 20 世纪 80 年代 ps 及 fs 全固态激光器的研制成功及高质量非线性光学晶体的发现，OPO 及 OPA 等技术在 ps 和 fs 调谐激光及连续波调谐激光方面的应用重新被人们所重视，显示了极大的应用潜力.

双共振（DRO）OPO 由于其低的阈值在连续波 OPO 产生上有独特优点. Eckardt 及 Lee 等人详细研究分析了Ⅰ型和Ⅱ型连续波 OPO 的性质，使用 KTP 晶体和特殊的腔体设计，可以得到 DROOPO 的信号与闲频光的频差为 THZ 的调谐范围. Gersten—Berger 等人采用二极

管激光器泵浦的单频，连续波 Nd：YAG 激光器的倍频输出去泵浦 $LiNbO_3$ 的单共振（SRO）OPO，得到了 966 ~ 1165 nm 范围内的调谐输出，功率可达 100mW。法国的研究小组首次采用有机非线性晶体制作了覆盖 0.9 ~ 1.7tam 的红外脉冲 OPO. 从 $CdGeAs_2$、GaSe 等晶体经差频已可得到 6 ~ 20 μm 范围的调谐输出，从 GaSe 得到的 140fs 红外输出，其平均功率已达到 1μW.

Cornell 大学的 Tang 小组在超快脉冲 OPO 的研究方面进行了长期的卓有成效的工作. 他们采用钛宝石激光束为泵浦光，得到了高重复率的、脉宽短至 57fs 的可见及红外区 OPO，这是当时所报道的最短脉冲宽度的 OPO 输出. 他们指出，如果采用新的红外非线性晶体 In：KTA（$KTiOAsO_4$）有可能将这种超快 OPO 的输出波长延伸至 5μm. Hall 和 McCarthy 等研制的 LBO 或 KTP 晶体的 OPO，可以在很低的泵浦功率下得到高的效率，输出的脉冲宽度在 1.7ps 左右. 目前这种高重复率的 ps 级的 OPO 输出已经接近变换极限，平均功率接近 100mW. 在行波 OPA 的研究方面也得到了很好的成果. 由于行波 OPA 有简便的结构，高的输出功率和很宽的调谐范围，在超快过程的研究方面有重要的应用前景.

这些红外或可见波段、连续波或超短脉冲、DRO 或 SRO 的 OPO 及 OPA 技术的巨大进展已经有效地促进了激光光谱及非线性光学的研究，为更高精度和 fs 量级的非线性光学研究提供了有效的红外相干辐射光源.

第二个极为引人注目的进展是 fs 区非线性光学的研究. 在 20 世纪 90 年代，fs 激光器已经实现商品化，并在实验室得到广泛应用. 再利用非线性光学过程可进一步压缩及放大超短脉冲或转换超短脉冲的波长，这对于利用非线性光学效应研究各种材料中的超快过程起了重要的推动作用.

掺有稀土元素 Er 光纤的制备，使得在光通信最感兴趣的波段得到了高增益介质. Er 光纤具有很大的增益带宽，可用于产生和放大超短脉冲，Ainslie 等人已经从 Er 光纤成功地放大了 200fs 的光脉冲. 光纤激光器的锁模技术一般采用主动和被动两种，在被动锁模激光器中，使用非线性的放大环路可以得到 300rs 的孤子脉冲输出. 而采用附加脉冲锁模技术并耦合于一个非线性外腔，即所谓耦合腔锁模技术已经从色心激光器获得 100fs 的输出. 利用色心激光器的 fs 光束在光纤中的自相位调制引发的 FWM 效应可以将 1.5μm 波长处的 90fs 脉冲转换至 1.3μm 处.

在 fs 区，由于光脉冲的时间特别短，所以功率密度相对地比较高，故很容易引起 SPM 及其他高阶非线性光学效应. 法国的 Paye 采用 100fs 的光脉冲研究了半导体非线性法布里—珀罗标准具的响应特性. 他们发现，从标准具透射或反射的光脉冲都会受到标准具的滤光性能、群速色散及自相位调制的影响，其光谱特性和时间特性都会因此变化. Arabat 用 90fs 的光脉冲在玻璃中观察到 6 波混频效应，测量了透明玻璃的对称张量元与不对称张量元之比.

fs 光脉冲是研究有 ps 及 fs 量级的快速过程的重要工具，许多科学家已经利用 fs 激光来进行差分透射光谱、时间分辨四波混频及时间分辨的相干拉曼光谱等测量. 日本东京大学的 Kobayashi 用对撞锁模环形染料激光器的 60fs 光束，采用泵浦—探测方法测量了无定形 GaAs 及玻璃样品中的微分透射光谱，观测到超短脉冲引起的感生相位调制. 这种方法可用于测量材料非线性极化率的实部和虚部. Tahen 等用 DFWM 技术测量了 GaN 7μm 厚的膜层的非线性折射率系数，得到 $n_2 = 1 \times 10^{-3} cm^2/GW$。对厚度大于 100 nm 的 GaAs 外延层，观测到了有趣的尺寸效应.

光纤通信的神速发展并如此深刻地影响人类社会是科学技术的一个重大成就。为充分挖掘和利用光纤通信的波段范围，人们已在开拓高密度波分复用技术（DWDM），即采用尽可能多的光学频道，预计频道数可接近一千个，而每个频道运载有足够多的信息．这样要在一根光纤中同时传输许多在波长上紧密相依（间隔约为0.4 nm）而载有信息的光波，必然需要许多复杂的光子学与光电子学技术和系统［如多波长激光器、高速调制器、光学分叉复用器（OADM）、光学开关、光电接收器等］与之配合．它们应该有极高的响应速度以对超高容量信息进行接收、处理、分类和再发送，这将涉及许多非线性光学技术和材料的超快响应．

在光纤通信的发展中，光孤子通信受到人们的密切注视．光孤子由于其极好的波形保持特性，对无误码率信息传输的应用前景十分诱人．由此，科学家们在20世纪80年代发现光孤子的基础上，近几年来，在时间孤子、空间孤子及时空孤子（STS）等方面都有大量的研究工作．空间孤子可以有几种类型，即准稳态型、屏蔽型和光伏型．人们不仅从理论上预见到，并已在实验上观测到这些空间孤子．实验大多采用光致折变晶体，晶体在光作用下可产生载流子和电场，并引起折射率的变化，产生的空间孤子可为一维或二维．W. L. She 等人从 Cu：KNSBN 晶体观测到二维光伏空间孤子，并由背景辐射感应产生的电场作用解释了实验结果．关于在二阶非线性介质中经级联非线性光学效应产生时空孤子已有理论预测，研究了在介质中基频光和倍频光之间经非相位匹配条件的耦合而互相俘获，以补偿存在的衍射效应和群速色散．X. Liu 等采用110fs 的强激光脉冲在三倍于相互作用长度的 $LiIO_3$ 晶体中，对零群速失配和大的群速失配情况都观测到了（1+1+1）的时空孤子．

光孤子通信的实验探索业已取得很大进展．1990 年初，Mollenauer 等在色散位移光纤（DSF）中，采用锁模二极管激光器，可将信号以2.4Gb/s 的速率传播至5000km．Nakazawa 利用色心激光器或直接调制的二极管激光器，并由 Er 光纤的放大对损耗进行补偿，得到20Gb/s 的孤子的产生和传输．1998 年底，瑞典 Chalmers 技术大学的科学家采用商用的 DSF 光缆将40Gb/s 信息的载波孤子传输了400km，发现孤子对偏振模色散等有极好的抗干扰性，所用孤子的脉冲持续时间为10ps．1999 年法国 Alcatel 公司宣布已成功地将每个载有10Gb/s 的32 个光波在同一根光纤中传输了6150km．后来，日本 NTT 公司也报道了载有40Gb/s 的单频道孤子传输达70000km，孤子信息是由4 个10Gb/s 的孤子叠加而成，实验采用250km 长度的环路，每经过一次环路，对光孤子进行控制和滤波．这些研究工作表明，实现信息量为1Tb/s 的越洋传输已是指日可待．

Chernikov 等人从全光纤被动锁模的 Er 光纤孤子激光器输出光孤子，经特殊的色散衰减光纤（DOF）可使脉宽得到进一步压缩．利用这种组合，已将630rs 的孤子脉冲压缩至115fs．这种技术提供了一种极为简单、稳定和高质量的压缩技术，可望获得几十 fs 的孤子脉冲．美国的 Jin 等人证明，采用暗孤子可以对亮孤子进行压缩．

自1980 年代末期至今，在相干辐射扩展方面取得的一个重要突破是在于高次谐波的产生（HHG）及 X 射线激光器的研究．采用亚皮秒及飞秒级的高功率激光聚焦后到得到的 10^{14} W/cm^2 以上的功率密度，已从惰性气体及其他气体中得到了高达百阶以上的谐波输出．如 Huiller 等从 He、Ne 气体中得到了1.053gm 波长的基频光的135 阶谐波，其对应的 HHG 波长为7.8 nm．1996 年 Preston 报道了采用248 nm 的 KrF 激光从 He 气中得到了37 阶谐波，波长可短至6.7 nm．这种在气体中得到的处于 XUV 及软 X 射线波段的 HHG 输出引起了人们的极大兴趣，不论是从 HHG 产生机理的研究或作为新颖激光技术的应用都有重要意义. 研究人员已经采用微扰论或非微扰论方法对此过程进行分析研究，初步解释了 HHG 过程中存在的平台区及快速截止区，还研究了原子及离子的贡献，讨论了改善相位匹配以提高 HHG 转换效率的途径.

为进一步改善 HHG 中的相位匹配并降低在强激光照射下所产生的高密度自由电子或离子的影响，人们采用波导型介质的 HHG 装置并采用超短脉冲激光（短至 40fs，甚至 5fs），得到了很好的结果. 26fs 的激光已在 He 和 Ne 中产生分别高达 221 阶和 297 阶的 HHG 输出，He 的 HHG 最短波长已达到 2.7 nm. HHG 输出的极宽波长范围及其相位关系提示人们有望用于产生更短的激光脉冲（10^{-18}s，阿秒），对此已有设计的实施方案和模拟计算，表明 HHG 在阿秒脉冲的产生方面有重要地位.

X 射线激光器因在 X 射线显微镜、生物分子全息等领域的重要应用前景而备受关注. 近年来，利用飞秒激光器输出的高功率激光轰击 Al、Au 等材料已得到了相应的 X 光的发射. 斯坦福大学的 Lemoff 等以脉冲能量为 70mJ 的 40fs 激光将 Xe 原子电离成 Xe 以离子，在 41.81 nm 的发射线上得到了 $e^{12.4}$ 的增益. Rocca 等则对充有 Ar 气的毛细管进行大电流（40kA）脉冲放电，经磁场约束，得到了 300gm 直径的高温、高密度的类氖的氩等离子体. 随放电轴向柱的增长，观察到增益的明显增大，在 15cm 长的放电柱中增益可达 e^{14}. 另一个研究组采用两束激光先后照射 Ti 靶，第一束激光用于产生等离子体，随后的第二束激光则加热所产生的等离子体以得到瞬时的粒子数反转，由放大信号的测量估算增益为 $e^{9.5}$，另外还提出里德堡 XRL 的设想. 最近，从 Yb、Zr 等原子已得到类 Ni 离子的软 X 射线发射，波长为 20 nm 左右，小信号增益已达到 21/cm。而采用两束泵浦光可更好控制等离子体的形状及配置，从类 Ni 的 Yb、Hf 离子已得到 5 nm 左右的软 X 射线输出 Ll. 这些研究结果表明，在 X 射线波段已达到的增益与为饱和一个碰撞激发激光系统所需的增益值 e^{15} 已相距不远，期望不久实现台式 XRL 的设想看来已非奢望.

fs 激光应用的另一个重要领域是 fs 化学和 fs 生物学. 在使用 ps 激光研究超快化学反应的基础上，很早就开始了 fs 化学的研究. fs 化学主要是研究化学反应中的超快动力学过程，化学键的断裂和生成，异构化以及反应的中间过渡物等. 由此可以了解化学反应是如何发生的，与反应条件有何关系. 在 fs 化学研究中，人们主要采用 fs 泵浦一探测、瞬态吸收 fs 激光与分子束和飞行时间质谱相结合等技术. 已对 ICN、I_2、CH_3I 等多种分子的激光解离过程进行了研究，发现 I_2 的光解离时间短于 240fs，而 Cr $(CO)_6$ 的 CO 剥离仅需 40fs，利用 fs 激光还研究了原子团簇的激发态，分子间的质子传递等.

近 10 年来，利用 fs 激光已对光合作用的原初过程，视觉的超快光响应以及蛋白质等进行了研究. 高等植物及细菌的光能捕获及光能传递是光合作用的重要一步. 对紫菌的 fs 超快光谱测量揭示，不同 B800 天线分子间的传递时间为 500fs，而由 B800 传递至 B850 的时间为 1.2ps，再由 B850 经 LH1 传递至反应中心的时间分别为 3ps 和 35ps. 对视紫质中 11-顺色素的异构化过程研究发现这是一种无势垒的 200fs 特征时间的超快过程. 飞秒生物学这一门崭新的交叉学科，必将揭示更多的生物学奥秘.

量子光学在经历了 20 世纪 80 年代中期以来的飞快发展期后，在压缩态的产生机制及实验研究方面都继续有大量的研究工作. 理论工作着重于探索各种有效产生压缩态的方法，以寻求实现压缩态的最佳方案，而实验上则要得到有高的压缩度的光学压缩态.

Janszky 等人研究了利用超短脉冲激发分子时由于极短光脉冲的频谱可以覆盖几个振动激发态，使得在电子激发时，分子处于一种不稳定的振动态，即一些具有高量子数的振动态的相干叠加．在核尚未来得及移动前，电子激发已经发生，使得分子的振动基态变换成为一种压缩态．核间距离的量子不确定性会小于具有相应的振动位势的基振动态的不确定性．对短脉冲来讲，振动频率的非绝热变化是主要的压缩机制．Agarwal 证明了当激活介质中有较长寿命的原子时，这时激光腔中可以从激活介质内的四波混频过程得到增益而不存在粒子数反转．由四波混频产生的光子间有很强的关联，使得处于阈值以上的双光子激光器有更窄的线宽，这时的激光输出更具有压缩特性．有人研究相干驱动的三能级系统中的稳态压缩，发现当系统中的荧光衰减速率大于其他跃迁过程的速率时，可以得到很好的压缩特性．另外，由于近来激光冷却技术的发展，利用荧光的外差接收技术从激光冷却到俘获的单个原子的共振荧光也有可能观察到光学压缩．

在实验研究方面一直处于领先地位的 Kimble 已经在 1992 年报道了利用纯光学系统得到 70% 的压缩度（5.2dB）．

由于光学压缩态的成功产生，人们开展了压缩态光场在高精度原子光谱、低噪声光通信及高精度测量方面的应用研究．例如，旨在免除测量过程中附加噪声的量子非破坏探测，近年来已得到了广泛的重视与研究．

除了以上介绍的几方面进展外，20 世纪 90 年代以来在利用 SRS 和 SBS 效应对激光脉冲的压缩、高分子和纳米材料的研究、时间和空间分辨的非线性光学测试技术等许多方面都做了不少工作．无论从基础研究及应用研究来讲，非线性光学正在日益显示它极其丰富的内容和极为活跃的创新性．

17.5 广义相对论

爱因斯坦在建立狭义相对论以后，发现还有两个问题需要解决：

（1）任何正确的物理规律都必须满足相对性原理，但牛顿引力定律是一种超距作用理论，并不满足狭义相对论的要求，说明它是不严格的引力理论．

（2）无论是牛顿力学、狭义相对论还是电磁理论的物理规律都是惯性系里的规律，在非惯性系中是不成立的．换言之，惯性系在描述物理规律时具有特殊地位，这说明狭义相对性原理有局限性．

如何建立满足相对论要求的引力理论？怎样消除惯性系和非惯性系之间的不平等？经过多年的研究，爱因斯坦于 1915 年建立了“广义相对论”．广义相对论的两个基本原理是等效原理和广义相对性原理．

1. 广义相对论的基本原理

（1）等效原理

按照牛顿力学，惯性系和非惯性系是不等价的．因为非惯性系中有惯性力，惯性力不是物体间的相互作用，是由非惯性系的加速运动造成的．要解决非惯性系和惯性系的等价问题，首先要解决如何处理惯性力这个问题．假设一个观测者是在地球表面上密封的实验室里通过测量小球降落的行为，这个观测者能够确定小球有一个加速度 g，这个加速度是由地球的引力引起的．然后，把这个观测者和他的密封实验室放在一个火箭上，而这个火箭远离任何有质量的物质，因而没有任何引力效应. 在这个条件下，如果火箭作匀速直线运动，当放开手中的小球时，小球会随着火箭以相同的速度继续运动. 就是说，小球相对于实验室保持不动. 另一方面，如果放开小球时，火箭开始作加速运动，实验室地板就会加速地奔向小球. 这样，观测者将会看到小球向着地板加速降落，这个加速度是由惯性力引起的. 如果这个加速度的值等于 g，则小球的运动行为与它在地面上的密封实验室里的行为完全相同（对实验室以加速度 g 下降）. 如果这个观测者看不到外界，并且与外界也没有任何信息联系，那么，单是通过在实验室里的测量结果，他不能确定小球加速度 g 是由引力引起的还是惯性力引起的，这说明引力和惯性力不可区分. 爱因斯坦因此得到启发，他假设引力场和惯性力场是等效的. 这叫做等效原理，是广义相对论的第一个基本原理.

应当指出的是，等效原理是局域的，即引力场和惯性力场等效是对局部区域而言的. 事实上，非局域的引力场和惯性力场是可以区分的. 比如，地球的引力场是中心力场，引力指向地心，而自由下落实验室内的惯性力场是均匀的，各处的惯性力彼此平行. 如果实验室足够大，而且实验的精度极高，那么，若在实验室内 A 处惯性力与地球引力完全抵消，则在室内其他各处惯性力与引力就不能完全抵消，离 A 较远处就可以观测到地球引力的影响. 所以严格地讲，只是在时空某点的微小邻域（称之为局域）内引力与惯性力等效，这就是等效原理的弱形式或称之为弱等效原理. 该原理实质上是引力质量（m_g）等于惯性质量（m_i）这一实验事实的另一种表述. 有人干脆将 $m_g = m_i$ 称为弱等效原理.

弱等效原理直接来自力学实验的这个事实，仅仅说明在力学实验上等效. 在弱等效原理的基础上不可能构建新的引力理论. 爱因斯坦的贡献在于大胆地将弱等效原理推广为强等效原理（简称等效原理）：引力与惯性力的任何物理效应在局域内等效. 在此基础上按全新的引力几何化途径解决引力问题，建立了广义相对论. 爱因斯坦指出，狭义相对论是广义相对论在引力为零的特殊情况下的理论. 引入局域惯性系的概念后，等效原理可以叙述为：引力场中任意时空点，总能建立一个局域惯性系，在此参考系内，狭义相对论所确定的物理规律都成立.

还应当注意：引力与惯性力局域等效并不意味引力与惯性力等同. 引力与惯性力有本质的区别. 引力场由物质产生，充满了整个宇宙. 选一个附着在引力场中自由下落的质点作为参考系，只能在质点的邻域内消除引力，不可能在整个空间消除引力. 有限物质产生的引力场，在距物质无穷远处其强度趋于零. 引力造成时空弯曲. 而惯性力是由于选择非惯性系引起的，换成惯性系就没有惯性力，或者说消除了惯性力. 对于平动的非惯性系，无穷远处惯性力并不为零. 对于旋转的非惯性系，无穷远处惯性力可以为无穷大. 有惯性力的区域里时空有可能保持平坦.

（2）广义相对性原理

消除惯性系表达物理规律的特殊地位，使一切参考系（惯性系与非惯性系）等价，也就是要使物理规律在任何参考系中的表示都相同，或者说描述物理规律的数学方程式在任意坐标变换下都具有协变性. 爱因斯坦在提出等效原理的同时把狭义相对论的相对性原理加以推广，提出了广义相对论的第二个基本原理——广义相对性原理：物理规律在任何参考系中的表示都是相同的. 这就是广义相对论的第二个基本原理.

如前所说，按照等效原理，引力场中任意点都可以引入局域惯性系，在局域惯性系内狭义相对论成立，即一切不涉及引力和惯性力的物理规律都成立. 广义相对性原理指出：物理规律在此局域惯性系和在该点的其他任意参考系中的表述都相同，或者说表述物理定律的方程在坐标变换下形式不变．这些任意参考系包括非惯性系，也就包括引力场．这样，通过坐标变换就可以把无引力的狭义相对论物理定律转换到引力场中，引力场的影响体现在坐标变换关系上．简言之，一个正确的物理定律应该满足广义相对性原理，具有坐标变换下的协变性．

等效原理和广义相对性原理是广义相对论的两个基本原理，爱因斯坦就从这两个基本原理出发构建起广义相对论理论——一个全新的相对论的引力理论．在创立这个理论时，如同在狭义相对论中一样，他把时间和空间合并成一个整体，使距离和时间不仅处于同等地位而且相互关联．所以，广义相对论的时空观不是三维空间加上独立的时间，而是一个四维时空世界．在广义相对论里，质量是唯一的重要角色，质量不但是惯性的表征，在非惯性系里产生表观上的"力"，并且也是引力的源．在爱因斯坦的时空世界里，对质量做出了一个几何上的解释：质量的存在，导致时空弯曲，或者说，把时空结构变形了．这样，在广义相对论里，时间和空间相互关联，而质量则与时空表面的扭曲联系着，所以说广义相对论是关于引力的几何理论．

这个理论的基本框架是这样的：引力等效为惯性力，惯性力跟所在参考系的一般加速运动有关，而一个一般加速参考系的特征又通过时空坐标的变换理论用四维时空的几何结构来描述，这样，一个引力场就通过等效原理归结为一个四维物理时空的几何场．爱因斯坦把这个几何场选定为弯曲的黎曼空间，这也就是通常所说的弯曲时空．

物体在引力场中运动就是在弯曲时空上运动，物体使它附近的时空由平直变为弯曲，物质的分布及其运动影响弯曲时空的几何形态（如曲率等）．为了理解时空弯曲的概念，可以想象在一个张紧的橡皮膜上放一个质量较大的球，这个球会使其附近的膜弯曲，而远处的膜仍保持平直．质量较小的球在这弯曲的膜上运动就如同受到大球的吸引一样．在我们的宇宙中，可以认为物质分布是均匀的，平均密度很小，引力场很弱，所以空间是平缓均匀弯曲的；某些天体（如中子星、白矮星），物质密度很大，引力场很强，它附近的空间弯曲就很厉害．简而言之，爱因斯坦的基本思想是：省去引力概念，代之以时空的弯曲．

数学上描述黎曼空间几何结构的量是度规张量，简称度规．爱因斯坦把黎曼空间的度规张量看作引力场的引力势，即把四维时空的度规张量规定为描写引力场的一个基本物理量．紧接着的就是要寻找度规张量（即引力势）跟物质分布（即引力源）之间的依赖关系，即决定场与源相互关系的引力场方程．由于这种场源关系不是简单的直接的联系，而是十分复杂曲折的联系，所以爱因斯担为建立这个引力场方程花了相当长的时间．1915 年，他终于找到了这个方程，人们称之为爱因斯坦引力场方程．由于具体描述和深入讨论该场方程要涉及我们不曾学到的数学知识，这里就不给出爱因斯坦引力场方程的具体形式了．爱因斯坦引力场方程是一个二阶张量方程，由 10 个非线性偏微分方程联立而成，它定量描述了"物质分布是如何决定时空性质的"．数学上已经证明，当引力场很弱时，爱因斯坦引力场方程简化为牛顿引力方程．爱因斯坦引力场方程反映的引力作用是以光速传递的，而在作为弱引力场近似的牛顿引力方程中引力是超距作用，以无限大速度传播．

2. 广义相对论的检验

狭义相对论的各种预言——时间延缓、长度收缩、质量随速度增加而增大及质量和能量的关系都已经在大量的实验中以很高的精度得到验证．然而，广义相对论只给出了较少的预言. 1915 年广义相对论建立时，爱因斯坦提出可以在以下 3 个方面来检验其理论的正确性，这就是水星近日点的进动、光线在太阳附近的偏折以及光谱线在引力场中的频移.

(1) 水星近日点的进动

太阳系中许多行星绕太阳的运动，都能用广义相对论理论算出它的周期、轨道等. 由于太阳的引力场很弱，广义相对论的计算结果跟牛顿力学的计算结果没什么差别. 但在对离太阳最近的水星进行的天文观测中发现，水星绕太阳转动的轨道每 100 年有约 49.9″的进动角，这就是水星近日点的进动. 牛顿力学的计算结果跟此观测结果有很大的偏差，但是用广义相对论却能精确地算出此进动角度的正确值，所以水星近日点的进动是对广义相对论理论的一个有力的验证.

1915 年，当爱因斯坦利用广义相对论算出水星近日点的进动角正确值时激动不已，在他给埃伦菲斯特的一封信中写道："……方程给出了水星近日点进动的正确数字，你可以想象我有多高兴！有好些天，我高兴得不知怎样才好."

(2) 光线在太阳附近的偏折

按照质量—能量关系，任何具有质量的物体都有相应的能量，反之亦然. 一个光子具有能量 $h\nu$，因此，可以认为，每个光子的质量为 $h\nu/c^2$. 广义相对论最早预言的问题之一是检验与光子相应质量有关的效应. 例如，从遥远的恒星发出的光线在太阳附近通过时，太阳的引力场作用在这束光线上，使之偏离它的直线路径. 在地球上看来，就是恒星的表观位置将移动一个小角度 θ. 广义相对论预言刚好擦过太阳表面的星光偏离 1.75″的角度，可见这个效应极其微小. 而牛顿理论预言的偏离只是广义相对论结果的一半.

1919 年 5 月 29 日，两个天文观测队分别在巴西东北海岸外的索布雷尔岛和西非几内亚湾的普林西比岛同时进行日全蚀观测，证实了星光偏折角与广义相对论预言值 1.75″符合. 消息一传出，全球为之轰动. 英国皇家学会会长 J. J. 汤姆逊称爱因斯坦的理论是"人类思想史中最伟大的成就之一".

到目前为止，已对 400 多颗恒星作了测量，平均值是 1.89″. 20 世纪 70 年代以来，由于射电天文学的发展，采用长基线干涉仪进行观测，使精确度大大提高，进一步证明了广义相对论预言的正确性.

(3) 光频的引力红移

广义相对论预言：光在引力场中传播时，观测频率将会向低频率移动，这就是光频的引力红移. 20 世纪 60 年代，有人利用穆斯堡尔效应设计引力频移实验，很快验证了广义相对论. 最近几年有人测量了人造卫星上携带的氢原子钟或者超导稳频振荡器发出谱线的引力频移，测量值与理论值已符合到 10^{-6}.

广义相对论还预言：在两点之间的电磁波的传播路径上若有一个大质量物体，信号传输时间将增加. 该预言的根据是大质量物体的引力场使其附近的时空弯曲，电磁波在其附近经过时，路程增大了，信号的传输时间自然就长了. 对于这个效应的实验检验，人们曾经用无线电信号代替可见光做过. 基本过程是这样的：使固定在火星表面上的应答器作为反射器与环绕火星的宇宙飞船上的应答器同时工作，测量地球到火星雷达回波时间在引力场中的延迟效应. 1976 年，当火星运动到太阳背后时，从环绕火星的"海盗"号宇宙飞船上发出的无线电信号在太阳附近通过，接着被地球探测到. 在这个实验中，人们观测到了无线电信号到达地球时的时间延迟（等价于时空弯曲）在 1/100 的误差范围内，与广义相对论的预言相一致．现在人们称雷达回波延迟为广义相对论的“第四检验”．

另外，按照牛顿的引力理论，行星围绕太阳运行的轨道是椭圆形的，但广义相对论所预言的行星轨道要稍微偏离椭圆轨道．造成这种偏离的部分原因是由于行星质量不是常数．当行星过近日点时，它的速度最高，因而它的质量最大．尽管理论预言的偏离椭圆轨道的量很小，然而当代精密的天文测量也已经确认了广义相对论的这个推论．

（4）双星的引力辐射

正像麦克斯韦方程组预言了电磁波的存在一样，爱因斯坦也从他的引力场方程预言了引力波的存在，即有质量的物体作加速运动时应发射引力波．然而，引力是比电磁力远弱得多的力，譬如，两个质子相距 r，两者的万有引力与库仑（斥）力之比将等于 $4\pi\varepsilon_0 Gm_p{}^2/e^2$，约为 $10^{-36} \ll 1$．因此，在实验室中产生可测量的引力波几乎不可能．在实验室中探测来自宇宙天体引力波的研究，已经做了许多年，但尚未成功．

1974 年后，胡尔斯（R. A. Hulse）和泰勒（J. H. Taylor）发现了一类特殊的天体——双星系统，该系统由一个脉冲星（即中子星）和一个伴星组成．他们仔细分析了 35 个双星系统，特别是其中的一个（PSR 1913 +16），这个双星的两个成员质量相近，均为 $1.4M_s$（M_s 为太阳的质量）．伴星可能也是中子星，椭圆轨道的偏心率为 0.62，轨道运动周期为 7.75h．经过近 20 年观测，发现温度随时间的减小率等于 2.6×10^{-12}．这与广义相对论考虑双星系统辐射引力波而损失能量的计算值符合得很好．双星系统成为检验广义相对论理论最好的实验室，他们两人也因此而获得 1993 年诺贝尔物理学奖．

总之，引力或广义相对论效应是很微弱的，在一般物理研究中常可忽略不计，但在讨论宇宙问题时却十分的重要．

（5）黑洞

广义相对论最迷人的预言之一与称作超新星的恒星爆炸残迹有关．如果这类爆炸剩余物的质量约比 3 个太阳的质量大时，由于其内部的引力作用，会使这样的物质收缩，而且没有任何作用会使这类收缩停止．这种现象叫做引力坍塌．

在坍塌物体附近，引力是如此巨大，以至于这里的任何物质（包括光线）都不能逃离．这种奇特的物体被称作黑洞．

虽然不能看见黑洞，但却能探测到黑洞在它附近物质上产生的效应．例如，人们相信，天鹅星座（CygX—1）里的强 X 射线源，是由一颗普通恒星和一个质量为 $8M_s$ 的黑洞组成的双星系统．这颗恒星围绕着黑洞运转，不过，是在足够远的距离上，因而恒星还没落进黑洞里．但是，这个恒星表面上的有些物质不断地被来自黑洞的强引力拉走，而这些物质在进入黑洞期间，由于被加速而爆发出 X 射线辐射．又如，天蝎座 V861 的成员之一发射紫外线，另一个成员则看不到，它可能是质量为 $12\sim14M_s$ 的黑洞．

1998 年 5 月，美国巴尔的摩空间望远镜科学研究所的科学家宣布，利用安装在哈勃望远镜上的最新型红外线摄像机拍摄的一些照片表明，在距地球 1000 万光年的半人马座 A 射电源的中央，存在一个巨大的黑洞，其质量比 10 亿个太阳还要大，它正在吞噬由恒星构成的一个螺旋形星系，这些被高速吞噬的物质温度达数百万 K，从而使黑洞中有超热气流喷出，并发射强大的 X 射线和射电信号．黑洞或许不是特别罕见的物体，因此肯定还会通过其他例子被辨认出来．

总之，上述这些理论和实验研究，已经展示出令人吃惊的宇宙面貌，进一步的研究一定还会揭示出更令人感兴趣的宇宙现象. 从本质上讲，广义相对论是一种新的、比牛顿引力理论更加普遍的引力理论，而牛顿引力理论作为弱引力场近似理论被包容在广义相对论之中. 那么，用什么来标志引力场的强弱呢？引力场的强弱可以用一个物体在引力场中的引力能与其固有能相比来定义，即引力能远小于固有能的为弱引力场；引力能与固有能差不多时，即为强引力场. 宇宙学问题是强引力场问题，必须用广义相对论来处理.

爱因斯坦一直把广义相对论看作自己一生最重要的科学成果. 他说过："要是我没有发现狭义相对论，也许别人会发现，问题已经成熟. 但是我认为，广义相对论不一样." 确实，广义相对论比狭义相对论包含更深刻的思想，至今它仍然是一个最好的引力理论. 没有大胆的革新精神和不屈不挠的毅力，没有敏锐的直觉和理解的能力以及高深的数学基础，是不可能建立广义相对论的. 20 世纪 60—70 年代天文学上一系列新的发现（3K 微波背景辐射、脉冲星、类星体、致密 X 射电源等）都是支持广义相对论的，从而使以广义相对论为基础的相对论天体物理及宇宙学的研究成为物理学中一个热门课题.

附　录

附录A　参考答案

习　题　1

1-1　$2\boldsymbol{i}+4\boldsymbol{j}$

1-2　（1）$\boldsymbol{v}=\frac{\mathrm{d}\boldsymbol{r}}{\mathrm{d}t}=(-2ct+b)\boldsymbol{i}$，$\boldsymbol{a}=\frac{\mathrm{d}\boldsymbol{v}}{\mathrm{d}t}=-2c\boldsymbol{i}$；（2）略

1-3　（1）$\boldsymbol{r}=x\boldsymbol{i}+y\boldsymbol{j}=r\cos\omega t\boldsymbol{i}+r\sin\omega t\boldsymbol{j}$

（2）$\boldsymbol{v}=\frac{\mathrm{d}\boldsymbol{r}}{\mathrm{d}t}=-r\omega\sin\omega t\boldsymbol{i}+r\omega\cos\omega t\boldsymbol{j}$，$\boldsymbol{a}=\frac{\mathrm{d}\boldsymbol{v}}{\mathrm{d}t}=-r\omega^2\cos\omega t\boldsymbol{i}-r\omega^2\sin\omega t\boldsymbol{j}$

（3）略

1-4　（1）$10.29\ \mathrm{m\cdot s^{-1}}$，$9.849\ \mathrm{m\cdot s^{-1}}$，$9.8049\ \mathrm{m\cdot s^{-1}}$；（2）$9.8t\boldsymbol{i}\ \mathrm{m\cdot s^{-1}}$；（3）略

1-5　$0\ \mathrm{m\cdot s^{-1}}$，$13.3\ \mathrm{m\cdot s^{-1}}$

1-6　（1）27 m；（2）略

1-7　$-v_0/\sqrt{1-\left(\frac{h}{l_0-v_0t}\right)^2}$

1-8　$\frac{v_0^2t}{\sqrt{(H-h)^2+(v_0t)^2}}$，$\frac{(H-h)v_0^2}{\sqrt{[(H-h)^2+(v_0t)^2]^3}}$

1-9　8.48

1-10　（1）200 m；（2）50 m

1-11　0.699 s，0.532 m

1-12　略

1-13　$19.6\ \mathrm{m\cdot s^{-1}}$，11.9 m

1-14　速度趋于β，加速度趋于零

1-15　（1）3.19 s；（2）31.9 m；（3）$\sqrt{100+96t^2}\ \mathrm{m\cdot s^{-1}}$，方向角$\theta=\mathrm{arcot}0.98\,t$

1-16　2.1 m

1-17　（1）0，20 m；

（2）自由落体运动$y=y_0-\frac{1}{2}gt^2$，平抛运动$y=4.9-4.9\left(\frac{x}{19.44}\right)^2$

1-18　$1.94\times10^{-3}\ \mathrm{m\cdot s^{-1}}$，3点钟（15时）

1-19　（1）$(6t\boldsymbol{i}+4t\boldsymbol{j})\ \mathrm{m\cdot s^{-1}}$，$[(10+3t^2)\boldsymbol{i}+2t^2\boldsymbol{j}]$ m；（2）$3y=2x-20$

1-20　（1）$18.03\ \mathrm{m\cdot s^{-1}}$，与$x$轴夹角$\arctan(-3/2)$；

（2）$72.11\ \mathrm{m\cdot s^{-2}}$，与$x$轴夹角$\arctan(-2/3)$

1-21　（1）$\boldsymbol{v}=2t\boldsymbol{i}+2\boldsymbol{j}$，$\boldsymbol{a}=2\boldsymbol{i}$；（2）$a_t=\frac{4t}{\sqrt{4t^2+4}}$，$a_n=\sqrt{\frac{-3t^2+1}{t^2+1}}$

1-22　$a_t = 8.6\ \mathrm{m \cdot s^{-2}}$，$a_n = 5.1\ \mathrm{m \cdot s^{-2}}$

1-23　$\omega = \pi + \frac{2}{3}\pi t$，$\alpha = \frac{2}{3}\pi$，$a_t = 12\pi$，$a_n = 2(3\pi + 2\pi t)^2$

1-24　$\alpha = k^2\theta_0 e^{-kt}$，$\omega = -k\theta_0 e^{-kt}$，$\theta = \theta_0 e^{-kt}$

1-25　$\theta = \frac{k}{3}t^3$，$\alpha = 2kt$，$a_t = 2Rkt$，$a_n = Rk^2t^4$

1-26　（1）$\theta = 30°$，$\Delta t = 1.17\ \mathrm{h}$；（2）$\theta = 0$，$s = 2002\ \mathrm{m}$

1-27　（1）略；（2）$t = \frac{Dv_1}{v_2\sqrt{v_1^2 - v_2^2}}$，$l = \frac{Dv_1}{\sqrt{v_1^2 - v_2^2}}$

1-28　略

习　题　2

2-1　5 N

2-2　669.5 N

2-3　$a_{1x} = \frac{m_2 g}{(m_1 + m_2)\tan\theta + m_2\cot\theta}$，$a_{1y} = \frac{(m_1 + m_2)g\tan\theta}{(m_1 + m_2)\tan\theta + m_2\cot\theta}$，

$a_{2x} = \frac{m_1 g}{(m_1 + m_2)\tan\theta + m_2\cot\theta}$，$a_{2y} = 0$

2-4　$0.753\ \mathrm{m \cdot s^{-2}}$，1.81 N

2-5　略

2-6　（1）77.3 N，68.5 N；（2）$17.0\ \mathrm{m \cdot s^{-2}}$

2-7　$1.96\ \mathrm{m \cdot s^{-2}}$

2-8　$a = \frac{m_2 - m_1}{m_1 + m_2}g$，$T = \frac{2m_1 m_2}{m_1 + m_2}g$

2-9　$\sqrt{\frac{(m_1 + m_2)h}{(m_1 - m_2)g}}$

2-10　（1）2.94×10^3 N，980 N；（2）3.24×10^3 N，1.08×10^3 N

2-11　（1）612 N；（2）588 N

2-12　$R = \frac{g}{\omega^2}$

2-13　略

2-14　$2m\frac{a}{g - a}$

2-15　$v = \sqrt{v_0^2 + 2lg(\cos\theta - 1)}$，$F_N = m\left(\frac{v_0^2}{l} - 2g + 3g\cos\theta\right)$

2-16　（1）$\frac{\sqrt{5}}{5}\pi$；（2）三摆锤在同一平面内

2-17　大雨点比小雨点落得快

2-18　$\omega = \sqrt{2g\cos\alpha / r}$，$-3mg\cos\alpha$

2-19　$F_t = ma_t = \frac{mg}{\sqrt{1 + \left(\frac{v_0}{gt}\right)^2}}$，$F_n = ma_n = \frac{mg}{\sqrt{1 + \left(\frac{gt}{v_0}\right)^2}}$

2-20　$v = (6t^2 + 4t + 6)\ \mathrm{m \cdot s^{-1}}$，$x = (2t^3 + 2t^2 + 6t + 5)\ \mathrm{m}$

2-21　9.8×10^5 N，380 N

2-22　$\alpha=49°$，$t=0.99$ s

2-23　略

2-24　$\dfrac{2m\sqrt{v_0}}{k}$

2-25　$a=\dfrac{F_0}{m}-\dfrac{k}{m}t$，$v=\dfrac{F_0}{m}t-\dfrac{k}{2m}t^2$，$x=\dfrac{F_0}{2m}t^2-\dfrac{k}{6m}t^3$

2-26　183 m，6.11 s

2-27　$\dfrac{1}{2k}\ln\dfrac{g+kv_0^2}{g}$，$\dfrac{1}{\sqrt{kg}}\left[\operatorname{arctg}\left(v_0\sqrt{\dfrac{k}{g}}\right)+\dfrac{1}{2}\ln\dfrac{\sqrt{g+kv_0^2}+\sqrt{k}v_0}{\sqrt{g+kv_0^2}-\sqrt{k}v_0}\right]$

2-28　42.3 rev · min^{-1}

2-29　（1）$\dfrac{Rv_0}{R+v_0\mu t}$；（2）$t=\dfrac{R}{\mu v_0}$，$s=\dfrac{R}{\mu}\ln 2$

2-30　2.9 m · s^{-1}

2-31　$a_1=\dfrac{(m_1-m_2)g-2m_2a}{m_1+m_2}$，$a_2=-\dfrac{(m_1-m_2)g+2m_1a}{m_1+m_2}$，$T=\dfrac{2m_1m_2}{m_1+m_2}(g+a)$

习　题　3

3-1　$2F_0R^2$

3-2　（1）78.4 J；（2）－42.4 J

3-3　432 J

3-4　1.69 J

3-5　$-\dfrac{27}{7}kc^{\frac{2}{3}}l^{\frac{7}{3}}$ J

3-6　略

3-7　4.10×10^{-16} J，4.10×10^{-16} J

3-8　（1）0.525 J，0；（2）0.525 J，2.29m · s^{-1}；（3）2.485 N

3-9　（1）$l_0=\dfrac{\mu_S l}{1+\mu_S}$；（2）$v=\dfrac{1}{1+\mu_S}\sqrt{gl(1+2\mu_S-\mu_K)}$

3-10　保守力的方向由曲线斜率的负值确定，保守力 F_x 为曲线斜率的负值，曲线越陡峭处，即曲线斜率越大处，保守力的绝对值越大.

3-11　（1）$E_k=\dfrac{Gm_1m_2}{6R}$；（2）$E_p=-\dfrac{Gm_1m_2}{3R}$；（3）$E=-\dfrac{Gm_1m_2}{6R}$

3-12　4.90×10^{-3} J

3-13　0.51 m

3-14　$\dfrac{k}{r}$

3-15　（1）$E_k(t)=\dfrac{1}{2}mv^2=\dfrac{1}{2}mg^2t^2$，$E_p(t)=mgh-\dfrac{1}{2}mg^2t^2$；

（2）$E_k(t)=mgh-mgx$，$E_p(t)=mgx$

3-16　（1）50 J；（2）32 J，18 J，50 J；（3）18 J，32 J，50 J，保守力

3-17　$a_n=0.8g$，$0.8mg$

3-18　$v=\dfrac{5ke^2}{4m_p v_0^2}$

3-19　57.6 N

3-20　略

3-21　5.83 m·s^{-1}

5-22　8.16 m·s^{-1}

3-23　$\dfrac{1}{3}m'$

习　题　4

4-1　$2mv/t$

4-2　1 kg·m·s^{-1}，0.7 kg·m·s^{-1}

4-3　0，3.56×10^{29} kg·m·s^{-1}

4-4　$mg2\pi R/v$

4-5　$F=v\dfrac{\mathrm{d}m}{\mathrm{d}t}$

4-6　（1）$(10.92\boldsymbol{i}+3.15\boldsymbol{j})$kg·m·s^{-1}；（2）9500

4-7　501.4 m·s^{-1}

4-8　730.6 m·s^{-1}

4-9　$1.5v_0\boldsymbol{i}-v_0\boldsymbol{j}$

4-10　100.2 m·s^{-1}

4-11　0.356 m

4-12　运动方向与 x 轴夹角为 26°34′

4-13　$v=\dfrac{1}{m_1+m_2}\sqrt{m_2^2v_0^2-k(m_1+m_2)(l-l_0)^2}$，$\arcsin\dfrac{l_0m_2v_0}{\sqrt{m_2^2v_0^2-k(m_1+m_2)(l-l_0)^2}}$

4-14　向下，$-\dfrac{m_2}{m_1+m_2}v$

4-15　$\dfrac{m_2v_0u\sin\alpha}{(m_1+m_2)g}$

4-16　500 m

4-17　（1）平抛运动；（2）151.3 m·s^{-1}；（3）同时到达地面

4-18　14.1 m·s^{-1}

4-19　$\sqrt{\dfrac{m'm}{k(M+m)}}\,v$

4-20　$mg\left(3+\dfrac{2m}{m'}\right)$

4-21　$V=\dfrac{m}{m'+m}v\cos\alpha$，$\theta=\mathrm{tg}^{-1}\left(\dfrac{m'+m}{m}\mathrm{tg}\,\alpha\right)$

4-22　$-mv/m'$，$mv/(m+m')$

4-23　$\dfrac{m}{m'+m}L$

4-24 $\dfrac{W'v_1}{W+w}$

4-25 $v_A = v + \dfrac{mu}{m'+m}$，$v_B = \dfrac{(m'^2 - m^2)v + m'mu}{(m'+m)^2}$

4-26 3.47×10^3 m · s^{-1}，1.53×10^4 m

4-27 （1）3.68×10^3 kg · s^{-1}；（2）2.47×10^3 m · s^{-1}

习 题 5

5-1 （1）$\omega = a + 2bt$，$\beta = 2b$；（2）$a_t = 2br$，$a_n = r(a+2bt)^2$

5-2 $\omega = \omega_0 e^{-ct}$

5-3 （1）52.3 rad · s^{-2}；（2）839.6 rev

5-4 （1）43.9 rad · s^{-1}；（2）−5.11 rad · s^{-2}；（3）71.6 m

5-5 略

5-6 略

5-7 −1.57 rad · s^{-2}，−99.9 N · m

5-8 （1）$J_1 n_0/(J_1+J_2)$；
（2）A 轮受冲量矩 $-2\pi J_2 J_1 n_0/(J_1+J_2)$，B 轮受冲量矩 $2\pi J_2 J_1 n_0/(J_1+J_2)$

5-9 0.136 kg · m^2

5-10 $\dfrac{3}{2}mR^2$

5-11 $\dfrac{7}{5}mR^2$

5-12 略

5-13 $mr^2\left(\dfrac{gt^2}{2S}-1\right)$

5-14 （1）$x_C = (1.5 + 0.25t^2)$ m，$y_C = (1.875 + 0.1875t^2)$ m；
（2）$(8t\boldsymbol{i} + 6t\boldsymbol{j})$ N · s

5-15 （1）39.2 N；（2）2.45 m

5-16 （1）$a = \dfrac{m_1 - m_2}{m_1 + m_2 + \frac{1}{2}m'}g$，

$$F_{T_1} = m_1 g\left(\frac{2m_2 + \frac{1}{2}m'}{m_1 + m_2 + \frac{1}{2}m'}\right),\quad F_{T_2} = m_2 g\left(\frac{2m_1 + \frac{1}{2}m'}{m_1 + m_2 + \frac{1}{2}m'}\right);$$

（2）$a = \dfrac{m_1 - m_2}{m_1 + m_2}g$，$F_{T_1} = F_{T_2} = g\left(\dfrac{2m_2 m_1}{m_1 + m_2}\right)$

5-17 $a_1 = \dfrac{Rg(m_1 R - m_2 r)}{J_1 + J_2 + m_1 R^2 + m_2 r^2}$，$a_2 = \dfrac{rg(m_1 R - m_2 r)}{J_1 + J_2 + m_1 R^2 + m_2 r^2}$，

$$F_{T_1} = m_1 g\frac{J_1 + J_2 + m_2 r^2 + m_2 Rr}{J_1 + J_2 + m_1 R^2 + m_2 r^2};\quad F_{T_2} = m_2 g\frac{J_1 + J_2 + m_1 R^2 + m_1 Rr}{J_1 + J_2 + m_1 R^2 + m_2 r^2}$$

5-18 1.93 m · s^{-1}

5-19 （1）$\dfrac{2}{3}\mu mgR$；（2）$\omega_0 - \dfrac{4\mu g}{3R}t$；（3）$\dfrac{3\omega_0 R}{4\mu g}$

5-20 (1) $\frac{1}{4}l^2(m_1+m_2)$; (2) $\frac{2g(m_1-m_2)}{l(m_1+m_2)}$; (3) $2\sqrt{\frac{g(m_1-m_2)}{l(m_1+m_2)}}$

5-21 2.0N·m·s, $\theta=88.64°$

5-22 $\omega=\frac{m_1\omega_0}{m_1+2m_2}$, $v=\frac{m_1R\omega_0}{2m_2}$

5-23 $\omega=29.1\ s^{-1}$

5-24 (1) $\omega=\frac{J_1\omega_1+J_2\omega_2}{J_1+J_2}$; (2) $-\frac{J_1J_2(\omega_1-\omega_2)^2}{2(J_1+J_2)}$;

(3) 两圆盘总动能减少是因为两圆盘之间摩擦力(矩)做功

5-25 $\frac{\omega}{4}$, $-mL^2\omega^2/32$

5-26 $\omega=4\omega_0$, $\frac{3}{2}mr_0^2\omega_0^2$

5-27 0.75 s^{-1}

习 题 6

6-1 $x=1\times10^{-2}\cos\left(2\pi t+\frac{4}{5}\pi\right)$(m), 图略

6-2 (1) 0.5 m, 10 Hz, 20 π·s^{-1}, 0.1 s, $-\frac{\pi}{4}$;

(2) 19.75 π rad, 0.35 m, 22.21 m·s^{-1}, −1395.77 m·s^{-2}

6-3 $x=0.02\cos\left(\frac{4}{3}\pi t+\frac{2}{3}\pi\right)$(m)

6-4 略

6-5 $2\pi\sqrt{\frac{l}{2g}}$

6-6 $\frac{1}{2\pi}\sqrt{\frac{k_1+k_2}{m}}$

6-7 $\frac{1}{2\pi}\sqrt{\frac{k}{m+J/R^2}}$

6-8 1.95 s

6-9 (1) 略; (2) 0.1 m, 9.9 s^{-1}, 1.58 Hz; (3) $x=0.1\cos(9.9t+\pi)$(m)

6-10 0.36 s, 1.77 m·s^{-1}, 31.29 m·s^{-2}

6-11 (1) 1.7×10^{-2} m, -4.2×10^{-4} N; (2) 1.33 s

6-12 (1) $\frac{T}{4}$; (2) $\frac{T}{12}$; (3) $\frac{T}{6}$

6-13 (1) 12.96 N; (2) 6.2×10^{-2} m; (3) 3.52 Hz

6-14 3.1×10^{-2} m

6-15 $v\sqrt{km}+mg$

6-16 $\frac{4\pi}{3}$, $\frac{2\pi}{3}$, 旋转矢量图略

6-17 $x_2=A\cos\left(\omega t+\varphi-\frac{\pi}{2}\right)$

6-18 0.05 m

6-19 (1) 0.314 s; (2) 0.002 J; (3) $x=\pm 0.707\times 10^{-2}$ m

6-20 (1) 0.024 J, 0.31 $m\cdot s^{-1}$;
(2) 0.20 $m\cdot s^{-1}$，动能为0.0105 J，势能为0.0135 J

6-21 (1) 7.81 cm, $\varphi=84°48'$; (2) $\varphi_3=0.75\pi$，合振幅12 cm;
(3) $\varphi_3=1.25\pi$，合振幅为1 cm

6-22 10 cm, $\Delta\varphi\approx\frac{\pi}{2}$

6-23 7.79 Hz, 8.14 Hz, 2.86 s

6-24 267 Hz

6-25 (1) $y=x$; (2) $x^2+y^2-\sqrt{3}xy=\frac{1}{4}A^2$; (3) $x^2+y^2=A^2$

6-26 $\frac{x^2}{0.02^2}+\frac{y^2}{0.01^2}=1$, $\boldsymbol{F}=-0.11\boldsymbol{r}$

6-27 (1) 30 s^{-1}; (2) 26.5 s^{-1}

习 题 7

7-1 1074.4 $m\cdot s^{-1}$

7-2 $(3.9\times 10^{14}-7.5\times 10^{14})$ Hz

7-3 (1) 8.3×10^{-3} s, 0.25 m; (2) $y=4\times 10^{-2}\cos 240\pi\left(t-\frac{x}{30}\right)$(m)

7-4 (1) $A=0.01$ m, $\lambda=0.67$ m, $\nu=1$ Hz, $v=0.67$ $m\cdot s^{-1}$;
(2) $v=-0.06\sin(2\pi t-3\pi x)\,m\cdot s^{-1}$, $a=-0.39\cos(2\pi t-3\pi x)\,m\cdot s^{-2}$;
(3) $v_{max}=0.06$ $m\cdot s^{-1}$, $a_{max}=0.39$ $m\cdot s^{-2}$;
(4) $\frac{p}{2}$; (5) 略

7-5 $0.03\cos\left(5\pi t-\frac{25}{3}\pi x-\frac{\pi}{2}\right)$(m)

7-6 $y=0.01\cos(10\pi t+\pi+\pi x)$(m)

7-7 $y=0.1\cos\left(20\pi t+\frac{4}{3}\pi-\frac{2\pi}{0.24}x\right)$(m)

7-8 (1) $y=A\cos(200\pi t-4.5\pi)$(m), $\varphi_0=-4.5\pi$; (2) $\Delta\varphi=0.05\pi$

7-9 (1) $y=3\cos\left(4\pi t+\frac{\pi}{5}x\right)$; (2) $y=3\cos\left(4\pi t-\pi+\frac{\pi}{5}x\right)$;
(3) B点 $y=3\cos(4\pi t-\pi)$, C点 $y=3\cos\left(4\pi t-\frac{13}{5}\pi\right)$, D点 $y=3\cos\left(4\pi t+\frac{9}{5}\pi\right)$

7-10 (1) $y_o=0.2\cos\left(\pi t+\frac{\pi}{2}\right)$(m); (2) $y=0.2\cos\left(\pi t+\frac{\pi}{2}-\frac{\pi}{2}x\right)$(m)

7-11 (1) $y_o=0.1\cos\left(\pi t+\frac{\pi}{3}\right)$(m), $y_P=0.1\cos\left(\pi t-\frac{5\pi}{6}\right)$(m);
(2) $y=0.1\cos\left(\pi t+\frac{\pi}{3}-\frac{2\pi}{0.4}x\right)$(m); (3) $x=0.23$ m

7-12 (1) $y=A\cos\left(\omega t+\frac{\pi}{2}-\frac{\omega}{u}x\right)$, $y=A\cos\left(\omega t+\pi-\frac{\omega}{u}x\right)$;
(2) $-\frac{\sqrt{2}}{2}A\omega$(沿$y$轴负方向), $\frac{\sqrt{2}}{2}A\omega$(沿$y$轴正方向)

7-13 $y=0.01\cos\left(\frac{\pi}{4}t+\frac{\pi}{2}-\pi x\right)$ (m)

7-14 (1) 1.58×10^5 W·m^{-2}；(2) 3.79×10^3 J

7-15 (1) $\overline{w}=3\times10^{-5}$ J·m^{-3}，$w_{max}=6\times10^{-5}$ J·m^{-3}；(2) 4.62×10^{-7} J

7-16 6.4×10^{-6} J·m^{-3}，2.18×10^{-3} W·m^{-2}

7-17 略

7-18 $\Delta\varphi=7.27\pi$，$\varphi=-65.6°$

7-19 (1) $\Delta\varphi=3\pi$；(2) $A_{合}=|A_P-A_Q|$

7-20 (1) P 点在 s_1 点左侧时 $A=|A_1-A_2|$；(2) Q 点在 s_2 点右侧时 A_1+A_2

7-21 15 个，$x=2k$ ($k=0$，±1，±2，±3，±4，±5，±6，±7)

7-22 0.42 m

7-23 (1) $A=0.005$ m，$u=149.25$ m·s^{-1}；(2) 0.625 m；
(3) $-7.5\cos1.6\pi x\sin750t$ m·s^{-1}，$-5.63\times10^3\cos1.6\pi x\cos750t$ m·s^{-2}

7-24 (1) $y=0.08\sin(3.0x)\cos(2.0t)$ (m)；(2) 0.046 m；
(3) 波节位于 $x=n\frac{\pi}{3}$ m ($n=0$，1，2…)，波腹位于 $x=n\frac{\pi}{6}$ m ($n=1$，3，5…)

7-25 (1) $\overline{AB}=2.8$ m；(2) $y=0.001\cos\left(\frac{5}{2}\pi x\right)\cos(800\pi t)$ (m)

7-26 (1) $y'=A\cos\left(\omega t-2\pi\frac{x-2x_0}{\lambda}+\varphi+\pi\right)$；
(2) 波节 $x=x_0+n\frac{\lambda}{2}$ ($n=0$，1，2…)，波腹 $x'=x_0+n\frac{\lambda}{4}$ ($n=1$，3，5…)

7-27 (1) 火车前 $\nu'=531$ Hz，火车后 $\nu'=472$ Hz；
(2) 两车驶近时 $\nu'=547$ Hz，两车远离时 $\nu'=458$ Hz

7-28 $v=4.98$ m·s^{-1}

7-29 350 Hz，400 kg

习 题 8

8-1 4.43×10^5 Pa

8-2 9.5 天

8-3 5.4×10^3 N

8-4 25 cm

8-5 61.1 cm^3

8-6 150 J

8-7 9.97×10^3 J

8-8 5.0×10^2J，1.21×10^3 J

8-9 (1) 等温膨胀；(2) 5.29×10^3 J

8-10 内能改变相同，$\Delta U=623.25$ J，(1) $A=0$，$Q=623.25$ J；
(2) $Q=1038.75$ J，$A=-415.5$ J；(3) $Q=0$，$A=623.25$ J

8-11 $W=-1.52\times10^5$ J，外界对气体做功

8-12 (1) $Q_V=2.77\times10^3$ J；(2) $Q_p=3.69\times10^3$ J

8-13 $Q_m=\frac{13}{2}RT_1$，$Q_m=\frac{11}{2}RT_1$

8-14 (1) $\Delta U=0$，$A=786$ J，$Q=-786$ J；(2) $Q=0$，$\Delta U=906$ J，$A=906$ J；

(3) $Q=-1985$ J，$\Delta U=-1418$J，$A=567$ J

8-15 $Q_{CA}=-252$ J，系统向外界放热 252 J

8-16 $\Delta Q=-1000$ J，放热

8-17 $W_T=Q_T=-6.91\times10^3$ J

8-18 (1) $W_{ab}=Q_{ab}=31.5\times10^2$ J；(2) $Q_{acb}=22.7\times10^2$ J，$W_{abc}=22.7\times10^2$ J

8-19 $p_2=9.51$ atm，$T_2=571$ K

8-20 略

8-21 直线，斜率 $-n$ 可由两截距之比求出

8-22 $\eta=15\%$

8-23 $\Delta T=99.4$ K

8-24 略

8-25 略

8-26 $Q=6.27\times10^7$ J

8-27 (1) √；(2) √；(3) ×；(4) ×；(5) √

8-28 略

8-29 (1) ×；(2) √；(3) ×；(4) ×

8-30 (1) $nR\ln\frac{V_B}{V_A}$；(2) $nR\ln\frac{V_B}{V_A}$

习 题 9

9-1 (1) $\rho(x,y)=\frac{4}{a^2b^2}xy$；(2) $\frac{2}{a^2}x\mathrm{d}x$

9-2 (1) 略；(2) $C=\frac{1}{v_0}$；(3) $\bar{v}=\frac{1}{2}v_0$

9-3 $\sqrt{\overline{x^2}}=\frac{\sqrt{2}}{a}$，$\overline{(x-\bar{x})^2}=\frac{1}{a^2}$

9-4 (1) $f(v)=\begin{cases}\frac{2v}{v_0^2} & (v\leqslant v_0)\\ 0 & (v>v_0)\end{cases}$；(2) $\Delta N=\frac{N}{4}$；(3) $\bar{v}=\frac{2}{3}v_0$，$\sqrt{\overline{v^2}}=\frac{\sqrt{2}}{2}v_0$，$v_p=v_0$

9-5 $\varepsilon_k=1.99\times10^{-21}$ J

9-6 $\overline{\varepsilon_1}=5.56\times10^{-21}$ J，$\overline{\varepsilon_2}=7.72\times10^{-21}$ J

9-7 $n=3.22\times10^6$ cm^{-3}

9-8 13.3l

9-9 $\rho=1.96$ kg · m^{-3}

9-10 $\overline{\varepsilon_1}=5.56\times10^{-21}$ J，$\overline{\varepsilon_2}=7.72\times10^{-21}$ J，7.5×10^3℃

9-11 (1) 系统总分子数 N；(2) $2N/3v_0$；(3) $7N/12$；(4) $\varepsilon_k=\frac{31}{36}mv_0^2$

9-12 3.88×10^{-2} eV

9-13 (1) $\overline{\varepsilon_t}=3.88\times10^{-2}$ eV；(2) $\overline{\varepsilon_r}=2.59\times10^{-2}$ eV；(3) $E=5.07\times10^5$ J

9-14 $\frac{\overline{\varepsilon_{t1}}}{\overline{\varepsilon_{t2}}}=1$，$\frac{E_1}{E_2}=\frac{3RT}{\frac{15}{4}RT}=\frac{4}{5}$

9-15 $\bar{v}=2.06\times10^3$ m · s^{-1}，$\sqrt{\overline{v^2}}=2.23\times10^3$ m · s^{-1}，$v_p=1.82\times10^3$ m · s^{-1}，

$\overline{v}=516\ \mathrm{m\cdot s^{-1}}$，$\sqrt{\overline{v^2}}=558\ \mathrm{m\cdot s^{-1}}$，$v_p=454\ \mathrm{m\cdot s^{-1}}$

9-16　6.06 Pa

9-17　$h=2.3\times10^3$ m

9-18　$n=3.22\times10^{17}\ \mathrm{m^{-3}}$，$\overline{\lambda}=7.77$ m

9-19　$2.38\times10^6\ \mathrm{s^{-1}}$

9-20　略

9-21　略

9-22　略

9-23　$\frac{T_2}{T_1}=\frac{3\pi}{8}$

9-24　$\frac{\Delta N_1}{\Delta N_2}\approx0.969$

9-25　$D(\varepsilon)=\frac{4\pi V\varepsilon^2}{(hc)^3}$

习　题　10

10-1　三个明点，距离 S_1 为 $x=4\lambda$，1.25λ，0

10-2　4.5×10^{-5} m

10-3　$d=5.75\times10^{-5}$ m

10-4　2.2×10^3 nm

10-5　546 nm

10-6　167 条

10-7　546 nm

10-8　3.39 m

10-9　1.22

10-10　略

10-11　（1）$\theta_1=24°$；（2）$v_n=2.44\times10^8\ \mathrm{m\cdot s^{-1}}$，$\lambda_n=488$ nm，$\nu=5.0\times10^{14}$ Hz；
（3）$\overline{SC}=0.111$ m，$\Delta=0.113$ m

10-12　560 nm

10-13　$d_{\min}=99.64$ nm

10-14　（1）$e=101$ nm；（2）浅绿色

10-15　428.6 nm

10-16　0.47 mm

10-17　$a\sin\alpha\pm a\sin\varphi=\pm k\lambda$（$k=1, 2, \cdots$）

10-18　（1）$l_{01}=4\times10^{-3}$ m，$l_{02}=7.6\times10^{-3}$ m；
（2）$x_1=3$ mm，$x_2=5.7$ mm，$\Delta x=2.7$ mm；
（3）$x_1=2$ cm，$x_2=3.8$ cm，$\Delta x=1.8$ cm

10-19　$\lambda=632.8$ nm，红光

10-20　$d=8.0\ \mu$m

10-21　$\Delta\theta=0.13°$

10-22　（1）$x=\frac{5D}{d}\lambda$；（2）$\Delta x=\frac{D\lambda}{d}$

10-23 3.84×10^{8} m

10-24 $D=2.5$ m

10-25 $\Delta x=5$ m

10-26 $\lambda=385$ nm

10-27 10^{-6} m，5 条

10-28 $\sin\theta=0.18k$，$\sin\theta=0.18k-0.5$ 与 $\sin\theta=0.5-0.18k$

10-29 （1）$d=2.3$ A°；（2）$\lambda=0.138$ nm

10-30 $d=3.86$ μm

10-31 $\lambda=588.4$ nm

10-32 $I_2=\frac{2}{3}I_1$

10-33 $\theta=\frac{\pi}{3}$，$\frac{\pi}{6}$

10-34 $x=\frac{2}{3}$

10-35 41°34′，48°26′

习 题 11

11-1 $q=2.8\times10^{-8}$ C

11-2 $q_1=q_2=\frac{Q}{2}$

11-3 $t=1.7\times10^{-7}$s

11-4 匀减速运动，2.84×10^{-8} s，7.1×10^{-2} m

11-5 $E=1.8\times10^{4}$ V·m^{-1}，正指向负，$F=2.88\times10^{-15}$ N，负指向正

11-6 $E_x(x,y)=\frac{p}{4\pi\varepsilon_0}\frac{2x^2-y^2}{(x^2+y^2)^{\frac{5}{2}}}$，$E_y(x,y)=\frac{p}{4\pi\varepsilon_0}\frac{3xy}{(x^2+y^2)^{\frac{5}{2}}}$

11-7 $E(r)=\frac{Q}{8\pi\varepsilon_0 r^2}\left[1-\frac{R-r}{\sqrt{(R-r)^2}}\right]$，$r<R$，$E(r)=0$，$r>R$，$E(r)=\frac{Q}{4\pi\varepsilon_0 r^2}$

11-8 $\frac{\sigma}{4\varepsilon_0}$

11-9 略

11-10 （1）$E=\frac{a\lambda}{2\pi\varepsilon_0 x(a-x)}$；（2）$F=\frac{\lambda^2}{2\pi\varepsilon_0 a}$

11-11 $E\pi R^2$

11-12 2.26×10^{4} N·m^2·C^{-1}

11-13 $\Phi_s=\frac{q}{6\varepsilon_0}$

11-14 $r=0.05$ m，$E=0$，$r=0.2$ m，$E=2.25\times10^{3}$ V·m^{-1}，
$r=0.5$ m，$E=9\times10^{2}$ V·m^{-1}，不是到球心距离的连续函数

11-15 $r<R_1$，$E=0$，$R_1<r<R_2$，$E=\frac{\tau}{2\pi\varepsilon_0 r}$，$r>R_2$，$E=0$

11-16 $\sigma=5.0\times10^{6}$ C·m^{-2}

11-17 4.32×10^{-17} J

11-18 $V_P=\frac{ql}{4\pi\varepsilon_0}\frac{x}{(x^2+y^2)^{\frac{3}{2}}}$

11-19　$U=\frac{Q\ln 4}{4\pi\varepsilon_0 R}+\frac{Q}{3\pi\varepsilon_0 R}$

11-20　（1）$V=2.0\times10^4$ V；（2）$V=1.6\times10^4$ V

11-21　27.2 eV

11-22　球面外一点 $V(r)=\frac{\sigma R^2}{\varepsilon_0 r}$，球面内一点 $V(r)=\frac{\sigma R}{\varepsilon_0}$

11-23　（1）$\frac{\sigma}{2\varepsilon_0}(\sqrt{x^2+R^2}-x)$；（2）$E=\frac{\sigma}{2\varepsilon_0}\left(1-\frac{x}{\sqrt{x^2+R^2}}\right)$；

（3）$V(0.1)=3.17\times10^4$ V，$E(0.1)=2.48\times10^5\ \mathrm{V\cdot m^{-1}}$

11-24　（1）$U_{AB}=-\frac{10^{-6}}{6\pi\varepsilon_0}$ V；（2）$E_{r=30}=\frac{10^{-5}}{12\pi\varepsilon_0}\ \mathrm{N\cdot C^{-1}}$；（3）$U_A=-\frac{13\times10^{-6}}{24\pi\varepsilon_0}$ V

11-25　（1）$\lambda=2.08\times10^{-8}\ \mathrm{C\cdot m^{-1}}$；（2）$E_2=\frac{3.74\times10^2}{r}\ \mathrm{V\cdot m^{-1}}$

11-26　$\frac{\tau}{\pi\varepsilon_0}\ln\frac{d-a}{a}$

11-27　$V=\frac{\lambda}{4\pi\varepsilon_0}\ln\frac{x+\sqrt{x^2+y^2}}{x-L+\sqrt{(x-L)^2+y^2}}$，$E_x=\frac{\lambda}{4\pi\varepsilon_0}\left[\frac{1}{(x-L)^2+y^2}-\frac{1}{\sqrt{x^2+y^2}}\right]$，

$E_y=\frac{\lambda}{4\pi\varepsilon_0}\left[\frac{1}{(x-L+\sqrt{(x-L)^2+y^2})\sqrt{(x-L)^2+y^2}}-\frac{1}{(x+\sqrt{x^2+y^2})\sqrt{x^2+y^2}}\right]$

11-28　略

11-29　略

11-30　（1）$U_{AB}=\frac{Qd}{2\varepsilon_0 S}$；（2）$U_{AB}=\frac{3Qd}{4\varepsilon_0 S}$

11-31　（1）$Q_C=-2.0\times10^{-7}$ C，$Q_B=-1.0\times10^{-7}$ C；（2）$U_A=2.26\times10^4$ V

11-32　（1）$2C_0$；（2）$3C_0$

11-33　（1）$C=93.2$ pF；（2）$\sigma=1.77\times10^{-5}\ \mathrm{C\cdot m^{-2}}$，$E_1=\frac{U_1}{d_1}=4\times10^5\ \mathrm{V\cdot m^{-1}}$，

$E_2=\frac{U_2}{d_2}=1\times10^6\ \mathrm{V\cdot m^{-1}}$，$D_1=1.77\times10^{-5}\ \mathrm{C\cdot m^{-2}}$，$D_2=2.85\times10^{-6}\ \mathrm{C\cdot m^{-2}}$

11-34　$D=\frac{\lambda}{2\pi r}$，$E=\frac{\lambda}{2\pi\varepsilon_0\varepsilon_r r}$，$P=\frac{\lambda}{2\pi r}\left(1-\frac{1}{\varepsilon_r}\right)$

11-35　$E_1=2.5\times10^4\ \mathrm{V\cdot m^{-1}}$，$E_2=5.0\times10^4\ \mathrm{V\cdot m^{-1}}$，$A_1=1.11\times10^{-7}$ J，

$A_2=3.32\times10^{-7}$ J，$w_{r1}=1.11\times10^{-2}\ \mathrm{J\cdot m^{-3}}$，$w_{r2}=2.21\times10^{-2}\ \mathrm{J\cdot m^{-3}}$

$A=4.43\times10^{-7}$ J

11-36　（1）$U_1=1.0\times10^3$ V，$A_1=5.0\times10^{-6}$ J；

（2）$A_2=1.0\times10^{-5}$ J，外力做功增大了电场能量

习　题　12

12-1　$\frac{L_2}{L_1}=0.248$

12-2　$\frac{\rho}{2\pi}\left(\frac{1}{R_1}-\frac{1}{R_2}\right)$

12-3　$R=\frac{\rho L}{\pi R_1 R_2}$

12-4　0.0181 Ω·m

12-5　$l=\sqrt{\frac{mR}{\rho_r\rho_d}}$, $r=\sqrt{\frac{m}{\pi\rho_d l}}$

12-6　略

12-7　可用

12-8　$I=5$ A

12-9　1.25×10^{15}

12-10　(1) $I_{t=1}=14$ A；(2) $J=7\times10^4$ A·m^{-2}

12-11　1.87×10^{-4} m·s^{-1}

12-12　2 A, $\frac{8}{3}$ A

12-13　100 W

12-14　144 W

12-15　(1) 2 W, 2 W；(2) 2 W, 0.7 W；(3) 2 W, 0.6 W

12-16　856 s

12-17　(1) $R=8.85\times10^8$ Ω；(2) 略

12-18　(1) $\frac{Q}{4C}$；(2) $\frac{Q}{4}$, $\frac{3Q}{4}$

12-19　$I=16.4$ mA

12-20　$R=60.5$ Ω，距离 A 点 5m，距离 B 点 2m

12-21　$I_1=I_2=0.85$ A（方向为逆时针），$I_3=0.49$ A，$I_4=0.36$ A，−5.16 V

12-22　$I_3=\frac{2}{7}$ A, $\frac{12}{49}$ W

12-23　$U_{AB}=-I_1R_1-I_1r_1-\mathscr{E}_1+\mathscr{E}_2+I_2r_2+I_2R_2$

12-24　$\frac{155}{12}$ μF

12-25　$\frac{R}{9}$

习　题　13

13-1　(1) $B=1.14\times10^{-3}$ T，垂直纸面向里；(2) 1.57×10^{-8} s

13-2　3.2×10^{-12} N

13-3　$v=3.0\times10^6$ m·s^{-1}

13-4　$F=3.2\times10^{-16}$ N, $F<<F_{向心力}$

13-5　(1) 偏向东；(2) $a=6.29\times10^{14}$ m·s^{-2}；(3) $s=3$ mm

13-6　$R=1.65\times10^2$ m

13-7　$B=\frac{8\sqrt{2}}{a}I\times10^{-7}$ T

13-8　$B=4.0\times10^{-5}$ T

13-9　$B_a=1.0\times10^{-4}$ T, $B_b=0$

13-10　0

13-11　$B=\frac{\mu_0 I}{2\pi a}\ln2$

13-12　$B=\dfrac{2.63I}{R}\times10^{-7}$ T

13-13　$\boldsymbol{B}=-\dfrac{\mu_0 I}{4\pi R}\boldsymbol{i}+\left(\dfrac{\mu_0 I}{4R}+\dfrac{\mu_0 I}{4\pi R}\right)\boldsymbol{j}$

13-14　$\Phi_B=3.125\times10^{-3}$ Wb

13-15　(1) $B=\dfrac{\mu_0 r}{2\pi R_1^2}I$；(2) $B=\dfrac{\mu_0 I}{2\pi r}$；(3) $B=\dfrac{\mu_0 I}{2\pi r}\left(\dfrac{R_3^2-r^2}{R_3^2-R_2^2}\right)$；(4) $B=0$

13-16　$r<a$，$B=0$，$a<r<b$，$B=\dfrac{\mu_0 I}{2\pi r}\cdot\dfrac{r^2-a^2}{b^2-a^2}$，$r>b$，$B=\dfrac{\mu_0 I}{2\pi r}$

13-17　$B=\dfrac{1}{2}\mu_0\omega\sigma R$

13-18　$B=\dfrac{\mu_0 q\omega R^2}{4\pi\left(R^2+x^2\right)^{\frac{3}{2}}}$

13-19　$B=\dfrac{\mu_0}{8\pi}$ T，方向为顺时针

13-20　$B=\dfrac{\mu_0 I}{12}\left(\dfrac{1}{a}-\dfrac{1}{b}\right)$，方向向外

13-21　略

13-22　0

13-23　$\Phi=\dfrac{\mu_0 Il}{2\pi}\ln\dfrac{b}{a}$

13-24　$F=0.15$ N

13-25　$2BIRj$

13-26　$\mu_0 I_1 I_2\left(\dfrac{d}{\sqrt{d^2-R^2}}-1\right)$

13-27　$\dfrac{\mu_0 I_1 I_2}{\pi}\ln\dfrac{b}{a}$

13-28　1.28×10^{-3} N，方向 $-\boldsymbol{i}$

13-29　3.75×10^{-3} N·m

13-30　(1) $p-3.14\times10^{-4}$ A·m²；(2) $M_{max}=4.71\times10^{-4}$ N·m

13-31　略

13-32　0.491 J

13-33　$B=6.2\times10^{-4}$ T

13-34　$H=598$ A·m^{-1}

13-35　$\mu_{r_1}=2.7\times10^{-3}$ H·m^{-1}，$\mu_{r_1}=6.89\times10^{-4}$ H·m^{-1}

13-36　$r<R_1$，$B=\dfrac{\mu_0 Ir}{2\pi R_1^2}$，$M=0$，$R_1<r<R_2$，$B=\dfrac{\mu_0\mu_r I}{2\pi r}$，$M=(\mu_r-1)\dfrac{1}{2\pi r}$，

$I'=(\mu_r-1)\mu_0 I$，$R_2<r<R_3$，$B=\dfrac{\mu_0 I}{2\pi r}\dfrac{R_3^2-r^2}{R_3^2-R_2^2}$，$M=0$

习　题　14

14-1　$\mathscr{E}=4.8\times10^{-2}$ V

14-2　$\mathscr{E}=0.15$ V

14-3　$\mathscr{E}=2.51$ V

14-4 $\mathscr{E}=9.36\times10^{-3}$ V

14-5 (1) $\mathscr{E}=1.11\times10^{-8}$ V；(2) $q=1.11\times10^{-8}$ C

14-6 略

14-7 $\frac{I_1}{I_2}=\frac{L_1}{L_2}$

14-8 $I_{max}=\frac{\pi^2r^2Bf}{R}$

14-9 略

14-10 $E=2.5\times10^{-3}$ V · m^{-1}

14-11 $M=\frac{\mu_0^2I^2\omega\pi^2a^4}{4Rb^2}$

14-12 略

14-13 $M=\frac{\mu_0\pi r^2R^2}{2\,(R^2+l^2)^{\frac{3}{2}}}$，$M=\frac{\mu_0N\pi r^2R^2}{2\,(R^2+l^2)^{\frac{3}{2}}}$

14-14 $M=2.01\times10^{-6}$ H，$\mathscr{E}=2.01\times10^{-7}$ V

14-15 (1) $\Phi_m=\frac{\mu_0I_0l_1}{2\pi}\ln\frac{d+l_2}{d}\sin\omega t$；(2) $\mathscr{E}_i=-\frac{\mu_0I_0l\omega}{2\pi}\ln\left(\frac{a+b}{a}\right)\cos\omega t$

14-16 $\mathscr{E}=\frac{\mu_0Iv}{2\pi}\ln\frac{r+l}{r}$

14-17 (1) $M=6.28\times10^{-6}$ H；(2) $\mathscr{E}=3.14\times10^{-4}$ V

14-18 $I_{max}=9.42\times10^{-3}$ A

14-19 $B=\mu_0\mu_rIn_1$，$\mu_r=199$

14-20 $\mathscr{E}=1.08\times10^3$ V

14-21 (1) $L=2.26\times10^{-2}$ H；(2) $\mathscr{E}=0.226$ V，方向与 I 反向

14-22 $\frac{dI}{dt}=1000$ A · s^{-1}

14-23 $W=0.08$ J

14-24 略

14-25 (1) $\Phi_{21}=\mu_0\frac{N_1N_2}{L}A_1I$；(2) $M=\mu_0\frac{N_1N_2}{L}A_1$

习　题　15

15-1 (1) l_0 必须为固有长度；(2) $\Delta t'$ 必须为固有时间；

(3) 高速运动过程中时间存在延缓效应；(4) 同时，不同时

15-2 (1) 1.25×10^{-7} s；(2) 2.25×10^{-7} s

15-3 $\sqrt{5}$ s

15-4 -1.34×10^9 m

15-5 -5.77×10^{-6} s

15-6 37.5 s

15-7 11 m

15-8 (1) $9y$；(2) $0.4y$

15-9 在衰变前无法到达地面

15-10 (1) 2.4 m；(2) 10^{-8} s

15-11 $\dfrac{3}{\sqrt{1-v^2/c^2}}$ m

15-12 9.6 cm^2

15-13 (1) $\dfrac{\sqrt{6}}{3}c$ $m\cdot s^{-1}$；(2) $\dfrac{\sqrt{2}}{2}$ m

15-14 0.54c

15-15 0.817c

15-16 (1) $-0.946c$；(2) 4 s

15-17 $l_0[(c^2-u^2)(c^2-v^2)]^{\frac{1}{2}}/(c^2-uv)$

15-18 $\tan\theta=\dfrac{u_y}{u_x}=\dfrac{c\sqrt{1-v^2/c^2}}{v}$，其中 θ 为与 x 轴夹角

15-19 $E_k=5.488$ MeV，$p=3.19\times10^{-21}$ $kg\cdot m\cdot s^{-1}$，$v=2.99\times10^{8}$ $m\cdot s^{-1}$

15-20 $\dfrac{\Delta m}{m_0}=0.59$

15-21 7

15-22 0.23×10^{7} eV

15-23 (1) $v=2.6\times10^{8}$ $m\cdot s^{-1}$；(2) $v=2.6\times10^{8}$ $m\cdot s^{-1}$

15-24 (1) 5.86×10^{3}；(2) $v=0.999999985c$

15-25 (1) 2.6×10^{3} eV；(2) 3.2×10^{5} eV

习　题　16

16-1 $\lambda_m=9.63\times10^{-6}$ m

16-2 $\dfrac{J_1}{J_2}=48.4$

16-3 远紫外线，颜色不可见

16-4 $T=5780$ K

16-5 紫光照射不能，紫外光照射能

16-6 $v=5.70\times10^{5}$ $m\cdot s^{-1}$

16-7 $I'=\dfrac{I}{2}$

16-8 $\lambda'=0.00436$ nm，$\theta=64.26°$

16-9 (1) $\Delta\lambda=0.0012$ nm，$\Delta\nu=-2.37\times10^{16}$ Hz，$\Delta E=-97.3$ eV；

(2) $E_k=97.3$ eV，$P=5.3\times10^{-24}$ $kg\cdot m\cdot s^{-1}$，散射角 $\theta'=59.97°$

16-10 略

16-11 $\lambda=1.22$ nm

16-12 (1) $\lambda=1.64\times10^{-35}$ m；(2) $\Delta v\geqslant0.574$ $m\cdot s^{-1}$

16-13 略

16-14 略

16-15 102.2 nm，654.5 nm，121.2 nm

16-16 5.44×10^{-19} J

16-17 18

16-18 2.52×10^{-13} m

16-19 $l=0, 1, 2, 3$，$m=-3, -2, -1, 0, 1, 2, 3$

16-20 略

16-21 9.25 eV

16-22 $r=\sqrt{\dfrac{nh}{eB}}$

16-23 略

16-24 $\boldsymbol{J}_1=\dfrac{i\hbar}{2m}(\psi_1\nabla\psi_1^*-\psi_1^*\nabla\psi_1)=\dfrac{\hbar k}{mr^2}\boldsymbol{e}_r$，$\boldsymbol{J}_2=\dfrac{i\hbar}{2m}(\psi_2\nabla\psi_2^*-\psi_2^*\nabla\psi_2)=-\dfrac{\hbar k}{mr^2}\boldsymbol{e}_r$

16-25 $A=\sqrt{2}$，$p=\dfrac{1}{2}$

16-26 $x=\sqrt{\dfrac{\hbar}{2m\omega}}$

16-27 $E=\dfrac{\pi^2\hbar^2}{32ma^2}(4n\pm1)^2$

16-28 （1）$\overline{U}=\dfrac{\mu\omega^2}{4a^2}$；（2）$\overline{T}=\dfrac{a^2\hbar^2}{4\mu}$，（3）$|C_p|^2=\dfrac{1}{2\pi a\hbar}e^{-\frac{p^2}{a^2\hbar^2}}$

16-29 （1）$\overline{p}=0$；（2）$\overline{E}=\dfrac{5\pi}{8m}\hbar^2A^2k^2$

16-30 （1）$+\dfrac{\hbar}{2}$，$\chi=\pm\dfrac{1}{\sqrt{2}}\begin{pmatrix}1\\1\end{pmatrix}$，$-\dfrac{\hbar}{2}$，$\chi=\pm\dfrac{1}{\sqrt{2}}\begin{pmatrix}1\\-1\end{pmatrix}$；

（2）$+\dfrac{\hbar}{2}$，$\chi=\pm\dfrac{1}{\sqrt{2}}\begin{pmatrix}1\\i\end{pmatrix}$，$-\dfrac{\hbar}{2}$，$\chi=\pm\dfrac{1}{\sqrt{2}}\begin{pmatrix}1\\-i\end{pmatrix}$

16-31 略

附录 B 物理学常数

1. 重力加速度 $g=9.807\text{m/s}^2$.
2. 标准大气压 $\text{atm}=1.013\times10^5\text{Pa}$
3. 真空中的光速 $c=2.998\times10^8\text{m/s}$.
4. 真空磁导率 $\mu_0=1.257\times10^{-6}\text{N/A}^2$.
5. 真空介电常数 $\varepsilon_0=8.854\times10^{-12}\text{C}^2/(\text{N}\cdot\text{m}^2)$.
6. 引力常数 $G=6.673\times10^{-11}\text{N}\cdot\text{m}^2/\text{kg}^2$.
7. 普朗克常量 $h=6.626\times10^{-34}\text{Js}$，$\hbar'=1.055\times10^{-34}\text{Js}$.
8. 电子电量 $e=1.602\times10^{-19}\text{C}$.
9. 电子质量 $m_e=9.109\times10^{-31}\text{kg}$.
10. 里德伯常数 $R=1.097\times10^7/\text{m}$.
11. 质子质量 $m_p=1.673\times10^{-27}\text{kg}$.
12. 中子质量 $1.675\times10^{-27}\text{kg}$.
13. 太阳质量 $1.99\times10^{30}\text{kg}$，太阳半径 $6.96\times10^8\text{m}$
14. 地球质量 $5.98\times10^{24}\text{kg}$，地球半径 $2.42\times10^6\text{m}$
15. 阿伏加德罗常数 $N_A=6.022\times10^{23}/\text{mol}$.
16. 摩尔气体常数 $R=8.314\text{J}/(\text{mol}\cdot\text{K})$.
17. 玻耳兹曼常数 $k=1.381\times10^{-23}\text{J/K}$.

18. $1\text{eV} = 1.602 \times 10^{-19}\text{J}$.

19. 玻尔半径 $a_0 = 5.291 \times 10^{-11}\text{m}$.

20. 电子经典半径 $r_e = 2.818 \times 10^{-15}\text{m}$.

附录C　矢量分析

下面简要说明矢量分析的常用公式.

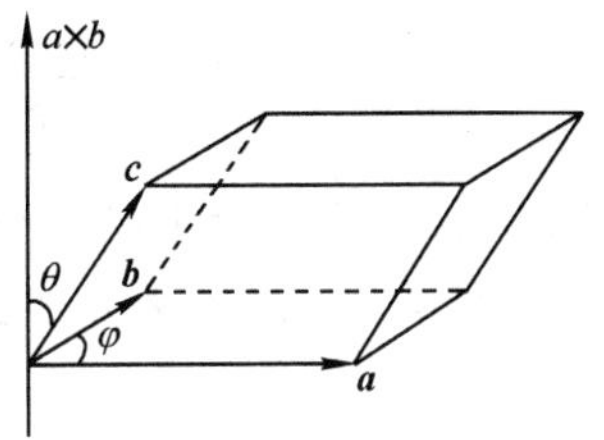

图 C-1

1. 矢量代数

两个矢量 $\boldsymbol{a}$ 与 $\boldsymbol{b}$ 的矢量积（叉积）

$$\boldsymbol{a} \times \boldsymbol{b} \tag{1}$$

是垂直于 $\boldsymbol{a}$ 与 $\boldsymbol{b}$ 确定的平面的矢量，其值为 $ab\sin\varphi$（其中，$a = |\boldsymbol{a}|$，$b = |\boldsymbol{b}|$），等于以 $\boldsymbol{a}$，$\boldsymbol{b}$ 为邻边的平行四边形的面积，如图 C-1 所示. 因此，$\boldsymbol{a} \times \boldsymbol{b}$ 也称为面积矢量.

三矢量的混合积

$$\boldsymbol{c} \cdot (\boldsymbol{a} \times \boldsymbol{b}) = c|\boldsymbol{a} \times \boldsymbol{b}|\cos\theta \tag{2}$$

是一个标量. 由于 $c\cos\theta$ 等于以 $\boldsymbol{a}$，$\boldsymbol{b}$，$\boldsymbol{c}$ 为邻边的平行六面体的高，此混合积等于平行六面体的体积，如图 C-1 所示. 同理，$\boldsymbol{a} \cdot (\boldsymbol{b} \times \boldsymbol{c})$ 和 $\boldsymbol{b} \cdot (\boldsymbol{c} \times \boldsymbol{a})$ 都表示同一个平行六面体的体积，所以

$$\boldsymbol{a} \cdot (\boldsymbol{b} \times \boldsymbol{c}) = \boldsymbol{b} \cdot (\boldsymbol{c} \times \boldsymbol{a}) = \boldsymbol{c} \cdot (\boldsymbol{a} \times \boldsymbol{b}) \tag{3}$$

三矢量的叉积

$$\boldsymbol{f} = \boldsymbol{c} \cdot (\boldsymbol{a} \times \boldsymbol{b}) \tag{4}$$

垂直于 $\boldsymbol{c}$ 和 $\boldsymbol{d} = \boldsymbol{a} \times \boldsymbol{b}$ 确定的平面，故必在 $\boldsymbol{a}$ 与 $\boldsymbol{b}$ 确定的平面内，因此可表示为 $\boldsymbol{a}$ 与 $\boldsymbol{b}$ 的线性组合. 取 $\boldsymbol{a}$ 与 $\boldsymbol{b}$ 确定的平面为 x-y 平面，在三维直角坐标系（Cartesian coordinates 笛卡儿坐标系）内，由于 $\boldsymbol{f} = \boldsymbol{c} \times \boldsymbol{d}$，有

$$\begin{aligned} f_x &= c_y d_z - c_z d_y = c_y(a_x b_y - a_y b_x) - c_z(a_z b_x - a_x b_z) \\ &= a_x(c_y b_y + c_z b_z) - b_x(c_y a_y + c_z a_z) = a_x(\boldsymbol{c} \cdot \boldsymbol{b}) - b_x(\boldsymbol{c} \cdot \boldsymbol{a}) \end{aligned}$$

同理可求出

$$f_y = a_y(\boldsymbol{c} \cdot \boldsymbol{b}) - b_y(\boldsymbol{c} \cdot \boldsymbol{a}),\ f_z = 0$$

于是得

$$\boldsymbol{f} = \boldsymbol{c} \times (\boldsymbol{a} \times \boldsymbol{b}) = \boldsymbol{a}(\boldsymbol{b} \cdot \boldsymbol{c}) - \boldsymbol{b}(\boldsymbol{a} \cdot \boldsymbol{c}) \tag{5}$$

2. 梯度、散度和旋度

在三维直角坐标系中，梯度（Gradient or Nabla）算符的表示式为

$$\nabla = \boldsymbol{i}\frac{\partial}{\partial \boldsymbol{x}} + \boldsymbol{j}\frac{\partial}{\partial \boldsymbol{y}} + \boldsymbol{k}\frac{\partial}{\partial \boldsymbol{z}} \tag{6}$$

而梯度、散度和旋度可以分别表示为 $\nabla\psi$、$\nabla \cdot \boldsymbol{f}$ 和 $\nabla \times \boldsymbol{f}$.

定义 1　设闭合曲面 S 包围的体积为 ΔV. 极限

$$\lim_{\Delta V \to 0} \frac{\oint_S \boldsymbol{f} \cdot \mathrm{d}\boldsymbol{S}}{\Delta V} = \mathrm{div}\boldsymbol{f} = \nabla \cdot \boldsymbol{f}$$

叫做矢量 $\boldsymbol{f}$ 的散度.

由此定义可得

$$\oint_S \boldsymbol{f} \cdot \mathrm{d}\boldsymbol{S} = \iiint_{\Delta V} \nabla \cdot \boldsymbol{F}\mathrm{d}V \tag{7}$$

这就是斯托克斯（Stocks）定理.

定义 2　标量函数 ψ（x，y，z）沿任意线元 $\mathrm{d}\boldsymbol{l}$ 的导数 $\frac{\mathrm{d}\psi}{\mathrm{d}\boldsymbol{l}}$ 叫做 ψ 的梯度沿线元 $\mathrm{d}\boldsymbol{l}$ 的分

量，即 $$(\mathrm{grad}\psi)_l=(\nabla\psi)_l=\frac{\mathrm{d}\psi}{\mathrm{d}l}$$

可以证明 $$\oint_l \boldsymbol{f}\cdot\mathrm{d}\boldsymbol{l}=\oiint_S \nabla\times\boldsymbol{f}\cdot\mathrm{d}\boldsymbol{S} \tag{8}$$

这就是高斯（Gauss）定理.

定理1 梯度场无旋： $$\nabla\times\nabla\psi=0 \tag{9}$$

证：令 $\boldsymbol{f}=\nabla\psi$，则有

$$(\nabla\times\nabla\psi)_x=(\nabla\times\boldsymbol{f})_x=\frac{\partial f_z}{\partial y}-\frac{\partial f_y}{\partial z}=\frac{\partial}{\partial y}\left(\frac{\partial\psi}{\partial z}\right)-\frac{\partial}{\partial z}\left(\frac{\partial\psi}{\partial y}\right)=0$$

同理可证$(\nabla\times\nabla\psi)_y=0$，$(\nabla\times\nabla\psi)_z=0$，所以（7）式成立.

定理2 无旋场必为梯度场：

$$若\ \nabla\times\boldsymbol{f}=0，则\ \boldsymbol{f}=\nabla\psi \tag{10}$$

定理3 旋量场无散度： $$\nabla\cdot\nabla\times\boldsymbol{f}=0 \tag{11}$$

证：$\nabla\cdot\nabla\times\boldsymbol{f}=\frac{\partial}{\partial x}\left(\frac{\partial f_z}{\partial y}-\frac{\partial f_y}{\partial z}\right)+\frac{\partial}{\partial y}\left(\frac{\partial f_x}{\partial z}-\frac{\partial f_z}{\partial x}\right)+\frac{\partial}{\partial z}\left(\frac{\partial f_y}{\partial x}-\frac{\partial f_x}{\partial y}\right)=0$

定理4 无源场必为旋量场：

$$若\ \nabla\cdot\boldsymbol{f}=0，则\ \boldsymbol{f}=\nabla\times\boldsymbol{g} \tag{12}$$

3. ∇算符的运算公式

常见的∇算符的运算公式有

$$\nabla(\varphi\psi)=\varphi\nabla\psi+\psi\nabla\varphi \tag{13}$$

$$\nabla\cdot(\psi\boldsymbol{f})=\boldsymbol{f}\cdot\nabla\psi+\psi\nabla\cdot\boldsymbol{f} \tag{14}$$

$$\nabla\times(\psi\boldsymbol{f})=\nabla\psi\times\boldsymbol{f}+\psi\nabla\times\boldsymbol{f} \tag{15}$$

$$\nabla\cdot(\boldsymbol{f}\times\boldsymbol{g})=(\nabla\times\boldsymbol{f})\cdot\boldsymbol{g}-\boldsymbol{f}\cdot(\nabla\times\boldsymbol{g}) \tag{16}$$

$$\nabla\times(\boldsymbol{f}\times\boldsymbol{g})=(\boldsymbol{g}\cdot\nabla)\boldsymbol{f}+(\nabla\cdot\boldsymbol{g})\boldsymbol{f}-(\boldsymbol{f}\cdot\nabla)\boldsymbol{g}-(\nabla\cdot\boldsymbol{f})\boldsymbol{g} \tag{17}$$

$$\nabla(\boldsymbol{f}\cdot\boldsymbol{g})=\boldsymbol{f}\times(\nabla\times\boldsymbol{g})+(\boldsymbol{f}\cdot\nabla)\boldsymbol{g}+\boldsymbol{g}\times(\nabla\times\boldsymbol{f})+(\boldsymbol{g}\cdot\nabla)\boldsymbol{f} \tag{18}$$

$$\nabla\times(\nabla\times\boldsymbol{f})=\nabla(\nabla\cdot\boldsymbol{f})-\nabla^2\boldsymbol{f} \tag{19}$$

以上公式都可以在直角坐标系中展开验证．其实，只要注意到∇算符既是矢量，又是微分算符，就可以写出以上公式．由于∇算符是微分算符，运算中不能与其他矢量随意调换位置．例如：

在（13）式中，左边是梯度矢量，故右边展开式的每一项必须是梯度矢量.

在（14）式中，左边是标量，故右边展开式的每一项必须是标量.

在（17）式中，左边是三矢量的叉积．利用公式（5），暂不管∇算符是微分算符，可写出两项：

$$(\nabla\cdot\boldsymbol{g})\boldsymbol{f}-(\nabla\cdot\boldsymbol{f})\boldsymbol{g}$$

由于∇算符是微分算符，上式每一项中的∇既要对 $\boldsymbol{f}$ 微分，又要对 $\boldsymbol{g}$ 微分．因此，第一项变为两项： $$(\nabla\cdot\boldsymbol{g})\boldsymbol{f}+(\boldsymbol{g}\cdot\nabla)\boldsymbol{f}$$

第二项也变为两项： $$-(\nabla\cdot\boldsymbol{f})\boldsymbol{g}-(\boldsymbol{f}\cdot\nabla)\boldsymbol{g}$$

于是得式（17）.

参 考 文 献

[1] 程守洙，江之永．普通物理学［M］．北京：高等教育出版社，1998.

[2] 马文蔚．物理学［M］．北京：高等教育出版社，1999.

[3] D 哈里德，R 瑞斯尼克．物理学［M］．李仲卿，等译．北京：科学出版社，1978.

[4] Serway，Jewett．Principles of Physics［M］．3 版．北京：清华大学，2004.

[5] Richard P Olenick，Tom M Apostol，David L Goodstein．The mechanical universe，beyond the mechanical universe［M］．北京：北京大学出版社，2001.

[6] 爱因斯坦文集：第一卷，第二卷［M］．北京：商务印书馆．1976.

[7] 王竹溪．统计物理学导论［M］．2 版．北京：人民教育出版社，1965.

[8] 王竹溪．热力学简程［M］．北京：人民教育出版社，1964.

[9] 郭硕鸿．电动力学［M］．2 版．北京：高等教育出版社，1997.

[10] 曾谨言．量子力学［M］．3 版．北京：科学出版社，2000.

[11] 梁灿彬．电磁学［M］．北京：高等教育出版社，1980.

[12] 赵凯华，陈熙谋．电磁学［M］．北京：高等教育出版社，1985.

[13] 张之翔．电磁学教学札记［M］．北京：高等教育出版社，1987.

[14] 母国光，战元令．光学［M］．北京：人民教育出版社，1979.

[15] 刘辽，赵峥．广义相对论［M］．2 版．北京：高等教育出版社，2004.

[16] 褚圣麟．原子物理学［M］．北京：人民教育出版社，1979.

[17] 肖士珣．理论力学简明教程［M］．北京：人民教育出版社，1979.

[18] 郭奕玲，沈慧君．物理学史［M］．2 版．北京：清华大学出版社，2005.

[19] 刘恩科，朱秉升．半导体物理学［M］．上海：上海科学技术出版社，1984.

[20] 韩汝珊．高温超导物理［M］．北京：北京大学出版社，1999.

[21] 吴平，许秋生，杨雁南．近代物理与高新技术［M］．北京：国防工业出版社，2004.

参考文献